21世纪高等学校计算机规划教材

21st Century University Planned Textbooks of Computer Science

多媒体技术及应用案例教程

Multimedia Technology and Application Course of The Case

李建芳 主编

江红 副主编

高爽 刘小平 王志萍 杨云 刘垚 蒲鹏 编著

朱敏 主审

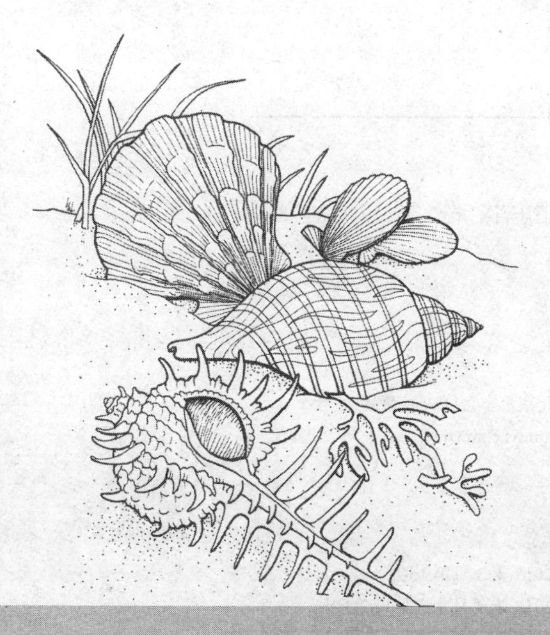

人 民 邮 电 出 版 社

北 京

图书在版编目（CIP）数据

多媒体技术及应用案例教程 / 李建芳主编. -- 北京：人民邮电出版社，2015.3（2018.4重印）
21世纪高等学校计算机规划教材. 高校系列
ISBN 978-7-115-38491-1

Ⅰ. ①多… Ⅱ. ①李… Ⅲ. ①多媒体技术－高等学校－教材 Ⅳ. ①TP37

中国版本图书馆CIP数据核字(2015)第032746号

内 容 提 要

本书是根据教育部高等学校计算机基础课程教学指导委员会起草的《计算机基础课程教学基本要求》中有关“多媒体技术及应用”课程的教学要求编写而成的。主要讲述各类媒体素材的处理与合成技术，以及与之相关的多媒体技术基本理论。全书分为两部分：第一部分教学内容共 6 章，依次为多媒体技术概述、图形图像处理、动画制作、音频编辑、视频处理、多媒体作品合成；第二部分为实验内容，依次对应于第一部分的第 1～6 章内容。

本书由浅入深，循序渐进地介绍了多媒体技术的理论及应用，案例丰富，通俗易懂，实用性强。通过对这门课的学习，学习者可掌握多媒体素材的处理与合成的基本用法，了解多媒体技术的相关基本理论，提高多媒体作品设计能力与艺术素养。

本书可以作为高等学校相关专业相关课程的教学用书，也可作为多媒体技术应用的社会培训教材及广大多媒体爱好者的参考书籍。

◆ 主　　编　李建芳
副 主 编　江　红
编　　著　高　爽　刘小平　王志萍　杨　云　刘　垚
蒲　鹏
主　　审　朱　敏
责任编辑　吴宏伟
责任印制　张佳莹　焦志炜

◆ 人民邮电出版社出版发行　　北京市丰台区成寿寺路 11 号
邮编　100164　　电子邮件　315@ptpress.com.cn
网址　http://www.ptpress.com.cn
北京市艺辉印刷有限公司印刷

◆ 开本：787×1092　1/16
印张：22.5　　2015 年 3 月第 1 版
字数：551 千字　　2018 年 4 月北京第 12 次印刷

定价：49.80 元

读者服务热线：(010)81055256　印装质量热线：(010)81055316
反盗版热线：(010)81055315

前　言

随着计算机技术与通信技术的飞速发展，多媒体技术的应用已经渗透到了人类社会的各个领域，改变着人们传统的学习和生活方式。学习多媒体技术并掌握其相关应用，是当代大学生应该具备的基本素质。本教材依据普通高校教学大纲，同时基于提升读者应用技能的理念，注重理论的严谨性与完整性、技能的实用性与创新性、实践的应用性与发展性，力求使读者在掌握多媒体技术的同时获得应用设计能力。

1. 内容介绍

全书分为两部分。第一部分内容如下。

- 第 1 章　多媒体技术概述。介绍了多媒体基本概念、多媒体计算机系统基本知识和多媒体技术的主要应用领域等内容。
- 第 2 章　图形、图像处理。讲述了图形图像处理的基本概念、常用的图形图像处理软件 Photoshop 的基本操作和相关应用案例、矢量绘图软件 Illustrator 的简单应用。
- 第 3 章　动画制作。讲述了计算机动画的基本概念、常用的动画制作软件 Flash 的基本操作和相关应用案例、3ds Max 的简单应用。
- 第 4 章　音频编辑。讲述了数字音频的基本知识、常用的音频编辑软件 Audition 的基本操作和应用案例。
- 第 5 章　视频处理。讲述了数字视频的基本知识、常用的视频合成软件 Premiere 的基本操作和相关应用案例、After Effects 的简单应用。
- 第 6 章　多媒体作品合成。简明扼要地介绍了多媒体作品合成的含义、传统数字媒体合成和流媒体合成的基本知识，讲解了多媒体作品合成综合案例的制作过程。

第二部分内容为实验，对应于第一部分的第 1～6 章。

2. 资源下载

本书配套资源包中有教程中的相关实验素材和教学课件，读者可以到人民邮电出版社教学服务与资源网（www.ptpedu.com.cn）下载 。

3. 本书特色

- 以多媒体技术应用的实践操作为主。主要讲解案例，适当介绍相关理论，做到真正的实践教学。
- 特别注意激发读者的学习兴趣。精心选择书中案例，注重实用性、趣味性和艺术性；达到寓教于乐、学以致用的目的。

4. 教学建议

如利用本书进行教学，作者有以下建议：

- 非艺术类专业以多媒体技术概述、Photoshop 图像处理、Flash 动画制作和多媒体作品合成为主，音频编辑、视频处理为辅；
- 美术、设计等艺术类专业可根据需要选讲 Illustrator、3ds Max、After Effects 等内容模块，并可以适当拓宽讲解范围。

本书的编写者李建芳、江红、高爽、刘小平、王志萍、杨云、刘垚、蒲鹏等，都是长期从事计算机多媒体课程教学的一线教师。全书由李建芳、江红两位老师统稿，王行恒教授给予了悉心的指导与帮助。张凌立老师提出了许多宝贵的修改意见。全书由朱敏老师主审。

由于作者水平有限及时间仓促，书中的疏漏不当之处在所难免，敬请广大读者批评指正。

编　者

2014 年 12 月

目 录 CONTENTS

第一部分 教学内容

第二部分 实 验

第一部分

教学内容

PART 1

第1章 多媒体技术概述

1.1 多媒体基本概念

多媒体诞生于 20 世纪 80 年代。从诞生到现在短短 30 多年的时间里，多媒体发展非常迅速，改变了人们的生活方式，并对社会多数领域产生了巨大的影响。特别是近些年来，数字高新技术不断取得新的突破，伴随着计算机、数码产品（例如手机、数字电视机等）和网络的普及，多媒体已经成为当今世界最热门的话题之一。

1.1.1 媒体

媒体（Media），是承载和传播信息的载体。从传统意义上讲，日常生活中人们熟知的报纸、图书、广播、电影电视等都是媒体。计算机领域中的媒体概念有两层含义：第一层含义是指传递信息的载体，如文本、声音、图形、图像、动画、影视等，它们借助于显示屏、音频卡、视频卡等设备以各自不同的方式向人们传递着信息，但都以二进制数据的形式存储在计算机存储器中；第二层含义是指用以存储上述信息的实体，例如磁带、磁盘、光盘、各种移动存储卡等。本章所探讨的多媒体技术中的媒体指的是前者。

国际电联电信标准化部门（ITU-T）将媒体分为 5 类：感觉媒体、表示媒体、表现媒体、存储媒体和传输媒体。

1．感觉媒体

感觉媒体是指能直接作用于人的感官，使人产生感觉的媒体，例如语言、文字、图像、声音、动画和视频等。本章探讨的多媒体技术中所说的媒体主要指感觉媒体。

2．表示媒体

表示媒体是指为加工、处理和传输感觉媒体而人为研究、构造出来的一种媒体，目的是为了更有效地加工、处理和传送感觉媒体，例如电报码、条形码、图像编码等。

3．表现媒体

表现媒体是指用于通信中使电信号和感觉媒体之间产生转换的媒体。例如键盘、摄像机、光笔和话筒等可视为输入表现媒体；显示器、打印机等可视为输出表现媒体；手机触摸屏可以视为集输入和输出于一体的表现媒体。

4．存储媒体

存储媒体是指用来存放表示媒体的计算机外部存储设备，例如光盘、各种存储卡等。

5．传输媒体

传输媒体是指通信中的信息载体，例如双绞线、同轴电缆、光纤等。

1.1.2 多媒体

多媒体一词译自英文 Multimedia（由 mutiple 和 media 复合而成），与多媒体对应的是单媒体（Monomedia），因此，从字面上即可看出，多媒体是由单媒体复合而成的。

多媒体是传统媒体在数字化技术的支持下产生的，不仅具有传统媒体（报纸、图书、广播、电影电视等）的信息传播功能，还能够在数字存储设备中保存、复制、修改完善，不仅处理起来非常方便，而且更加环保和节省能源。因此，多媒体比传统媒体具有更多优点和更广阔的发展前景。

在信息技术领域，多媒体是指文本、声音、图形、图像、动画、视频等多种媒体信息的组合使用。图 1-1-1 所示是由 Flash 合成的多媒体作品截图。

图 1-1-1 多媒体作品截图

一般将多媒体看作“多媒体技术”的同义语。因此，多媒体不仅指多种媒体的本身，而主要是指处理和应用它的一整套技术。本章所阐述的多媒体技术是指使用计算机对多种媒体信息（文本、声音、图形、图像、动画、视频等）进行加工处理，并在各媒体之间建立一定的逻辑连接，形成一个具有集成性、实时性和交互性的系统综合技术。多媒体技术具有以下特点。

1．集成性

一方面指多种媒体信息的有机合成；另一方面指处理各种媒体信息所需要的软件工具和硬件设备的集成。对于前者，《数字化生存》的作者尼古拉·尼葛洛庞帝曾说过，“声音、图像和数据的混合被称作‘多媒体’（Multimedia），这个名词听起来很复杂，但实际上，不过是指混合的比特罢了”。

2．实时性

声音与视频是密切相关的，必须同步进行，任何一方滞后都会影响到信息的准确表达。这决定了多媒体技术具有实时性。另外，在多媒体网络技术、流媒体传输技术层面，实时性还包含“可以实时发布信息，以更强的时效性反馈信息”的含义。

3．交互性

用户通过人机界面能够与计算机进行信息交流，以便更有效地控制和使用多媒体信息。

4．多样化

多媒体技术的多样化是指信息媒体的多样化和媒体处理方式的多样化。多媒体技术同时复合图、文、声、像等多种媒体进行信息表达；计算机中相应的各种工具软件和硬件设备处理这些媒体的方式也是多种多样的。

此外，“超链接技术”也是多媒体技术的一个重要特征，通过超链接不但能够即时获取某个领域的最新信息，还可以不断深入，最终得到该领域无限扩展的内容。“超链接技术”同时也改变了人们循序渐进的信息认知方式，形成了联想式的认知方式。

1.2 多媒体关键技术

计算机多媒体的产生和发展对传统的媒体产生了巨大的冲击力，在很大程度上改变了人们生产和生活的方式，促进了社会生产力的迅速发展。当前，促进多媒体发展的关键技术主要有数据压缩技术、多媒体的采集和存储技术、多媒体信息检索技术、流媒体技术和虚拟现实技术等。

1.2.1 数据压缩

随着软硬件技术的发展，多媒体技术也向着高分辨率、高速度和高维度的方向发展，这势必导致数字化多媒体的数据量日益增大。例如，1 分钟未经压缩的 1024 × 768 像素的真彩色视频的数据量为 3 GB，如果不进行压缩，对计算机的数据处理能力、存储空间和传输速度将构成严重障碍。因此，压缩方法的研究一直是多媒体领域的热点。通常，压缩方法有如下两类。

1．无损压缩

压缩前和解压缩后的数据完全一样的压缩方法称为无损压缩。例如，哈夫曼编码就是一种典型的无损压缩方法，它对数据流中出现的各种数据进行概率统计，对概率大的数据采用短编码，对概率小的数据采用长编码，这样就使得数据流压缩后形成的编码位数大大减少。无损压缩的特点是可以百分之百地恢复原始数据，但压缩率较低。

2．有损压缩

无法将数据还原到与压缩前完全一样的状态的压缩方法称为有损压缩。有损压缩的过程中会丢失一些人眼或人耳不敏感的图像或音频信息。虽然丢失的信息不可恢复，但人的视觉和听觉主观评价是可以接受的。有损压缩的压缩比高，常见的有损压缩方法有预测编码、变换编码等。

1.2.2 采集与存储

近年来，随着计算机软硬件技术的发展，多媒体信息的采集和存储技术也有了很大的发展。

图像的采集包括扫描仪扫描、数码相机拍摄等多种方式。音频素材可通过声卡、音频编辑软件、MIDI 输入设备等方式采集。视频素材可通过录像机、电视机等模拟设备采集，再通过视频采集卡转换为数字信号；也可通过数字摄像机等数字设备采集。

多媒体数据的存储从早期的光盘存储器（如 CD、VCD 和 DVD 光盘等）发展到当前主流的各种存储卡，如 CF 卡、SD 卡、MMC 卡等以及目前正逐渐流行的云存储。

云存储是指通过集群应用、网格技术或分布式文件系统等功能，将网络中的大量各种不同类型的存储设备通过应用软件集合起来协同工作，对外提供数据存储和业务访问的一个系统。任何地方的任何一个经过授权的使用者都可以通过标准的公用应用接口来登录云存储系统，享受云存储服务。国内云存储服务较为著名的有搜狐企业网盘、百度云盘、坚果云、酷盘、115 网盘等。

1.2.3 多媒体信息检索

随着网络技术及多媒体技术的飞速发展，网络中出现了大量的多媒体信息，其中，图像信息占有最大比例。多媒体信息检索技术已经引起人们的广泛关注，基于内容的图像检索是该领域公认的最活跃的研究课题。传统的图像检索都是基于关键词的文本检索，实际检索的对象是文本，不能充分利用图像本身的特征信息。基于图像内容的检索，是根据图像的特征，如颜色、纹理、形状、位置等，从图像库中查找到内容相似的图像，利用图像的可视特征索引，大大地提高了图像系统的检索能力。

传统的 Google、百度推出的图片搜索功能主要是基于图片的文件名来实现检索的，并不是真正的基于内容的图像检索。目前，已有一些真正基于内容的图像检索系统产生，如 IBM 的 QBIC（Query By Image Content）系统、通过构造“不变特征”的 SIMBA（Search Images By Appearance）系统等。

1.2.4 流媒体

流媒体（Streaming Media）技术是一种新兴的网络多媒体技术。所谓流媒体是指采用流式传输的方式在互联网上播放的媒体格式。在流媒体之前，网络用户要浏览存储在远程服务器上的图像、音频、视频等媒体文件，必须等到文件的全部数据传输到用户端时才能够播放。流媒体则不同，它将视频文件经过特殊的压缩方式分成一个个的小数据包，只要一个数据包到达，流媒体播放器就开始播放。之后，流媒体数据陆续“流”向用户端，形成“边传送边播放”的局势，直到传输完毕。这种方式解决了用户在数据下载前的长时间等待问题；而且流媒体文件较小，便于存储和网络传输。

流媒体技术不是一种单一的技术，它是网络技术及视/音频技术的有机结合。在网络上实现流媒体技术，需要解决流媒体的制作、发布、传输及播放等方面的问题，而这些问题则需要利用视/音频技术及网络技术来解决。

Internet 的迅猛发展和普及为流媒体业务的发展提供了强大的市场动力，流媒体业务变得日益流行。流媒体技术广泛应用于多媒体新闻发布、在线直播、网络广告、电子商务、视频点播（VOD）、视频监视、视频会议、远程教学、远程医疗等领域。目前网络上使用比较广泛的流媒体软件产品有 3 个，分别是 RealNetwork 公司的 Real Media、Apple 公司的 Quick Time 和 Microsoft 公司的 Windows Media。

1.2.5 虚拟现实

虚拟现实（Virtual Reality，VR）技术是一种新型的多媒体技术，能够利用三维图像生成技术、多传感交互技术及高分辨率显示技术，生成逼真的三维虚拟环境，用户可以通过特殊的交互设备，感受到实时的、三维的虚拟环境。VR 技术又称幻境或灵境技术。

虚拟现实技术融合了数字图像处理、计算机图形学、多媒体技术、传感器技术、人工智能等多个信息技术分支，其实质是提供了一种高级的人与计算机交互的接口，是多媒体技术发展的更高境界。

虚拟现实技术始于军事和航空、航天领域的需求，近年来已广泛地应用于各个行业。例如，在科技开发上，可以用来设计新材料，模拟各种成分的改变对材料性能的影响；在医疗上，虚拟人体，使医生更容易了解人体的构造和功能；还可以虚拟手术系统，用于指导手术的进行；在军事上，模拟战争过程已成为最先进的多快好省的研究战争、培训指挥员的方法；娱乐上的应用也是虚拟现实最有前景的应用之一，例如，穿上一种滑雪模拟器，只要在室内做出各种各样的滑雪动作，可通过头盔式显示器，看到皑皑白雪的高山、峡谷等从身边掠过，其情景就和滑雪场里的场景一模一样。未来，虚拟现实技术的发展前景非常广阔。

1.3 多媒体个人计算机系统

早期的微机能够处理的信息仅限于文字和数字，同时人机之间的交互只能通过键盘、鼠标和显示器等少数设备实现，交流的方式非常单一。为了改变这种现状，人们发明了多媒体计算机。

多媒体个人计算机（Multimedia Personal Computer，MPC）是指能够对文本、声音、图形、图像、动画、视频等多种媒体进行获取、编辑、处理、存储、输出和表现的一种个人计算机系统。

1.3.1 多媒体计算机系统的硬件系统

多媒体计算机是在普通计算机基础上配以一定的硬件板卡和相应软件，并由各种接口部件组成，除了要求高性能的中央处理器外，还需要涉及多媒体的关键设备，包括各种板卡、多媒体数据存储设备、多媒体数据输入/输出设备。MPC 联盟规定多媒体计算机系统至少由 5 个基本组成部分：PC、CD-ROM、音频卡、Windows 操作系统、一组音箱或耳机。

近年来计算机硬件技术发展迅速，如今个人购买的计算机配置都已经远高于 MPC 标准，硬件种类也大大增加，功能更为强大，多媒体功能已经成为个人计算机的基本功能，MPC 标准已经不再重要。下面介绍多媒体计算机硬件系统中的一些重要设备及其新进展。

1．中央处理器（CPU）

芯片设计技术的发展，将多媒体和通信功能集成到了 CPU 芯片中，形成了专用的多媒体 CPU。多媒体 CPU 使得 PC 对音频和视频的处理就如同对数字和文字的处理一样快捷。

近来市场上又兴起了具有“双核”或“多核” CPU 的计算机系统。“核”即核心，又称内核，是 CPU 最重要的组成部分；CPU 所有的计算、接受/存储命令、处理数据都由核心执行。多核 CPU 就是指在一个 CPU 上集成了多个运算核心，大大提高了 CPU 的计算能力，计算机系统的性能也随之得到巨大的提升。

2．音频卡

音频卡又称声卡（见图 1-1-2），是最基本的多媒体声音处理设备，其功能是实现声音的 A/D（模/数）和 D/A（数/模）转换。采样频率是影响音频卡性能的一个重要因素，不同的音频卡可支持 11.025 kHz、22.05 kHz 和 44.1 kHz 3 种采样频率。影响音频卡性能的另一个重要因素是采样分辨率（又称量化精度、量化位数），有 8 位、16 位、32 位之分。采样频率和采样分辨率共同决定音频卡性能的好坏。一般来说，采样频率越高，采样分辨率越高，音频卡的性能越好。

音频卡支持声音的录制和编辑、合成与播放、压缩和解压缩，并且具有与 MIDI 设备和 CD-ROM 驱动器相连接的功能。在音频卡上连接的音频输入/输出设备包括话筒、音频播放设备、MIDI 合成器、耳机、扬声器等。

3．显卡

显卡（见图 1-1-3），又称图形适配器，是显示高分辨率彩色图像的必备部件，用于控制显示在屏幕上的各个像素。目前计算机上的大部分显卡都支持 800×600 像素、1024×768 像素、1280×1024 像素或更高像素的分辨率。为支持高分辨率，显卡必须有足够容量的显存（显示缓冲存储器）。显存大小直接影响屏幕分辨率、可显示颜色数与画面的垂直更新频率，也同时协助处理 3D 画面的运算。大容量的显存有助于提升 3D 数据处理速度。

图 1-1-2　音频卡

图 1-1-3　显卡

4．视频卡

视频技术使得动态影像能够在计算机中输入、编辑和播放。视频技术通过软件、硬件都能够实现，目前使用较多的是视频卡（见图 1-1-4）。视频卡可分为视频叠加卡、视频捕捉卡、电视编码卡、MPEG 卡和 TV 卡等多种，其功能是连接摄像机、VCR 影碟机、TV 等设备，以便获取、处理和播放各种数字化视频媒体。

在各种视频卡中，视频叠加卡用于将标准视频信号经 A/D 转换与 VGA 信号进行叠加；视频捕捉卡（又称视频采集卡）用于将模拟的视频信号转换成数字化的视频信号，以 AVI 文件格式存储在计算机中；电视编码卡用于将 VGA 信号转换成标准的视频信号；MPEG 卡（又称解压卡/回放卡）用于将音频和视频进行 MPEG 解压缩与回放，该功能现在基本由软件实现；TV 卡用于使计算机能够接收 PAL 制式或 NTSC 制式的电视信号，同时 TV 卡还具有电视频道的选择功能。

5．CD-ROM 驱动器与 DVD 驱动器

CD-ROM 驱动器简称光驱，是用于光盘读写操作的设备。根据与主机连接方式的不同，CD-ROM 驱动器可分为内置式和外置式两种。还有一种可重复读写型光驱（CD-RW，又称光盘刻录机）。对广大用户来说，光驱早已成为多媒体个人计算机系统的必备配置。

光盘是利用光存储技术实现数据读写的大容量存储器。按读写功能分类，光盘可分为只读光盘（CD-ROM 等）、一次写多次读光盘（CD-R 等）和可擦写光盘（CD-RW 等）3 种。

DVD 驱动器是对 DVD 光盘进行读写操作的设备，按读写方式的不同进行分类，DVD 驱动器可分为只读型 DVD 驱动器（即 DVD-ROM 驱动器）、一次性写入型 DVD 驱动器（即 DVD-R 驱动器）和可重复擦写型 DVD 驱动器（即 DVD-RW 驱动器，见图 1-1-5）等。

CD-ROM 的容量通常为 650 MB。DVD-ROM 的容量要大得多，单面单层 DVD-ROM 的容量是 4.7 GB，相当于 7 张 CD-ROM 的容量；双面双层 DVD-ROM 的容量是 17.7 GB，更是 CD-ROM 容量的几十倍，成为多媒体计算机系统升级换代的理想产品。

图 1-1-4　视频卡

图 1-1-5　DVD-RW 驱动器

6. U 盘与固态硬盘

U 盘（见图 1-1-6）是“USB 闪存盘”的简称（又称优盘、闪盘），是基于 USB 接口的，采用闪存芯片为存储介质，且无须驱动器的可移动存储盘。U 盘小巧便携而存储容量大（如 8 GB、16 GB、32 GB 等），可以随时随地、轻松地交换数据资料，U 盘的出现是移动存储技术领域的一大突破。

固态硬盘（见图 1-1-7）的存储介质有两种，一种采用闪存，另一种采用 DRAM。采用闪存芯片的固态硬盘，即通常所说的 SSD，例如笔记本电脑硬盘、存储卡等。SSD（固态硬盘）的优点很多（如可移动、数据保护不受电源控制、能适应各种环境等），但缺点是使用年限不高，适合个人用户。基于 DRAM 的固态硬盘，效仿传统硬盘的设计，是一种高性能的存储器，使用寿命很长，但需要独立的电源来保护数据安全。

图 1-1-6　U 盘

图 1-1-7　固态硬盘（100×69.85×9.5 mm）

7. 触摸屏

随着多媒体信息查询设备的与日俱增，人们越来越多地谈到触摸屏，利用这种技术，用户只要用手指轻轻地触碰计算机显示屏上的图符或文字就能实现对主机操作，从而使人机交互更为直截了当，这种技术大大方便了那些不懂计算机操作的用户。

触摸屏（touch screen）又称为触控屏、触控面板，是一种可接收触头等输入信号的感应式液晶显示装置。当接触了屏幕上的图形按钮时，屏幕上的触觉反馈系统可根据预先编程的程式驱动各种连接装置，可用以取代机械式的按钮面板，并借由液晶显示画面制造出生动的影音效果。触摸屏作为一种最新的输入设备，是目前最简单、方便、自然的一种人机交互方式，赋予了多媒体以崭新的面貌，是极富吸引力的全新多媒体交互设备。

触摸屏（见图 1-1-8）的应用范围非常广阔，主要是公共信息的查询；如电信局、税务局、银行、电力等部门的业务查询；城市街头的信息查询；此外还应用于领导办公、工业控制、军事指挥、电子游戏、点歌点菜、多媒体教学等。随着平板计算机和智能手机的普及，触摸屏从公共场合走向家庭和个人用户。

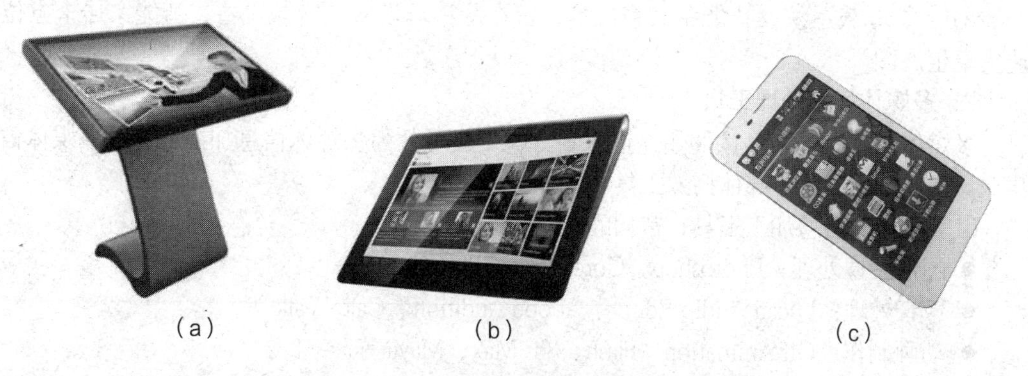

（a）　（b）　（c）

图 1-1-8　一体机、平板计算机、智能手机的触摸屏

为了增强多媒体个人计算机的功能，其他可扩展的配置还有网卡、打印机、扫描仪（见图 1-1-9）、数字相机、数字摄像机等。目前，PC 的多媒体功能大多是通过附加上述插件和设备来实现的。

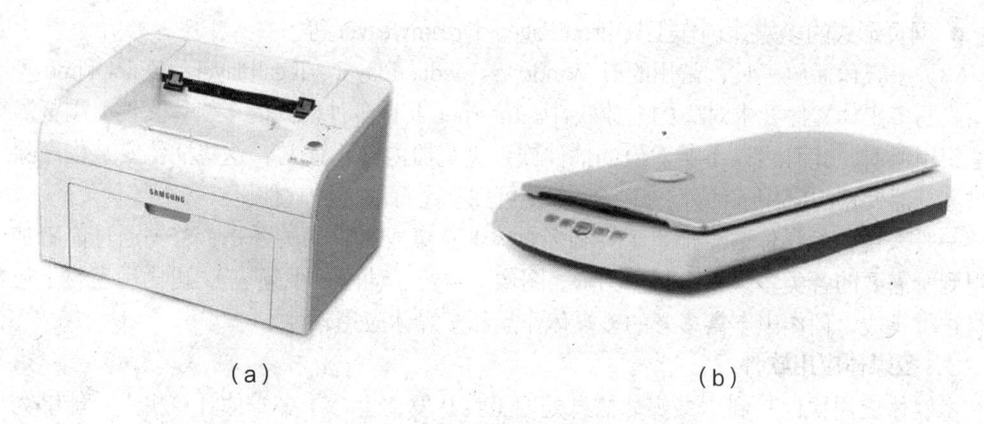

（a）　（b）

图 1-1-9　打印机（左）与扫描仪（右）

1.3.2　多媒体计算机系统的软件系统

多媒体计算机系统的软件系统包括多媒体操作系统、多媒体信息处理工具和多媒体应用软件 3 个层次。

1．多媒体操作系统

多媒体计算机的使用需要多媒体操作系统的支持。多媒体操作系统是在传统操作系统的基础上增加了处理声音、图形、图像、动画、视频等多种媒体信息的功能，如 Windows 98、Windows 2000、Windows XP、Windows Vista、Windows 7、Android 等。多媒体操作系统支持多任务，支持大容量的存储器；在内存容量不足以支持同时运行多个大型程序时，能够通过虚拟内存技术，借助硬盘空间的交换来扩展内存空间；支持“即插即用”功能；支持高速的数据传输端口，如 IEEE 1394 接口等。Windows 7 是目前被广泛应用的多媒体操作系统。本书将在 1.3.3 小节专门介绍 Window 7 的多媒体功能。

Android 是一种基于 Linux 的自由及开放源代码的多媒体操作系统，由 Google 公司和开放手机联盟领导及开发，主要使用于移动设备，如智能手机和平板计算机，并逐渐扩展到其他领域，如电视、数码相机、游戏机等。2014 年 6 月，Google 公司发布全新移动操作系统 Android L、车载系统、智能手表系统等，旨在从移动设备、穿戴设备、智能家居全方位打造安卓生态圈。

2．多媒体信息处理工具

多媒体信息处理工具按照用途进行划分，一般可分为多媒体信息加工工具、多媒体信息集成（创作）工具和多媒体播放工具。

（1）多媒体信息加工工具，常用的有：

- 图形图像处理：Photoshop、CorelDraw、Illustrator 等。
- 声音处理：Ulead Audio Editor、Adobe Audition、CakeWalk 等。
- 动画制作：Gif Animation、Flash、3ds Max、Maya 等。
- 视频处理：Ulead Video Editor、Ulead Video Studio（会声会影）、Adobe Premiere 等。

（2）多媒体信息集成工具，常用的有：

- 基于幻灯片的多媒体创作工具 PowerPoint。
- 基于时间顺序的多媒体创作工具 Director、Flash。
- 基于图符的多媒体创作工具 Authorware 等。
- 网页形式的多媒体创作工具 FrontPage、Dreamweaver 等。

（3）多媒体播放工具，常用的有 Windows Media Player、RealPlayer、QuickTime 等。不同格式的多媒体文件要求对应的播放软件。Internet 上有多种格式的多媒体文件，浏览器往往无法识别所有，此时可以下载对应的插件嵌入浏览器内部。通常，这些插件安装程序除了安装供浏览器使用的应用插件外，还同时安装可独立运行的播放软件。

一般来说，多媒体信息加工工具和多媒体信息集成工具的关系是：首先通过前者加工处理得到所需要的各类多媒体素材（图形、图像、声音、动画、视频等），再由后者将上述各类素材进行集成，创作出丰富多彩的多媒体作品和多媒体应用软件。

3．多媒体应用软件

多媒体应用软件是利用多媒体信息处理工具开发，运行于多媒体计算机上，能够为用户提供某种用途的软件，例如，辅助教学软件、游戏软件、电子工具书、电子百科全书等。多媒体应用软件一般具有以下特点：由多种媒体集成，具有超媒体结构，比较注重交互性。

1.3.3 Windows 7 的多媒体工具

Windows 7 中的多媒体工具主要包括声音设置与音量控制程序、录音机、Windows 媒体中心（Windows Media Center）、Windows 媒体播放机（Windows Media Player）和 Windows Live 影音制作等。

1．声音设置与音量控制程序

在 Windows 7 中，打开“控制面板”窗口，鼠标单击“硬件和声音”选项中的“声音”图标，打开“声音”对话框（见图 1-1-10），从中可以对 Windows 7 的声音性能参数和相关硬件设备进行配置和属性设置。

(a)

(b)

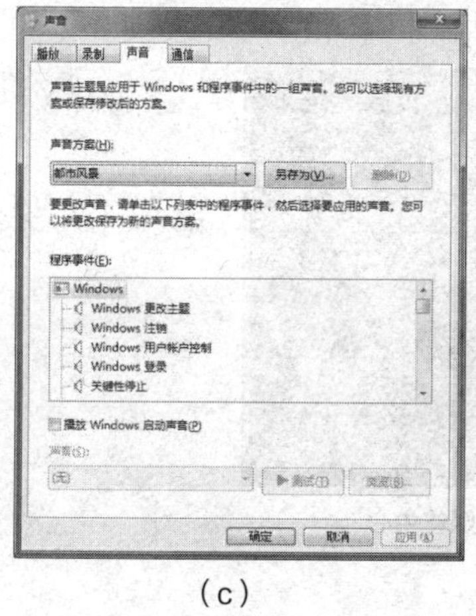

(c)

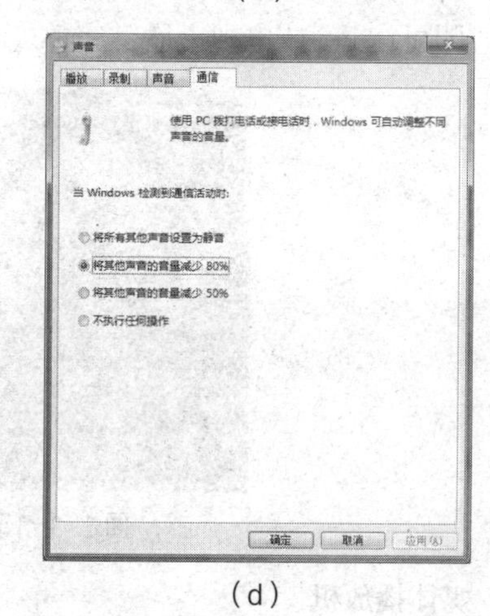

(d)

图 1-1-10 “声音”对话框

通过 Windows 7 的音量合成器，可以实现音量控制。图 1-1-11 所示，音量合成器可以打开、关闭以及调节扬声器、系统及正在运行的各种应用程序中的声音。

2．录音机

Windows 7 的录音机比 Windows XP 的录音机精简了不少。从界面（见图 1-1-12）上看，新的录音机工具只保留了开始录制按钮。使用录音机可以录制声音，并将其作为音频文件保存在计算机上，还可以从不同音频设备录制声音（例如计算机上插入声卡的话筒）。录音的音频输入源的类型取决于所拥有的音频设备以及声卡上的输入源。

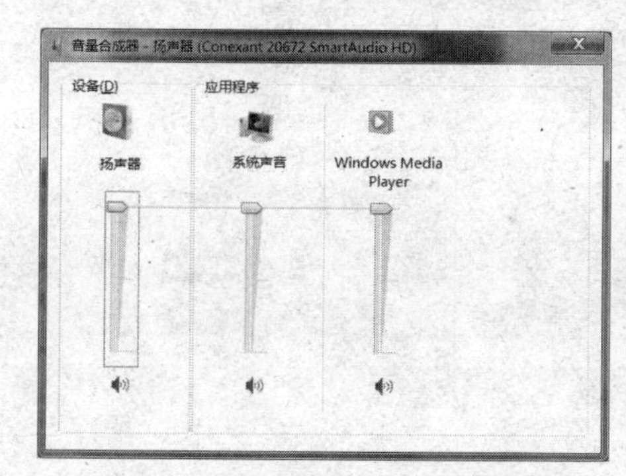

图 1-1-11 Windows 7 音量合成器

图 1-1-12 Windows 7 的录音机

在使用 Windows 7 录音机录制音频文件前，首先要确保有音频输入设备（如话筒）连接到计算机。单击“开始录制”按钮，即可录制音频，其窗口界面上可显示正在录制的声音信号强弱以及音频的总的时间长度。若要停止录制音频，可单击“停止录制”按钮，此时弹出“另存为”对话框，提示将录制的声音存储为音频文件。Windows 7 录音机仅保存*.wma 格式的音频文件，可使用媒体播放机播放该类音频文件。

3．Windows 媒体中心

Windows 媒体中心（Windows Media Center）是 Windows 7 的多媒体特性中最为引人注目的功能之一。除了能够提供 Windows Media Player 的全部功能之外，还在多媒体功能上进行了全新的打造，为用户提供了一个从图片、音频、视频再到通信交流等的全方位应用平台。Windows 媒体中心的所有操作都基于图形化效果，能够以电影幻灯片的形式查看照片，通过封面浏览音乐集，轻松播放 DVD，观看并录制各类视频等（见图 1-1-13）。通过 Windows 媒体中心即可在 PC 或电视上欣赏完整庞大的多媒体库。

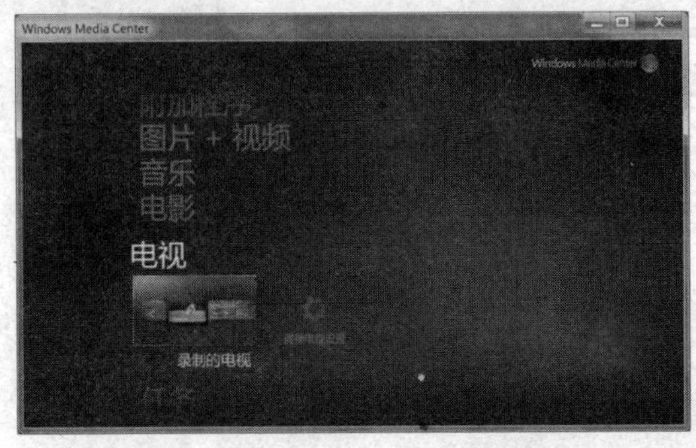

图 1-1-13　Windows 7 媒体中心

4．媒体播放机

Windows 7 的媒体播放机（Windows Media Player）主要用于播放计算机或网络中的数字音频和视频媒体（包括 CD 音乐、VCD 和 DVD 影视）；还可以将 CD 上的曲目复制到计算机中，形成*.wma 格式的文件以及将某些格式的声音文件（*.wma、*.mp3、和*.wav）转换为 *.cda 文件复制到空白 CD 上（计算机必须配备 CD 刻录机）。

Windows 7 媒体播放机支持多种类型的音频和视频文件，它将媒体库和播放窗口进行了分离。打开 Windows 7 媒体播放机，首先看到的界面如图 1-1-14 所示；单击右下角的切换按钮，可切换到原来的播放界面（见图 1-1-15）。

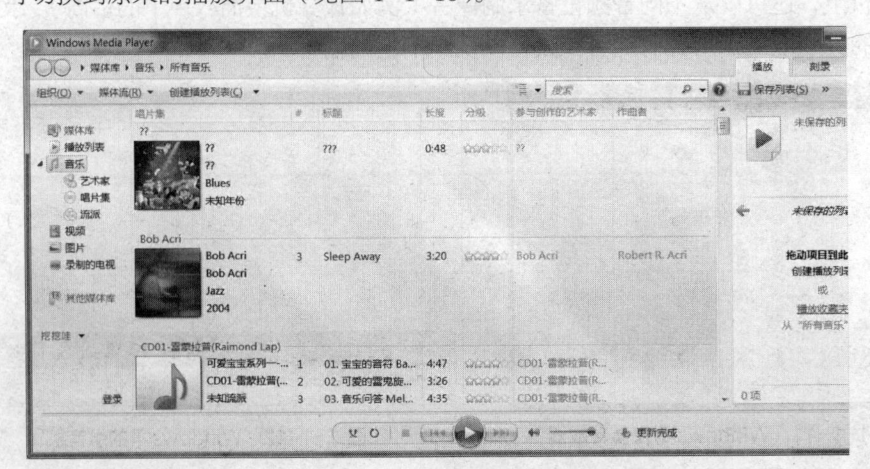

图 1-1-14　Windows 7 媒体播放机启动后的界面

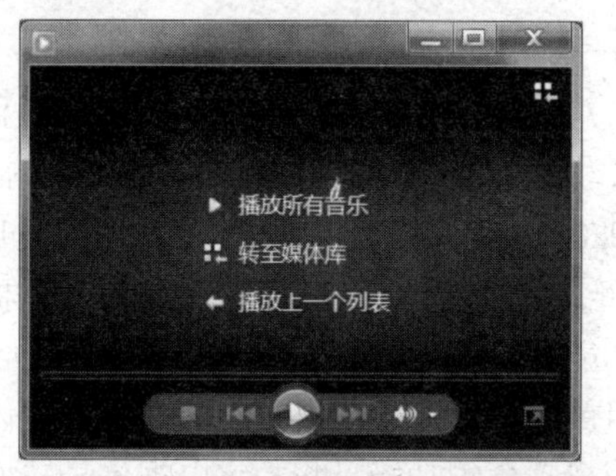

图 1-1-15　Windows 7 媒体播放机的播放界面

5. Windows Live 影音制作

Windows Live 影音制作是 Windows Live 套件的一部分，可以对视频、图片进行个性化处理，如添加过渡特技、平移和缩放效果、视觉效果、文本及其他特殊修饰，可以为视频添加音乐。使用 Windows Live 制作影片的一般流程是：获取素材→编辑图片及视频→编辑配乐→预览→保存和发布影片。

1.4　其他多媒体终端

多媒体终端是指多媒体产品的承载设备，是用户使用多媒体产品、感受多媒体内容的有形载体。当前主流的多媒体终端除了计算机外，还包括智能手机以及数字电视等数字电子产品。

1.4.1　智能手机

智能手机，是指像个人计算机一样，具有独立的操作系统和独立的运行空间，可以由用户自行安装软件、游戏、导航等第三方服务商提供的应用程序，并可以通过移动通信网络或无线局域网等实现 Internet 接入的这样一类手机的总称。

智能手机具有优秀的操作系统、可自由安装各类软件、完全大屏的全触屏式操作感这三大特性。智能手机的著名品牌有：苹果、三星、诺基亚、HTC 以及联想 Lenovo、华为 HUAWEI、小米 Mi、步步高（VIVO）、中兴（ZTE）、酷派（Coolpad）、魅族（MEIZU）、欧珀（OPPO）、金立（GIONEE）、天宇（天语）K-Touch 等。

智能手机的三大主流操作系统分别是 Google 公司的 Android 系统、苹果公司的 iOS 系统以及微软 Windows Phone 系统。智能手机不仅可以进行传统的通信（通话、短信等），还可以拍摄照片、视频、上网以及安装第三方服务商提供的各类应用程序。在苹果公司革命性的创新产品 iPhone 的带领下，智能手机开启了一个移动多媒体时代。

1.4.2　数字电视

数字电视是一个从节目采集、节目制作、节目传输直到用户端收看，都以数字方式处理信号的系统。2006 年 12 月，荷兰就已经停播地面模拟电视，成为世界上首个实现电视数字化的国家。最近几年，我国也在大力推行由电视模拟信号向数字信号的转换，于 2015 年前在全国范围关闭模拟信号。其具体传输过程是：由电视台送出的图像及声音信号，经数字压缩和数字调制后，形成数字电视信号，经过卫星、地面无线广播或有线电缆等方式传送；由数字电视接收后，通过数字解调和数字视音频解码处理还原出原来的图像及伴音。因为全过程均采用数字技术处理，因此信号损失小，接收效果好。

高清数字电视（HDTV）是数字电视的一种，是水平扫描行数至少为 720 行的高解析度的电视，宽屏模式为 16 : 9，并且采用多通道传送。HDTV 的扫描格式共有 3 种，即 1280×720 像素、1920×1080 像素和 1920×1080 像素，我国采用的是 1920×1080i/50 Hz。

HDTV 数字高清电视机，可以划分为“一体机”和“分体机”。“一体机”就是在电视显示器中内置机顶盒的完整功能（信源解码、信道解码、条件接收）。“分体机”是不带机顶盒的数字电视显示器。其实目前市场上的数字电视机大多属于分体机，用户需购置机顶盒后才能收看数字高清电视节目，机顶盒的功能是将数字电视信号转换成模拟信号，这样用户使用普通的模拟电视机就可以收看数字电视节目。

1.5　多媒体技术的应用

在多媒体技术应用的诸多领域，往往集文字、图形、图像、声音、视频及网络、通信等多项技术于一体，通过计算机和通信设备的数字记录与传送，对上述各种媒体进行处理。

1.5.1　教育领域

多种形式的多媒体教学手段已经在大、中、小学推广，如利用多媒体电子教案进行教学、网络多媒体远程教育、在课程中利用多媒体技术模拟交互过程、仿真工艺过程等。合理地进行多媒体教学，可改善教学效果，给教师和学生的教与学带来极大的方便。

图 1-1-16 所示为《中国最美古词》多媒体教学课件中的交互式画面。

图 1-1-16　学习古词《青玉案》

1.5.2　通信领域

多媒体通信技术将多媒体技术与网络技术相结合，借助局域网、广域网或移动通信网为用户提供多媒体信息服务。与多媒体通信技术相关的应用领域主要有多媒体电话视频会议、网络视频点播、多媒体信件、远程医疗诊断、远程图书馆等。这些应用使人们的工作、生活和学习发生了深刻的变革。

图 1-1-17 所示为视频会议的示意图；图 1-1-18 所示为远程诊疗示意图。

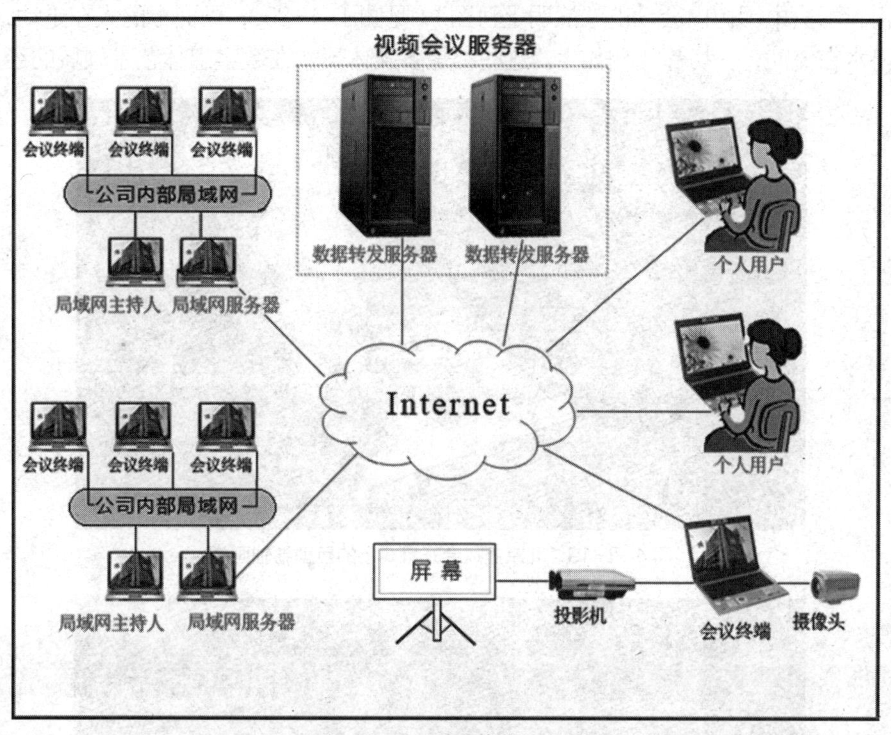

图 1-1-17　视频会议示意图

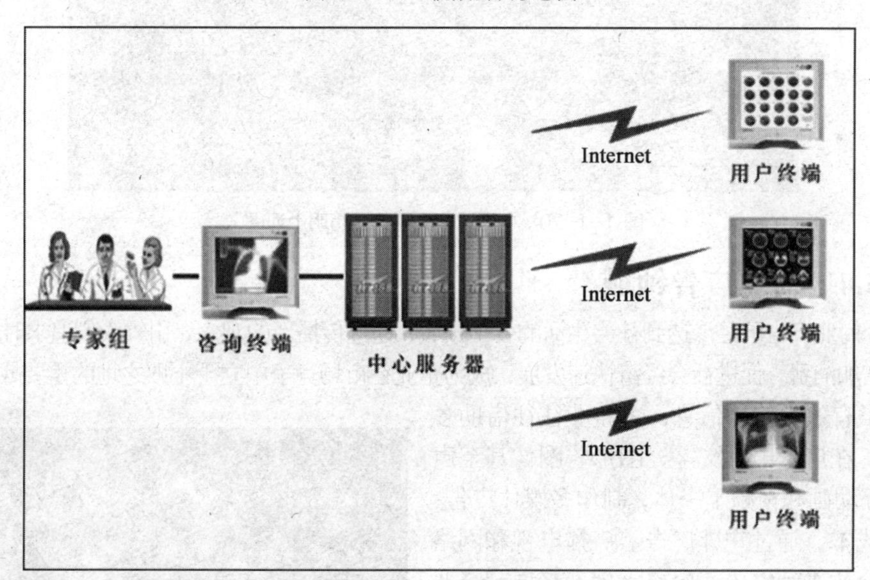

图 1-1-18　远程诊疗示意图

1.5.3　数字媒体艺术领域

数字媒体艺术，或称多媒体艺术，是以多媒体技术为基础发展起来的一个新兴领域，是多媒体技术与传统艺术的结合，包括计算机平面设计、数字图形图像（如数字绘画、数字摄影艺术等）、计算机动画、网络艺术、数字音乐、数字视频等领域。目前，数字媒体艺术在我国尚处于起步阶段，但已经受到人们越来越广泛的关注，其发展前景不可限量。

2008 年北京奥运会开幕式上美轮美奂的光影效果、巨型卷轴画卷（见图 1-1-19），2010 年的上海世博会中国馆内会动的“清明上河图”（见图 1-1-20），画面上的人在走动，旗帜在飘扬，河水在流动，一切都栩栩如生。这些都是多媒体技术在数字媒体艺术领域的经典应用。

图 1-1-19 北京奥运会开幕式上的巨型卷轴画卷

图 1-1-20 中国馆内会动的“清明上河图”

1.5.4 商业广告领域

如今商业广告已经渗透到社会生活的各个领域，通过传播新的观念，引领人们追求时尚、感受生活、增加消费，促进社会经济快速发展，成为企业在市场竞争中立于不败之地的重要战略手段。

为了有效地传播信息，各企业往往借助多种媒体，在广告中集文字、图形、图像甚至声音、交互动画和视频于一体，制作多媒体广告；并不惜成本，通过户外广告、广播电视和网络等各种介质进行宣传，向广大消费者展示企业理念、产品信息及操作方法等。多媒体广告一般可以获得更好的广告效应。

图 1-1-21 企业视频广告

图 1-1-21 所示为五粮液集团视频广告中的画面。

1.5.5 电子出版领域

电子出版是多媒体技术应用的一个重要方面。电子出版物是利用计算机技术将图、文、声、像等信息存储在以磁、光、电为介质的设备中，借助于特定的设备来读取、复制、传输。电子出版物如电子书、电子杂志等，可以将文字、图像、声音、动画、视频等多种信息集成为一体，表现形式丰富，存储密度高。电子出版物的容量大、体积小、成本低、检索快、易于保存和复制。用多媒体工具可以制作各种电子出版物，例如教材、地图、商业手册等，市场潜力巨大，发展前景可观。

近年来，Amazon 公司推出 Kindle 电子阅览器作为一种"硬件+内容"的电子出版物风靡全球，用户可以通过无线网络使用 Amazon Kindle 购买、下载和阅读电子书、报纸、杂志、博客及其他电子媒体。Kindle 公司除了丰富的资源外，还提供对网络的支持功能（包含 Wi-Fi 和 3G 两种网络方式）。Kindle 已于 2013 年 6 月正式在国内上市，其中 Kindle 电子阅读器和 Kindle Fire 平板电脑同步入华销售。

1.5.6 人工智能模拟领域

人工智能主要研究如何使用计算机多媒体技术去完成以前需要人的智力才能够完成的工作；或者说是研究如何借助多媒体计算机的软硬件系统模拟人类智能行为的基本理论、方法、技术和应用系统的一门新的技术科学。如进行军事领域的作战指挥与作战模拟、飞行模拟，利用机器人协助人类工作（生产业、建筑业，或是危险的工作）等，如图 1-1-22 所示。

除了上述领域之外，多媒体技术还应用于办公自动化、旅游等领域。

图 1-1-22 利用机器人协助人类工作

习题与思考

一、选择题

1. Windows 7 中的多媒体工具不包括__________。

   A. 录音机　　B. CD 播放器　　C. 媒体播放机　　D. 音量控制

2. 多媒体计算机系统的软件系统不包括__________。

   A. 多媒体操作系统　　B. 多媒体信息处理工具

   C. 多媒体设备驱动程序　　D. 多媒体应用软件

3. 以下不属于多媒体信息加工工具的是__________。

   A. Authorware　　B. Photoshop

   C. Word　　D. Audio Editor

4. Windows 7 的媒体播放机主要用于__________。

A. 播放声音和视频 B. 编辑声音和视频
C. 为声音和视频添加特效 D. 录制声音

5. 一种比较确切的说法是，多媒体计算机是能够＿＿＿＿＿的计算机。
A. 接收多种媒体信息 B. 输出多种媒体信息
C. 播放 CD 音乐 D. 将多种媒体信息融为一体进行处理

6. 多媒体个人计算机在对声音信息进行处理时，必须配置的设备是＿＿＿＿＿。
A. 扫描仪 B. 光盘驱动器 C. 音频卡（声卡）D. 话筒

7. 目前使用的数据 CD 光盘的容量大约是＿＿＿＿＿MB。
A. 650 B. 2.88 C. 280 D. 1440

8. 下列多媒体信息处理软件中，＿＿＿＿＿是专门用来制作网页的。
A. Photoshop 与 Gif Animation B. Flash 与 Dreamweaver
C. Authorware 与 Flash D. FrontPage 与 Dreamweaver

9. 在 Windows 7 中，要将声音分配给事件，应在“控制面板”中单击＿＿＿＿＿图标。
A. 时钟、语言和区域 B. 程序
C. 系统和安全 D. 硬件和声音

10. 在 Windows 7 中，要想打开或关闭 Windows 功能，可在“控制面板”中单击＿＿＿＿＿图标。
A. 硬件和声音 B. 程序
C. 用户账户 D. 系统和安全

11. 在多媒体系统中，用户不是被动接受而是积极参与其中的活动。用户这种反应和参与主要体现了多媒体技术的＿＿＿＿＿。
A. 实时性 B. 集成性 C. 交互性 D. 共享性

12. 一个电子地图不仅有数字化地图图片，而且还有相应地名、建筑物的链接，还包括语音注解等，这主要体现了多媒体技术的＿＿＿＿＿。
A. 实时性 B. 集成性 C. 交互性 D. 共享性

13. 多媒体计算机系统中用于输入/输出音频信息的硬件设备是＿＿＿＿＿。
A. 显卡 B. 网卡 C. 存储卡 D. 声卡

14. 下列不属于图像输入设备的是＿＿＿＿＿。
A. 数码照相机 B. 数码摄像机 C. 扫描仪 D. 投影仪

15. 以下不属于多媒体个人计算机系统的软件系统的是＿＿＿＿＿。
A. 多媒体操作系统 B. 多媒体交换系统
C. 多媒体信息处理工具 D. 多媒体应用软件

16. 以下不属于多媒体信息加工范畴的是＿＿＿＿＿。
A. 图形图像处理 B. 动画制作 C. 视频处理 D. 视频会议

17. 以下不能用于视频处理的软件是＿＿＿＿＿。
A. Ulead Video Editor B. Adobe Premiere
C. Adobe After Effects D. Adobe Audition

18. 以下不能用于声音处理的软件是＿＿＿＿＿。
A. Ulead Audio Editor B. Cake Walk
C. Maya D. Adobe Audition

19. 对数码相机拍摄的照片进行修正处理以弥补直接拍摄的不足，最合适的软件是＿＿＿＿。

A. Ulead Audio Editor　　B. Maya

C. Photoshop　　D. Director

20. 多媒体计算机技术中的“多媒体”，可以认为是＿＿＿＿。

A. 文字、图形、图像、声音、动画等　　B. 因特网、Photoshop 等

C. 多媒体个人计算机、Ipad　　D. 磁带、磁盘、光盘等实体

21. MP3 是＿＿＿＿。

A. 字符的数字化格式　　B. 声音的数字化格式

C. 图形的数字化格式　　D. 动画的数字化格式

22. 以下和多媒体通信技术不相关的领域是＿＿＿＿。

A. 多媒体电话视频会议　　B. 多媒体电子邮件

C. 远程医疗诊断　　D. 网络艺术

23. 以下不属于 Windows 7 中的多媒体工具的是＿＿＿＿。

A. Illustrator　　B. Windows Media Player

C. 录音机　　D. Windows Media Center

24. 以下不属于图形图像处理软件的是＿＿＿＿。

A. Photoshop　　B. Premiere

C. CorelDraw　　D. Illustrator

25. 以下与音频卡无连接的输入/输出设备为＿＿＿＿。

A. 话筒　　B. 扫描仪

C. MIDI 合成器　　D. 扬声器

26. 以下不属于视频卡的是＿＿＿＿。

A. 视频叠加卡　　B. MPEG 卡

C. VCR 卡　　D. TV 卡

27. CD-ROM 的容量通常为 650 MB。DVD-ROM 的容量要大得多，单面单层 DVD-ROM 的容量是 4.7 GB，相当于 7 张 CD-ROM 的容量；双面双层 DVD-ROM 的容量是＿＿＿＿。

A. 9.4 GB　　B. 12 GB

C. 17.7 GB　　D. 20 GB

二、填空题

1. Windows 7 录音机主要支持扩展名为＿＿＿＿的声音文件。

2. 多媒体个人计算机系统包括多媒体计算机＿＿＿＿系统和多媒体计算机＿＿＿＿系统。

3. ＿＿＿＿是利用多媒体信息处理工具开发，运行于多媒体计算机上，能够为用户提供某种用途的软件。

4. 音频卡又称声卡，主要功能是实现音频信号的 A/D 和＿＿＿＿转换。

5. 视频技术通过软件、硬件都能够实现，但目前使用较多的是＿＿＿＿。

6. 多媒体个人计算机系统的软件系统包括：＿＿＿＿、＿＿＿＿和＿＿＿＿3 个层次。

7. 多媒体通信技术将＿＿＿＿技术与＿＿＿＿技术相结合，借助局域网与广域网为

用户提供多媒体信息服务。

8. 多媒体操作系统在__________空间不足时，能够通过虚拟内存技术，借助__________空间的交换来扩展内存空间。

9. 音频卡又称为__________，是最基本的多媒体声音处理设备，其功能是实现声音的A/D和D/A转换。

10. __________和采样分辨率是影响音频卡性能的两个重要因素。

11. CD-ROM驱动器简称为_______________，是用于光盘读写操作的设备。可以分为__________式和__________式两种。

12. 光盘是利用__________技术实现数据读写的大容量存储器。按读写功能分类，光盘可分为__________光盘(CD-ROM 等)、一次写__________光盘(CD-R 等)和__________光盘(CD-RW 等)3种。

13. 在各种视频卡中，视频叠加卡用于将标准视频信号经A/D 转换与VGA 信号进行叠加；视频捕捉卡（又称视频采集卡）用于将模拟的视频信号转换成数字化的视频信号，以__________文件格式存储在计算机中。

14. MPC联盟规定多媒体计算机系统至少由5 个基本组成部分：PC、CD-ROM、__________、Windows 操作系统、一组音箱或耳机。

15. __________也是多媒体技术的一个重要特征，通过它不但能够即时获取某个领域的最新信息，还可以不断深入，最终得到该领域无限扩展的内容。它同时也改变了人们循序渐进的信息认知方式，形成了联想式的认知方式。

16. __________是 Windows 7 的多媒体特性中最为引人注目的功能之一。所有操作都基于图形化效果，可以以电影幻灯片的形式查看照片，通过封面浏览音乐集，轻松播放DVD、观看并录制各类视频等。

17. 利用 Windows 7 的__________可以将 CD 上的曲目复制到计算机中，形成*.wma 格式的文件。

18. 数字媒体艺术是以多媒体技术为基础发展起来的一个新兴领域，是__________技术与__________的结合，包括计算机平面设计、数字图形图像(如数字绘画、数字摄影艺术等)、计算机动画、网络艺术、数字音乐、数字视频等诸多领域。

19. 计算机领域中的媒体概念有两层含义：第一层含义是指传递信息的__________，如文本、声音、图形、图像、动画、影视等；第二层含义是指用以存储上述信息的__________，如磁带、磁盘、光盘、各种移动存储卡等。

20. 一个功能较齐全的多媒体个人计算机系统应该包括__________部分、__________部分、__________部分、打印部分和刻录部分。

21. 从信号处理的角度出发可把附加的多媒体设备分为__________和__________两大类。

三、思考题

1. 简述 Windows 7 的录音机和媒体播放机的功能。

2. 在录音和放音时如何进行音量控制?

3. 怎样将声音方案分配给系统事件?

4. 联系实际，举例说明多媒体技术在一些领域的应用情况。

PART 1

第 2 章 图形、图像处理

2.1 基本概念

为了更好地学习和掌握图形图像处理的实用技术，了解相关的一些基本概念是必要的。

2.1.1 位图与矢量图

数字图像分为两种类型：位图与矢量图。在实际应用中，二者为互补关系，各有优势。只有相互配合，取长补短，才能达到最佳表现效果。

1. 位图

位图也叫点阵图、光栅图或栅格图，由一系列像素点阵列组成。像素是构成位图图像的基本单位，每个像素都被分配一个特定的位置和颜色值。位图图像中所包含的像素越多，其分辨率越高，画面内容表现得越细腻；但文件所占用的存储量也就越大。位图缩放时将造成画面的模糊与变形（见图 1-2-1）。

数码相机、数码摄相机、扫描仪等设备和一些图形图像处理软件（如 Photoshop、Corel PHOTO-PAINT、Windows 的绘图程序等）都可以产生位图。

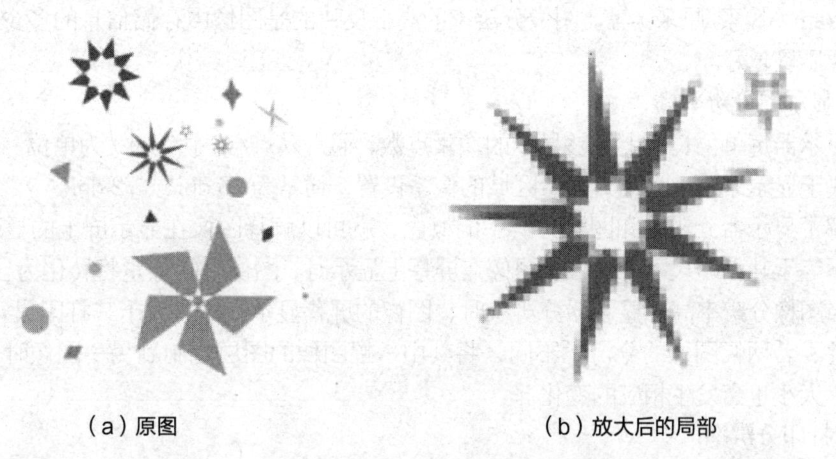

（a）原图　　（b）放大后的局部

图 1-2-1　位图

2. 矢量图

矢量图就是利用矢量描述的图。图中各元素（这些元素称为对象）的形状、大小都是借助数学公式表示的，同时调用调色板表现色彩。矢量图形与分辨率无关，缩放多少倍都不会影响画质（见图 1-2-2）。

能够生成矢量图的常用软件有 CorelDraw、Illustrator、Flash、AutoCAD、3ds Max、Maya 等。

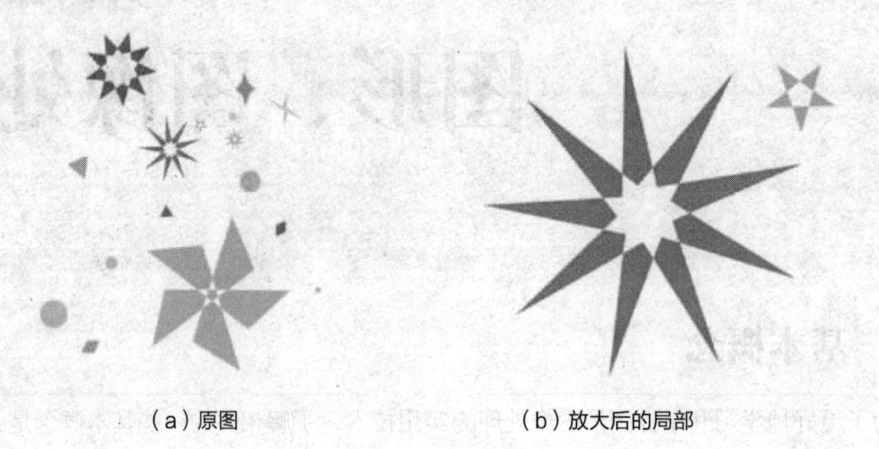

（a）原图　　（b）放大后的局部

图 1-2-2　矢量图

一般情况下，矢量图所占用的存储空间较小，而位图则较大。位图图像擅长表现细腻柔和、过渡自然的色彩（渐变、阴影等），内容更趋真实，如风景照、人物照等。矢量图形则更适合绘制平滑、流畅的线条，可以无限放大而不变形，常用于图形设计、标志设计、图案设计、字体设计、服装设计等。

2.1.2 分辨率

根据不同的设备和用途，分辨率的概念有所不同。

1．图像分辨率

指图像每单位长度上的像素点数。单位通常采用 Pixels/Inch（像素/英寸，常缩写为 ppi）或 Pixels/cm（像素/厘米）等。图像分辨率的高低反映的是图像中存储信息的多少，分辨率越高，图像质量越好。

2．显示器分辨率

指显示器每单位长度上能够显示的像素点数，通常以点/英寸（dpi）为单位。显示器的分辨率取决于显示器的大小及其显示区域的像素设置，通常为 96 dpi 或 72 dpi。

理解了显示器分辨率和图像分辨率的概念，就可以解释图像在显示屏上的显示尺寸为什么常常不等于其打印尺寸的原因。图像在屏幕上显示时，图像中的像素将转化为显示器像素。此时，当图像分辨率高于显示器分辨率时，图像的屏幕显示尺寸将大于其打印尺寸。

另外，若两幅图像的分辨率不同，将其中一幅图像的图层复制到另一图像时，该图层图像的显示大小也会发生相应的变化。

3．打印分辨率

指打印机每单位长度上能够产生的墨点数，通常以点/英寸（Dots/Inch，dpi）为单位。一般激光打印机的分辨率为 600 dpi ~ 1200 dpi；多数喷墨打印机的分辨率为 300 dpi ~ 720 dpi。

4．扫描分辨率

扫描仪在扫描图像时，将源图像划分为大量的网格，然后在每一网格里取一个样本点，以其颜色值表示该网格内所有点的颜色值。按上述方法在源图像每单位长度上能够取到的样本点数，称为扫描分辨率，通常以点/英寸（Dots/Inch）为单位。可见，扫描分辨率越高，扫描得到的数字图像的质量越好。扫描仪的分辨率有光学分辨率和输出分辨率两种，购买时主要考虑的是光学分辨率。

5. 位分辨率

位分辨率是指计算机采用多少个二进制位表示像素点的颜色值，也称位深。位分辨率越高，能够表示的颜色种类越多，图像色彩越丰富。

对于 RGB 图像来说，24 位（红、绿、蓝 3 种原色各 8 位，能够表示 2^{24} 种颜色）以上称为真彩色，自然界里肉眼能够分辨出的各种色光的颜色都可以表示出来。

2.1.3 常用的图形图像文件格式

一般来说，不同的图像压缩编码方式决定数字图像的不同文件格式。了解不同的图像文件格式，对于选择有效的方式保存图像，提高图像质量，具有重要意义。

- BMP 格式：BMP 是 Bitmap（位图）的简写，是 Windows 系统的标准图像文件格式，应用广泛。Windows 环境中的几乎所有图文处理软件都支持 BMP 格式。BMP 格式采用无损压缩或不压缩的方式，包含的图像信息丰富，但文件容量较大。BMP 格式支持黑白、16 色、256 色和真彩色。
- PSD 格式：是 Photoshop 的基本文件格式，能够存储图层、通道、蒙版、路径和颜色模式等各种图像信息，是一种非压缩的原始文件格式。PSD 文件容量较大，但由于可以保留几乎所有的原始信息，对于尚未编辑完成的图像，最好选用 PSD 格式进行保存。
- JPEG（JPG）格式：是目前广泛使用的位图图像格式之一，属有损压缩，压缩率较高，文件容量小，但图像质量较高。该格式支持 24 位真彩色，适合保存色彩丰富、内容细腻的图像，如人物照、风景照等。JPEG（JPG）是目前网上主流图像格式之一。
- GIF 格式：是无损压缩格式，分静态和动态两种，是当前广泛使用的位图图像格式之一，最多支持 8 位即 256 种彩色，适合保存色彩和线条比较简单的图像，如卡通画、漫画等（该类图像保存成 GIF 格式将使数据量得到有效压缩）。GIF 图像支持透明色，支持颜色交错技术，是目前网上主流图像格式之一。
- PNG 格式：PNG 格式是可移植网络图形（Portable Network Graphic）的英文缩写，是专门针对网络使用而开发的一种无损压缩格式。PNG 格式支持透明色，但与 GIF 格式不同的是，PNG 格式支持矢量元素，支持的颜色多达 32 位，支持消除锯齿边缘的功能，因此可以在不失真的情况下压缩保存图形图像；PNG 格式还支持 1～16 位的图像 Alpha 通道。PNG 格式的发展前景非常广阔，被认为是未来 Web 图形图像的主流格式。
- TIFF 格式：TIFF 格式应用得非常广泛，主要用于在应用程序之间和不同计算机平台之间交换文件。几乎所有的绘图软件、图像编辑软件和页面排版软件都支持 TIFF 格式；几乎所有的桌面扫描仪都能产生 TIFF 格式的图像。TIFF 格式支持 RGB、CMYK、Lab、索引和灰度、位图等多种颜色模式。
- PDF 格式：PDF 格式是可移植文档格式（Portable Document Format）的英文缩写。PDF 格式适用于各种计算机平台；是可以被 Photoshop 等多种应用程序所支持的通用文件格式。PDF 文件可以存储多页信息，其中可包含文字、页面布局、位图、矢量图、文件查找和导航功能（例如超链接）。PDF 格式是 Adobe Illustrator 和 Adobe Acrobat 软件的基本文件格式。
- WMF 格式：WMF 格式是 Windows 中常见的一种图元文件格式，全称 Windows Metafile Format，属于矢量文件格式。整个图形往往由多个独立的图形元素拼接而成，文件短小，多用于图案造型，但所呈现的图形一般比较粗糙。

- CDR 格式：CDR 格式是矢量绘图大师 CorelDRAW 的源文件格式，一般文件容量较小，可无级缩放而不模糊变形（这也是所有矢量图的优点）。CDR 格式在兼容性上较差，只能被 CorelDraw 之外的极少数图形图像处理软件（如 Illustrator）打开或导入。即使在 CorelDraw 的不同版本之间，CDR 格式的兼容性也不太好。
- AI 格式：AI 格式是著名的矢量绘图软件 Adobe Illustrator 的源文件格式，其兼容性优于 CDR 格式，可以直接在 Photoshop 和 CorelDraw 等软件中打开，也可以导入 Flash。与 PSD 文件类似，AI 文件也是一种分层文件，用户可将不同的对象置于不同的层上分别进行管理。区别在于 AI 文件基于矢量输出，而 PSD 文件基于位图输出。

其他比较常见的图形图像文件格式还有 TGA、PCX、EPS 等。

2.1.4 常用的图形图像处理软件

常用的图形图像处理软件有 Photoshop、CorelDRAW、Illustrator、AutoCAD、3ds Max 等。

1．Photoshop

Photoshop 是美国 Adobe 公司推出的一款专业的图形图像处理软件，广泛应用于影像后期处理、平面设计、数字相片修饰、Web 图形制作、多媒体产品设计制作等领域，是同类软件中当之无愧的图像处理大师。Photoshop 处理的主要是位图图像，但其路径造型功能也非常强大，几乎可以与 CorelDRAW 等矢量绘图大师相媲美。与其他同类软件相比，Photoshop 在图像处理方面具有明显的优势，是多媒体作品制作人员和平面设计爱好者的首选工具之一。

2．CorelDRAW

CorelDRAW 是由加拿大 Corel 公司推出的一流的平面矢量绘图软件，功能强大，使用方便。集图形设计、文本编辑、位图编辑、图形高品质输出于一体。CorelDRAW 主要用于平面设计、工业设计、CIS 形象设计、绘图、印刷排版等领域，深受广大图形爱好者和专业设计人员的喜爱。

3．Illustrator

Illustrator 是由美国 Adobe 公司开发的一款重量级平面矢量绘图软件，是出版、多媒体和网络图像工业的标准插图软件，功能强大。Illustrator 在桌面出版领域具有明显的优势，是出版业使用的标准矢量工具。Illustrator 能够方便地与 Photoshop、CorelDRAW、Flash 等软件进行数据交换。

4．AutoCAD

AutoCAD 是美国 Autodesk 公司生产的计算机辅助设计软件，用于二维绘图和基本三维设计，是众多 CAD 软件中最具影响力、使用人数最多的一个，主要应用于工程设计与制图。AutoCAD 的通用性较强，能够在各种计算机平台上运行，并可以进行多种图形格式的转换，具有很强的数据交换能力，目前已经成为国际上广为流行的绘图工具。

5．3ds Max

3ds Max 是由美国 Autodesk 公司开发的三维矢量造型和动画制作软件，主要应用于模拟自然界、设计工业品、建筑设计、影视动画制作、游戏开发、虚拟现实技术等领域。在众多的三维软件中，由于 3ds Max 开放程度高，学习难度相对较小，功能比较强大，完全能够胜任复杂图形与动画的设计要求；因此，3ds Max 成为目前用户群最庞大的一款三维创作软件。

上述软件各有优势，若能够配合使用，就可以创作出质量更高的图形图像作品。例如在制作室内外效果图时，最好先使用 AutoCAD 建模，然后在 3ds Max 中进行材质贴图和灯光处理，最后在 Photoshop 中进行后期处理，如添加人物和花草树木等。

2.2 图像处理大师 Photoshop

2.2.1 基本工具

1. 选择工具

在 Photoshop 中，选择工具的作用是创建选区，选择要编辑的图像区域，并保护选区外的图像免受破坏。数字图像的处理往往是局部的处理，首先需要在局部创建选区；选区创建得准确与否，直接关系到图像处理的质量。因此，选择工具在 Photoshop 中有着特别重要的地位。Photoshop 的选择工具包括选框工具组、套索工具组和魔棒工具组。

（1）矩形选框工具

矩形选框工具与椭圆选框工具用于创建规则几何形状的选区。在工具箱上选择“矩形选框工具”，按下鼠标左键拖动鼠标光标，通过确定对角线的长度和方向创建矩形选区。矩形选框工具的选项栏参数如图 1-2-3 所示。

图 1-2-3　矩形选框工具的选项栏参数

① 选区运算按钮

● “新选区” ：默认选项，作用是创建新的选区。若图像中已经存在选区，新创建的选区将取代原有选区。

● “添加到选区” ：将新创建的选区与原有选区进行求和（并集）运算。

● “从选区减去” ：将新创建的选区与原有选区进行减法（差集）运算。结果是从原有选区中减去与新选区重叠的选区。

● “与选区交叉” ：将新创建的选区与原有选区进行交集运算。结果保留新选区与原有选区重叠的选区。

② 羽化

羽化的实质是以创建时的选区边界为中心，以所设置的羽化值为半径，在选区边界内外形成一个渐变的选择区域。这是一个有趣而实用的参数，可用来创建渐隐的边缘过渡效果（试一试，对羽化的选区进行填色）。

“羽化”参数必须在选区创建之前设置才有效。与之对应的是，使用菜单命令“选择|修改|羽化”可以对已经创建好的选区进行羽化。

③ 消除锯齿

作用是消除选区边缘的锯齿，以获得边缘更加平滑的选区。

④ 样式

● 正常：默认选项。通过拖动鼠标光标随意指定选区的大小。

● 固定比例：按指定的长宽比，通过拖动鼠标光标创建选区。

● 固定大小：按指定的长度和宽度的实际数值（默认单位是像素），通过单击创建选区。若想改变单位，可通过右键单击“长度”或“宽度”数值框，从快显菜单中选择其他单位。

⑤ 调整边缘

“调整边缘”按钮用于动态地对现有选区的边缘进行更加细微的调整，如边缘的范围、对比度、平滑度和羽化度等，还可以对选区的大小进行扩展或收缩。

（2）椭圆选框工具

按下鼠标左键拖动鼠标光标，创建椭圆形选区。其选项栏参数与矩形选框工具的类似。

值得一提的是，利用矩形选框工具或椭圆选框工具创建选区时，若按住 Shift 键，可创建正方形或圆形选区；若按住 Alt 键，则以首次单击点为中心创建选区；若同时按住 Shift 键与 Alt 键，则以首次单击点为中心创建正方形或圆形选区。特别要注意的是，在实际操作中，应先按下鼠标左键，再按键盘功能键（Shift、Alt 或 Shift+Alt），然后拖动鼠标光标创建选区，最后先松开鼠标左键，再松开键盘功能键，选区创建完毕。

（3）套索工具

用于创建手绘的选区，其使用方法如铅笔一样随意。用法如下。

步骤 1　选择“套索工具”，设置选项栏参数。

步骤 2　在待选对象的边缘按下鼠标左键，拖动鼠标光标圈选待选对象。当光标回到起始点时（此时光标旁边将出现一个小圆圈）松开左键可闭合选区；若光标未回到起始点便松开左键，起点与终点将以直线段相连，形成闭合选区。

套索工具用于选择与背景颜色对比不强烈且边缘复杂的对象。

（4）多边形套索工具

用于创建多边形选区，用法如下。

步骤 1　选择“多边形套索工具”，设置选项栏参数。

步骤 2　在待选对象的边缘某拐点上单击，确定选区的第 1 个紧固点；将光标移动到相临拐点上再次单击，确定选区的第 2 个紧固点；依次操作下去。当光标回到起始点时（此时光标旁边将出现一个小圆圈）单击可闭合选区；当光标未回到起始点时，双击可闭合选区。

多边形套索工具适合选择边界由直线段围成的对象。

在使用多边形套索工具创建选区时，按住 Shift 键，可以确定水平、竖直或方向为 45° 倍数的直线段选区边界。

（5）磁性套索工具

磁性套索工具特别适用于快速选择与背景颜色对比强烈且边缘复杂的对象。其特有的选项栏参数如下。

● 宽度：指定检测宽度，单位为像素。磁性套索工具只检测从指针开始指定距离内的边缘。

● 对比度：指定磁性套索工具跟踪对象边缘的灵敏度，取值范围 1%～100%。较高的数值只检测指定距离内对比强烈的边缘；较低的数值可检测到低对比度的边缘。

● 频率：指定磁性套索工具产生紧固点的频度，取值范围 0～100。较高的频率将在所选对象的边界上产生更多的紧固点。

● 绘图板压力：该参数针对使用光笔绘图板的用户。选择该按钮，增大光笔压力将导致边缘宽度减小。

磁性套索工具的一般使用方法如下。

步骤 1　选择“磁性套索工具”，根据需要设置选项栏参数。

步骤 2　在待选对象的边缘单击，确定第 1 个紧固点。

步骤 3　沿着待选对象的边缘移动光标，创建选区。在此过程中，磁性套索工具定期将紧固点添加到选区边界上。

步骤 4　若选区边界不易与待选对象的边缘对齐，可在待选对象的边缘的适当位置单击，手动添加紧固点；然后继续移动鼠标光标选择对象。

步骤 5　当光标回到起始点时（此时光标旁边将出现一个小圆圈）单击可闭合选区。当光标未回到起始点时，双击可闭合选区；但起点与终点将以直线段连接。

使用磁性套索工具选择对象时，若待选对象的边缘比较清晰，可设置较大的“宽度”和更高的“对比度”值，然后大致地跟踪待选对象的边缘即可快速创建选区。若待选对象的边缘比较模糊，则最好使用较小的“宽度”和较低的“对比度”值，并更准确地跟踪待选对象的边缘以创建选区。

（6）魔棒工具

魔棒工具适用于快速选择颜色相近的区域。其一般使用方法如下。

步骤 1　选择“魔棒工具”，根据需要设置选项栏参数。

步骤 2　在待选的图像区域内某一点单击。

魔棒工具的选项栏上除了“选区运算”按钮、“消除锯齿”复选框外，还有以下参数：

● 容差：用于设置颜色值的差别程度，取值范围为 0～255，系统默认值为 32。使用魔棒工具选择图像时，其他像素点与单击点的颜色值进行比较，只有差别在“容差”范围内的像素才被选中。一般来说，容差越大，所选中的像素越多。容差为 255 时，将选中整个图像。

● 连续：选中该项，只有容差范围内的所有相邻像素被选中。否则，将选中容差范围内的所有像素。

● 对所有图层取样：选中该项，魔棒工具将从所有可见图层中创建选区；否则，仅考虑当前图层中的像素，依据当前图层的像素创建选区。

（7）快速选择工具

快速选择工具以涂抹的方式“画”出不规则的选区，能够快速选择多个颜色相近的区域；该工具比魔棒工具的功能更强大，使用也更方便快捷。其选项栏如图 1-2-4 所示。

图 1-2-4　快速选择工具的选项栏参数

● 画笔大小：用于设置快速选择工具的笔触大小、硬度和间距等属性。

● 自动增强：选中该项，可自动加强选区的边缘。

其余选项与其他选择工具对应的选项作用相同。

当待选区域和其他区域分界处的颜色差别较大时，使用快速选择工具创建的选区比较准确。另外，当要选择的区域较大时，应设置较大的笔触涂抹；当要选择的区域较小时，应改用小的笔触涂抹。

2．绘画与填充工具

绘画与填充工具包括笔类工具组、橡皮擦工具组、填充工具组、形状工具组、文字工具组和吸管工具组。使用这些工具能够最直接、最方便地修改或创建图像，如绘制线条、擦除颜色、填充颜色、绘制各种形状、创建文字、吸取颜色等。

（1）画笔工具

画笔工具的用法相对比较简单。选择“画笔工具”后，在图像上通过拖动绘制线条。其选项栏参数如图 1-2-5 所示。

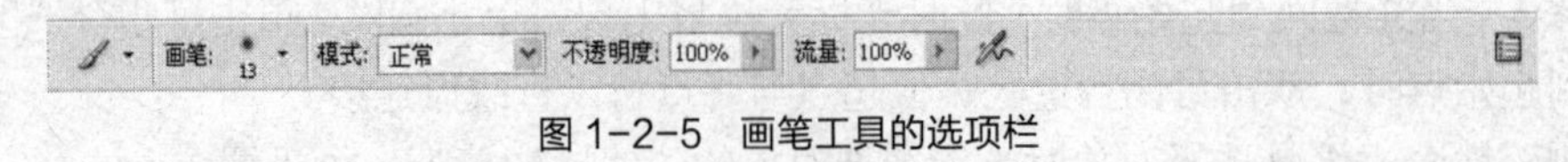

图 1-2-5　画笔工具的选项栏

● 画笔：单击打开“画笔预设选取器”（见图 1-2-6），从中选择预设的画笔笔尖形状，并可更改预设画笔笔尖的大小和硬度。

● 模式：设置画笔模式，使当前画笔颜色以指定的颜色混合模式应用到图像上。默认选项为“正常”。

● 不透明度：设置画笔的不透明度，取值范围为 0%～100%。

● 流量：设置画笔的颜色涂抹速度，取值范围为 0%～100%。

● “喷枪”：选择该按钮，可将画笔转换为喷枪，通过缓慢地拖动鼠标光标或按下左键不放以积聚、扩散喷洒颜色。

● “切换画笔调板”：单击该按钮打开画笔面板（见图 1-2-7），从中选择预设画笔或创建自定义画笔。画笔面板的参数设置如下。

✓ 画笔预设：用于显示预设画笔列表框。通过列表框可选择预设画笔的笔尖形状，更改画笔笔尖的大小。画笔面板底部为预览区，显示选择的预设画笔或自定义画笔的应用效果。

✓ 画笔笔尖形状：用于设置画笔笔尖形状的详细参数，包括形状、大小、翻转、角度、圆度、硬度和间距等（如图 1-2-7 所示）。

在画笔面板中，通过设置“形状动态”“散布”等参数还可以创建特殊的画笔效果。

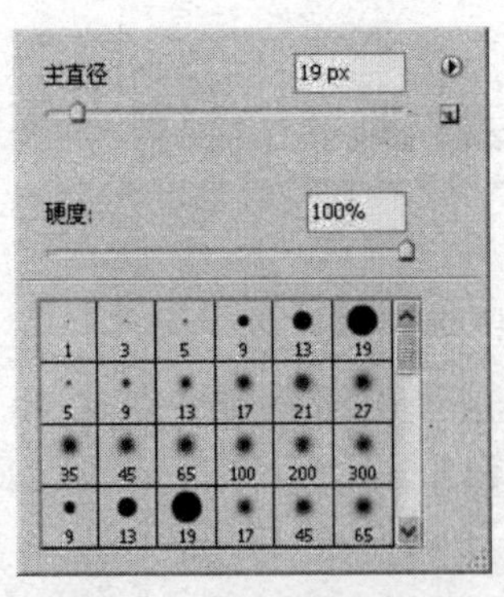

图 1-2-6　画笔预设选取器

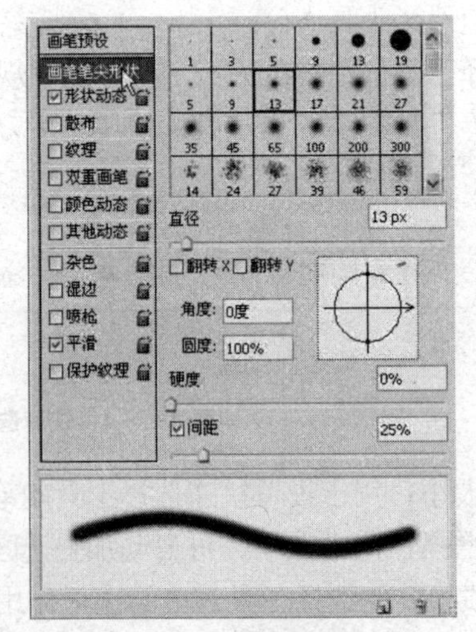

图 1-2-7　画笔面板

（2）铅笔工具

铅笔工具的用法与画笔工具类似。与画笔工具的主要区别是，使用铅笔工具只能绘制硬边线条，且笔画边缘不平滑，锯齿比较明显。

(3) 历史记录画笔工具

可将选定的历史记录状态或某一快照状态绘制到当前图层。其选项栏参数设置与画笔工具相同。

(4) 橡皮擦工具

橡皮擦工具的主要功能是擦除图像上的原有像素。它在不同类型的图层上擦除时，结果是不一样的。在背景图层上擦除时，被擦除区域的颜色以当前背景色取代；在普通图层上可将图像擦成透明色；包含矢量元素的图层（如文字层、形状层等）是禁止擦除的。

另外，通过选中选项栏上的“抹到历史记录”参数，还可以将图像擦除到指定的历史记录状态或某个快照状态。

(5) 油漆桶工具

油漆桶工具用于填充单色（当前前景色）或图案。其选项栏如图 1-2-8 所示。

图 1-2-8 油漆桶工具的选项栏

● 填充类型：包括前景和图案两种。选择“前景”（默认选项），使用当前前景色填充图像。选择“图案”可从右侧的“图案选取器”（见图 1-2-9）中选择某种预设图案或自定义图案进行填充。

● 模式：指定填充内容以何种颜色混合模式应用到要填充的图像上。

● 不透明度：设置填充颜色或图案的不透明度。

● 容差：控制填充范围。容差越大，填充范围越广。取值范围为 0 ~ 255，系统默认值为 32。容差用于设置待填充像素的颜色与单击点颜色的相似程度。

● 消除锯齿：选中该项，可使填充区域的边缘更平滑。

● 连续：默认选项，作用是将填充区域限定在与单击点颜色匹配的相邻区域内。

● 所有图层：选中该项，将基于所有可见图层的拼合图像填充当前层。

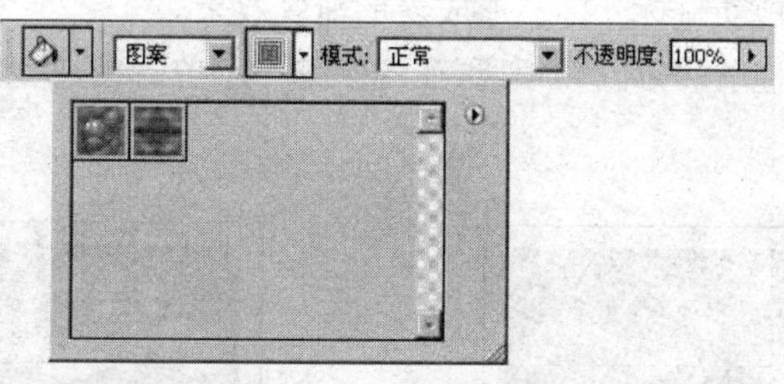

图 1-2-9 图案选取器

(6) 渐变工具

渐变工具用于填充各种过渡色。其选项栏如图 1-2-10 所示。

图 1-2-10 渐变工具的选项栏

● ：单击图标右侧的，可打开“预设渐变色”面板（见图 1-2-11），从中选择所需渐变色。单击图标左侧的，则打开“渐变编辑器”（见图 1-2-12），可对当前选择的渐变色进行编辑修改或定义新的渐变色。

- ：用于设置渐变种类。从左向右依次是线性渐变、径向渐变、角度渐变、对称渐变和菱形渐变。
- 模式：指定当前渐变色以何种颜色混合模式应用到图像上。
- 不透明度：用于设置渐变填充的不透明度。
- 反向：选中该项，可反转渐变填充中的颜色顺序。
- 仿色：选中该项，可用递色法增加中间色调，形成更加平缓的过渡效果。
- 透明区域：选中该项，可使渐变中的不透明度设置生效。

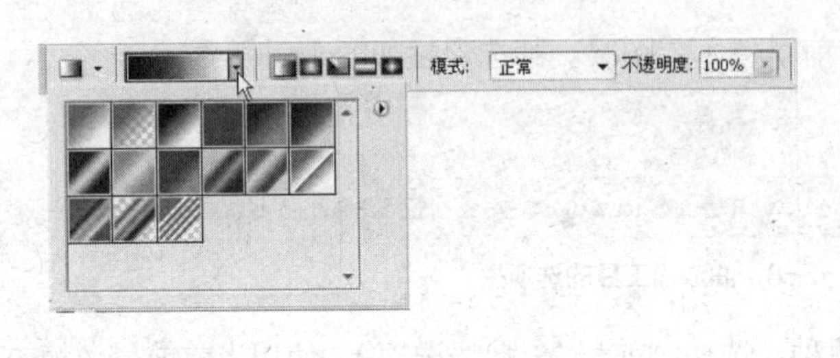

图 1-2-11 “预设渐变色”面板

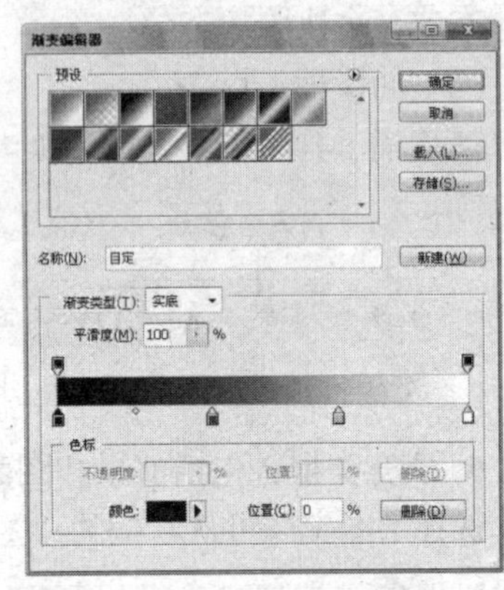

图 1-2-12 渐变编辑器

以下举例说明渐变工具的基本用法。

步骤 1 打开“第 2 章素材/鸡蛋.jpg”，如图 1-2-13 所示。

步骤 2 将前景色设置为白色。

步骤 3 选择“渐变工具”。在选项栏上选择“菱形渐变”（其他选项保持默认：模式-正常，不透明度 100%，不选“反向”，选择“仿色”和“透明区域”）。

步骤 4 打开“预设渐变色”面板，选择“前景色到透明”渐变（第 2 种渐变色）。

步骤 5 在图像上拖动鼠标光标，形成菱形渐变效果。

步骤 6 改变光标拖动的方向和距离，在图像的不同位置创建多个渐变效果，如图 1-2-14 所示。

图 1-2-13 素材图像

图 1-2-14 菱形渐变效果

（7）形状工具

形状工具包括矩形工具、圆角矩形工具、椭圆工具、多边形工具、直线工具和自定形状工具，用于创建形状图层、路径和填充图形。Photoshop CS4 的自定形状工具还为用户提供了丰富多彩的图形资源。自定形状工具的用法如下。

步骤 1　选择“自定形状工具”，在选项栏左端选择“填充像素”按钮□。

步骤 2　在选项栏上单击“形状”右侧的三角按钮，打开“自定形状”面板。从中可选择多种形状。

步骤 3　单击“自定形状”面板右上角的三角按钮，打开面板菜单。通过面板菜单可选择更多的形状添加到“自定形状”面板中，如图 1-2-15 所示。

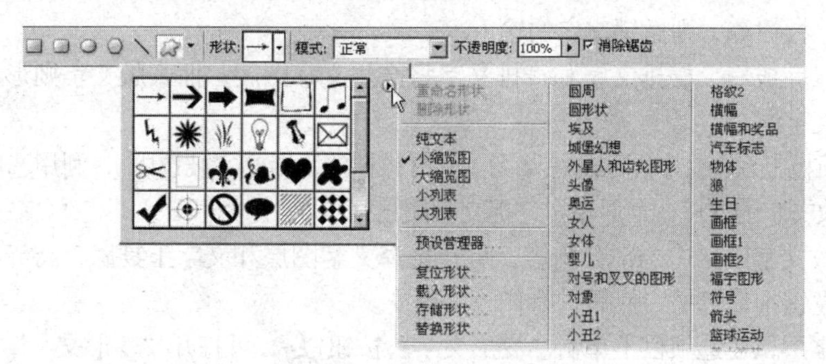

图 1-2-15　“自定形状”面板

步骤 4　设置前景色。在图像中拖动鼠标光标绘制自定形状。按住 Shift 键，可按比例绘制自定形状。

图 1-2-16 所示是使用形状工具绘制的部分图形。

图 1-2-16　绘制自定形状

（8）文字工具

文字工具包括横排文字工具、直排文字工具、横排文字蒙版工具和直排文字蒙版工具。文字工具的选项栏如图 1-2-17 所示。文字工具的用法如下。

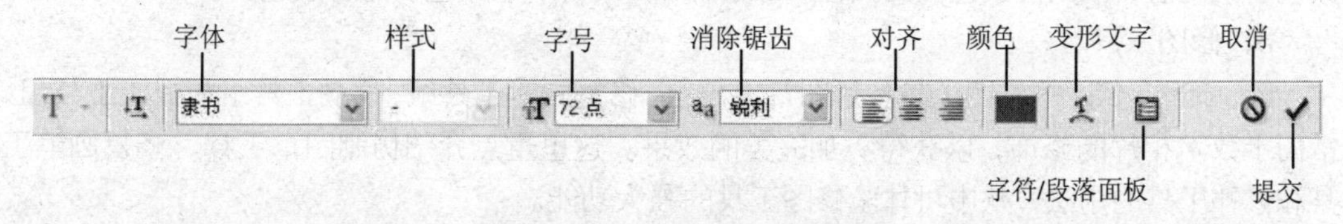

图 1-2-17　文字工具的选项栏

步骤 1　在工具箱上选择所需类型的文字工具。

步骤 2　利用选项栏设置文字的字体、字号、对齐方式和颜色等参数（蒙版文字无需设置颜色）。

步骤 3　必要时可单击选项栏上的“字符/段落面板”按钮，打开“字符/段落”面板（见图 1-2-18 和图 1-2-19），从中更详细地设置文字的字符格式或段落格式（包括行间距、字间距、基线位置等）。

步骤 4　在图像中单击，确定文字插入点（若步骤 1 选择的是蒙版文字，此时将进入蒙版状态，图像被 50%不透明度的红色保护起来）。

步骤 5　输入文字内容。按 Enter 键可向下或向上换行。

步骤 6　在选项栏上单击“提交”按钮 ✓，完成文字的输入，同时退出文字编辑状态（若单击“取消”按钮 ⊘，则撤销文字的输入）。

文字输入完成后，横排文字和直排文字将产生文字图层；而蒙版文字则形成文字选区，并不会生成文字层。

在图层面板上双击文字图层的缩览图（此时该层的所有文字被选中），利用选项栏、字符/段落面板可修改文字的属性。最后单击“提交”按钮确认。

若要修改文字图层中的部分内容，可在选择文字图层和文字工具后，将光标移到对应字符上，按下左键拖动选择，然后进行修改并提交。

选择文字层，在选项栏上单击“变形文字”按钮，可打开“变形文字”对话框，设置文字的变形方式。

蒙版文字的修改必须在提交之前进行。可拖动鼠标光标，选择要修改的内容，然后重新设置文字参数；或对全部文字进行变形。

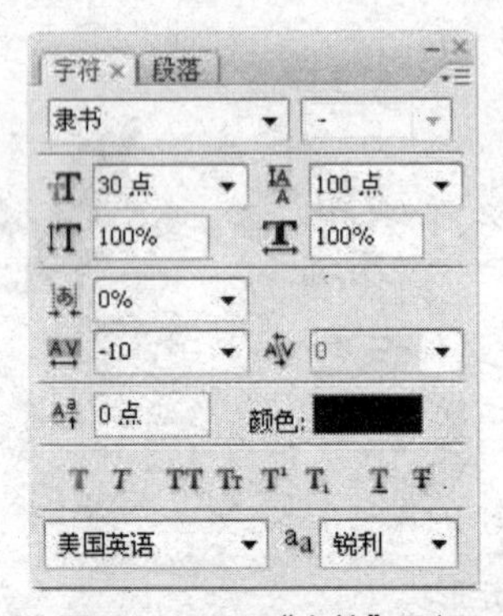

图 1-2-18　“字符”面板

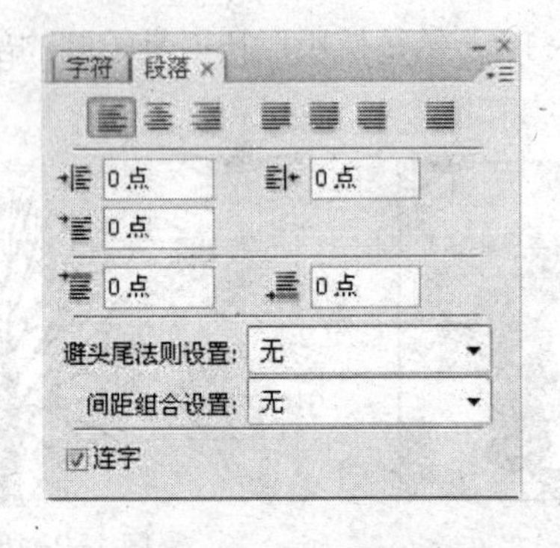

图 1-2-19　“段落”面板

（9）吸管工具

吸管工具用于从图像中取色。使用该工具在图像上单击，可将单击点的颜色或单击区域颜色的平均值吸取为前景色。若按住 Alt 键单击，则将所取颜色设为背景色。

3．修图工具

Photoshop CS4 的修图工具包括图章工具组、修复画笔工具组、模糊工具组和减淡工具组，常用于数字相片的修饰，以获得更加完美的效果。这里重点介绍仿制图章工具、修复画笔工具和修补工具的用法，从中可体验修图工具的强大功能。

（1）仿制图章工具

仿制图章工具常用于数字图像的修复，其选项栏如图 1-2-20 所示。

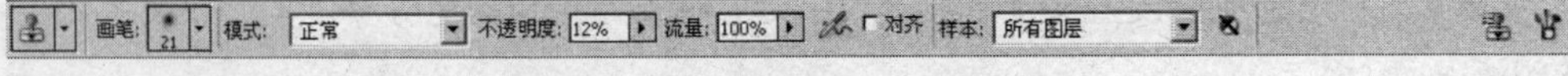

图 1-2-20　仿制图章工具的选项栏

● 对齐：选中该项，复制图像时无论一次起笔还是多次起笔都是使用同一个取样点和原始样本数据。否则，每次停止并再次开始拖动鼠标光标时都是重新从原取样点开始复制，并且使用最新的样本数据。

● 样本：确定从哪些可见图层进行取样。

● 按钮：选择该按钮，可忽略调整层对被取样图层的影响。

以下举例说明仿制图章工具的基本用法。

步骤 1　打开“第 2 章素材\小鸟.jpg”，如图 1-2-21 所示。

步骤 2　选择“仿制图章工具”，设置画笔大小 17 px，选中“对齐”。其他选项默认。

步骤 3　将光标移动到取样点（例如右侧小鸟的眼睛部位）。按住 Alt 键单击取样。

步骤 4　松开 Alt 键。将光标移动到图像的其他区域（若存在多个图层，也可切换到其他图层；当然也可以选择其他图像的某个图层），按下鼠标左键拖动鼠标光标，开始复制图像（注意源图像数据的十字取样点，适当控制光标拖动的范围），如图 1-2-22 所示。

图 1-2-21　素材图像

图 1-2-22　复制样本

步骤 5　如果想更好地定位，可选择菜单命令“窗口|仿制源”，打开“仿制源”面板（见图 1-2-23），选中“显示叠加”，不选中“已剪切”，并适当设置“不透明度”，然后在图像中移动光标，很容易确定一个开始按键复制的合适位置，如图 1-2-24 所示。

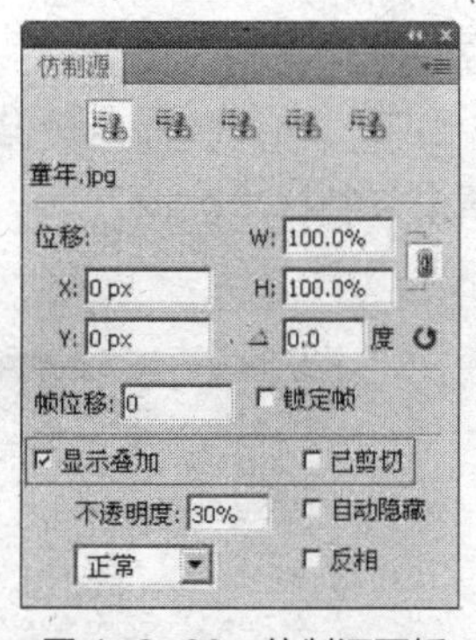

图 1-2-23　仿制源面板

图 1-2-24　定位后拖动鼠标复制

步骤 6　由于在选项栏上选中了“对齐”，中途可松开鼠左左键暂时停止复制。然后再次按下鼠标左键，继续拖动鼠标光标复制，直到将整个小鸟复制出来，如图 1-2-25 所示。

步骤 7　取消选择“对齐”选项，按下鼠标左键拖动鼠标光标，再次复制样本数据。中间不要停止，直到复制出整个小鸟，如图 1-2-26 所示。

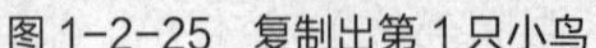

图 1-2-25　复制出第 1 只小鸟　　图 1-2-26　复制出第 2 只小鸟

提示：此处仿制源面板与仿制图章工具配合使用，可以对采样图像进行重叠预览、缩放、旋转等操作。例如，在上述步骤 4 中，很难确定从什么位置开始按键复制才能使小鸟的腿刚好站立在横杆上。使用仿制源面板的“显示叠加”选项就能很好地解决这个问题。

（2）修复画笔工具

修复画笔工具与仿制图章工具和图案图章工具类似，可根据取样得到的图像数据或所选图案，以涂抹的方式覆盖目标图像。不仅如此，修复画笔工具还能够将样本图像或图案与目标图像自然地融合在一起，形成浑然一体的特殊效果。其选项栏如图 1-2-27 所示。

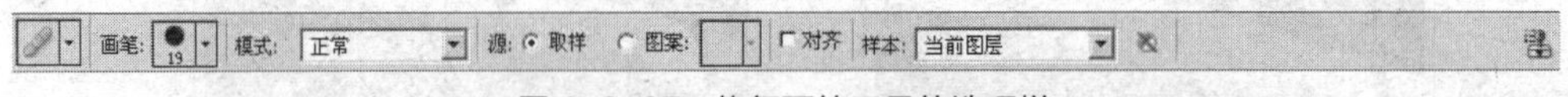

图 1-2-27　修复画笔工具的选项栏

● 源：选择样本像素的类型。有“取样”和“图案”两种。“取样”表示从当前图像中取样。取样及修复图像的方式与仿制图章工具相同。“图案”表示使用从图案预设面板选择的图案来修复目标图像。使用方法与图案图章工具类似。

其余选项与仿制图章工具的对应选项类似。

以下举例说明修复画笔工具的基本用法。

步骤 1　打开图像“第 2 章素材\风华国乐—笛子.jpg”，如图 1-2-28 所示。

步骤 2　选择修复画笔工具，在选项栏上选择大小为 70 px 左右的软边画笔，模式设置为正片叠底（这样可使图像修复结果暗淡些），选择“取样”单选按钮。其他参数保持默认。

步骤 3　将光标定位于人物的眼睛部位，按住 Alt 键单击复制样本数据。

步骤 4　打开仿制源面板，设置参数如图 1-2-29 所示。

图 1-2-28　素材图像

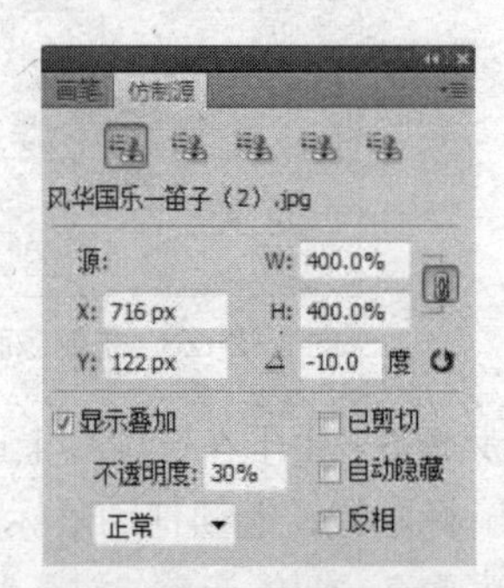

图 1-2-29　仿制源面板

步骤 5　将光标定位于如图 1-2-30 所示的位置并拖动鼠标光标粘贴样本图像（尽量不要覆

盖原来图像中的人物、笛子和花瓣）。最后松开鼠标左键可得到如图 1-2-31 所示的特殊效果。

图 1-2-30　确定修复位置

图 1-2-31　修复结果

（3）修补工具

修补工具可使用其他区域的像素或图案中的像素修复选中的区域，并且可以将样本像素的纹理、光照和阴影等信息与源像素进行匹配。其选项栏如图 1-2-32 所示。

图 1-2-32　修补工具的选项栏

● 选区运算按钮：与选择工具的对应选项用法相同。

● 修补：包括“源”和“目标”两种使用补丁的方式。

✓ 源：用目标区域的像素修补选区内像素。

✓ 目标：用选区内像素修补目标区域的像素。

● 透明：将取样区域或选定图案以透明方式应用到要修复的区域上。

● 使用图案：单击右侧的三角按钮，打开“图案选取器”，从中选择预设图案或自定义图案作为取样像素，修补到当前选区内。

以下举例说明修补工具的基本用法。

步骤 1　打开“第 2 章素材\茶花.jpg”。

步骤 2　选择“修补工具”，在图像上拖动鼠标光标以选择想要修复的区域（当然，也可以使用其他工具创建选区），如图 1-2-33 所示。在选项栏中选择“源”。

步骤 3　光标定位于选区内，将选区边框拖动到要取样的区域（该区域的颜色、纹理等应与原选择区域的相似，如图 1-2-34 所示）。松开鼠标按键，原选区内像素被修补。取消选区，如图 1-2-35 所示。

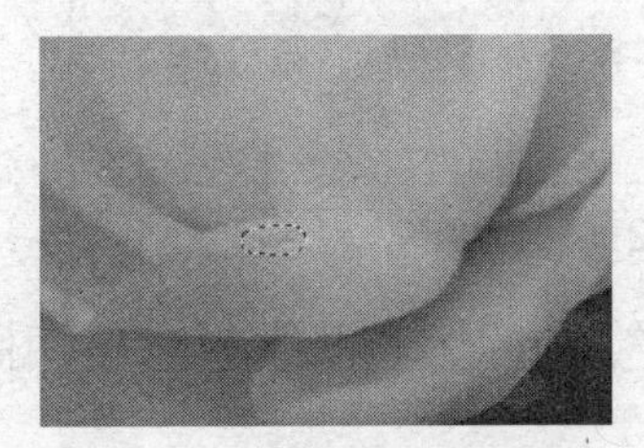
图 1-2-33　选择要修复的区域

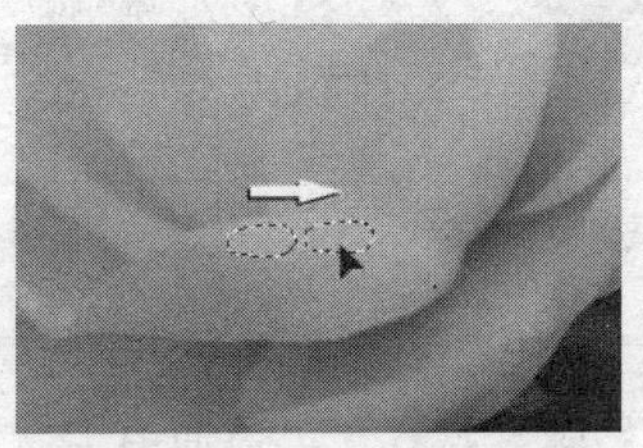
图 1-2-34　寻找取样区域

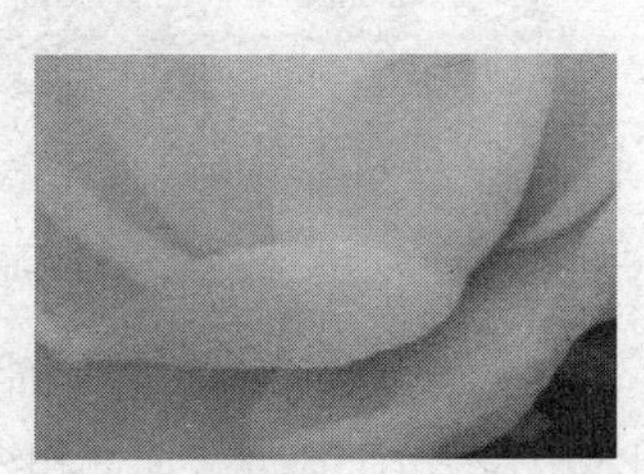
图 1-2-35　修复效果

2.2.2　颜色模式与色彩调整

1．颜色模式

“颜色模式”是 Photoshop 组织和管理图像颜色信息的方式。颜色模式除了用于确定图像中显示的颜色数量外，还影响通道数和图像的文件大小。Photoshop 提供了 RGB 颜色、CMYK 颜色、Lab 颜色、HSB 颜色、索引颜色、灰度、位图、双色调和多通道等多种颜色模式。其中 RGB 颜色模式与 CMYK 颜色模式应用最为广泛。RGB 颜色模式的图像一般比较鲜艳，适用于显示器、电视屏等可以自身发射并混合红、绿、蓝 3 种光线的设备。它是 Web 图形制作中最常使用的一种颜色模式。CMYK 模式是一种印刷模式，其中 C、M、Y、K 分别表示青、洋红、黄、黑 4 种油墨。

通过选择“图像|模式”菜单中的相应命令可以转换图像的颜色模式。在将彩色图像（如 RGB 模式、CMYK 模式、Lab 模式的图像等）转换为位图图像或双色调图像时，必须先转换为灰度图像，才能做进一步的转换。

2．色彩调整

Photoshop 的调色命令集中在“图像|调整”菜单下，包括亮度/对比度、色相/饱和度、色彩平衡、色阶、曲线、可选颜色、阴影/高光、黑白、反相、阈值等诸多命令。其中“色阶”命令功能比较强大，使用方便，是 Photoshop 最重要的调色命令之一。使用它可以调整图像的暗调、中间调和高光等色调区域的强度级别，校正图像的色调范围和色彩平衡，以获得另人满意的视觉效果。

打开“第 2 章素材\公园-雪.jpg”，如图 1-2-36 所示。选择菜单命令“图像|调整|色阶”，打开“色阶”对话框，如图 1-2-37 所示。

对话框的中间显示的是当前图像的色阶直方图（如果有选区存在，则对话框中显示的是选区内图像的色阶直方图）。色阶直方图即色阶分布图，反映图像中暗调、中间调和高光等色调像素的分布情况。其中横轴表示像素的色调值，从左向右取值范围为 0（黑色）~255（白色）。纵轴表示像素的数目。

图 1-2-36　原图

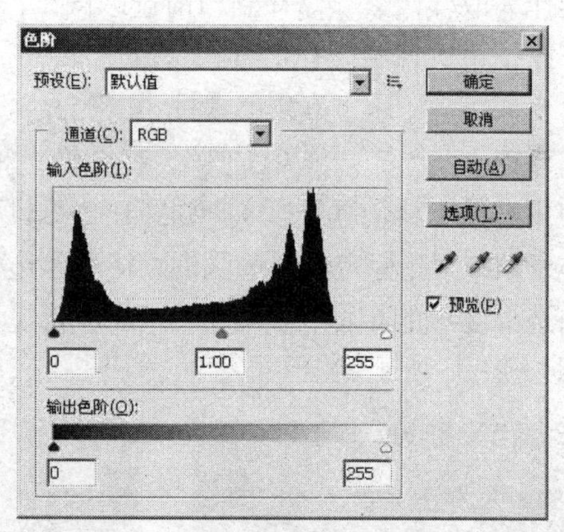

图 1-2-37　“色阶”对话框

首先通过“通道”列表确定要调整的是混合通道还是单色通道（本例图像为 RGB 图像，列表中包括 RGB 混合通道和红、绿、蓝 3 个单色通道）。

沿“输入色阶”栏的滑动条，向左拖动右侧的白色三角滑块，图像变亮。其中，高光区域的变化比较明显，这使得比较亮的像素变得更亮。向右拖动左侧的黑色三角滑块，图像变暗。其中，暗调区域的变化比较明显，使得比较暗的像素变得更暗。拖动滑动条中间的灰色三角滑块，可以调整图像的中间色调区域。向左拖动使中间调变亮；向右拖动使中间调变暗。

沿“输出色阶”栏的滑动条，向右拖动左端的黑色三角滑块，将提高图像的整体亮度；向左拖动右端的白色三角滑块，将降低图像的整体亮度。

本例中的参数设置如图 1-2-38 所示，单击“确定”按钮，图像调整结果如图 1-2-39 所示。

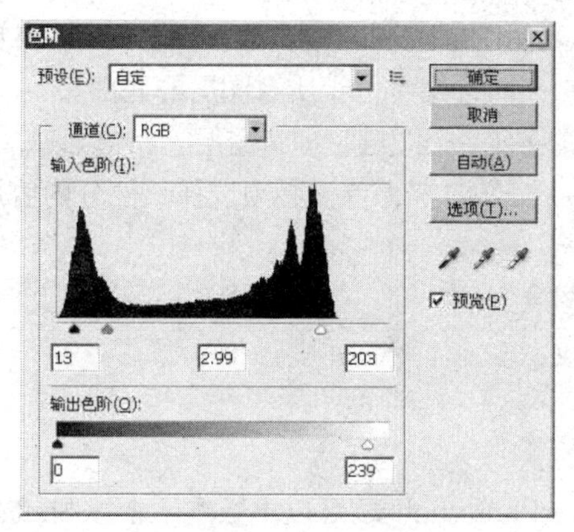

图 1-2-38　本例参数设置

图 1-2-39　图像调整结果

能否处理好颜色是获得高质量图像的关键，特别是对于数码拍摄技术不太娴熟的朋友，使用 Photoshop 进行色彩调整显得尤其重要。Photoshop 的上述调色命令分别从不同的角度，采用不同的手段调整图像的色彩，尽可能多地掌握这些命令是必要的。下面再举一例。

打开“第 2 章素材\红梅.jpg”。选择菜单命令“图像|调整|可选颜色”，打开“可选颜色”对话框，从“颜色”下拉列表中选择红色，沿各滑动条拖动滑块，改变所选颜色中四色油墨的含量。本例参数设置如图 1-2-40 所示。单击“确定”按钮，图像调整结果如图 1-2-41 所示，图中的红梅更加鲜艳夺目了。

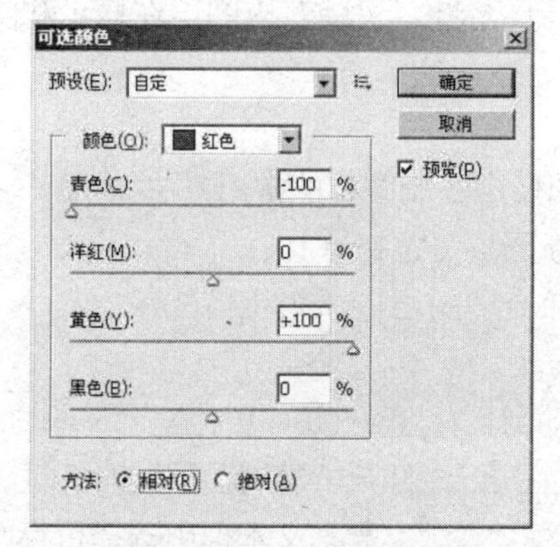

图 1-2-40　本例参数设置

图 1-2-41　图像调整结果

“可选颜色”用于调整图像中红色、黄色、绿色、青色、蓝色、白色、中灰色和黑色各主要颜色中四色油墨的含量，使图像的颜色达到平衡。在改变某种主要颜色中时，不会影响到其他主要颜色的表现。例如，本例改变了红色像素中四色油墨的含量，而同时保持白色、黑色、绿色等像素中四色油墨的含量不变。

2.2.3 图层

1. 图层概念

在 Photoshop 中，一幅图像往往由多个图层上下叠盖而成。所谓图层，可以理解为透明的电子画布。通常情况下，如果某一图层上有颜色存在，将遮盖住其下面图层上对应位置的图像。在图像窗口中看到的画面，实际上是各层叠加之后的总体效果。

默认设置下，Photoshop 用灰白相间的方格图案表示图层透明区域。背景层是一个特殊的图层，只要不转化为普通图层，它将永远是不透明的；而且始终位于所有图层的底部。

新建图像文件只有一个图层；JPG 图像打开时也只有一个图层，即背景层。

在包含多个图层的图像中，要想编辑图像的某一部分内容，首先必须选择该部分内容所在的图层。

若图像中存在选区，可以认为选区浮动在所有图层之间，而不是专属于某一图层。此时，所能做的就是对当前图层选区内的图像进行编辑修改。

2. 图层基本操作

（1）选择图层

在图层面板上通过单击图层的名称选择图层。在 Photoshop CS2 以上版本中，按 Shift 键或 Ctrl 键配合鼠标单击可以选择多个连续或不连续的图层。一旦选择了多个图层，就可以同时对这些图层进行移动、变换等操作。

（2）新建图层

单击图层面板上的“创建新图层”按钮或选择“图层|新建”菜单中的命令可创建新图层。

（3）删除图层

在图层面板上选择要删除的图层，单击“删除图层”按钮或直接将图层缩览图拖动到“删除图层”按钮上可删除图层。

（4）显示与隐藏图层

在图层面板上通过单击图层缩览图左边的图层显示图标，可使对应图层在显示和隐藏之间切换。

（5）复制图层

包括图像内部的复制与图像之间的复制。在同一图像中复制图层的常用方法如下。

- 在图层面板上，将图层的缩览图拖动到“创建新图层”按钮上。
- 在图层面板上，选择要复制的图层，选择菜单命令“图层|复制图层”。

在不同图像间复制图层的常用方法如下。

- 在图层面板上，将当前图像的某一图层直接拖动到目标图像的窗口内。
- 选择要复制的图层，选择菜单命令“图层|复制图层”，打开“复制图层”对话框，如图 1-2-42 所示。在“为”文本框中输入图层副本的名称。在“文档”文本框中选择目标图像的文件名（目标图像必须打开）。单击“确定”按钮。

图 1-2-42 “复制图层”对话框

（6）重命名图层

在图层面板上，双击要改名的图层的名称，进入名称编辑状态。在名称编辑框中输入新的名称，按 Enter 即可。

（7）更改图层不透明度

在图层面板右上角的“不透明度”框内直接输入百分比值，按 Enter 键；或单击“不透明度”框右侧的三角按钮，弹出“不透明度”滑动条，左右拖动滑块，可改变当前图层的不透明度。

（8）图层的重新排序

在图层面板上，将图层向上或向下拖动，当突出显示的线条出现在要放置图层的位置时，松开鼠标按键即可改变图层的排列顺序。另外，通过“图层|排列”菜单下的一组命令也可以改变图层的排列顺序。

（9）合并图层

合并图层能够有效地减少图像占用的存储空间。图层合并命令包括“向下合并”“合并图层”“合并可见图层”和“拼合图像”等，在“图层”菜单和图层面板菜单中都可以找到。

- “向下合并”：将当前图层与其下面的一个图层合并（组合键为 Ctrl+E）。
- “合并图层”：将选中的多个图层合并为一个图层（组合键为 Ctrl+E）。
- “合并可见图层”：将所有可见图层合并为一个图层（组合键为 Ctrl+Shift+E）。
- “拼合图像”：将所有可见图层合并到背景层。

（10）快速选择图层的不透明区域

按住 Ctrl 键，单击某个图层的缩览图（注意不是图层名称），可基于该图层上的所有像素创建选区。若操作前图像中存在选区，操作后新选区将取代原有选区。

该操作同样适用于图层蒙版、矢量蒙版与通道。

（11）背景层转化为普通层

背景层是一个比较特殊的图层，其排列顺序、不透明度、填充、混合模式等许多属性都是锁定的，无法更改。另外，图层样式、图层蒙版、图层变换等也不能应用于背景层。解除这些“锁定”的唯一方法就是将其转换为普通图层。方法如下。

在图层面板上，双击背景层缩览图，在弹出的“新建图层”对话框中输入图层名称，单击“确定”按钮。

3．图层样式

图层样式是创建图层特效的重要手段，包括投影、外发光、斜面与浮雕、内阴影、内发光、光泽、叠加和描边等多种。图层样式影响的是整个图层，不受选区的限制，且对背景层和全部锁定的图层是无效的。

（1）添加图层样式

添加图层样式的方法如下。

步骤 1 选择要添加图层样式的图层。

步骤 2 在图层面板上单击“添加图层样式”按钮 fx，从弹出的菜单中选择相应的图层样式命令；或选择菜单“图层|图层样式”下的有关命令，打开“图层样式”对话框，如图 1-2-43 所示。

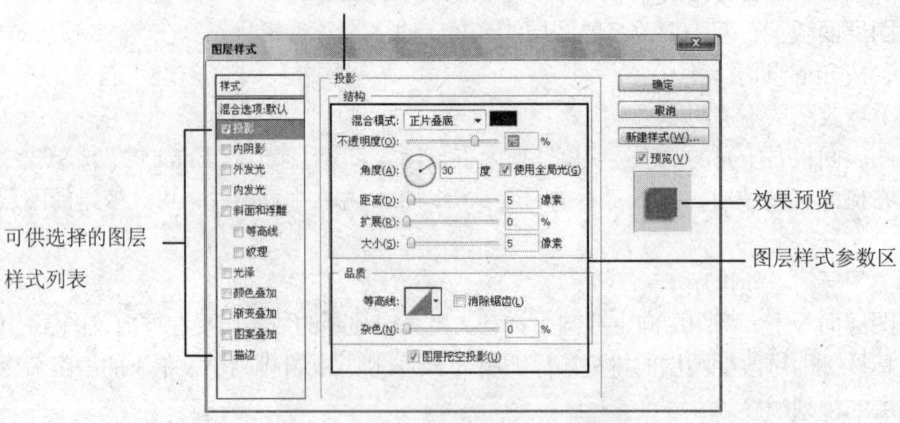

图 1-2-43 “图层样式”对话框

步骤 3 在对话框左侧单击要添加的图层样式的名称，选择该样式（蓝色突出显示）。在参数控制区设置图层样式的参数。

步骤 4 如果要在同一图层上同时添加多种图层样式，可在对话框左侧继续选择其他样式名称，并设置其参数。

步骤 5 设置好图层样式，单击“确定”按钮，将图层样式应用到当前图层上。

（2）编辑图层样式

① 在图层面板上展开和折叠图层样式

添加图层样式后，图层面板上对应图层的右端会出现 fx 图标，图层样式处于展开状态。通过单击 fx 图标中的三角形按钮，可折叠或展开图层样式，如图 1-2-44 所示。

② 在图像中显示或隐藏图层样式效果

在图层面板上展开图层样式后，通过单击图层样式名称左侧的图标，可在图像中显示或隐藏图层样式效果。如图 1-2-44 所示。通过单击“效果”左侧的图标，可显示或隐藏对应图层的所有图层样式效果。

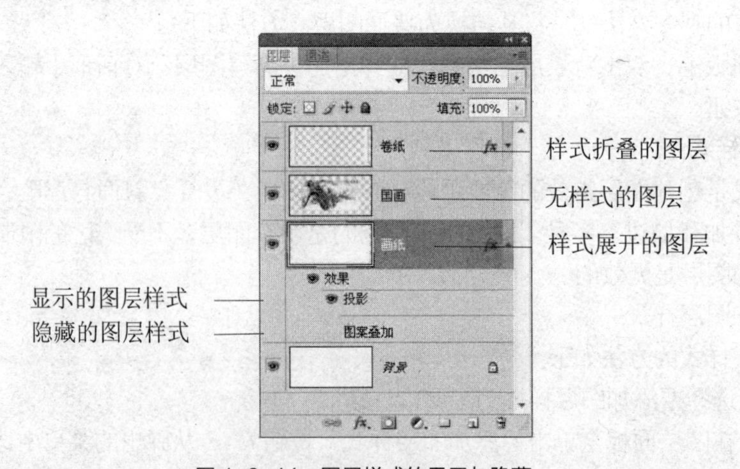

图 1-2-44 图层样式的显示与隐藏

③ 修改图层样式参数

在图层面板上展开图层样式后，双击图层样式的名称，可以打开“图层样式”对话框，重新修改相应图层样式的参数。

④ 删除图层样式

在图层面板上，将图层样式拖动到“删除图层”按钮上，可将其删除。拖动 / 图标或“效果”到“删除图层”按钮上，可删除该图层的所有样式。

以下举例说明图层样式的用法。

步骤 1 打开“第 2 章素材\芭蕾.jpg”。将背景层转化为一般层，命名为“卡片”，如图 1-2-45 所示。

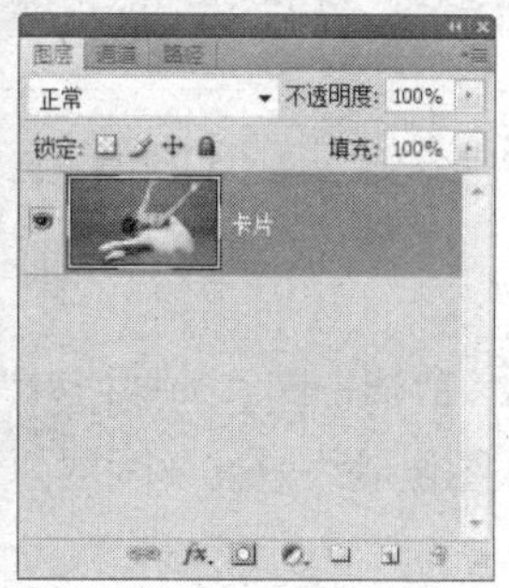

图 1-2-45 转换图层

步骤 2 选择菜单命令“编辑|自由变换”，按住 Shift+Alt 组合键并拖动变换框的 4 个角上的控制块，将“卡片”层图像中心不变成比例缩小，再向上移动到如图 1-2-46 所示的位置。按 Enter 键确认。

步骤 3 新建一个图层，填充白色。选择菜单命令“图层|新建|图层背景”，将该图层转化为背景层。如图 1-2-47 所示。

步骤 4 创建如图 1-2-48（a）所示的矩形选区。

步骤 5 在背景层的上面新建图层，命名为“边框”，并在该图层的选区内填充白色，如图 1-2-48（b）所示。

图 1-2-46 变换图层

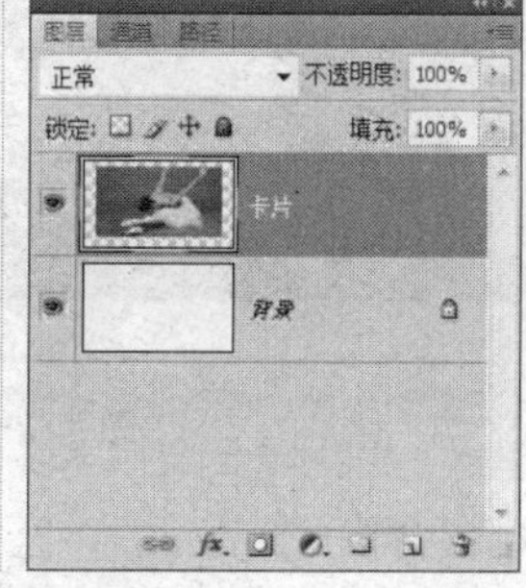

图 1-2-47 创建背景层

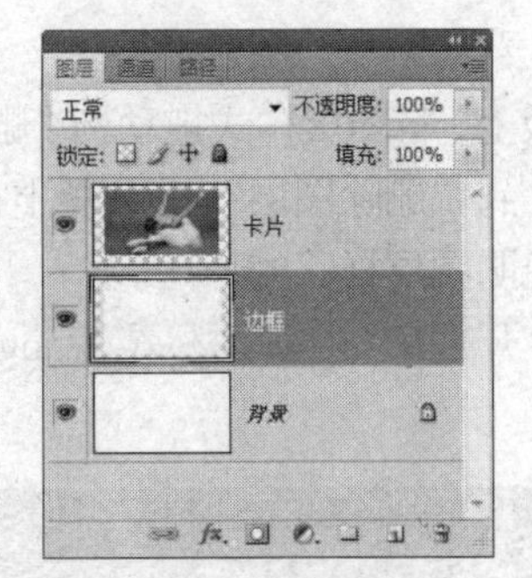

（a）创建选区　　　　（b）在“边框”层的选区内填充白色

图 1-2-48　创建白色边框

步骤 6　取消选区。为“边框”层添加投影样式，参数设置如图 1-2-49 所示，单击“确定”按钮。图像最终效果及图层面板组成如图 1-2-50 所示。

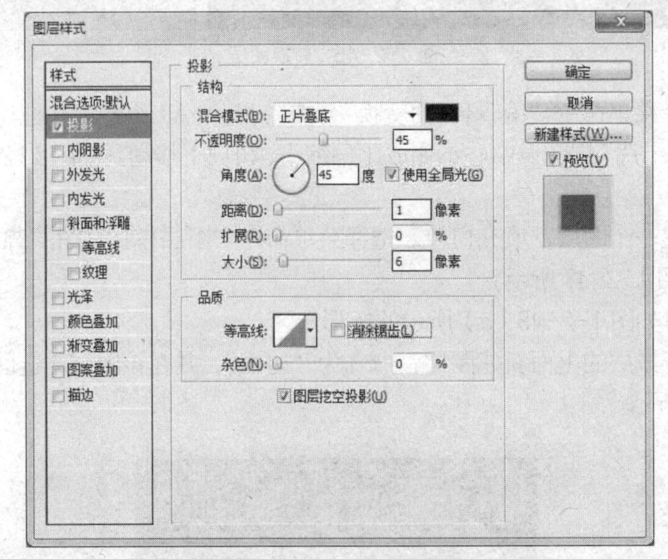

图 1-2-49　设置投影参数

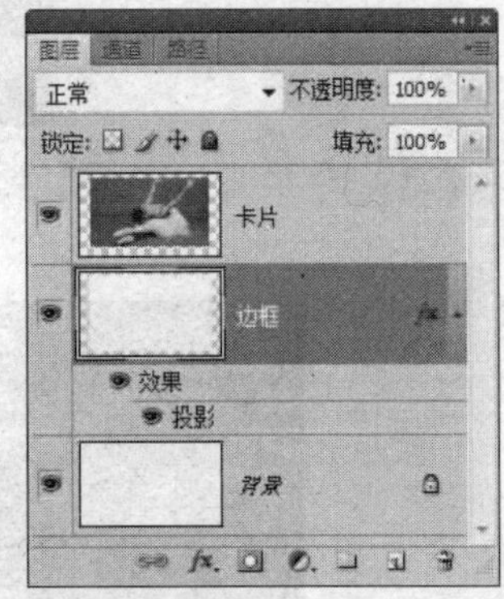

图 1-2-50　图像最终效果及图层面板组成

4. 图层混合模式

图层的混合模式决定了图层像素如何与其下面图层上的像素进行混合。图层混合模式包括正常、溶解、变暗、正片叠底、变亮、滤色、叠加、柔光等多种，不同的混合模式会产生不同的图层叠盖效果。图层默认的混合模式为“正常”，在这种模式下，上面图层上的像素将遮盖其下面图层上对应位置的像素。

在图层面板上，单击“混合模式”下拉式列表框，从展开的列表中可以为当前图层选择不同的混合模式，见图 1-2-51。列表中的图层混合模式被水平分割线分成多个组，一般来说，每个组中各混合模式的作用是类似的。

打开“第 2 章素材\夕阳.psd”。将图层 1 的混合模式设置为“变亮”，结果如图 1-2-52 所示。

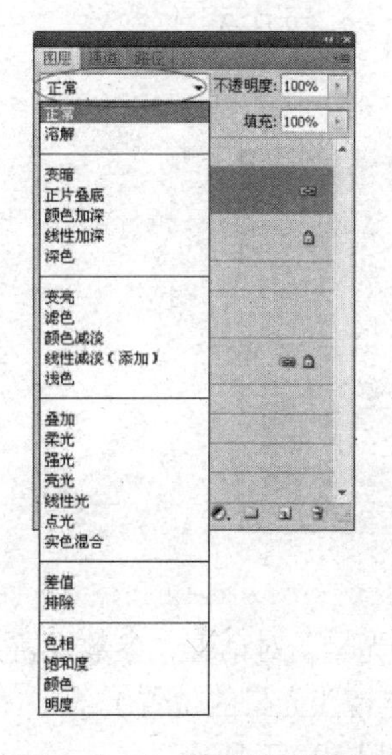

图 1-2-51 图层混合模式列表

图 1-2-52 使用“变亮”模式

“变亮”模式与“变暗”模式相反，其作用是比较本图层和下面图层对应像素的各颜色分量，选择其中值较大（较亮）的颜色分量作为结果色的颜色分量。以 RGB 图像为例，若对应像素分别为红色（255，0，0）和绿色（0，255，0），则混合后的结果色为黄色（255，255，0）。

2.2.4 滤镜

滤镜是 Photoshop 的一种特效工具，种类繁多，功能强大。滤镜操作方便，却可以使图像瞬间产生各种令人惊叹的特殊效果。其工作原理是：以特定的方式使像素产生位移，数量发生变化，或改变颜色值等，从而使图像出现各种各样的神奇效果。

Photoshop CS4 提供了 13 个常规滤镜组，分别是“风格化”“模糊”“扭曲”“渲染”“杂色”“纹理”“锐化”“画笔描边”“素描”“艺术效果”“像素化”“视频”和“其他”等。每个滤镜组都包含若干滤镜，共 100 多个。

除了常规滤镜外，Photoshop CS4 还拥有“抽出”“液化”“消失点”等多个功能强大的滤镜插件。抽出滤镜是一种比较高级的对象选取方法，适合选择毛发等边缘细微、复杂或无法确定的对象，无须花费太多的操作就可以将对象从背景中分离出来。液化滤镜可以对图像进行推、拉、旋转、镜像、收缩和膨胀等随意变形，使得该滤镜成为 Photoshop 修饰图像和创建艺术效果的强大工具。消失点滤镜可以帮助用户在编辑包含透视效果的图像时，保持正确的透视方向。

滤镜的一般用法如下。

步骤 1　选择要应用滤镜的图层、蒙版或通道。局部使用滤镜时，需要创建相应的选区。

步骤 2　选择“滤镜”菜单下的有关滤镜命令。

步骤 3　若弹出滤镜对话框，需设置参数。然后单击“确定”按钮，将滤镜应用于目标图像。

步骤 4　使用滤镜后，不要进行其他任何操作，使用菜单命令“编辑|渐隐 × ×”（其中 × × 代表刚刚使用的滤镜名称）可弱化或改变滤镜效果。

步骤 5 按组合键 Ctrl+F，可重复使用上次滤镜（抽出、液化、消失点、图案生成器等除外）。

以下举例说明。

步骤 1　打开“第 2 章素材\水仙 2.psd”，选择背景层，如图 1-2-53 所示。

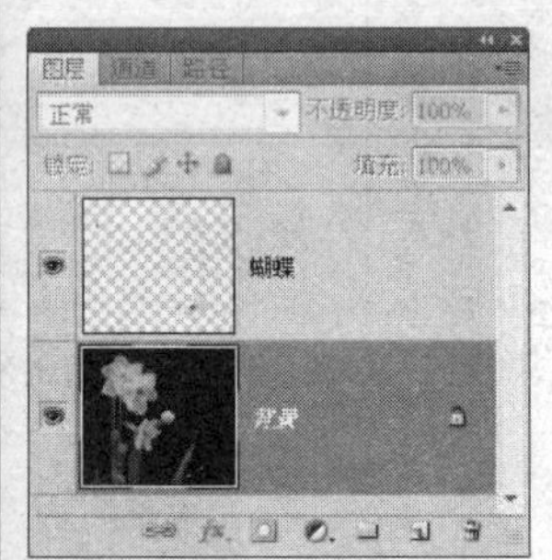

图 1-2-53　选择目标图像

步骤 2　选择菜单命令“滤镜|渲染|镜头光晕”，打开“镜头光晕”对话框，参数设置如图 1-2-54 所示（在对话框的图像预览区的任意位置单击，可确定镜头光晕的位置）。

步骤 3　单击“确定”按钮，关闭滤镜对话框。滤镜效果如图 1-2-55 所示。

图 1-2-54　设置滤镜参数

图 1-2-55　滤镜效果

步骤 4　按组合键 Ctrl+F，或选择“滤镜”菜单顶部的命令，重复使用上一次的滤镜。滤镜效果得到加强，如图 1-2-56 所示。

图 1-2-56　重复使用上一次滤镜

上面介绍的滤镜为 Photoshop 的自带滤镜，或称内置滤镜。还有一类滤镜，种类非常多，是由 Adobe 之外的其他公司开发的，称为外挂滤镜。这类滤镜安装好之后，出现在 Photoshop 滤镜菜单的底部，和内置滤镜一样使用。关于外挂滤镜的安装应注意以下几点。

- 安装前一定要退出 Photoshop 程序窗口。
- 大多 Photoshop 外挂滤镜软件都带有安装程序，运行安装程序，按提示进行安装即可。在安装过程中要求选择外挂滤镜的安装路径时，一定要选择 Photoshop 安装路径下的 Plug-Ins 文件夹，即外挂滤镜的安装路径为“...Photoshop CS4 \ Plug-Ins”。
- 有些外挂滤镜没有安装程序，而是一些扩展名为 8BF 的滤镜文件。对于这类外挂滤镜，直接将滤镜文件复制到“...Photoshop CS4 \ Plug-Ins”文件夹下即可使用。

2.2.5　蒙版

在 Photoshop 中，蒙版主要用于控制图像在不同区域的显示程度。根据用途和存在形式的不同，可将蒙版分为快速蒙版、剪贴蒙版、图层蒙版和矢量蒙版等多种。以下介绍使用较广泛的图层蒙版与剪贴蒙版。

1．图层蒙版

图层蒙版附着在图层上，能够在不破坏图层的情况下，控制图层上不同区域像素的显隐程度。

（1）添加图层蒙版

选择要添加蒙版的图层，采用下述方法之一添加图层蒙版。

- 单击图层面板上的“添加图层蒙版”按钮，或选择菜单命令“图层|图层蒙版|显示全部”，可以创建一个白色的蒙版（图层缩览图右边的附加缩览图表示图层蒙版）。白色蒙版对图层的内容显示无任何影响。
- 按 Alt 键单击图层面板上的“添加图层蒙版”按钮，或选择菜单命令“图层|图层蒙版|隐藏全部”，可以创建一个黑色的蒙版。黑色蒙版隐藏了对应图层的所有内容。
- 在存在选区的情况下，单击图层面板上的“添加图层蒙版”按钮，或选择菜单命令“图层|图层蒙版|显示选区”，将基于选区创建蒙版；此时，选区内的蒙版填充白色，选区外的蒙版填充黑色。按 Alt 键单击图层面板上的“添加图层蒙版”按钮，或选择菜单命令“图层|图层蒙版|隐藏选区”，所产生的蒙版恰恰相反。

背景层不能添加图层蒙版，只有将背景层转化为普通层后，才能添加图层蒙版。

（2）删除图层蒙版

在图层面板上选择图层蒙版的缩览图，单击面板上的按钮，或选择菜单命令“图层|图

层蒙版|删除”。在弹出的提示框中单击“应用”按钮，将删除图层蒙版，同时蒙版效果被永久地应用在图层上（图层遭到破坏）；单击“删除”按钮，则在删除图层蒙版后，蒙版效果不会应用到图层上。

（3）在蒙版编辑状态与图层编辑状态之间切换

在图层面板上选择添加了图层蒙版的图层后，若图层蒙版缩览图的周围显示有白色亮边框，表示当前层处于蒙版编辑状态，所有的编辑操作都是作用在图层蒙版上。此时，若单击图层缩览图可切换到图层编辑状态。

若图层缩览图的周围显示有白色亮边框，表示当前层处于图层编辑状态，所有的编辑操作都是作用在图层上，对蒙版没有任何影响。此时，若单击图层蒙版缩览图可切换到蒙版编辑状态。

图层蒙版是以 8 位灰度图像的形式存储的，其中黑色表示所附着图层的对应区域完全透明，白色表示完全不透明，介于黑白之间的灰色表示半透明，透明的程度由灰色的深浅决定。Photoshop 允许使用所有的绘画与填充工具、图像修整工具以及相关的菜单命令对图层蒙版进行编辑和修改。

打开“第 2 章素材\荷花.psd”。在图层面板上选择“荷花”层，单击“添加图层蒙版”按钮，为该层添加显示全部的图层蒙版，如图 1-2-57 所示。此时图像处于蒙版编辑状态。

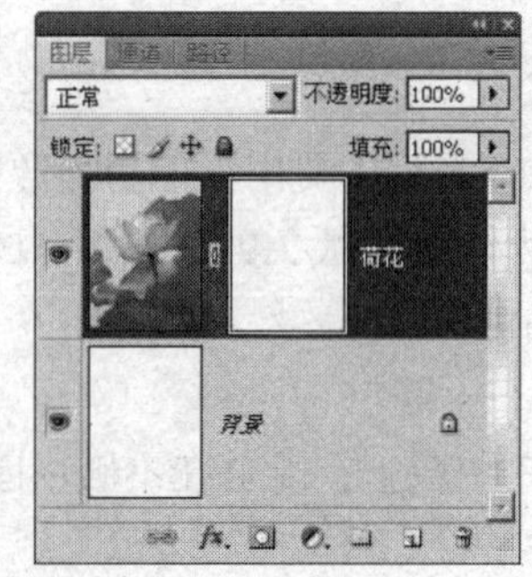

图 1-2-57　添加显示全部的图层蒙版

在工具箱上将前景色和背景色分别设置为黑色与白色。选择菜单命令“滤镜|渲染|云彩”。该滤镜在图层蒙版上将前景色和背景色随机混合，使图像中出现白色烟雾效果，如图 1-2-58 所示。

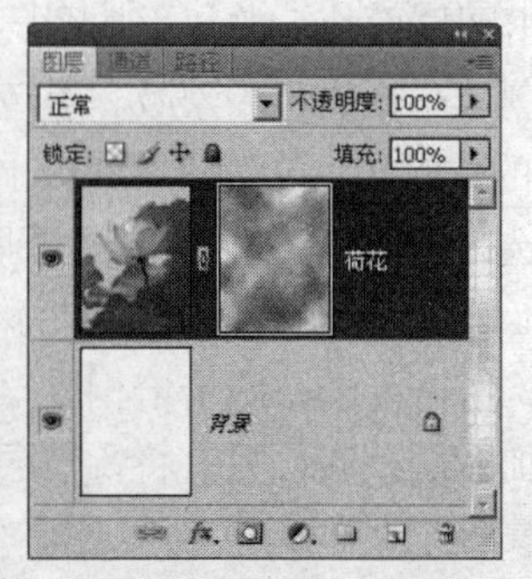

图 1-2-58　在图层蒙版上应用云彩滤镜

在图层蒙版编辑状态下，使用菜单命令“图像|调整|亮度/对比度”降低蒙版灰度图像的亮度，结果图像中的白色雾气变得更浓；增加亮度，结果相反。

2. 剪贴蒙版

剪贴蒙版可以通过一个称为基底图层的图层控制其上面一个或多个内容图层的显示区域和显隐程度。以下举例说明剪贴蒙版的基本用法。

步骤1 打开“第2章素材\竹子.jpg”，按组合键Ctrl+A全选图像，按组合键Ctrl+C复制图像。

步骤2 打开“第2章素材\水墨.psd”，如图1-2-59所示。选择“水墨”层，按组合键Ctrl+V，结果将“竹子”图像粘贴在“水墨”层上面的图层1中（遮盖了下面图层中的水墨与书法），如图1-2-60所示。

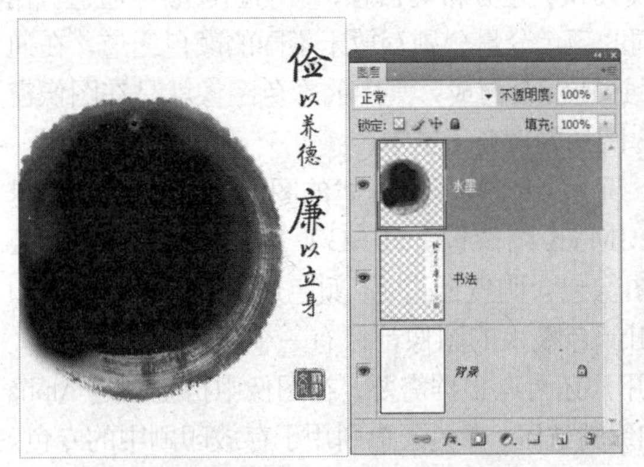

图1-2-59 素材图像“水墨”

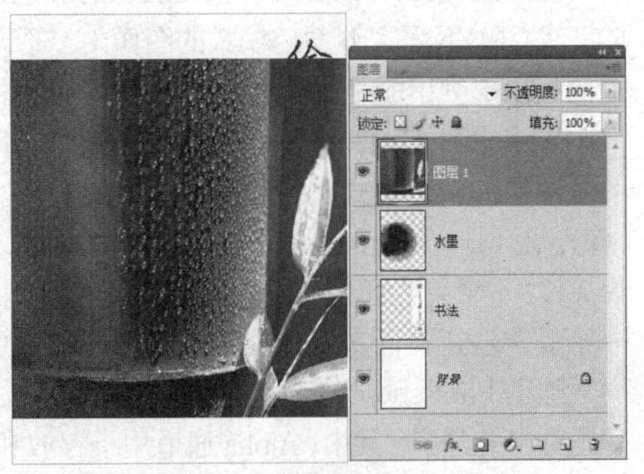

图1-2-60 粘贴图层

步骤3 选择图层1，选择菜单命令“图层|创建剪贴蒙版”为图层1创建剪贴蒙版。结果如图1-2-61所示。

步骤4 调整图层1中竹子的位置，结果如图1-2-62所示。

剪贴蒙版创建完成后，带有↓图标并向右缩进的图层（本例中的图层1）称为内容图层。与内容图层下面相临的一个图层（本例中的“水墨”层），称为基底图层。基底图层充当了内容图层的剪贴蒙版，其中像素的颜色对剪贴蒙版的效果无任何影响，而像素的不透明度却控制着内容图层的显示程度。不透明度越高，显示程度越高。本例中水墨的边缘是半透明的，结果从这儿看到的内容图层的图像也是半透明的。

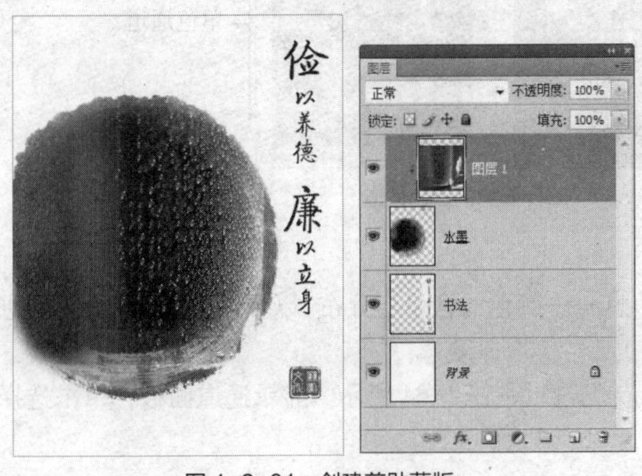

图1-2-61 创建剪贴蒙版

图1-2-62 调整竹子的位置

若想使图层 1 从剪贴蒙版中释放出来，重新转化为普通图层，可在选择图层 1 的情况下，选择菜单命令“图层|释放剪贴蒙版”。

蒙版有时也被称做遮罩，它不是 Photoshop 特有的工具，例如 Flash、Premiere、CorelDRAW 等相关软件中都有蒙版的使用，只不过操作形式不同而已。

2.2.6 通道

简而言之，通道就是存储图像颜色信息或选区信息的一种载体。用户可以将选区存放在通道的灰度图像中，并可以对这种灰度图像做进一步处理，创建更加复杂的选区。

Photoshop 的通道包括颜色通道、Alpha 通道、专色通道和蒙版通道等多种类型。其中使用频率最高的是颜色通道和 Alpha 通道。

打开图像时，Photoshop 根据图像的颜色模式和颜色分布等信息，自动创建颜色通道。在 RGB、CMYK 和 Lab 颜色模式的图像中，不同的颜色分量分别存放于不同的颜色通道。在通道面板顶部列出的是复合通道，由各颜色分量通道混合而成，其中的彩色图像就是在图像窗口中显示的图像。图 1-2-63 所示是某个 RGB 图像的颜色通道。

图像的颜色模式决定了颜色通道的数量。例如，RGB 颜色模式的图像包含红（R）、绿（G）、蓝（B）3 个单色通道和一个复合通道；CMYK 图像包含青（C）、洋红（M）、黄（Y）、黑（K）4 个单色通道和一个复合通道；Lab 图像包含明度通道、a 颜色通道、b 颜色通道和一个复合通道；而灰度、位图、双色调和索引颜色模式的图像都只有一个颜色通道。

除了 Photoshop 自动生成的颜色通道外，用户还可以根据需要，在图像中自主创建 Alpha 通道和专色通道。其中，Alpha 通道用于存放和编辑选区，专色通道则用于存放印刷中的专色。例如，在 RGB 图像中，最多可添加 53 个 Alpha 通道或专色通道。只有位图模式的图像是个例外，不能额外添加通道。

图 1-2-63 RGB 图像的颜色通道

1. 颜色通道

颜色通道用于存储图像中的颜色信息——颜色的含量与分布。以下以 RGB 图像为例进行说明。

步骤 1 打开“第 2 章素材\百合.jpg”，如图 1-2-64 所示。显示通道面板，单击选择蓝色通道，如图 1-2-65 所示。

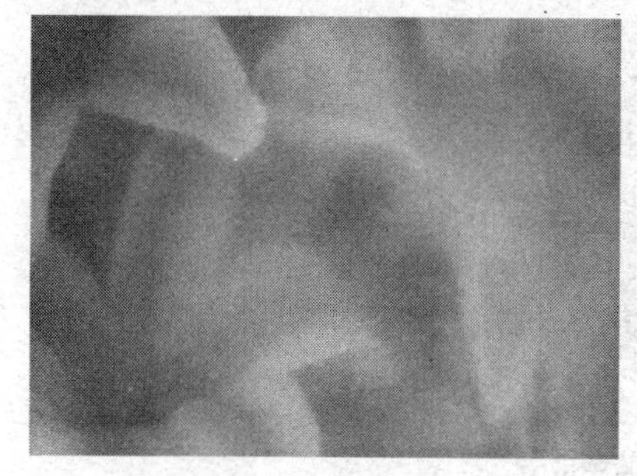

图 1-2-64 素材图像

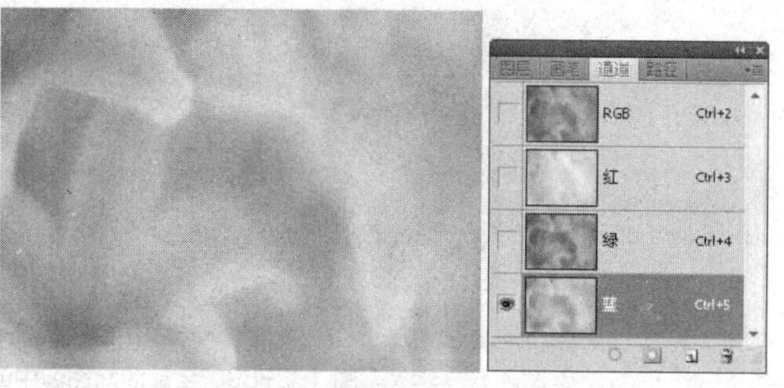

图 1-2-65 蓝色通道的灰度图像

从图像窗口中查看蓝色通道的灰度图像。亮度越高，表示彩色图像对应区域的蓝色含量越高；亮度越低的区域表示蓝色含量越低；黑色区域表示不含蓝色，白色区域表示蓝色含量最高，达到饱和。由此可知，修改颜色通道的亮度将势必改变图像的颜色。

步骤 2　在通道面板上单击选择红色通道，同时单击复合通道（RGB 通道）左侧的灰色方框，显示眼睛图标，如图 1-2-66 所示。这样可以在编辑红色通道的同时，从图像窗口查看彩色图像的变化情况。

步骤 3　选择菜单命令“图像|调整|亮度/对比度”，参数设置如图 1-2-67 所示，单击“确定”按钮。

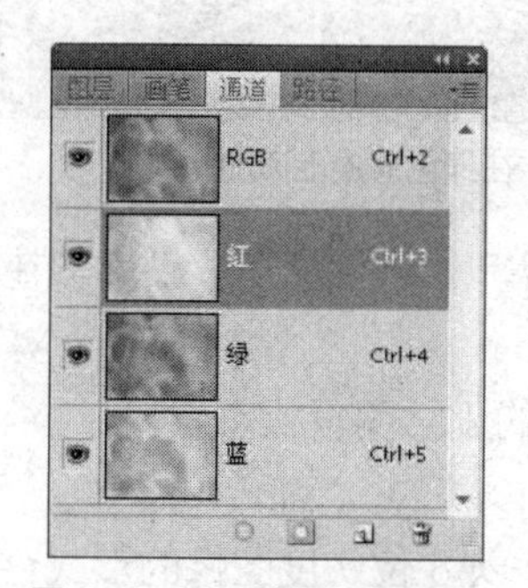

图 1-2-66 选择红色通道

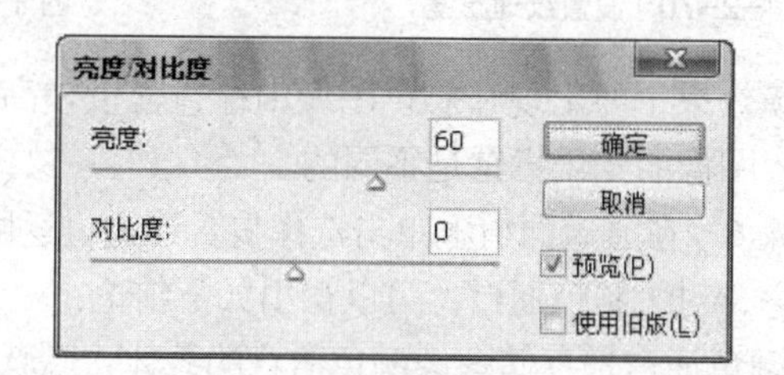

图 1-2-67 提高亮度

提高红色通道的亮度，等于在彩色图像中增加红色的混入量，图像变化如图 1-2-68 所示。

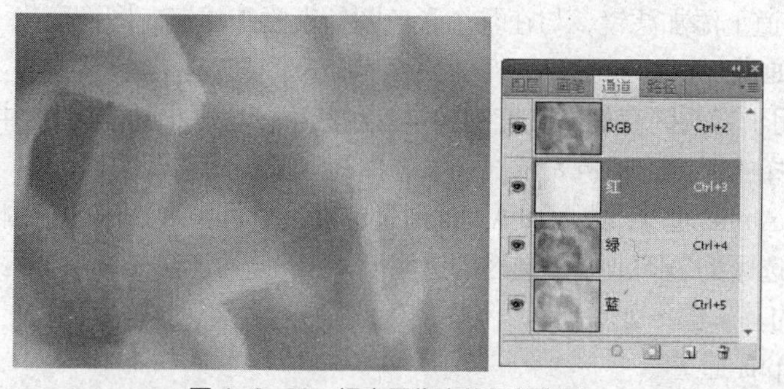

图 1-2-68 提高图像中的红色含量

步骤 4　将前景色设为黑色。在通道面板上单击选择蓝色通道，按 Alt+Backspace 组合键，在蓝色通道上填充黑色。这相当于将彩色图像中的蓝色成分全部清除，整个图像仅由红色和绿色混合而成，如图 1-2-69 所示。

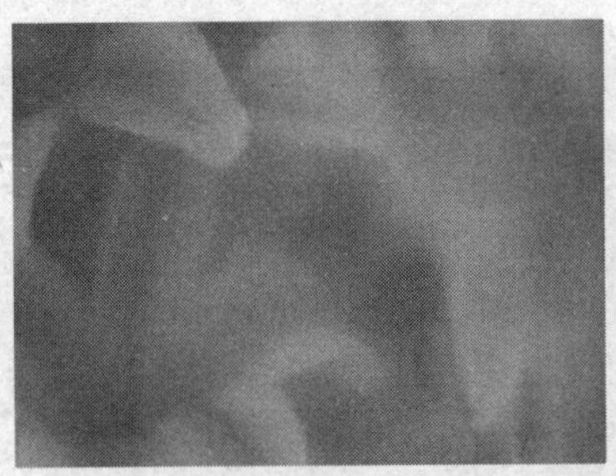
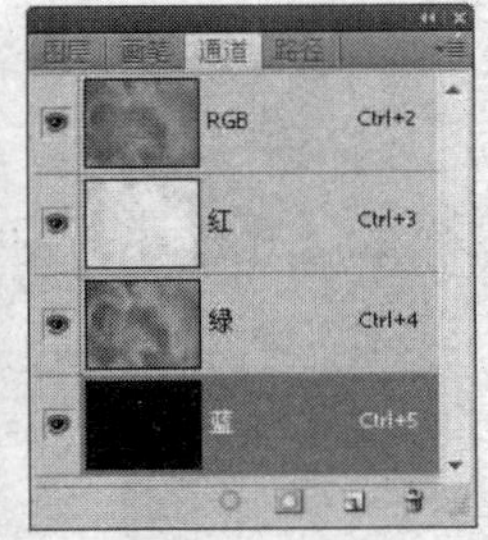

图 1-2-69 全部清除图像中的蓝色成分

由此可见，通过调整颜色通道的亮度，可校正色偏，或制作具有特殊色调效果的图像。

步骤 5 选择绿色通道，选择菜单命令“滤镜|纹理|纹理化”，参数设置如图 1-2-70 所示，单击“确定”按钮。图像变化如图 1-2-71 所示。

图 1-2-70 设置纹理滤镜

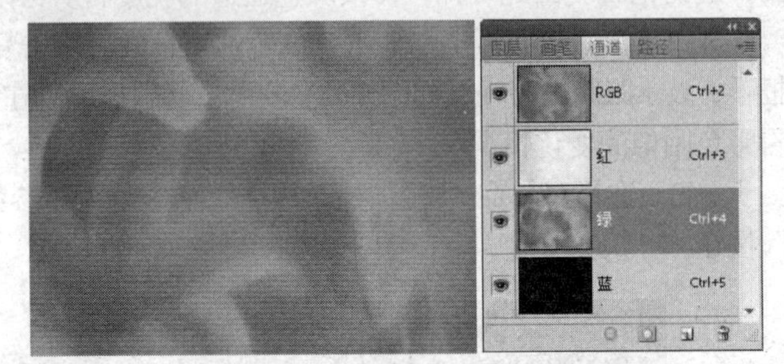

图 1-2-71 在绿色通道上添加滤镜

滤镜效果主要出现在彩色图像中绿色含量较高的区域。如果将滤镜效果添加在其他颜色通道上，图像的变化肯定是不同的。

步骤 6 在通道面板上单击选择复合通道，返回图像的正常编辑状态。

总之，对于颜色通道，可以得出如下结论：

- 颜色通道是存储图像颜色信息的载体，默认设置下以 8 位灰度图像的形式存储在通道面板上。
- 调整颜色通道的亮度，可以改变图像中各原色成份的含量，使图像色彩产生变化。
- 在单色通道上添加滤镜，与在整个彩色图像上添加滤镜，图像变化一般是不同的。

2. Alpha 通道

Alpha 通道用于将选区存储在灰度图像中。在默认设置下，Alpha 通道中的白色代表选区，黑色表示未被选择的区域；灰色表示部分被选择的区域，即透明的选区。

用白色涂抹 Alpha 通道，或增加 Alpha 通道的亮度，可扩展选区的范围；用黑色涂抹或降低亮度，则缩小选区的范围或增加选区的透明度。Alpha 通道也是编辑选区的重要场所。

Alpha 通道的基本操作如下。

（1）创建 Alpha 通道

在图像处理的不同场合，可采用下列方法之一创建 Alpha 通道。

- 在通道面板上单击“新建通道”按钮，可使用默认设置创建一个全部黑色的 Alpha 通道，即不包含任何选区的 Alpha 通道。
- 在通道面板上，将单色通道拖动到“新建通道”按钮上，可以得到颜色通道的副本。此类通道虽然是颜色通道的副本，但二者之间除了灰度图像相同外，没有任何其他的联系，也属于 Alpha 通道，其中一般包含着比较复杂的选区。

● 在图层编辑状态下，使用菜单命令“选择|存储选区”可以将图像中的现有选区存储在新生成的 Alpha 通道中，以备后用。

（2）删除 Alpha 通道

在通道面板上，将要删除的 Alpha 通道拖动到“删除通道”按钮上即可删除 Alpha 通道。

（3）从 Alpha 通道载入选区

可采用下述方法之一，载入存储于 Alpha 通道中的选区。

● 在通道面板上，选择要载入选区的 Alpha 通道，单击“载入选区”按钮。若操作前图像中存在选区，则载入的选区将取代原有选区。

● 在通道面板上，按住 Ctrl 键，单击要载入选区的 Alpha 通道的缩览图。若操作前图像中存在选区，则载入的选区将取代原有选区。

● 使用菜单命令“选择|载入选区”也可以载入 Alpha 通道中的选区。如果当前图像中已存在选区，则载入的选区还可以与现有选区进行并、差、交集运算。

2.2.7 路径

路径工具是 Photoshop 最精确的选取工具之一，适合选择边界弯曲而平滑的对象，如人物的脸部曲线、花瓣、心形等。同时，路径工具也常常用于创建边缘平滑的图形。

Photoshop 的路径工具包括钢笔工具组、路径选择工具和直接选择工具。其中，钢笔工具、自由钢笔工具可用于创建路径；其他工具（如路径选择工具、直接选择工具和转换点工具等）用于路径的编辑与调整。另外，使用形状工具也能够创建路径。

路径是矢量对象，不仅具有矢量图形的优点，在造型方面还具有良好的可控制性。Photoshop 是公认的位图编辑大师，但它在矢量造型方面的能力也几乎可以和 CorelDRAW、3ds Max 等顶级矢量软件相媲美。

1. 路径基本概念

路径是由钢笔工具等创建的直线或曲线。连接路径上各线段的点叫作锚点。锚点分两类：平滑锚点和角点（或称拐点、尖突点）。角点又分含方向线的角点和不含方向线的角点两种。通过调整方向线的长度与方向可以改变路径曲线的形状，如图 1-2-72 所示。

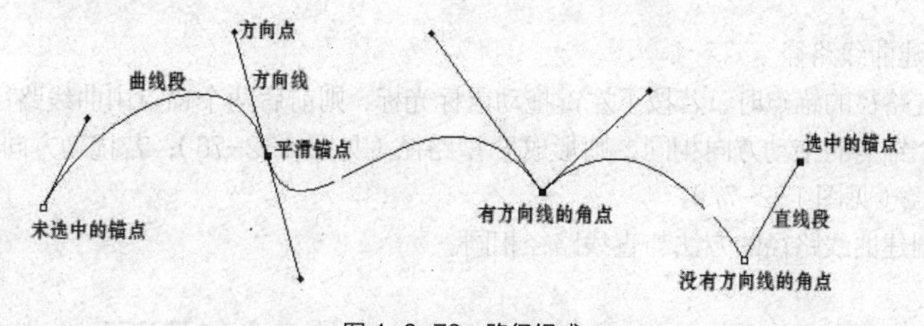

图 1-2-72 路径组成

● 平滑锚点：在改变锚点单侧方向线的长度与方向时，锚点另一侧的方向线相应调整，使锚点两侧的方向线始终保持在同一方向上。通过这类锚点的路径是光滑的。平滑锚点两侧的方向线的长度不一定相等。

● 不含方向线的角点：由于不含方向线，所以不能通过调整方向线改变通过该类锚点的局部路径的形状。如果与这类锚点相邻的锚点也是没有方向线的角点，则二者之间的连线为直线路径；否则为曲线路径。

● 含方向线的角点：此类角点两侧的方向线一般不在同一方向上，有时仅含单侧方向线。两侧方向线可分别调整，互不影响。路径在该类锚点处形成尖突或拐角。

2．路径基本操作

（1）创建路径

在工具箱上选择“钢笔工具”，在选项栏上选择“路径”按钮，如图 1-2-73 所示。

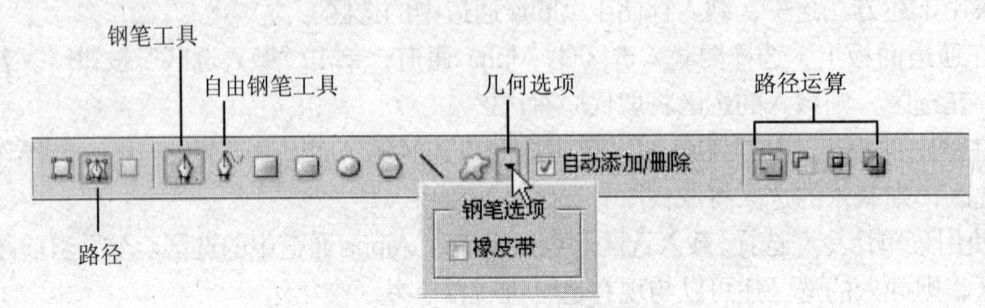

图 1-2-73　钢笔工具选项栏参数

① 创建直线路径

在图像中单击，生成第 1 个锚点；移动光标再次单击，生成第 2 个锚点，同时前后两个锚点之间由直线路径连接起来。依次下去，形成折线路径。

要结束路径，可按住 Ctrl 键在路径外单击，形成开放路径，如图 1-2-74 所示。要封闭路径，只要将光标定位在最先创建的第 1 个锚点上（此时指针旁出现一个小圆圈）单击，如图 1-2-75 所示。

在创建直线路径时，按住 Shift 键，可沿水平、竖直或 45° 角倍数的方向创建路径。

构成直线路径的锚点不含方向线，又称直线角点。

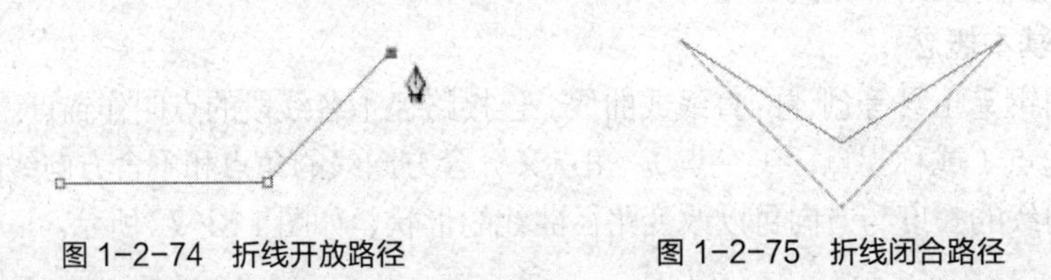

图 1-2-74　折线开放路径　　图 1-2-75　折线闭合路径

② 创建曲线路径

在确定路径的锚点时，若按下左键拖动鼠标光标，则前后两个锚点由曲线路径连接起来。若前后两个锚点的拖动方向相同，则形成 S 型路径（见图 1-2-76）；若拖动方向相反，则形成 U 型路径（见图 1-2-77）。

结束创建曲线路径的方法与直线路径相同。

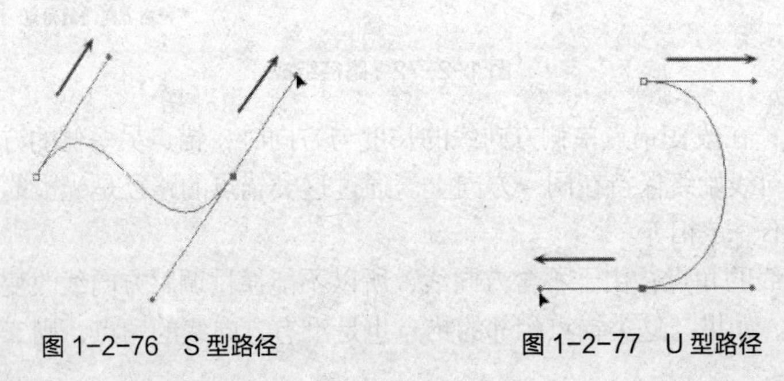

图 1-2-76　S 型路径　　图 1-2-77　U 型路径

"钢笔工具"的选项栏参数如下。

- 按钮：创建形状图层。
- 按钮：创建路径。
- 按钮：使用"自由钢笔工具"创建路径或形状图层。
- "橡皮带"复选框：单击选项栏上的"几何选项"按钮，打开"几何选项"面板（如图1-2-73所示）。选中"橡皮带"，则使用"钢笔工具"创建路径时，在最后生成的锚点和光标所在位置之间出现一条临时连线，以协助确定下一个锚点。
- "自动添加/删除"复选框：选中该项，将"钢笔工具"移到路径上（此时"钢笔工具"临时转换为增加锚点工具），单击可在路径上增加一个锚点；将"钢笔工具"移到路径的锚点上（此时"钢笔工具"临时转换为"删除锚点工具"），单击可删除该锚点。
- 按钮组：用于路径的运算。

另外，在使用"形状工具"时，若在选项栏上选择"路径"按钮，也可以创建路径。

（2）显示与隐藏锚点

当路径上的锚点被隐藏时，使用"直接选择工具"在路径上单击，可显示路径上所有锚点，如图1-2-78右图所示。反之，使用直接选择工具在显示锚点的路径外单击，可隐藏路径上所有锚点，如图1-2-78左图所示。

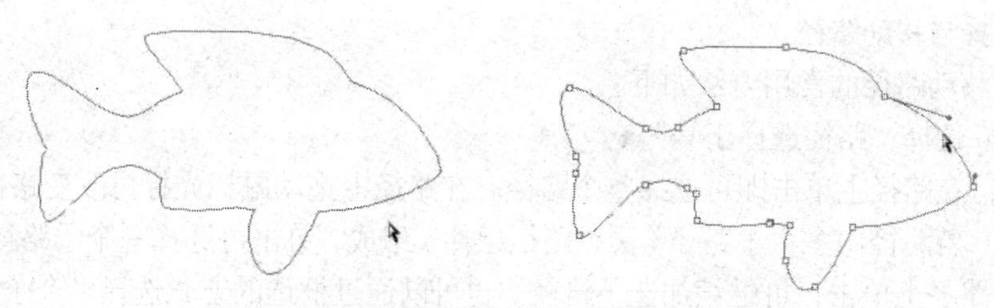

图1-2-78　隐藏锚点（左图）和显示锚点（右图）

（3）转换锚点

使用"转换点工具"可以转换锚点的类型，具体操作如下。

① 将直线角点转化为平滑锚点和含方向线的角点

选择"转换点工具"，将光标定位于要转换的直线角点上，按下左键拖动，可将锚点转化为平滑锚点。将光标定位于平滑锚点的方向点上，按下左键拖动，平滑锚点可转化为有方向线的角点，如图1-2-79所示。继续拖动方向点，改变单侧方向线的长度和方向，进一步调整锚点单侧路径的形状。

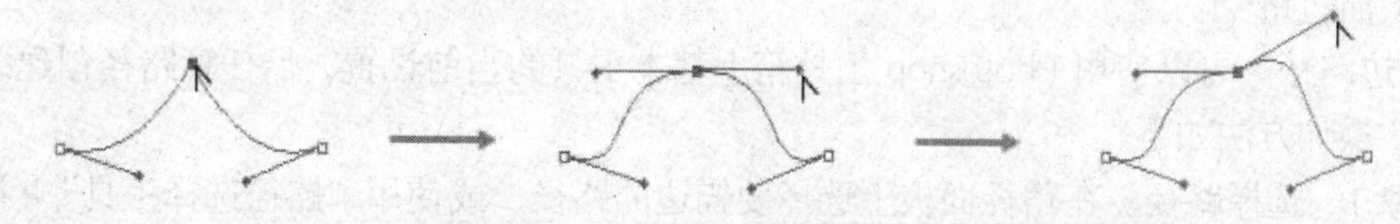

图1-2-79　将直线角点转化为平滑锚点和含方向线的角点

② 将平滑锚点或含方向线的角点转化为直线角点

若锚点为平滑锚点或含方向线的角点，使用"转换点工具"在锚点上单击，可将锚点转化为直线角点。

在调整路径时，使用"直接选择工具"拖动锚点或方向点，不会改变锚点的类型。

（4）选择与移动锚点

使用“直接选择工具”即可以选择锚点，也可以改变锚点的位置，方法如下（假设路径上的锚点已显示）。

步骤 1 首先选择“直接选择工具”。

步骤 2 在锚点上单击，可选中单个锚点（空心方块变成实心方块）。选中的锚点若含有方向线，方向线将显示出来。

步骤 3 通过在锚点上拖动鼠标光标可以改变单个锚点的位置。

（5）添加与删除锚点

添加与删除锚点的常用方法如下。

步骤 1 选择“钢笔工具”，在选项栏上选中“自动添加/删除”。

步骤 2 将光标移到路径上要添加锚点的位置（光标变成形状），单击可添加锚点。当然，也可以直接使用“添加锚点工具”在路径上添加锚点。添加锚点并不会改变路径的形状。

步骤 3 将光标移到要删除的锚点上（光标变成形状），单击可删除锚点。当然，也可以直接使用“删除锚点工具”删除锚点。删除锚点后，路径的形状将重新调整，以适合其余的锚点。

（6）选择与移动路径

选择与移动路径的常用方法如下。

步骤 1 选择“路径选择工具”。

步骤 2 在路径上单击即可选择整个路径。在路径上拖动鼠标光标可改变路径的位置。

步骤 3 若路径由多个子路径（又称路径组件）组成，单击可选择一个子路径。按住 Shift 键在其他子路径上单击，可继续加选子路径。也可以通过框选的方式选择多个子路径。

步骤 4 选中多个子路径后，拖动其中一个子路径，可同时移动所选中的所有子路径。

（7）删除路径

要想删除子路径，可在选择子路径后，按 Delete 键。

要想删除整个路径，可打开路径面板，在要删除的路径上右击，从弹出的菜单中选择“删除路径”命令。或在路径面板上将要删除的路径直接拖动到“删除当前路径”按钮上。

（8）显示与隐藏路径

在路径面板底部的灰色空白区域单击，取消路径的选择，可以在图像中隐藏路径。在路径面板上单击以选择要显示的路径，可以在图像中显示该路径。一次只能选择和显示一条路径。

（9）描边路径

“描边路径”可以使用 Photoshop 工具箱上基本工具的当前设置，沿任意路径创建绘画描边效果。操作方法如下。

步骤 1 选择路径。在路径面板上选择要描边的路径，或使用“路径选择工具”在图像中选择要描边的子路径。

步骤 2 选择并设置描边工具。在工具箱上选择描边工具，并对工具的颜色、模式、不透明度、画笔大小、画笔间距等属性进行必要的设置。

步骤 3 描边路径。在路径面板上单击“用画笔描边路径”按钮，可使用当前工具对路径或子路径进行描边。也可以从路径面板菜单中选择“描边路径”或“描边子路径”命令，弹出相应的对话框，在对话框中选择描边工具，单击“确定”按钮。

"描边路径"的目标图层是当前图层，操作前应注意选择合适的图层。

（10）路径转化为选区

在 Photoshop 中，创建路径的目的通常是要获得同样形状的选区，以便精确地选择对象。路径转化为选区的常用方法如下。

步骤 1 在路径面板上选择要转化为选区的路径，或使用路径选择工具在图像中选择特定的子路径。

步骤 2 单击路径面板底部的"将路径作为选区载入"按钮（载入的选区将取代图像中的原有选区）。也可以从路径面板菜单中选择"建立选区"命令，弹出"建立选区"对话框，根据需要设置好参数，单击"确定"按钮。

上述操作完成后，有时图像中会出现选区和路径同时显示的状态，这往往会影响选区的正常编辑。此时，应注意将路径隐藏起来。

以下举例说明路径工具的基本用法。

步骤 1 新建一个 400×400 像素、分辨率 72 像素/英寸、RGB 颜色模式、底色为白色的图像文件。

步骤 2 使用"钢笔工具"创建一个封闭的三角形路径，如图 1-2-80 所示。

步骤 3 使用"转换点工具"把①号锚点和②号锚点转化为平滑点，如图 1-2-81 所示。

步骤 4 使用删除锚点工具删除③号锚点，如图 1-2-82 所示。

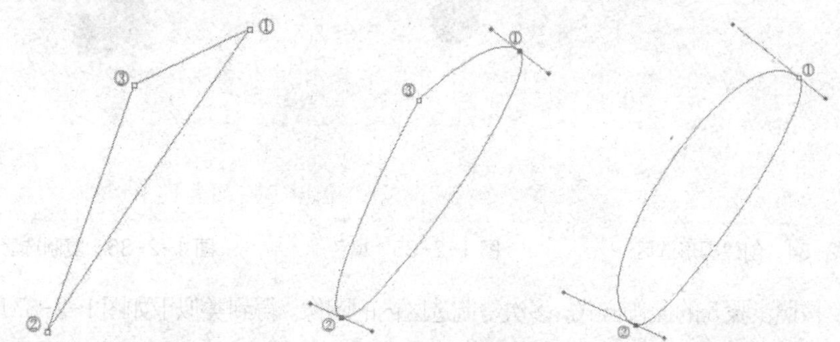

图 1-2-80 创建多边形路径　图 1-2-81 转换锚点类型　图 1-2-82 删除锚点

步骤 5 再使用"转换点工具"把①号锚点和②号锚点转化为含方向线的角点；并通过改变每条方向线的长度与方向把路径调整成竹叶形，如图 1-2-83 左图所示。

步骤 6 使用"直接选择工具"移动底部锚点的位置，把竹叶调整成侧面型，如图 1-2-83 右图所示。通过移动锚点的位置，然后再适当调整方向线的长度与方向，可以形成各种类型的竹叶形状。

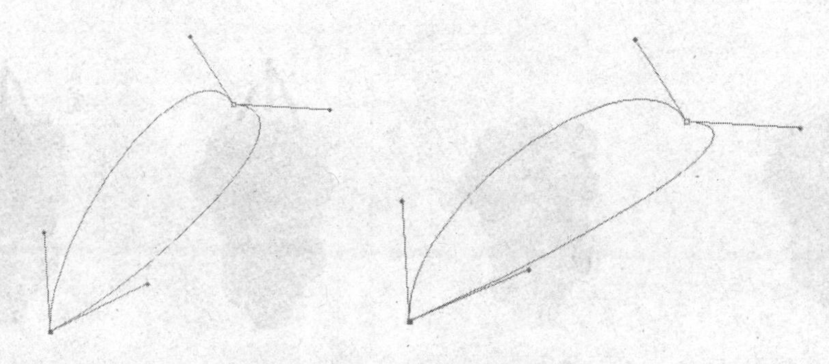

图 1-2-83 把路径调成竹叶形状

2.3 Photoshop 图像处理综合案例

2.3.1 画葡萄

1．主要技术看点

新建文件、保存文件、创建选区（设置羽化参数）、取消选区、选取颜色、填充颜色、画笔工具与文字工具的使用、移动与复制选区内图像等。

2．操作步骤

步骤 1　新建一个 300×450 像素、72 像素/英寸、RGB 颜色模式（8 位）、白色背景的图像文件。

步骤 2　在工具箱上选择“椭圆选框工具”。在选项栏上设置羽化参数的值为 1，其他选项采用默认值。（按 Shift 键）在图像窗口见图 1-2-84 的位置创建圆形选区。

步骤 3　在工具箱底部将前景色设置为紫色（颜色值为#6633ff）。

步骤 4　选择“油漆桶工具”。在选区内单击填色，如图 1-2-85 所示。

步骤 5　选择“移动工具”，将光标定位于选区内。按住 Alt 键不放，将选区内的图像拖动到如图 1-2-86 所示的位置后松开鼠标按键。

图 1-2-84　创建圆形选区　　图 1-2-85　填色　　图 1-2-86　复制选区内图像

步骤 6　按照步骤 5 的操作方式，多次复制选区内的图像。得到类似于如图 1-2-87 所示的效果。

步骤 7　按 Ctrl+D 组合键取消选区。将前景色设置为黑色。

步骤 8　选择“画笔工具”。设置画笔大小 13 像素左右、硬度 0%。在“葡萄”颗粒上依次单击，得到如图 1-2-88 所示的效果。

步骤 9　将前景色设置为墨绿色。设置画笔大小 9 像素左右、硬度 100%。在如图 1-2-89 所示的位置绘制葡萄“茎”。

步骤 10　将前景色设置为黑色。选择“直排文字工具”。在图像的左上角与右下角分别创建文本。如图 1-2-90 所示。

图 1-2-87　多次复制后的效果

图 1-2-88　绘制“点”

图 1-2-89　绘制“茎”

图 1-2-90　书写文字

步骤 11　分别以 PSD 格式和 JPG 格式（最佳效果）存储图像。

步骤 12　关闭图像窗口。

2.3.2　寒梅傲雪

1．主要技术看点

新建文件、打开文件、保存文件、新建图层、复制图层、变换图层、绘制水平线、创建选区、调整色彩、创建文本等。

2．操作步骤

步骤 1　打开素材图像“第 2 章素材\寒梅.jpg”。

步骤 2　选择菜单命令“图像|图像大小”，打开“图像大小”对话框。设置参数如图 1-2-91 所示。单击“确定”按钮。本步操作的目的是成比例缩小图像，以方便后面步骤的操作。

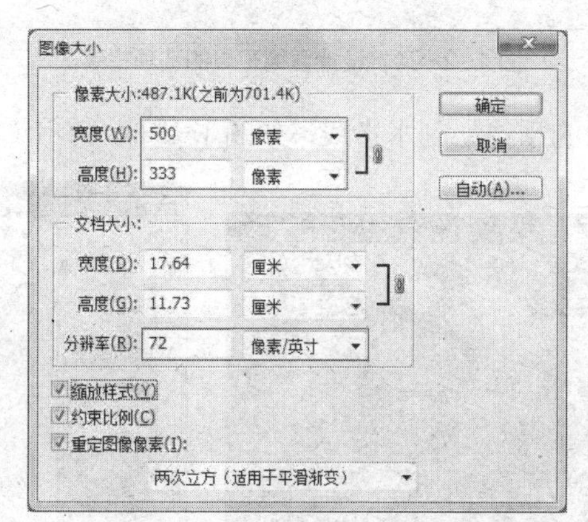

图 1-2-91　“图像大小”对话框

步骤 3　按 Ctrl+A 组合键全选素材图像，按 Ctrl+C 组合键复制选区内图像。

步骤 4　在工具箱底部将背景色设置为黑色。

步骤 5　新建一个 500×350 像素、72 像素/英寸、RGB 颜色模式（8 位）、黑色背景（在“新建”对话框中将“背景内容”参数设置为“背景色”选项）的图像文件。

步骤 6　按 Ctrl+V 组合键粘贴图像，得到如图 1-2-92 所示的效果。

步骤 7　按 Ctrl+T 组合键（或选择菜单命令“编辑|自由变换”），显示变换控制框。在竖直方向拖动控制框水平边的中间控制块，得到如图 1-2-93 所示的效果。

步骤 8　在选项栏右侧单击✓按钮以执行变换。

步骤 9　新建图层 2（位于图层 1 的上面）。将前景色设置为白色。

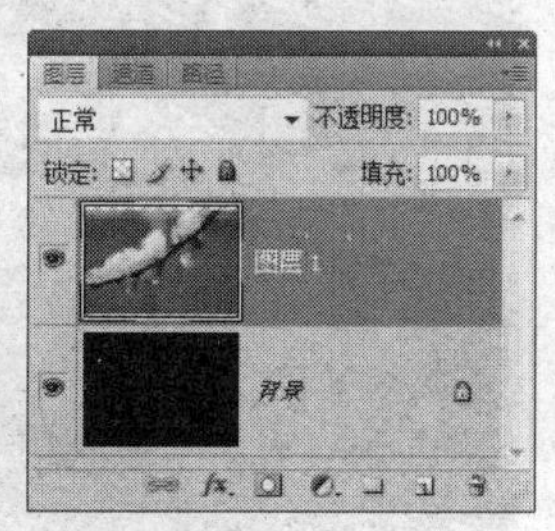

图 1-2-92　在新建图像中粘贴图像

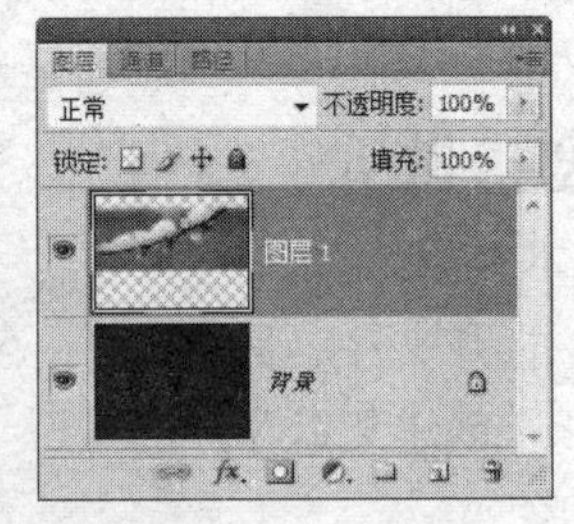

图 1-2-93　调整图层 1 中图像的大小

步骤 10　选择“直线工具”(位于形状工具组)。设置选项栏参数如图 1-2-94 所示。

图 1-2-94　设置直线工具的选项栏参数

步骤 11　在寒梅图像的顶边绘制水平线，如图 1-2-95 所示(水平线位于图层 2 中)。

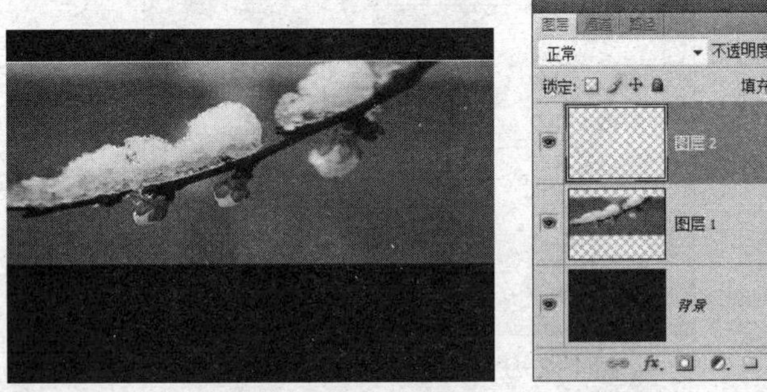

图 1-2-95　在新建图层中绘制水平线

步骤 12　复制图层 2，得到图层 2 副本。选择移动工具，按向下方向键↓(可同时按住 Shift 键)，将副本图层中的水平线移动到图 1-2-96 所示的位置(寒梅图像的底边)。

步骤 13　打开素材图像“第 2 章素材\文字(1).jpg”。按 Ctrl+A 组合键全选图像，按 Ctrl+C 组合键复制图像。

步骤 14　切换到新建图像。按 Ctrl+V 组合键粘贴图像，得到图层 3，如图 1-2-97 所示。

步骤 15　按 Ctrl+T 组合键，显示变换控制框。设置选项栏参数如图 1-2-98 所示。单击选项栏右侧的✓按钮以确认变换。

步骤 16　选择“移动工具”，将图层 3 中的图像移动到如图 1-2-99 所示的位置。

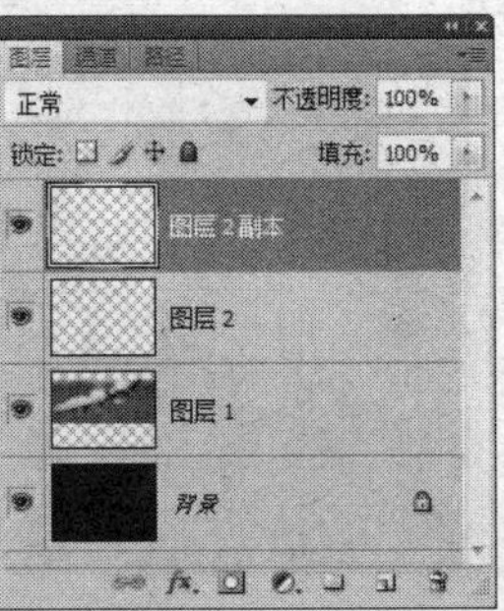

图 1-2-96　复制并移动图层

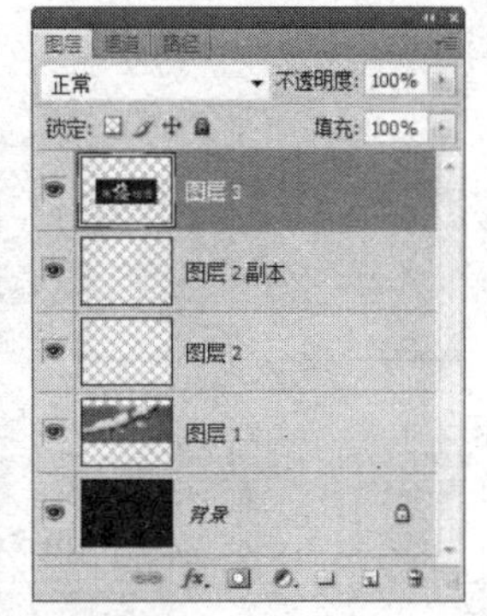

图 1-2-97　将文字素材复制到新图像

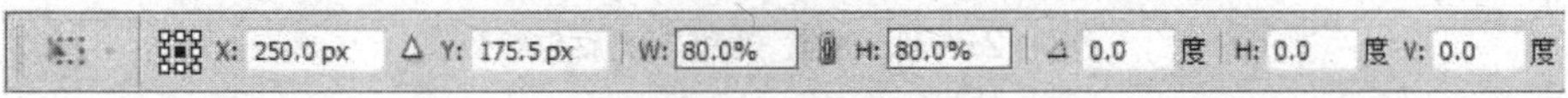

图 1-2-98　设置变换参数

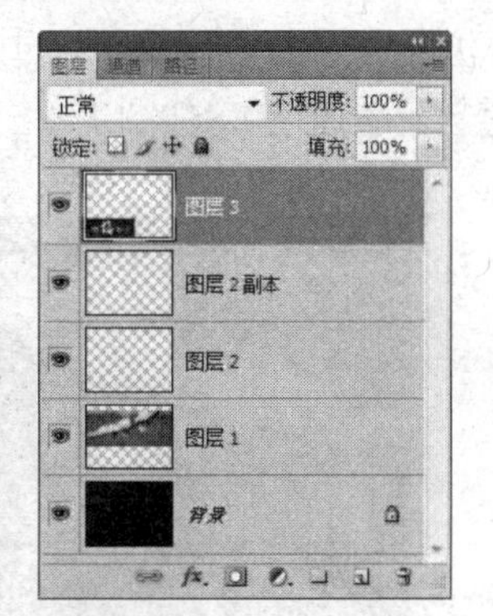

图 1-2-99　调整“标题文字”的位置

步骤 17　使用“套索工具”（羽化参数设置为 0）圈选“梅”字，如图 1-2-100 所示。

步骤 18　选择菜单命令“图像|调整|色阶”，打开“色阶”对话框。选择绿色通道，将“输出色阶”参数栏的白色滑块拖动到最左侧（与黑色滑块重合），如图 1-2-101（a）所示。此时圈选的“文字”显示为紫色。

步骤 19　类似地，选择蓝色通道，将“输出色阶”参数栏的白色滑块拖移到最左侧，如图 1-2-101（b）所示。单击“确定”按钮关闭“色阶”对话框。此时圈选的“文字”显示为纯红色。

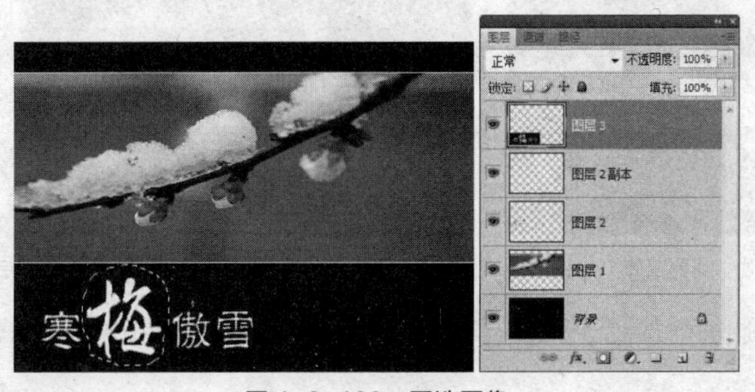

图 1-2-100　圈选图像

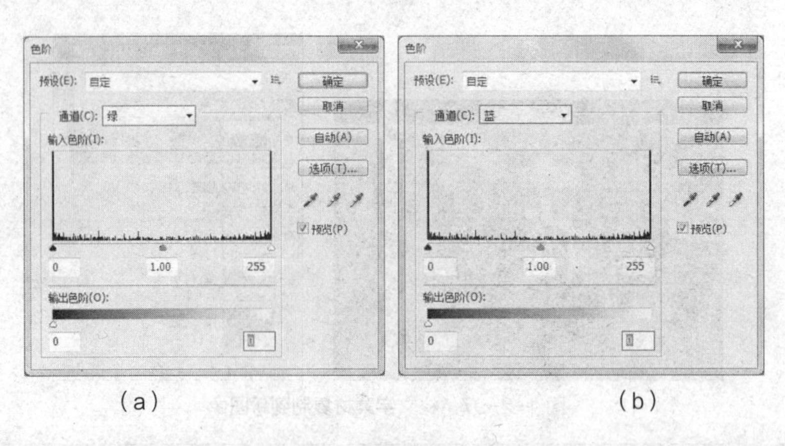

（a）　　　　　　　　（b）

图 1-2-101　设置“色阶”对话框参数

步骤 20　按 Ctrl+D 组合键取消选区。

步骤 21　仿照步骤 17～步骤 20 的操作方法将图像中的“寒”与“傲雪”调整为纯绿色（改变红色通道与蓝色通道），如图 1-2-102 所示。

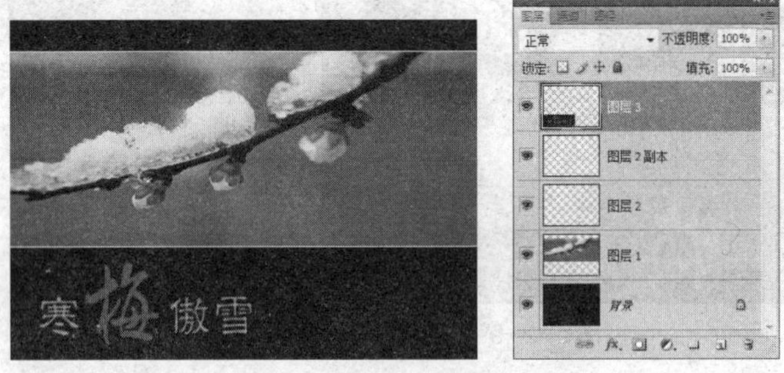

图 1-2-102　色彩调整结果

步骤 22　使用“直排文字工具”分别在图像的右上角与右下角创建图 1-2-103 所示的文本。

步骤 23　选择图层 1。选择菜单命令“编辑|变换|水平翻转”，结果见图 1-2-104。

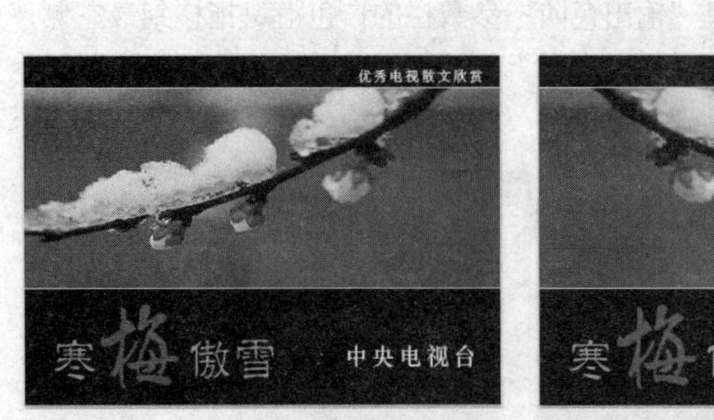

图 1-2-103　创建文本

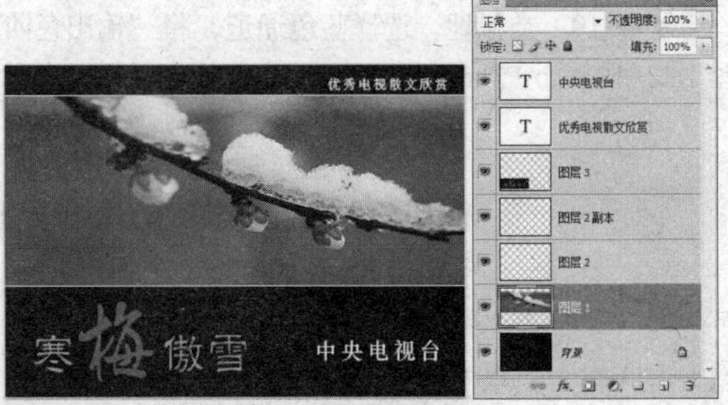

图 1-2-104　最终效果及图层组成

步骤 24　分别以 PSD 格式和 JPG 格式（最佳效果）存储图像，最后关闭所有图像文件。

2.3.3　烟雨江南

1. 主要技术看点

图层基本操作（复制、移动、缩放等）、图层混合模式、色彩调整、选区创建等。

2．操作步骤

步骤 1　打开图像“第 2 章素材\书法（枫桥夜泊）.jpg”，如图 1-2-105 所示。按组合键 Ctrl+A 全选图像，按 Ctrl+C 组合键复制图像。

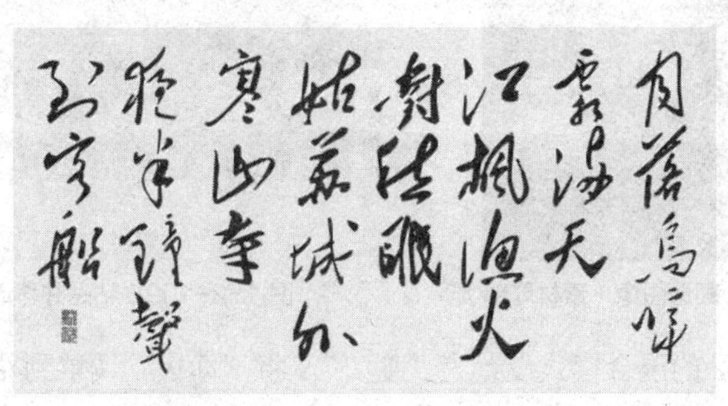

图 1-2-105　书法素材

步骤 2　打开图像“第 2 章素材\烟雨江南.jpg”。按 Ctrl+V 组合键粘帖图像，得到图层 1。使用“移动工具”将书法图像移动到右上角，如图 1-2-106 所示。

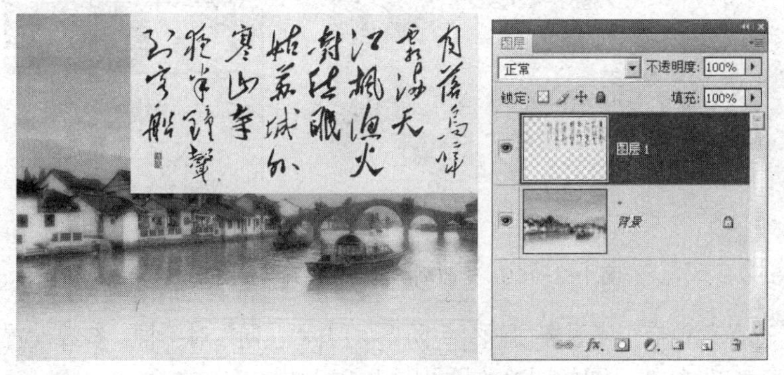

图 1-2-106　粘贴图像

步骤 3　将图层 1 的混合模式由“正常”改为“变暗”。选择菜单命令“编辑|自由变换”适当缩小图层 1 的图像。按 Enter 键确认，如图 1-2-107 所示。

图 1-2-107　更改图层混合模式并缩小图像

步骤 4　打开图像“第 2 章素材\渔火.jpg”。使用“套索工具”圈选图中的渔火及其倒影，如图 1-2-108 所示。按 Ctrl+C 组合键复制图像。

步骤 5　切换到“烟雨江南.jpg”。按 Ctrl+V 组合键粘帖图像，得到图层 2。使用“移动工具”将粘贴的图像移动到如图 1-2-109 所示的位置。

图 1-2-108　圈选图像（素材局部）

图 1-2-109　粘贴并移动图像

步骤 6　将图层 2 的混合模式设置为“变亮”。将“渔火”调整到左侧船头的位置，如图 1-2-110 所示。

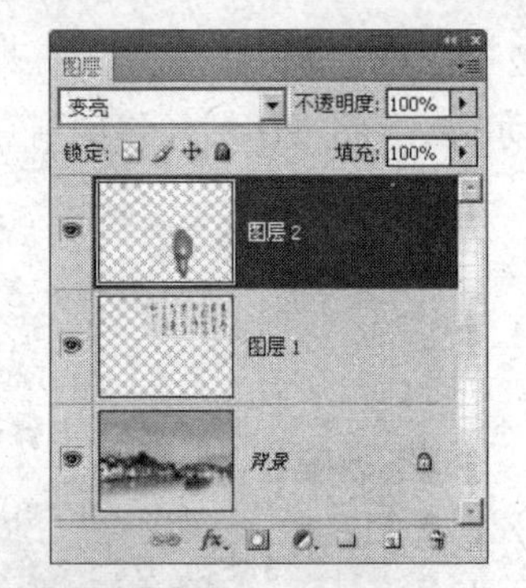

图 1-2-110　更改图层混合模式并调整图像位置

步骤 7　选择菜单命令“图像|调整|色阶”，打开“色阶”对话框。参数设置如图 1-2-111 所示。单击“确定”按钮，图像调整效果见图 1-2-112。

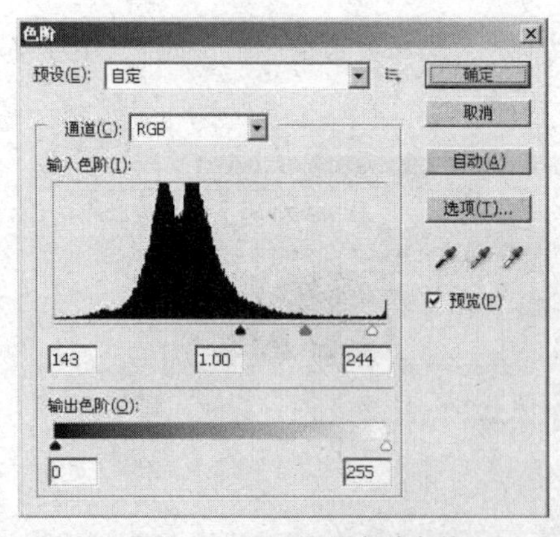

图 1-2-111　设置色阶参数

图 1-2-112　图像最终合成效果

步骤 8　保存图像。图像最终效果可参考“第 2 章素材\烟雨江南（合成）.jpg”。

2.3.4　最美的舞者

主要技术看点：图层基本操作、图层蒙版、色彩调整、渐变等。

步骤 1　打开素材图像“第 2 章素材/脚尖上的优雅.jpg”。在图层面板上双击背景层缩览图，打开“新建图层”对话框，采用默认设置，单击“确定”按钮。这样可将背景层转化为普通层“图层 0"，如图 1-2-113 所示。

步骤 2 使用"图像 | 画布大小"命令向下扩充画布，参数设置如图 1-2-114 所示（高度扩大到 614 像素，宽度不变）。

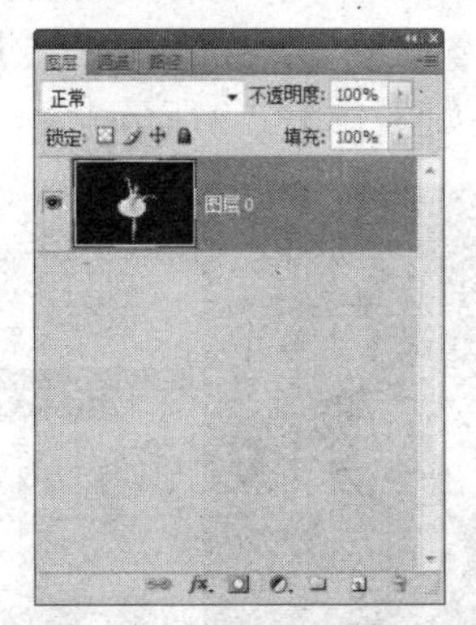

图 1-2-113 转化背景层

图 1-2-114 设置"画布大小"参数

步骤 3 复制图层 0，得到图层 0 副本。使用"编辑 | 变换 | 垂直翻转"命令将图层 0 副本上下颠倒。使用移动工具将图层 0 副本竖直向下移动到如图 1-2-115 所示的位置。

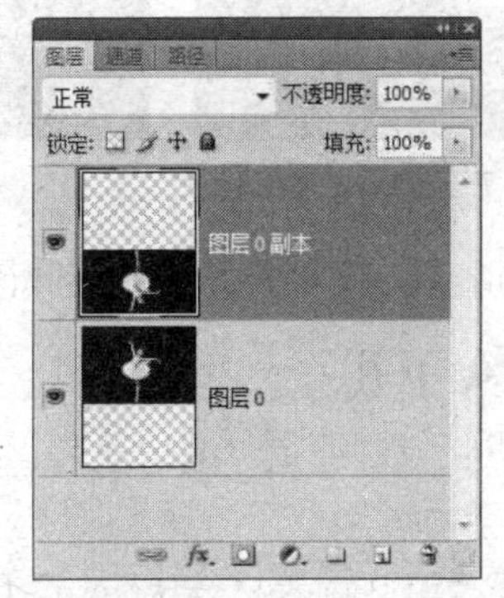

图 1-2-115 复制与变换图层

步骤 4 选择"编辑 | 自由变换"命令，从变换控制框底部向上压缩图像至如图 1-2-116 所示的位置，按 Enter 键确认变换。

步骤 5 使用"图像 | 调整 | 亮度/对比度"命令提高图层 0 副本的亮度，参数设置如图 1-2-117 所示。

图 1-2-116 压缩图层

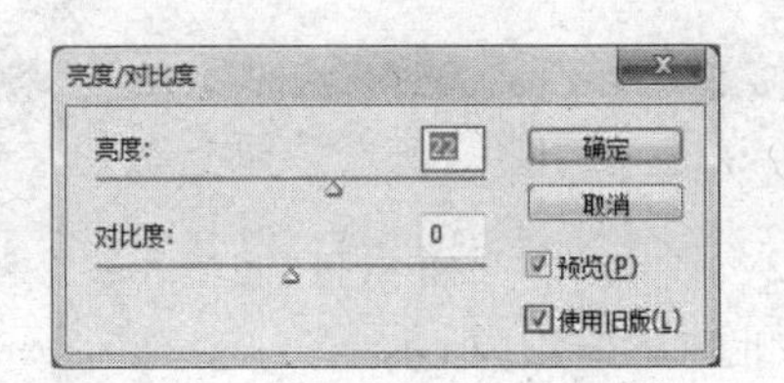

图 1-2-117 设置"亮度/对比度"参数

步骤 6　为图层 0 副本添加高斯模糊滤镜(模糊半径设置为 1 像素)。

步骤 7　新建图层，填充黑色，放置在所有其他层的下面。

步骤 8　为图层 0 副本添加图层蒙版，并确保图层 0 副本处于蒙版编辑状态。

步骤 9　在图像窗口中，按住 ShiR 键的同时沿竖直方向由 A 点向 B 点拖曳光标(如图 1-2-118 所示)，创建由白色到黑色的线性渐变。结果如图 1-2-119 所示。

图 1-2-118　在蒙版上做渐变

图 1-2-119　图像最终效果

步骤 10　分别以 PSD 格式和 JPG 格式(最佳效果)存储图像，最后关闭所有图像文件。

2.3.5　仙女下凡

主要技术看点：复制通道、编辑通道、载入、通道选区、图层蒙版修补选区、色阶调整、图层复制等。

步骤 1　打开“第 2 章素材\舞蹈.psd”(见图 1-2-120)，选择“人物”层。按 Ctrl+A 组合键全选图像，按 Ctrl+C 组合键复制图像。

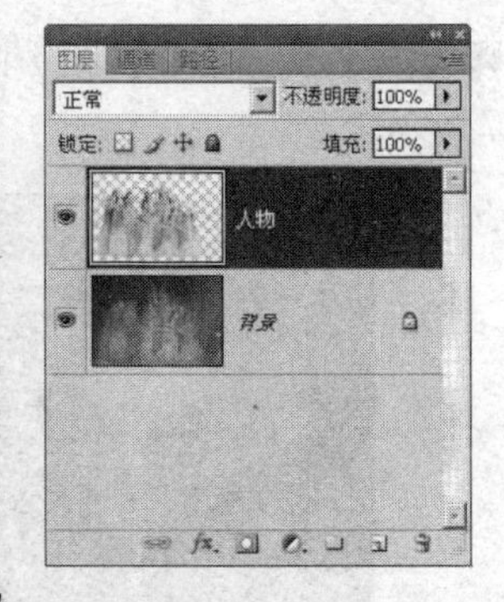

图 1-2-120　素材图片“舞蹈”

步骤 2　打开“第 2 章素材\仙境.jpg”。按 Ctrl+V 组合键粘贴图像，生成图层 1，改名为“仙女”，如图 1-2-121 所示。

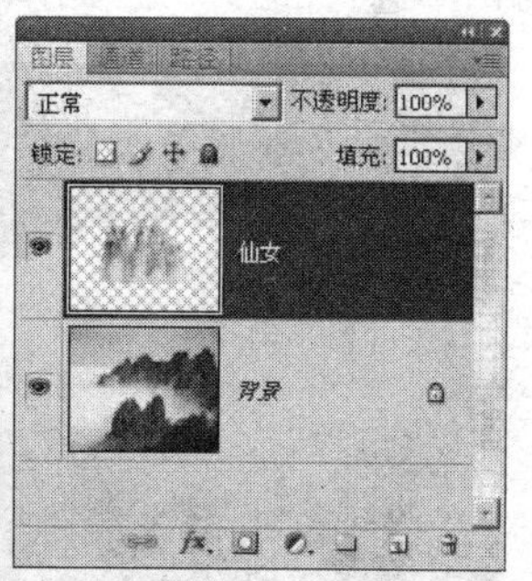

图 1-2-121　粘贴图层，更名图层

步骤 3　使用“编辑|自由变换”命令适当成比例缩小“仙女”层中的人物，使用移动工具调整人物的位置，如图 1-2-122 所示。

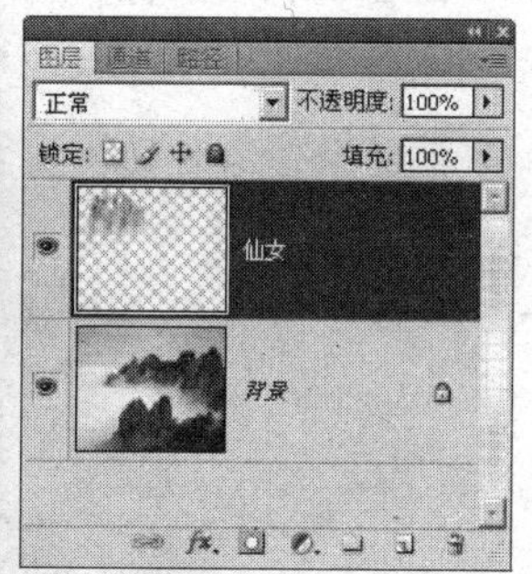

图 1-2-122　调整“仙女”的大小与位置

步骤 4　打开“第 2 章素材\白云.jpg”。显示通道面板。查看各个单色通道，发现红色通道中的白云与周围蓝天背景的明暗对比度最高。

步骤 5　复制红色通道，得到“红副本”通道（如图 1-2-123 所示）。选择菜单“图像|调整|色阶”，打开“色阶”对话框，对“红 副本”通道中的灰度图像进行调整。参数设置如图 1-2-124 所示。单击“确定”按钮。

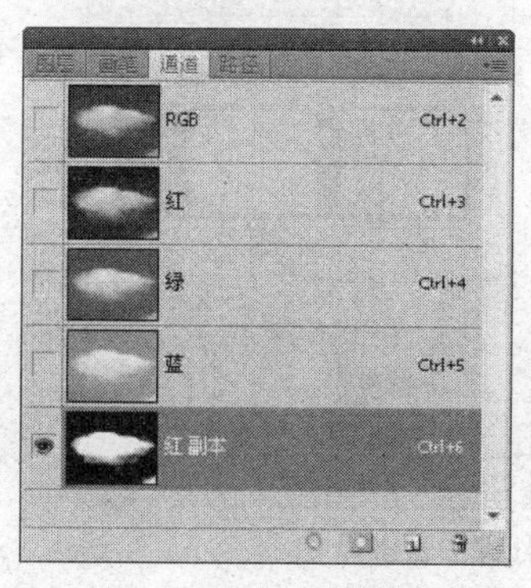

图 1-2-123　复制通道

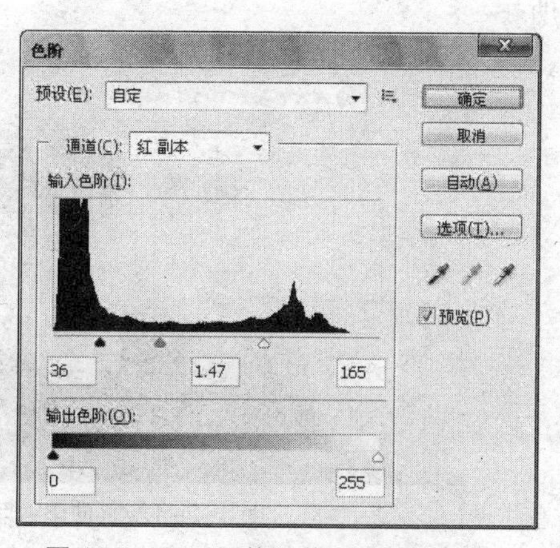

图 1-2-124　调整通道图像的对比度

步骤 6　使用黑色软边画笔将“红　副本”通道右下角的白色涂抹掉（对通道的编辑修改也是在图像窗口中进行的）。“红　副本”通道的最终编辑效果如图 1-2-125 所示。

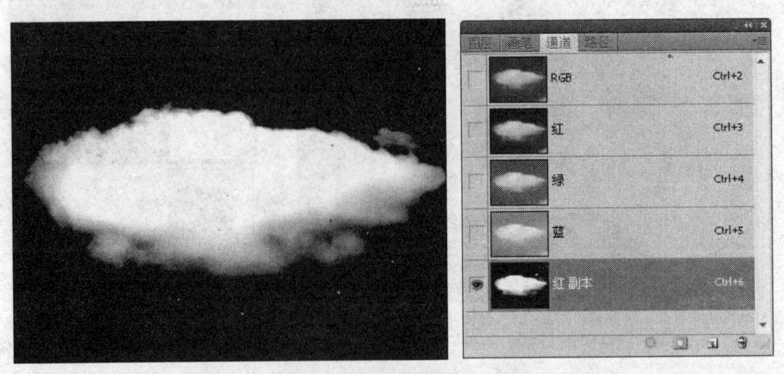

图 1-2-125　“红副本”通道的最终效果

步骤 7　按 Ctrl 键在通道面板上单击“红　副本”通道的缩览图，载入通道选区。

步骤 8　单击选择复合通道。按 Ctrl+C 组合键复制背景层选区内的白云。切换到“仙境”图像，按 Ctrl+V 组合键粘贴图像，生成图层 1，改名为“白云”。并将白云移动到图 1-2-126 所示的位置。

图 1-2-126　粘贴和移动图层

步骤 9　为“白云”层添加图层蒙版。使用黑色软边画笔（大小 70 像素左右，不透明度 10%左右）涂抹白云的周围边缘（特别是顶部边缘），使深色适当变浅，并有透明效果，如图 1-2-127 所示。

图 1-2-127　使用图层蒙版处理白云边界

步骤 10　将最终合成图像以“仙女下凡.jpg”为文件名进行保存。

2.4 Illustrator 绘图基础

2.4.1 Illustrator 简介

Illustrator 是由美国 Adobe 公司开发的一款重量级矢量绘图软件，是出版、多媒体和网络图像工业的标准插图软件，功能非常强大，享有手绘大师的美誉。

图 1-2-128 所示是使用 Illustrator 设计的作品。

（a）手提袋

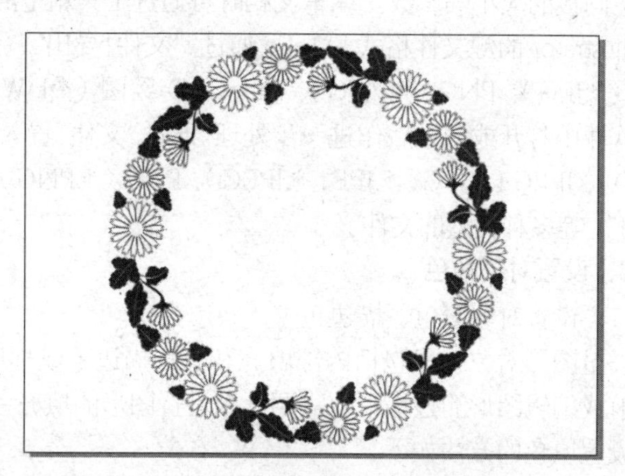

（b）花环

图 1-2-128　Illustrator 作品

Illustrator 与 Photoshop 同是 adobe 公司的权威产品，二者的兼容性很好，操作方法也比较接近。如果已经熟悉了 Photoshop 的操作，Illustrator 学习起来会比较容易一些，反之也是一样。

Illustrator 在某些方面甚至超越了同类的 CorelDRAW 软件。例如，Illustrator 所占用的系统资源比较少，因此工作起来明显快很多；再如，Illustrator 运行起来比较稳定，自身的兼容性也较好。

2.4.2 Illustrator CS5 窗口组成

运行 Illustrator CS5 简体中文版，其窗口界面如图 1-2-129 所示，包括应用程序栏、菜单栏、控制栏、工具箱、工作区、面板和状态栏等组成部分。

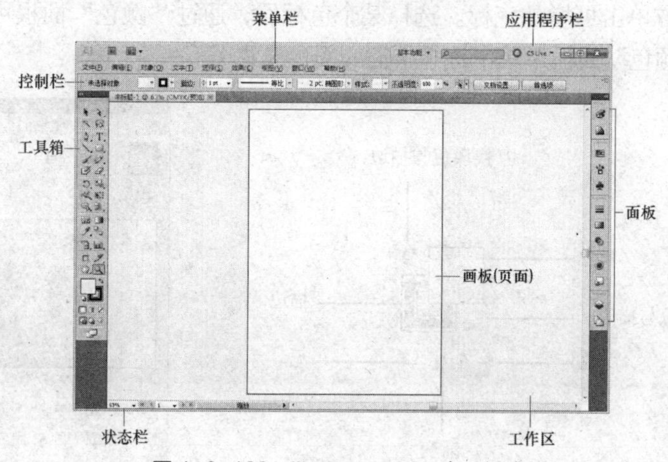

图 1-2-129　Illustrator CS5 窗口组成

画板（或称页面）在用户工作区内，是包含可打印图稿的整个区域。Illustrator 的每个文档可包含多个画板，其数量可以在新建文档时指定。在文档创建好之后，还可以通过“画板”面板新建或删除画板。

2.4.3 Illustrator CS5 基本操作

1．文件的基本操作

Illustrator 中文档的创建、打开与存储操作与 Photoshop 类似。新建文档时可确定画板的数量、画板的大小等参数。编辑文档时可通过工具箱上的画板工具修改每个画板的大小。

Illustrator 的源文件格式为*.ai。通过“文件|导出”命令还可以输出 Photoshop（*.PSD）、JPEG（*.JPG）、PNG（*.PNG）、AutoCAD 绘图（*.DWG）等多种类型的文件，以便在其他相关软件中打开或导入后作进一步处理。通过“文件|置入”命令也可以输入 Photoshop(*.PSD，*.PDD）、JPEG（*.JPG，*.JPE，*.JPEG）、PNG（*.PNG）、AutoCAD 绘图（*.DWG）、GIF89a（*.GIF）等多种类型的文件。

2．设置对象颜色

（1）设置对象填色、描边色

矢量图形对象一般包括内部填充和外围描边（或称边界、笔触）两部分。因此在创建图形之前或编辑图形的过程中，需要分别设置图形的填充色（即填色）和描边色两种颜色。

设置填色的方法如下。

步骤 1　在工具箱底部单击选择“填色”按钮（该按钮将出现在“描边”按钮的前面，如图 1-2-130 所示）。

步骤 2　单击选择“颜色”按钮，可通过“颜色”面板或“色板”面板设置单色填色。也可以直接双击“填色”按钮打开“拾色器”对话框以选择单色填色。

步骤 3　单击选择“渐变”按钮，可通过“渐变”面板设置渐变色填色。

步骤 4　单击选择“无”按钮，可将填色设置为无色。

描边色的设置方法类似，但截止到 Illustrator CS5 描边还不能设置为渐变色。

（2）编辑渐变色填色

通过“渐变”面板（见图 1-2-131）可以进行如下操作：设置渐变类型、渐变角度，在渐变中增加颜色种类，设置每一个色标的位置和颜色等。

在渐变条下方单击可增加色标。选择某个色标后，通过“颜色”面板可选择该色标的颜色（可事先在“颜色”面板菜单中选择所需的颜色模式）。

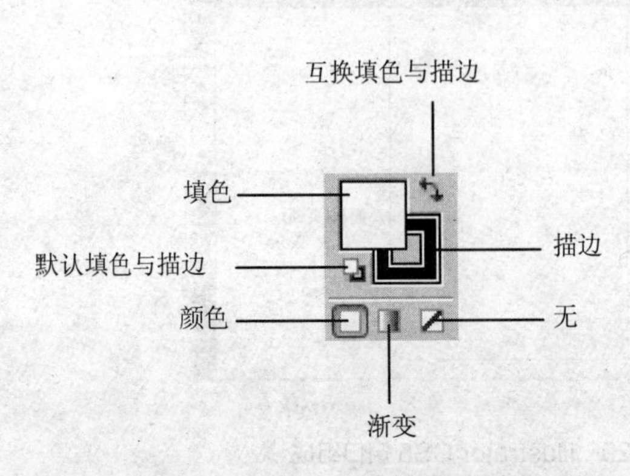

图 1-2-130　设置填色和描边色

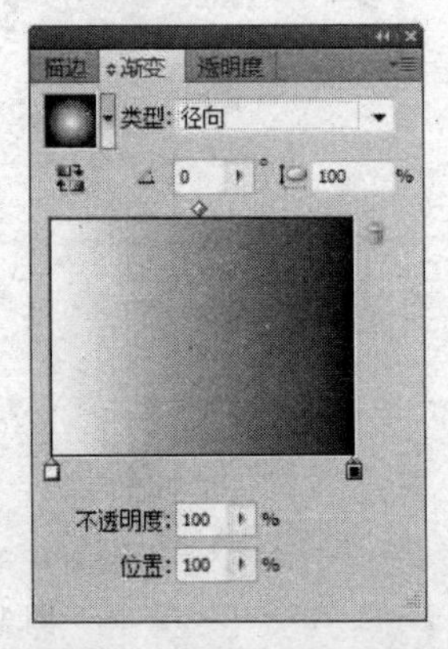

图 1-2-131　“渐变”面板

对于新增加的色标，使用鼠标按住色标不放，并沿垂直方向向下拖移，可删除该色标。

（3）使用图案填色

从“色板”面板菜单中选择“打开色板库|图案”下的相应命令，打开相应的图案面板（见图 1-2-132），从中单击所需的图案，可将其填充到所选图形的填充部分（见图 1-2-133）。

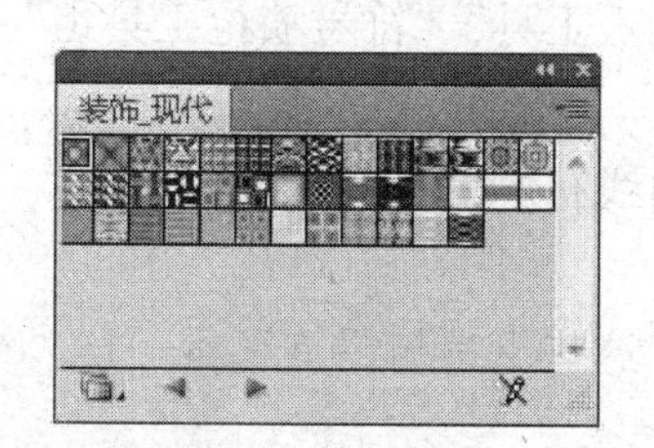

图 1-2-132 “装饰-现代”面板

图 1-2-133 填充图案

（4）设置描边属性

通过“描边”面板和控制栏可设置图形的描边属性，如粗细、线型、箭头等。

（5）创建符号对象

从工具箱中选择“符号喷枪工具” 。打开“符号”面板，从其中选择所需要的符号（也可以从“符号”面板菜单中选择“打开符号库”下的相应命令，打开相应的符号面板），此时在画板上单击或拖动鼠标，即可创建对应的符号，如图 1-2-134 所示。

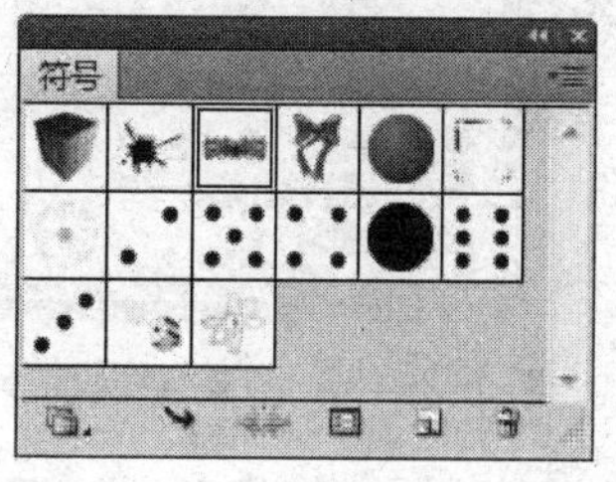

图 1-2-134 创建符号对象

2.4.4 绘制图形

1. 矩形工具组

矩形工具组包括矩形、圆角矩形、椭圆、多边形、星形、光晕等工具。在使用这些工具绘制图形时，应注意以下几点。

● 选择组中某个工具，在工作区单击，可打开其选项对话框，以设置工具参数。该操作对直线段工具组也是适用的。

● 按住 Shift 键可创建正方形、圆形等正的图形，按住 Alt 键则以首次单击点为中心创建图形，同时按住 Shift 键与 Alt 键，则以首次单击点为中心创建正方形、圆形等正的图形。

● 在创建图形前，除了要设置填色和描边颜色外，在工具箱底部选择合适的绘图模式（见图 1-2-135）有时也是必要的。

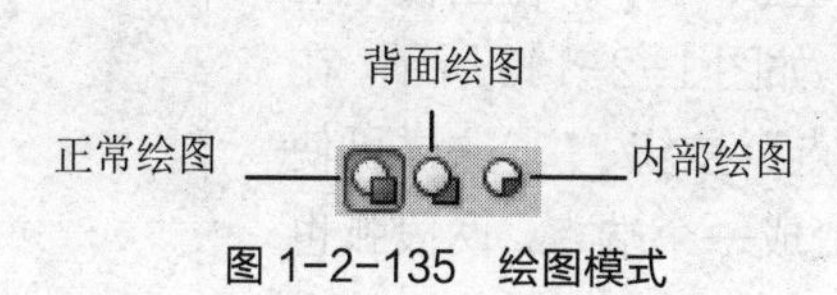

图 1-2-135 绘图模式

2. 手绘工具

手绘工具组包括铅笔工具、平滑工具和路径橡皮擦工具。在使用这些工具时，应注意以下几点。

- 在工具箱上双击“铅笔工具”或“平滑工具”，可以打开相应的选项对话框，以便设置工具参数。该操作对“画笔工具”“橡皮擦工具”“画板工具”“符号喷枪工具组”“形状生成器工具组”等也是适用的。
- 平滑工具与路径橡皮擦工具仅对选中的路径曲线有效。

3. 线型工具

线型工具组包括直线段、弧形和螺旋线等工具。这些工具与铅笔工具一样，绘制出来的图形只有描边，没有填色。

【实例】八卦图做法（一）

步骤 1　选择“弧形工具”。在控制栏上设置描边颜色为黑色，粗细为 0.25 pt 描边: 0.25 p 。

步骤 2　在画板上单击，打开“弧线段工具选项”对话框，参数设置如图 1-2-136 所示。单击“确定”按钮，得到 1/4 圆周，如图 1-2-137 所示。

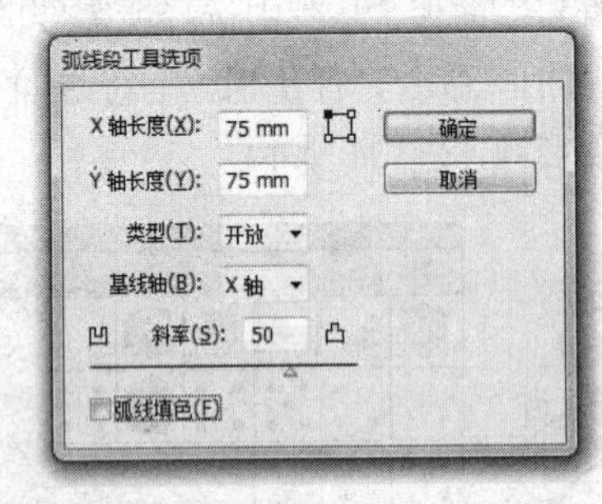

图 1-2-136　设置弧线段工具参数

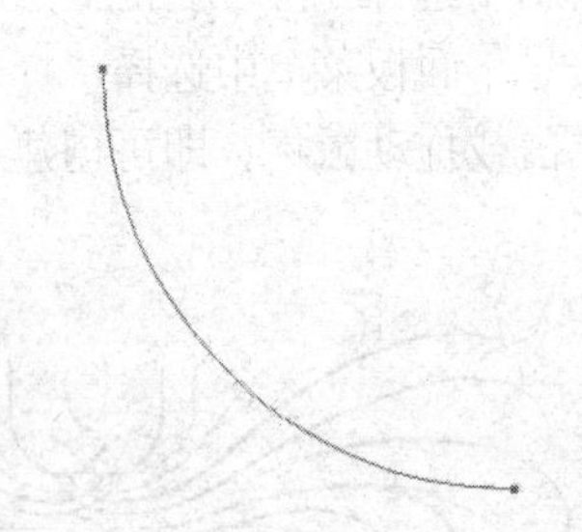

图 1-2-137　1/4 圆周

步骤 3　选择“镜像工具”（在“旋转工具组”中）。按住 Alt 键不放，在画板上弧线段的右下角端点上双击，打开“镜像”对话框，参数设置如图 1-2-138 所示。单击“复制”按钮，结果如图 1-2-139 所示。

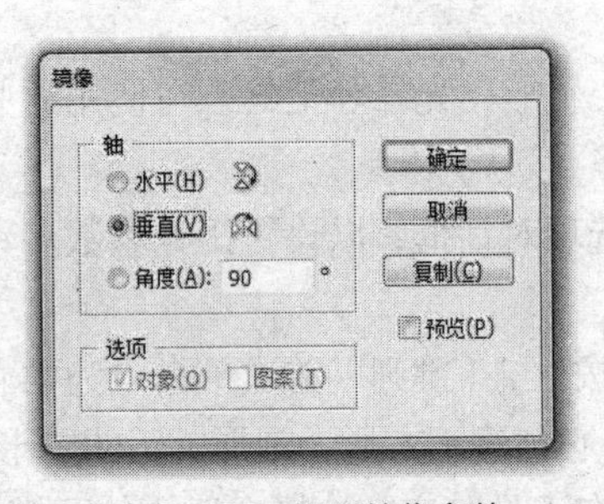

图 1-2-138　设置镜像参数

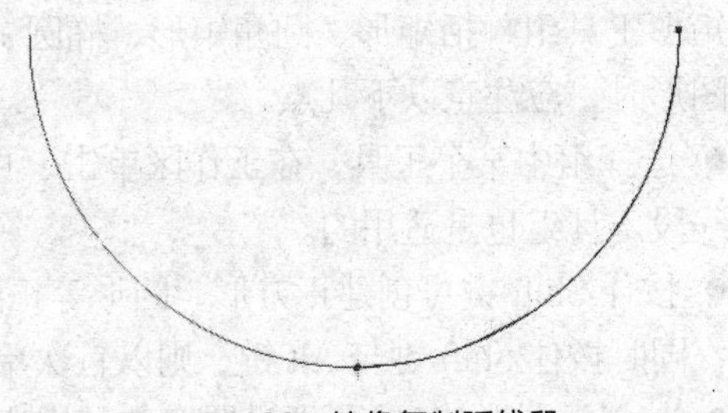

图 1-2-139　镜像复制弧线段

步骤 4　选择“直接选择工具”，在画板上框选两段弧形底部的两个端点，如图 1-2-140 所示。在控制栏上单击“连接所选终点”按钮。这样可使所选两个端点连接在一起，变成一个端点，两段弧也变成一段弧了。

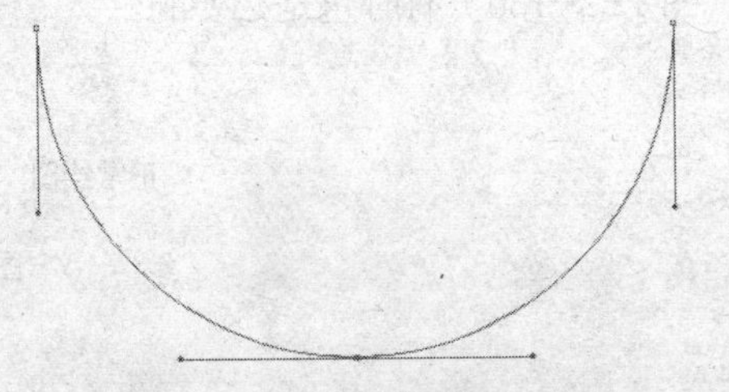

图 1-2-140　选择底部两个端点

步骤 5　选择半圆弧形，依次按 Ctrl+C 组合键和

Ctrl+V 组合键进行复制和粘贴操作。

步骤 6 选择复制出来的弧形，在工具箱上双击“比例缩放工具”，打开“比例缩放”对话框，参数设置如图 1-2-141 所示。单击“确定”按钮，得到缩小后的半圆弧，如图 1-2-142 所示。

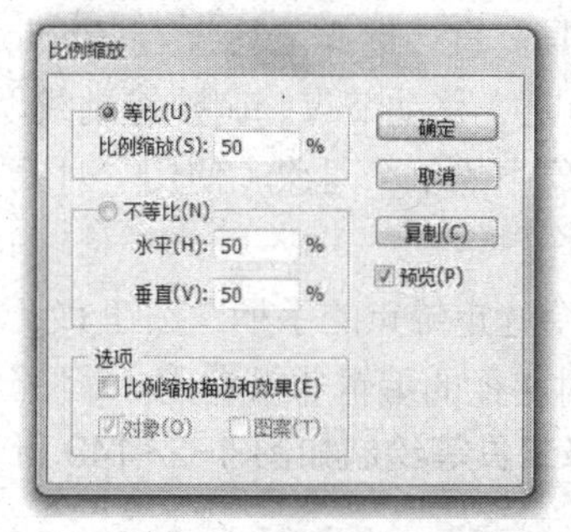

图 1-2-141 设置缩放参数

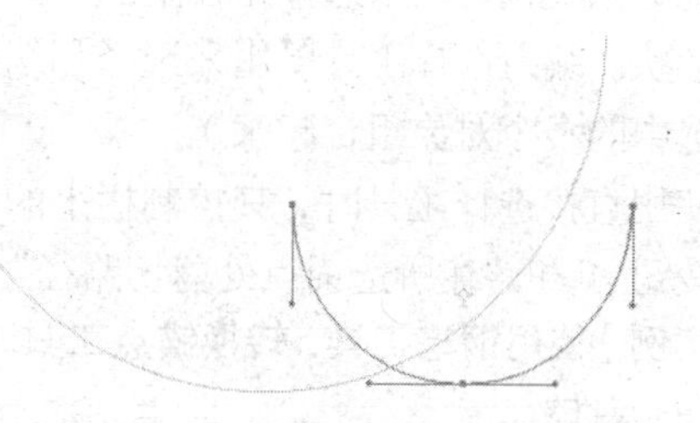

图 1-2-142 缩小弧形

步骤 7 使用“选择工具”框选大小两个弧形。在控制栏上依次单击“水平右对齐”按钮和“垂直顶对齐”按钮，结果如图 1-2-143 所示（取消选择后）。

图 1-2-143 对齐弧形

步骤 8 使用“选择工具”选择小的弧形。选择“旋转工具”。按住 Alt 键不放，在画板上小弧形的左上角端点上双击，打开“旋转”对话框，参数设置如图 1-2-144 所示。单击“复制”按钮，结果如图 1-2-145 所示。

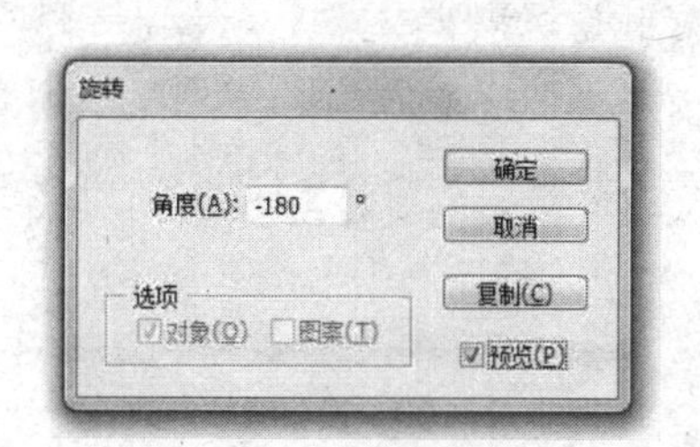

图 1-2-144 设置旋转参数

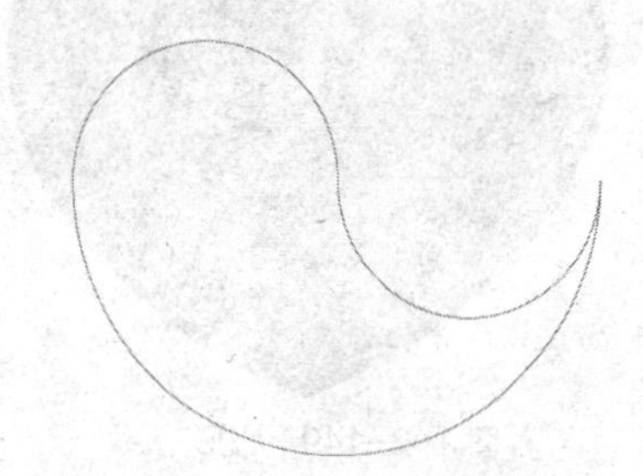

图 1-2-145 旋转复制弧结果

步骤 9 仿照步骤 4 分别连接当前 3 个弧形接口处的端点（共 3 处），使 3 个弧形变成一个封闭的曲线。选择该封闭曲线，将填充色设置为黑色。

步骤 10 在图 1-2-146 所示的位置绘制白色小圆。

步骤 11 使用“选择工具”框选画板上的所有图形（如图 1-2-147 所示）。仿照步骤 8 以 A 点为中心旋转复制所选图形。修改填充色后得到最终效果如图 1-2-148 所示。

图 1-2-146 绘制白色小圆

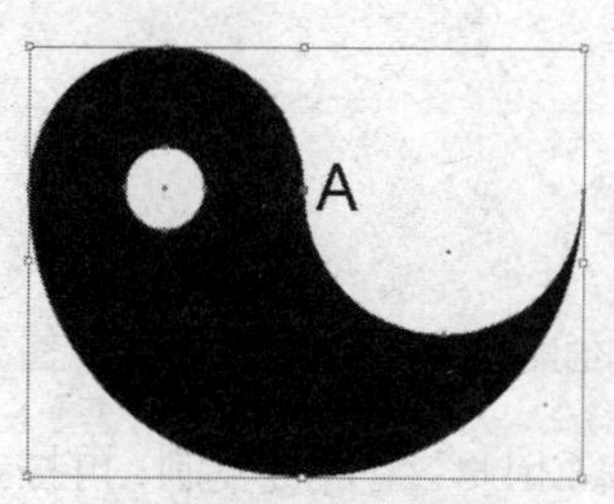

图 1-2-147 选择所有图形

图 1-2-148 八卦图

4．钢笔工具组与直接选择工具组

钢笔工具组包括钢笔工具、添加锚点工具、删除锚点工具、转换锚点工具，用来创建和编辑平滑的路径曲线，操作方法与 Photoshop 对应工具基本相同。

直接选择工具组包括直接选择工具和编组选择工具。直接选择工具与 Photoshop 中对应工具的用法类似，用来选择路径上的节点（或称锚点），移动节点、调整控制线以改变局部路径的形状。编组选择工具用来选择和编辑组合对象中的单个对象（使用“对象|编组”命令可将选中的多个对象组合起来）。

在使用直接选择工具时，其控制栏上的“显示多个选定锚点的手柄”按钮、“连接所选终点”按钮和“在所选锚点处剪切路径”按钮对路径的编辑非常有用。

【实例】使用钢笔工具、转换锚点工具、直接选择工具等绘制如图 1-2-149 所示的心形。

操作步骤略。

【实例】八卦图做法（二）

步骤 1　使用椭圆工具配合 Shift 键在画板上绘制圆形。

步骤 2　选择圆形。选择“比例缩放工具”。按住 Alt 键不放，在圆形的右侧端点（即象限点）上双击，打开“比例缩放”对话框，参数设置如图 1-2-150 所示。单击“复制”按钮，结果如图 1-2-151 所示。

图 1-2-149　心形

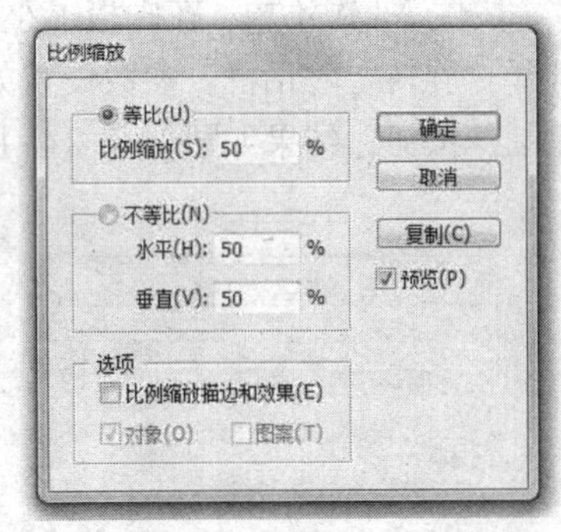

图 1-2-150　设置缩放参数

步骤 3　再次选择大的圆形。仿照步骤 2 的操作方法以左侧端点为中心缩放复制大圆。得到如图 1-2-152 所示的结果。

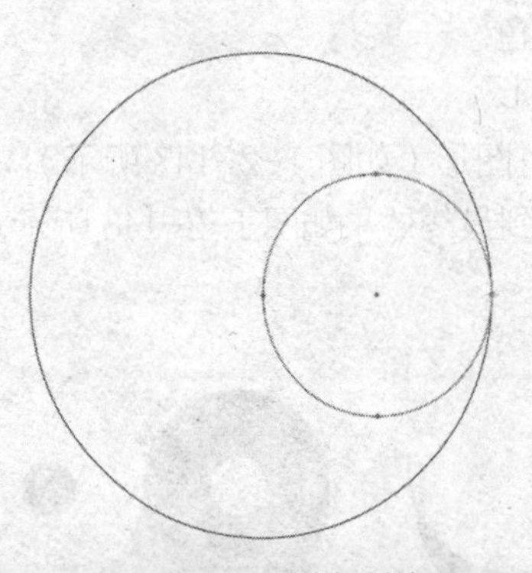

图 1-2-151　缩放复制结果

图 1-2-152　第 2 次缩放复制结果

步骤 4　选择左侧小圆，按 Ctrl+C 组合键复制，再按 Ctrl+Shift+V 组合键原位置粘贴（对应菜单命令“编辑|就地粘贴”，与 Flash 类似）。

步骤 5 在工具箱上双击“比例缩放工具”，利用打开的对话框将步骤 4 中复制出来的小圆等比缩小为原来的 30%，结果如图 1-2-153 所示。

步骤 6 使用“直接选择工具”单击选择外围最大的圆形，然后单击选择其左侧端点（选中的端点为实心方块，其他 3 个端点为空心方形）。在控制栏上单击“在所选锚点处剪切路径”按钮，使圆形从此处断开。同样方法将最大圆形从右侧端点处断开（此时大圆被拆分为上下两个半圆弧）。

步骤 7 使用“选择工具”先在空白处单击取消对象的选择状态，再单击选择上半圆弧，按 Delete 键删除，如图 1-2-154 所示。

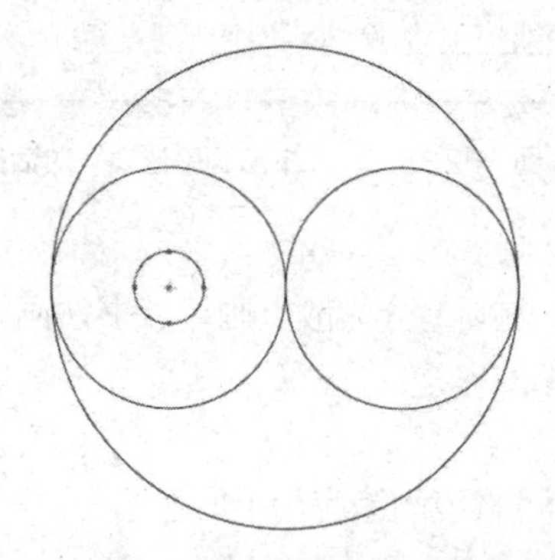

图 1-2-153 通过复制与缩放获得最小的圆

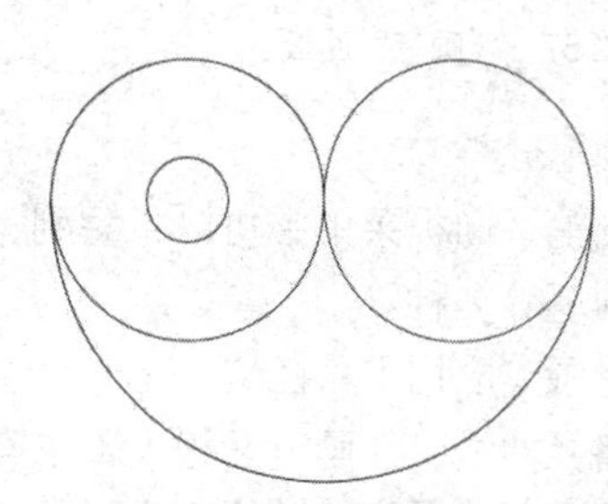

图 1-2-154 拆分大圆并删除上半圆弧

步骤 8 按步骤 6～步骤 7 的方法依次拆分相切的左右两个小圆，并删除左侧小圆的下半圆弧和右侧小圆的上半圆弧。结果如图 1-2-155 所示。

步骤 9 下面的操作与实例“八卦图做法（一）”基本相同。先是连接外围的 3 个半圆弧，使其变成封闭曲线，设置填色后再进行旋转复制，并修改复制图形的颜色。最终得到如图 1-2-156 所示的八卦图。

图 1-2-155 最终拆分结果

图 1-2-156 八卦图

5．画笔工具

在 Illustrator 中，画笔工具与铅笔工具一样，绘制出来的图形只有描边，没有填色。

（1）设置画笔参数

在工具箱上双击“画笔工具”按钮，可打开“画笔工具选项”对话框，并设置画笔工具的公共参数。

通过“窗口|画笔”命令打开“画笔”面板（见图 1-2-157），双击其中某个画笔，打开其选项对话框（见图 1-2-158），并设置该画笔的角度、圆度、直径等参数。

也可以先在“画笔”面板上选择某个画笔，然后在“画笔”面板菜单中选择“画笔选项”

命令，打开所选画笔的选项对话框。

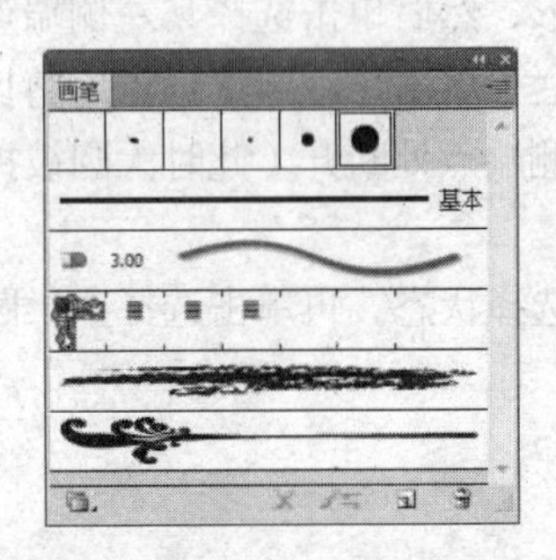

图 1-2-157 “画笔”面板

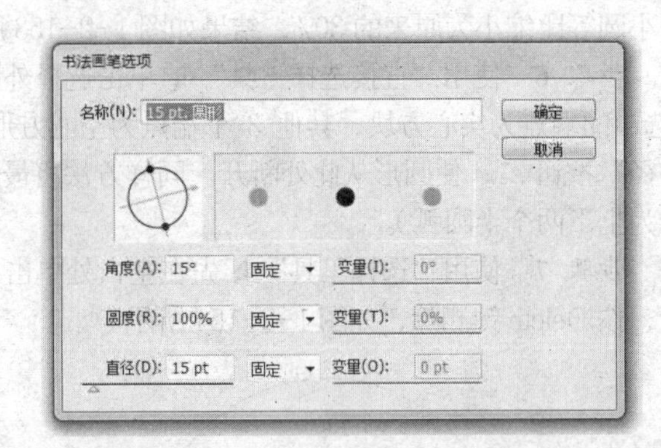

图 1-2-158 “书法画笔选项”对话框

（2）画笔分类

从“画笔”面板菜单中可以了解到，Illustrator 的画笔分为散点画笔、书法画笔、图案画笔、艺术画笔等多种。

（3）将画笔应用于路径

选择路径曲线，在画笔面板上单击某个画笔，可将该画笔应用于所选路径。

【实例】制作漂亮的装饰文字

步骤 1　使用“文字工具” **T** 创建文本对象“ADOBE”、字体 Aharoni Bold、大小 150 pt。

步骤 2　使用“选择工具”选择该文本对象，如图 1-2-159 所示。选择菜单命令“文字|创建轮廓”使文本边框转化为路径，并重新设置填色为无色，描边为黑色，如图 1-2-160 所示。

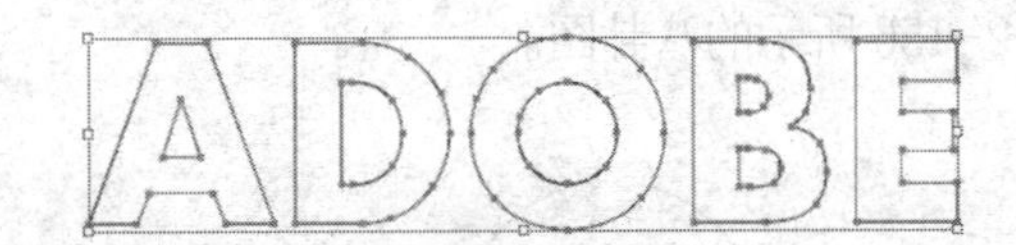

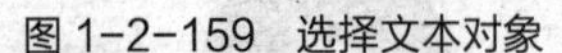

图 1-2-159 选择文本对象　　图 1-2-160 转化为路径

步骤 3　从“画笔”面板菜单中选择“打开画笔库|边框|边框-装饰”命令，打开“边框-装饰”面板（见图 1-2-161）。

步骤 4　在“边框-装饰”面板上单击选择“前卫”图案，将该图案画笔应用于“文字”路径（见图 1-2-162）。此时“前卫”图案画笔已加入到“画笔”面板中。

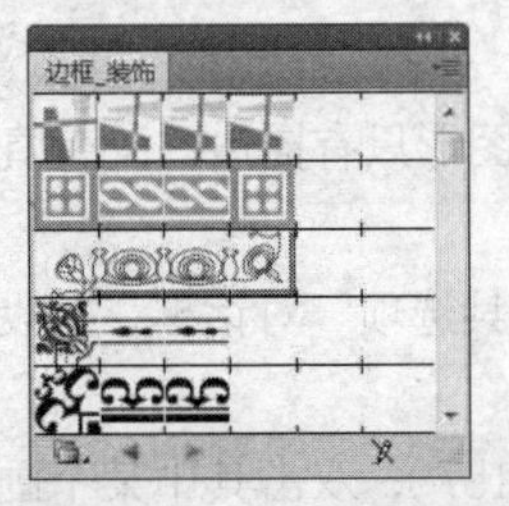

图 1-2-161 “边框-装饰”面板

图 1-2-162 将图案画笔应用于路径

步骤 5　在“画笔”面板上双击“前卫”图案画笔，打开选项对话框（见图 1-2-163），通过设置该画笔参数获得满意的装饰文字效果（见图 1-2-164）。

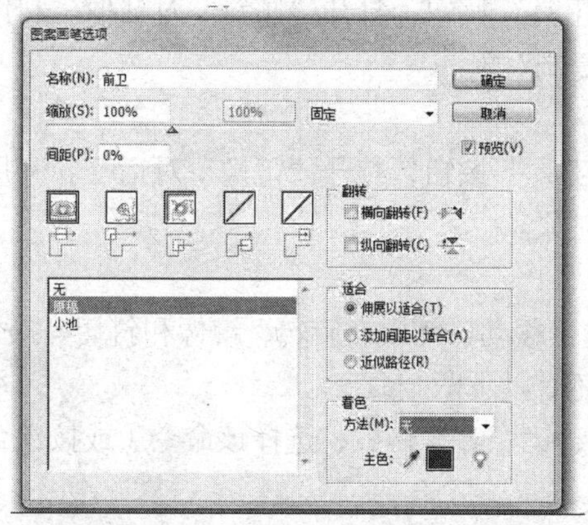

图 1-2-163 “图案画笔选项”对话框

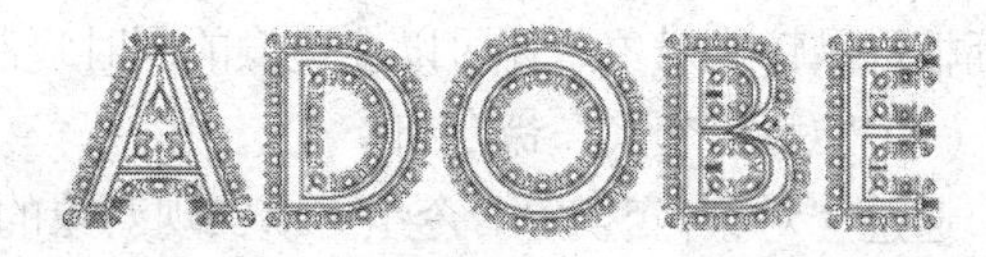

图 1-2-164 装饰文字

（4）自定义画笔

在画板上选择要定义画笔的图形，在“画笔”面板菜单中选择“新建画笔”命令可基于选中的图形创建新画笔。

2.4.5 编辑图形

1．对象的排序、编组、锁定

利用“对象|排列”命令组，可以重新排列同一图层中对象的前后叠盖顺序。

利用“对象|编组”命令可以将选中的多个对象组合起来，以便作为一个整体来处理。利用“对象|取消编组”命令可以将组合重新解开。

利用“对象|锁定”命令组可以锁定对象。锁定的对象是无法选择和修改的。利用“对象|全部解锁”命令可将锁定的对象全部解锁。

2．对象变换

（1）选择工具

选择工具 的作用是选择、移动、缩放、旋转对象。在缩放对象时，应注意 Alt 键与 Shift 键的作用。

（2）自由变换工具

利用自由变换工具可以缩放和旋转对象。除此之外，配合键盘功能键还可以对对象实施扭曲、斜切和透视变换。方法如下。

首先使用自由变换工具 选择对象，并在控制点上按下鼠标不放，然后进行如下操作。

- 按住 Ctrl 键不放，同时拖动控制点可扭曲对象。
- 按住 Ctrl+Alt 组合键不放，同时拖动控制点可斜切对象。
- 按住 Ctrl+Alt+Shift 组合键不放，同时拖动控制点可透视变换对象。

（3）比例缩放工具

选择要缩放的对象，在工具箱上双击“比例缩放工具”按钮，打开“比例缩放”对话框。利用该对话框可以精确缩放对象，还可以在缩放的同时复制对象。

（4）旋转工具

选择要旋转的对象，在工具箱上双击“旋转工具”按钮，打开“旋转”对话框。利用该对话框可以精确旋转对象，还可以在旋转的同时复制对象。

（5）倾斜工具

选择要斜切的对象，在工具箱上双击“倾斜工具”按钮，打开“倾斜”对话框。利用该对话框可以精确斜切对象，还可以在斜切的同时复制对象。

（6）镜像工具

选择要镜像的对象，在工具箱上双击“镜像工具”按钮，打开“镜像”对话框。利用该对话框可以镜像对象，还可以在镜像的同时复制对象。

（7）“对象|变换”命令组

通过“对象|变换”命令组可以实现对象的精确移动、缩放、旋转、镜像和斜切等操作，变换的同时还可以复制对象。其中，需要注意的还有以下两个命令。

- 再次变换：对对象实施移动、缩放、旋转、镜像等操作后，选择该命令（或按组合键Ctrl+D），可重复执行上述变换。
- 分别变换：一次性对对象实施精确移动、缩放、旋转和镜像等多种操作。变换的同时还可以复制对象。

【实例】绘制松针

步骤 1 新建文档，设置画板大小 692×461 像素。

步骤 2 使用“直线段工具”绘制一条粗细为 2 pt 的绿色直线段。

步骤 3 选择“旋转工具”。按住 Alt 键不放，在直线段的一侧端点上双击，打开“旋转”对话框，设置角度值为 10。单击“复制”按钮，结果如图 1-2-165 所示。

步骤 4 按 Ctrl+D 组合键 34 次继续执行上述变换，形成如图 1-2-166 所示的图形。

步骤 5 选择所有直线段，使用“对象|编组”命令进行组合。在控制栏右侧查看该组合的宽度与高度。

步骤 6 在灰色的工作区绘制一个同样大小的白色圆形，如图 1-2-167 所示。

图 1-2-165　旋转复制直线段　　图 1-2-166　再次变换

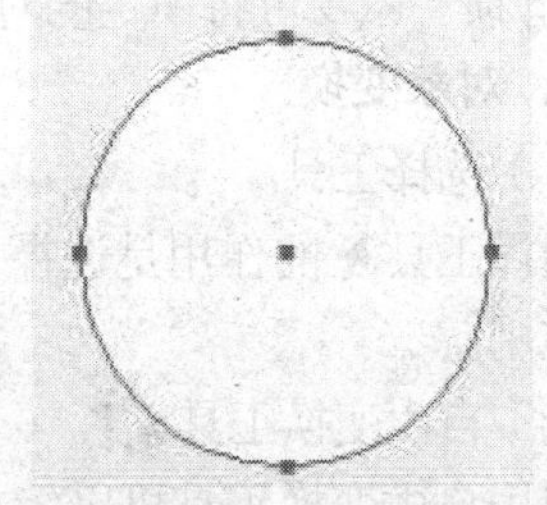

图 1-2-167　创建白色圆形

步骤 7 将直线段组合移到灰色工作区。同时选中圆形与组合。打开“对齐”面板，依次单击面板上的“水平居中对齐”与“垂直居中对齐”按钮将二者对齐（此时白色圆形在上面）。

步骤 8 使用“选择工具”在空白处单击取消对象的选择状态。再次单击白色圆形将其单独选中。选择“对象|排列|后移一层”命令将白色圆形移到直线段组合的下面，如图 1-2-168 所示。

步骤 9 将圆形与直线段组合再次组合。形成松树的一片叶子。

步骤 10 通过“文件|置入”命令将素材文件“树干.gif”导入到画板。

步骤 11 在控制栏右侧单击按钮，从打开的菜单中选中“对齐画板”命令（见图 1-2-169）。

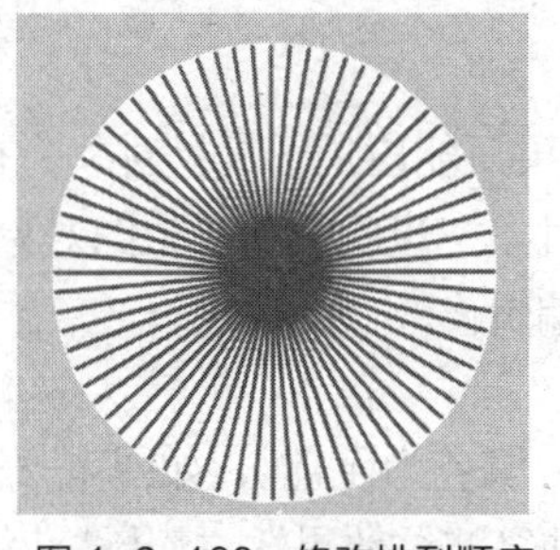

图 1-2-168　修改排列顺序

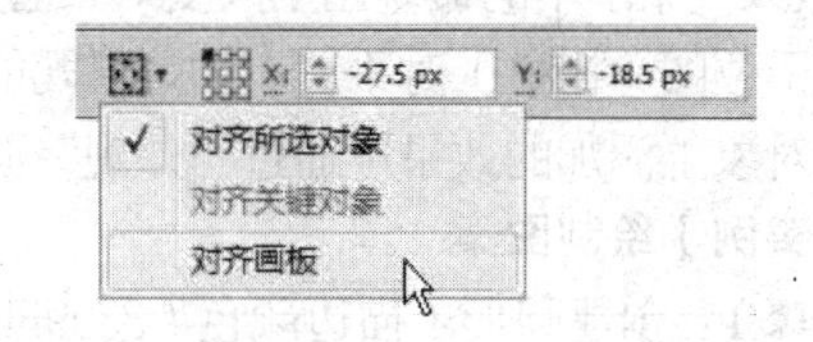

图 1-2-169　选择“对齐画板”命令

步骤 12　在控制栏右侧依次单击“水平居中对齐”与“垂直居中对齐”按钮，以便将素材图片对齐到画板中央。

步骤 13　选择“对象|排列|置于底层”命令将素材图片放置到最下面。选择“对象|锁定|所选对象”命令锁定素材图片。

步骤 14　将“松树叶子”进行复制，适当缩放，在“树干”上排列。最后得到类似如图 1-2-170 所示的效果。

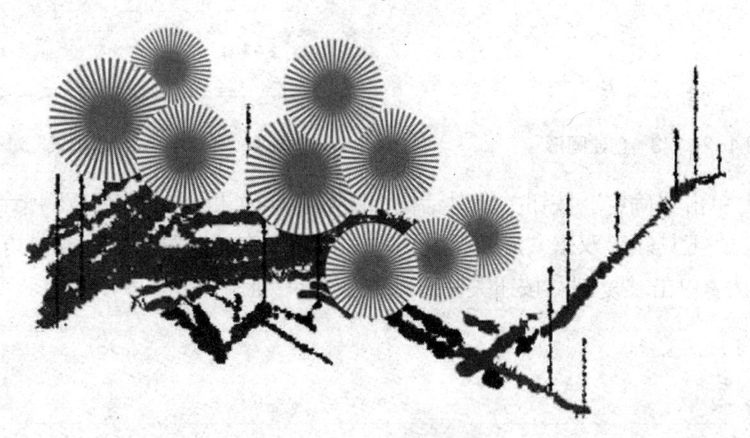

图 1-2-170　松树效果

3．对齐与分布对象

利用“对齐”面板（或在选择对象后利用控制栏右侧的对齐与分布按钮组），可以进行对齐与分布对象的操作。

4．路径的运算与查找

利用“路径查找器”面板（见图 1-2-171）可对选定的多个图形实施并集、差集、交集、补集、分割等合并运算。

5．混合对象

利用“对象|混合”命令组（主要是“混合选项”与“建立”命令）可以在两个图形之间形成颜色与形状的过渡，如图 1-2-172 所示。

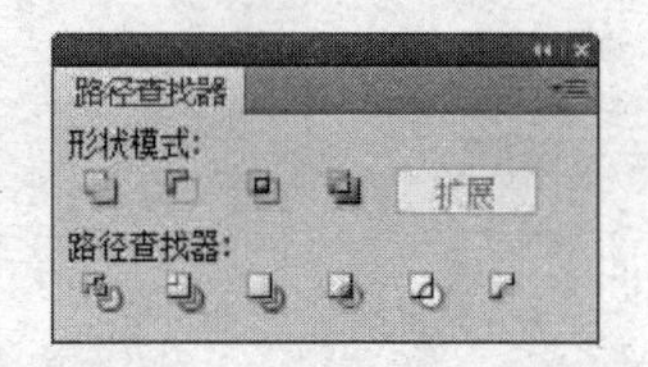

图 1-2-171　“路径查找器”面板

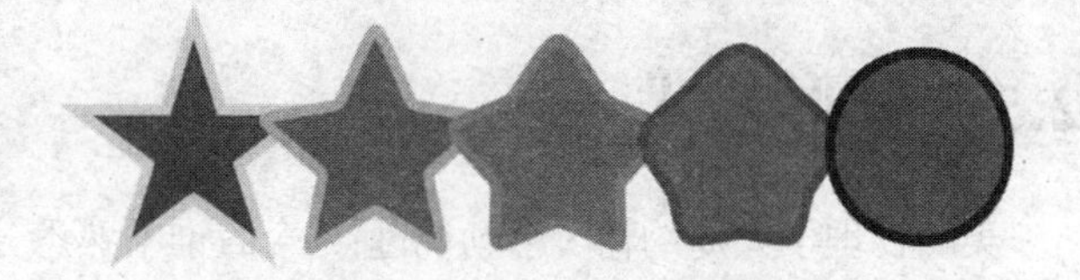

图 1-2-172　图形混合效果

2.4.6 使用效果

“效果”菜单中的命令用于改变对象的外观。有的效果只能应用于矢量对象，有的效果只能应用于位图（栅格）对象。有的效果既能应用于矢量对象，也能应用于位图对象。

在对象上添加的效果可通过“外观”面板随时进行编辑修改。

【实例】绘制图案

步骤 1　创建圆形（描边颜色# 3399FF，粗细 0.5pt，填色为无色），如图 1-2-173 所示。

步骤 2　选择圆形。选择菜单命令“效果|扭曲和变换|波纹效果”，打开“波纹效果”对话框，设置参数见图 1-2-174。

图 1-2-173　创建圆形

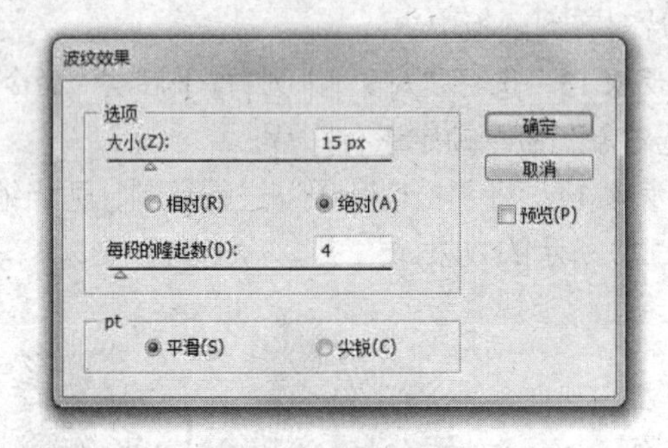

图 1-2-174　“波纹效果”对话框

步骤 3　单击“确定”按钮关闭对话框，圆形变形效果如图 1-2-175 所示。

步骤 4　在工具箱上双击“旋转工具”，打开“旋转”对话框，设置角度值为 3，其他参数保持默认。单击“复制”按钮关闭对话框，结果如图 1-2-176 所示。

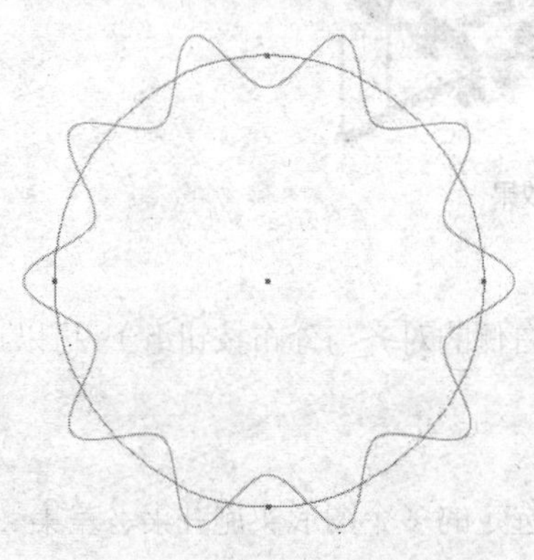

图 1-2-175　波纹变形效果

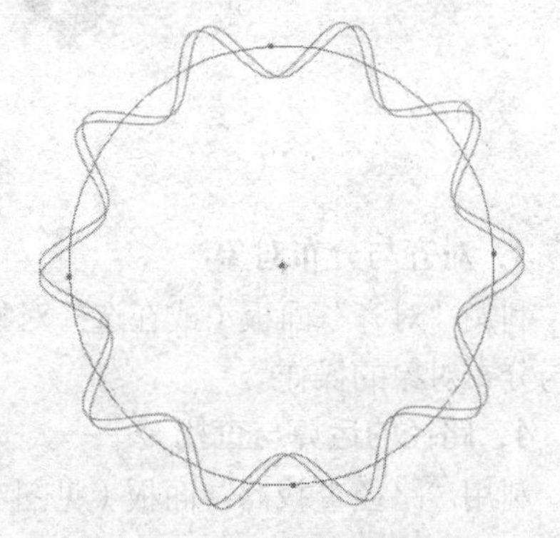

图 1-2-176　旋转复制图形

步骤 5　连续按 Ctrl+D 组合键（或选择菜单命令“对象|变换|再次变换”）4 次，可得到如图 1-2-177 所示的效果（取消选择后）。

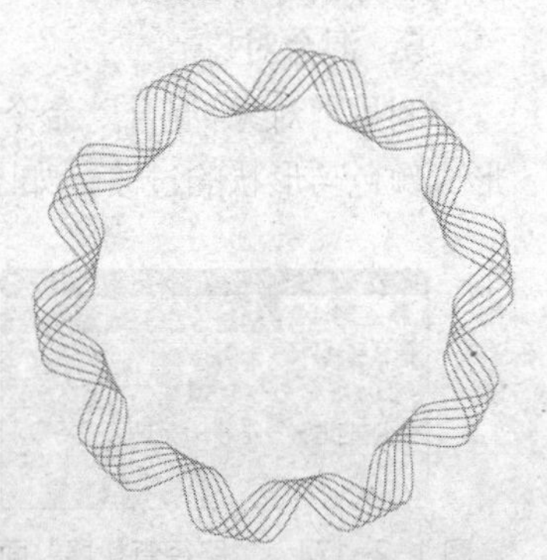

图 1-2-177　图案最终效果

2.5 分形艺术

美国物理学大师约翰·惠勒说过：“今后谁不熟悉分形，谁就不能被称为科学上的文化人。”分形图在视觉工程领域中越来越受欢迎，2013 春晚中有个剪花花的节目中的万花筒效果，可以通过分形软件来制作。国外很多大片都应用了分形，早在星球大战里，黑武士和天行者拼极光剑的时候，那周围喷涌的岩浆，就是利用分形生成的。本节将给大家介绍什么是分形图，并以案例展示如何利用分形软件来制作分形图。

2.5.1 分形图简介

1. 什么是分形图

图 1-2-178 是一幅非常美丽的分形图，它不是工艺美术大师的创作，而是数学的杰作。

图 1-2-178 分形图示例

20世纪70年代到80年代，产生了一门新的数学分支——分形几何学(Fractal Geometry)。英文单词 Fractal，被译为“分形”，它是由美籍法国数学家曼德勃罗 (Benoit Mandelbrot) 创造出来的，其含义是不规则的、破碎的、分数的。曼德勃罗想用此词来描述自然界中传统欧几里得几何学所不能描述的一大类复杂无规则的几何对象。分形算法与计算机图形学算法相结合，可以绘制出非常美丽的图形，还可以构造出复杂纹理和复杂形状，从而产生非常逼真的物质形态和视觉效果。图 1-2-178 便是分形算法与计算机图形学算法相结合而绘制出的图形。

基于传统欧几里得几何学的各门自然科学总是把研究对象想象成一个个规则的形体，而我们生活的世界竟如此不规则和支离破碎，与欧几里得几何图形相比，拥有完全不同层次的复杂性。分形几何则提供了一种描述这种不规则复杂现象中的秩序和结构的新方法。什么是分形几何？通俗一点说就是研究无限复杂但具有一定意义下的自相似图形和结构的几何学。

2. 分形图的特点

仔细观察图 1-2-179 中的蕨类植物，会发现，它的每个枝杈都在外形上和整体相同，仅仅在尺寸上小了一些。而枝杈的枝杈也和整体相同，只是变得更加小了。那么，枝杈的枝杈的枝杈呢？

再拿来一片树叶，仔细观察一下叶脉，它们也具备这种性质。动物也不例外，一头牛身体中的一个细胞中的基因记录着这头牛的全部生长信息。还有高山的表面，无论怎样放大其局部，它都如此粗糙不平等。分形几何揭示了世界的本质，分形几何是真正描述大自然的几何学。

图 1-2-179 蕨类植物

人类生活的世界是一个极其复杂的世界，例如，喧闹的都市生活、变幻莫测的股市变化、复杂的生命现象、蜿蜒曲折的海岸线、坑坑洼洼的地面等，都表现了客观世界特别丰富的现象。

图 1-2-180 所示，分形图形同常见的矢量图形迥然不同，分形图形一般都有自相似性，这就是说如果将分形图形的局部不断放大并进行观察，将发现精细的结构，如果再放大，就会再度出现更精细的结构，可谓层出不穷，永无止境。

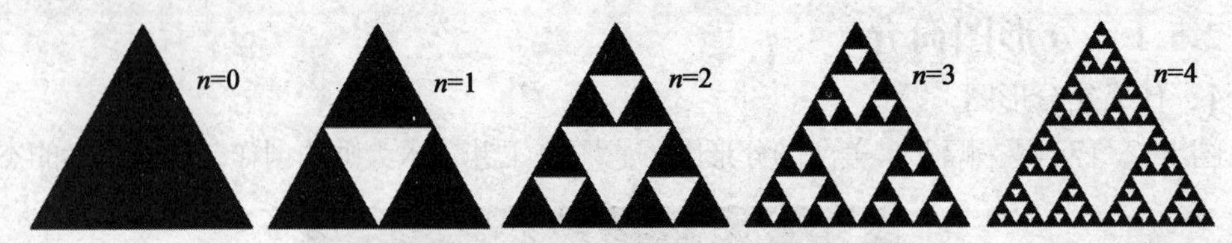

图 1-2-180　Sierpinski 三角形

通常，分形图具备以下特征：

● 自相似性：自相似，便是局部与整体的相似。例如一棵苍天大树与它自身上的树枝及树枝上的枝杈，在形状上没什么大的区别，大树与树枝这种关系在几何形状上称之为自相似关系。

● 自仿射性：自仿射性是自相似性的一种拓展。如果将自相似性看成是局部到整体在各个方向上的等比例变换的结果的话，那么，自仿射性就是局部到整体在不同方向上的不等比例变换的结果。前者称为自相似变换，后者称为自仿射变换。

● 精细结构：任意小局部总是包含细致的结构。

3．分形图的构造

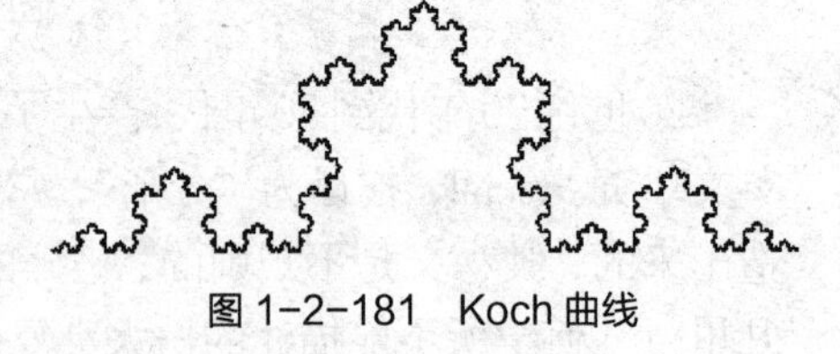

图 1-2-181　Koch 曲线

下面以 Koch 曲线（见图 1-2-181）为例来介绍分形图的构造原理：取单位长度线段 E0，将其等分为 3 段，中间的一段用边长为 E0 的 1/3 的等边三角形的两边代替得到 E1，它包含 4 条线段，对 E1 的每条线段重复同样的操作后得 E2，对 E2 的每条线段重复同样的操作后得 E3，……，继续重复同样的操作无穷次时所得的曲线 F 称为 Koch（科赫）曲线。Koch 曲线的生成过程如图 1-2-182 所示。

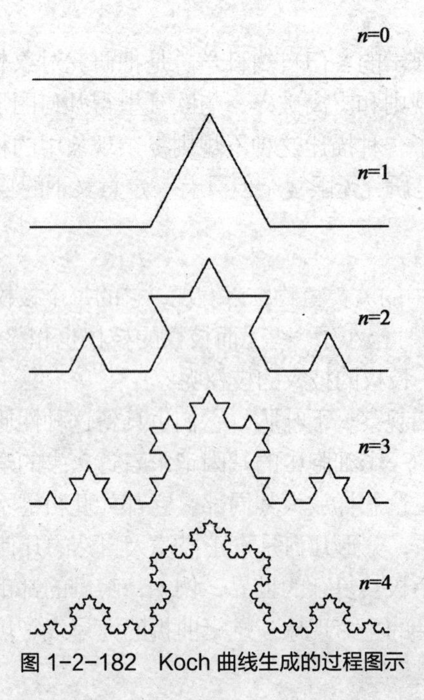

图 1-2-182　Koch 曲线生成的过程图示

若把初始元（或生成元）E0“——”改为边长为 1 的等边三角形，对它的三边都反复施以同样的变换，直至无穷，最后所得图形称为科赫雪花曲线，它被用作晶莹剔透的雪花模型，如图 1-2-183 所示。

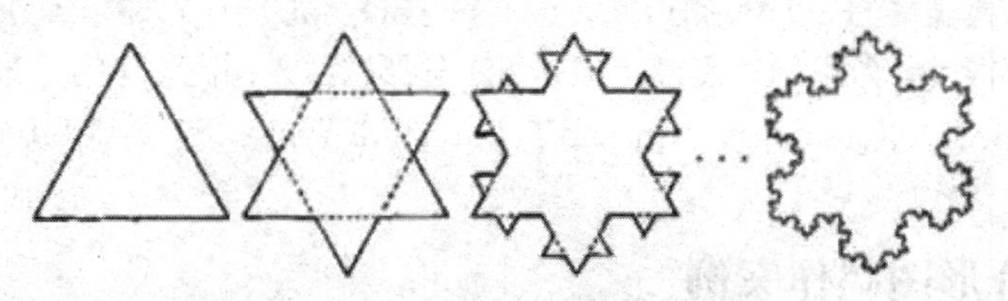

图 1-2-183　科赫雪花曲线生成过程图示

2.5.2　分形图制作软件

分形图让很多人着迷，有许多爱好者，把绘制分形图当作爱好，乐此不疲。分形图制作软件的出现让绘制分形图变得更加方便，甚至可以绘制出三维的分形。随着计算机图形技术的飞速发展，分形软件日渐增多，从最早的 Fractint 开始，分形软件已有十几种。以下简单介绍几款关于分形艺术创作的代表性软件。

1. Fractint

作为早期的分形软件，Fractint 是必须首先提出来的。事实上，Fractint 并不适宜分形艺术创作，它是作为分形数学研究工具而存在的，使用这个软件需要先了解分形数学知识，当然，也可以边用软件边学习分形数学。从 1990 年开始，Fractint 开发小组就发布了软件的第 1 个版本，这个软件也是互联网上作为免费软件发布的第 1 款分形软件。遗憾的是，软件最后更新是在 2008 年，之后开发小组就没有新版本发布了。

2. Ultra Fractal

Ultra Fractal 是一款老牌的分形软件，由 Phreakware 公司开发。从 1997 年开始，现在的版本已经到 5.0 版。Ultra Fractal 是一款优秀的分形艺术图形创作工具，具有色彩运算、色彩梯度调整、图层设定、图形变换、图形装饰等强大功能，能够做出绚丽多彩的分形艺术作品。

Ultra Fractal 允许通过软件中的公式编辑器创建自己的公式并产生分形图像，这些公式被编译成本地的机器代码，运行时和原有的公式一样快。可以用层重叠多个图像，每个图像都是简单的层，各层或多或少地以不同百分比透明地显示出来。可以定位、缩放和旋转独立的层或所有层，层的颜色由梯度调整，梯度包含一个或多个控制点，颜色被内插产生一个光滑的颜色范围，能够调整所有的控制点，加一个颜色或删除一个颜色，控制点以 RGB 或 HSL 颜色空间来编辑。所有的图像都由 Ultra Fractal 产生真彩效果，可以做出几乎具有无限颜色范围的作品。

3. Ferryman Fractal

Ferryman Fractal 是一款中国人自己的分形艺术创作软件，也是目前在国际性的分形网站中能够有一席之地的唯一一款中国造分形软件。Ferryman Fractal 简称 FMF，现在 1.8 版本已经发布。

FerryMan Fractal 体积非常小（1.43 MB），功能却非常强大，是一款灵活的交互式超级矢量设计工具。它可以为数学绘画提供基础平台，设计师可以用这个软件设计复数分形，也可以使用它的扩展组件设计三维场景或者导入照片，一切和数字艺术相关的东西都有可能集成在一起。而且 FMF 是免费的，可以用它创作非商业用途的漂亮作品。国内最好的分形网站

CGPAD 上有一篇详细介绍 FMF 的文章。CGPAD 是目前国内最大的分形网站，网站的创办者就是国产分形软件 Ferryman Fractal 的作者。

4．3D 分形创作软件

除上述具有代表性的 2D 分形软件，还有一些 3D 分形创作软件，国外大师用 3D 分形软件做出来的图都很美，效果绝对震撼，但是 3D 分形软件入门比 2D 的要难。3D 分形软件有如下几种：GroBoto、XenoDream、Incendia、Structure Synth 等，其中 Structure Synth 是免费的，其他都是收费软件。

2.5.3 分形图制作案例

本节以 Ultra Fractal 4.0 为工具，来介绍一个简单的分形图制作实例。

【实例】简单分形图的制作

步骤 1　新建文件。启动 Ultra Fractal 4.0，默认显示的是 Mandelbrot 集。由于要创建一个全新的分形，选择菜单命令“File|Close”，关闭该分形窗口。

步骤 2　创建一个新的分形的第 1 步是选择一个分形公式来决定分形结构。选择菜单命令“File|New|Fractal”，打开“Select Fractal Formula”对话框（见图 1-2-184）。其中左窗格显示了 3 个文件夹（Compatibility、My Formulas、Public）和名为 Standard.ufm 的文件；选择 Standard.ufm 选项，其内容以列表方式显示在对话框的右窗格中。在右窗格中选择 Phoenix（Julia）公式，单击“Open”按钮，结果得到如图 1-2-185 所示的分形图。

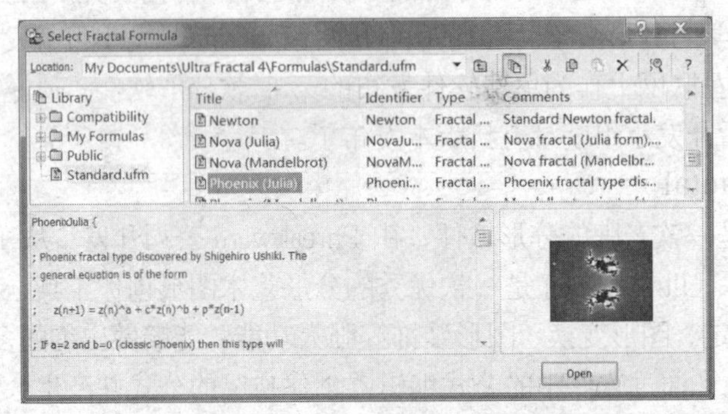

图 1-2-184　standard.ufm 中的公式列表

步骤 3　选择分形图范围。在工具栏中单击选择“Select mode”按钮，在图中选取如图 1-2-186 所示的范围，并在所选范围内双击放大所选区域，结果如图 1-2-187 所示。由于分形是通过无限递归或迭代的数学公式计算而成，任何选择范围都可以无限放大。

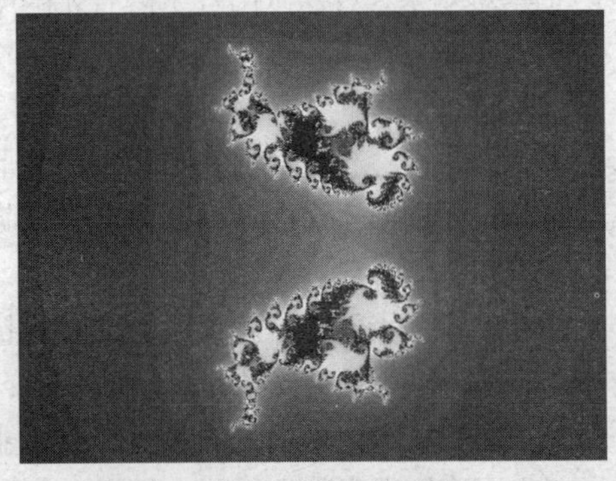

图 1-2-185　新建的分形图

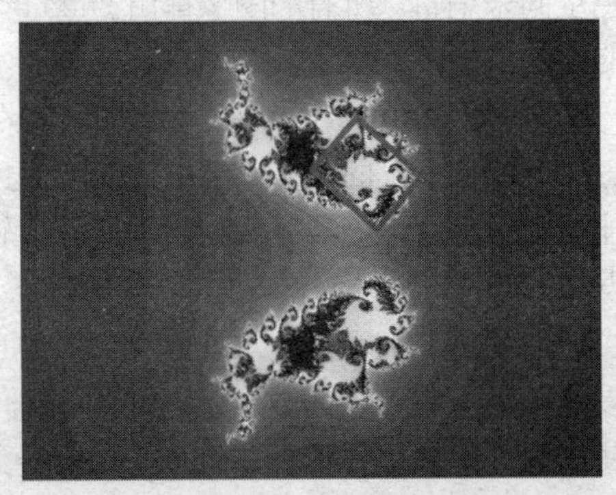

图 1-2-186　选择分形图范围

步骤 4 设置 Outside 参数。在"layer properities|Outside"面板中，单击按钮，选择"Standard.ucl"中的"Triangle Inequality Average"公式，并将"Color Density"参数（位于"layer properities|Outside"面板）设为4，结果如图1-2-188所示。

图1-2-187 放大所选范围

图1-2-188 设置 outside 参数

步骤 5 设置 Inside 参数。在"Layer Properities|Inside"面板中，单击按钮，选择"Standard. ucl"中的"Exponential Smoothing"公式，并将"Color Density"参数设为8，"Transfer Function"参数设为Sqrt,结果如图1-2-189所示。

步骤 6 新增图层。在"Fractal Properities|Layers"面板中，单击按钮添加新图层。图层混合模式设置为Overlay。

步骤 7 在"Layer Properities|Inside"面板中，单击按钮，选择"Standard.ucl"中的"Decomposition"公式，并将"Color Density"设为2，将"Transfer Function"设置为Exp，将"Gradient Offset"设置为100。

步骤 8 在"Layer Properities|Outside"面板中，单击按钮，选择"Standard.ucl"中的"Direct Orbit Traps"公式，并将"Color Density"设置为4，将"Trap Shape"设置为Point，将"Trap Coloring"设置为angle to origin，将"Threshold"设置为0.5，将"Trap Merge Opacity"设置为0.2，其他参数保持默认值。结果如图1-2-190所示。

图1-2-189 设置新图层的 Inside 参数

图1-2-190 设置新图层的 Outside 参数

步骤 9 渲染。选择菜单命令"Fractal|Render to Disk"，弹出如图1-2-191所示的"Render 'Fractal1' to Disk"对话框，根据需要设置图片保存路径、格式、图片大小、分辨率等信息。最终渲染得到的JPG格式的分形图如图1-2-192所示。

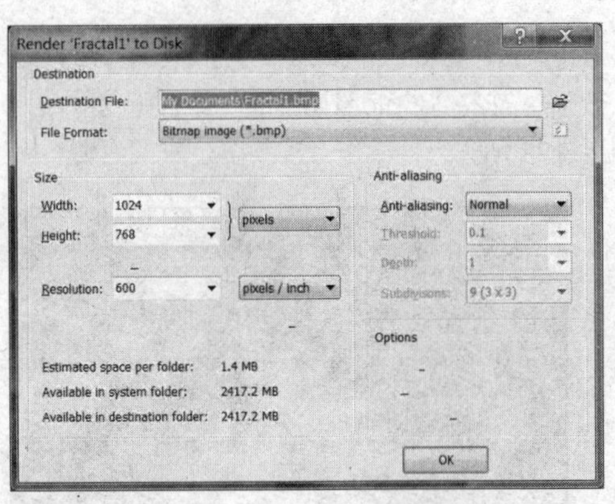

图 1-2-191　Render 'Fractal1' to Disk 对话框

图 1-2-192　分形图最终制作结果

习题与思考

一、选择题

1. 下列描述不属于位图特点的是________。
   A. 由数学公式来描述图中各元素的形状和大小
   B. 适合表现含有大量细节的画面，例如风景照、人物照等
   C. 图像内容会因为放大而出现马赛克现象
   D. 与分辨率有关
2. 位图与矢量图比较，其优越之处在于________。
   A. 对图像放大或缩小，图像内容不会出现模糊现象
   B. 容易对画面上的对象进行移动、缩放、旋转和扭曲等变换
   C. 适合表现含有大量细节的画面
   D. 一般来说，位图文件比矢量图文件要小

3. “目前广泛使用的位图图像格式之一；属有损压缩，压缩率较高，文件容量小，但图像质量较高；支持真彩色，适合保存色彩丰富、内容细腻的图像；是目前网上主流图像格式之一。”是下属________格式图像文件的特点。

   A. JPEG（JPG）　B. GIF　C. BMP　D. PSD
4. 构成位图图像的最基本单位是________。
   A. 颜色　B. 像素　C. 通道　D. 图层
5. 在使用仿制图章工具取样时，必须按下________键。
   A. Alt　B. Ctrl　C. Shift　D. Enter
6. 下面对矢量图和位图描述正确的是________。
   A. 位图的基本组成单元是锚点和路径
   B. 矢量图的基本组成单元是像素
   C. 使用 Adobe Photoshop 能够生成矢量图
   D. 使用 Adobe Illustrator 能够生成矢量图
7. 图像分辨率的单位是________。
   A. ppi　B. dpi　C. pixel　D. lpi
8. 下列________工具在选项栏中没有“模式”选项。

A. 仿制图章工具　　B. 文字工具　　C. 画笔工具　　D. 铅笔工具

9. 下列________工具适合选择图像中颜色相近的区域。

A. 魔棒工具　　B. 磁性套索工具

C. 椭圆选框工具　　D. 矩形选框工具

10. 在套索工具中不包含下面哪种套索类型

A. 套索工具　　B. 磁性套索工具

C. 矩形套索工具　　D. 多边形套索工具

11. 下列不支持无损压缩的图像文件格式是________。

A. JPEG　　B. TIFF　　C. PSD　　D. PNG

12. 使用椭圆选框工具时配合以下________键能够创建圆形选区。

A. Shift　　B. Ctrl　　C. Alt　　D. Tab

13. 在RGB颜色模式的图像中添加一个新通道，该通道可能属于________通道。

A. Alpha　　B. Beta　　C. Gamma　　D. 颜色

14. 在Photoshop中，下面有关修补工具的使用描述正确的是________。

A. 修补工具和修复画笔工具在使用时都要先按住Alt键来确定取样点

B. 修补工具和修复画笔工具在修补图像的同时都可以保留原图像的纹理、亮度、层次等信息

C. 修补工具可以在不同图像之间使用

D. 在使用修补工具之前所确定的修补选区不能有羽化值

15. Photoshop中利渐变工具创建从黑色至白色的渐变效果，如果想使两种颜色的过渡非常平缓，下面操作有效的是________。

A. 将渐变工具拖动的距离尽可能长一些　　B. 将渐变工具拖动的路线控制为斜线

C. 将渐变工具的不透明度降低　　D. 将渐变工具拖动的距离尽可能缩短

16. 在Photoshop中使用魔棒工具选择图像时，“容差”参数的值为以下________时所选择的范围相对最大。

A. 10　　B. 20　　C. 30　　D. 40

17. 如果选择了一个前面的历史记录，所有位于其后的历史记录都变成灰色显示，以下描述正确的是________。

A. 这些变成灰色的历史记录已经被删除，但可以按组合键Ctrl+Z将其恢复

B. 允许非线性历史记录的选项处于选中状态

C. 应当清除这些灰色的历史记录

D. 如果从当前选中的历史记录开始继续修改图像，所有其后的灰色历史记录都会被删除

18. 画板（或称页面）位于用户工作区内，是包含可打印图稿的整个区域。Illustrator的每个文档可包含________画板。

A. 1个　　B. 2个　　C. 4个　　D. 多个

19. Adobe Illustrator可以方便地与Photoshop等软件进行数据交换，关于两个软件本质区别的叙述，正确的是________。

A. Illustrator是以处理矢量图形为主的绘图软件，而Photoshop是以处理位图图像为主的图形图像处理软件

B. Illustrator 可存储为 EPS 格式，而 Photoshop 不可以

C. Illustrator 可打开 PDF 格式的文件，而 Photoshop 不可以

D. Illustrator 和 Photoshop 都可以对图形进行像素化处理，但同样的文件均存储为 EPS 格式后，Illustrator 存储的文件要小很多

20. 以下关于 Adobe Illustrator 的描述，不正确的是________。

A. Illustrator 可以制作 Flash（SWF）和 SVG 图形

B. Illustrator 可以打开 Photoshop 文件，但是不能保留 Photoshop 文件的图层、蒙版、透明和可编辑的文字

C. Illustrator 可以指定专色和原色，但不可以指定 Web 颜色

D. Illustrator 可将透明特性赋予任何物体

21. 分形图具备以下除________以外的其他特征。

A. 自相似性　　B. 自仿射性　　C. 精细结构　　D. 不规则性

二、填空题

1. 图像每单位长度上的像素点数称为________，单位通常采用“像素/英寸”。

2. ________指计算机采用多少个二进制位表示像素点的颜色值，也称位深。

3. ________格式是 Photoshop 的基本文件格式，能够存储图层、通道、蒙版、路径和颜色模式等各种图像属性，是一种非压缩的原始文件格式。

4. 数字图像分为两种类型：________与________。在实际应用中，二者为互补关系，各有优势。只有相互配合，取长补短，才能达到最佳表现效果。

5. 位图也叫点阵图、光栅图或栅格图，由一系列像素点阵列组成。________是构成位图图像的基本单位。

6. 矢量图就是利用矢量描述的图。图中各元素的形状、大小都是借助数学公式表示的，同时调用调色板表现色彩。矢量图形与________无关，缩放多少倍都不会影响画质。

7. 对于________图形，无论将其放大和缩小多少倍，图形都有一样平滑的边缘和清晰的视觉效果。

8. CMYK 模式的图像有________个单色通道。

9. 在使用“色阶”命令调整图像时，选择________通道是调整图像的明暗对比，选择________通道是调整图像的色彩。例如一个 RGB 图像在选择________通道时可以通过调整增减图像中的黄色。

10. 图层________用于控制图层的显示范围和显示程度，但不会破坏图层上的图像。

11. ________颜色模式的图像适合于屏幕显示，CMYK 颜色模式的图像适合于印刷。

12. 油漆桶工具可根据像素颜色的近似程度来填充图像，填充的内容包括________和________两种类型。

13. ________工具可以提高或降低图像的饱和度。

14. 路径由________、________和________组成。

15. 在 Photoshop 的拾色器中，对颜色的描述方式有________、________、________和________4 种。

16. 在 Photoshop 中，使用仿制图章工具时按住________键并单击可以确定取样点。

17. 在 Photoshop 中，使用“缩放”命令缩放图像时，按住________键可以保证等比例缩放。

18. 在 Photoshop 中，________缩放工具可以以 100%的比例显示图像。

19. 在 Photoshop 中，通道分为________通道、________通道和________通道等多种类型。

20. 模糊工具通过降低相邻像素的________而使涂抹过的区域变模糊。

21. Illustrator 是由美国 Adobe 公司开发的一款重量级________软件，是出版、多媒体和网络图像工业的标准插图软件，功能非常强大，享有手绘大师的美誉。

22. 在 Illustrator 中，________在用户工作区内，是包含可打印图稿的整个区域。

23. Illustrator 的源文件格式为________。

24. 矢量图形对象一般包括________和________两部分。

25. 在创建矢量图形之前或编辑图形的过程中，需要分别设置图形的________和________两种颜色。

26. 分形图是通过________的数学公式计算而成。

三、操作题

1. 利用素材图像"练习\图像\静以致远.jpg"和"院墙.jpg"制作如图 1-2-193 所示的效果。

提示：可使用多边形套索工具、文字工具和"描边"命令进行操作。

图 1-2-193 效果图

2. 利用素材图像"练习\图像\墙壁.gif"和"花朵.psd"制作"吊饰.jpg"(见图 1-2-194)。

操作提示：

(1)将"墙壁.gif"的颜色模式转换为"RGB 颜色"。

(2)将"花朵.psd"中的花朵复制到"墙壁.gif"中，适当缩小，调整好位置。

(3)使用画笔工具(增大画笔间距)在"花朵"层绘制白色点划线。添加阴影效果，完成一个吊饰的制作。

(4)使用上述类似的方法制作其他吊饰。

(a)素材图片

(b)效果图"吊饰"

图 1-2-194 制作"吊饰"效果

3. 使用“练习\图像\童年.jpg”(见图 1-2-195)制作如图 1-2-196 所示的艺术镜框效果。

图 1-2-195　原图

图 1-2-196　艺术镜框效果

操作提示：

(1)打开素材图像，新建图层 1。

(2)创建矩形选区。在图层 1 的选区内填充黑色。

(3)反转选区，填充白色。

(4)取消选区。将图层 1 的混合模式改为“滤色”，如图 1-2-197 所示。

(5)对图层 1 使用玻璃滤镜(纹理：小镜头)。

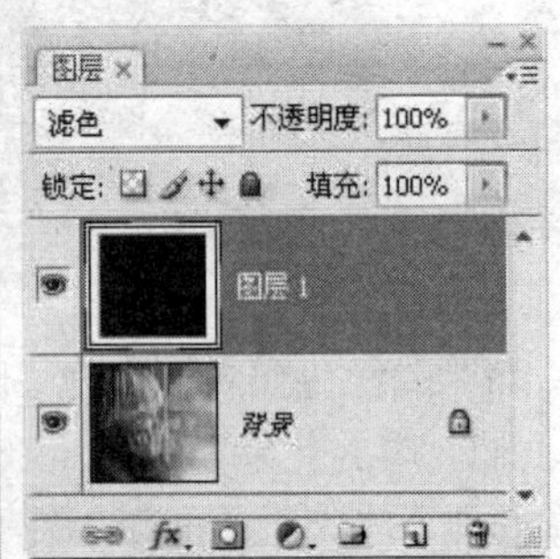

图 1-2-197　更改图层混合模式

提示：滤色模式的工作原理——根据图像每个通道的颜色信息，将本图层像素的互补色与下一图层对应像素的颜色进行复合，结果总是两层中较亮的颜色保留下来。本图层颜色为黑色时对下层没有任何影响，本图层颜色为白色时将产生白色。

PART 1

第3章 动画制作

3.1 动画概述

3.1.1 动画原理

动画是由一系列静态画面按照一定的顺序组成的，这些静态的画面称为动画的帧。通常情况下，相邻的帧的差别不大，其内容的变化存在着一定的规律。当这些帧按顺序以一定的速度播放时，由于眼睛的视觉滞留作用的存在，形成了连贯的动画效果。

在传统动画的制作中，首先将每一个帧画面手工绘制在透明胶片上，然后利用摄像机将每一个画面按顺序连续拍摄下来，形成视频信号，再进行播放就可以看到动画效果了。一个小时的动画片往往需要绘制几万张的图片，因此传统动画片的创作要付出非常艰巨的劳动。图 1-3-1 所示的是美术片《哪吒传奇》中的部分画面。

所谓计算机动画就是以计算机为主要工具创作的动画。在计算机动画中，比较关键的画面仍要人工绘制，关键画面之间的大量过渡画面由计算机自动计算完成。这样就能够节省大量的人力和时间，使动画的创作变得方便多了。目前，计算机动画所要解决的主要问题就是如何通过计算更好地实现关键画面的过渡问题。

图 1-3-1　美术片《哪吒传奇》中的部分画面

提示：人们眼前的物体被移走之后，该物体反映在视网膜上的物像不会立即消失，而是继续短暂滞留一段时间，滞留时间的长短一般为 0.1 ~ 0.4 秒。这就是视觉暂留原理的内容。它是比利时著名物理学家约瑟夫 · 普拉托于 1829 年发现的。

动画与视频有着明显的不同。一般来说，数字视频信号来源于摄、录像机，由一系列静态图像组成，其内容是对现实世界的直接反映，因而仅仅从外观上看，它具有写实主义的风格。而动画画面比较简洁，往往通过制作者徒手绘制或借助于计算机完成，“体现出一种浪漫主义色彩”(《新媒体艺术》张燕翔著)。

其次，动画与视频并不是孤立存在的。一方面，影视作品中常常夹杂着大量的动画片段，以更加生动鲜明地表现主题，或实现通过实际拍摄无法完成的影视特技。另一方面，动画制作者也常常将拍摄的一系列图像输入到计算机，经动画软件处理形成动画，以获得更加真实的效果。

3.1.2 动画分类

传统的动画就是一幅幅预先绘制好的静态画面的连续播放，而计算机动画则可以通过插值方法在两个静态画面之间生成一系列过渡画面，Flash 动画甚至允许与用户互动。

计算机动画按帧的产生方式分为逐帧动画与补间动画两种。

- 逐帧动画：动画的每个帧画面都由制作者手动完成，这些帧称为关键帧。计算机逐帧动画与传统动画的原理几乎是相同的。
- 补间动画：制作者只完成动画过程中首尾两个关键帧画面的制作，中间的过渡画面由计算机通过各种插值方法计算生成。

图 1-3-2 所示的是由 Morpher 软件制作的图像变形动画，用户只需提供首尾两张图像，中间的变形过程可由 Morpher 轻松完成（在 Flash 中，这种图像变形效果是很难做成的）。

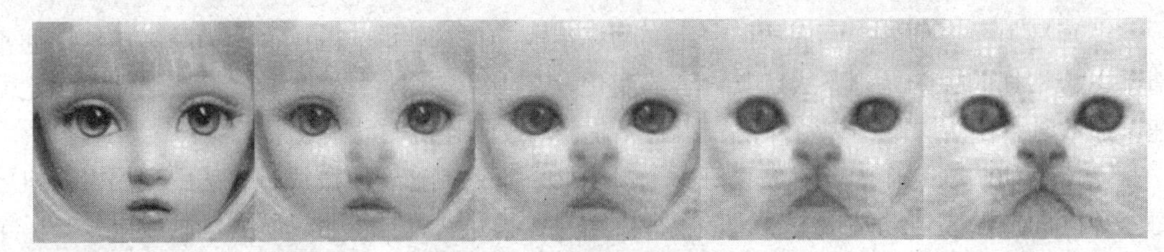

图 1-3-2 图像变形动画

常用的动画制作软件有 Adobe ImageReady、Gif Animator、Director、Flash、3ds Max、Maya 等。

另外，利用 Dreamweaver 等软件同样可以合成另人炫目的动画效果。图 1-3-3 和图 1-3-4 所示的就是使用网页合成的动画特效《水中倒影》（效果可参考本书配套素材“第 3 章素材\睡莲\睡莲.html”）和《飘雪》（效果可参考本书配套素材“第 3 章素材\飘雪\飘雪.html”）。

图 1-3-3 由 Java 脚本和图像合成的网页动画（水中倒影）

图 1-3-4 由 Java 脚本和图像合成的网页动画（飘雪）

3.1.3 常用的动画制作软件

1. Gif Animator

Gif Animator 是台湾友立公司出品的一款 GIF 动画制作软件。使用 Gif Animator 创建动画时，可以套用许多现成的特效。该软件可将 AVI 影视文件转换成 GIF 动画文件，还可以使 GIF 动画中的每帧图片最优化，有效地减小文件的大小，以便浏览网页时能够更迅速地显示动画效果。

2. Adobe ImageReady

Adobe ImageReady是Photoshop CS（8.0）之前的版本中集成在Photoshop软件包中的一款GIF动画制作软件，使用它可以制作逐帧动画、补间动画和蒙版动画等。ImageReady的界面及用法与Photoshop很相似，熟悉Photoshop的用户可以比较容易地掌握ImageReady动画的制作方法，因此该软件受到一些Photoshop用户的特别青睐。从Photoshop CS2（9.0）开始，ImageReady被Adobe公司抛弃，而这种动画功能植入到Photoshop窗口中，至Photoshop CS3（10.0）已比较完善。也就是说，从Photoshop CS3开始，Photoshop本身也可以制作动画了。

3. Flash

Flash是一款功能强大的二维矢量动画制作软件，是当今最受用户欢迎的动画工具之一。由于其简单易学、功能强大、动画文件娇小及流式传输的特点，Flash成为“闪客”们创作网页动画的首选工具。

4. Director

Director是一款专业的多媒体制作软件，用于制作交互动画、交互多媒体课件、多媒体交互光盘，最突出的功能是制作多媒体交互光盘；也用来开发小型游戏。Director主要用于多媒体项目的集成开发。它功能强大、操作简单、便于掌握，目前已经成为国内多媒体开发的主流工具之一。从编程的角度来讲，Director的Lingo语言比Flash的Actionscript要强，但Director的动画功能比Flash要弱。尽管如此，目前Director的用户群还是很大的。

5. 3ds Max

3ds Max是由美国Autodesk公司开发的一款动画制作软件。在众多的三维动画软件中，由于3ds Max开放程度高，学习难度相对较小，功能比较强大，完全能够胜任复杂动画的设计要求；因此，3ds Max成为目前用户群最庞大的一款三维动画创作软件。

6. Maya

Maya是由Alias|Wavefront（2003年更名为Alias）公司开发的世界顶级的三维动画软件，应用于专业的影视广告、角色动画、电影特技等领域。作为三维动画软件的后起之秀，深受业界的欢迎与衷爱，已成为三维动画软件中的佼佼者。Maya集成了Alias|Wavefront最先进的动画及数字效果技术，它不仅包括一般三维和视觉效果制作的功能，而且还结合了最先进的建模、数字化布料模拟、毛发渲染和运动匹配技术。其在造型上，有些方面已完全达到了任意揉捏造型的境界。Maya掌握起来有些难度，对计算机系统的要求相对较高。尽管如此，目前Maya的使用人数仍然很多。

3.2 平面矢量动画大师Flash

Macromedia Flash 动画主要有以下特点。

1. 简单易用

Flash软件的界面非常友好，其功能虽然强大，基本动画的制作却非常方便，绝大多数用户通过学习都有能力掌握。利用Flash提供的ActionScript脚本语言能够设计非常复杂的动画和交互操作，这对于普通用户来说虽然有些困难，但对于具有一定编程基础的用户而言，却比较容易上手。

2. 基于矢量图形

Flash动画主要基于矢量图形，并且可以重复使用库中的资源。这一方面使得Flash动画文件所占用的存储空间较小，另一方面矢量图形也使得画面可以无级缩放而不会产生变形，从而保证了动画放大演示时的画面质量。

3．流式传输

Flash 动画采用了流媒体传输技术，在互联网上可以边下载边播放，而不必等到全部下载到本地机器上之后再观看。由于不存在下载延时的问题，避免了用户在网络上浏览 Flash 动画时的等待问题。

4．多媒体制作环境和强大的交互功能

Flash 动画能够实现对多种媒体的支持，如 GIF 动画、图像、声音、视频等。声音的加入，有效地渲染了动画的气氛；外部图像的导入，丰富了动画画面的色彩。加上 Flash 强大的动画功能，这意味着利用 Flash 软件能够创作出有声有色、动感十足的多媒体作品。更可贵的是，利用 Flash 提供的动作脚本语言进行编程，完全可以满足高级交互功能的设计要求。

鉴于上述特点和优点，Flash 软件深受广大动画制作者的偏爱。目前，Flash 动画已在 Internet 上日益盛行。

3.2.1　Flash 动画相关概念

Adobe Flash CS4 的动画文档编辑窗口如图 1-3-5 所示。正确理解窗口中标示的基本概念是学好 Flash 动画制作的基础。

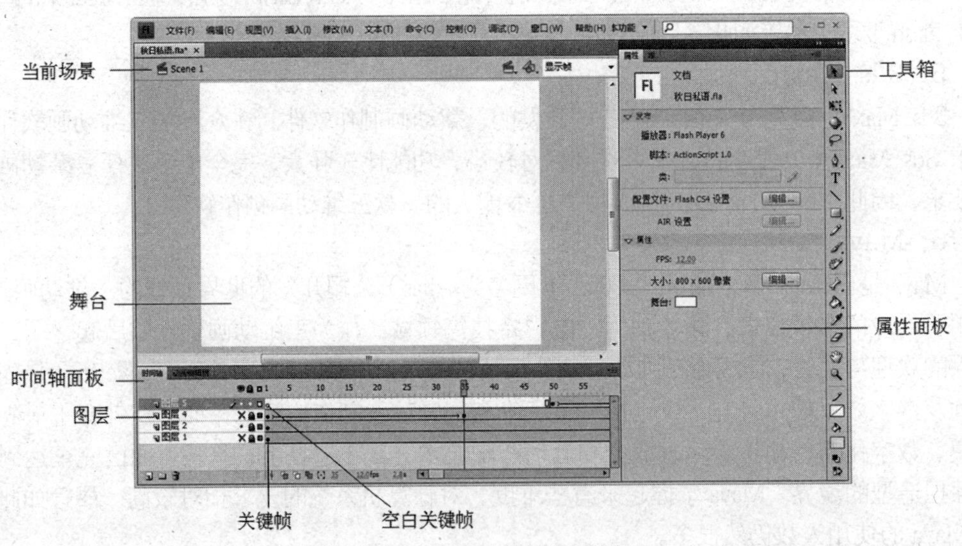

图 1-3-5　Flash CS4 的文档窗口

1．图层

图层是 Flash 动画中一个非常重要的概念。在其他很多相关设计软件（例如 Photoshop、Dreamweaver、AutoCAD 等等）甚至文本处理软件 Word 中都有层的概念，其含义和作用大同小异。在图层的操作上，Flash 与 Photoshop 比较接近。

可以将 Flash 动画中的图层理解为透明的电子画布。在 Flash 动画文档中往往由多个图层自上而下按一定顺序相互叠盖在一起。在每一张电子画布上都可以利用绘图工具绘制图形，或者将外部导入的图形图像置于其中。在动画每帧画面的显示上，上面的图层具有较高的优先级。在 Flash 舞台和工作区中所看到的画面实际上是各图层叠加之后的总体效果。

使用图层一方面可以控制动画对象在舞台上同一位置的相互遮盖关系；另一方面，将一部动画中的不同对象（例如静止对象、运动对象、声音、动作等）和动画中不同的动作（例如太阳的升起、小鸟的飞行、树条在微风中的摆动等）置于不同的图层中，彼此互不干扰，有利于动画的管理和维护。

2．时间轴

时间轴的作用是组织和控制动画中各元素的出场顺序。其中的每一个小方格代表一帧。动画在播放时，一般是从左向右，依次播放每个帧中的画面。

3．舞台

舞台是制作和观看 Flash 动画的矩形区域（新建一个动画文件时，屏幕中间的空白区域）。动画中关键帧画面的编辑正是在舞台上完成的。另外，每一帧画面中的对象只有放置在舞台上，才能够保证这些内容在动画播放时的正常显示。

4．工作区

工作区包括舞台与周围的灰色区域。在灰色区域中同样可以定义和编辑关键帧画面中的对象，只是在播放发布后的 Flash 电影时看不到该区域内的所有内容。例如，在创建物体由屏幕外以某种方式运动到屏幕内的动画时，就需要在这块灰色区域中定义和编辑对象。

5．帧

帧是 Flash 动画的基本组成单位，一帧就是一个静态画面。Flash 动画一般都由若干帧组成，按顺序以一定的帧速率进行播放，形成动画。使用帧可以控制对象在时间上出现的先后顺序。

6．关键帧

是一种特殊的、表示对象特定状态（颜色、大小、位置、形状等）的帧。一般表示一个变化的起点或终点，或变化过程中的一个特定的转折点。在外观上，关键帧上有一个圆点或空心圆圈。关键帧是 Flash 动画的骨架和关键所在，在 Flash 动画中起着非常重要的作用。在制作 Flash 动画时，关键帧的画面一般由动画制作者编辑完成，关键帧之间的其他帧（称为普通帧）由 Flash 自动计算完成。

7．场景

场景类似于电视剧中的“集”或戏剧中的“幕”。一个 Flash 动画可以由多个场景组成。这些场景将按照场景面板中列出的顺序依次播放。场景面板可以通过选择菜单命令“窗口|其他面板|场景”显示出来。

3.2.2　基本工具的使用

工具箱是 Flash 最重要的面板之一，用于绘图、填色、选择和修改图形、浏览视图等。以下介绍工具箱中几种常用工具的基本用法。

1．笔触颜色

“笔触颜色”按钮用于设置图形中线条的颜色。操作方法如下。

步骤 1　在工具箱上单击“笔触颜色”按钮上的，弹出如图 1-3-6 所示的选色面板，同时光标变成“吸管”状。

步骤 2　在选色面板上选择单色或渐变色（面板底部）。

步骤 3　单击图 1-3-6 中的①号按钮，可将笔触色设置为无色。

步骤 4　单击图 1-3-6 中的②号按钮，将打开如图 1-3-7 所示的“颜色”对话框，以自定义笔触颜色。

步骤 5　还可在图 1-3-6 中的“16 进制颜色值”数值框中输入特定颜色的 16 进制颜色值。

步骤 6　在图 1-3-6 中的“透明度”数值框中输入百分比值，以控制笔触色的透明度。

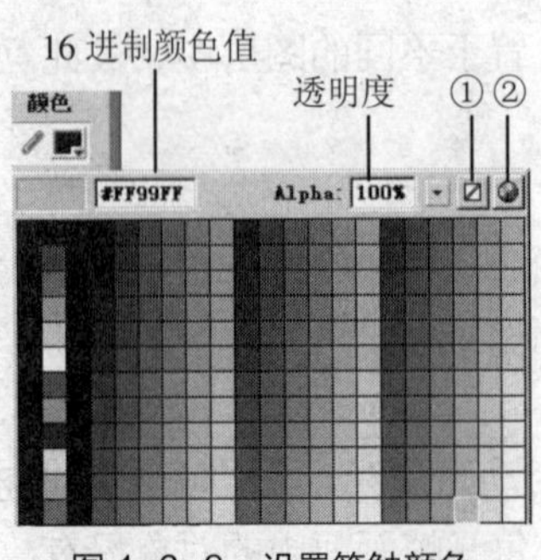

图 1-3-6　设置笔触颜色

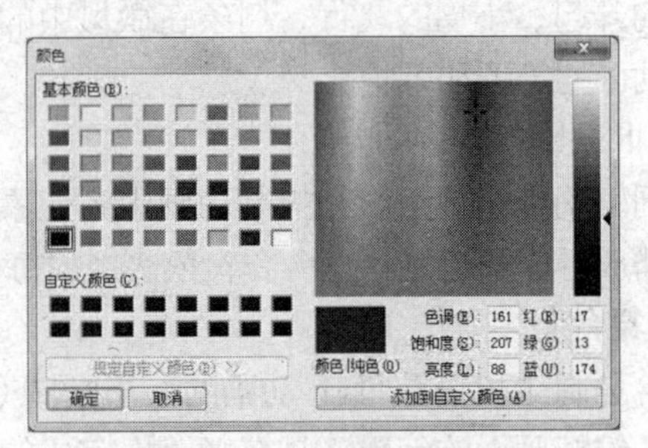

图 1-3-7　“颜色”对话框

另外，在工作区选中线条的情况下，还可以从属性面板设置线型和线宽；也常常从颜色面板设置线条的颜色和透明度。

2．填充色

“填充色”按钮用以设置图形内部填充的颜色。在 Flash 中，可以在图形中填充单色、渐变色或位图，操作方法如下。

步骤 1　在工具箱上单击“填充色”按钮上的，弹出与图 1-3-6 相同的选色面板。

步骤 2　在选色面板上选择无色、单色或渐变色，必要时可设置颜色的透明度。

步骤 3　若步骤 2 中选择的是渐变填充色，可使用颜色面板编辑渐变填充色（见图 1-3-8）。渐变填充色包括线性和放射状两种。在颜色面板上单击选择渐变色控制条上的某个色标（选中的色标尖部显示为黑色，未选中的色标尖部显示为灰色），可利用选色器、Alpha 选项等修改该处色标的颜色和透明度。在渐变色控制条的下面单击可增加色标，左右拖动可改变色标的位置，向下拖动色标可将该色标删除。

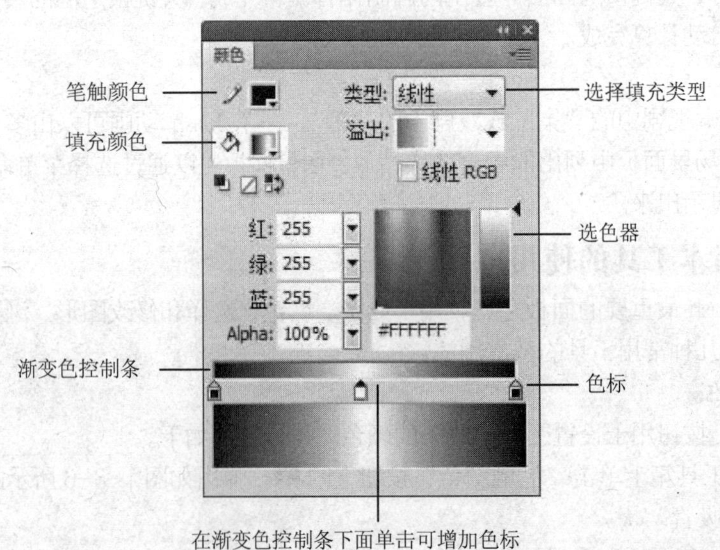

图 1-3-8　颜色面板

3．选择工具

选择工具的基本功能是选择和移动对象，同时还可以调整线条的形状。

（1）选择和移动对象

使用选择工具选择对象的要点如下。

● 单击：使用选择工具在对象上单击可选择对象，在对象外的空白处单击或按 Esc 键可取消对象的选择。特别要注意的是，对于使用矩形、椭圆和多角星形等工具直接绘制的完全分离的矢量图形（假设填充色和笔触色都不是无色），在图形内部单击，将选中图形的填充区域，如图 1-3-9 所示；在图形的边界上单击，将选中图形的边界线条，如图 1-3-10 所示。

● 双击：使用选择工具在矢量图形的内部双击，可选择整个图形（包括填充区域和边界线条），如图 1-3-11 所示。

图 1-3-9 选择填充

图 1-3-10 选择边界

图 1-3-11 选择全部

提示：绘制矩形（假设笔触色不是无色）。使用选择工具分别在矩形的边框上单击和双击，看结果有何不同。

● 加选：按下 Shift 键，使用选择工具依次单击要选择的对象，可选中多个对象。

● 框选：选择“选择工具”，按下左键拖动鼠标光标，将所有要选择的对象框在内部后松开鼠标按键（见图 1-3-12），所有框在内部的对象都会被选中。

要使用选择工具移动对象，只要在选中的对象上拖动鼠标光标，即可改变对象的位置。按住 Shift 键，使用选择工具可在水平或竖直方向上拖动对象。

当然，也可以使用键盘上的方向键移动选中的对象。在使用方向键移动对象时，若同时按住 Shift 键，则每按一下方向键可使对象移动 10 个像素（否则仅移动 1 个像素）。

提示：在使用 Flash 的其他工具时，按住 Ctrl 键不放，可临时切换到选择工具；松开 Ctrl 键，将返回原来的工具。

（2）调整线条的形状

选择“选择工具”，将光标移到矢量图形（例如圆形）的边框线上（此时光标旁出现一条弧线），拖动鼠标，可改变图形的形状，如图 1-3-13 所示。

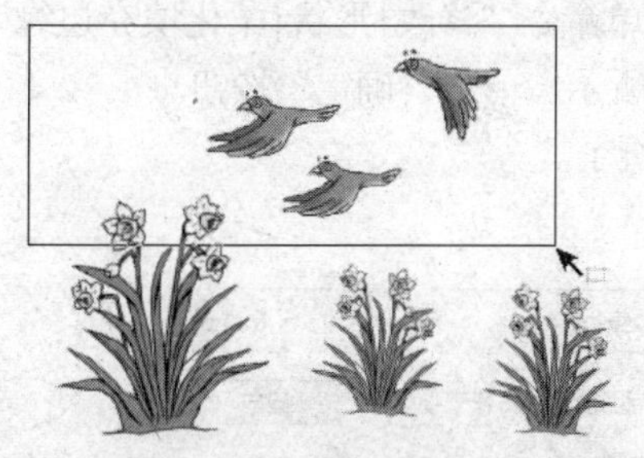
图 1-3-12 框选对象

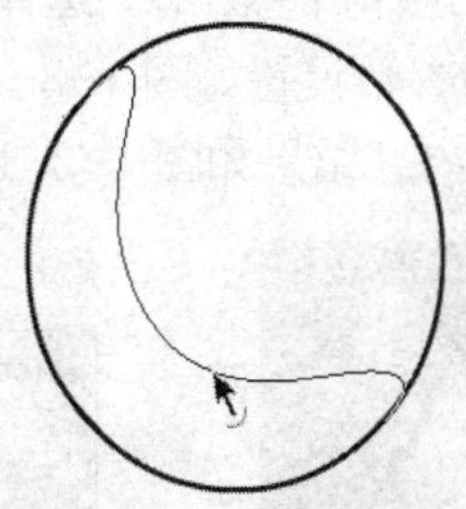
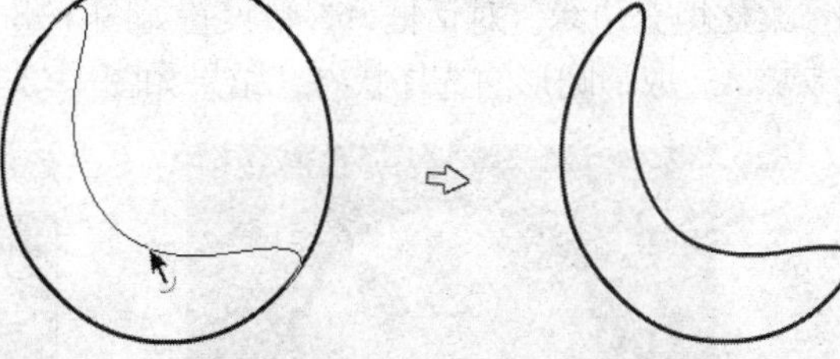
图 1-3-13 修改图形的形状

若在拖动图形的边框线前按下 Ctrl 键，则可改变图形局部的形状，如图 1-3-14 所示。

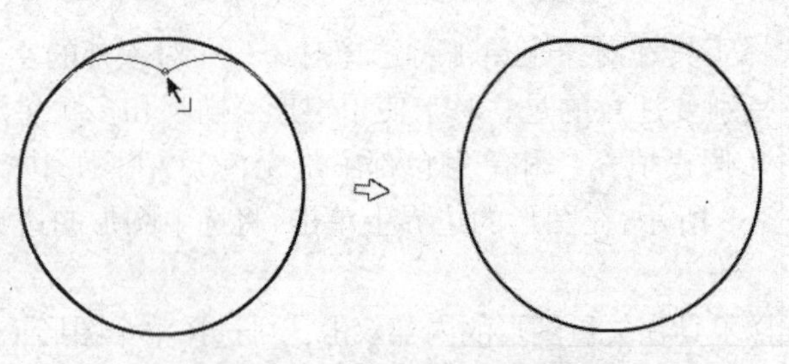

图 1-3-14　改变图形局部的形状

提示：在上述使用选择工具改变图形形状的时候，必须满足以下两个条件。① 图形是未经组合的矢量图形（如使用矩形、椭圆和多角星形等工具直接绘制出来完全分离的图形）；② 图形对象未被选择。

4．线条工具

选择“线条工具”，在属性面板上设置线条的颜色（即笔触颜色）、粗细和线型。在舞台上按下左键拖动鼠标光标，可绘制任意长短和方向的直线段。若在绘制线条时按住 Shift 键不放，可创建水平、竖直和 45°角倍数方向的直线段。

5．椭圆工具

椭圆工具用来绘制椭圆形和圆形。操作方法如下。

步骤 1　选择“椭圆工具”。在工具箱或属性面板上设置要绘制图形的填充色和笔触色。

步骤 2　在属性面板上设置笔触的粗细和线形。

步骤 3　在工作区按下左键拖动鼠标光标，可绘制椭圆形。

步骤 4　在绘制椭圆时，若同时按住 Alt 键，可绘制以单击点为中心的椭圆。

步骤 5　在绘制椭圆时，若按住 Shift 键，可绘制圆形。

步骤 6　在绘制椭圆时，若同时按住 Shift 键与 Alt 键，可绘制以单击点为中心的圆形。

步骤 7　通过将填充色或笔触色设置为无色，可绘制只有内部填充或只有边框的椭圆形或圆形。

【实例】绘制“圆月”效果。

步骤 1　新建 Flash 空白文档。（通过菜单命令“修改|文档”）设置舞台大小 400×300 像素，背景色#0099FF。其他属性默认。

步骤 2　使用“椭圆工具”配合 Shift 键与 Alt 键在舞台中央绘制一个没有边框的白色圆形，如图 1-3-15 所示。

步骤 3　使用“选择工具”选择白色圆形。选择菜单命令“修改|形状|柔化填充边缘”，弹出“柔化填充边缘”对话框，参数设置如图 1-3-16 所示。单击“确定”按钮。

步骤 4　取消圆形的选择状态，结果如图 1-3-17 所示。

图 1-3-15　绘制圆形

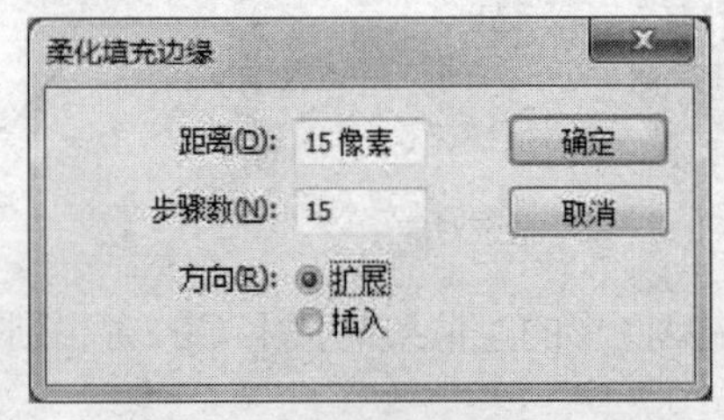

图 1-3-16　设置边缘柔化参数

图 1-3-17　填充边缘柔化后的圆形

6．矩形工具

矩形工具用来绘制矩形、正方形和圆角矩形，操作方法如下。

步骤 1　选择“矩形工具”。在工具箱或属性面板上选择要绘制图形的填充色和笔触色。

步骤 2　在属性面板上设置笔触的粗细和线形。

步骤 3　在舞台上按下左键拖动鼠标光标，绘制矩形。

步骤 4　在绘制矩形时，若同时按住 Alt 键，可绘制以单击点为中心的矩形。

步骤 5　在绘制矩形时，若同时按住 Shift 键，可绘制正方形。

步骤 6　在绘制矩形时，若同时按住 Shift 键与 Alt 键，可绘制以单击点为中心的正方形。

步骤 7　通过将填充色或笔触色设置为无色，还可以绘制只有内部或只有边框的矩形。

步骤 8　在绘制矩形前，还可以在“属性”面板的“矩形选项”参数区设置圆角数值（见图 1-3-18）以绘制圆角矩形，如图 1-3-19 所示。

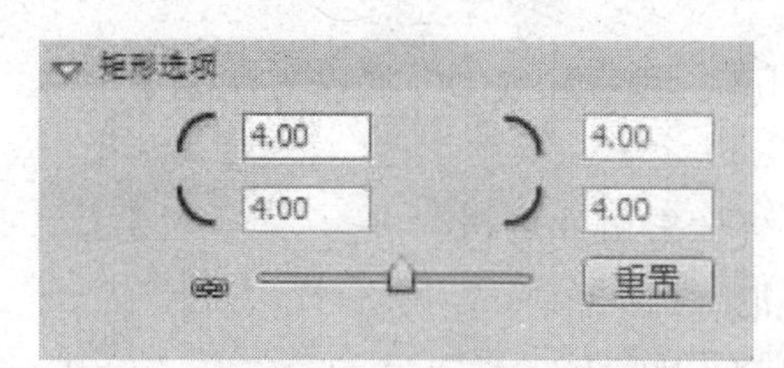

图 1-3-18　设置圆角参数

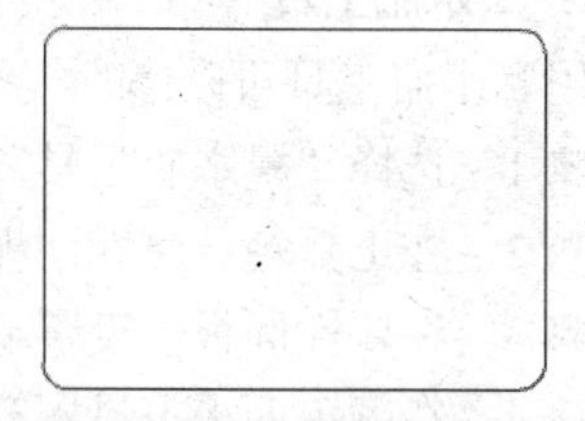

图 1-3-19　绘制圆角矩形

7．多角星形工具

多角星形工具用来绘制正多边形和正多角星形。使用方法如下。

步骤 1　在工具箱的“矩形工具”按钮上按下鼠标左键停顿片刻，展开工具组列表，选择其中的“多角星形工具”。

步骤 2　在工具箱或属性面板上设置要绘制图形的填充色和笔触色。

步骤 3　在属性面板上设置笔触的粗细和线型。

步骤 4　单击属性面板上的“选项”按钮，弹出图 1-3-20 所示的“工具设置”对话框。在“样式”列表中选择图形类型（多边形、星形），输入“边数”和“星形顶点大小”（即锐度，仅对星形有效）的值。单击“确定”按钮。

步骤 5　在工作区按下左键拖移鼠标光标，可绘制以单击点为中心的正多边形或星形，如图 1-3-21 所示。

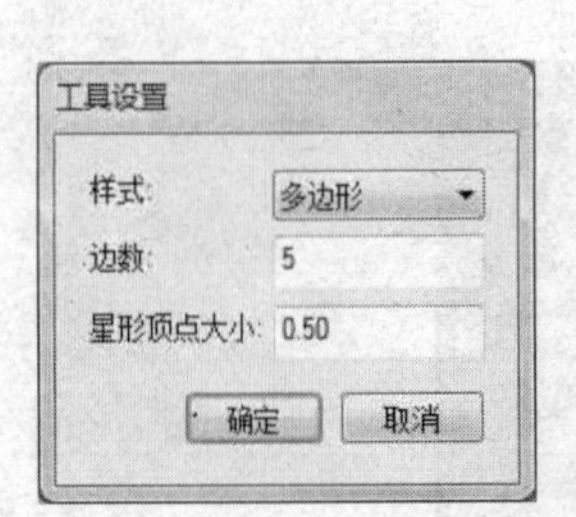

图 1-3-20 “工具设置”对话框

图 1-3-21 绘制多边形和星形

8. 铅笔工具

铅笔工具可使用笔触色绘制手绘线条。铅笔工具的用法如下。

步骤 1 选择“铅笔工具”。在属性面板上设置笔触颜色、粗细和线形。

步骤 2 在工具箱底部选择铅笔模式，如图 1-3-22 所示。

- 伸直：进行平整处理，转化为最接近的三角形、圆、椭圆、矩形等几何形状。
- 平滑：进行平滑处理，可绘制非常平滑的曲线。
- 墨水：绘制接近于铅笔工具实际运动轨迹的自由线条。

步骤 3 在舞台上按下左键拖动鼠标光标，可随意绘制线条。Flash 将根据绘图模式对线条进行调整。按住 Shift 键使用铅笔工具可绘制水平或竖直直线段。

9. 橡皮擦工具

橡皮擦工具除了可以擦除绘图工具（线条工具、钢笔工具、椭圆工具、矩形工具、多角星形工具、铅笔工具、刷子工具等）绘制的图形外，还可以擦除完全分离的组合、完全分离的位图、完全分离的文本对象和完全分离的元件实例。另外，在工具箱上双击“橡皮擦工具”，将快速擦除舞台上所有未锁定的对象（包括组合、未分离的位图、文本对象和元件的实例等）。

10. 墨水瓶工具

使用墨水瓶工具可以修改线条的颜色、透明度、线宽和线型。操作方法如下。

步骤 1 选择“墨水瓶工具”。

步骤 2 在工具箱、属性面板或颜色面板上设置笔触的颜色。

步骤 3 在属性面板上设置笔触的粗细和线形。

步骤 4 在颜色面板上设置笔触颜色的透明度（即 Alpha 值）或编辑渐变笔触色。

步骤 5 在完全分离的图形上单击，如图 1-3-23、图 1-3-24 和图 1-3-25 所示。

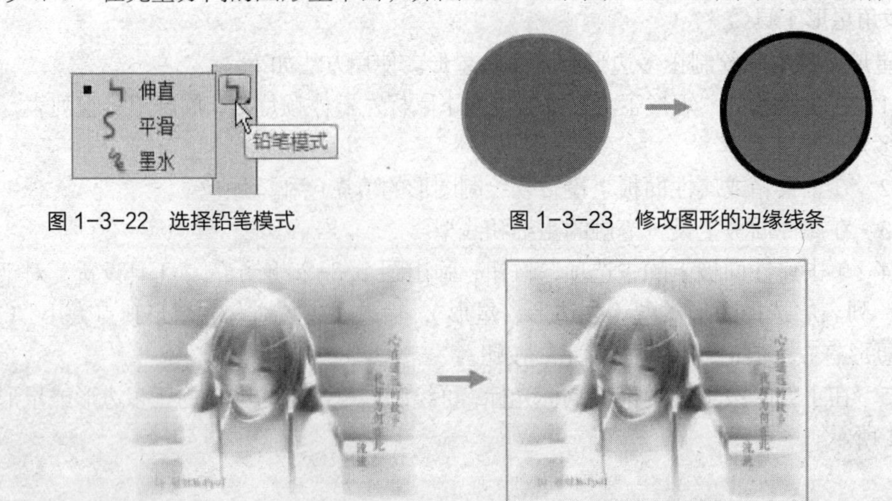

图 1-3-22 选择铅笔模式

图 1-3-23 修改图形的边缘线条

图 1-3-24 为完全分离的位图添加边框

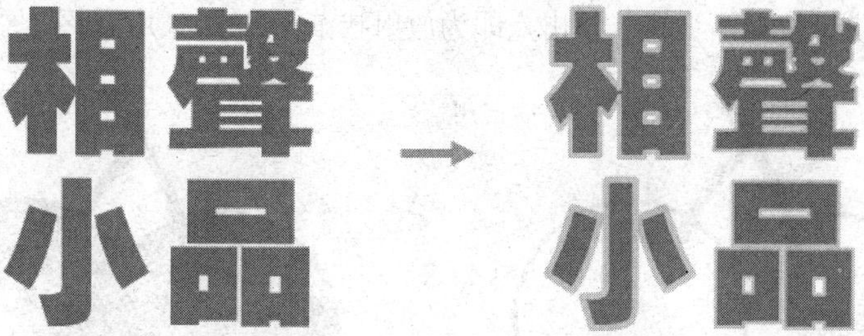

图 1-3-25　为完全分离的文本添加边框

11. 颜料桶工具

颜料桶工具可以在图形的填充区域填充单色、渐变色和位图，其用法如下。

（1）填充单色

步骤 1　使用线条工具、铅笔工具绘制封闭的区域，如图 1-3-26 所示。

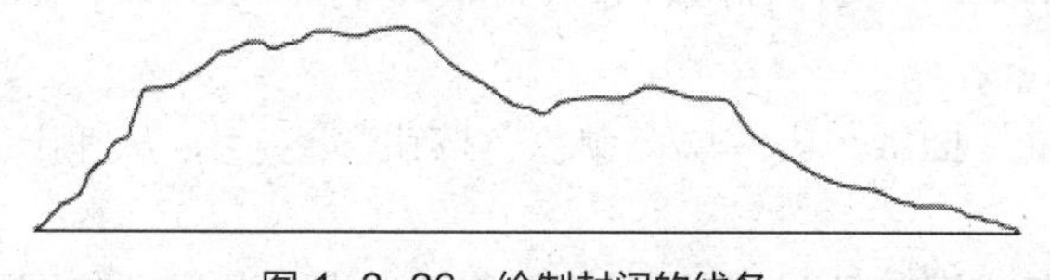

图 1-3-26　绘制封闭的线条

步骤 2　选择“颜料桶工具”。在工具箱、属性面板或颜色面板上将填充色设置为纯色，必要时可设置透明度参数。

步骤 3　如果要填充的区域没有完全封闭（存在小的缺口），此时可在工具箱底部选择一种合适的空隙大小，如图 1-3-27 所示。

- 不封闭空隙：只有完全封闭的区域才能进行填充。
- 封闭小空隙：当区域的边界上存在小缺口时也能够进行填充。
- 封闭中等空隙：当区域的边界上存在中等大小的缺口时也能够进行填充。
- 封闭大空隙：当区域的边界上存在较大缺口时仍然能够进行填充。

所谓空隙的小、中、大只是相对而言。当区域的边界缺口很大时，任何一种空隙大小都无法填充。所以，在视图缩小显示的情况下，空隙即使看上去很小，也可能填不上颜色。

步骤 4　在封闭区域的内部单击填色，如图 1-3-28 所示。

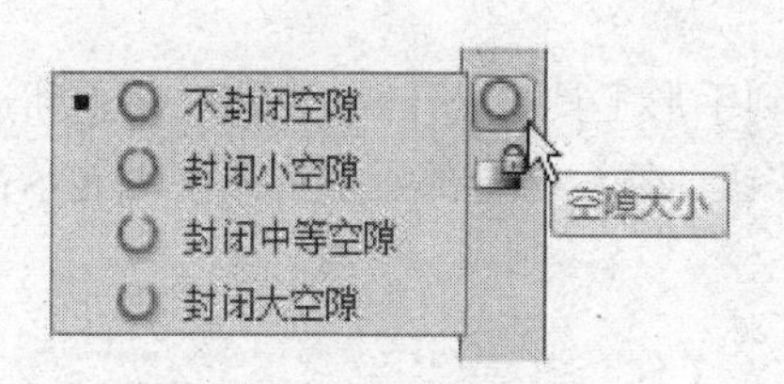

图 1-3-27　选择空隙大小

图 1-3-28　在封闭区域内部填色

（2）填充渐变色

步骤 1　使用“椭圆工具”和“铅笔工具”绘制图 1-3-29 所示的图形。

步骤 2　将填充色设置为放射状渐变色。在颜色面板上对渐变色进行修改（左侧色标设置为白色，右侧色标设置为紫色）。

步骤 3　选择“颜料桶工具”。不选择工具箱底部的“锁定填充”按钮。依次在两个圆形区域的内部单击，填充渐变色（单击点即为放射状渐变的中心），如图 1-3-30 所示。

图 1-3-29　绘制线条画

图 1-3-30　填充渐变色

（3）填充位图

步骤 1　新建空白文档。在舞台上绘制矩形，如图 1-3-31 所示。

步骤 2　使用菜单命令“文件|导入|导入到库”，将素材图像“第 3 章素材\小狗.jpg”（见图 1-3-32）导入。

步骤 3　在“属性”面板单击“填充颜色”按钮，从弹出的选色面板中选择导入的位图。

步骤 4　选择“颜料桶工具”。在前面绘制的矩形内部单击，位图图样被填充到矩形内，如图 1-3-33 所示。

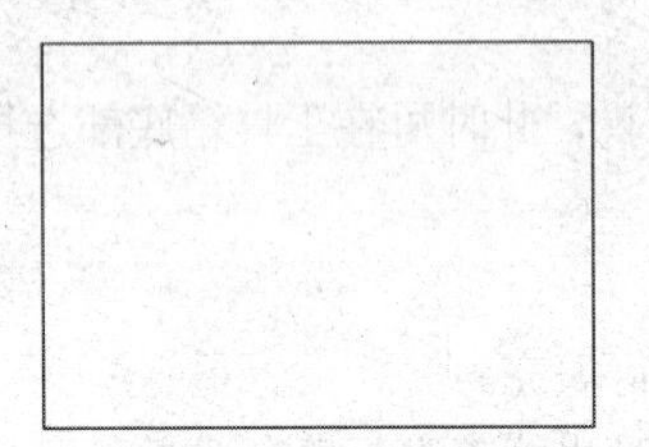

图 1-3-31　绘制矩形

图 1-3-32　位图

图 1-3-33　填充矩形

12．手形工具

当工作区中出现滚动条的时候，使用手形工具可以随意拖动工作区中的画面，使隐藏的内容显示出来。在编辑修改动画对象的局部细节时，往往需要将画面放大许多倍。此时，手形工具是非常有用的。

在使用其他工具时，按住 Space 键不放，可切换到手形工具；松开 Space 键，将重新返回原来的工具。另外，双击工具箱上的“手形工具”按钮，舞台将全部显示且最大化显示在工作区窗口的中央位置。

13．缩放工具

缩放工具的作用是将工作区放大或缩小显示。其用法如下。

步骤 1　在工具箱上选择“缩放工具”。

步骤 2　根据需要在工具箱底部选择“放大”按钮或“缩小”按钮。

步骤 3　在需要缩放的对象上单击，对象以一定的比例放大或缩小，且 Flash 将以该点为中心显示放大或缩小后的画面。

步骤 4　使用缩放工具拖动鼠标光标，将所要显示的内容框在内部后松开鼠标按键，此时无论选择“放大”按钮还是“缩小”按钮，框选的内容都将放大显示到整个工作区窗口，如图 1-3-34 所示。

当舞台放大或缩小显示时，双击工具箱上的“缩放工具”按钮，舞台将恢复到 100%的显示比例。

图 1-3-34 框选放大

14. 文本工具T

文本是向观众传达动画信息的重要途径。Flash 中的文本包括静态文本、动态文本和输入文本 3 种类型。

静态文本在动画播放过程中外观与内容保持不变。

动态文本的内容及文字属性在动画播放过程中可以动态改变。用户可以为动态文本对象指定一个变量名，并可以在时间轴的指定位置或某一特定事件发生时，赋予该变量不同的值。在运行动画时，Flash 播放器可以根据变量值的变化而动态更新文本对象的显示。

通过属性面板可以为静态文本和动态文本建立 URL 链接。

输入文本允许用户在动画播放时重新输入内容。例如，在 Flash 动画的开始创建一个登录界面，运行动画时，用户只有输入正确的信息才能继续观看动画电影的其余内容。

下面重点介绍静态文本的基本用法。

选择“文本工具”，根据需要在属性面板上设置文本的属性，如图 1-3-35 所示。部分基本参数的含义如下。

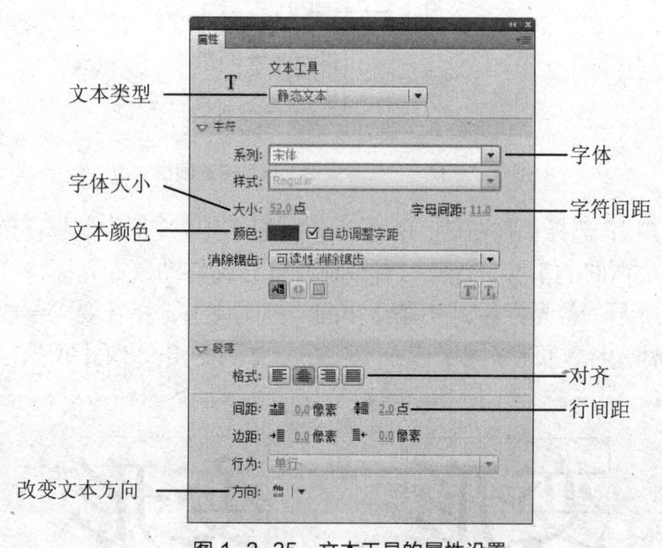

图 1-3-35 文本工具的属性设置

- “文本类型”：选择文本的类型。此处选择“静态文本”。

● “改变文本方向”：选择文本的方向，包括“水平”“垂直，从左向右”（表示文本竖排，从左向右换行）和“垂直，从右向左”3 种。

● “字符间距”：设置文本的字符间距。

此外，在 Flash 中也可以在使用“文本”菜单设置文本的部分属性。

文本属性设置好之后，在舞台上单击确定插入点，然后输入文字内容。这样创建的是单行文本，输入框将随着文本内容的增加而延长，需要换行时按 Enter 键即可。

若在文本属性设置好之后，在舞台上按下左键拖动鼠标光标，则可创建文本输入框，然后在其中输入文本内容。这样产生的是固定宽度的文本，当输入文本的宽度接近输入框的宽度时，文本将自动换行。

在 Flash 中，文本只能设置单色填充色，且不能使用颜料桶工具进行填充，也不能使用墨水瓶工具设置边框。当文本对象被彻底分离后，就可以使用颜料桶工具填充渐变色和位图，也可以使用墨水瓶工具设置边框的颜色，如图 1-3-36 所示。

图 1-3-36 制作渐变效果“文字”

15. 任意变形工具

使用任意变形工具可以在对象上实施缩放、旋转和斜切等变形；对于使用 Flash 的绘图工具绘制的矢量图形和完全分离的文本、完全分离的位图等还可以进行扭曲和封套变形。

选择要变形的对象，在工具箱上选择“任意变形工具”，其选项（工具箱底部）如图 1-3-37 所示。

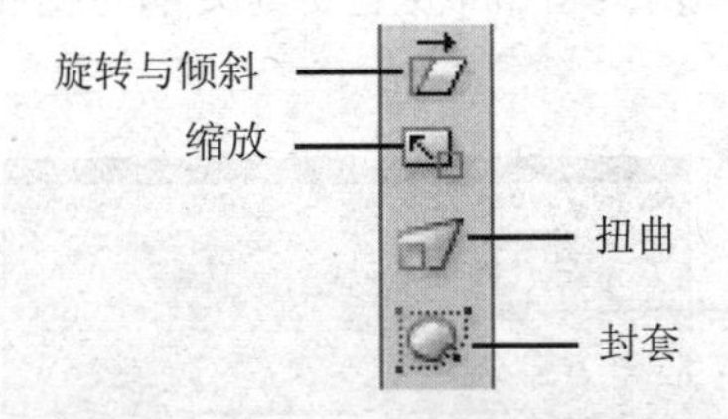

图 1-3-37 “任意变形工具”的选项栏

● “旋转与倾斜”：选择该按钮后，所选对象的周围出现变形控制框。光标移到 4 个角的控制块上，指针变成弯曲的箭头，沿顺时针或逆时针方向拖动鼠标光标，可随意旋转对象，如图 1-3-38 左图所示。若光标移到 4 条边中间的控制块上，指针变成⇌或⇅形状。沿水平或竖直方向拖动鼠标光标，可使对象产生斜切变形。如图 1-3-38 右图所示。

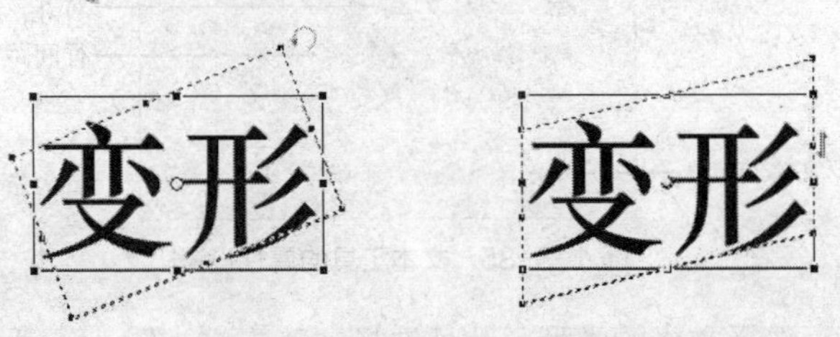

图 1-3-38 旋转和斜切变形

● “缩放”：选择该按钮后，光标移到变形控制框 4 条边中间的控制块上，指针变成↔或↕形状，沿水平或竖直方向拖动鼠标光标，可在水平或垂直方向上随意缩放对象，如图 1-3-39 左图所示。若光标移到 4 个角的控制块上，指针变成⤡或⤢形状，拖动鼠标光标，可成比例缩放对象，如图 1-3-39 右图所示。在上述变形过程中，按住 Alt 键可在保持变形中心（变形控制框几何中心的小圆圈）位置不变的情况下缩放对象。

图 1-3-39　缩放变形

● “扭曲”：选择该按钮后，光标移到四周的控制块上变成▷形状。可使用鼠标沿任意方向拖动控制块，使对象产生随意的扭曲变形，如图 1-3-40 左图所示。若拖动的是 4 条边中间的控制块，可产生斜切变形，如图 1-3-40 中图所示。若按住 Shift 键不放，沿水平或竖直方向拖移 4 个角的控制块，可产生透视变形，如图 1-3-40 右图所示。扭曲变形仅对使用绘图工具绘制的矢量图形和完全分离的文本、完全分离的位图等有效。

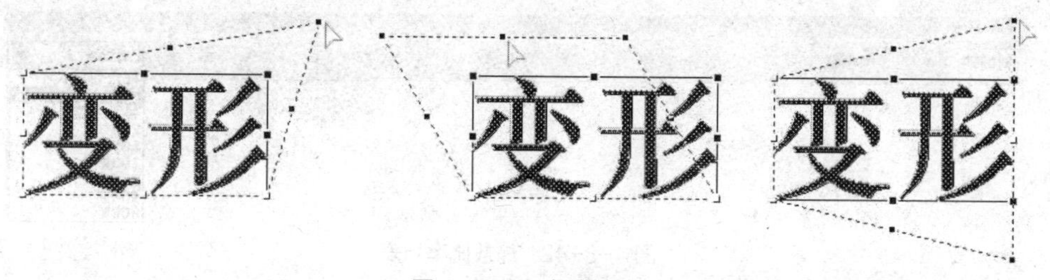

图 1-3-40　扭曲变形

● “封套”：选择该按钮后，光标移到四周的控制块上变成▷形状。可使用鼠标沿任意方向拖动控制块，使对象产生更加自由的变形，如图 1-3-41 左图所示。还可以拖动控制点，通过改变控制线的长度和方向改变封套的形状，从而使对象产生形变，如图 1-3-41 右图所示。实际上，封套是一个变形边框，其中可以包含一个或多个对象。更改封套的形状将从整体上影响封套内对象的形状。封套变形仅对使用绘图工具绘制的矢量图形和完全分离的文本、完全分离的位图等有效。

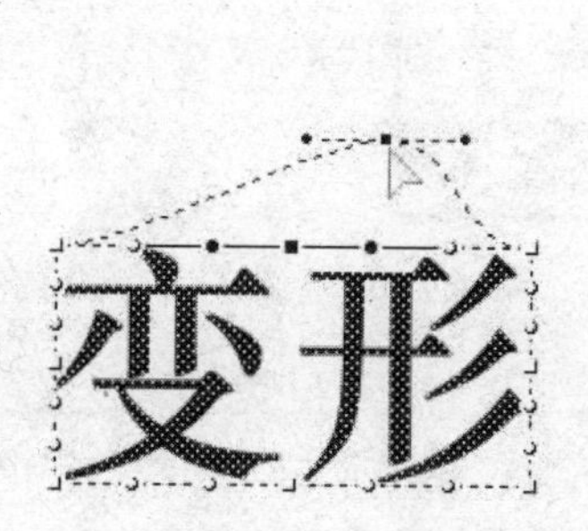

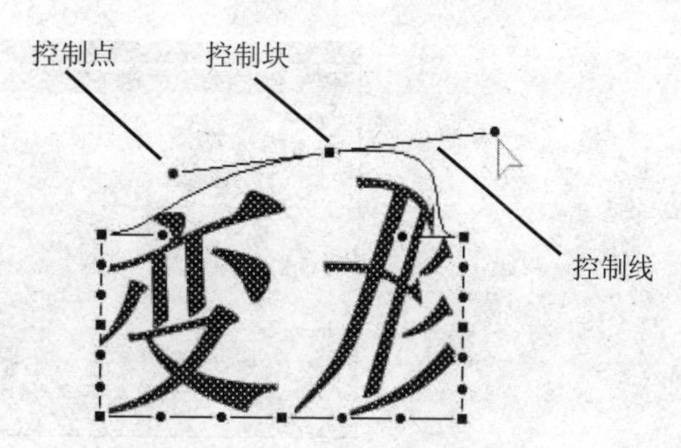

图 1-3-41　封套变形

3.2.3 Flash 基本操作

1．设置文档属性

选择菜单命令“修改|文档”，通过打开的“文档属性”对话框可以设置动画文档的舞台大小、舞台背景色、帧频率和标尺单位等属性。

在动画制作过程中，可以随时更改文档的属性。但是，一旦动画的许多关键帧创建完毕，再来修改舞台大小，往往会给动画制作带来不必要的麻烦（需要重新调整舞台上众多对象的位置，其工作量不可小觑）。所以最好在动画制作前，首先确定好舞台大小。

2．调整舞台的显示比例

在制作动画的过程中，为了方便动画的编辑处理，常常需要调整舞台的显示比例。常用的方法有两种。

（1）通过编辑栏右侧（默认设置下文档窗口右上角）的“缩放比率”列表（见图 1-3-42），调整舞台的显示比例。

- “符合窗口大小”：将舞台以适合工作区窗口大小的方式显示出来。
- “显示帧”：将舞台在工作区窗口中全部显示并尽可能最大化居中显示。
- “显示全部”：将工作区中的动画元素全部显示并尽可能最大化显示。

其余各选项均是以特定的百分比规定舞台的显示比例。另外，用户还可以将任意显示比例输入到“缩放比率”列表框中，然后按 Enter 键确认，舞台即以该比例显示。

图 1-3-42 缩放比率列表

（2）通过“视图|缩放比率”菜单调整舞台的显示比例。

3．面板管理

Flash 的绝大多数面板命令都分布在“窗口”菜单的二级或三级子菜单中。

（1）面板的显示与隐藏

通过选中和取消选中“窗口”菜单中的面板命令，可在 Flash 程序窗口中显示和隐藏相应的面板。也可以通过面板菜单中的“关闭”命令隐藏面板或面板组，如图 1-3-43 所示。

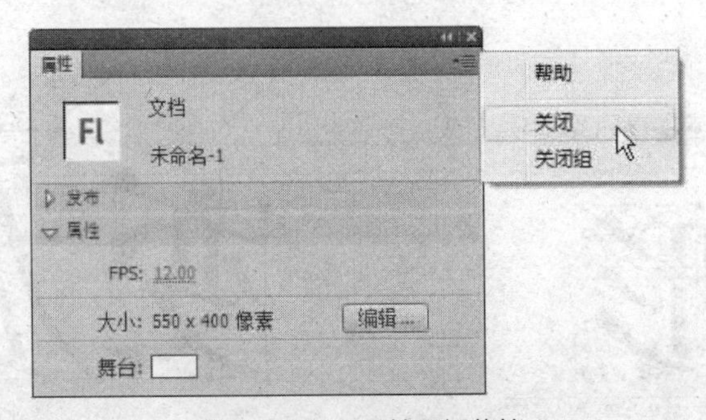

图 1-3-43 属性面板菜单

（2）面板的折叠与展开

通过单击面板左上角的双三角按钮◀◀，可展开或折叠面板与面板组。

（3）隐藏与显示所有面板

选择菜单命令“窗口|隐藏面板”或按快捷键F4，可隐藏当前所有面板，包括工具箱。

在隐藏所有面板的情况下，选择菜单命令“窗口|显示面板”或按快捷键F4，可显示所有面板，包括工具箱。

（4）恢复面板默认布局

选择菜单命令“窗口|工作区|重置‘××’”（××为当前工作区名称），将恢复面板的默认布局。

4．导入外部对象

（1）图形图像的导入

“导入（Import）/导出（Export）”命令一般位于软件工具的“文件”菜单中，用于在不同软件工具之间交换数据。能够导入Flash中的外部图形图像资源的类型包括*.JPG、*.BMP、*.GIF、*.PSD、*.PNG、*.AI、*.WMF、*.TIF0等。这些资源一旦导入到库，就可以在动画场景中无限重复使用。

① 导入到舞台

选择菜单命令“文件|导入|导入到舞台”，打开“导入”对话框。从中选择所需要的图形图像文件，单击“打开”按钮，将图形图像导入到舞台。此时，导入的图形图像资源也会同时出现在Flash的库面板中。

② 导入到库

选择菜单命令“文件|导入|导入到库”，打开“导入到库”对话框。从中选择所需要的图形图像文件，单击“打开”按钮，将图形图像导入到Flash的库面板。此时，舞台上并不会出现导入的图形图像。

（2）GIF动画的导入

将GIF动画导入到Flash后，GIF动画的帧将自动转换为Flash的帧。Flash根据原GIF动画每帧滞留时间的长短确定转换后的Flash帧数。

选择菜单命令“文件|导入|导入到舞台”，选择所需要的GIF动画文件，单击“打开”按钮，即可将GIF动画导入到Flash当前层的时间线上。同时，组成GIF动画的各帧静态画面也出现在Flash的库面板中。

（3）视频的导入

通过菜单命令“文件|导入|导入视频”，可以将*.MOV、*.MP4、*.FLV等多种类型的视频资源导入到Flash中。

（4）声音的导入与使用

在Flash动画中，声音的导入与使用有着不同寻常的意义。无论是为动画配音，还是作为背景音乐，声音的使用无疑为动画电影的整体效果增色许多。合理地使用声音可以更好地渲染动画气氛，增强动画节奏。

① 导入声音

与图形图像的导入类似，通过菜单命令“文件|导入|导入到库”，可以将*.WAV、*.MP3、*.AU和*.AIF等多种类型的声音文件导入到Flash的库中。综合考虑音质和文件大小等因素，在Flash中一般采用22 kHz、16 Bit和单声道的音频。

② 向动画中添加声音

将音频素材导入到 Flash 后，在时间轴上单击选择要添加音效的关键帧。打开属性面板，在“声音”参数区的“名称”下拉列表中选择所需要的声音文件名即可，如图 1-3-44 所示。

属性面板中其他有关声音的主要参数如下。

“效果”：设置声音的播放效果。包括“左声道”“右声道”“向右淡出”“向左淡出”“淡入”“淡出”和“自定义”等。

“同步”：设置声音播放的同步方式。可供选择的同步方式如下。

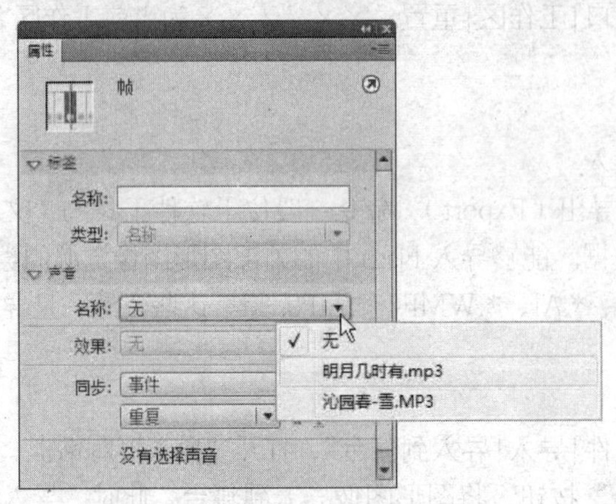

图 1-3-44　在属性面板中选择声音

- “事件”：使声音与某一动画事件同步发生。在该同步方式中，声音从事件起始帧以独立于动画时间轴的方式进行播放，直至播放完毕（不管动画有没有结束）。
- “开始”：作用与事件方式类似。区别是，如果同一声音已经开始播放，且还没有播放完毕，这时即使动画重复播放也不会创建新的声音实例（这样就不会出现声音混杂的现象）。
- “停止”：将所选的声音指定为静音。
- “数据流”：在 Web 站点上播放动画时，该方式使声音和动画同步。Flash 将调整动画的播放速度使之与数据流方式的声音同步。若声音过短而动画过长，Flash 将无法调整足够快的动画帧，有些动画帧将被忽略，以保持动画与声音同步。与事件方式不同，若动画停止，数据流方式的声音也将停止。

无论选择哪一种同步方式，都可以选择声音的循环方式，包括“循环”和“重复”一定次数两种。

5．图层管理

Flash 中的图层分为普通层、引导层和遮罩层 3 种，图层的管理与 Photoshop 中图层的对应操作类似。

（1）新建图层

新建的 Flash 文档只有一个图层，默认名称为“图层 1”。在时间轴面板左侧的图层控制区，单击“新建图层”按钮（见图 1-3-45），或者从所选图层的右键菜单中选择“插入图层”命令，可在当前图层的上方添加一个新图层。

（2）删除图层

单击图层控制区的“删除图层”按钮（见图 1-3-45），或者从所选图层的右键菜单中选择“删除图层”命令，可删除当前图层。当时间轴面板上仅剩一个图层时，是无法删除的。

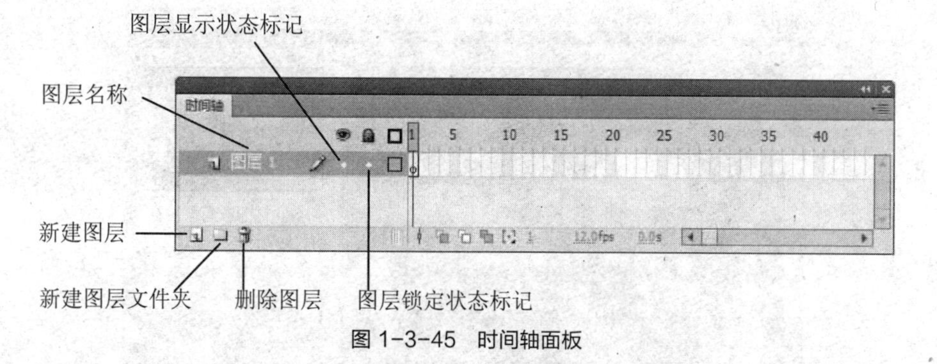

图 1-3-45 时间轴面板

（3）重命名图层

在图层控制区双击某个图层的名称，进入图层名称编辑状态，输入新的名称，按 Enter 键或者在图层名称编辑框外单击即可。

（4）隐藏和显示图层

通过单击图层名称右侧的“图层显示状态标记”，可以在图层的显示状态与隐藏状态之间切换。隐藏某个图层后，该图层上的每帧画面在工作区中是看不到的。在图层控制区单击 按钮，可以隐藏或显示所有图层。

（5）锁定与取消锁定图层

通过单击图层名称右侧的“图层锁定状态标记”，可以在图层的锁定状态与解锁状态之间切换。锁定某个图层后，Flash 禁止对该图层时间线上任何一帧的画面内容进行改动。但是，被锁定图层的时间线上有关帧的操作（如复制帧、删除帧、插入关键帧等）仍然可以进行。

在图层控制区单击 按钮，可以锁定或解锁所有图层。

（6）调整图层的叠盖顺序

图层的上下排列顺序影响舞台上对象之间的相互遮盖关系。在图层控制区，将图层向上或向下拖动，当突出显示的线条出现在要放置图层的位置时，松开鼠标按键即可改变图层的排列顺序。

【实例】使用 Flash 为 GIF 动画“第 3 章素材\下雨了\下雨了.gif”配上下雨的音效。所使用的声音文件为同一素材文件夹下的“雨.wav”。

步骤 1　启动 Flash CS4，新建空白文档。

步骤 2　修改文档属性。设置舞台大小为 500×334 像素，舞台背景色为黑色，其他属性默认。

步骤 3　调整舞台的显示比例为“符合窗口大小”。

步骤 4　使用菜单命令“文件|导入|导入到舞台”导入 GIF 动画“第 3 章素材\下雨了\下雨了.gif”，如图 1-3-46 所示。

步骤 5　将图层 1 的名称更改为“动画”。

步骤 6　新建图层 2。将图层 2 的名称更改为“声音”。

步骤 7　使用菜单命令“文件|导入|导入到库”导入“第 3 章素材\下雨了\雨.wav”。

步骤 8　在“声音”层的第 1 帧上单击，选中该空白关键帧。

图 1-3-46　将 GIF 动画导入到图层 1

步骤 9　打开属性面板，在“声音”参数区的“名称”下拉列表中选择“雨.wav”；在“同步”下拉列表中选择“开始”；在“声音循环”下拉列表中选择“循环”。此时的 Flash 窗口如图 1-3-47 所示。

图 1-3-47　添加声音

步骤 10　使用菜单命令“控制|测试影片”测试动画效果。

步骤 11　锁定“动画”层和“声音”层。

步骤 12　选择菜单命令“文件|保存”，以“下雨了.fla”为名保存动画源文件。

6．调整对象的排列顺序

Flash 不同图层的对象相互遮盖，上面图层上的对象优先显示。实际上，同一图层上的对象之间也存在着一个叠放顺序；一般来说，最晚创建的对象位于最上面，最早创建的对象则在最底部；完全分离的对象永远处于组合、文本、元件实例、导入的位图等非分离对象的下面。

使用菜单“修改|排列”下的“上移一层”“下移一层”等命令可以调整同一图层上不同对象间的上下叠放次序，从而改变它们的相互遮盖关系。

但是，一个图层上某个对象的叠放顺序无论怎样靠上，也总是被其上面图层的对象所遮盖；同样，一个图层上某个对象的叠放顺序无论怎样靠下，都总是将其下面图层上的对象遮盖住。

7．锁定对象

正如前面所述，图层的锁定是图层的每一帧上所有对象的锁定。要想锁定图层上的部分对象，可使用菜单命令“修改|排列|锁定”。操作方法如下。

步骤 1　在某一图层上选择要锁定的对象。

步骤 2　选择菜单命令“修改|排列|锁定”。

对象一旦锁定，就无法选择和编辑修改，除非使用菜单命令“修改|排列|解除全部锁定”首先解锁。另外需要注意的是“锁定”命令对完全分离的对象是无效的。

8．组合对象

在 Flash 中，将多个对象组合后，在很大程度上可以像控制单个对象一样控制组合中的多个对象。组合对象的操作方法如下。

步骤 1　选择要组合的多个对象或单个完全分离的对象。

步骤 2　选择菜单命令“修改|组合”，如图 1-3-48 所示。

（a）组合前　　（b）组合后

图 1-3-48　组合对象

当需要修改组合中的部分对象时，可使用菜单命令“修改|取消组合”将组合解开。

对于完全分离的对象，其中任何一部分均可以被选定；这种图形若不组合或转换为元件，很容易被改动或删除。因此，“组合”命令也常常用来组合单个完全分离的对象，如图 1-3-49 所示。

（a）组合前

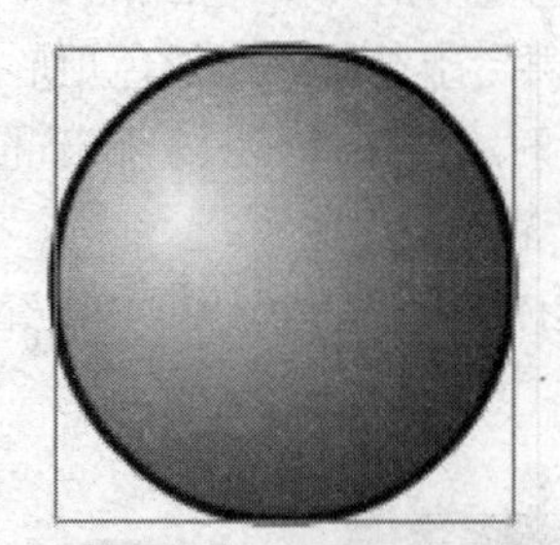

（b）组合后

图 1-3-49　组合分离的单个对象

将 Flash 的绘图工具（线条工具、钢笔工具、椭圆工具、矩形工具、多角星形工具、铅笔工具、刷子工具等）绘制的图形组合后，其边框色与填充色将无法修改，除非双击该对象进入次级（组内）编辑状态或重新取消组合，回到完全分离的状态。

9．分离对象

分离对象的操作如下。

步骤 1　选择要分离的对象。

步骤 2　选择菜单命令“修改|分离”或按组合键 Ctrl+B。

文本对象、组合、导入的位图和元件的实例等不能用于补间形状动画的创建。只有将这些对象进行分离，分离到不能继续分离（“分离”命令显示为灰色无效状态）为止，才能用作补间形状动画中的变形对象。图 1-3-50 和图 1-3-51 所示的是文本与多重嵌套的组合体分离时的状况。

（a）分离前

（b）第 1 次分离后

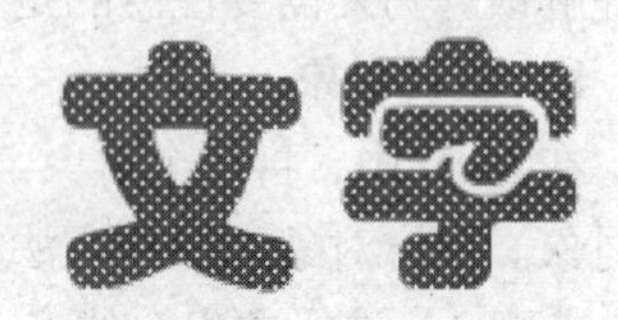

（c）第 2 次彻底分离后

图 1-3-50　分离文本对象

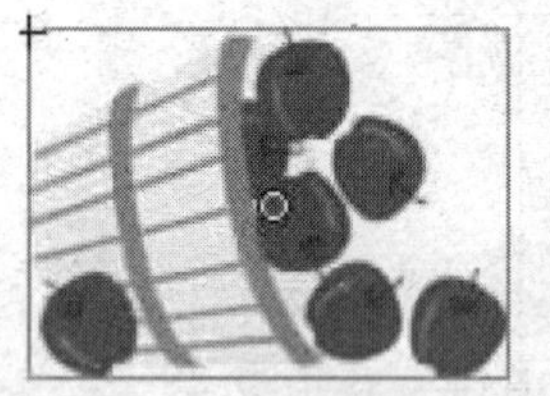
（a）分离前

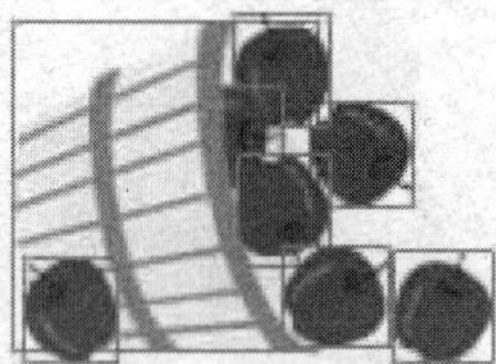
（b）第 1 次分离后

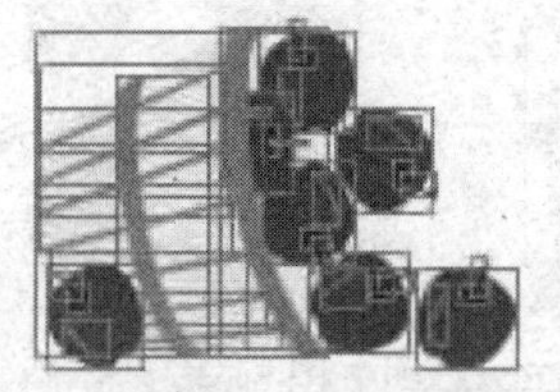
（c）第 2 次分离后

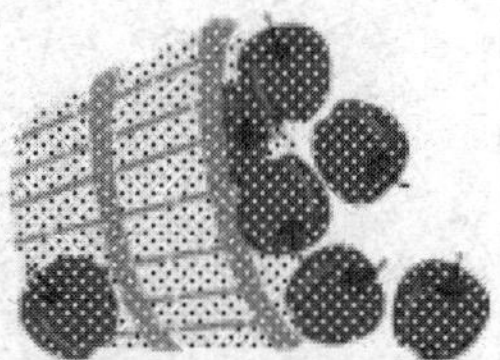
（d）第 3 次彻底分离后

图 1-3-51　分离多重组合体

“分离”与“取消组合”虽然是两个不同的命令，但二者之间存在着如下关系。

- 对于文本对象、元件的实例和导入的位图，只能将其分离，而不能取消组合。所谓“分离位图”实际上就是将位图矢量化。
- 对于组合体，执行一次“分离”或“取消组合”命令，其操作结果是等效的。

当两个或多个完全分离的图形重叠在一起时，在两个图形相交的边界，下面的图形将被分割；而在相互重叠的区域，上面的图形将取代下面的图形。下面举例说明。

步骤 1　在舞台上绘制一个黑色矩形。再绘制一个其他颜色的圆形，如图 1-3-52 所示。注意在绘制图形时不要选择工具箱底部的“对象绘制”按钮，这样绘制出来的图形是完全分离的。

步骤 2　选择整个圆形（边框和填充），移动其位置使之与矩形部分重叠，如图 1-3-53 所示。

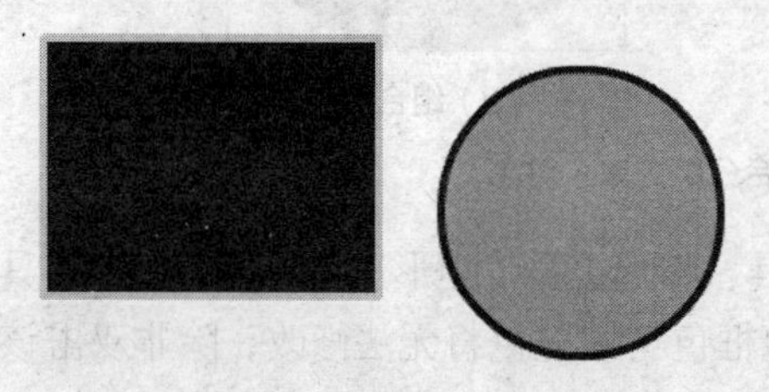
图 1-3-52　绘制矩形与圆形

图 1-3-53　将二者重叠放置

步骤 3　使用“选择工具”在舞台的空白处单击以取消圆形的选择状态。

步骤 4　使用“选择工具”双击矩形上没有被覆盖的填充区域，并将其移开，结果如图 1-3-54 所示。

步骤 5　（接步骤 3）使用“选择工具”双击圆形的填充区域，重新选择圆形，并将其移开，结果如图 1-3-55 所示。

图 1-3-54　被分割的矩形

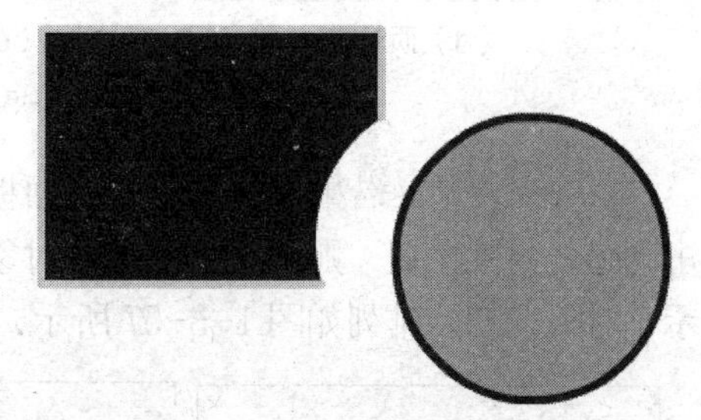
图 1-3-55　在重叠区域，圆形取代矩形

在动画制作中，若两个完全分离的图形不得不重叠放置且不希望任何一方被分割或取代时，可以将二者放置在两个图层中。

10．对齐对象

选中菜单命令“窗口|对齐”，显示对齐面板，如图 1-3-56 所示。其中“对齐”栏的按钮从左向右依次是：“左对齐”、“水平居中”、“右对齐”、“顶对齐”、“垂直居中”和“底对齐”。

对象对齐的操作方法如下。

步骤 1　首先选择舞台上两个或两个以上的对象（这些对象可处于不同图层）。

步骤 2　在对齐面板上单击相应的对齐按钮。

图 1-3-58 所示的是执行各项对齐命令后对象的排列情况（对象的初始位置如图 1-3-57 所示）。

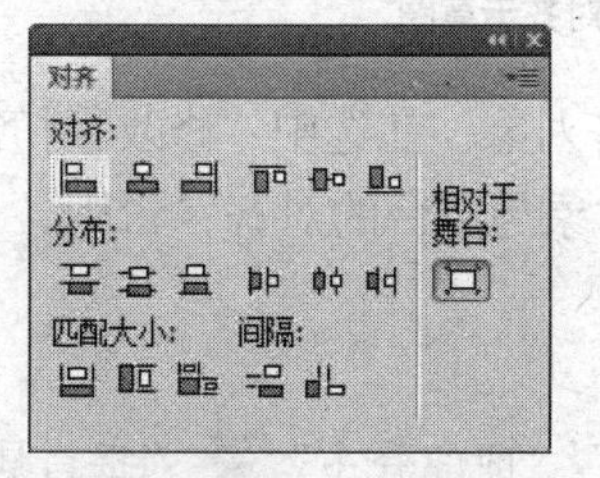

图 1-3-56　对齐面板

图 1-3-57　对象原排列图

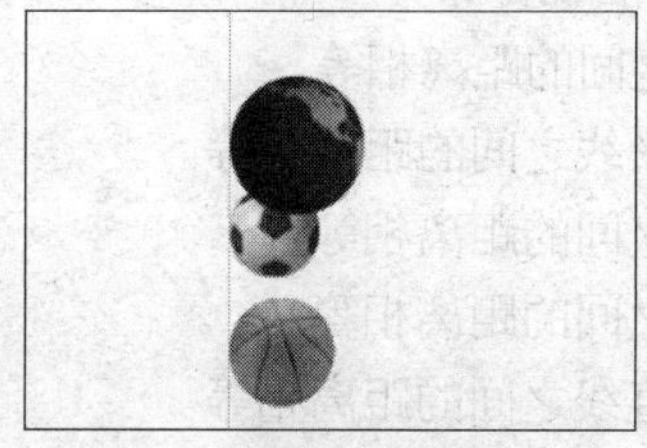
（a）左对齐

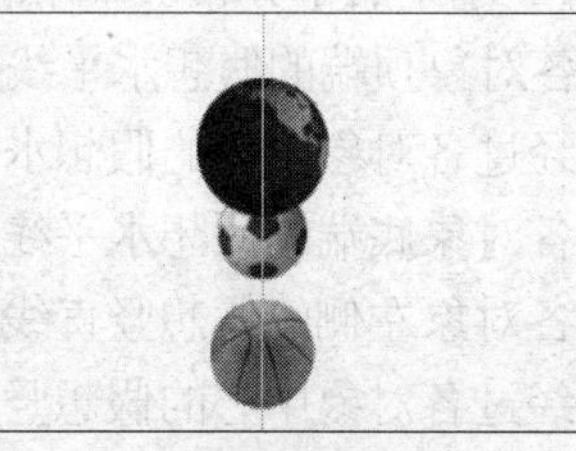
（b）水平居中

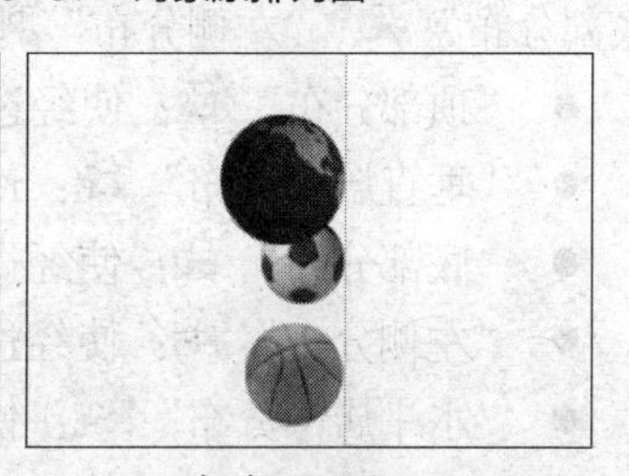
（c）右对齐

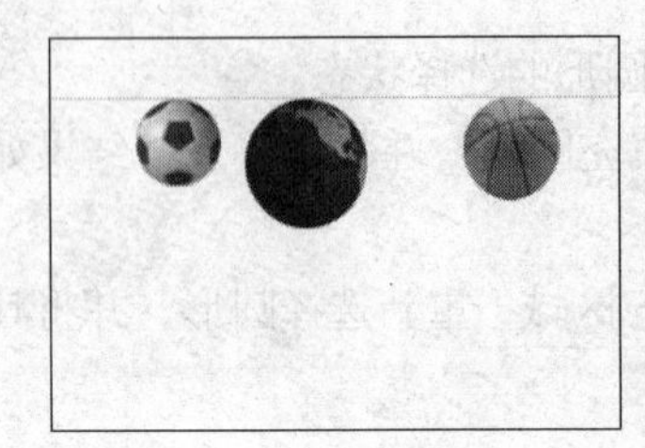
（d）顶对齐

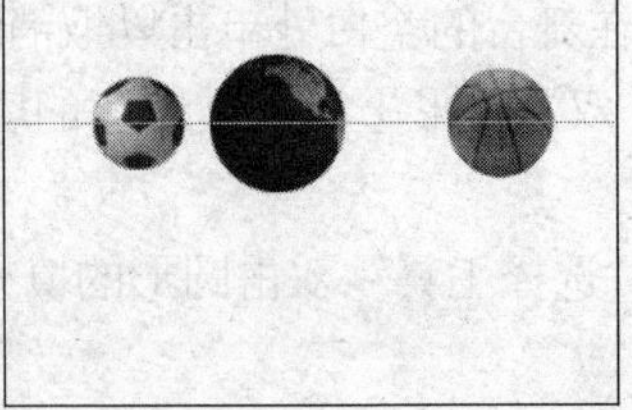
（e）垂直居中

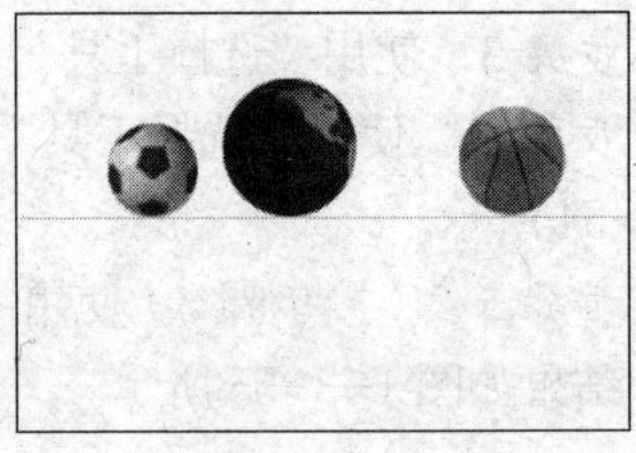
（f）底对齐

图 1-3-58　对象对齐示意图

在对齐对象前，若事先选择了对齐面板上的“相对于舞台”按钮（按钮反白显示），再单击上述各对齐按钮，则结果是所选各对象（可以是一个）分别与舞台的对齐，如图 1-3-59 所示（对象的初始排列如图 1-3-57 所示，图中的方框表示舞台）。

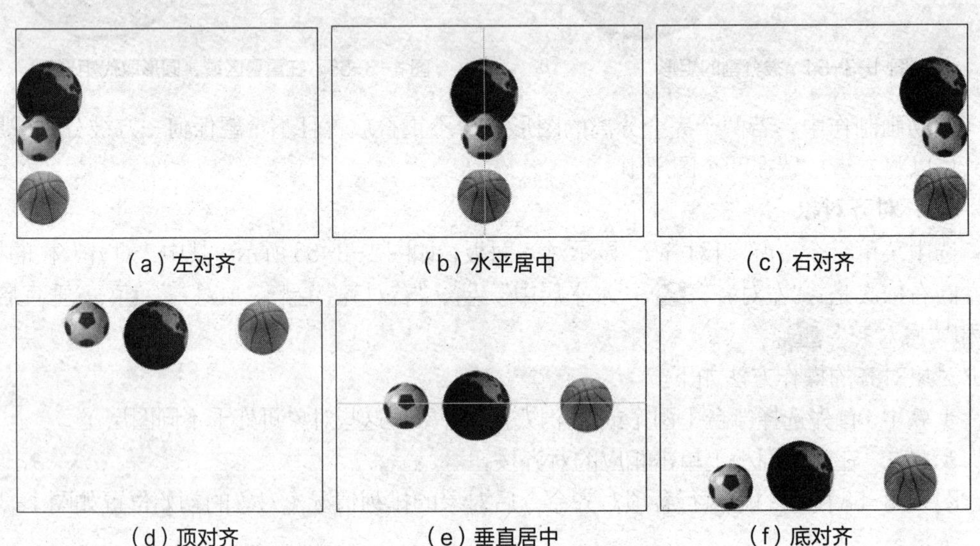
（a）左对齐　（b）水平居中　（c）右对齐

（d）顶对齐　（e）垂直居中　（f）底对齐

图 1-3-59　对象与舞台的对齐示意图

也可以使用菜单“修改|对齐”下的相应命令对齐对象。在选中“修改|对齐|相对舞台分布”命令的情况下选择各对齐命令，其结果是所选对象与舞台的对齐；否则，是所选对象之间的对齐。

11．分布对象

在对齐面板上，“分布”栏的按钮从左向右依次是：“顶部分布”、“垂直居中分布”、“底部分布”、“左侧分布”、“水平居中分布”和“右侧分布”。

- “顶部分布”：使经过各对象顶端的假想水平线之间的距离相等。
- “垂直居中分布”：使经过各对象中心的假想水平线之间的距离相等。
- “底部分布”：使经过各对象底端的假想水平线之间的距离相等。
- “左侧分布”：使经过各对象左侧的假想竖直线之间的距离相等。
- “水平居中分布”：使经过各对象中心的假想竖直线之间的距离相等。
- “右侧分布”：使经过各对象右侧的假想竖直线之间的距离相等。

仍以图 1-3-57 所示的对象为例，首先选择 3 个小球（这些对象可处于不同图层），在对齐面板上不选中“相对于舞台”按钮，单击相应的分布按钮。结果如图 1-3-60 所示。

在不选中“相对于舞台”按钮的情况下，执行“顶部分布”、“垂直居中分布”和

“底部分布”命令时，各对象仅在竖直方向移动，而且上下两端的对象的位置保持不变。同样，执行“左侧分布”、“水平居中分布”和“右侧分布”命令时，各对象只在水平方向移动，而且左右两端的对象的位置保持不变。

在分布对象前，若事先选择对齐面板上的“相对于舞台”按钮（按钮反白显示），再单击上述各分布按钮，则结果是各对象以舞台的顶部和底部为边界或以舞台的左端和右端为边界的分布，如图 1-3-61 所示（对象的初始排列如图 1-3-57 所示，图中的方框表示舞台）。

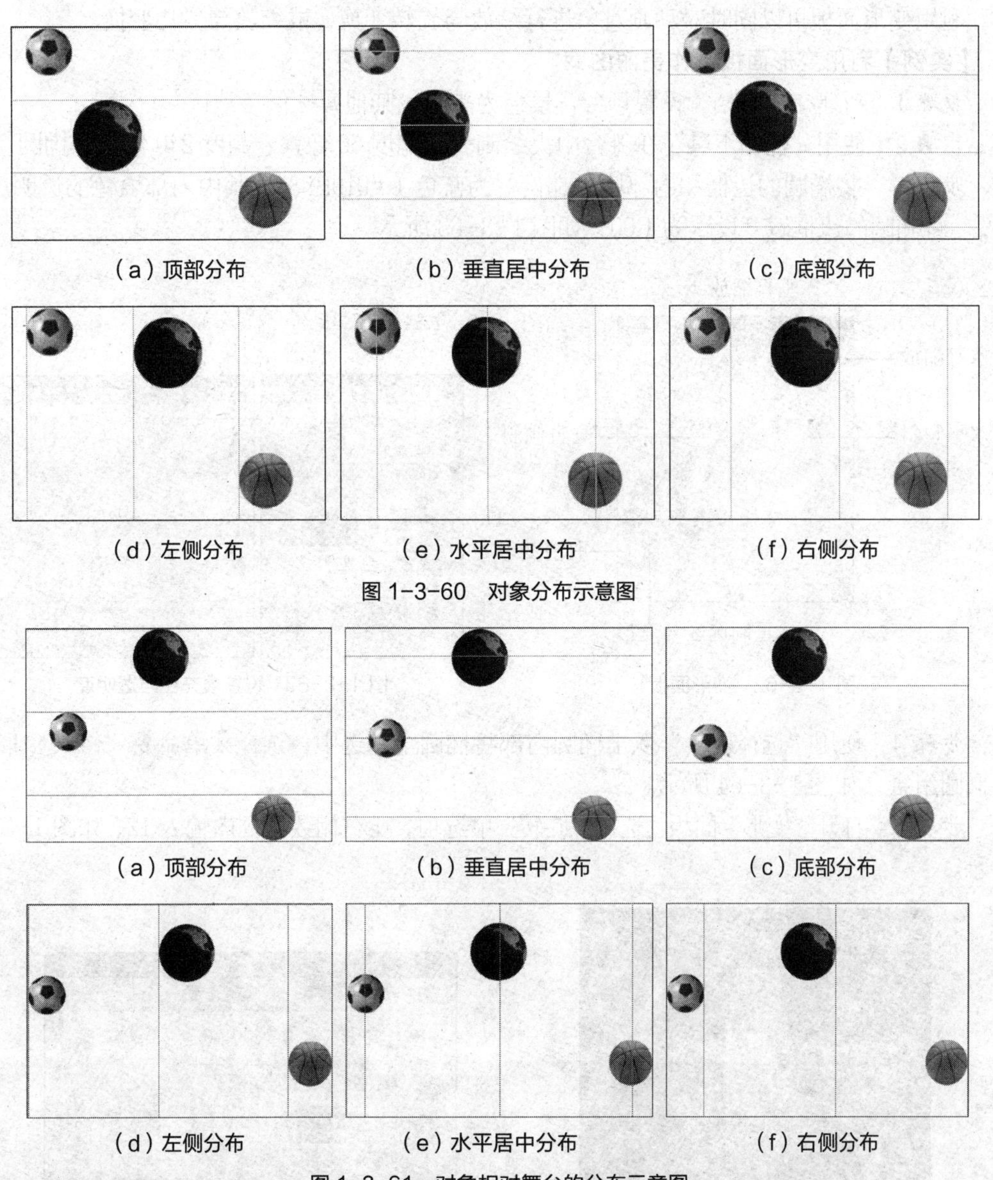

（a）顶部分布　（b）垂直居中分布　（c）底部分布

（d）左侧分布　（e）水平居中分布　（f）右侧分布

图 1-3-60　对象分布示意图

（a）顶部分布　（b）垂直居中分布　（c）底部分布

（d）左侧分布　（e）水平居中分布　（f）右侧分布

图 1-3-61　对象相对舞台的分布示意图

除了“对齐”与“分布”之外，对齐面板上的“匹配大小”栏的按钮也有着重要的应用，它可以使所选对象的宽度和高度变换到一致；或者变换到与舞台的宽度和高度一致。

12．精确变形对象

使用变形面板可以对动画对象进行精确地缩放、旋转和斜切变形；还可以根据特定的变形参数一边复制对象，一边将变形应用到复制出的对象副本上。

选中菜单命令“窗口|变形”，显示变形面板，如图 1-3-62 所示。

● 缩放：根据输入的百分比值，对选定对象进行水平和垂直方向的缩放。

● 旋转：选择“旋转”单选项，在右侧的数值框内输入一定的角度值，按 Enter 键，可以对当前对象进行旋转变换。正的角度表示顺时针旋转，负的角度表示逆时针旋转。

● 倾斜：选择“倾斜”单选项，在右侧的数值框内输入一定的角度值，按 Enter 键，可以对当前对象在水平和垂直两个方向进行斜切变形。

利用变形面板可以同时对动画对象进行缩放与旋转变换，或缩放与斜切变换。

【实例】利用变形面板制作美丽图案。

步骤 1　新建空白文档。设置舞台背景色为黑色，其他属性保持默认。

步骤 2　使用“椭圆工具”在舞台中央绘制一个宽度 60 像素、高度 240 像素的椭圆。

步骤 3　将椭圆的边框和内部填充都设置为蓝色（#019BF8）。其中内部填色的透明度为 50%。将椭圆的边框宽度设置为 1.00，如图 1-3-63 所示。

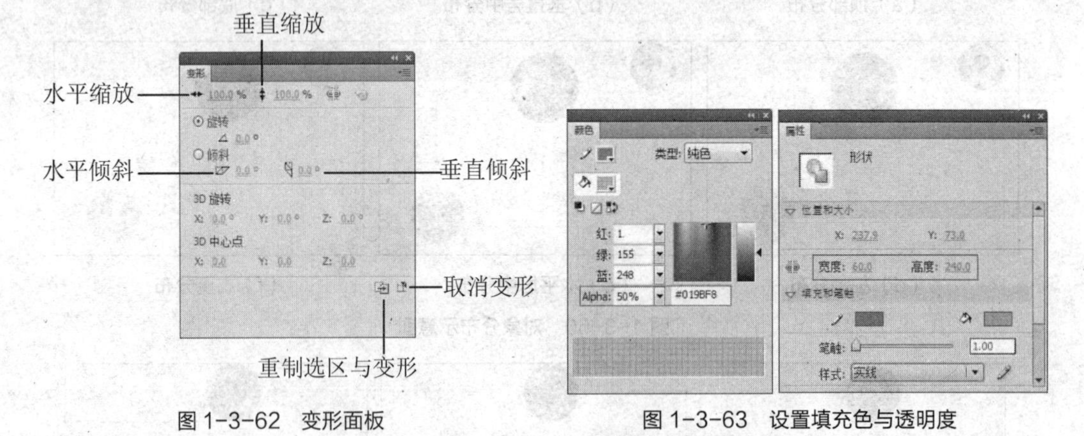

图 1-3-62　变形面板　　图 1-3-63　设置填充色与透明度

步骤 4　使用“选择工具”双击椭圆内部将椭圆全部选中；选择菜单命令“修改|组合”将椭圆组合，如图 1-3-64 所示。

步骤 5　打开“变形”面板。选择“旋转”单选项，在右侧数值框内输入 12，如图 1-3-65 所示。

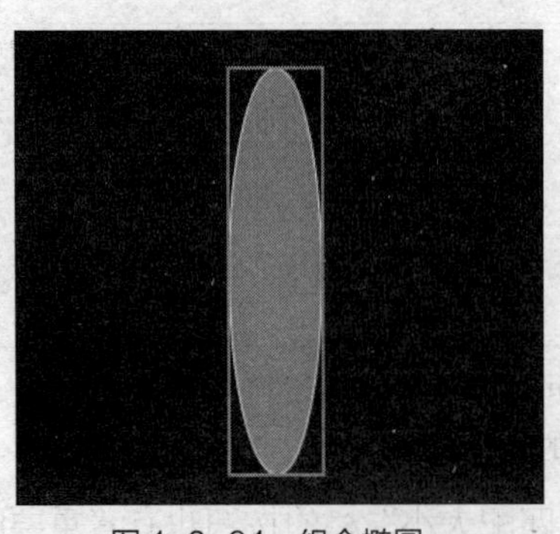

图 1-3-64　组合椭圆

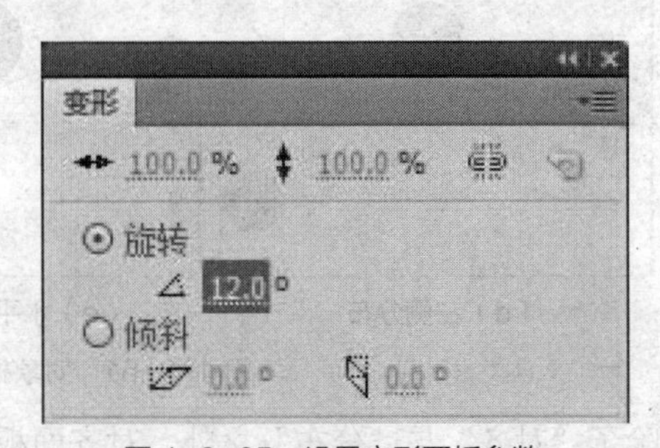

图 1-3-65　设置变形面板参数

步骤 6　单击“变形”面板上的“重制选区与变形”按钮，复制并旋转椭圆。一直这样单击（如图 1-3-66 所示），总共单击 14 次。最终效果如图 1-3-67 所示。

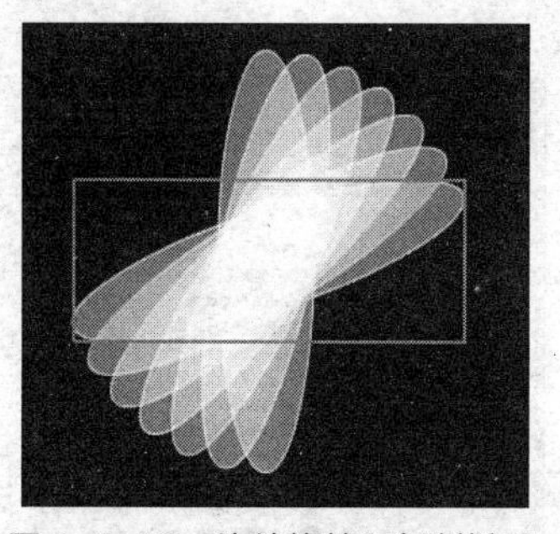

图 1-3-66 连续旋转和复制椭圆

图 1-3-67 最终效果

13．库资源的利用

（1）库资源的使用

每个 Flash 源文件都有自己的库，其中存放着元件以及从外部导入的图形图像、声音、视频等各类可重复使用的资源。将动画中需要多次使用的对象定义成元件存放于库中，可以有效地减小文件的大小。

选中菜单命令“窗口|库”，打开库面板，如图 1-3-68 所示。

① 使用库资源：在库资源列表中单击选择某个资源（蓝色显示），从库资源预览窗中可以预览该资源。如果要在动画中使用该资源，可将该资源从库资源列表区或库资源预览窗中直接拖动到舞台上。

② 重命名库资源：在库资源列表区选择需要重命名的库资源，利用其右键菜单或库面板菜单中的“重命名”命令，可以更改当前库资源的名称。

③ 删除库资源：在库资源列表区选择要删除的库资源，利用其右键菜单或库面板菜单中的“删除”命令，可以将该资源删除。

（2）公用库资源的使用

公用库是 Flash 自带的、在任何 Flash 源文件中都能够使用的库。Flash CS4 的公用库有 3 个，分别是“声音”库、“按钮”库和“类”库。

选择菜单“窗口|公用库”下的“声音”“按钮”或“类”命令，可分别打开上述 3 类公用库。

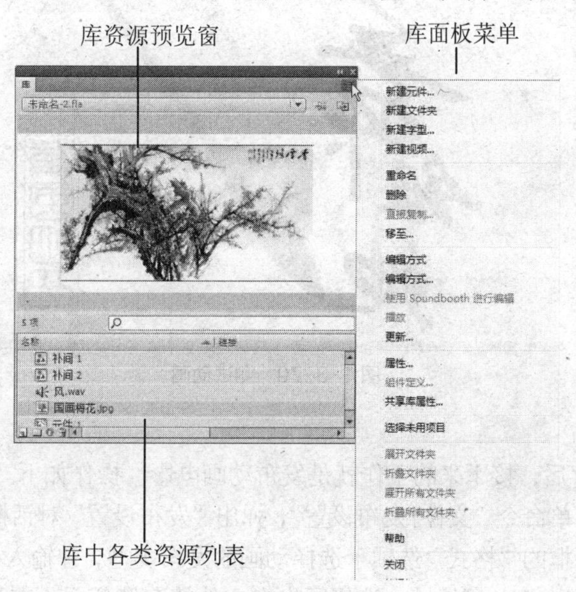

图 1-3-68 库面板

（3）外部库资源的使用

在Flash的当前源文件窗口可以打开其他源文件的库（外部库），并将其中的资源用于当前文件中。操作方法如下。

选择菜单命令“文件|导入|打开外部库”，弹出“作为库打开”对话框，如图1-3-69所示。选择某个*.fla文件，单击“打开”按钮，该*.fla文件的库面板即可显示在当前文档窗口中。

外部库中的资源可以使用，但不允许编辑。外部库资源列表窗中的背景色为灰色。

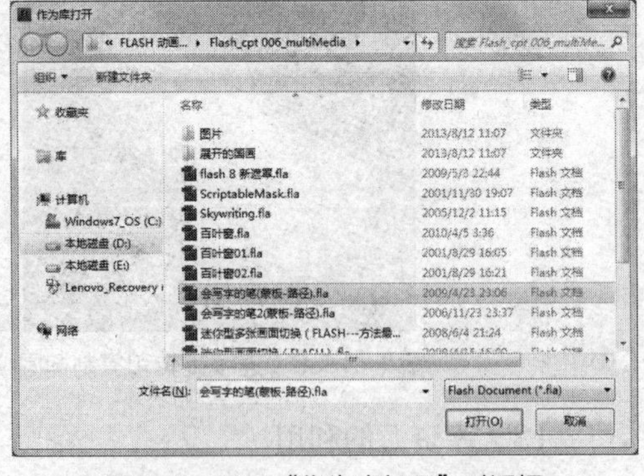

图1-3-69 “作为库打开”对话框

14．动画的测试与发布

（1）动画的测试

Flash动画的创作过程一般是这样的：边测试，边修改，再测试，再修改，……，直至满意为止；最后发布动画作品。整个过程虽然艰辛，但也是一个逐渐满足个人艺术享受的过程。

在Flash动画文档编辑窗口，直接按Enter键，可以从当前帧开始播放动画，直至运行到动画的最后一帧结束。按这种方式进行测试，舞台上元件实例中的动画效果是无法演示的。

比较常用的测试方法是，选择菜单命令“控制|测试影片”，或者按Ctrl+Enter组合键，打开图1-3-70所示的播放窗口，演示动画效果。同时将当前动画导出为swf文件，保存在动画源文件（*.fla文件）存储的位置（该swf文件与动画源文件的主名相同）。

此时，如果发现动画中存在问题，可关闭测试窗口，回到文档编辑窗口对动画进行修改。如此循环往复，直到满意为止。

图1-3-70 测试动画

（2）动画的发布

动画测试完成之后，接下来的工作就是发布动画电影。操作如下。

步骤1 选择菜单命令“文件|发布设置”，弹出“发布设置”对话框，如图1-3-71所示。

步骤2 在对话框的“格式”选项卡选择动画的发布类型，并输入相应的文件名。必要时可单击对应文件类型右侧的按钮，选择所发布文件的存储位置。在默认设置下，所发布的任何类型文件的主名就是已存储的 Flash 源文件的主名，且发布位置也与 Flash 源文件的存储位置相同。

步骤 3　单击“发布”按钮，以上述指定的类型、文件名和发布位置发布动画。单击“确定”按钮，关闭对话框。

图 1-3-71　动画发布设置

以下简单介绍 Flash 动画中几种常用的发布类型。

- “Flash (.swf)”：该格式是 Flash 动画电影的主要发布格式，唯一支持所有 Flash 交互功能。选择该类型后，可以继续在“发布设置”对话框的“Flash”选项卡为 swf 电影设置“发布版本”“防止导入”和“ActionScrip 版本”等属性。所谓“防止导入”，就是禁止他人在 Flash 中使用“文件|导入”命令将该 SWF 文件导入或附加导入条件。一旦选中了“防止导入”选项，可在下面的“密码”框中输入密码。这样，当在 Flash 中导入该影片时，要求输入正确的密码才能将该影片导入。
- “HTML (.html)”：可发布包含 SWF 影片的 HTML 网页文件。选择该类型后，可以继续在“发布设置”对话框的“HTML”选项卡中进一步设置 swf 电影在网页中的尺寸大小、画面品质、窗口模式（如有无窗口、背景是否透明）等属性。
- “Windows 放映文件(.exe)”：该格式可以直接在 Windows 系统中播放，无需安装 Flash Player 播放器。

3.3　Flash 动画制作

使用 Flash CS4 可以制作如下类型的动画：逐帧动画、传统补间动画、补间形状动画、补间动画、遮罩动画、元件动画和交互式动画等。

以下通过一些典型的实例来学习上述动画的制作方法。

3.3.1　逐帧动画的制作

所谓逐帧动画，是指动画的每个帧都要由制作者手动完成，这些帧称为关键帧。

在逐帧动画中，关键帧中的对象可以使用 Flash 的绘图工具绘制，也可以是外部导入的图形图像资源。

1．制作眨眼睛动画

使用 Flash 与“第 3 章素材\小猴子眨眼睛\”下的“小猴子 01.jpg”“小猴子 02.jpg”和“start.wav”制作眨眼睛动画，效果参照“第 3 章素材\眨眼睛.swf”。

步骤 1 启动 Flash CS4，新建空白文档。

步骤 2 使用菜单命令“文件|导入|导入到库”，将素材“小猴子 01.jpg”小猴子 02.jpg”和“start.wav”导入到库。

步骤 3 显示库面板。将素材图片“小猴子 01.jpg”从库面板拖动到舞台，并从属性面板查看图片的像素大小为 142×97，如图 1-3-72 所示。

步骤 4 使用菜单命令“修改|文档”将舞台大小设置为 142×97 像素，将帧频率设置为 12 帧/秒（fps）。

步骤 5 确认图片处于选择状态。选择菜单命令“窗口|对齐”，显示对齐面板。选择其中的“相对于舞台”按钮。在“对齐”栏依次单击“水平中齐”按钮和“垂直中齐”按钮，将图片对齐到舞台中央。

步骤 6 在图层 1 的第 2 帧右击，从右键菜单中选择“插入空白关键帧”命令。

步骤 7 将素材图片“小猴子 02.jpg”从库面板拖动到舞台，并对齐到舞台中央。

步骤 8 单击选择图层 1 的第 1 个关键帧；按 Shift 键单击第 2 个关键帧（此时两个关键帧同时被选中）。在选中的帧上右击，从右键菜单中选择“复制帧”命令。

步骤 9 在第 3 帧右击，从右键菜单中选择“粘贴帧”命令。将上述复制的帧粘贴到第 3 帧和第 4 帧。此时时间轴面板如图 1-3-73 所示。

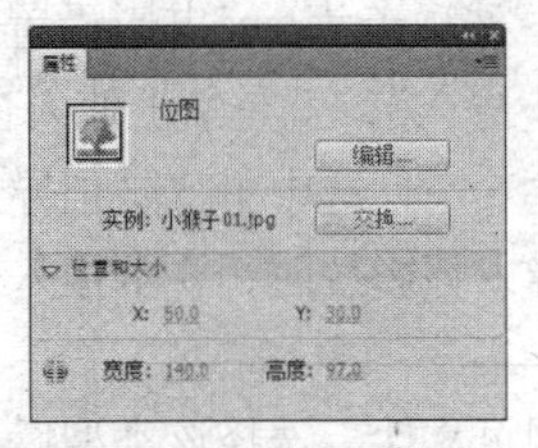

图 1-3-72　查看图片大小

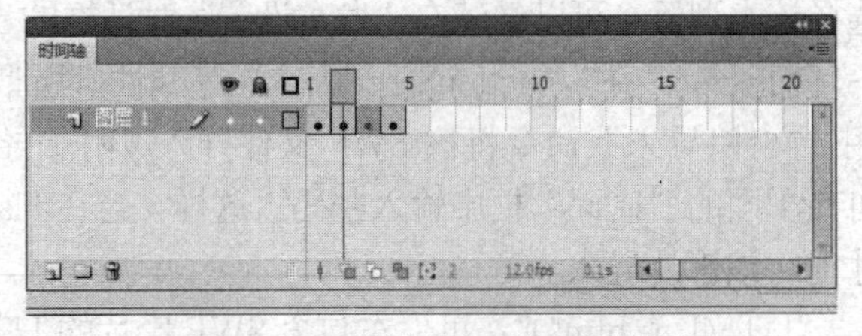

图 1-3-73　粘贴帧之后的时间轴面板

步骤 10 在第 5 帧插入空白关键帧。将图片“小猴子 01.jpg”从库面板拖动到舞台，并对齐到舞台中央。

步骤 11 在第 20 帧右击，从右键菜单中选择“插入帧”命令。锁定图层 1。

步骤 12 在时间轴面板左侧的图层控制区，单击“新建图层”按钮，在图层 1 的上方新建图层 2。

步骤 13 选择图层 2 的第 1 帧（此时为空白关键帧）。在属性面板的声音“名称”下拉列表中选择“start.wav”，在“同步”下拉列表中选择“开始”（重复 1 次）。

步骤 14 在图层 2 的第 3 帧插入空白关键帧。在属性面板的声音“名称”下拉列表中选择“start.wav”，在“同步”下拉列表中选择“开始”（重复 1 次）。锁定图层 2。

步骤 15 动画完成后的时间轴面板如图 1-3-74 所示。

步骤 16 将动画源文件以“眨眼睛.fla”为名保存起来。

步骤 17 选择菜单命令“控制|测试影片”，观看动画效果。同时，Flash 将在保存“眨眼睛.fla”文件的位置输出电影文件“眨眼睛.swf”。

步骤 18 关闭动画源文件“眨眼睛.fla”。

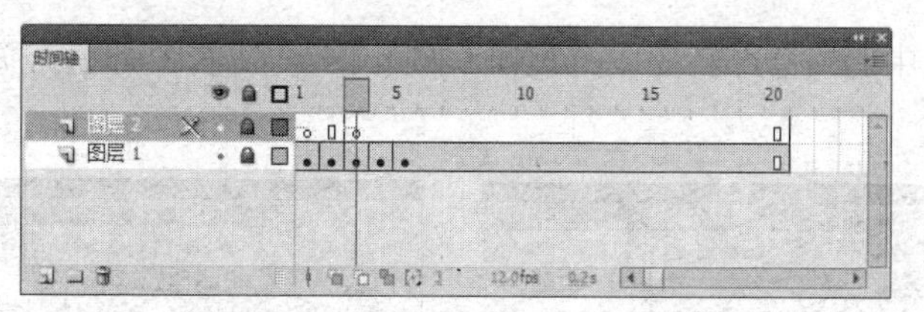
图 1-3-74　动画完成后的时间轴面板

2. 制作载入动画

制作内容载入动画，效果参照“第 3 章素材\下载.swf”。

步骤 1　启动 Flash CS4，新建空白文档。

步骤 2　使用菜单命令“修改|文档”将舞台设置为 300×150 像素，将帧频率设置为 12 帧/秒（fps）。其他属性采用默认值。

步骤 3　使用菜单命令“视图|缩放比率|显示帧”调整舞台显示大小，以方便后面动画的制作。

步骤 4　在工具箱中选择“文字工具”，在属性面板上设置文字属性：静态文本、字体 Academy Engraved LET、字号 44、黑色、字符间距 9。在舞台上创建文本“Loading…”。

步骤 5　利用对齐面板将文本对齐到舞台的中央位置（如图 1-3-75 所示）。

图 1-3-75　编辑完成第 1 个关键帧

步骤 6　确保文本对象“Loading…”处于选择状态。选择菜单命令“修改|分离”（或按组合键 Ctrl+B），把文本对象分离成各自独立的单个字符，如图 1-3-76 所示。

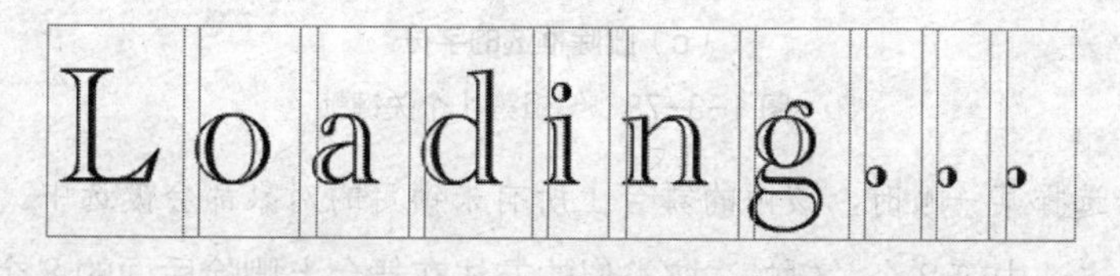

图 1-3-76　分离文本一次

步骤 7　在时间轴面板上单击选择图层 1 的第 2 帧，再按 Shift 键单击第 10 帧，选择 2～10 之间的所有帧（如图 1-3-77 左图所示）。在选中的帧上右击，在右键菜单中选择“转换为关键帧”，则所有选中的帧全部转变成关键帧（如图 1-3-77 右图所示）。每个关键帧中的内容都和第 1 帧相同。

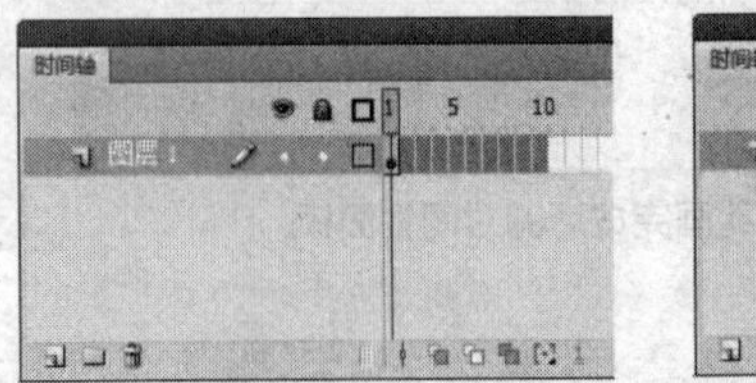

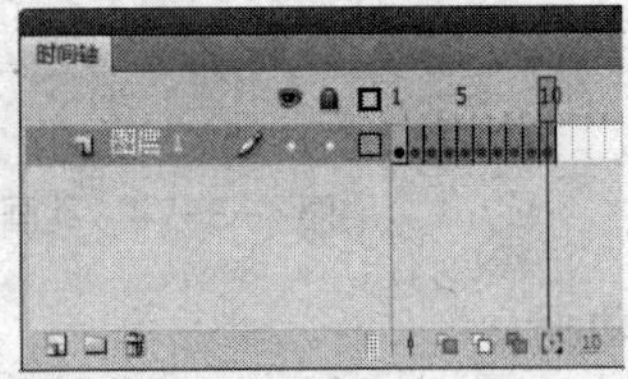

图 1-3-77　将第 2～10 帧全部转变成关键帧

提示：在时间轴上插入一个关键帧或将时间轴上的某帧转换成关键帧后，该关键帧的内容与前面相临关键帧的内容完全相同。在步骤 7 中，也可以首先在第 2 帧上右击，在右键菜单中选择“插入关键帧”，将第 2 帧转换成关键帧；接着在第 3 帧、第 4 帧……第 10 帧上分别进行同样的操作。

步骤 8　单击选择图层 1 的第 1 个关键帧。在舞台上的空白处单击或按一下 Esc 键，取消所有字符的选择状态。使用选择工具框选后面的 9 个字符，按 Delete 键将其删除。此时第 1 帧的舞台上只剩下字符“L”，如图 1-3-78 所示。

（a）用选择工具框选对象

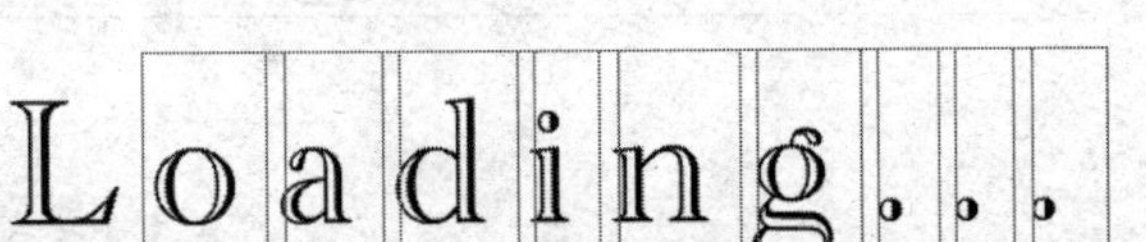

（b）框选后的状态

（c）删除框选的字符

图 1-3-78　编辑第 1 个关键帧

提示：单击选择某一帧时，该帧的舞台上所有未锁定的对象都会被选中。

步骤 9　单击选中第 2 个关键帧，按类似的方法在舞台上删除后面的 8 个字符，只保留前两个字符“Lo”。

步骤 10　单击选中第 3 个关键帧，在舞台上只保留前 3 个字符“Loa”，其余删除。

步骤 11　依此类推，最后选中第 9 个关键帧，只删除舞台上的最后一个字符。

步骤 12 第 10 个关键帧舞台上的文本内容保持不变。

步骤 13 使用菜单命令“文件|另存为”将动画源文件保存为“下载.fla”。

步骤 14 选择菜单命令“控制|测试影片”，观看动画效果。同时，Flash 将在保存“下载.fla”文件的位置输出电影文件“下载.swf”。

步骤 15 关闭 Flash 源文件“下载.fla”。

3.3.2 补间动画的制作

所谓补间动画，指制作者只进行过渡动画中首尾两个关键帧的制作，关键帧之间的过渡帧由计算机自动计算完成。补间动画分为补间形状动画、传统补间动画和补间动画（新增）3 种。

1. 制作补间形状动画

在 Flash 中，能够用于补间形状动画的对象有：使用 Flash 的绘图工具直接绘制的完全分离的矢量图形、完全分离的组合、完全分离的元件实例、完全分离的文本和完全分离的位图等。在补间形状动画中，能够产生过渡的对象属性有形状、位置、大小、颜色、透明度等。

【实例】制作水果变形动画，效果参照“第 3 章素材\水果变形.swf”。

步骤 1 在 Flash CS4 中新建空白文档。文档属性采用默认值。

步骤 2 在工具箱上选择“椭圆工具”，将笔触色设置为无色，填充色设置为由白色到黑色的放射状渐变。不选择“对象绘制”按钮，如图 1-3-79 所示。

步骤 3 在颜色面板上修改填充色，将黑色换成绿色（#54A014），如图 1-3-80 所示。

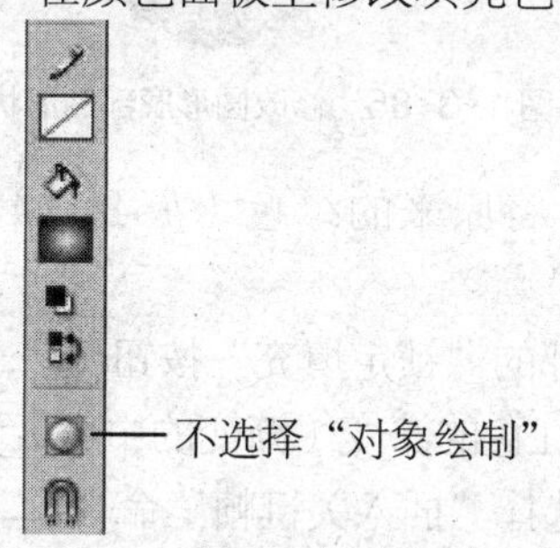

图 1-3-79 选色

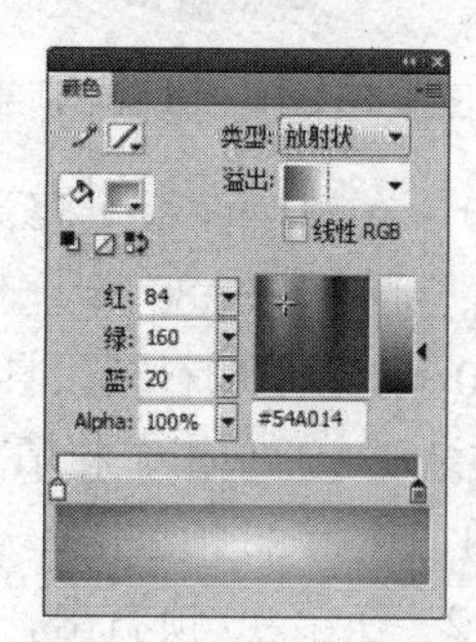

图 1-3-80 修改渐变色

步骤 4 按住 Shift 键不放，使用椭圆工具在舞台上绘制一个圆形，如图 1-3-81 所示。在工具箱上选择“颜料桶工具”（工具箱底部的“选项”栏不选“锁定填充”按钮），在圆形的左上角单击重新填色，以改变渐变的中心，如图 1-3-82 所示。至此图层 1 的第 1 个关键帧编辑完成。

图 1-3-81 绘制圆形

图 1-3-82 修改渐变中心

步骤 5 分别在图层 1 的第 5 帧和第 20 帧右击，从弹出的快显菜单中选择“插入关键帧”

命令，如图 1-3-83 所示。

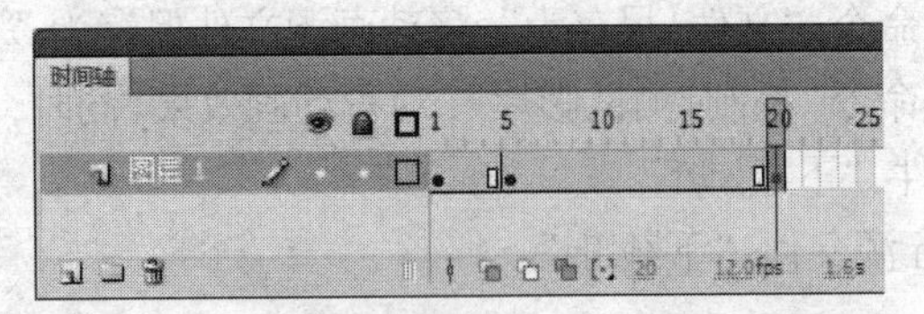

图 1-3-83 在第 5 帧和第 20 帧分别插入关键帧

步骤 6 选择第 20 帧，按 Esc 键取消对象的选择。

步骤 7 在“工具箱”上选择“选择工具”，光标移到圆形的边框线的顶部（此时，光标旁出现一条弧线），按住 Ctrl 键不放向下拖移鼠标光标，改变圆形局部的形状，如图 1-3-84 所示。

步骤 8 使用类似的方法，按 Ctrl 键在圆形底部的边框线上向下拖动鼠标光标，改变圆形底部的形状，如图 1-3-85 所示。

图 1-3-84 修改圆形顶部的形状

图 1-3-85 修改圆形底部的形状

步骤 9 在颜色面板上修改渐变填充的颜色，将原来的绿色（#54A014）换成红色（#FA3810），如图 1-3-86 所示。

步骤 10 选择“颜料桶工具”（不选择工具箱底部的“锁定填充”按钮），在“桃子”形左上角的渐变中心单击，将填充色修改成由白色到红色的渐变（渐变的中心大致不变）。

步骤 11 在第 25 帧右击，从弹出的快显菜单中选择“插入关键帧”命令。

步骤 12 在第 40 帧右击，从快显菜单中选择“插入空白关键帧”命令，如图 1-3-87 所示。

步骤 13 选中第 1 帧，按组合键 Ctrl+C 复制该帧舞台上的图形。再选中第 40 帧，选择菜单命令“编辑|粘贴到当前位置”，将第 1 帧的圆形粘贴到第 40 帧的同一位置，如图 1-3-88 所示。

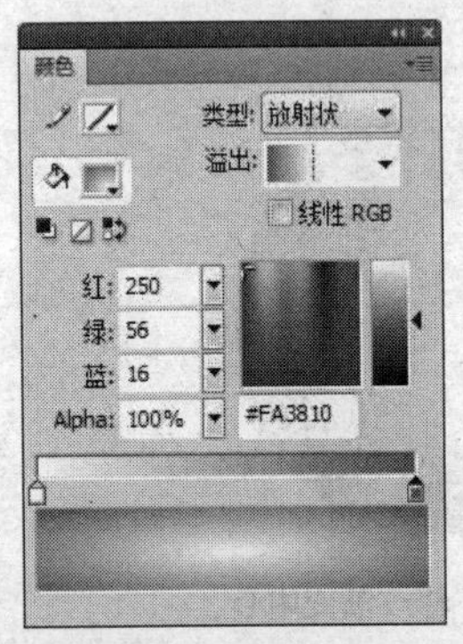

图 1-3-86 修改渐变填充色

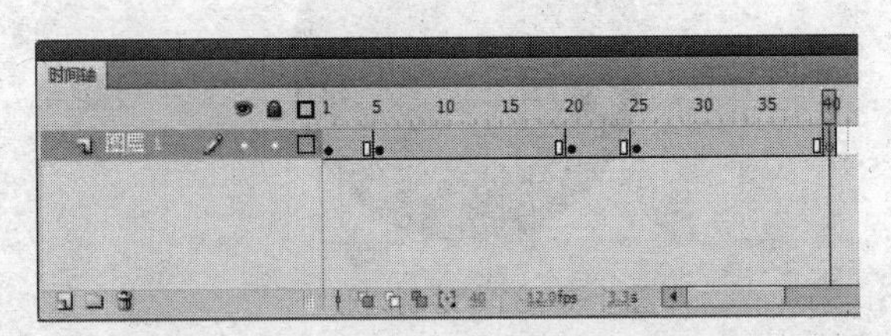

图 1-3-87 在第 40 帧插入空白关键帧

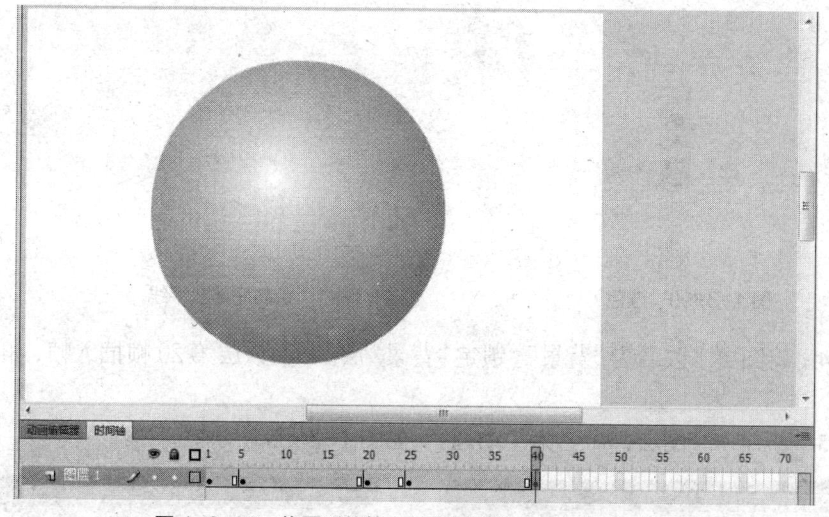

图 1-3-88 将圆形从第 1 帧复制到第 40 帧的同一位置

步骤 14 选择第 5 帧，选择“插入|补间形状”命令（或从第 5 帧的右键菜单中选择“创建补间形状”命令）。这样就在第 5 帧和第 20 帧之间创建了一段补间形状动画。对第 25 帧进行同样的操作，如图 1-3-89 所示。

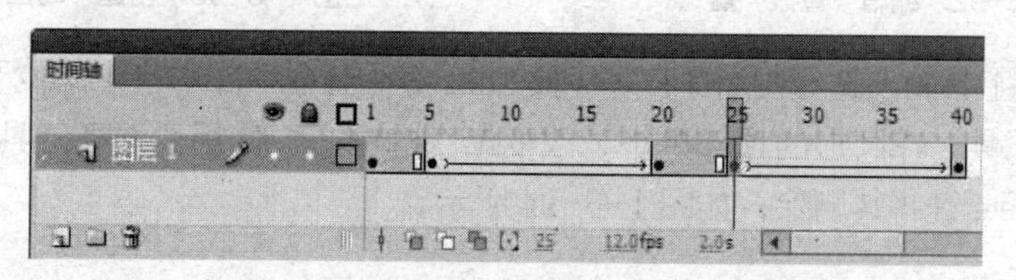

图 1-3-89 在第 5 帧和第 25 帧分别插入补间形状动画

步骤 15 测试动画效果。锁定图层 1。保存 fla 源文件，并发布 swf 电影。

提示：补间形状动画创建成功后，关键帧之间有实线箭头连接，关键帧之间的所有过渡帧显示为浅绿色背景。

2．制作传统补间动画

在 Flash 中，能够用于传统补间动画的对象有组合、文本、导入的位图、元件实例等。在传统补间动画中，能够产生过渡的对象属性有位置、大小、旋转角度、颜色（只对元件实例）、透明度（只对元件实例）等。

【实例】制作一段球体从空中下落到地面又弹起的动画，效果参照“第 3 章素材\跳动的小球.swf”（假设小球每次弹起的高度相同）。

步骤 1 新建空白文档。使用菜单命令“修改|文档”将舞台大小设置为 400×350 像素，将帧频率设置为 12 帧/秒（fps）。文档的其他属性保持默认。

步骤 2 在工具箱上将笔触色设置为黑色，填充色设置为黑白放射状渐变，不选择“对象绘制”按钮，如图 1-3-90 所示。

步骤 3 按 Shift 键使用线条工具（实线、粗细 0.25 个像素）在舞台底部绘制一条水平线，如图 1-3-91 所示。

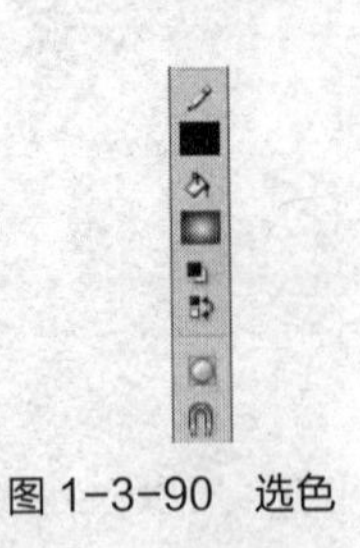

图 1-3-90 选色

图 1-3-91 绘制底部水平线

步骤 4 将图层 1 改名为“背景”。锁定“背景”层。并在该层第 20 帧插入帧，如图 1-3-92 所示。

步骤 5 新建一个图层，命名为“动画”，如图 1-3-93 所示。

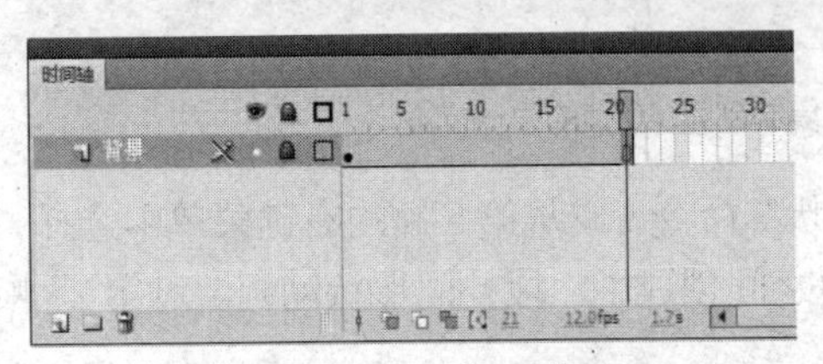

图 1-3-92 编辑“背景”层

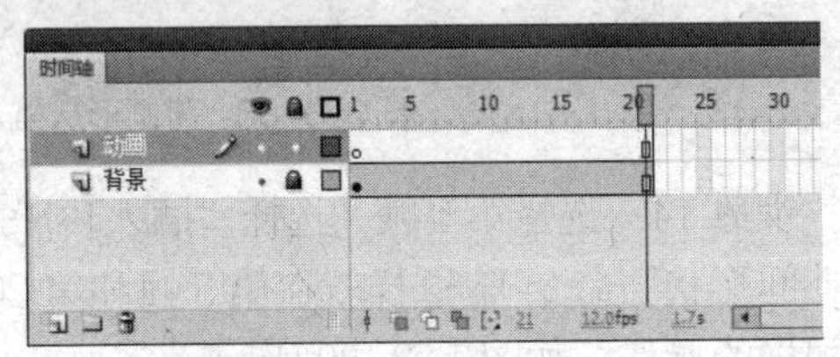

图 1-3-93 创建“动画”层

步骤 6 在工具箱上选择“椭圆工具”，按 Shift 键在舞台顶部水平中间位置绘制一个圆形。使用“颜料桶工具”在圆形的顶部单击，改变渐变的中心。使用“选择工具”单击选择圆形的边框，按 Delete 键将其删除，如图 1-3-94 所示。

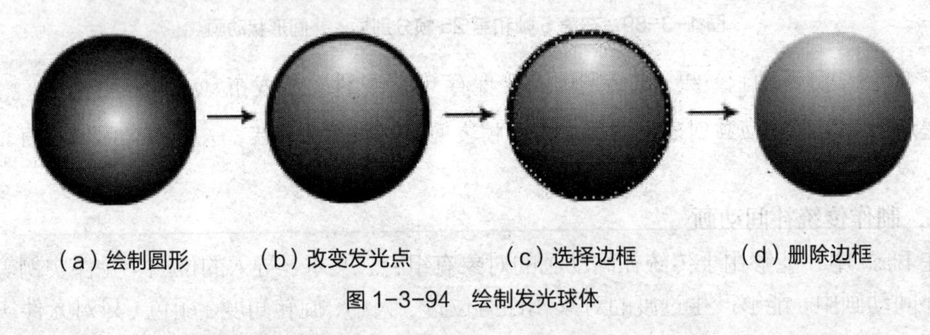

（a）绘制圆形 （b）改变发光点 （c）选择边框 （d）删除边框

图 1-3-94 绘制发光球体

步骤 7 选择发光球体。选择菜单命令“修改|转换为元件”，打开“转换为元件”对话框，参数设置如图 1-3-95 所示。单击“确定”按钮。本步操作的目的是将上面绘制的圆形转化为图形元件的一个实例。这样传统补间动画容易做成。关于元件、实例的概念可参阅本章后面相关内容。

步骤 8 在“动画”层的第 10 帧和第 20 帧分别插入关键帧，如图 1-3-96 所示。

图 1-3-95 “转换为元件”对话框

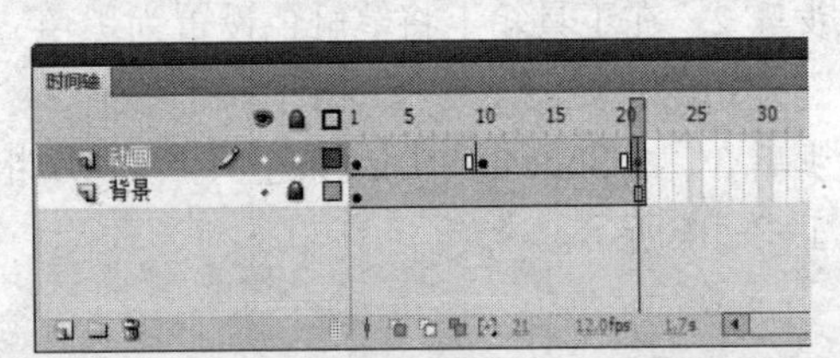

图 1-3-96 编辑“动画”层的时间线

步骤 9　选择“动画”层的第 10 帧。按住 Shift 键，使用“选择工具”将舞台上的小球竖直拖动到水平线的上方与水平线相切的位置，如图 1-3-97 所示。

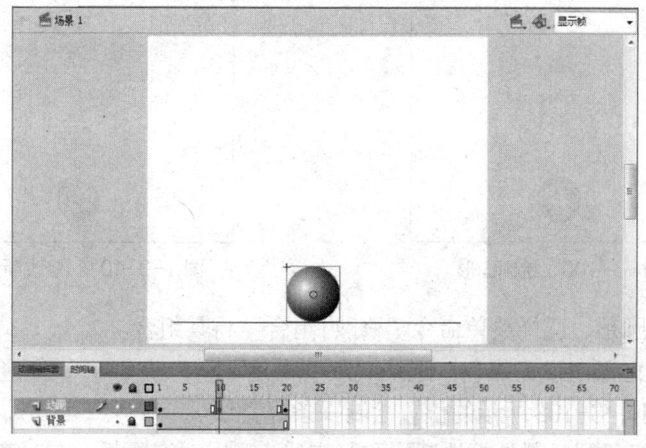

图 1-3-97　将第 10 帧的小球移到底部

步骤 10　在“动画”层的图层名称旁单击，选择整个“动画”层，如图 1-3-98 所示。

步骤 11　选择“插入|传统补间”命令，或者在“动画”层的被选中的帧上右击，从快显菜单中选择“创建传统补间”命令。这样就在“动画”层的所有关键帧之间插入了传统补间动画，如图 1-3-99 所示。

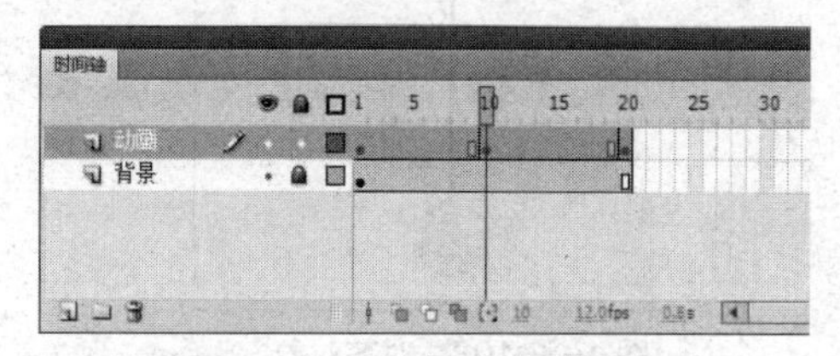

图 1-3-98　选择“动画”层

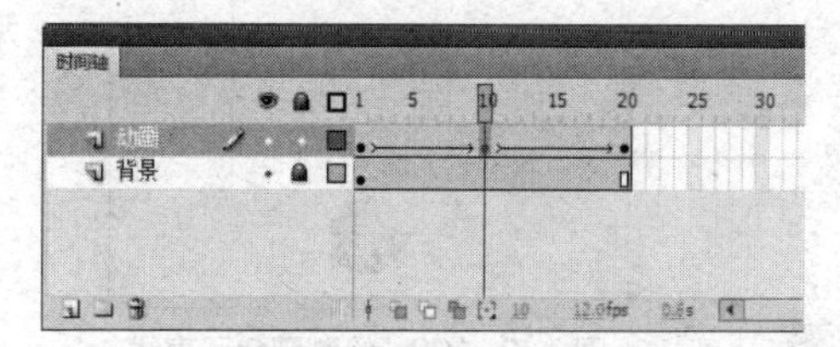

图 1-3-99　创建传统补间动画

步骤 12　选择“动画”层的第 1 帧，在属性面板上设置“缓动”参数的值为-100，将“旋转”参数设置为顺时针 1 圈。用同样的方法设置第 10 帧的“缓动”参数值为 100，“旋转”参数设置为逆时针 1 圈。

提示：通过“缓动”参数可以设置运动的加速度，其绝对值越大，则速度变化越快。“缓动”值为正时，表示减速运动，值为负时，表示加速运动。

步骤 13　锁定“动画”层。测试动画效果。保存 fla 源文件，并发布 swf 电影。

提示：传统补间动画创建成功后，关键帧之间有实线箭头连接，关键帧之间的所有过渡帧的背景显示为浅蓝色。

【实例】制作钟摆动画，效果参照“第 3 章素材\钟摆.swf”。

步骤 1　新建空白文档。使用菜单命令“修改|文档”将帧频率设置为 12 帧/秒（fps）。文档的其他属性保持默认。

步骤 2　选择菜单命令“视图|缩放比率|显示帧”，使舞台全部显示在工作区。

步骤 3　选择“椭圆工具”，笔触颜色设为无色，填充色设为黑白放射状渐变，不选择“对象绘制”按钮。

步骤 4　按 Shift 键拖移鼠标光标，在舞台上如图 1-3-100 所示的位置绘制圆形。

步骤 5　使用“颜料桶工具”在圆形的左上角单击，改变渐变中心的位置，如图 1-3-101 所示。

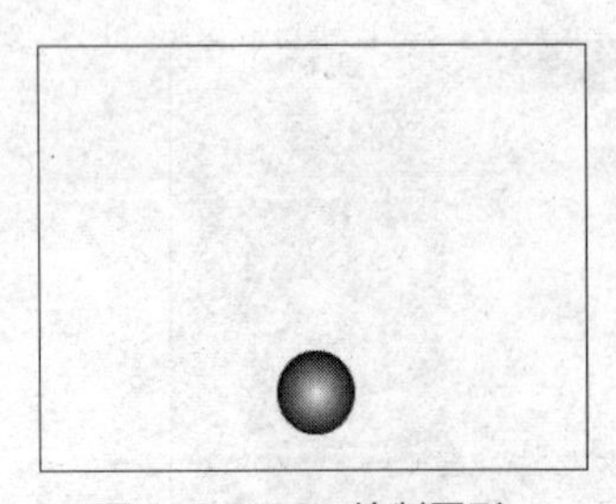
图 1-3-100　绘制圆形

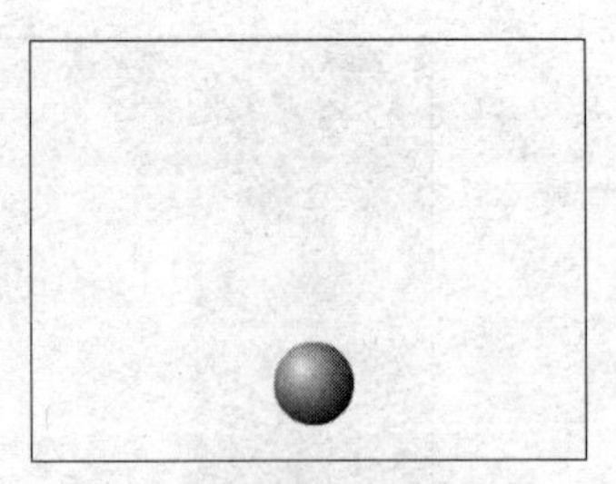
图 1-3-101　修改渐变中心

步骤 6　选择圆形，选择菜单命令“修改|组合”将其组合。

步骤 7　将笔触颜色设为黑色。选择“线条工具”，按 Shift 键在竖直方向拖动鼠标光标，在舞台上如图 1-3-102 所示的位置绘制一条竖直线。

步骤 8　使用“选择工具”框选圆形和竖直线。显示对齐面板。在对齐面板上选择“相对于舞台”按钮，并单击“水平中齐”按钮，结果如图 1-3-103 所示。

步骤 9　确保选中圆形与直线。使用菜单命令“修改|转换为元件”将所选对象转换为图形元件的实例。

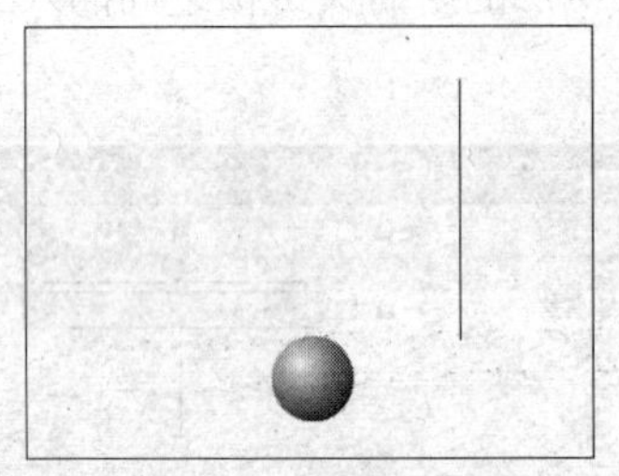
图 1-3-102　绘制黑色竖直线

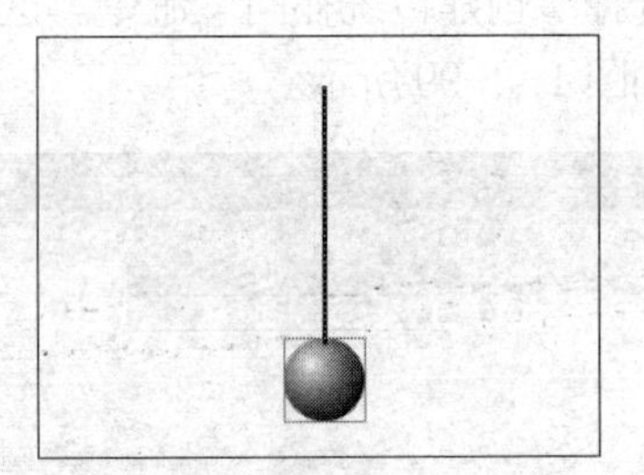
图 1-3-103　对齐对象

步骤 10　选择“任意变形工具”，将图形元件实例的变形中心拖动到直线的顶部，如图 1-3-104 所示。为了保证变形中心位置准确，可适当放大图形后，再次调整变形中心位置。

步骤 11　分别在图层 1 的第 10、20、30、40 帧插入关键帧。

步骤 12　在图层 1 的名称上单击，选择该层所有帧。选择“插入|传统补间”命令。这样就在图层 1 的所有关键帧上插入了传统补间动画，如图 1-3-105 所示。

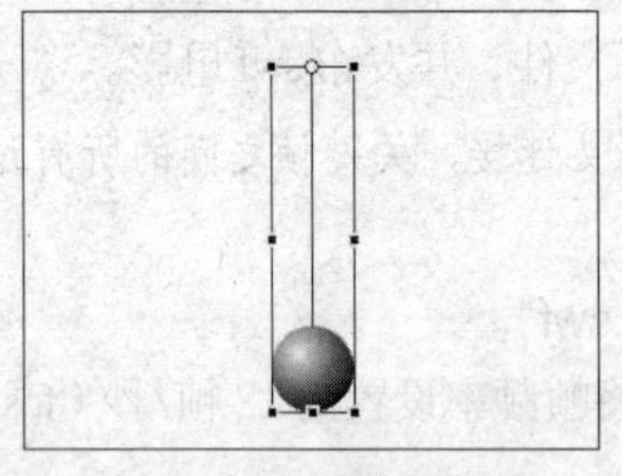
图 1-3-104　调整变形中心

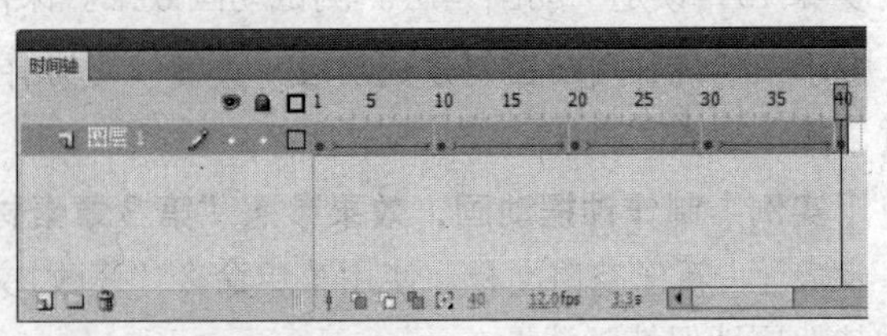

图 1-3-105　插入传统补间动画

步骤 13　单击选择第 10 帧（即第 2 个关键帧）。在工具箱上选择“任意变形工具”，然后选择菜单命令“窗口|变形”，显示变形面板。在变形面板上选中“旋转”按钮，并将旋转角度设置为 45°，如图 1-3-106 所示。

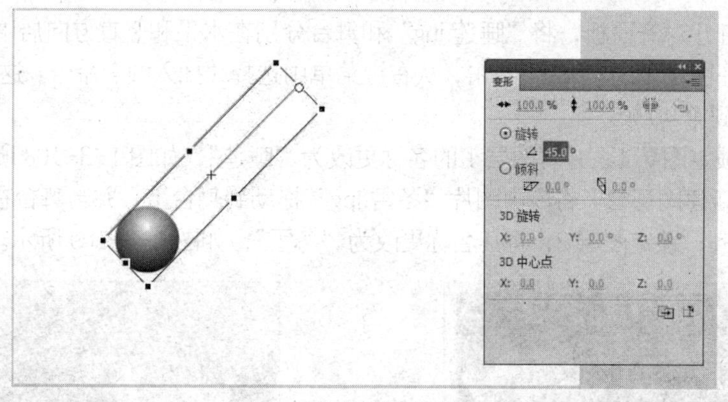

图 1-3-106　将“钟摆”旋转到左侧顶部

步骤 14　类似地，选择第 30 帧（即第 4 个关键帧），将变形面板上的旋转角度参数设置为-45°，并按 Enter 键确认。这样可以将“钟摆”旋转到右侧顶部。

步骤 15　单击选择第 1 帧（即第 1 个关键帧），在属性面板上设置“缓动”参数的值为 100。类似地，将第 20 帧（即第 3 个关键帧）的“缓动”值设为 100，将第 10 帧（即第 2 个关键帧）和第 30 帧（即第 4 个关键帧）的“缓动”值设为-100。

步骤 16　至此，钟摆动画制作完成。动画效果如图 1-3-107 所示。

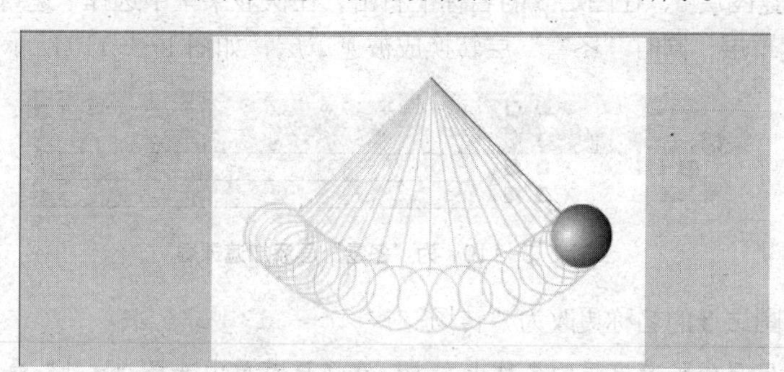

图 1-3-107　“钟摆”动画示意图

步骤 17　保存 fla 动画源文件，并输出 swf 电影。

3.3.3　遮罩动画的制作

遮罩层是 Flash 动画中的特殊图层之一。遮罩层用于控制紧挨在其下面的被遮罩层的显示范围。确切地说，遮罩层上的填充区域（无论填充的是单色、渐变色还是位图，也不管填充区域的透明度如何）像一个窗口，透过它可以看到被遮罩层上对应区域的画面。在遮罩层的时间线上同样可创建各类动画；也就是说，遮罩层上图形的位置、大小和形状是可以改变的，这样就可以形成一个随意变化的动态窗口。因此，利用遮罩层可以完成许多有趣的动画效果，比如 MTV 中的歌词切换效果、百叶窗等各种转场效果等。

【实例】使用“第 3 章素材\转场\”下的图片素材“睡莲.jpg”和“冬雪.jpg”，通过在遮罩层上创建补间动画制作简单转场效果。动画效果参照“第 3 章素材\转场\转场.swf”。

步骤 1　新建空白文档。将舞台大小设置为 400×300 像素，帧频率设置为 12 帧/秒（fps）。文档的其他属性保持默认。

步骤 2　将素材图片“睡莲.jpg”和“冬雪.jpg”导入到库中。

步骤 3　显示库面板。将“睡莲.jpg”从库中拖动到舞台上。

步骤 4　打开对齐面板，将“睡莲.jpg”和舞台分别在水平和竖直方向居中对齐。

步骤 5　在图层 1 的第 40 帧右击，从右键菜单中选择“插入帧”命令。这样可将“睡莲”画面一直延续到第 40 帧。

步骤 6　锁定图层 1，并将图层 1 的名称更改为“睡莲”，如图 1-3-108 所示。

步骤 7　新建图层 2。将库中图片“冬雪.jpg”拖动到舞台上，并与舞台在水平和竖直方向分别居中对齐；锁定图层 2，将其名称更改为“冬雪”，如图 1-3-109 所示。

图 1-3-108　编辑图层 1

图 1-3-109　编辑图层 2

步骤 8　新建图层 3，在图层 3 的名称上右击，在快显菜单中选择“遮罩层”命令。此时图层 3 转换成遮罩层，同时“冬雪”层转换成被遮罩层，如图 1-3-110 所示。

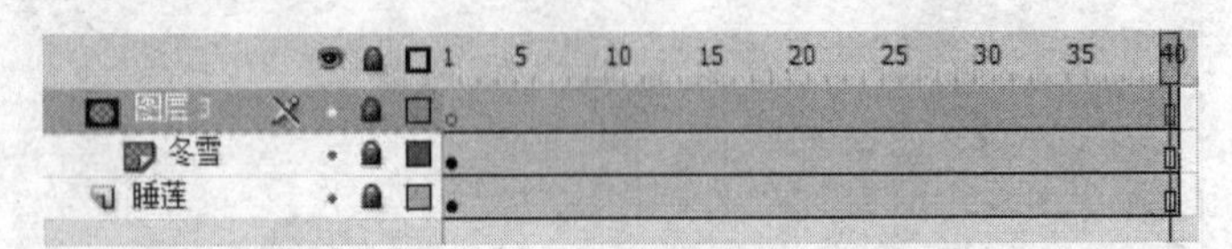

图 1-3-110　为“冬雪”层添加遮罩层

步骤 9　将图层 3 的名称更改为“转场”。

提示：在遮罩层或被遮罩层的名称上右击，在快显菜单中选择“属性”命令，打开“属性”对话框；选择其中的“一般”或“正常”单选项，可将遮罩层或被遮罩层转换成普通层（或称一般层）。利用类似的方法也可将普通层转换成遮罩层或被遮罩层（选择“属性”对话框中的“遮罩层”或“被遮罩”单选项）。遮罩层和被遮罩层的删除与普通层相同。将遮罩层删除或将遮罩层转换成普通层后，被遮罩层将自动转换成普通层。

步骤 10　取消“转场”层的锁定状态，选择该层的第 1 帧。在舞台上绘制一个没有边框只有填充的矩形。选择该矩形，使用菜单命令“修改|转换为元件”将其转换为图形元件的实例。

步骤 11　在“转场”层的第 15 帧插入关键帧，如图 1-3-111 所示。

步骤 12　选择“转场”层的第 1 帧，使用选择工具在矩形上单击，使属性面板上显示出矩形的参数。将“宽度”与“高度”都设置为 1（像素）。使用对齐面板将缩小后的矩形对齐到舞台中央。

步骤 13　选择“转场”层的第 15 帧，使用同样的方法将该帧的矩形修改为 400×400 像素。并对齐到舞台中央。

步骤 14　在“转场”层的第 1 帧插入传统补间动画，并利用属性面板设置旋转参数，如图 1-3-112 所示。

图 1-3-111 在第 15 帧插入关键帧

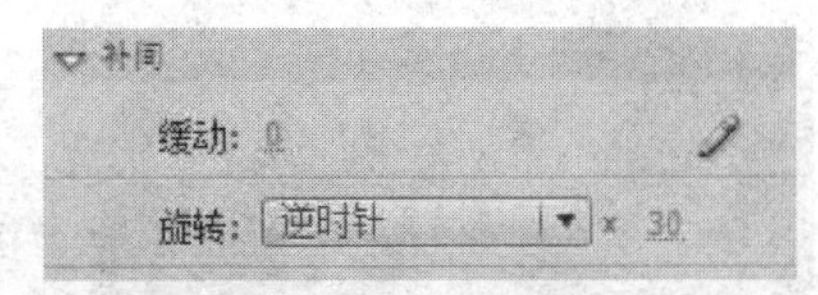

图 1-3-112 设置传统补间动画参数

步骤 15 在“转场”层的第 20 帧、第 35 帧分别插入关键帧。

步骤 16 在“转场”层的第 20 帧插入传统补间动画，如图 1-3-113 所示。

步骤 17 选择“转场”层的第 35 帧，利用属性面板将其中的矩形修改为 1×400 像素。并水平对齐到舞台中央，如图 1-3-114 所示。

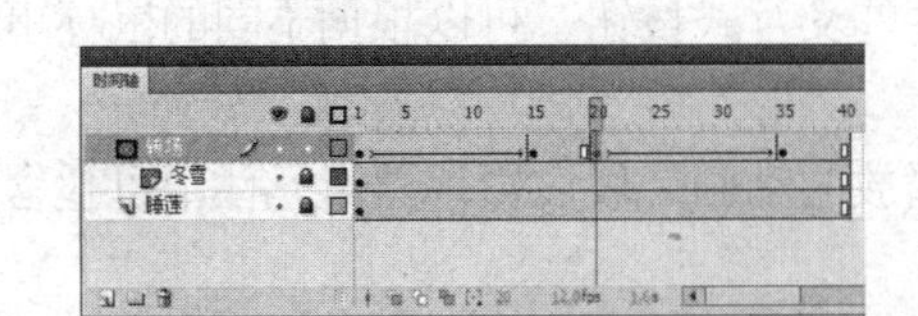

图 1-3-113 在第 20 帧插入传统补间动画

图 1-3-114 修改第 35 帧的矩形

步骤 18 在“转场”层的第 40 帧插入关键帧，利用属性面板将其中的矩形（此时显示为一条“竖直线”）修改为 1×1 像素，并对齐到舞台中央。

步骤 19 在“转场”层的第 35 帧插入传统补间动画。

步骤 20 重新锁定“转场”层，如图 1-3-115 所示。

图 1-3-115 本例完成后的编辑窗口

步骤 21　测试动画效果。保存 fla 源文件，并发布 swf 电影。图 1-3-116 所示的是动画运行过程中的两个画面切换效果。

（a）

（b）

图 1-3-116　本例中的画面切换效果

3.3.4　元件动画的制作

在 Flash 中，元件（Symbol）是存放于库中的、可以重复使用的图形、动画或按钮等资源。元件分为 3 类：图形（Graphic）、按钮（Button）和影片剪辑（Movie Clip）。

图形元件主要用于动画中的静态图形图像，有时也用来创建动画片段，但该动画片段的播放依赖于主时间轴，并且交互性控制和声音不能在图形元件中使用。

按钮元件用于制作动画中响应标准鼠标事件的交互式按钮，可以根据不同的鼠标事件让系统运行不同的动作脚本。

影片剪辑元件的适用对象是独立于时间轴播放的动画片段。影片剪辑元件中可包含交互式控制和声音。

使用元件的好处主要有以下几点。

- 将多次重复使用的动画元素定义为元件，可显著减小动画文件所占用的存储空间，提高动画的下载和播放速度。
- 修改元件时，元件的所有实例将自动更新。这使得动画的维护非常方便。
- 元件存放于库中，可作为共享资源应用于其他动画源文件中。

1．创建元件

元件的基本创建方法有两种。

（1）使用“新建元件”命令创建元件

步骤 1　选择菜单命令“插入|新建元件”，打开“创建新元件”对话框，如图 1-3-117 所示。

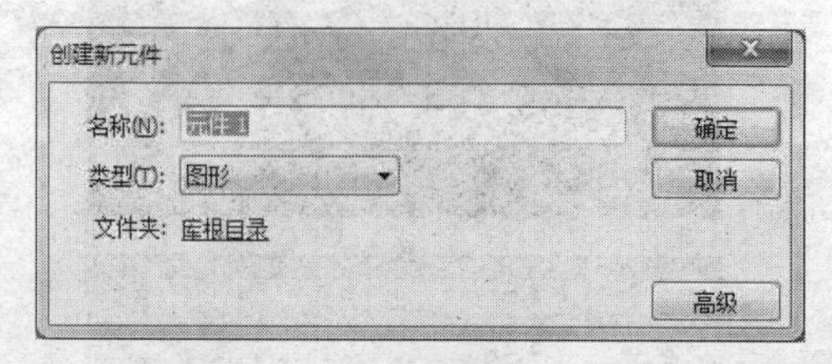

图 1-3-117　“创建新元件”对话框

步骤 2 在“创建新元件”对话框中选择元件类型，输入元件的名称。单击“确定”按钮，进入相应元件的编辑窗口，如图 1-3-118 和图 1-3-119 所示。窗口中的“+”号表示元件的中心，也是坐标系的原点。

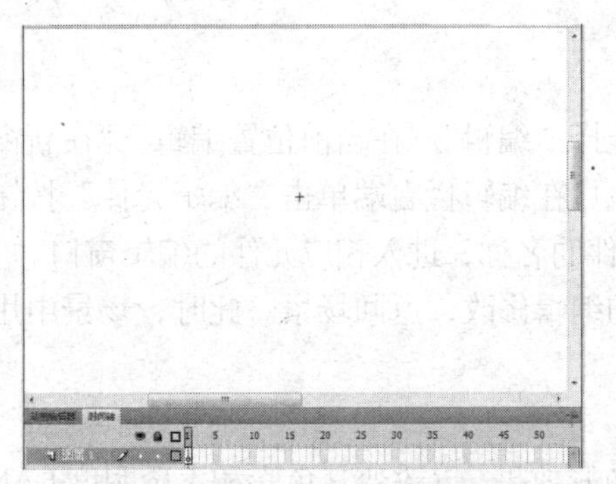

图 1-3-118 图形元件和影片剪辑元件的编辑环境

图 1-3-119 按钮元件的编辑环境

步骤 3 在元件的编辑环境中完成元件的编辑。例如，在影片剪辑元件的编辑环境中，可以像在场景中一样创建和编辑动画。

步骤 4 单击编辑栏右端的“编辑场景”按钮（见图 1-3-120），在弹出的菜单中选择场景的名称，返回场景编辑窗口。当然，也可以通过单击编辑栏左端的场景名称或箭头⇦按钮返回场景编辑窗口。

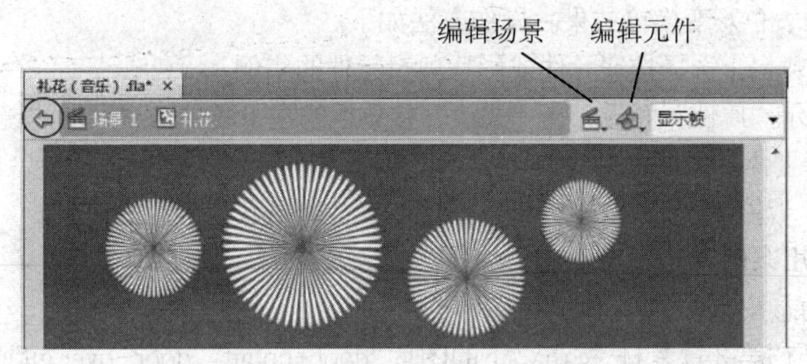

图 1-3-120 元件窗口的编辑栏

（2）使用“转换为元件”命令创建元件

创建元件的另一种方法是，直接选择场景中的图形，选择菜单命令“修改|转换为元件”，打开“转换为元件”对话框（见图 1-3-121）。选择元件类型，输入元件名称，并利用“注册”按钮▦设置元件的中心。单击“确定”按钮，即可由选中的对象创建一个元件。场景中原来被选中的对象自动转化为元件的一个实例。

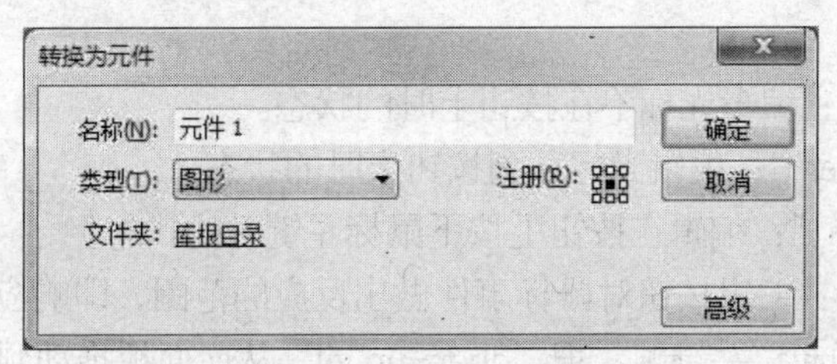

图 1-3-121 “转换为元件”对话框

元件创建好之后，存放于库中。将元件从库面板拖放到工作区中，就得到该元件的一个实例（Instance），即可应用于动画场景中。另外，在复杂动画的制作中，元件还常常嵌套使用。

元件的实例常用于传统补间动画或补间动画。与组合体、文本对象和导入的位图不同的是，不仅实例的大小、位置和角度可产生运动过渡，而且实例的颜色、透明度等属性也可产生运动过渡。

2．修改元件

在元件实例上右击，从弹出的快显菜单中选择“编辑”“在当前位置编辑”“在新窗口中编辑”等命令，可进入元件的不同编辑环境。也可在编辑栏右端单击“编辑元件”按钮（如图1-3-119所示），从弹出的下拉列表中选择元件的名称，进入相应元件的编辑窗口。

在上述元件的不同编辑环境中完成对元件的编辑修改，返回场景。此时，场景中用到的该元件的所有实例会全部自动更新。

3．添加色彩效果

在Flash CS4中，允许在元件的实例上添加色彩效果，以改变其色彩和不透明度（Alpha）。操作方法如下。

步骤1　在舞台上选择元件的实例。

步骤2　显示“属性”面板，在“色彩效果”参数栏的“样式”列表中选择相应的命令。

步骤3　在“色彩效果”参数栏设置上述命令的参数，以获得满意的效果。

4．添加滤镜效果

在Flash CS4中，允许为按钮元件或影片剪辑元件的实例添加滤镜效果，以产生投影、发光、模糊、斜角、色彩变换等效果。操作方法如下。

步骤1　在舞台上选择按钮元件或影片剪辑元件的实例。

步骤2　显示“属性”面板，在“滤镜”参数栏的左下角单击“添加滤镜”按钮，从弹出的菜单中选择要添加的滤镜命令。

步骤3　在“滤镜”参数栏设置相应滤镜的参数，以获得满意的效果。

5．元件应用案例

（1）制作动态按钮

使用Flash与“第3章素材\按钮\”下的图片“door-up.gif”“door-over.gif”“door-down.gif”和声音“ding.wav”制作动态按钮，效果参照“第3章素材\请进.swf”。

步骤1　启动Flash CS4，新建“Flash文件（ActionScript 2.0）”类型的空白文档（这样可保证按钮的用法与老版本相同）。将所用素材“door-up.gif”“door-over.gif”“door-down.gif”和“ding.wav”导入到库。

步骤2　选择菜单命令“插入|新建元件”，打开“创建新元件”对话框。选择“按钮”元件类型，输入元件的名称“进入”。单击“确定”按钮，进入按钮元件的编辑环境。其中4个状态帧的作用如下。

- “弹起（Up）”：编辑光标不在按钮上时的状态。
- “指针...（Over）”：编辑光标移到按钮上时的状态。
- “按下（Down）”：编辑在按钮上按下鼠标左键时的状态。
- “点击（Hit）”：编辑按钮对鼠标事件做出反应的范围，即响应区域。

步骤3　选择“弹起”关键帧，把“door-up.gif”从库面板拖动到元件编辑区。利用对齐面板（选中“相对于舞台”按钮）将其在水平与竖直方向居中对齐，如图1-3-122所示。

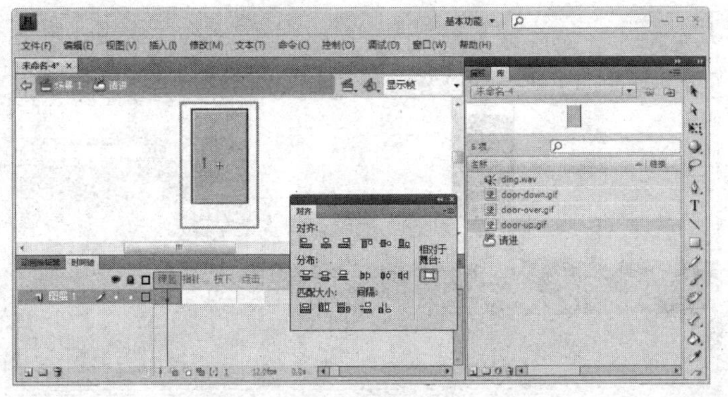

图 1-3-122　编辑“弹起”帧

步骤 4　在“指针…”帧插入空白关键帧，把“door-over.gif”从库面板拖动到元件编辑区。利用对齐面板将其在水平与竖直方向居中对齐。如图 1-3-123 所示。

步骤 5　在“按下”帧插入空白关键帧，把“door-down.gif”从库面板拖动到元件编辑区。利用对齐面板将其在水平与竖直方向居中对齐。如图 1-3-124 所示。

步骤 6　在“点击”帧上插入空白关键帧，单击选中时间轴面板底部的“绘图纸外观”按钮，使得在编辑当前帧时能够浏览临近帧的画面（通过水平拖动{与}标记，可以调整临近帧的浏览范围）。

步骤 7　根据前面关键帧的图形形状，使用“线条”（或“钢笔”）、“颜料桶”等工具绘制合适的响应区域（见图 1-3-125）。“点击”帧的图形在动画播放时是不显示的。

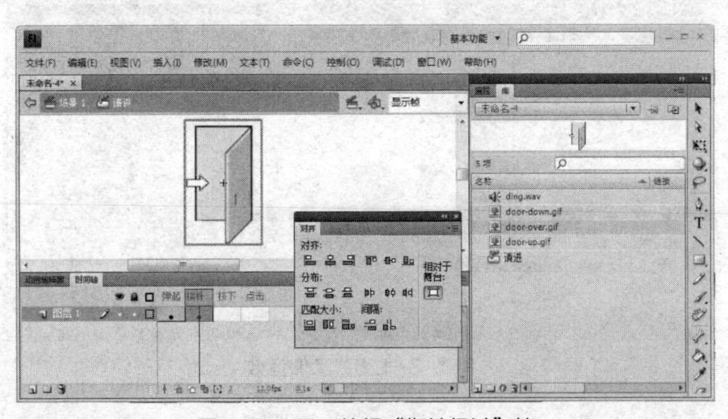

图 1-3-123　编辑“指针经过”帧

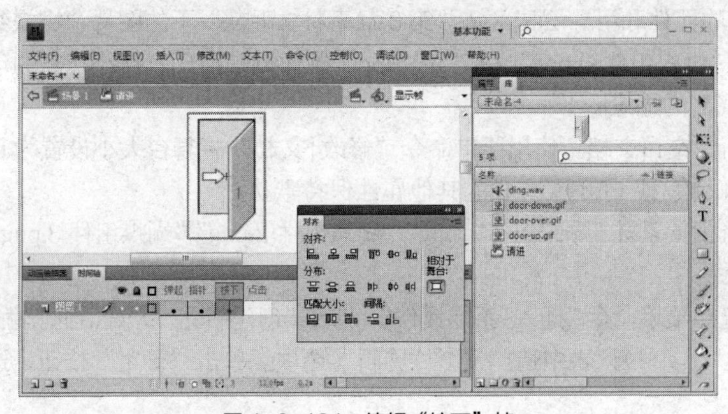

图 1-3-124　编辑“按下”帧

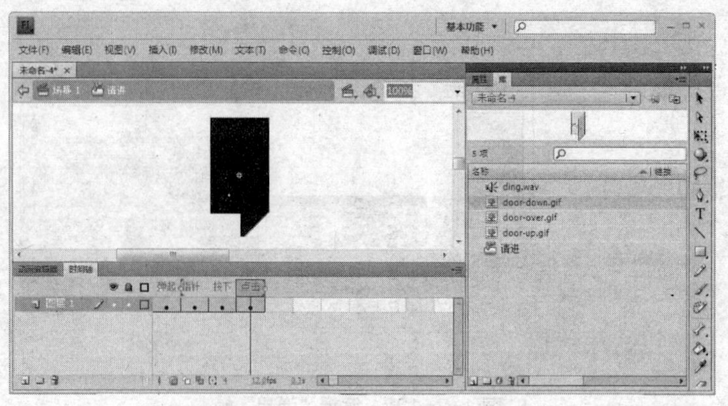

图 1-3-125　定义响应区域

步骤 8　锁定图层 1。新建图层 2，并在图层 2 的“按下”帧插入关键帧。

步骤 9　在属性面板的声音名称下拉列表中选择“ding.wav”；在“同步”下拉列表中选择“开始”（重复 1 次），如图 1-3-126 所示。

步骤 10　单击编辑栏左端的场景名称或⇦按钮返回场景编辑窗口。将按钮元件“进入”从库面板拖移到场景的舞台。得到该元件的一个实例。

步骤 11　测试影片。将光标移到按钮上单击，注意按钮的反应。

步骤 12　将动画源文件以“请进.fla”为名保存起来。

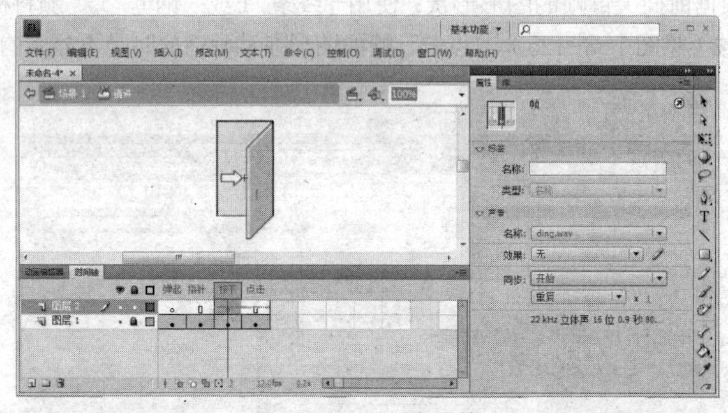

图 1-3-126　添加音效

（2）制作蝴蝶飞舞动画

使用 Flash 的元件和引导层技术及“第 3 章素材\蝴蝶\”下的图片“蝴蝶组件 1.png”“蝴蝶组件 2.png”“蝴蝶组件 3.png”和“背景.jpg”制作蝴蝶沿任意路径飞舞的动画，效果参照“第 3 章素材\飞舞的蝴蝶.swf”。

步骤 1　新建空白文档。使用菜单命令“修改|文档”将舞台大小设置为 600×600 像素，帧频率设置为 12 帧/秒（fps）。文档的其他属性保持默认。

步骤 2　将相关素材“蝴蝶组件 1.png”“蝴蝶组件 2.png”“蝴蝶组件 3.png”和“背景.jpg”导入到库中。

步骤 3　选择菜单命令“插入|新建元件”，打开“创建新元件”对话框。输入元件名称“蝴蝶”，并在“类型”下拉列表中选择“影片剪辑”选项。单击“确定”按钮，进入影片剪辑元件的编辑环境。

步骤 4　将库面板中的 “蝴蝶组件 3.png” 拖动到元件编辑区。利用对齐面板（选中“相对于舞台”按钮）将其在水平与竖直方向居中对齐，如图 1-3-127 所示。

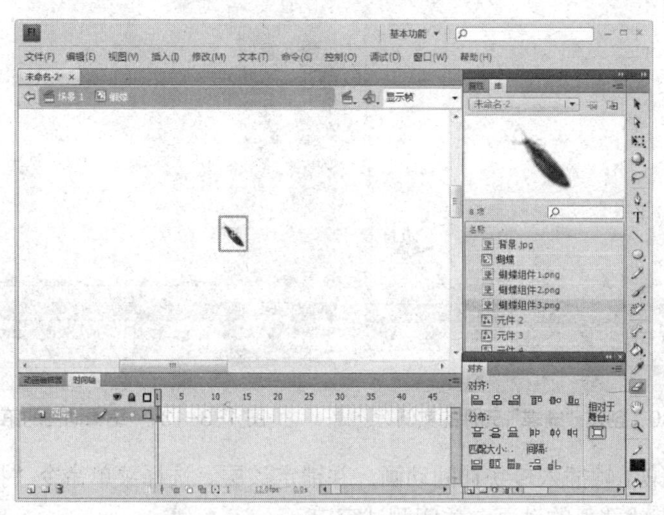

图 1-3-127　对齐“蝴蝶组件 3.png”

步骤 5　在确保选中“蝴蝶组件 3.png”的情况下，选择菜单命令“修改|排列|锁定”以便将所选对象锁定。

步骤 6　在图层 1 的第 3 帧插入关键帧，在第 4 帧插入帧（从帧的右键快显菜单中选择相关命令）。

步骤 7　选择第 1 帧，将库中的 “蝴蝶组件 1.png” 拖动到舞台上，调整位置，使其与“蝴蝶组件 3.png” 形成一只完整的蝴蝶，如图 1-3-128 所示。

步骤 8　选择第 3 帧，将库中的 “蝴蝶组件 2.png” 拖动到舞台上，调整位置，使其与“蝴蝶组件 3.png” 形成一只完整的蝴蝶，如图 1-3-129 所示。这样就在“蝴蝶”影片剪辑元件中创建了一段蝴蝶扇动翅膀的逐帧动画。

图 1-3-128　编辑蝴蝶的第 1 个动作

图 1-3-129　编辑蝴蝶的第 2 个动作

步骤 9　通过快速连续地按 Enter 键，测试动画效果。

步骤 10　返回场景 1。将“蝴蝶”影片剪辑元件从库中拖动到舞台的右下角，得到该元件的一个实例，如图 1-3-130 所示。

步骤 11　在第 40 帧插入关键帧。将该帧的“蝴蝶”移到舞台的左上角，如图 1-3-131 所示。

图 1-3-130　创建“蝴蝶”元件的实例

图 1-3-131　编辑动画的第 2 个关键帧

步骤 12　在第 1 帧插入传统补间动画，并锁定该层。选择菜单命令“控制|测试影片”，可以看到蝴蝶沿直线飞舞的动画。关闭测试窗口。

步骤 13　在图层 1 的图层名称上右击，从右键快显菜单中选择“添加传统运动引导层”命令，为图层 1 创建引导层。此时，图层 1 自动转化为被引导层，如图 1-3-132 所示。

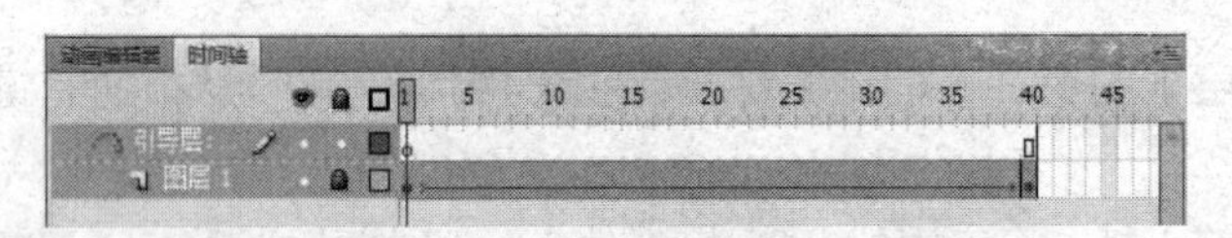

图 1-3-132　添加传统运动引导层

步骤 14　在工具箱上选择“铅笔工具”（在工具箱底部选择“平滑”模式，不选择“对象绘制”按钮，如图 1-3-133 所示）。在引导层绘制图 1-3-134 所示的引导路径（路径要平滑，不能出现交叉重叠的部分。首尾靠近，但不要封闭）。

步骤 15　选中菜单命令“视图|贴紧|贴紧至对象”（其他“贴紧”选项不要选）。

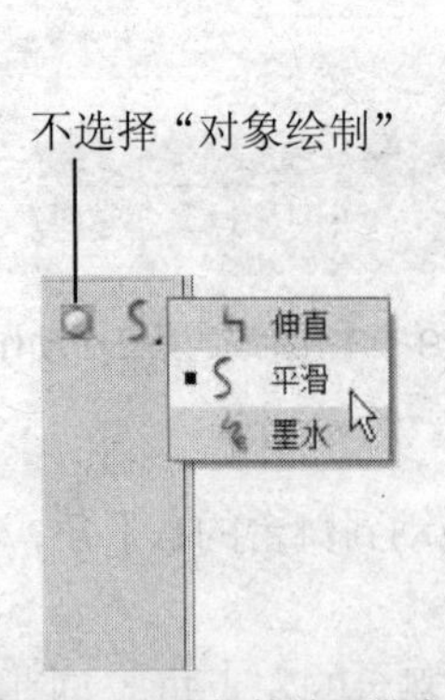

图 1-3-133　设置铅笔绘图模式

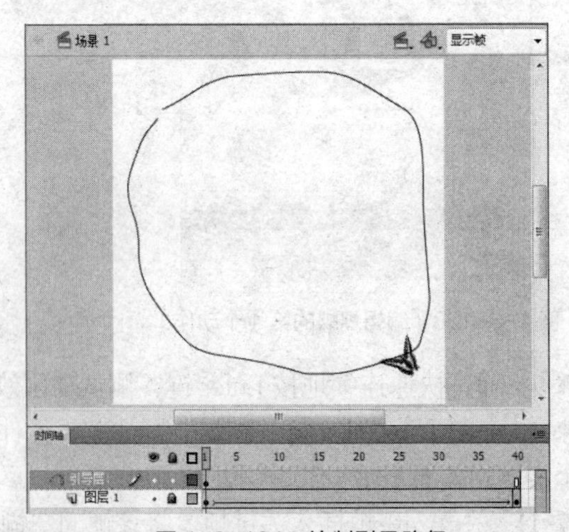

图 1-3-134　绘制引导路径

步骤 16　解除图层 1 的锁定状态，选择图层 1 的第 1 帧。在属性面板的“补间”参数区取消选择“贴紧”复选框。在舞台上拖移蝴蝶使其远离引导路径（小心，不要破坏引导路径）。

步骤 17　在工具箱上选择“选择工具”。将光标定位于“蝴蝶”的中心小圆圈上，拖动鼠标捕捉到引导路径的一个端点（见图 1-3-135），松开鼠标按键。

步骤 18　使用“任意变形工具”将“蝴蝶”旋转到图 1-3-136 所示角度（注意不要改变“蝴蝶”的位置）。

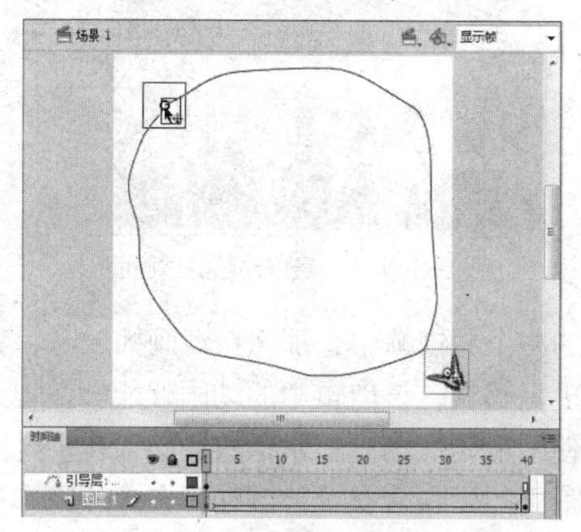

图 1-3-135　捕捉引导路径的一个端点

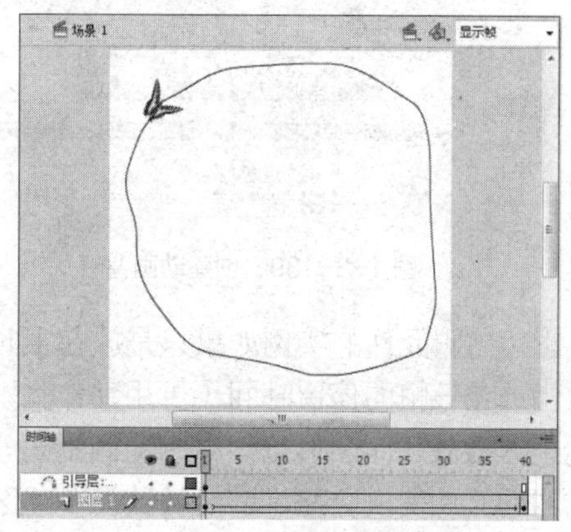

图 1-3-136　调整运动对象的角度

步骤 19　选择图层 1 的第 40 帧。仿照步骤 17，拖动“蝴蝶”的中心小圆圈使其捕捉到引导路径的另一个端点（见图 1-3-137）。使用“任意变形工具”调整“蝴蝶”的角度（见图 1-3-138）。

步骤 20　锁定图层 1 及引导层。选择菜单命令“控制|测试影片”，可以看到蝴蝶沿曲线路径飞舞的动画，但飞舞时还不能随曲线的变化调整方向。关闭测试窗口。

步骤 21　选择图层 1 的第 1 帧。在属性面板的“补间”参数区选中“调整到路径”复选框。再次测试影片，蝴蝶飞舞的动作就比较自然了。关闭测试窗口。

步骤 22　选择引导层。新建图层 3，将其拖动到所有层的底部。选择菜单命令“修改|时间轴|图层属性”。在打开的“图层属性”对话框中选择“一般”（或“正常”）单选按钮，单击“确定”按钮。此时图层 3 由被引导层转换为普通层。

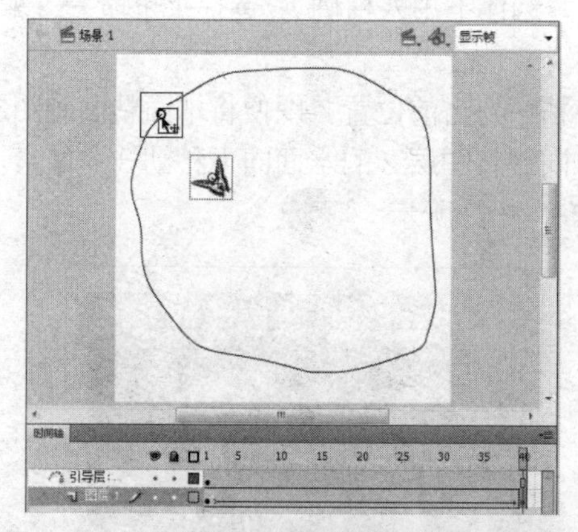

图 1-3-137　使运动对象捕捉路径的另一个端点

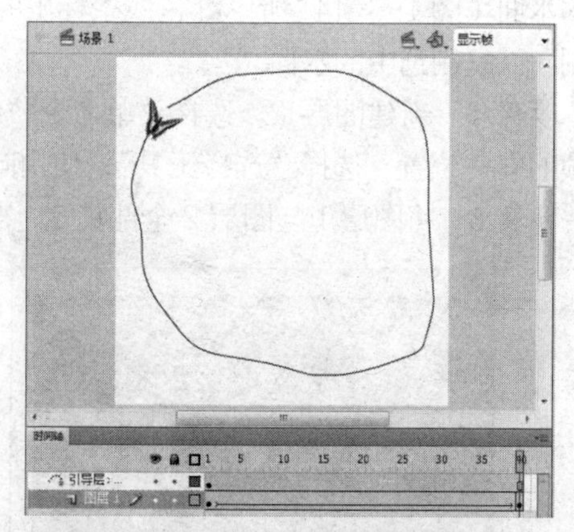

图 1-3-138　调整运动对象的角度

步骤 23　选择图层 3 的第 1 帧，将库中“背景.jpg”拖动到舞台上，并利用对齐面板将图片与舞台在水平和竖直方向居中对齐。锁定图层 3，如图 1-3-139 所示。

步骤 24　测试动画效果（见图 1-3-140）。保存 fla 源文件，并发布 swf 电影。

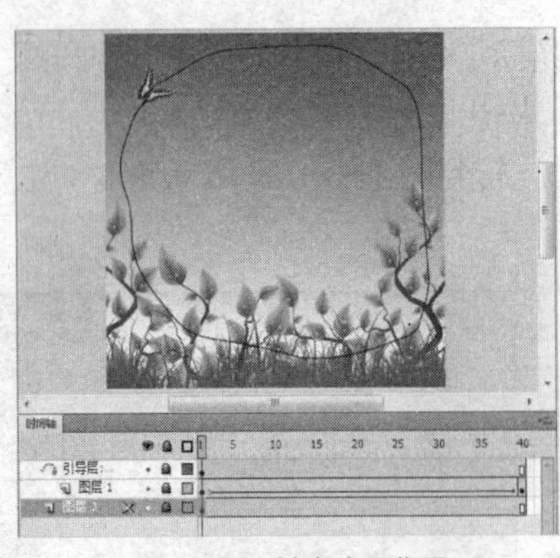
图 1-3-139　创建动画背景

图 1-3-140　最终动画测试画面

影片剪辑元件的实例如果只是放在主时间轴的一个关键帧中，那么在动画播放时，只要播放指针在该帧的停留时间（可用动作脚本控制）足够长，该剪辑中的动画就能够在规定时间内正常播放。而图形元件中的动画不同。要想使图形元件动画正常播放，必须在主时间轴上为图形元件实例分配足够的帧数。上述区别是除了能否包含交互控制和声音之外，影片剪辑元件与图形元件的又一重要区别。

（3）制作水波效果动画

使用 Flash 的元件和遮罩层技术及图片“第 3 章素材\水波\海边小镇.jpg”制作水面波动效果，动画效果参照“第 3 章素材\水波\水面波动.swf”。

步骤 1　新建空白文档。使用菜单命令“修改|文档”将舞台大小设置为 600×400 像素，帧频率设置为 12 帧/秒（fps）。其他属性保持默认。

步骤 2　将素材图片“海边小镇.jpg”导入到舞台。利用对齐面板将其在水平与竖直方向分别与舞台居中对齐。

步骤 3　选择菜单命令“修改|分离”（或按组合键 Ctrl+B）将素材图片分离。使用“选择工具”在工作区空白处单击（或按 Esc 键）撤销分离图片的选择状态。

步骤 4　使用“套索工具”（默认设置下与 Photoshop 的套索工具用法类似）圈选图片中的水面（图 1-3-141 所示红色线条标出的部分，选择不用太精确）。选择菜单命令“编辑|复制”以复制选中的水面。

步骤 5　新建图层 2。选择菜单命令“编辑|粘贴到当前位置”以便将水面粘贴到图层 2 首帧的同一位置。选择“选择工具”，使用向下方向键将图层 2 的水面向下移动 3 个像素。

步骤 6　将图层 1 与图层 2 全部锁定，如图 1-3-142 所示。

图 1-3-141　分离图片后选择水面

图 1-3-142　锁定图层

步骤 7 新建图形元件，命名为“水平条纹”。在“水平条纹”元件的编辑窗口，绘制大小为 600×2 像素、边框无色、填充任意色的矩形（注意这里的矩形宽度大于水面的宽度）。利用对齐面板将该矩形在水平与竖直方向分别与舞台居中对齐，如图 1-3-143 所示。

步骤 8 再次创建图形元件，命名为“遮罩”。将“水平条纹”元件从库中拖动到“遮罩”元件的编辑窗口。选择菜单命令“编辑|复制”。选择菜单命令“编辑|粘贴到当前位置”（或按组合键 Ctrl+Shift+V）49 次。这样在相同的位置共重叠有 50 条水平“线”。

步骤 9 按住 Shift 不放，按向下方向键 20 次，目的是将其中一条水平“线”向下移动 200 个像素的距离（注意该距离大于水面的高度）。单击图层 1 的首帧，选择所有 50 条水平“线”。

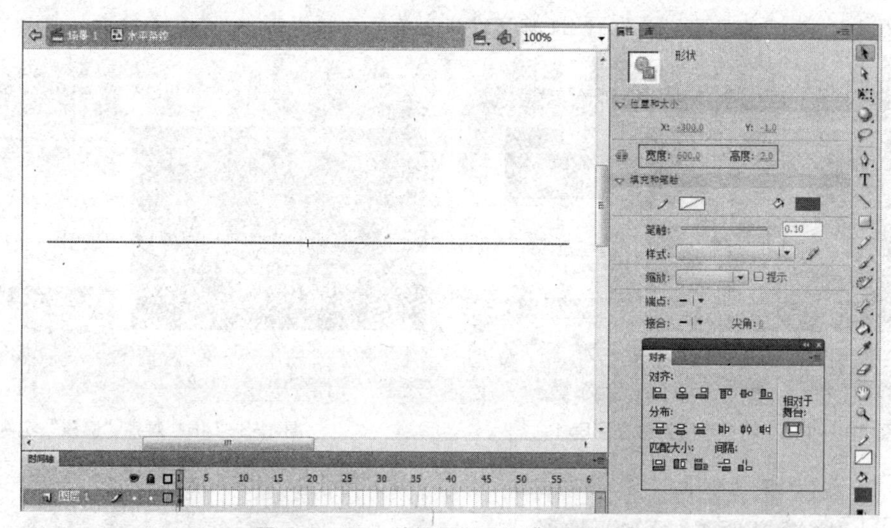

图 1-3-143 编辑图形元件“水平条纹”

步骤 10 显示对齐面板（不选“相对于舞台”按钮），单击“分布”栏中的“垂直居中分布”按钮（也可单击“顶部分布”按钮或“底部分布”按钮）。结果如图 1-3-144 所示。

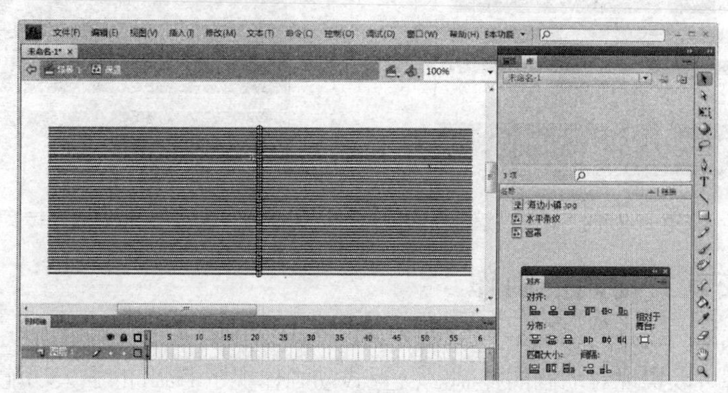

图 1-3-144 编辑图形元件“遮罩”

步骤 11 新建影片剪辑元件，命名为“动态遮罩”。将图片“海边小镇.jpg”从库中拖动到该元件的编辑窗口。利用对齐面板（选择“相对于舞台”按钮）将图片在水平方向与舞台左对齐，在竖直方向与舞台底对齐。锁定图层 1，并在图层 1 的第 25 帧插入帧，如图 1-3-145 所示。

步骤 12 新建图层 2。将“遮罩”元件从库中拖动到图层 2 的首帧，利用对齐面板（选择“相对于舞台”按钮）将图片在水平方向与舞台左对齐，在竖直方向与舞台底对齐，如图

1-3-146 所示。

步骤 13 在图层 2 的第 25 帧插入关键帧，并竖直向下移动“遮罩”元件的实例至图 1-3-147 示的位置（使“遮罩”元件实例的底部第 4 条水平“线”与参考图片在底边严格对齐。对齐的目的是避免最终水面动画的抖动）。

步骤 14 在图层 2 的第 1 帧插入传统补间动画。删除图层 1。

步骤 15 返回场景 1。新建图层 3。将“动态遮罩”元件从库中拖动到图层 3 的首帧。利用对齐面板将该元件的实例在左侧与底部分别与舞台对齐。将图层 3 转换为遮罩层（同时图层 2 自动转换为被遮罩层），如图 1-3-148 所示。

步骤 16 测试动画效果。保存 fla 源文件，并发布 swf 电影。

图 1-3-145 将参考图片放在图层 1

图 1-3-146 对齐“遮罩”实例

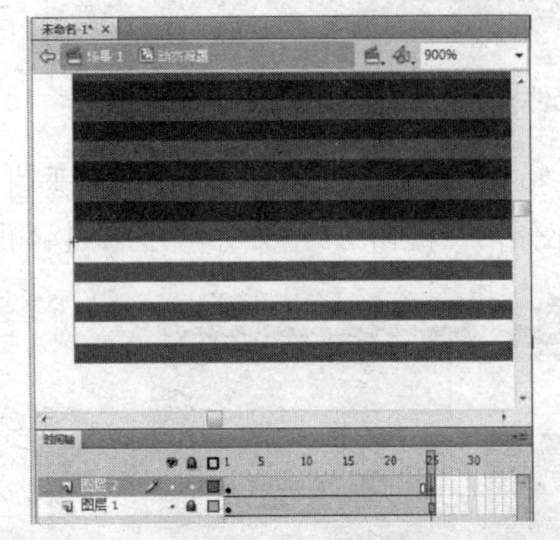

图 1-3-147 在第 25 帧向下移动“遮罩”实例

图 1-3-148 将图层 3 转换为遮罩层

3.3.5 交互式动画的制作

所谓交互式动画就是借助 ActionScript 代码实现的动画。在这类动画中，用户通过鼠标、键盘等输入设备可以实现对动画的控制。交互式动画体现了 Flash 的强大功能。

ActionScript 与 JavaScript 类似，是一种面向对象的脚本编程语言。通过动作面板，Flash 可以为帧、按钮实例和影片剪辑实例等元素添加 ActionScript 代码。为帧添加的动作脚本将在播放指针到达该帧时运行，为按钮和影片剪辑实例添加的动作脚本则在相关事件（如鼠标单击、在键盘上按下某键、影片剪辑播放到某帧等）发生时运行。

学习制作 Flash 交互动画最有效的方法是，首先学会在动画中添加 Play、Stop、gotoAndPlay、gotoAndStop 等简单脚本，然后根据需要为自己的动画选择正确的动作、属性、函数与方法。这样一边应用，一边学习，逐步提高对 ActionScript 语言的熟练程度。另外，Flash 还为初学者提供了制作交互动画的普通模式，即通过选择 ActionScript 语句并根据提示填写参数来编写动作脚本。这样，即使不懂程序设计的用户也能够方便地创建基本交互动画。

1．制作简单导航动画

使用 Flash 与“第 3 章素材\交互\简单导航”下的有关素材制作简单导航动画，效果参照“第 3 章素材\简单导航.swf”。

步骤 1 启动 Flash CS4，新建“Flash 文件（ActionScript 2.0）”类型的空白文档。将“第 3 章素材\交互\简单导航”下的所有素材导入到库。

步骤 2 根据素材图片的大小，使用菜单命令“修改|文档”将舞台大小设置为 580 像素 ×500 像素，其他文档属性保持默认。

步骤 3 选择菜单命令“视图|缩放比率|显示帧”，将舞台全部显示出来。

步骤 4 显示库面板。将素材图片“小女孩.jpg”从库拖动到舞台上。

步骤 5 显示对齐面板（选择其中的“相对于舞台”按钮）。在“对齐”参数栏依次单击“水平中齐”按钮和“垂直中齐”按钮，将图片对齐到舞台中央。

步骤 6 选择菜单命令“修改|排列|锁定”，将图片“小女孩.jpg”锁定在舞台上。

步骤 7 在图层 1 的第 2 帧插入空白关键帧。将素材图片“小鸭子.jpg”从库拖动到舞台，对齐到舞台中央，并锁定（参照步骤 5 与步骤 6）。

步骤 8 类似地，在第 3 帧插入空白关键帧，将图片“小猫猫.jpg”从库拖动到舞台，对齐到舞台中央，并锁定；在第 4 帧插入空白关键帧，将图片“小狗狗.jpg”从库拖动到舞台，对齐到舞台中央，并锁定。此时的动画编辑环境如图 1-3-149 所示。

步骤 9 选择第 1 帧。显示动作面板。在脚本编辑区输入函数“stop();”（注意代码中的字母、括号与分号等标点符号都是半角的），使得动画运行到该帧时停止在该帧播放，如图 1-3-150 所示。

图 1-3-149 将大图片分放在各关键帧

图 1-3-150 为关键帧添加动作脚本

步骤 10 将素材图片“小鸭子_s.png”“小猫猫_s.png”和“小狗狗_s.png”分别从库拖动到第 1 帧的舞台上，如图 1-3-151 所示。

步骤 11 使用“选择工具”框选舞台上的 3 个小图。在对齐面板上取消选择“相对于舞台”按钮，并在“对齐”参数栏单击“水平中齐”按钮，使 3 个小图水平居中对齐。再在“分布”参数栏单击“垂直居中分布”按钮，使 3 个小图在竖直方向等间距排列，如图 1-3-152 所示。

步骤 12 按 Esc 键取消对象的选择状态。再使用“选择工具”单击选择舞台上的小图“小鸭子_s.png”，选择菜单命令“修改|转换为元件”将其转换为按钮元件。参数设置如图 1-3-153

所示。此时小图“小鸭子_s.png”转换为按钮元件的一个实例。

图 1-3-151 将透明背景的小图拖移到舞台

图 1-3-152 对齐与分布 3 个小图

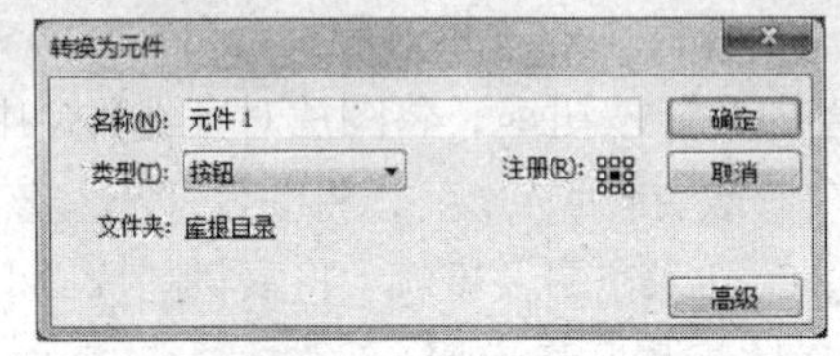

图 1-3-153 将图片转换为按钮元件

步骤 13 确保选中“小鸭子”按钮元件的实例。在动作面板左窗格单击选择并展开“索引”（见图 1-3-154）。在西文输入法状态下按键盘上 O 键，切换到以 O 开头的代码，拖动滑块找到并双击 on，将该代码添加到右侧的脚本编辑区（见图 1-3-155）。在参数的提示列表中双击选择 press。将插入点定位于第 1 行代码的最后，按 Enter 键换行（以便分行输入代码）。在动作面板左窗格选择“索引”下的任一代码，在西文输入法状态下按键盘上 G 键，切换到以 G 开头的代码，找到 gotoAndStop，双击添加到脚本编辑区，并在括号内输入参数 2。如图 1-3-156 所示。这样在播放动画时，当鼠标在按钮上按下左键（鼠标单击过程中包含该事件）时，动画会从当前帧跳转并停止在本场景的第 2 帧进行播放。

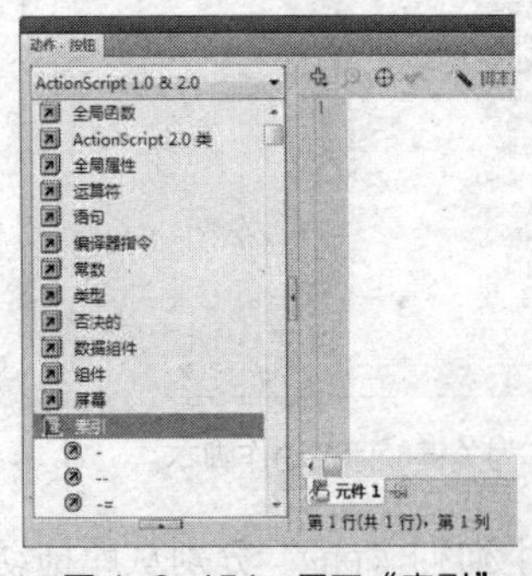
图 1-3-154 展开“索引”

图 1-3-155 添加动作语句

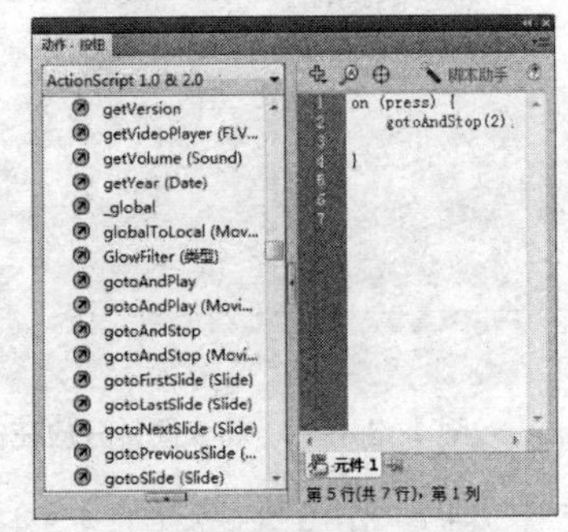
图 1-3-156 为按钮添加动作

步骤 14 将第 1 帧舞台上的小图“小猫猫_s.png”转换为按钮元件，并参照步骤 13 为该按钮实例添加如下动作代码。

```
on (press){
    gotoAndStop(3);
}
```

步骤 15 将第 1 帧舞台上的小图“小狗狗_s.png”转换为按钮元件，并为该按钮实例添加动作代码。

```
on (press){
    gotoAndStop(4);
}
```

步骤 16 锁定图层 1。新建图层 2，并在图层 2 的第 2、3、4 帧分别插入关键帧或空白关键帧。

步骤 17 选择图层 2 的第 2 帧，在属性面板的声音名称下拉列表中选择“鸭.wav”；在“同步”下拉列表中选择“开始”，并将“声音循环”属性设为“重复 1 次”，如图 1-3-157 所示。

步骤 18 仿照步骤 17 为图层 2 的第 3 帧分配声音“猫.wav”，为图层 2 的第 4 帧分配声音“狗.wav”，声音属性与第 2 帧相同，如图 1-3-158 所示。

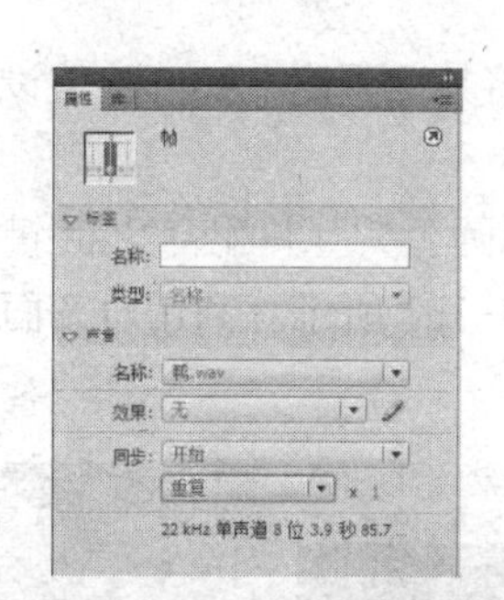

图 1-3-157 设置声音属性

图 1-3-158 为关键帧分配声音

步骤 19 锁定图层 2，解锁图层 1。选择图层 1 的第 2 帧，在舞台右下角创建文本“返回”（幼圆、44 号、红色）。将文本转化为按钮元件，并添加如下动作代码（这样在播放动画时，单击“返回”按钮，动画从当前帧跳转到同一场景的第 1 帧开始播放）。

```
on (press){
    gotoAndPlay(1);
}
```

步骤 20 按组合键 Ctrl+C 以复制“返回”按钮。选择图层 1 的第 3 帧，选择菜单命令“编辑|粘贴到当前位置”将“返回”按钮粘贴到第 3 帧。

步骤 21 使用同样的方法将“返回”按钮粘贴到第 4 帧，如图 1-3-159 所示。

步骤 22 测试动画效果。保存 fla 源文件，并发布 swf 电影。

图 1-3-159 创建“返回”按钮

2．制作下雪动画

使用 Flash 与图片“第 3 章素材\交互\雨雪\雪.jpg”制作下雪动画，效果参照“第 3 章素材\交互\雨雪\下雪.swf”。

步骤 1　启动 Flash CS4，新建“Flash 文件（ActionScript 2.0）”类型的空白文档。将舞台背景色设置为黑色，帧频率设置为 12 帧/秒（fps）。

步骤 2　将素材“雪.jpg”导入到舞台，利用对齐面板将其与舞台对齐。

步骤 3　将图层 1 改名为“背景”。在第 3 帧插入帧。锁定“背景”层。

步骤 4　选择菜单命令“视图|缩放比率|显示帧”，将舞台全部显示出来。

步骤 5　选择“椭圆工具”，在工具箱上将“笔触颜色”设置为无色，将“填充色”设置为黑白放射状渐变。

步骤 6　打开颜色面板，将渐变中的黑色修改为白色，将其透明度（Alpha）值设置为 0%。并将该“透明白色”色标适当向左拖动，如图 1-3-160 所示。

步骤 7　创建图形元件，名称为“雪花”，使用上述“椭圆工具”并配合 Shift 键在其编辑环境中绘制一个小圆（宽度与高度约为 16 像素），如图 1-3-161 所示。利用对齐面板将其对齐到舞台中心。

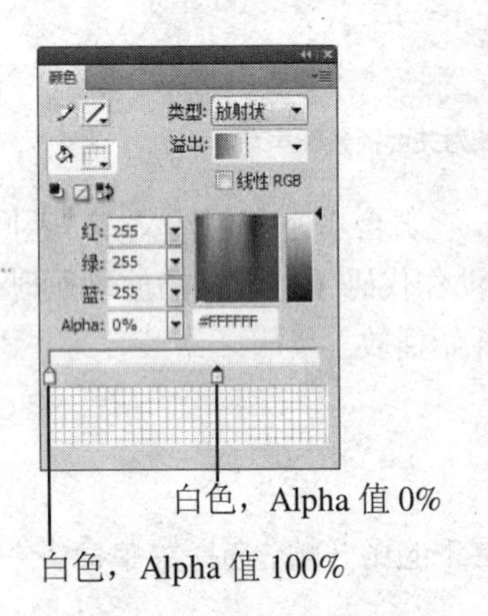

图 1-3-160　编辑放射状渐变

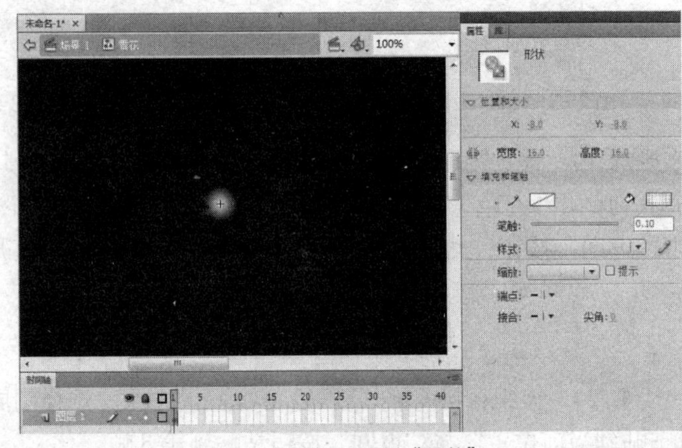

图 1-3-161　绘制“雪花”

步骤 8　创建影片剪辑元件，名称为“雪花下落”，在其编辑环境中进行如下操作，

① 将图层 1 改名为“雪花”。将图形元件“雪花”从库拖动到第 1 帧的舞台上。

② 在“雪花”层的第 75 帧插入关键帧，将该帧“雪花”实例适当向下移动一段距离。

③ 在第 1 帧插入传统补间动画。锁定“雪花”层。

④ 在“雪花”层的图层名称上右击，从右键快显菜单中选择“添加传统运动引导层”命令，为“雪花”层创建引导层。使用铅笔工具（选择平滑模式）在引导层的舞台上绘制图 1-3-162 所示的白色平滑曲线（曲线的高度等于舞台高度 400）。调整曲线的位置，使其顶部端点对准舞台的“十”字中心。

⑤ 选中菜单命令“视图|贴紧|贴紧至对象”（其他“贴紧”选项不要选）。

⑥ 解除“雪花”层的锁定状态，选择该层的第 1 帧。按键盘方向键移动“雪花”使其离开引导路径。

⑦ 在工具箱上选择“选择工具”。将光标定位于“雪花”实例的中心，拖动鼠标光标捕捉到曲线的顶部端点，松开鼠标按键。

⑧ 选择“雪花”层的第 75 帧。使用选择工具拖移“雪花”实例的中心使其捕捉到曲线的底部端点（见图 1-3-163）。重新锁定“雪花”层。

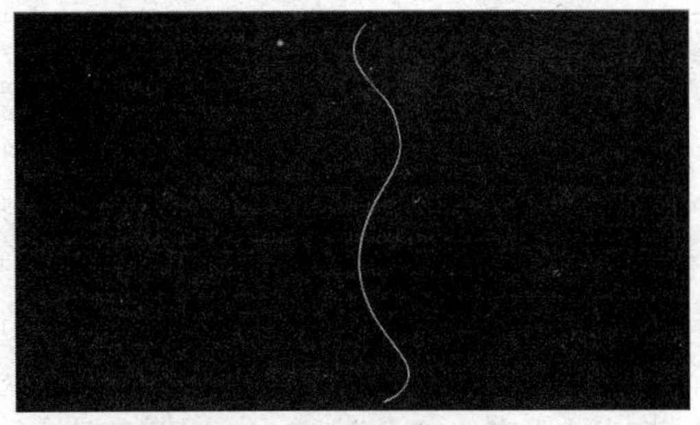

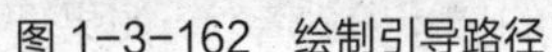

图 1-3-162　绘制引导路径

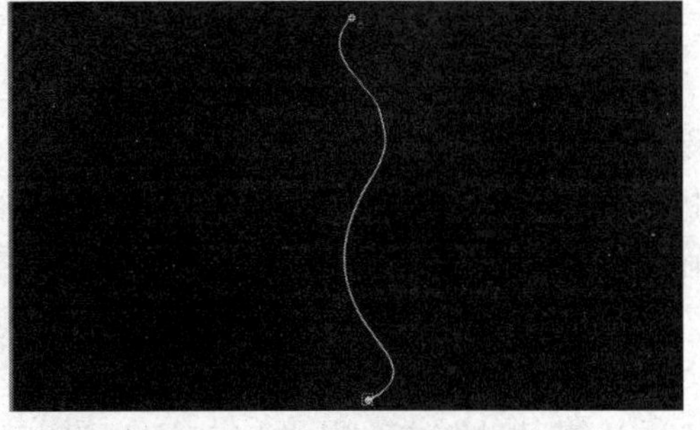

图 1-3-163　将雪花捕捉到曲线的端点

至此，“雪花下落”元件的编辑完成。

步骤 9　返回主场景。新建图层 2，改名为“下雪”。将影片剪辑元件“雪花下落”从库拖动到“下雪”层的舞台，利用属性面板将该元件实例命名为 drop。锁定“下雪”层。

步骤 10　新建图层 3，改名为“编码”。在该层的第 2 帧与第 3 帧分别插入关键帧。

步骤 11　选择“编码”层的第 1 帧，利用动作面板输入如下代码。

```
var dropNum = 0;
_root.drop._visible = false;
```

步骤 12　选择“编码”层的第 2 帧，利用动作面板输入动作代码。

```
drop.duplicateMovieClip ("drop" + dropNum, dropNum);
var newDrop = _root["drop" + dropNum];
newDrop._x = Math.random() * 550;
newDrop._y = Math.random() * 20;
newDrop._rotation = Math.random() * 100 - 50;  //设置新实例的旋转角度
newDrop._xscale = Math.random() * 40 + 60;  //设置新实例在 x 轴向的缩小比例
newDrop._yscale = newDrop._xscale;  //设置新实例在 y 轴向的缩小比例
newDrop._alpha = Math.random() * 100;  //设置新实例的透明度
```

步骤 13　选择“编码”层的第 3 帧，利用动作面板输入如下代码。

```
dropNum++;
if (dropNum < 240)
{
        gotoAndPlay(2);
}
else
{
    stop();
}
```

步骤 14　锁定“编码”层。

步骤 15　测试动画效果。保存 fla 源文件，并发布 swf 电影。

在本例中，如果将“雪花”图形元件中的“雪花”替换为“花瓣”（使用绘图工具绘制或导入外部资源），并将影片剪辑元件“雪花下落”中的引导路径旋转一定角度，就可以形成花瓣纷纷飘落的动画。当然要将主场景中的背景替换为合适的图片。动画效果参照“第 3 章素材\交互\雨雪\落花.swf”。

3.4 3ds Max 动画基础

3.4.1 3ds Max 简介

3ds Max 是由美国 Autodesk 公司开发的三维动画制作软件，主要用于模拟自然界、产品设计、建筑设计、影视动画制作、游戏开发、虚拟现实技术等领域。在同类的三维软件中，由于 3ds Max 开放程度高，学习难度相对较小，功能比较强大，完全能够胜任复杂图形与动画的设计要求，因此，3ds Max 成为目前应用领域最广，使用人数最多的一款三维创作软件。

3ds Max 对计算机的软硬件环境要求较高。例如 3ds Max 2011 只能在 Windows XP / Vista / Windows 7 或更高版本的操作系统下安装运行，至少需要 1 GB 的内存（最好 2 GB 以上内存），19 英寸以上纯平显示器（支持 1280×1024 像素或更高的显示分辨率）。如果要进行大型的三维建模或动画制作，则最好使用更高配置的台式计算机，如 4 核 CPU、4 GB 内存、专业制图卡（独显）等。这样可保证计算机有一个能够为用户接受的较快的运行速度。

3.4.2 窗口组成

启动 3ds Max 2011 简体中文版，其默认的窗口界面如图 1-3-164 所示。包括标题栏、菜单栏、主工具栏、命令面板、视图区、视图控制区、轨迹栏、动画控制区和状态栏等部分。

3ds Max 将各种常用的命令进行分类，组成多种不同的工具栏。其中主工具栏汇集了使用频率较高的一些重要命令。

命令面板位于窗口界面的右侧，由创建、修改、层次、运动、显示和工具 6 个子面板组成。

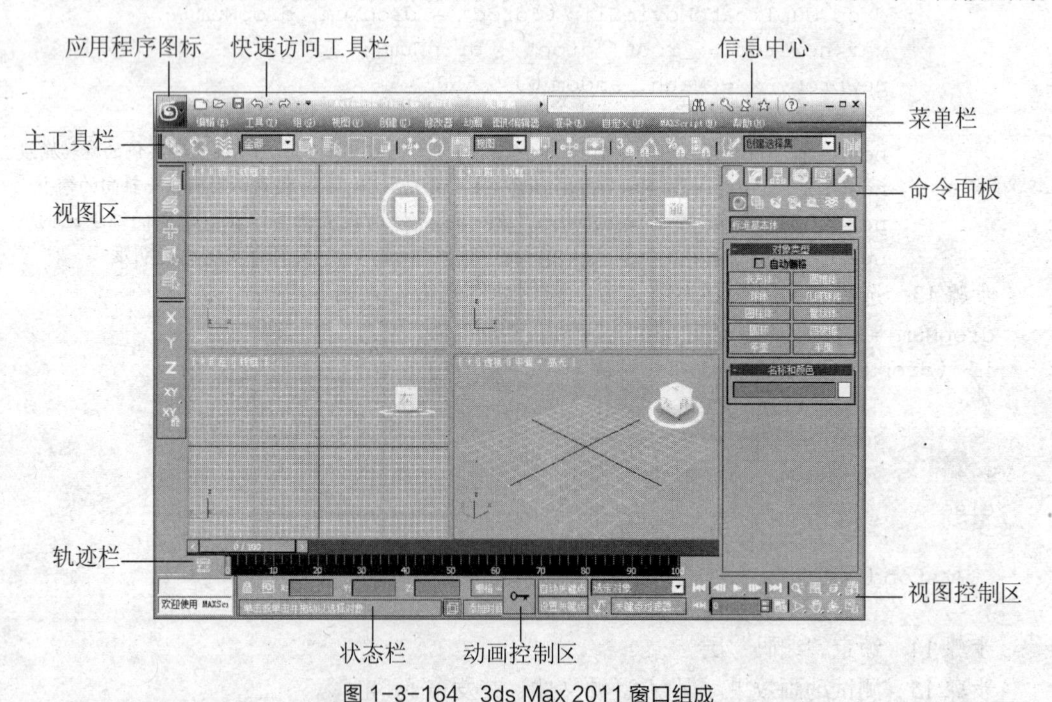

图 1-3-164 3ds Max 2011 窗口组成

视图区是用户操作的主要区域，所有对象的变换和编辑都是在视图区进行的。默认的视图区由顶（Top）、前（Front）、左（Left）和透视（Perspective）4 个视口组成，分别可以从不同的角度观察和编辑场景中的对象。

视图控制区由多个视图控制按钮组成，主要用于控制视口中对象的显示大小和显示角度。

轨迹栏提供了显示动画帧数的时间线和用于确定当前帧的时间滑块。轨迹栏与动画控制区配合为用户提供了一种便捷的三维基础动画的制作方式。

3.4.3 基本操作

1. 文件的基本操作

单击 3ds Max 2011 标题栏上的应用程序图标，打开“文件”菜单，利用其中的命令可进行新建文件、打开文件、保存文件、重置场景、导入文件和导出文件等操作。

3ds Max 场景的原始文件格式为*.max，利用“导入”与“导出”命令还可以输入或输出非 3ds Max 场景文件的图形文件，如 3D Studio 网格（*.3DS，*.PRJ）、Adobe Illustrator（*.AI）、AutoCAD 图形（*.DWG，*.DXF）、Lightscape（*.LS，*.VW，*.LP）等类型。这是 3ds Max 与其他相关软件之间相互交换数据的重要接口。

如果要输出视频动画，可在主工具栏右侧单击“渲染设置”按钮，打开“渲染设置”对话框（见图 1-3-165），选择“公用”选项卡。在“公用参数”卷展栏的“时间输出”参数区选择“活动时间段”单选按钮。在“输出大小”参数区设置帧图像大小为 640 像素×480 像素。在“渲染输出”参数区单击“文件”按钮，打开“渲染输出文件”对话框（见图 1-3-166）。

图 1-3-165 “渲染设置”对话框

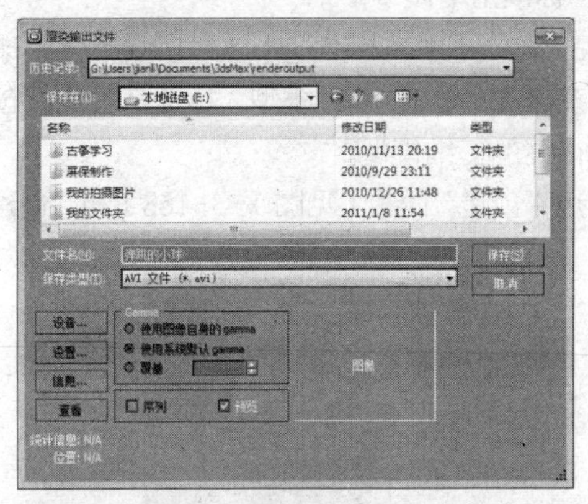

图 1-3-166 “渲染输出文件”对话框

通过“渲染输出文件”对话框可以设置动画文件的存储位置、存储格式（*.avi 或*.mov）、文件名及视频文件的压缩级别等信息。最后在“渲染设置”对话框中单击“渲染”按钮，输出动画即可。

2. 对象编辑

对象编辑包括对象的选择、组合、变换和复制等操作。

- 选择对象：要编辑对象，首先必须选择对象。在 3ds Max 的主工具栏上选择“选择对象”工具（或“选择并移动”工具、“选择并缩放”工具、“选择并旋转”工具）后，可在视图中通过单击或区域框选的方式选择场景中的对象。也可以在主工具栏上选择“按名称选择”工具打开对话框，根据对象的名称进行选择。
- 组合对象：选择多个对象后，通过程序菜单命令“组|成组”将它们组合起来，然后可以像编辑单个对象一样对整个组合进行操作。通过“组|解组”命令可以将组中对象分解开来。
- 变换对象：对象的变换包括移动、缩放与旋转 3 种操作。分别通过“选择并移动”工具、"选择并缩放"工具和"选择并旋转"工具来完成。在此操作过程中，3ds Max 的坐标系对操作结果起着至关重要的作用。

● 复制对象：复制对象的操作方式有多种，包括"编辑|克隆"命令、"工具|镜像"命令、"工具|阵列"命令等。

● 对齐对象：对齐操作对于对象间的精确定位起着重要的作用。可通过"工具|对齐|对齐..."菜单命令或主工具栏上的"对齐"工具按钮来完成。另外，3ds Max 的对齐工具还包括快速对齐、法线对齐、放置高光、对齐摄影机和对齐到视图等多种。

3.4.4 常用建模手段

1. 基本二维图形

在"创建"面板上单击"图形"按钮（见图 1-3-167），从"图形种类"下拉列表中选择"样条线"选项，可以看到多种基本图形创建按钮。这些基本图形包括线、矩形、圆、椭圆、弧、圆环、多边形、星形、文本、螺旋线和截面 11 种。除此之外，也可以利用"创建|图形"菜单下的相应命令创建基本图形。

在这 11 种基本图形中，除了"线"为可编辑样条线（包括顶点、线段和样条线三级子对象）之外，其他基本图形都是不可编辑的样条线。但可以通过添加"编辑样条线"修改器转换为可编辑样条线。

2. 标准基本体

在 3ds Max 中，标准基本体包括圆锥体、球体、几何球体、圆柱体、管状体、圆环、四棱锥、茶壶和平面等 10 种类型。标准基本体的创建方法比较简单，却是三维建模和动画中使用频率很高的三维模型。

利用"创建"面板（见图 1-3-168）和"创建|标准基本体"菜单都可以创建标准基本体。

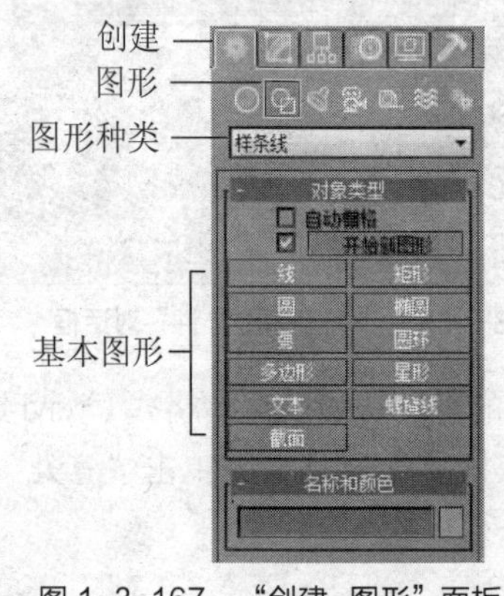

图 1-3-167 "创建-图形"面板

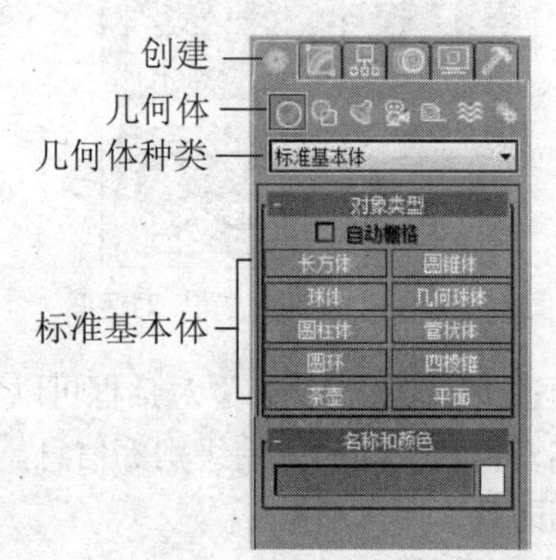

图 1-3-168 "创建-几何体"面板

3. 扩展基本体

扩展基本体包括 13 种，分别是异面体（Hedra）、环形结（Torus Knot）、切角长方体（ChamferBox）、切角圆柱体（ChamferCyl）、油罐（OilTank）、胶囊（Capsule）、纺锤体（Spindle）、球棱柱（Gengon）、L 形体（L-Ext）、C 形体（C-Ext）、环形波（RingWave）、棱柱（Prism）和软管（Hose）。

在"创建"面板的"几何体种类"下拉列表中选择"扩展基本体"选项，可显示扩展基本体的创建按钮。当然，也可以通过选择"创建|扩展基本体"菜单下的相应命令来创建扩展

基本体。

4．复合对象

所谓复合对象就是把两个或两个以上的对象复合为一个对象，是 3ds Max 的一种非常有效的建模手段。

通常用户可以通过“复合对象”面板（见图 1-3-169）创建复合对象。当然也可以通过“创建|复合”菜单组来创建复合对象。

在 3ds Max 2011 中，“复合对象”包括“变形（Morph）”“散布（Scatter）”“一致（Conform）”“连接（Connect）”“水滴网络（BlobMesh）”“图形合并（Shape Merge）”“布尔运算（Boolean）”“地形（Terrain）”“放样（Loft）”“网络化（Mesher）”“ProBoolean”“ProCutter”等 10 多种。在这些复合对象中，使用频率最高的是“放样”和“布尔运算”。

布尔运算是通过并集、交集、差集或切割等运算形式，将两个或两个以上的对象（通常指三维实体）复合成一个对象的一种建模手段。例如，创建长方体与球体，二者有部分重叠（见图 1-3-170），进行布尔差集运算，可得到如图 1-3-171 所示的结果。

放样是以一条曲线作为路径，以一个或多个二维图形（通常是闭合的）作为垂直于路径的截面来创建三维实体的复合建模手段，应用十分广泛。

例如，编辑如图 1-3-172 所示的截面图形，创建如图 1-3-173 所示的直线路径，通过放样可得到图 1-3-174 所示的实体。

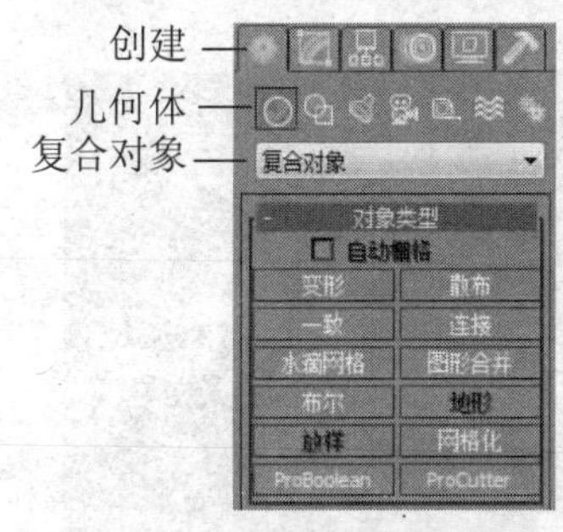

图 1-3-169 “复合对象”面板

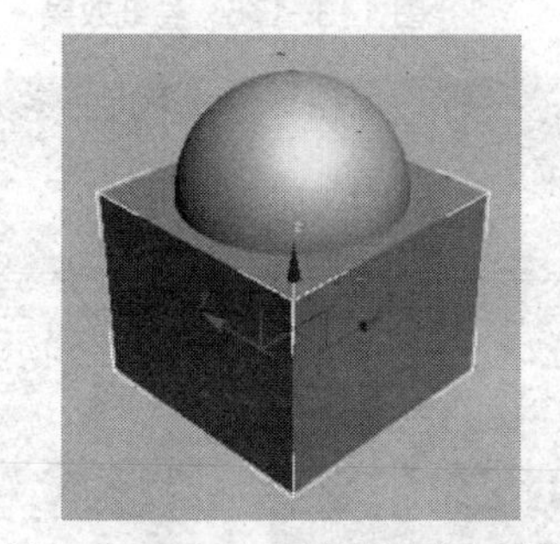

图 1-3-170 重叠的长方体与球体

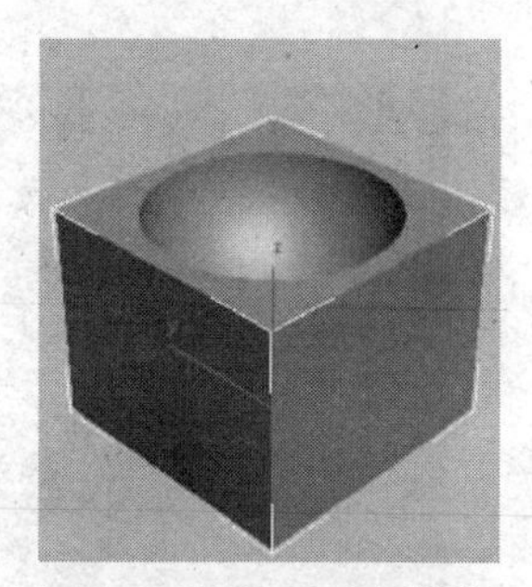

图 1-3-171 布尔运算结果

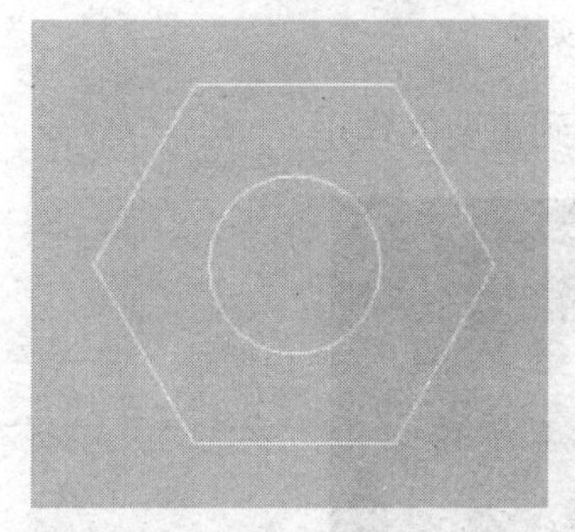

图 1-3-172 截面图形

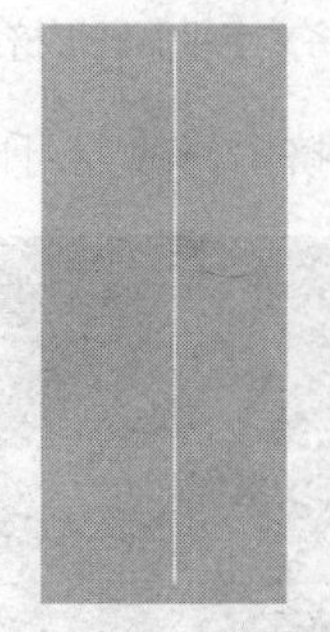

图 1-3-173 放样路径

图 1-3-174 放样结果

3.4.5 使用修改器

1．标准修改器

3ds Max 的标准修改器包括弯曲 （Bend）修改器、拉伸（Stretch）修改器、锥化（Taper）修改器、扭曲（Twist）修改器、涟漪（Ripple）修改器、噪波（Noise）修改器、晶格（Lattice）修改器、FFD 修改器、编辑网格（Edit Mesh）修改器、网格平滑（Mesh Smooth）修改器、

UVW 贴图（UVW Map）修改器等多种，主要用于对三维实体进行修改变形。

例如，弯曲修改器可用于对物体实施弯曲变形。图 1-3-175 所示纸张卷起的效果就是使用弯曲修改器制作的。

2．图形修改器

3ds Max 的图形修改器包括编辑样条线修改器、车削修改器、挤出修改器、倒角修改器、倒角剖面修改器等多种，用于将二维图形转换为三维实体。

例如，挤出修改器可以将二维平面图形在垂直于该平面的方向上产生一个高度，形成三维实体，如图 1-3-176 所示。

图 1-3-175　卷纸效果

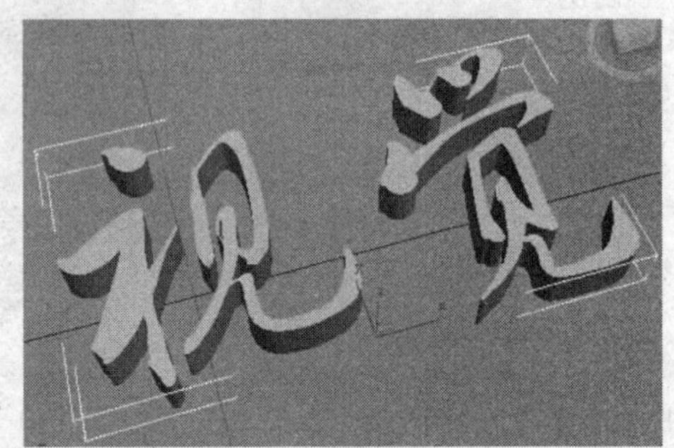

图 1-3-176　将文字平面图形挤出为实体

在图 1-3-177 所示的小房子制作中，挤出修改器可以起到重要的作用。

图 1-3-177　小房子

3.4.6 使场景更逼真

1．材质与贴图

所谓材质就是将一些特定的信息指定给模型，使其表面呈现出色彩、发光、透明、反射、折射等自然界某种物质的外观特征。

贴图是指在赋予模型材质的同时，还可以将图形或图像指定到材质中，使模型表面产生纹理、图案、凹凸等效果。

将材质与贴图指定给模型后，也就告诉了人们这个模型所对应的物体是由什么材料做成的。

材质与贴图不仅能够逼真地模拟自然界不同物体的外观特征，有时还可以降低建模的复杂程度，提高计算机的运行速度。

编辑材质与贴图，并将其指定给场景中的模型，这些操作都是通过材质编辑器（见图1-3-178）完成的。

在图 1-3-179 所示的蝴蝶飞舞动画的制作中，通过设置合适的材质与贴图，可以使场景中的蝴蝶获得非常逼真的效果。该动画的视频文件见“第 3 章素材\3ds max\飞舞的蝴蝶.avi”。

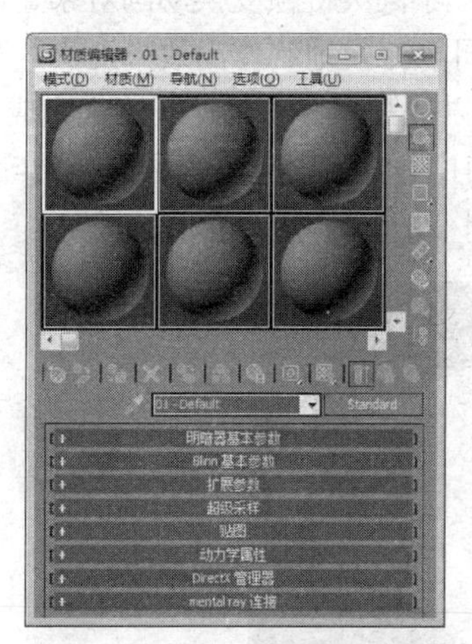

图 1-3-178 精简材质编辑器

图 1-3-179 蝴蝶飞舞动画

2．灯光与摄影机

在 3ds Max 中，灯光对象可以模拟真实世界中各种类型的光源，是照亮场景的重要手段，如图 1-3-180 所示。另外，恰当的灯光布置可以获得良好的照明环境，增加作品的质感和艺术感，使其更动人、更具生命力。

3ds Max 有两种类型的灯光：光度学灯光和标准灯光。标准灯光用于模拟传统的灯光类型，如家用或办公室灯光、舞台和放电影时使用的灯光设备以及太阳光等。而光度学灯光特别考虑到了人类视觉感官系统对光线照射所产生的心理学效应，因此能够产生更逼真的渲染效果。

3ds Max 的摄影机与现实生活中的摄影机非常相似。在三维效果图和动画制作中，通常要在场景中创建摄影机，通过调整视角在摄影机视图获得一个观察和表现场景的合适角度，以获得一种身临其境的渲染效果。图 1-3-181 所示右下角的视图为摄影机视图。

图 1-3-180　使用灯光模拟室外日光效果

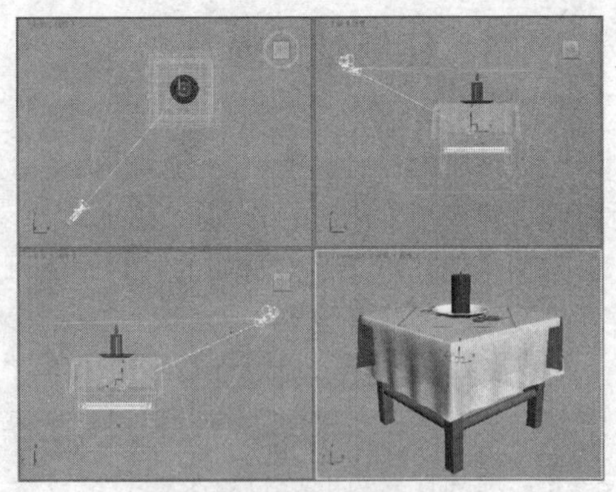
图 1-3-181　使用摄影机

3.4.7　创建动画

1．基本动画

在 3ds Max 中，利用轨迹栏、曲线编辑器等工具，通过在不同关键帧变换动画对象、修改动画对象的创建参数、修改器参数、材质贴图参数等，就可以方便地制作出效果逼真的三维动画来。对于有特殊要求的动画（比如路径动画等），还可以通过指定动画控制器来完成。

例如，借助轨迹栏与曲线编辑器，通过修改不同关键帧中样条线的弯度就可以制作图 1-3-182 所示的翻书动画。该动画的视频文件见“第 3 章素材\3ds max\翻页的书.avi”。

图 1-3-182　翻书动画

2．粒子动画

3ds Max 的粒子系统主要用于制作动画，能够逼真地模拟雨、雪、流水、沙尘、烟花、爆炸、蚁群等常规动画难以实现的壮观景象。粒子系统动画不同于基本的关键帧动画，主要依靠调整创建参数和借助空间扭曲的控制来实现。

粒子系统由一系列不可编辑的小型子对象组成，这些子对象称为粒子，它们通过发射器发射出来，形成粒子流。在整个发射过程中，随着时间的变化每个粒子都有一个从产生、壮大到灭亡的过程。

图 1-3-183 所示是利用雪粒子系统制作的场面壮观的下雪效果。该动画的视频文件见“第 3 章素材\3ds max\下雪.avi”。

图 1-3-183 下雪动画

除了上述动画技术外，在 3ds Max 中还可以利用空间扭曲、正反向运动、环境效果、Video Post 视频合成器等技术制作动画。

3.4.8 综合案例：制作小房子

步骤 1 启动 3ds Max 2011。使用图形“线”在左视图绘制图 1-3-184 所示的封闭图形（小房子侧面墙壁）。

步骤 2 继续用“线”在左视图绘制图 1-3-185 所示的房顶封闭图形、门（矩形）和窗户图形（由外侧大矩形和内测 4 个小矩形组成）。

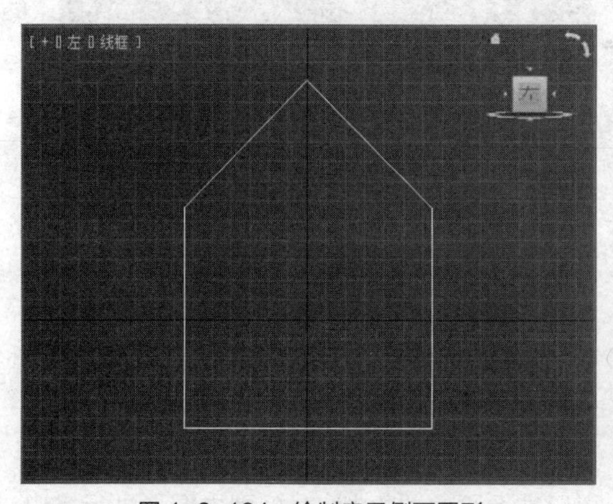

图 1-3-184 绘制房子侧面图形

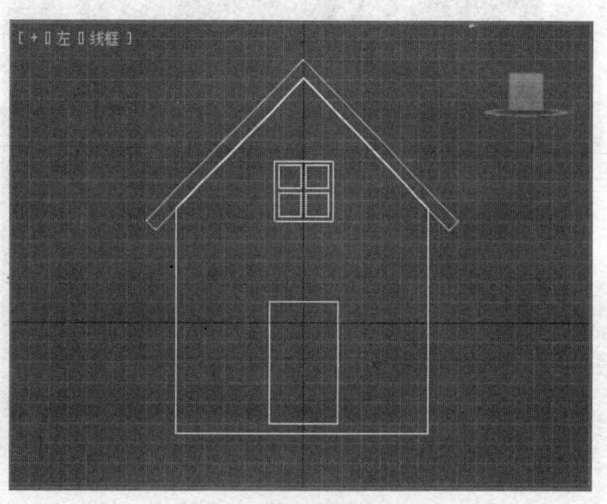

图 1-3-185 绘制房顶、窗户和门

步骤 3 使用菜单命令“编辑|克隆”对窗户外侧矩形进行原位置复制，并在复制出来的矩形上添加“挤出”修改器（“修改器|网格编辑|挤出”），挤出数量为-300。

步骤 4 同样将房顶图形进行挤出，挤出数量为-200；将墙壁图形进行挤出，挤出数量为-10。此时透视图效果如图 1-3-186 所示。

步骤 5 在挤出的墙壁实体与窗口实体之间进行复合对象的布尔运算（墙壁实体减去窗口实体），以便在墙壁上“凿”出窗洞。然后在透视图将墙壁沿 x 轴正向移动一点距离（采用默认的视图坐标系），如图 1-3-187 所示。

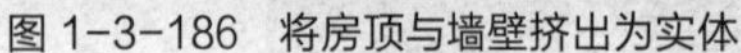

图 1-3-186 将房顶与墙壁挤出为实体

图 1-3-187 “凿”出窗洞

步骤 6　将另一个窗户外侧矩形转换为可编辑样条线，并将内测 4 个小矩形一一附加进来（选中可编辑样条线，在修改面板的“几何体”卷展览可以找到“附加”按钮）。

步骤 7　将附加后的图形进行挤出，挤出数量为 5，得到窗框实体。在透视图将窗框实体在 x 轴方向对齐到墙壁实体的中央位置，如图 1-3-188 所示。

步骤 8　在左视图创建长宽与窗框外侧矩形相同、高度为 2 的长方体作为玻璃。在透视图将玻璃与窗框居中对齐。

步骤 9　复制窗框、玻璃与墙体，并将副本对象沿 x 轴正向拖动到房子右侧对称的地方（可在顶视图操作），如图 1-3-189 所示。

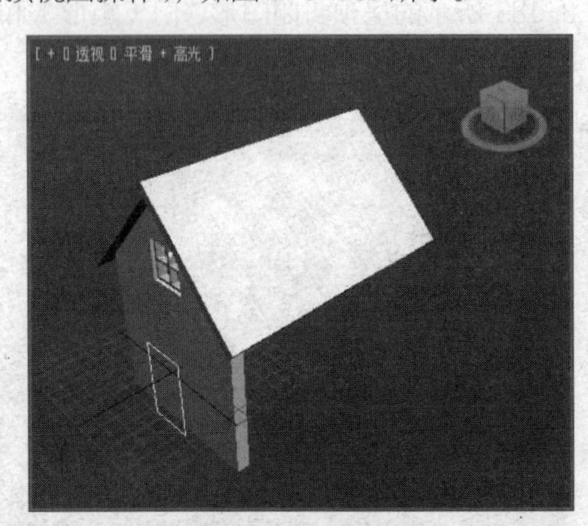

图 1-3-188 制作窗框

图 1-3-189 复制出右侧窗户与墙壁

步骤 10　使用菜单命令“编辑|克隆”对门图形进行原位置复制。对门副本图形进行挤出，挤出数量为-100；对门图形进行挤出，挤出数量为 5。

步骤 11　在左墙壁实体与门副本挤出实体之间进行复合对象的布尔运算（墙壁实体减去门副本挤出实体），以便在左墙壁上“凿”出门洞。

步骤 12　在透视图将“门图形挤出实体”在 x 轴方向对齐到左墙壁实体的中央位置，如图 1-3-190 所示。

步骤 13　使用长方体创建房子的前后墙体，并与其他墙体对齐，如图 1-3-191 所示。

图 1-3-190　制作门洞与门

图 1-3-191　创建前后墙壁

步骤 14　在顶视图如图 1-3-192（a）所示的位置创建内外两个同心矩形。将其中一个矩形转换为可编辑样条线，并将另一个矩形附加进来。

步骤 15　将步骤 14 中附加后的图形挤出一定高度作为烟囱，如图 1-3-192（b）所示。

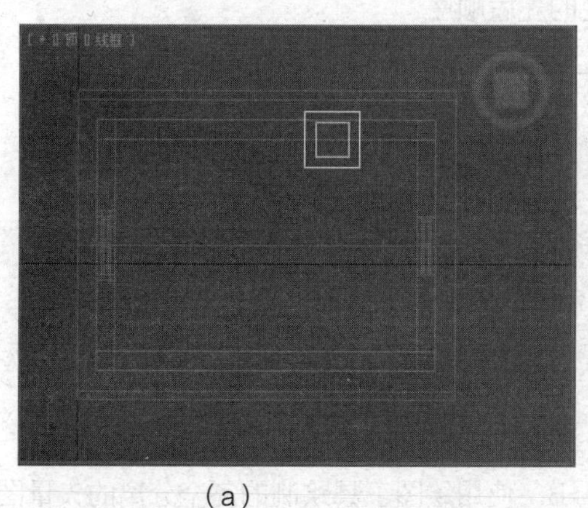

（a）

（b）

图 1-3-192　创建烟囱模型

步骤 16　对房子的各个部分进行材质贴图设置，得到图 1-3-193 所示的效果。

步骤 17　使用“环绕工具”将透视图旋转一定角度，得到图 1-3-194 所示的效果。

步骤 18　保存 3ds Max 源文件，并输出效果图文件。

图 1-3-193　设置材质与贴图

图 1-3-194　旋转视图

习题和思考

一、选择题

1. 以下哪一组软件主要是用于制作动画的软件__________。
   A. Flash、Photoshop、3ds Max　　B. Flash、3ds Max、Maya
   C. Maya、Adobe ImageReady、Authorware
   D. Audition、Gif Animator、Director
2. 以下__________不是 Flash 的特色。
   A. 简单易用　　B. 基于矢量图形
   C. 流式传输　　D. 基于位图图像
3. 以下对帧的叙述不正确的是__________。
   A. 计算机动画的基本组成单位　　B. 一帧就是一个静态画面
   C. 帧一般表示一个变化的起点或终点，或变化过程中的一个特定的转折点
   D. 使用帧可以控制对象在时间上出现的先后顺序
4. 以下对关键帧的叙述不正确的是__________。
   A. 是一种特殊的、表示对象特定状态（颜色、大小、位置、形状等）的帧
   B. 空白关键帧不是关键帧
   C. 一般表示一个变化的起点或终点，或变化过程中的一个特定的转折点
   D. 关键帧是 Flash 动画的骨架和关键所在
5. 使用 Flash 的任意变形工具不可以对舞台上的组合对象实施__________变形。
   A. 封套　　B. 倾斜
   C. 缩放　　D. 旋转
6. 在 Flash 中，以下__________不能用于创建补间形状动画。
   A. 元件的实例　　B. 使用绘图工具绘制的完全分离的矢量图形
   C. 完全分离的组合　　D. 完全分离的位图
7. 在 Flash 中，以下__________不能用于创建传统补间动画。
   A. 元件的实例　　B. 导入的位图
   C. 完全分离的矢量图形　　D. 文本对象与组合体
8. 在 Flash 中，执行__________脚本后，将跳转到当前场景的指定帧并停止播放。
   A. stop　　B. gotoAndPlay　　C. gotoAndStop　　D. gotoAndPause
9. 在 Flash 时间轴上插入关键帧的快捷键是__________
   A. F5　　B. F6　　C. F7　　D. F8
10. 在 Flash 中对帧频的说法，正确的描述是__________。
    A. 动画每秒播放的帧数　　B. 动画每分钟播放的帧数
    C. 动画每小时播放的帧数　　D. 以上均不正确
11. 以下关于 Flash 的描述中，不正确的是__________。
    A. Flash 操作界面简单，功能强大
    B. Flash 具有编写大型数据库应用软件的能力
    C. Flash 作品很容易发布到网络上
    D. Flash 集设计和编程于一体，不需要借助其他软件，直接使用 Flash 即可完成作品

12. Flash 中关于元件的优点，正确的描述是__________。

A. 使用元件可以简化电影的编辑

B. 使用元件可以更加流畅地播放电影

C. 使用元件可以显著缩减发布文件的大小

D. 以上均正确

13. Flash 中的__________面板可用于设置舞台背景。

A. 动作　　B. 对齐　　C. 属性　　D. 颜色

14. 在 Flash 中要制作文本对象的补间形状动画，需对文本对象分离__________次。

A. 1　　B. 2　　C. 3　　D. 不确定

15. 在 Flash 中，假设舞台上有同一个元件的两个实例，如果将其中一个实例的颜色改为#FFFFFF，大小改为原来的 50%，那么另外一个实例将会有__________变化。

A. 颜色也变为#FFFFFF，但大小不变

B. 没有变化

C. 颜色变为#FFFFFF，大小变为原来的 50%

D. 大小变为原来的 50%，但颜色不变

16. 以下关于 Flash 元件的描述，正确的是__________。

A. 元件的实例不能再次转换成元件

B. 元件中可以包含任何内容，包括它自己的实例

C. 只有图形、图像或声音可以转换为元件

D. 以上均不正确

17. 以下关于 Flash 影片剪辑元件的描述中，不正确的是__________。

A. 可以包含交互式控制和声音

B. 不可以嵌套其他的影片剪辑实例

C. 拥有自己独立的时间轴

D. 在按钮元件中可放置影片剪辑元件的实例以创建动画按钮

18. Flash 中不提供__________元件的制作和编辑功能。

A. 按钮　　B. 音频　　C. 图形　　D. 影片剪辑

19. Flash 中关于时间轴面板的图层编辑区，不正确的描述是__________。

A. 单击图层编辑区右上角的矩形框按钮，可将所有图层显示为轮廓

B. 单击图层名称右边的锁定栏，可以锁定或解锁该图层

C. 双击图层名称，即可重命名图层

D. 单击图层编辑区右上角的眼睛按钮，可以显示或隐藏当前图层

20. Flash 中影片剪辑元件一般是指__________。

A. 一张图片　　B. 一个音频文件

C. 一个按钮　　D. 一个独立的动画片段

21. Flash 中可以利用对齐面板对齐舞台中的对象，打开对齐面板的菜单命令是__________。

A. “视图|对齐”　　B. “窗口|对齐”

C. “修改|对齐”　　D. “文本|对齐”

22. 以下__________操作不能切换到 Flash 元件的编辑模式。

A. 右击舞台上的元件实例，从右键菜单中选择“编辑”命令
B. 双击舞台上的元件实例
C. 双击库面板中的元件图标
D. 把舞台上的元件拖动到库面板之上

23. Flash 交互式动画就是借助__________代码实现的动画。
A. JavaScript　B. FlashScript　C. VBScript　D. ActionScript

24. 以下__________视图不属于 3ds Max 默认的视图。
A. 透视　B. 左　C. 顶　D. 右

25. 3ds Max 是由美国 Autodesk 公司开发的__________系统。
A. 文字处理　B. 图像处理
C. 三维造型与动画制作　D. 数据处理

26. 3ds Max 源文件的扩展名是__________。
A. max　B. dxf　C. dwg　D. 3ds

27. 在 3ds Max 中，使用“文件|__________”命令可将扩展名为 3ds 的文件输入到当前场景中。
A. 打开　B. 合并　C. 导入　D. 替换

28. 在 3ds Max 中制作三维动画的一般步骤为__________。
A. 建模　B. 建模、渲染
C. 建模、设置动画　D. 建模、设置动画、渲染

29. 以下__________是 3ds Max 系统默认的视图组合。
A. 顶视图、底视图、左视图、前视图
B. 顶视图、前视图、右视图、底视图
C. 顶视图、前视图、底视图、透视图
D. 顶视图、前视图、左视图、透视图

二、填空题

1. 动画是由一系列静态画面按照一定的顺序组成的，这些静态的画面称为动画的________。通常情况下，相邻的帧的差别不大，其内容的变化存在着一定的规律。当这些帧按顺序以一定的速度播放时，由于眼睛的________作用的存在，形成了连贯的动画效果。

2. 计算机动画按帧的产生方式分为________动画与________动画两种。

3. ________的作用是组织和控制动画中的各个元素。其中的每一个小方格代表一帧。动画在播放时，一般是从左向右，依次播放每个帧中的画面。

4. ________是制作和观看 Flash 动画的矩形区域。每一帧画面中的对象只有放置在该区域内，才能够保证播放发布后的动画时能够被看到。

5. 使用“________”对话框可以设置 Flash 文档的标尺单位、舞台大小、背景颜色和帧频率等属性。

6. Flash 源文件的扩展名为________。

7. 在制作 Flash 传统补间动画时，可以将对象转换为________，存放于库中，并且可以重复使用。

8. Flash 时间轴的主要组件是图层、________、播放头。

9. Flash CS4 的补间动画分为__________、__________和__________ 3 种。

10. 将Flash动画发布成为可以在网络中播放的作品，可以使用菜单命令__________，常用的文件发布格式为__________、__________。

11. Flash中的元件分为以下3种类型：__________、__________和__________。

12. Flash按钮元件用于制作动画中响应标准鼠标事件的交互式按钮。按钮元件时间轴上的4个状态帧分别为：__________、__________、__________、__________。

13. 在Flash中控制动画的播放速度时，可以不修改时间轴而是通过调整__________来实现。

14. 在Flash中，选择椭圆工具，同时按下__________键，通过拖动鼠标光标可以画出正圆。

15. 在Flash中，元件以及导入的外部资源都存储在__________面板中。

16. 在Flash中，__________面板可以设置文本的大小、颜色等属性。

17. 在Flash中，__________元件的适用对象是独立于时间轴播放的动画片段，可包含交互式控制和声音。

18. 在Flash中，可应用__________动画制作正方形逐渐变为圆形的动画。

19. 在Flash中，要利用文字对象制作补间形状动画，首先要将其进行__________操作。

20. 在Flash中，新建元件的快捷键是__________，将对象转换为元件的快捷键是__________。

21. 在Flash中，插入普通帧的快捷键是__________，插入关键帧的快捷键是__________，插入空白关键帧的快捷键是__________。

22. 在Flash中，测试影片可以通过__________快捷键来实现。

23. Flash中可以将普通帧转换为__________帧或__________帧。

24. 在Flash中，每一帧都由制作者手动完成，而不是由Flash通过计算得到，然后依次连续播放各帧的动画称为__________动画。

25. 在Flash动画制作中可以通过添加__________层使对象沿任意路径运动。

26. 3ds Max是由美国Autodesk公司开发的三维__________制作软件，主要用于模拟自然界、产品设计、建筑设计、影视动画制作、游戏开发、虚拟现实技术等领域。

27. 3ds Max默认的视图区由__________、__________、__________和__________4个视口组成，分别可以从不同的角度观察和编辑场景中的对象。

28. 3ds Max视图控制区由多个视图控制按钮组成，主要用于控制视口中对象的显示__________和显示__________。

29. 3ds Max的__________栏提供了显示动画帧数的时间线和用于确定当前帧的时间滑块，其与动画控制区配合为用户提供了一种便捷的三维基础动画的制作方式。

30. 3ds Max场景的原始文件格式为__________。

31. 3ds Max中的__________运算是通过并集、交集、差集或切割等运算形式，将两个或两个以上的对象（通常指三维实体）复合成一个对象的一种建模手段。

三、操作题

打开文件“练习\动画\月亮升起\flash.fla”，利用库中资源和素材“海边.png”“tears.mp3”制作月亮升起的动画，效果可参照“练习\动画\月亮升起.swf”。

操作步骤提示：

1. 打开flash.fla。设置舞台大小500×500像素，舞台背景色#00293D。

2. 将素材“海边.png”和“tears.mp3”导入到库。图层1改名为“山水”。

3. 将“海边.png”从库面板拖动到舞台，并对齐到舞台底部（水平居中）。

4. 新建图层2，改名为“月亮”。将“月亮”层拖动到“山水”层的下面。

5. 在“月亮”层的1～ 40帧创建月亮升起的补间形状动画。在升起的过程中，月亮的颜色由#FF9900逐渐变成#FFFFCC。在“月亮”层的第80帧插入帧。

6. 在“山水”层的第80帧插入帧。

7. 在所有层的上面新建图层3，改名为“小鸟”。将影片剪辑元件“鸟”从库面板拖动到舞台，置于舞台右下角。

8. 在“小鸟”层的第60帧插入关键帧，将“小鸟”元件实例适当缩小，置于舞台左上方。在“小鸟”层的第1帧插入传统补间动画。

9. 新建图层4，改名为“文字”。在该层的第69～80帧创建逐帧动画“海上升明月，天涯共此时。”（文字一个一个出现，可参考动画“第3章素材\下载.swf”的制作方法）。

10. 新建图层5，改名为“背景音乐”。选择该层的第1帧。在属性面板的声音名称下拉列表中选择“tears.mp3”，将“同步”设为“开始”，重复1次。

11. 新建图层6，改名为“动作”。在该层的第80帧插入关键帧。并为该帧添加动作脚本“stop（）;”。

动画最终编辑环境如图1-3-195所示。

图1-3-195 动画最终编辑环境

第 4 章 音频编辑

4.1 数字音频概述

4.1.1 数字音频的产生

声源振动造成空气压力的变化，从而产生声音。这是一种模拟信号，以空气为媒介进行传播。通常以连续的波形表示声音，波形上升表示空气压力增大，波形下降表示空气压力减弱。振幅、频率和相位是度量声波属性的重要参数。振幅指声波中波峰与波谷的垂直距离；频率指单位时间内声源振动的次数，即声波周期的倒数。人耳能感应到的声音的频率范围是 20 Hz～20000 Hz。相位表示声波在周期内的具体位置（假如声波为正弦线 y=sinx，则声波在 90° 时处于波峰位置，180° 时回到 x 轴，270° 时到达波谷）。

音频的数字化是指通过采样将连续的模拟声音信号首先转化为电平信号，再通过量化和编码将电平信号转化为二进制的数字信号，保存在计算机的存储器中（A/D 转换）。利用多媒体计算机系统播放声音的过程恰好相反：先将二进制的数字信号转化为模拟的电平信号，再由扬声器播出（D/A 转换）。音频的 A/D 和 D/A 转换都是由音频卡完成的。

影响数字音频质量的因素主要有 3 个，即采样频率、量化精度和声道数。

1．采样

所谓采样，就是在连续的声波上每隔一定的时间（通常很短）采集一次幅度值，如图 1-4-1 所示。单位时间内的采样次数就是采样频率，单位为赫兹（Hz）。实际上，只要在一定长度的声波上等间隔地采集足够多的样本数，就能够逼真地模拟出原始的声音。一般来说，采样频率越高，采集的样本数越多，数字音频的质量越好，但占据的磁盘存储空间越大。在实际应用中采样频率一般采用 11.025 kHz、22.05 kHz、44.1 kHz 等。

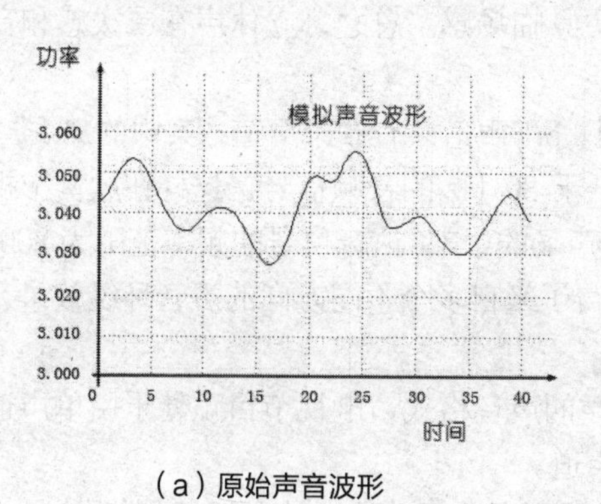

（a）原始声音波形

（b）采样得到的数据

图 1-4-1 采样

2．量化

量化就是将采样得到的数据表示成有限个数值（每个数值的位数也是有限的），以便在计算机中进行存储。而量化位数（或称量化精度、量化等级）指的是用多少个二进制位（bit）来表示采样得到的数据（见图 1-4-2）。

对于同一声音波形（最大振幅一定）而言，用 8 bit 可将振幅均分为 256（$=2^8$）个等级，而使用 16 bit 则可以将振幅均分为 65536（$=2^{16}$）个等级。可见，量化位数越大，数字音频的分辨率越高，还原后的音质越好，但占据的磁盘存储空间也越大。这就如同在度量同一个长度时以毫米为单位比以厘米为单位要精确一样。

在实际应用中量化位数一般采用 8 位、16 位和 32 位不等。

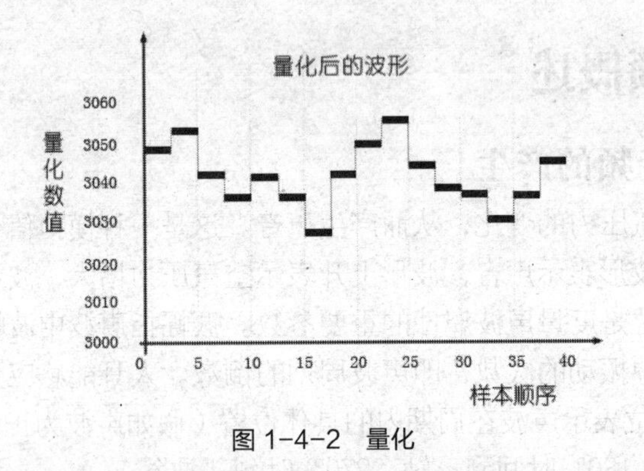

图 1-4-2　量化

3．声道

同一声源产生的声波，分别传送到人的左右耳朵时，会听出细微的差别，通过这个差别，人们可以判断音源的位置。另一方面，不同声源产生的声波从各个不同的方向到达人的耳朵时，其强度与成分一般是不同的。这种方向的差异性，使人们很容易就可以分辨出来自不同方向的声音。

声道指的是在录制或播放声音时，在不同的空间位置采集得到的或回放输出的相互独立的音频信号。声道数即声音录制时采用的音源数量，或回放时相应的扬声器数量。

单声道是一种比较原始的声音信号的传输方式，缺乏对声音的定位，往往造成声音的清晰度不太好。

立体声彻底改变了声音的定位问题。立体声在录制时，音频信号被分配到两个彼此独立的声道，从而获得很好的声音定位效果。在音乐欣赏中，立体声可以使听众清晰地分辨出各种乐器来自的方向，从而使音乐更富想象力，更具临场感。总之，立体声在层次感和音色丰富程度等方面都明显高于单声道。

目前，音效更好的 5.1 声道已得到广泛应用。5.1 声道共有 6 个声道，其中的“.1”声道，是一个经过专门设计的超低音声道，用于传送低于 80 Hz 的音频信号，这样在欣赏影视节目时使人的声音得到加强，将人物对话聚焦在整个声场的中部（语音信号的频率范围为 300 Hz～3000 Hz），增加了整体效果。5.1 声道使听众获得了来自多个不同方向的声音环绕效果，从而营造出一个完整的声音氛围。

目前，我国的电影业已广泛采用环绕立体声的声音格式，电视节目正处于由单声道向多声道转换的过渡阶段，广播大多采用的还是单声道。

在多媒体计算机系统中，能够支持多少个声道数是衡量声卡档次的重要指标。

4.1.2 数字音频的编码与压缩存储

所谓编码，就是用一定位数的二进制数值来表示由采样和量化得到的音频数据。在不进行压缩的情况下，将音频数据编码存储所需磁盘空间的计算公式为：

存储容量（字节）= 采样频率×量化位数×声道数×时间/8 （字节）

例如，标准CD音乐的采样频率为44.1 kHz，量化位数为16位，立体声双声道。1分钟长度的标准CD音乐所占用的磁盘存储量为：

44.1×1000×16×2×60/8 = 10584000（byte）≈ 10336（KB）≈ 10.09（MB）

这样得到的数据量是非常巨大的，如果不进行压缩编码，很难应用在多媒体计算机和网络中。

对音频数据的压缩大多从去除重复代码和去除无声信号两个方面进行考虑。由于数字音频的压缩往往会造成音频质量的下降和计算机运算量的增加，所以在压缩时要综合考虑音频质量、数据压缩率和计算量3个方面的因素。

常用的有损压缩方法有脉冲编码调制（PCM）法和MPEG音频压缩法等。其中PCM方法的一个典型应用就是Windows中的Wave文件，这类编码音质特别好，但数据量很高。而MPEG音频压缩法的典型应用当属MP3音乐的制作，其音质接近CD，但文件大小仅为CD的十二分之一。

数字音频的诞生给音频传输带来了革命性的变化。因为模拟信号在复制和传输过程中会逐渐衰减，并且混入噪音，信号的失真度比较明显。而数字信号在复制与传输过程中却具有很高的保真度。

4.1.3 数字音频的分类

根据多媒体计算机产生数字音频方式的不同，可将数字音频划分为3类：波形音频、MIDI音频和CD音频。

1．波形音频

波形音频是通过录制外部音源，由音频卡采样、量化后存盘而得到的数字音频（常见的如*.WAV 格式的文件）。这是多媒体计算机获取声音的最直接、最简便的方式。波形音频重放时，由音频卡将数字音频信号还原成模拟音频信号，经混音器混合后由扬声器输出。图1-4-3所示是波形音频输入与输出的简化过程。

麦克风等（模拟声音源）——声卡（A/D转换）／采样、量化、编码——→ 磁盘上的数字音频 ——声卡（D/A转换）／解码——→ 扬声器

图1-4-3 波形音频的输入与输出过程

2．MIDI音频

MIDI是Musical Instrument Digital Interface（乐器数字接口）的缩写。MIDI是数字音乐的国际标准，它规定了设备（如计算机、电子乐器等）间相互连接的硬件标准和通信协议。

MIDI音频与波形音频的产生方式完全不同，它是将电子乐器键盘的弹奏信息（键名、力度、时间值长短等）记录下来，以*.MID文件格式存储在计算机硬盘上。这些信息称之为MIDI消息，是乐谱的一种数字描述。MIDI音频播放时，多媒体计算机通过音频卡上的合成器，从相应的MIDI文件中读出MIDI消息，生成所需要的乐器声音波形，经放大后由扬声器输出。

MIDI 音频文件中记录的是一系列指令，而不是波形信息，它对存储空间的需求要比波形音频小得多。

数字式电子乐器的出现与不断改进，为计算机作曲创造了极为有利的条件。图 1-4-4 所示是一个 MIDI 音乐创作系统的示意图。

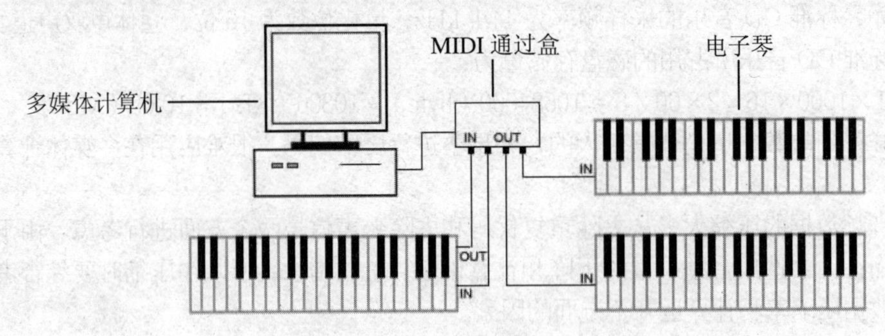

图 1-4-4　由电子琴和多媒体计算机等组成的 MIDI 音乐创作系统

3．CD 音频

CD 音频是以 44.1 kHz 的采样频率、16 位的量化位数将模拟音乐信号数字化得到的立体声音频，以音轨的形式存储在 CD 上，文件格式为*.cda。CD 音频记录的是波形流，是一种近似无损的音频格式，它的声音基本上是忠于原声的。

4.1.4　常用的音频文件格式

数字音频是用来表示声音强弱的二进制数据系列，其压缩编码方式决定了数字音频的格式。一般来说，不同的数字音频设备对应着不同的音频文件格式，这些文件格式又分为有损压缩格式（MP3、RA 等）和无损压缩格式（MIDI、WAV 等）。

1．WAV 格式

WAV 格式是微软公司开发的一种无损压缩的声音文件格式，被 Windows 平台及其应用程序所支持，目前在计算机上广为流传。WAV 格式支持多种压缩算法，支持多种采样频率、量化位数和声道数。几乎所有的音频编辑软件都“认识”WAV 格式，多数音频卡都能以 16 位的量化精度、44.1 kHz 的采样频率录制和播放 WAV 格式的音频文件。其优点是音质好，与 CD 相差无几，能够重现各种声音；缺点是文件太大，不适合长时间记录。

2．MP3 格式

MP3 格式诞生于 80 年代的德国，采用 MPEG 有损压缩技术，是目前风靡全球的数字音频格式。其音质接近 CD，但大小仅为 CD 音频的十二分之一。现在多数多媒体信息创作软件已经开始支持 MP3 格式，因特网也在使用 MP3 格式进行音频信号的传输。

MP3 格式保持声音的低音频部分基本不失真，同时牺牲声音中 12 kHz ~ 16 kHz 间的高音频部分以换取较小的文件尺寸。MP3 格式的缺点是没有版权保护技术（也就是说谁都可以用）。

3．WMA 格式

WMA（Windows Media Audio）格式由微软公司开发，技术领先，实力强劲，其音质强于 MP3（音质好的可与 CD 音频相媲美），但数据压缩率更高，可达到 1:18。WMA 格式不仅可以内置版权保护技术（MP3 格式做不到），还支持音频流技术，因此比较适合在网络上使用。使用 Windows Media Player 就可以播放 WMA 音乐，而 7.0 以上版本的 Windows Media Player 具有把 CD 音频转换为 WMA 声音文件的功能。

4．AU 格式

AU 格式（*.au）是 UNIX 操作系统下的声音文件，是网络上应用最广泛的声音文件格式。AU 音频不仅压缩率高，而且音质好（音质可与 WAV 格式相媲美，但文件容量要小得多），因此非常适合在网络上使用。尤其值得注意的是，Netscape 或其他 WWW 浏览器（Browser）都内含*.au 播放器，却不支持*.wav 声音文件（要想在 Netscape 里播放*.wav 声音文件，只好外挂支持*.wav 声音文件的播放器了）。支持*.au 声音文件的音频处理软件不多。可以使用 Adobe Audition 等音频处理软件来录制和处理*.au 声音文件。

5．MIDI 格式

MIDI 文件（*.mid）并不是一段录制好的声音，它记录的是有关音频信息的指令而不是波形，因此文件非常小；其播放效果因软硬件的不同而有所差异。当播放*.mid 文件时，计算机将其中记录音频信息的指令发送给音频卡，音频卡中的合成器按照指令将乐器声音波形合成出来。

MIDI 音频常用于计算机作曲领域。*.mid 文件可以直接用计算机作曲软件创作，或通过声卡的 MIDI 接口将外接电子乐器演奏的乐曲指令记录在计算机中，存储为*.mid 文件。MIDI 音频是作曲家的最爱。

6．CD 格式

这是大家都很熟悉的音乐格式，其文件扩展名为*.cda，是目前音质最好的数字音频格式。*.cda 文件中记录的只是声音的索引信息，其大小只有 44 字节；因此，不能将 CD 光盘上的*.cda 文件直接复制到计算机硬盘上播放。可使用一些软件（如超级解霸、Windows 的媒体播放机等）将*.cda 文件转换成*.wav 和*.wma 等格式的文件再进行播放。CD 光盘可以在 CD 唱机中播放，也可以借助计算机中的各种播放软件（如 Windows 的媒体播放机）进行播放。

标准 CD 音频的采样频率为 44.1 kHz，传输速率 88 Kbit/s，量化位数 16。CD 音轨近似无损，音效基本上忠于原声。

7．RealAudio 格式

RealAudio 是一种流媒体音频格式，主要用于网络在线音乐欣赏和网络广播。目前主要有*.rm、*.ra 等文件格式。RealAudio 格式可以根据网络用户的不同带宽提供不同的音频播放质量，在保证低带宽用户享有较好的播放质量的前提下，使高带宽用户获得更好的音质。同时，RealAudio 格式还可以根据网络传输状况的变化随时调整数据的传输速率，以保证不同用户媒体播放的平滑性。

RealAudio 音频的生成软件在对声音源文件进行压缩编码时，以丢弃人耳不敏感的频率极高与极低的声音信号为代价获得理想的压缩比；同时根据不同的音质要求，保留较为完整的典型音频范围，能够提供纯语音、带有背景音乐的语音、单声道音乐和立体声音乐等多种不同的声音质量。

RealAudio 音频可通过 RealPlayer 等进行播放。

4.1.5 常用的音频编辑软件

数字音频的编辑处理主要包括录音、存储、剪辑、去除杂音、添加特效、混音与合成、格式转换等操作。常用的音频处理软件有 Ulead Audio Editor、Adobe Audition、cakewalk、samplitude2496 等。

1．Ulead Audio Editor

Ulead Audio Editor 是一款准专业的单轨音频编辑软件，是友立公司生产的数码影音套装软件包 Media Studio Pro 中的软件之一，不仅可以录音，还拥有丰富多彩的音频编辑功能和多种音频特效。Audio Editor 学习起来非常便捷，有立竿见影之功效。除了 Audio Editor 之外，Media Studio Pro 软件包还包括 Video Editor（视频编辑）、Video Capture（视频捕获）等软件。

2．Adobe Audition

Adobe Audition 可提供专业的音频编辑环境，主要为音频和视频从业人员设计，其前身是美国 Syntrillium 软件公司开发的 Cool Edit Pro（被 Adobe 收购后，改名为 Adobe Audition）。Adobe Audition 使用简便，功能强大，具有灵活的工作流程，能够高质量地完成录音、编辑、特效、合成等多种任务。

3．Cakewalk

Cakewalk 是由美国 Cakewalk 公司开发的一款专业的计算机作曲软件，功能强大，学习方便。主要用于编辑、创作、调试 MIDI 格式的音乐，在全世界拥有众多的用户。

2000 年之后，Cakewalk 向着更加强大的音乐制作工作站方向发展，并更名为 Sonar。Sonar 能够更好地编辑和处理 MIDI 文件，并在录音、编辑、缩混方面得到了长足的发展。2007 年发布的 Sonar 7.0 已经可以完成音乐制作中从前期 MIDI 制作到后期音频录音缩混烧刻的全部功能，同时还可以处理视频文件。

Cakewalk Sonar 目前已经成为世界上最著名的音乐制作工作站软件之一。

4．Samplitude 2496

Samplitude 2496 是一款由德国 SEKD 公司出品的非常专业的数字音频工作站型软件，其强大功能几乎覆盖音频制作与合成的各个领域，被誉为音频合成软件之王。

Samplitude 2496 不仅在世界上第一个支持 24 Bit 的量化精度、96 KHz 的高采样率和无限轨超级缩混，更重要的是它采用了独特精确的内部算法，因此在音质和功能上遥遥领先于其他同类 PC 软件，被国内外的专业录音人士广泛使用，成为 PC 上多轨音频软件的绝对权威。

Samplitude 2496 的主要功能包括多轨录音、波形编辑、调音台、信号处理器、母盘制作工具和 CD 刻录等。一台安装有 Samplitude 2496 的计算机，加上数字音频卡、监听设备、CD 刻录机以及话筒、（硬件）调音台等前端设备，就构成了一个完整的音乐工作室。

4.2 Audition 音频编辑技术

Adobe Audition 是美国 Adobe 公司旗下的一款专业的音频软件，其主要功能包括录音、混音、音频编辑、效果处理、消除噪声、音频压缩与 CD 刻录等。

4.2.1 窗口界面的基本设置

Adobe Audition 3.0 提供了 3 种专业的视图，即编辑视图、多轨视图与 CD 视图，分别针对视频的单轨编辑、多轨合成与 CD 刻录。

启动 Adobe Audition 3.0，其默认视图下的窗口界面如图 1-4-5 所示。

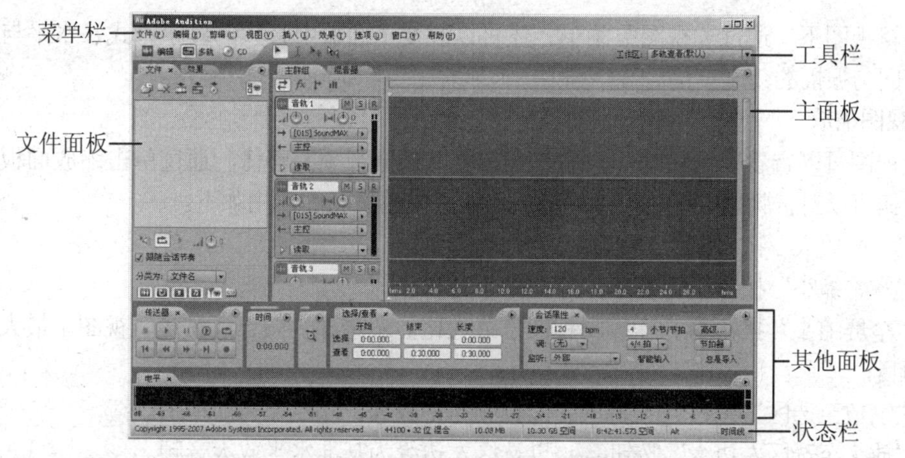

图 1-4-5　多轨视图下的 Audition 窗口

1．视图切换

通过单击工具栏左侧的视图按钮 编辑、多轨与 CD，或选择“视图”菜单顶部的相应命令，可以方便地在编辑视图、多轨视图和 CD 视图之间切换。

2．界面元素的显示与隐藏

（1）工具栏

工具栏提供了多种工具、视图切换和各种工作空间的快捷方式按钮。默认状态下，工具栏紧靠在菜单栏的下面。通过选中或取消选中菜单命令“窗口|工具”，可以显示或隐藏工具栏。

通过“窗口”菜单，还可以控制其他各类面板的显示和隐藏。

（2）状态栏

状态栏位于 Audition 程序窗口的最底部，显示了当前工作环境下的各类信息。通过选中或取消选中菜单命令“视图|状态栏|显示”，可以显示或隐藏状态栏。通过“视图|状态栏”下的其他子菜单，或状态栏右键菜单（见图 1-4-6），可以设置状态栏上显示信息的类型。

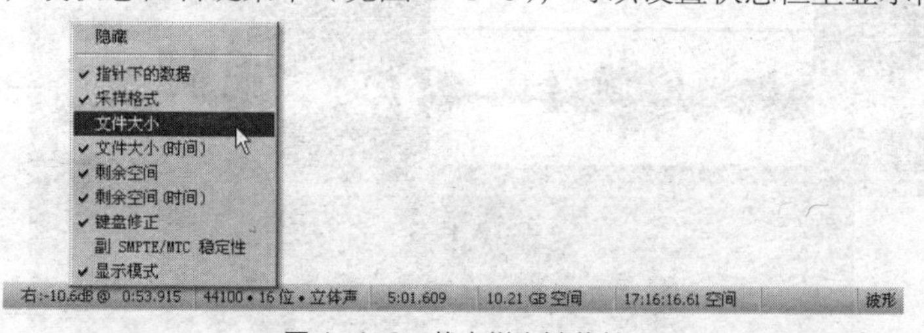

图 1-4-6　状态栏右键菜单

（3）快捷栏

默认状态下快捷栏是隐藏的，通过选中菜单命令“视图|快捷栏|显示”，可以将其显示在工具栏的下面。通过“视图|快捷栏”下的其他子菜单，或快捷栏右键菜单（见图 1-4-7），可以设置快捷栏上显示的快捷方式的类型。

图 1-4-7　快捷栏右键菜单

在编辑视图下，通过“视图”菜单，还可以改变主面板中音频的显示方式、水平与竖直标尺上时间与振幅的刻度单位。

3．视图缩放

放大视图可以查看音频的细节，缩小视图可以预览音频的整体。通过单击缩放面板上的各缩放按钮可以对音频进行多种形式的缩放。这些缩放按钮的作用如下。

● “水平放大”按钮：在水平方向放大音频。
● “水平缩小”按钮：在水平方向缩小音频。
● “全屏缩小”按钮：在编辑视图下最大化显示全部音频，或在多轨视图下最大化显示整个项目。
● “缩放至选区”按钮：将选中的音频水平放大，以匹配当前视图。
● “放大至选区左边缘”按钮：以选区左边缘为基准水平放大音频。
● “放大至选区右边缘”按钮：以选区右边缘为基准水平放大音频。
● “垂直放大”按钮：在垂直方向放大音频。
● “垂直缩小”按钮：在垂直方向缩小音频。

4．滚动视图

当视图放大到一定倍数，主面板中无法查看到全部音频或项目内容时（见图1-4-8），可采用以下方法滚动视图，以便查看音频或项目的被隐藏区域。

● 左右拖动水平滚动条或水平标尺，可以在水平方向滚动视图。
● 上下拖动竖直滚动条或竖直标尺，可以在竖直方向滚动视图。

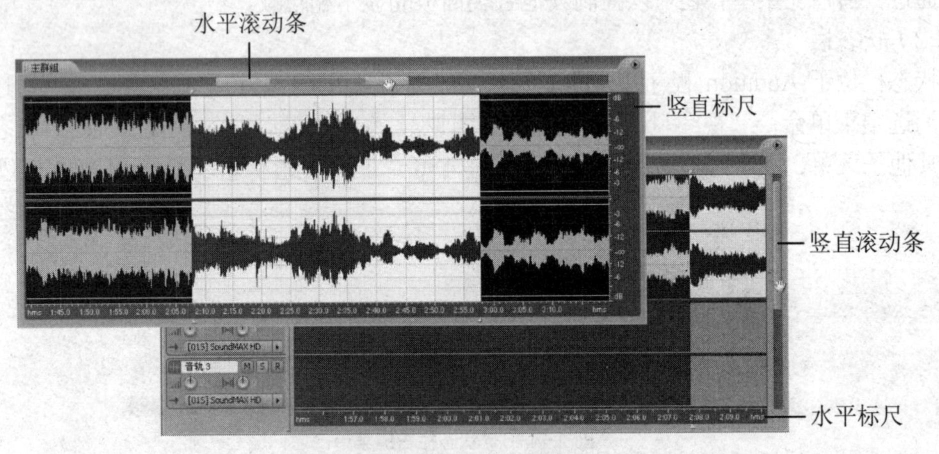

图1-4-8　滚动视图

5．调整窗口的亮度

选择菜单命令“编辑|首选参数（Preferences）”，打开“首选参数”对话框。用户可以根据个人喜好，利用“颜色”标签中的相关选项，调节整个窗口界面或部分界面元素的明暗度。

6．自定义工作空间

与Photoshop、Premiere等相关软件类似，在Audition中可以通过拖动各面板的标签，将不同的面板进行重新组合；通过拖动面板间的分隔线，改变面板的窗口大小；或根据需要，通过“窗口”菜单，打开或关闭部分面板。还可以利用“视图”菜单，改变音频的显示方式、水平与竖直标尺的刻度单位等，从而形成个性化的工作空间。

通过菜单命令“窗口|工作区|新建工作区”可以将自定义的工作空间保存起来。自定义工作空间的名称会出现在“窗口|工作区”菜单下。

另外通过菜单“窗口|工作区”下的“编辑查看（默认）”“多轨查看（默认）”和“CD查看（默认）”等命令，还可以将当前工作空间恢复为默认的编辑视图、多轨视图和CD视图等窗口布局状态。

4.2.2 文件的基本操作

1．编辑视图下的文件基本操作

（1）新建空白音频文件

在编辑视图下，选择菜单命令“文件|新建”，打开“新建波形”对话框（见图1-4-9）。选择采样频率、声道数和量化精度等音频属性，单击“确定”按钮。此时，在主面板中可以看到新建文件的空白波形，新建文件同时出现在文件面板中。

（2）打开音频文件

在编辑视图下，使用“文件|打开”命令可以打开*.wav、*.mp3、*.wma、*.cda等多种类型的音频文件。

另外，使用“文件|打开为”命令在打开上述各类音频文件时还可以转换文件的格式。使用“文件|打开视频中的音频文件”命令则可以打开*.mov、*.avi、*.mpeg和*.wmv等格式的视频文件中的音频部分。

（3）附加音频

所谓附加音频就是在编辑视图下，将一个或多个音频按顺序附加在当前打开的音频波形的后面。操作方法如下。

步骤1　在编辑视图下打开要附加波形的音频文件作为基础波形。

步骤2　选择菜单命令“文件|追加打开（Open Append）”，打开“附加打开”对话框，如图1-4-10所示。选择一个或多个音频文件，单击“附加”按钮。

在主面板中可以看到，选中文件的波形依次附加在基础波形的后面。

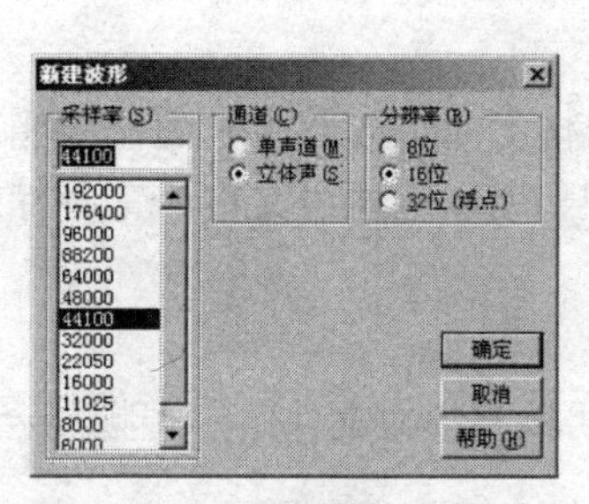

图1-4-9　设置新建音频属性

图1-4-10　“附加打开”对话框

（4）保存音频文件

在编辑视图下，对音频文件编辑修改后，可使用“文件|保存”“文件|另存为”或“文件|另存为副本”命令进行保存。Audition 3.0能够保存的音频文件类型包括*.wav、*.mp3和*.wma等多种。

2．多轨视图下的文件基本操作

（1）新建项目文件

在多轨视图下，选择菜单命令“文件|新建会话（New Session）”，打开“新建会话”对话

框，选择一种声卡支持的采样频率，单击“确定”按钮即可创建一个新的项目文件。

在进行音频合成之前，必须先创建一个项目文件，然后根据需要将音频素材插入到项目文件的相应轨道中，并进行合成。

（2）在项目中插入音频文件

在多轨视图下，单击选择项目文件的一个轨道（目标轨道），并将开始时间指针定位于要插入音频素材的位置（见图 1-4-11）。然后采用下列方法之一将音频文件插入到项目文件的指定轨道。

● 使用“插入|音频”或“提取视频中的音频”等菜单命令将音频插入到目标轨道的指定位置（插入的音频同时出现在文件面板中）。

● 首先使用菜单命令“文件|导入”（或文件面板上的“导入文件”按钮）将音频文件导入到文件面板，再通过单击文件面板上的“插入到多轨”按钮（或在“插入”菜单下选择所需文件名）将音频文件插入到目标轨道的指定位置。

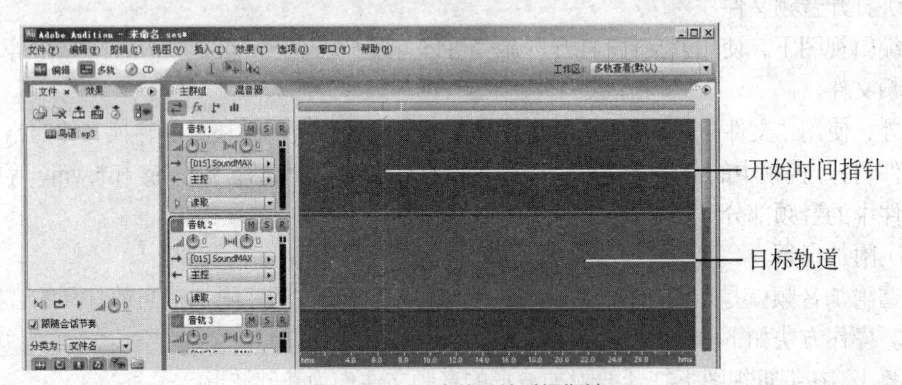

图 1-4-11　定位开始时间指针

当在项目中插入的音频文件与项目文件的采样频率不同时，Audition 将提示进行重新采样，并生成音频文件的副本。音频文件副本的品质有可能降低。

（3）保存项目文件

在多轨视图下，使用菜单命令“文件|保存会话”或“会话另存为”可以将项目文件保存起来（*.ses 类型的文件）。

在项目文件中，仅保存了轨道上素材的插入位置、在素材上添加的效果和包络编辑等数据，本身并不包含音频数据，只是一个混音与合成的框架，所以，项目文件所需存储量比较少。

（4）导出音频文件

在多轨视图下，使用菜单命令“文件|导出|混缩音频”可以将项目文件中的音频混合结果输出到*.wav、*.mp3、*.wma 等格式的音频文件中。

4.2.3　录音

首先根据当前计算机的配置，从声音 CD、麦克风、MIDI 合成器等设备中选择一种录音设备。这里以麦克风为例介绍声音录制的全过程。

1．准备工作

步骤 1　将麦克风与计算机声卡的 Microphone 输入接口正确连接。

步骤 2　在“声音”对话框的“录制”选项卡中将所用麦克风设置为默认录音设备，如图

1-4-12 所示。

步骤 3 在设为默认录音设备的“麦克风”选项上右击，从右键菜单中选择“属性”命令，打开“麦克风 属性”对话框，在“级别”选项卡（见图 1-4-13）中将对应录音设备的音量大小调整到合适。通过单击“确定”按钮关闭“麦克风 属性”对话框和“声音”对话框。

图 1-4-12 “声音”对话框

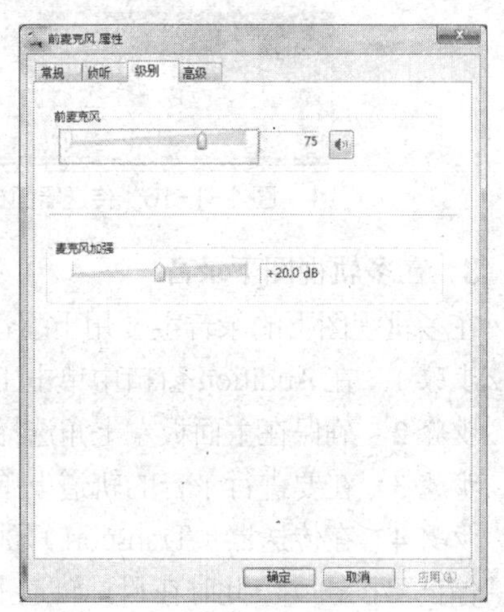

图 1-4-13 “麦克风 属性”对话框

步骤 4 在 Audition 中选择“编辑|音频硬件设置”命令，打开“音频硬件设置”对话框（见图 1-4-14），在“编辑查看”选项卡中选择对应的默认输入设备（若下拉列表中没有对应选项，可单击“控制面板”按钮，打开“DirectSound 全双工设备”对话框设置，如图 1-4-15 所示）。

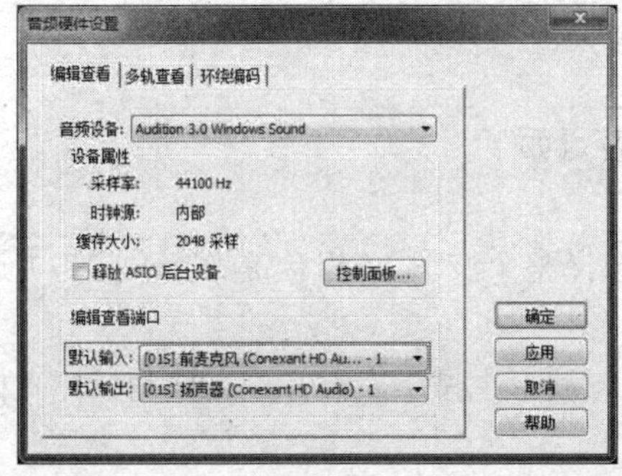

图 1-4-14 “音频硬件设置”对话框

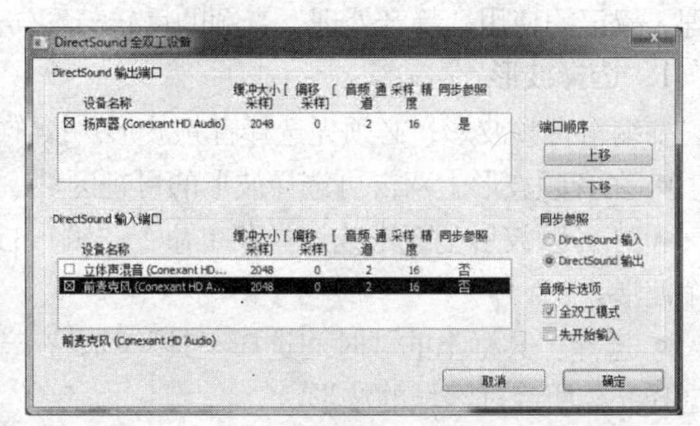

图 1-4-15 “DirectSound 全双工设备”对话框

2. 在编辑视图下录音

步骤 1 在 Adobe Audition 3.0 窗口，单击工具栏左侧的视图按钮 编辑 ，切换到“编辑视图”。

步骤 2 在编辑视图下使用菜单命令“文件|新建”创建空白音频文件。

步骤 3 在传送器（Transport）面板（见图 1-4-16）上单击“录音”按钮●，开始录音。录音完毕后，单击“停止”按钮■即可。此时在主面板中可以看到录制的音频波形。

提示：在传送器面板的各按钮上右击，可打开右键菜单，设置按钮选项。例如：

- 右键单击“快进”按钮和“倒放”按钮，可以设置快进和倒放的速度。
- 右键单击“录音”按钮，可以选择“定时录音模式”。在定时录音模式下，单击“录音”

按钮可打开“定时录音模式”对话框，预先设置录音的时间长度和开始录音的时间，对录音进行精确的控制，如图 1-4-17 所示。

图 1-4-16 传送器面板

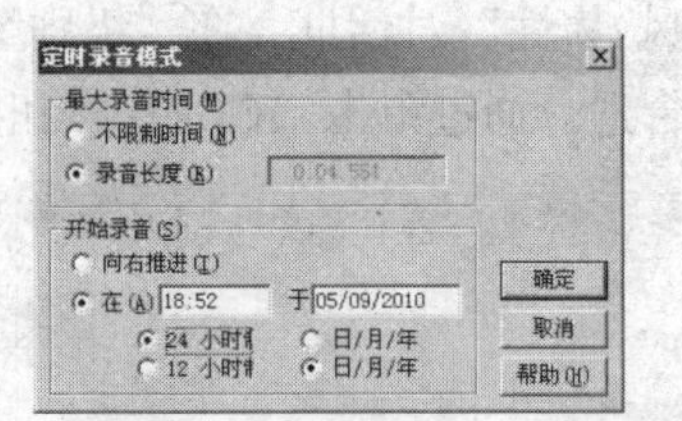

图 1-4-17 设置定时录音模式参数

3．在多轨视图下录音

在多轨视图下的录音主要用于配音。多轨录音时，可以听到其他轨道上音频的声音。

步骤 1 在 Audition 窗口中单击工具栏左侧的视图按钮 多轨，切换到多轨视图。

步骤 2 确保在主面板左上角选择“输入/输出”按钮。并保存项目（会话）文件。

步骤 3 在要进行录音的轨道上单击选择录音开关按钮R，开启轨道录音功能。

步骤 4 在传送器（Transport）面板上单击“录音”按钮，开始录音。录音完毕后，单击“停止”按钮。此时在目标轨道上可以看到录制好的音频波形。

4.2.4 单轨音频的编辑

在编辑视图下，可以对单个音频文件进行编辑修改，并且可以将这些改动存储到源文件中。操作过程一般为：打开音频源文件 → 编辑音频 → 添加特效 → 存储文件。在存储文件之前，对原文件所做的任何改动都可以恢复。

单轨音频的编辑包括声音波形的选择，复制、剪切和粘贴，音频删除，淡入与淡出效果处理，标记的使用，静音处理，音频的反转与翻转，音频转换等操作。

1．选择波形

要编辑音频波形，必须先选择音频波形。操作要点如下。

- 在音频波形上双击可选择波形的可视区域。
- 在音频波形上三击或选择菜单命令“编辑|选择整个波形”（组合键 Ctrl+A），可选择整个波形。
- 选择工具栏上的“时间选择工具”，在音频波形上按下左键并左右拖动鼠标光标，可选择光标所经过区域的波形。
- 使用选择/查看面板可精确选择音频波形，如图 1-4-18 所示。

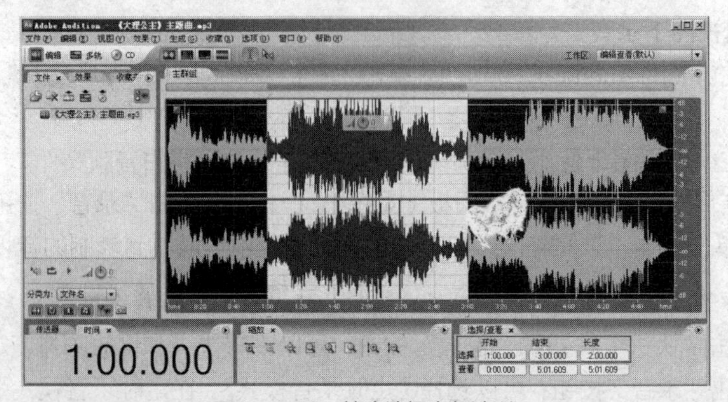

图 1-4-18 精确选择音频波形

● 左右拖动选中波形左上角或右上角的三角滑块 / 可增大或减小选择的范围。

● 在音频波形的任意位置单击可取消波形的选择。

2. 选择声道

默认设置下，选择与编辑操作同时作用于立体声音频的左右两个声道。有时，需要选择其中一个声道（进行编辑）。操作要点如下。

● 选择工具栏上的“时间选择工具” 。在左声道顶部左右拖动光标，可选择左声道的部分波形（见图 1-4-19）；在右声道底部左右拖动光标，可选择右声道的部分波形。

● 使用菜单“编辑|编辑声道”下的“编辑左声道”“编辑右声道”和“编辑双声道”命令预先指定要编辑的声道。

● 单击快捷栏上的“编辑左声道”按钮 、“编辑右声道”按钮 和“编辑双声道”按钮 指定要编辑的声道。

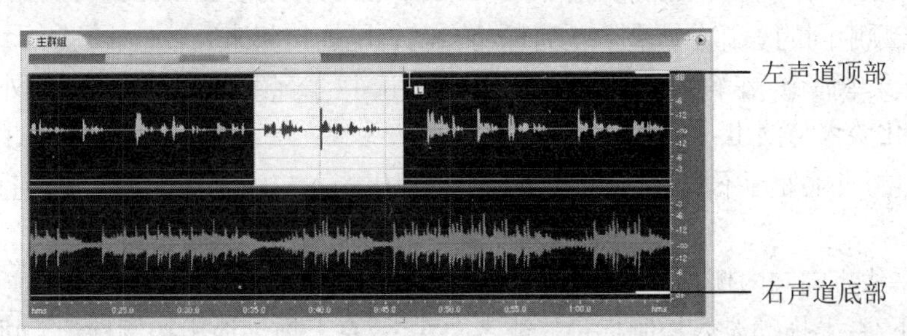

图 1-4-19　选择左声道部分波形

3. 复制、剪切与粘贴音频

复制、剪切与粘贴音频是音频编辑中经常使用的一组操作。要点如下。

● 选择波形。首先选择要复制或剪切的波形（若复制或剪切的是整个波形，也可以不选择）。

● 复制或剪切波形。若要复制音频，可选择菜单命令“编辑|复制（Copy）”或按组合键 Ctrl+C。若要剪切音频，可选择菜单命令“编辑|剪切”或按 Ctrl+X 组合键。复制或剪切的音频数据临时存放在剪贴板中。

● 选择菜单命令“编辑|粘贴”或按 Ctrl+V 组合键粘贴波形。若在粘贴前将开始时间指针定位于波形（可以是其他文件）的某一位置，可将复制或剪切的波形插入到当前波形中开始时间指针的右侧。若在粘贴前选择部分波形（可以是其他文件），可将复制或剪切的波形替换选中的波形。

4. 混合粘贴

混合粘贴命令可将当前剪贴板中的波形或其他音频文件的波形与当前波形以指定的方式进行混合。如果进行混合的两种波形的格式不同，则在混合粘贴前剪贴板中的音频数据将自动转换格式。

选择菜单命令“编辑|混合粘贴”，打开“混合粘贴”对话框（见图 1-4-20）。

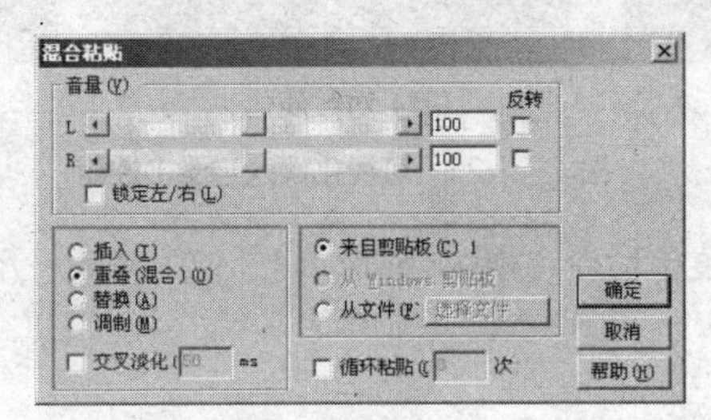

图 1-4-20　“混合粘贴”对话框

其中选项作用如下。

- 音量：设置待粘入波形的左右声道的音量大小。
- 插入、重叠（混合）、替换、调制：选择待粘入波形的粘贴方式。
- 交叉淡化：在待粘入波形的始末位置添加淡入和淡出效果。右侧数值框用来设置淡入和淡出效果的时间长短。
- 来自剪贴板、从 Windows 剪贴板、从文件：选择待粘入波形的来源。
- 循环粘贴：指定粘贴的次数。

5．删除音频

删除音频的操作要点如下。

- 首先选择要删除的音频。
- 选择菜单命令“编辑|删除所选（Delete Selection）”或按 Delete 键可删除选中的音频。若删除的是音频中间的一部分，剩余的音频将自动首尾连接起来。
- 若选择菜单命令“编辑|修剪（Trim）”，将保留选中的音频，而删除所选音频外的其他音频。

6．可视化淡入与淡出

与效果中的淡化处理不同，Audition 3.0 的可视化淡入与淡出功能控制更为直观而高效。操作要点如下。

- 沿水平线方向向内侧拖动淡化控制标记，可进行线性淡化，如图 1-4-21（b）所示。
- 向右下/右上拖动淡入控制标记，或者向左下/左上拖动淡出控制标记，可进行指数或对数淡化，如图 1-4-21（c）和图 1-4-21（d）所示。
- 按住 Ctrl 键不放，同时向内侧拖动淡化控制标记，可进行余弦淡化，如图 1-4-21（e）所示。

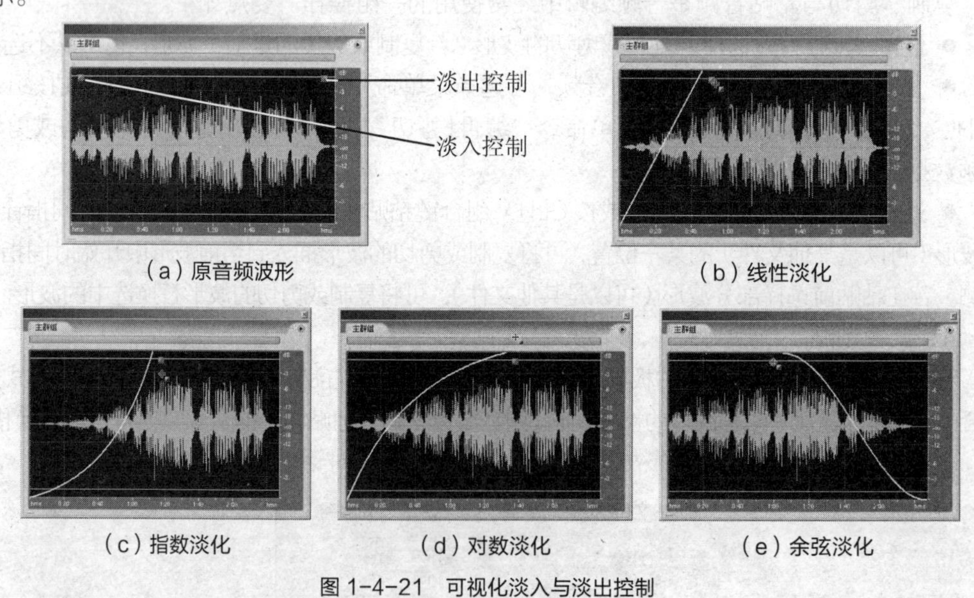

（a）原音频波形　（b）线性淡化

（c）指数淡化　（d）对数淡化　（e）余弦淡化

图 1-4-21　可视化淡入与淡出控制

通过选中或取消选中菜单命令“视图|剪辑上 UI（On-clip UI）”，可开启或关闭可视化淡入与淡出功能控制。

7．可视化调整振幅

与可视化淡入与淡出功能控制类似，波形振幅的可视化控制也是 Audition 3.0 的新增功能，比使用效果进行振幅调整更加直观而方便。操作方法如下。

- 首先选择要调整振幅的音频。此时在选中的波形上方出现可视化振幅控制图标。
- 在振幅控制图标上向上或向右拖动光标，振幅增大；向下或向左拖动光标，振幅减小，如图 1-4-22 所示。

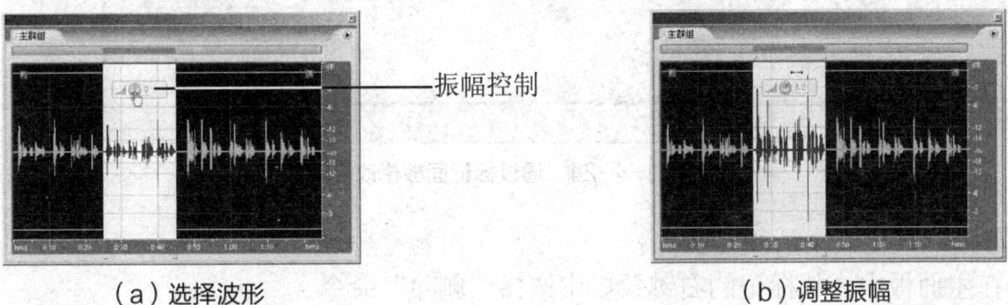

（a）选择波形　　（b）调整振幅

图 1-4-22　振幅的可视化控制

8．使用标记

标记用来指示音频波形的特定位置，对于音频的选择、编辑与播放起辅助作用。

（1）添加标记

- 在音频播放过程中，按 F8 键或在快捷栏上单击“添加标记”按钮，可在当前播放指针所在的位置添加标记。
- 将开始时间指针定位于要添加标记的地方，按 F8 键或在快捷栏上单击“添加标记”按钮也可添加标记。
- 选择要设置标记的音频，按 F8 键或在快捷栏上单击“添加标记”按钮，可以为音频选区添加标记，如图 1-4-23 所示。

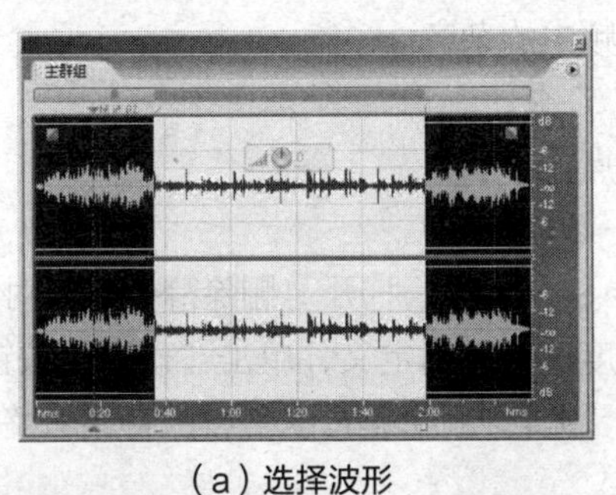

（a）选择波形　　（b）添加标记

图 1-4-23　标记音频选区

（2）编辑标记

- 在主面板中，沿水平方向拖动标记的红色三角柄，可以改变标记的位置。对于选区标记，拖动左侧的红色起始柄可以改变标记的位置；拖动右侧的蓝色结束柄可以改变所标记区域的时间长度。
- 在标记面板中，选择要编辑的标记，在开始框中输入时间值，可以精确设定标记的位置。对于选区标记，还可以通过在结束框中输入时间值或在长度框中输入时间长度值，以精确设置所标记区域的时间长度。如图 1-4-24 所示。
- 在标记面板中，通过“描述”文本框可以对选中的标记添加注释信息，如图 1-4-24 所示。

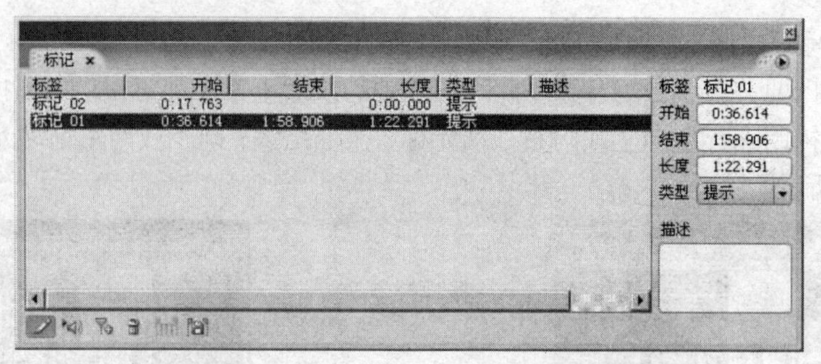

图 1-4-24　通过标记面板修改标记

（3）删除标记

● 在主面板中，从标记的右键菜单中选择“删除”命令。

● 在标记面板的标记列表中单击选择要删除的标记（可配合 Shift 键和 Ctrl 键连续或间隔选择多个标记），单击面板底部的“删除”按钮。

标记面板可通过选择菜单命令“窗口|标记列表”打开。

9. 静音处理

所谓静音就是听不到任何声音。有关静音的基本操作如下。

（1）插入静音

将开始时间指针定位于要插入静音的时间点。选择菜单命令“生成|静音区（Silence）”，打开“生成静音区”对话框，输入静音的时间长度，单击“确定”按钮。

（2）将音频转化为静音

选择要转化为静音的音频区域，选择菜单命令“效果|静音（进程）”即可将选区内的音频转化为静音。

在音频的处理中，常常采用这种方式去除音频中的杂音。

（3）删除静音

删除静音常用于清除录音中的断音，操作要点如下。

● 首先选择包含静音的音频波形，如图 1-4-25 所示。

● 选择菜单命令“编辑|删除静音区（Delete Silence）”，打开“删除静音区”对话框（见图 1-4-26）。对音频和静音的音量范围和时间长度进行区别定义，单击“确定”按钮。

如果操作前没有进行选择，则执行菜单命令“编辑|删除静音区”后，将删除整个音频中符合定义的静音。

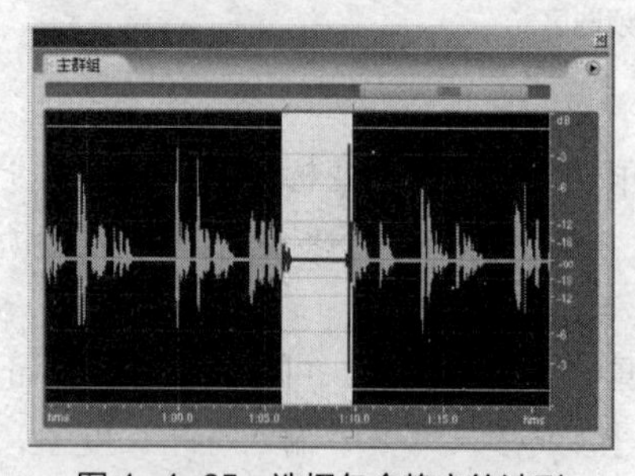

图 1-4-25　选择包含静音的波形

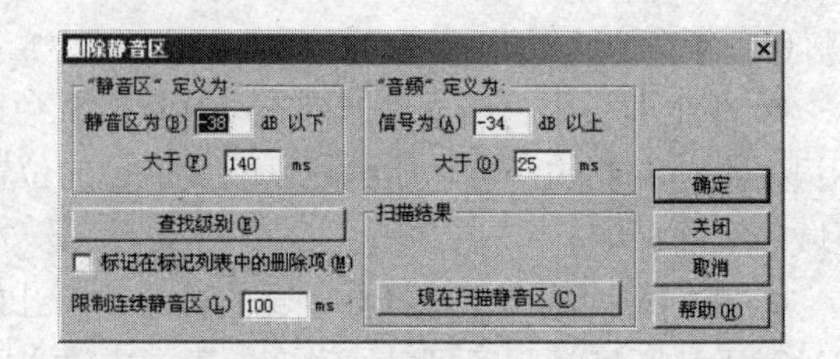

图 1-4-26　“删除静音区”对话框

10. 音频格式转换

使用“编辑|转换采样类型”命令可以转换音频的采样频率、量化位数和声道数等属性。

在进行声道转换时，还可以选择左右声道混入音量的大小。

"转换采样类型"对话框如图 1-4-27 所示。

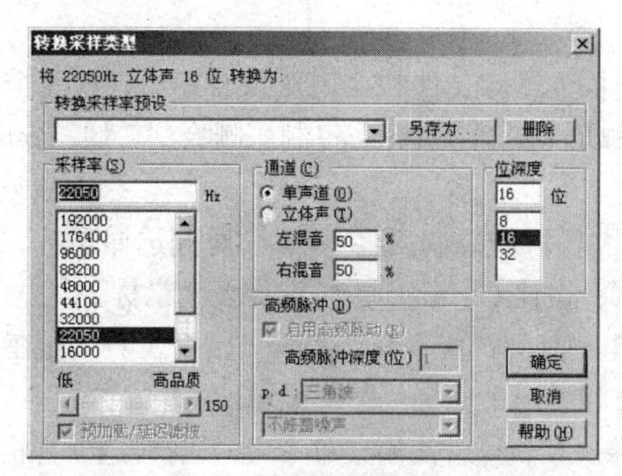

图 1-4-27 "转换采样类型"对话框

4.2.5 多轨视图下的混音与合成

在多轨视图下，可以导入或录制多个音频文件，分放在不同的轨道上，按需要进行编排，施加特效，最终将各轨道混合输出。操作过程一般为：新建项目文件 → 导入或录制音频素材 → 编排素材 → 添加特效 → 存储项目源文件 → 输出合成音频文件。

以下介绍主面板中有关音频编辑的基本操作，包括轨道控制、素材管理和包络编辑。

1．轨道控制

（1）添加与删除轨道

多轨视图下的轨道包括音频轨道、视频轨道、MIDI 轨道、公共轨道等多种。添加与删除轨道的操作要点如下。

- 使用"插入|音频轨/视频轨/MIDI 轨"等命令插入相应类型的轨道。
- 使用菜单命令"插入|添加音轨"同时插入多个不同类型的轨道。
- 选择要删除的轨道，选择菜单命令"编辑|删除所选的音轨"；或在轨道空白处右击，从右键菜单中选择"删除音轨"命令将轨道删除。

（2）控制轨道输出音量

在主面板的轨道控制区（见图 1-4-28），拖动音量控制图标可调节音量；按住 Shift 键拖动，以 10 倍的增量进行调节；按住 Ctrl 键拖动，以 1/10 的增量进行微调（MIDI 轨道不支持音量微调）。也可在音量控制图标的数字标记上单击，直接输入音量大小的数值。

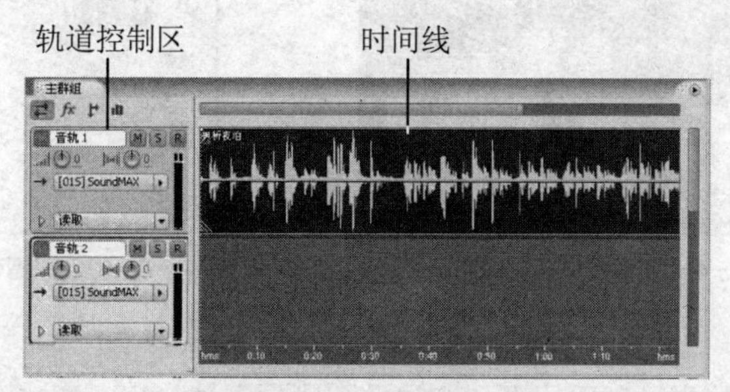

图 1-4-28 主面板组成

（3）设置轨道静音与独奏

在主面板的轨道控制区，单击"静音"按钮，可将对应的轨道设置静音效果；单击"独奏”按钮[S]，可将其他轨道静音，只播放该轨道。

要取消轨道的静音或独奏状态，可再次单击静音按钮或独奏按钮。

2. 素材编辑与管理

在多轨视图的轨道上插入音频文件和 MIDI 文件后，形成一个个素材片段，对这些素材的管理主要包括选择、移动、组合、对齐、复制、删除、剪切、分离与合并等操作。

（1）选择与移动素材

● 在主面板中，使用“移动/复制工具”、“时间选择工具”或“混合工具”在素材上单击可选择单个素材；按住 Ctrl 键单击可选择多个素材。

● 在主面板中，使用“时间选择工具”或“混合工具”在素材片段上按下左键拖移鼠标光标，可选择该素材和轨道上光标经过的区域。

● 在主面板中，选择一个轨道，使用菜单命令“编辑|选择音轨中的所有剪辑”可选中所选轨道上的全部素材。

● 使用菜单命令“编辑|全选”（或按 Ctrl+A 组合键）可选中所有轨道上的素材。

● 在主面板中，使用“移动/复制工具”拖动素材，可在同一轨道或不同轨道之间移动素材。

（2）复制素材

在 Audition 中，常用的复制素材的方法有以下几种。

● 在主面板中选择要复制的素材，选择菜单命令“编辑|复制”（或按 Ctrl+C 组合键）；选择目标轨道，选择菜单命令“编辑|粘贴”（或按 Ctrl+V 组合键），可将素材粘贴到所选轨道开始时间指针的右侧。

● 在主面板中，选择“移动/复制工具”，在要复制的素材上右击并拖动到目标位置后松开鼠标右键，在弹出的菜单中选择相应的命令（见图 1-4-29）。

✓ 在此复制参照（Copy Reference Here）：进行关联复制。这种方法节约磁盘空间，但若修改源素材文件，所有的复制副本都将随之更新。

✓ 在此唯一复制（Copy Unique Here）：进行独立复制。这种方法不节省磁盘空间，源素材文件的修改不会影响到所有的复制副本。

● 在主面板中选择要复制的素材，选择菜单命令“剪辑|副本（Duplicate）”，打开“剪辑副本”对话框（见图 1-4-30）。设置好复制的次数和时间间隔，单击“确定”按钮。

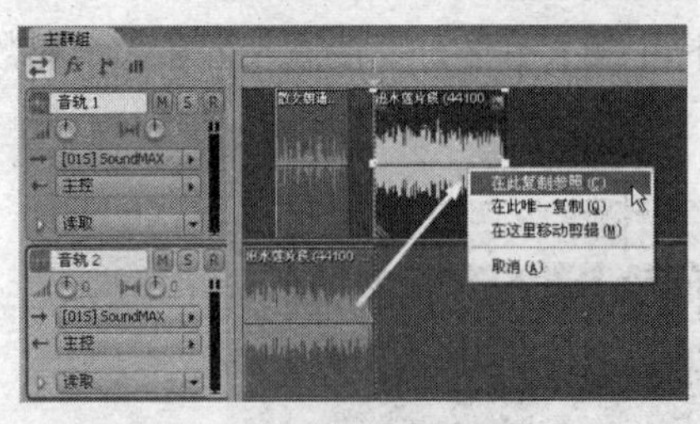

图 1-4-29 复制素材

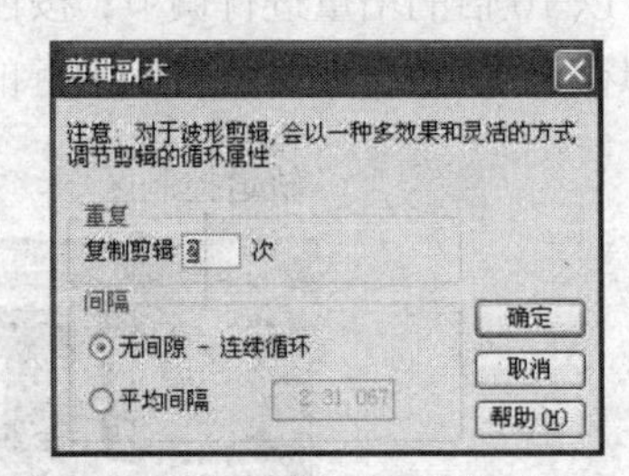

图 1-4-30 “剪辑副本”对话框

（3）删除素材

首先选择要删除的素材，采用下列方法之一删除素材。

● 选择菜单命令“剪辑|移除（Remove）”或按 Delete 键。此时，文件面板中仍保留素材源文件。

● 使用菜单命令“剪辑|销毁（Destroy）”可将选中的素材片段及其源文件一同移除。

（4）裁切素材

素材裁切是音频和视频编辑的基础。Audition 提供了多种不同的音频素材的裁切方法，可根据不同的需要，选择不同的方法。

● 鼠标拖动方式。选择要裁切的素材，将光标停放在素材的左右边缘上，指针变成形状，按下左键左右拖动，可对素材进行裁切。在拖动延长时，素材片段的长度不能超过其源素材波形的长度。另外，将素材片段适当放大后再裁切可以使操作更方便而准确。

● 菜单命令方式。使用“时间选择工具”或“混合工具”在素材片段上按下左键拖动鼠标光标，选择该素材和光标经过的区域（见图 1-4-31）；选择菜单命令“剪辑|修剪（Trim）”可以裁切掉素材片段上选区左右两侧的部分（见图 1-4-32。按 Delete 键则结果相反——裁掉选区，保留两侧）；选择菜单命令“剪辑|填充（Full）”可将修剪后的素材恢复为源素材波形的长度。

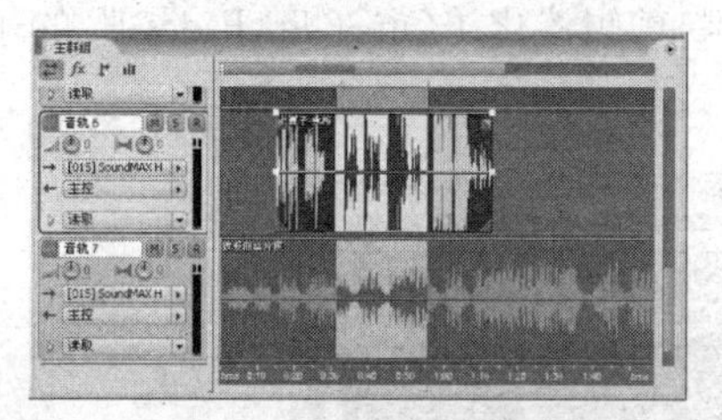

图 1-4-31　建立选区

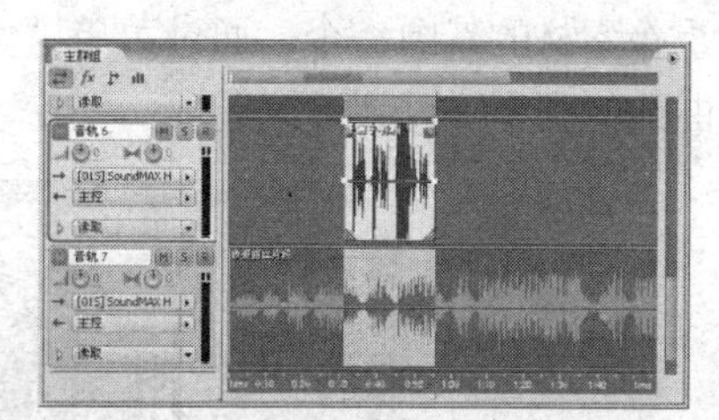

图 1-4-32　修剪素材

（5）音频变速

在轨道上选择欲变速的音频素材，选择菜单命令“剪辑|剪辑时间伸展属性”，或者从音频素材的右键菜单中选择相同的命令，打开“素材变速属性”对话框，如图 1-4-33 所示。

在对话框中选中“开启变速”选项，输入变速总量百分比值（大于 100%表示减速，小于 100%表示加速），并根据需要设置“变速选项”栏参数，单击“确定”按钮。

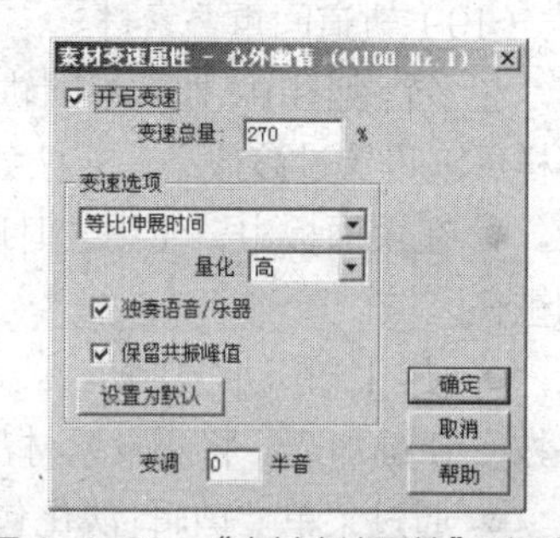

图 1-4-33　“素材变速属性”对话框

（6）组合素材

组合素材可以将多个素材临时捆绑在一起，进行统一操作与管理。操作要点如下。

● 选择要组合的多个素材，选择菜单命令“剪辑|剪辑编组（Group Clips）”，也可以从选中素材的右键菜单中选择相同的命令，或按 Ctrl+G 组合键。

● 选择组合后的素材，再次选择菜单命令“剪辑|剪辑编组”，可以取消组合。

（7）锁定素材

使用菜单命令“剪辑|锁定时间”，或者从所选素材的右键菜单中选择相同的命令，可将选择的素材锁定。素材一旦被锁定，就不能进行编辑修改了。

选择被锁定的素材，再次选择菜单命令“剪辑|锁定时间”，或者从所选剪辑的右键菜单中选择相同的命令，可取消素材的锁定。

（8）分割与合并素材

在主面板中，使用“时间选择工具”或“混合工具”在素材片段上要分割的位置单

击，选择该素材并将开始时间指针定位于于此，选择菜单命令“剪辑|分离（Split）”，或者从所选素材的右键菜单中选择相同的命令，即可将素材分割成互不相干的两部分，每一部分都可以进行独立编辑。

当被分割开的素材片段按原来的顺序首尾相连地排列在一起后，选择菜单命令“剪辑|合并/聚合分离（Merge/Rejoin Split）”，或从所选素材的右键菜单中选择相同的命令，可将分隔开的素材重新连接在一起。

（9）轨道内重叠素材

在多轨视图的同一轨道上，当通过鼠标拖动使两段音频部分重叠时，默认设置下，两段音频在重叠部分出现交叉淡化过渡效果；重叠部分的左上角和右上角分别显示“淡出控制标记”和“淡入控制标记”，如图 1-4-34 所示。

上下拖动重叠控制标记可以可视化地调整过渡曲线。通过水平拖动素材片段，可以改变重叠及过渡的时间。

选中重叠素材的其中一个，通过菜单“剪辑|剪辑淡化（On-Clip Fades）”的子菜单可以选择过渡曲线的类型、设置过渡选项。

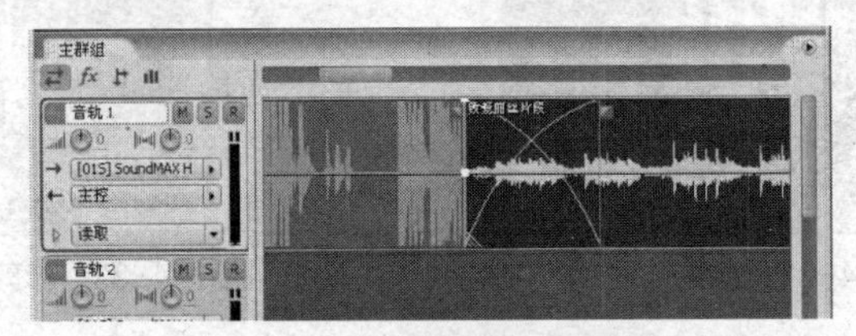

图 1-4-34　轨道内的素材重叠

（10）轨道间重叠素材

在多轨视图中，处于不同轨道上的两段素材的首尾若有重叠（素材所在轨道可以不相邻），同样可以设置过渡效果，方法如下。

● 在主面板中，使用“时间选择工具”或“混合工具”通过水平拖移选择两段素材的重叠区域。

● 使用“移动/复制工具”、“时间选择工具”或“混合工具”通过在素材上单击并按 Ctrl 键加选，将两段素材都选中。

● 通过菜单“剪辑|淡化包络穿越选区（Fade Envelope Across Selection）”的子菜单选择过渡曲线的类型，如图 1-4-35 所示。

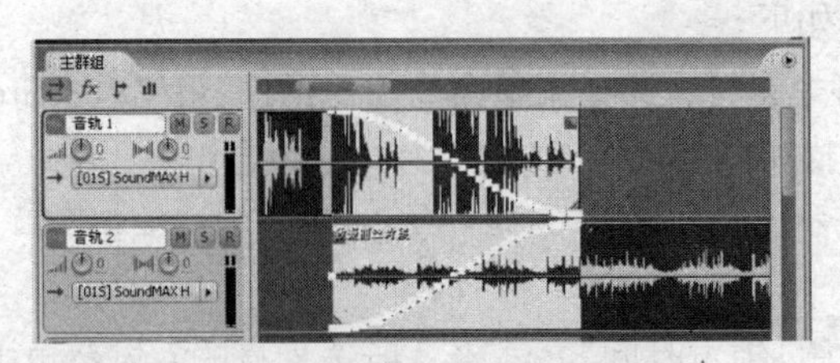

图 1-4-35　轨道间的素材重叠

（11）合并轨道

在主面板中，使用“时间选择工具”或“混合工具”通过水平拖动选择要合并的区域（见图 1-4-36）。通过菜单“编辑|合并到新音轨”下的子菜单选项将素材合并到新的轨道。

● 所选范围的音频剪辑（立体声）（A）：将所有轨道的全部素材合并到新轨道，形成立体声音频。

● 所选范围的音频剪辑（立体声）(R)：将所有轨道中选区内的素材合并到新轨道的对应位置，形成立体声音频，如图 1-4-37 所示。

● 所选范围的音频剪辑（立体声）(S)：将所有轨道中被选中素材的选区内部分合并到新轨道的对应位置，形成立体声音频。在希望将部分轨道的选区内素材合并到新轨道时，该命令是有用的。

● 所选范围的音频剪辑（单声道）(M)：与“所选范围的音频剪辑（立体声）(A)”命令类似，但结果形成单声道音频。

● 所选范围的音频剪辑（单声道）(G)：与“所选范围的音频剪辑（立体声）(R)”命令类似，但结果形成单声道音频。

● 所选范围的音频剪辑（单声道）(O)：与“所选范围的音频剪辑（立体声）(S)”命令类似，但结果形成单声道音频。

图 1-4-36　选择要合并的区域

图 1-4-37　合并轨道

（12）混缩音频

在主面板中，使用“时间选择工具”或“混合工具”选择要混缩的区域。通过菜单“编辑|混缩到新文件”下的子菜单选项将素材混缩到新的音频文件，并切换到编辑视图下打开。

● 会话中的主控输出（立体声）(A)：将所有轨道的全部素材合并到新的立体声音频文件，并切换到编辑视图下打开。

● 所选范围的主控输出（立体声）(R)：将所有轨道中选区内的素材合并到新的立体声音频文件，并切换到编辑视图下打开。

● 会话中的主控输出（单声道）(M)：与“会话中的主控输出（立体声）(A)”命令类似，但结果形成单声道音频文件。

● 所选范围的主控输出（单声道）(G)：与“所选范围的主控输出（立体声）(R)”命令类似，但结果形成单声道音频文件。

4.2.6　添加音频效果

添加效果是音频处理的重要环节。在 Audition 3.0 中，使用“效果”菜单、“主控框架”对话框、“效果框架”对话框等可以为音频添加多种效果。编辑视图下的效果添加是针对音频素材的，而多轨视图下的效果添加是针对整个轨道的。

1．在编辑视图下添加效果

在编辑视图下添加效果的基本方法如下。

● 在编辑视图下的主面板中打开音频波形。

● 选择要添加效果的部分波形（不选或全选可为整个音频添加效果）。

● 在“效果”菜单中选择相应的命令为音频添加效果。

● 如果打开对应的效果对话框，则根据需要设置对话框参数，之后单击“确定”按钮。

在编辑视图下，除了使用“效果”菜单为音频单独添加效果外，还可以通过“主控框架”对话框一次性地为音频添加多个效果。“主控框架”对话框可通过选择菜单命令“效果|主控框架”打开（见图 1-4-38）。但主控框架不支持进程（Process）效果（后面带有“进程”字样的效果命令），如反转（进程）、静音（进程）、动态延迟（进程）、标准化（进程）等。

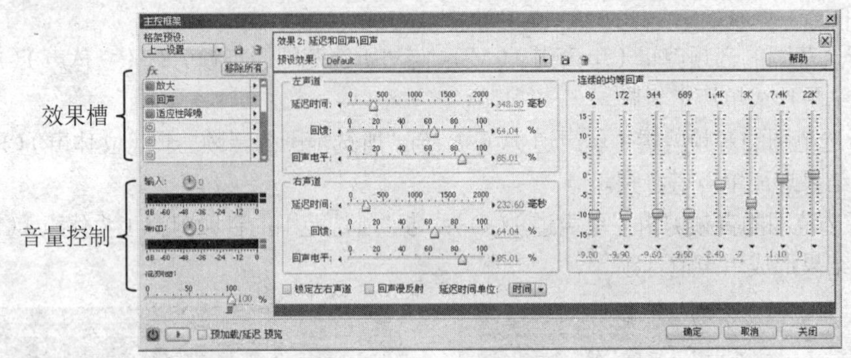

图 1-4-38 通过“主控框架”对话框成组添加音效

2. 在多轨视图下添加效果

在多轨视图下，可采用以下方法为轨道添加效果。

● 打开效果面板，将其中的效果拖动到要添加效果的轨道上（见图 1-4-39），此时弹出“效果框架”对话框（见图 1-4-40），为所施加的效果设置参数，或从左侧效果槽继续添加其他效果。

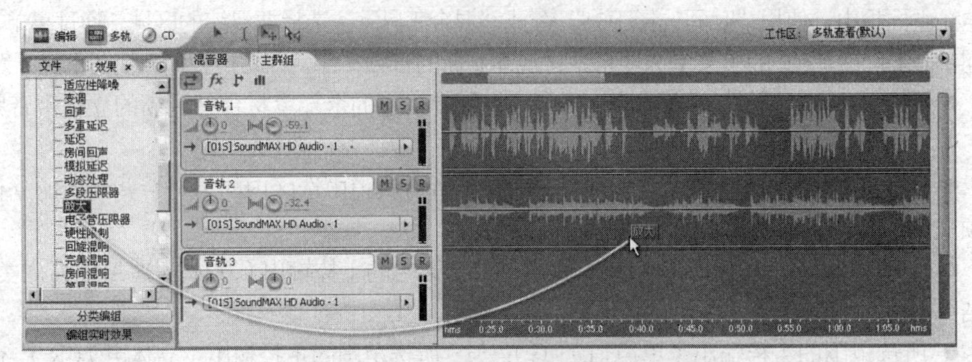

图 1-4-39 从效果面板为轨道添加效果

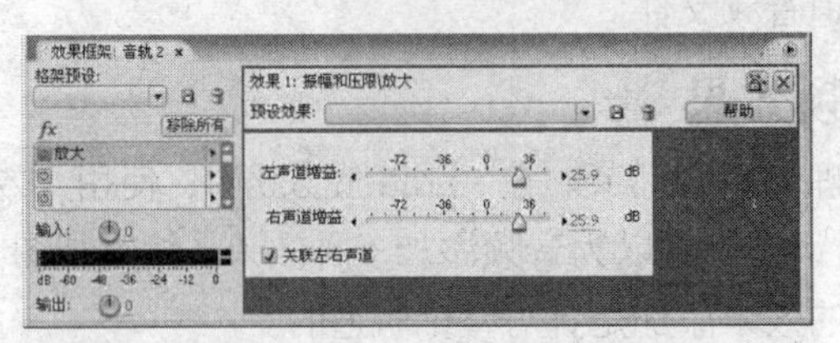

图 1-4-40 “效果框架”对话框

● 单击主面板左上角的效果按钮 *fx*，切换到效果控制状态。向下拖动轨道控制区域的下边界，显示效果槽（见图 1-4-41）。单击效果槽右侧的三角按钮▶，打开效果菜单，选择所需的效果命令，添加在对应的轨道上。

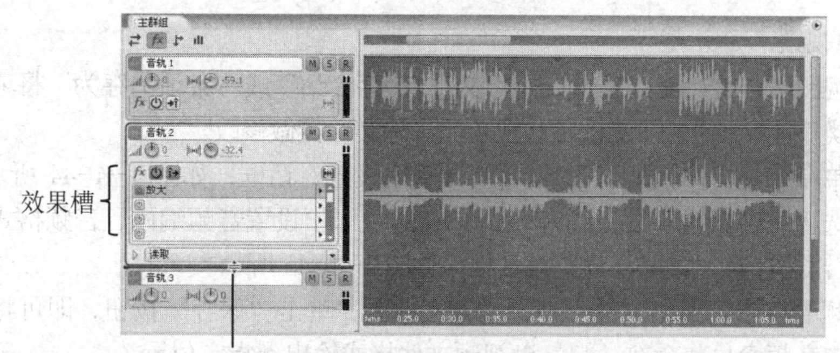

图 1-4-41　从主面板为轨道添加效果

在多轨视图下，若要为轨道上的单个音频片段添加效果，可双击该音频片段，切换到编辑视图下为其添加效果。然后再返回多轨视图。

4.2.7　视频配音

Audition 是一款专业的音频制作与配音软件，提供了比 Premiere 更为完善的视频配音环境。

1．在多轨视图下导入视频

在多轨视图下，通过选择菜单命令“文件|导入”，或单击文件面板上的“导入文件”按钮，可以将 AVI、MPEG、WMV 等类型的视频文件导入到文件面板。如果视频中包含音频，上述操作除了生成一个与源文件同名的视频文件外，还会生成一个名称以“音频为（Audio for）”开头的音频文件，如图 1-4-42 所示。

在编辑视图下，只能导入视频文件中的音频部分。

2．将视频插入到轨道

在多轨视图下，从文件面板中选择导入的视频文件，单击文件面板上的“插入到多轨”按钮，将视频文件插入到视频轨道。此时，视频面板自动打开以显示视频，如图 1-4-43 所示。

如果不小心关闭了视频面板，可通过选中菜单命令“窗口|视频”打开。

在传送器面板上单击“播放”按钮或按 Space 键，浏览视频效果。

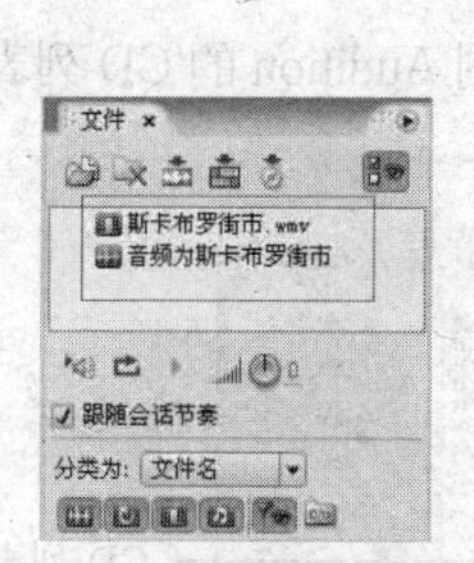

图 1-4-42　导入含音频的视频素材

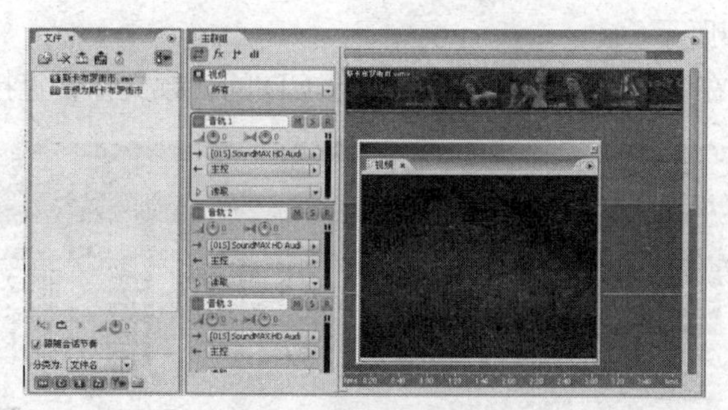
图 1-4-43　插入视频

3．为视频配音

在多轨视图下，将要配音的音频素材插入到音轨，使用前面讲述的操作对音频进行编辑或添加效果（如裁切、变速、音频叠加、音量包络编辑、淡入/淡出处理等）。必要时还可以双击轨道上的音频素材片段，切换到单轨视图进行编辑。

4．输出视频

在多轨视图下，首先使用菜单命令“文件|保存会话”或“会话另存为”将项目文件保存起来（*.ses 类型的文件），以便日后对视频配音源文件再做修改。

选择菜单命令“文件|导出|视频”，打开输出设置对话框，如图 1-4-44 所示。在 Preset 下拉列表中选择一种预置方案；或者在 Audio 选项卡中设置音频编码、音频格式等参数。单击“OK”按钮，打开“导出视频”对话框，如图 1-4-45 所示。

选择视频的存储位置和文件类型，输入文件名，单击“保存”按钮，即可将项目文件中的视频素材与音频素材整合在一起，以视频文件格式输出到指定位置。

Audition 3.0 支持输出 AVI、MPEG、MOV 和 WMV 等格式的视频文件。

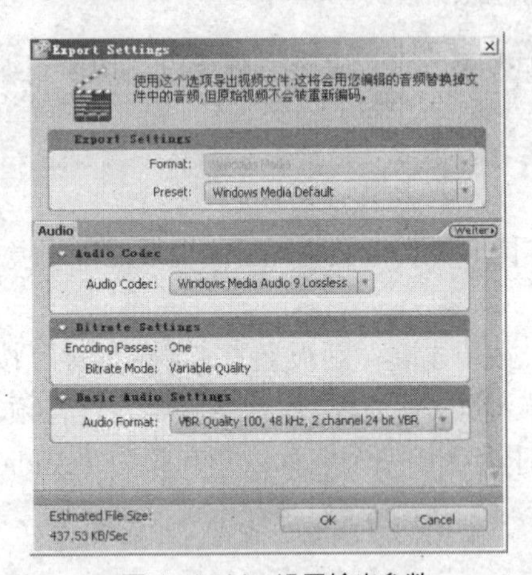

图 1-4-44　设置输出参数

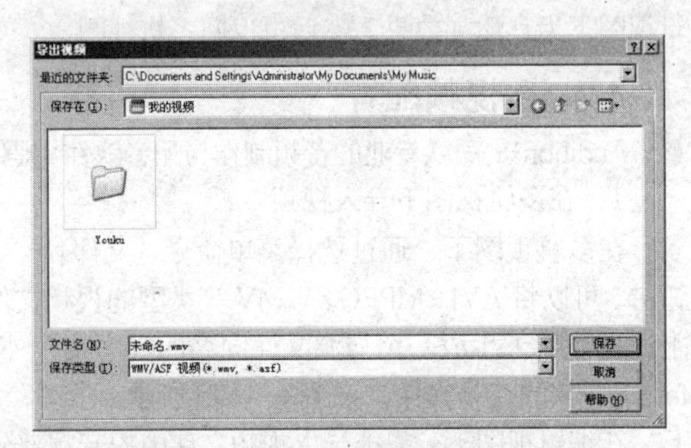

图 1-4-45　“导出视频”对话框

4.2.8　CD 刻录

CD 刻录是在 CD 视图下进行的，整个操作过程如下。

1．将音频插入 CD 轨道

在 CD 视图下，使用下列方法之一，将音频插入 CD 轨道。

- 在文件面板上，选择要刻录 CD 的音频文件，单击“插入到 CD 列表”按钮，如图 1-4-46 所示。
- 在资源管理器中选择要刻录 CD 的音频文件，直接拖动到 Audition 的 CD 列表。

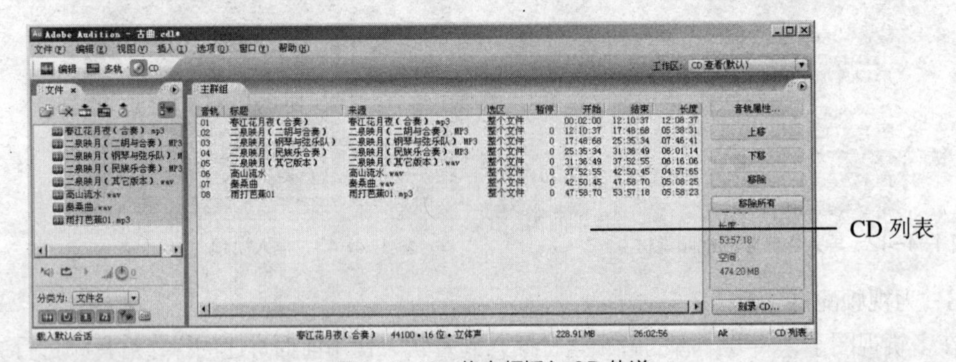

图 1-4-46　将音频插入 CD 轨道

2．编辑 CD 列表

CD 列表的编辑要点如下。

● 选择音轨。单击可选择单个音轨，配合 Shift 和 Ctrl 键单击可连续或间隔选择多个音轨。

● 音轨排序。单击“上移”或“下移”按钮可改变选中音轨的排列顺序。

● 移除音轨。单击“移除”按钮可移除选中的音轨，单击“移除所有”按钮可移除全部音轨。

● 设置音轨属性。双击音轨，或从音轨的右键菜单中选择“音轨属性”命令，从弹出的对话框中可以修改音轨标题、指定艺术家名称、设置版权保护等信息，如图 1-4-47 所示。

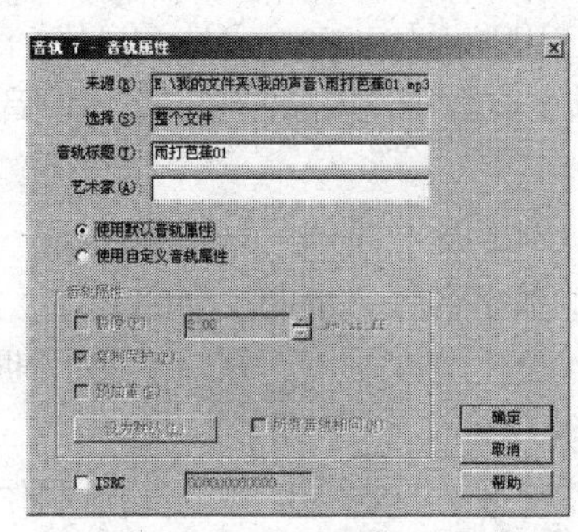

图 1-4-47　设置音轨属性

3．保存 CD 列表

使用菜单命令“文件|保存 CD 列表”或“另存 CD 列表为”，可以将 CD 列表中的音轨设置保存为 CDL 格式的文件。必要时可重新打开 CDL 文件，对其中的音轨列表进行再使用。

4．刻录 CD

CD 刻录的操作要点如下。

● 在 CD 视图下，选择菜单命令“选项|CD 设备属性”，打开“CD 设备属性”对话框，从中选择 CD 刻录机驱动器，设置缓存大小和刻录速度。

● 将空白 CD 光盘插入 CD 刻录机驱动器。

● 在 CD 视图中单击“刻录 CD”按钮，打开“刻录 CD”对话框。设置好相关选项，单击“刻录 CD”按钮，开始刻录。

● CD 刻录完毕后，从 CD 刻录机驱动器中取出 CD 光盘即可。

CD 音频的格式为 44.1 kHz、16 bit 和立体声，如果在 CD 列表中插入不同格式的音频文件，刻录时将自动进行格式转换。

习题与思考

一、选择题

1. CD 音频是以 44.1 kHz 的采样频率、16 位的量化位数将模拟音乐信号数字化得到的立体声音频，以音轨的形式存储在 CD 上，文件格式为________。

A. *.cdl　　B. *.mid　　C. *.ra　　D. *.cda

2. 以下软件不属于音频处理软件的是。

A. Ulead Video Editor　　B. Adobe Audition

C. Samplitude 2496　　D. Cakewalk

3. 根据多媒体计算机产生数字音频方式的不同，可将数字音频划分为 3 类。以下哪一类除外________。

A. 波形音频　B. MIDI音频　C. 流式音频　D. CD音频

4. 影响数字音频质量的主要因素有3个，以下________除外。

A. 声道数　B. 振幅　C. 采样频率　D. 量化精度

5. Adobe Audition 3.0提供了3种专业的视图，以下________除外。

A. 编辑视图　B. CD视图　C. 多轨视图　D. 浏览视图

6. 以下人耳不能感应到的声音的频率是________。

A. 1000 Hz　B. 10000 Hz　C. 50 Hz　D. 50000 Hz

7. 采样频率44.1 kHz、量化位数16位的两分钟立体声音乐约占用________的磁盘存储量。

A. 21 MB　B. 24 MB　C. 25 MB　D. 26 MB

8. 以下________不是影响数字音频质量的主要因素。

A. 采样频率　B. 量化精度　C. 声波周期　D. 声道数

9. Adobe Audition不能提供________的功能。

A. 录音　B. 特效　C. 母盘制作　D. 合成

10. 以下类型的文件中，________不属于音频文件格式。

A. AU格式　B. WMA格式　C. CD格式　D. DAT格式

11. Audition编辑视图下主要完成________的任务。

A. 刻录编辑　B. 合成编辑　C. 多轨编辑　D. 单轨编辑

12. 以下音频格式中，________属于无损压缩格式。

A. AU　B. MP3　C. MIDI　D. WMA

13. 在度量声波属性的重要参数中，________是指单位时间内声源振动的次数，即声波周期的倒数。

A. 振幅　B. 频率　C. 相位　D. 周期

14. 以下关于音频压缩的描述中，正确的是________。

A. 压缩比例越高，音质损失就越小

B. PCM是一种无损压缩格式

C. 音频压缩可去除重复代码和无声信号

D. MPEG是一种无损压缩格式

15. 音效更好的5.1声道共有6个声道，其中的“.1”声道是一个专门设计的重低音声道，用于传送________的音频信号。

A. 高于18000 Hz　B. 高于20000 Hz　C. 低于200 Hz　D. 低于80 Hz

16. 对音频数据的压缩大多从去除重复代码和去除无声信号两个方面进行考虑。以下________不是数字音频压缩时综合考虑的主要因素。

A. 算法是否可逆　B. 音频质量　C. 数据压缩率　D. 计算量

17. 根据多媒体计算机产生数字音频方式的不同，可以将数字音频划分为3类，下列不属于这3类的是________。

A. 波形音频　B. MIDI音频　C. CD音频　D. AU音频

18. 以下音频格式中，________不属于RealAudio格式。

A. RA　B. RMX　C. RM　D. AU

19. 以下不属于Audition 3.0视图模式的是________。

A. 编辑视图　　B. 录音视图　　C. CD 视图　　D. 多轨视图

20. Audition 3.0 是一款专业的音频制作与配音软件。它可以将视频素材和音频素材进行整合，然后以视频文件格式输出到指定位置。以下________不属于它所支持的视频文件格式。

A. RM　　B. MPEG　　C. WMV　　D. AVI

21. 以下________不是度量声波属性的重要参数。

A. 振幅　　B. 频率　　C. 相位　　D. 音调

22. 利用 Audition 3.0 刻录 CD 的操作过程为：将音频插入 CD 轨道、编辑 CD 列表、保存 CD 列表、刻录 CD。整个过程是在 Audition 3.0 的________视图下进行的。

A. 编辑　　B. 多轨　　C. CD　　D. 浏览

23. 在 Audition 中对单轨音频进行编辑时，通常可以使用标记来指示音频波形的特定位置，对于音频的选择、编辑与播放可以起到很好的辅助作用。在音频播放过程中，按________键，可以在当前播放指针所在的位置添加标记。

A. F4　　B. F6　　C. F8　　D. F10

二、填空题

1. ________就是将采样得到的数据表示成有限个数值（每个数值的位数也是有限的），以便在计算机中进行存储。而________指的是用多少个二进制位（bit）来表示采样得到的数据。

2. ________音频更能反映人们的听觉感受，但需要两倍的存储空间（填“立体声”或“单声道”）。

3. 所谓________，就是用一定位数的二进制数值来表示由采样和量化得到的音频数据。在不进行压缩的情况下，将音频数据编码存储所需磁盘空间的计算公式为：存储容量（字节）=________×量化位数×声道数×时间 / 8 （字节）。

4. MIDI 音频文件中记录的是一系列________，而不是波形信息，它对存储空间的需求要比波形音频小得多。

5. 在多轨视图下，使用菜单命令“剪辑|________”可以裁切掉素材片段上选区以外的部分。

6. ________命令可将当前剪贴板中的波形或其他音频文件的波形与当前波形以指定的方式进行混合。

7. 通过菜单“编辑|________”下的子菜单选项将素材合并到新的轨道。通过菜单“编辑|________”下的子菜单选项将素材混缩到新的音频文件，并切换到编辑视图下打开。

8. Adobe Audition 3.0 是一款专业的音频制作与配音软件，提供了比 Premiere Pro 更为完善的________环境。

9. CD 格式是目前音质最好的数字音频格式，被誉为天籁之音。标准 CD 音频采用的是________ kHz 采样频率、16 位量化精度以及 88 kbps 速率。

10. ________数字音频文件格式诞生于 80 年代的德国，它是 MPEG 标准中的音频部分。由于其所占存储空间小，音质又较好，在其问世之时无以抗衡，成为网络上绝对的主流音频格式。

11. Audition 在多轨视图下保存的项目文件的扩展名为________。

12. 数字音频编码技术________的英文缩写是 PCM。

13. 反转音频处理的手段是指对音频的________反转 180 度。

14. 在 Audition 中，在音频波形上连续单击________次，可以选择整个波形。

15. 在 Audition 编辑视图下执行“混合粘贴”命令，在其对话框中，选择“________”选项，可以产生淡入/淡出效果。

16. Audition 编辑单轨音频时，可以使用________指示音频波形的特定位置，以对音频的选择、编辑与播放提供辅助作用。在音频播放过程中，按________键，可以在当前播放指针所在位置添加该指示。

17. Audition 编辑单轨音频时，选择要转化为静音的音频区域，通过菜单命令“________|静音”即可将选区内的音频转换为静音。

18. 在 Audition 多轨视图下，选择菜单命令“剪辑|剪辑时间伸展属性”，打开“素材变速属性”对话框。其中“变速总量”（可通过选中“开启变速”选项激活）的值大于 100%时表示________速，小于 100%时表示________速。

19. 在 Audition 编辑视图下，除了使用“效果”菜单为音频添加效果外，还可通过“主控框架”对话框一次性地为音频添加多个效果。但主控框架不支持________效果，如反转进程、静音进程、标准化进程等。

20. 在 Audition 多轨视图下，若要为轨道上的单个音频片段添加效果，可以双击该音频片段，切换到________视图下为其添加效果，然后再返回多轨视图。

21. 在 Audition 3.0 中，CD 刻录必须在________视图下进行，如果在 CD 列表中插入不同格式的音频文件，刻录时可以自动进行格式转换。

22. Audition 3.0 提供了 3 种专业的视图：________视图、________视图和________视图。

23. 影响数字音频质量的 3 个主要因素为________、________、________。

24. 通常 44.1 kHz 采样频率、16 位量化精度、10 分钟的立体声信号需要________MB 的磁盘存储空间（精确到小数点后一位数）。

25. 对音频数据的压缩大多从去除________和去除________两个方面进行考虑，在压缩时要综合考虑音频质量、数据压缩率和计算量 3 个方面的因素。

三、思考题

1. 通过查阅其他相关书籍或通过网络帮助，了解常用的音频处理软件还有哪些；这些软件在功能上与 Audition 3.0 有何不同。

2. 通过查阅其他相关书籍或通过网络帮助，了解在使用计算机录音和放音的过程中，音频的模拟信号与数字信号是如何转化的；实现音频模/数（A/D）转化的主要硬件设备是什么。

四、操作题

使用 Adobe Audition 3.0 录制一段声音（诗歌或散文），并对录制的声音进行处理（裁切、除噪、调整音量等）。选择合适的乐曲为录音添加背景音乐。

操作提示

1. 将录音话筒与计算机正确连接。

2. 选择麦克风为录音设备。

3. 使用 Adobe Audition 3.0 录音。

4. 对录制的声音进行处理。

5. 打开相关的乐曲，为录音添加背景音乐（背景音乐的长度、完整性、音量及淡入淡出效果要做适当处理）。

6. 保存会话文件，并导出 MP3 格式的混缩音频文件。

PART 1

第5章 视频处理

5.1 数字视频简介

传统的录像机、摄像机等设备产生的模拟视频信号，可通过视频（采集）卡转化为数字视频信号，保存到计算机存储器中，这是获取数字视频信号的传统方法。在数码设备已广泛使用的今天，通过数字录像机、DV摄像机等新型影音设备就可以很方便地直接获得数字视频信号。图1-5-1所示的是松下NV-GS78GK数码摄像机。

图1-5-1 数码摄像机

本章所谓的“视频信号的处理”，指的是对保存在计算机存储器中的数字视频信号的处理。

数字视频是多媒体计算机系统和现代家庭影院的主要媒体形式之一。了解数字视频的压缩原理和相关的一些基本概念，对数字视频的应用有很大的帮助。掌握数字视频的一些基本处理方法，将会给工作与生活带来不少乐趣。本节主要介绍数字视频的常用文件格式、数字视频的压缩原理、数字视频的获取途径与基本处理方法、常用的视频处理软件等内容。

5.1.1 常用的视频文件格式

一般来说，不同的压缩编码方式决定了数字视频的不同文件格式。常用的数字视频文件格式包括AVI、MOV、MPEG、DAT、RM和WMV等多种。这些文件格式又分为两类：影像格式和流格式。

1. AVI格式

AVI格式即音频-视频交错（audio-video interleaved）格式。所谓“音频-视频交错”，顾名思义，是指将视频信号和音频信号混合交错地储存在一起，以便同步进行播放。AVI格式是Windows系统中的通用格式，属有损压缩格式，质量较好，但文件太大。由于其通用性好，调用方便等优点，AVI 文件的应用仍然十分广泛（主要用于在多媒体光盘上存储电影、电视等影像信息）。使用 Windows 的媒体播放机、暴风影音等多种播放器都可以观看 AVI 视频。

2．MOV 格式

MOV 格式原本是 Apple 公司的 QuickTime 软件的视频文件格式，后来随着 QuickTime 软件向 PC/Windows 环境的移植，导致了 MOV 视频文件的流行。目前，可以使用 PC 上的 QuickTime for Windows 软件播放 MOV 视频。

MOV 格式属于有损压缩格式。与 AVI 格式相同，也采用了音频、视频混排技术，但质量要比 AVI 格式好。

3．MPEG 格式

该格式采用了 MPEG 有损压缩算法，压缩比高，质量好，又有统一的格式，兼容性好。MPEG 成为目前最常用的视频压缩格式，几乎被所有的计算机平台所支持。文件扩展名为 MPEG、MPG 等。

MPEG 标准已经成为一个系列，自从颁布之日起，已陆续出台了 MPEG-1、MPEG-2 和 MPEG-4 等多种压缩方案。其中 MPEG-4 具有更多优点，其压缩率可以超过 100 倍，而仍旧保持极佳的音质和画质；因此可利用最少的数据，获取最佳的质量。目前，MPEG 专家组又推出了专门支持多媒体信息且基于内容检索的编码方案 MPEG-7 及多媒体框架标准 MPEG-21，其发展潜力不可限量。

MPEG 格式的平均压缩比为 50：1，最高可达 200：1，压缩率之高由此可见一斑。对于同样的一段视频，在播放窗口设为相同大小的情况下，保存为 MPEG 格式要比保存为 AVI 格式节省很多的空间。

4．DAT 格式

DAT 是 VCD 数据文件的扩展名。DAT 格式采用的也是 MPEG 有损压缩，其结构与 MPEG 格式基本相同。标准 VCD 视频的单帧图像的大小为 352×240（像素），和 AVI 格式或 MOV 格式相差无几，但由于 VCD 的帧速率要高得多，再加上有 CD 音质的伴音，使得 VCD 视频的整体播放效果要比 AVI 或 MOV 视频好得多。

5．RM 格式

RM（real media）格式是 Real Networks 公司开发的一种流式视频格式，其扩展名为 RM、RAM 等。Realplayer 工具是播放 RM 视频的最佳选择，使用该工具在网上收看 RM 视频时，采用的是“边下载边播放”的方式，克服了传统视频“只有将所有数据从服务器上下载完毕才能播放”的缺点。由于传输过程中所需带宽很小，RM 视频已被广泛应用于网络上。

6．WMV 格式

WMV（windows media video）格式是 Microsoft 公司开发的一种流式视频格式，它所采用的编码技术比较先进，对网络带宽的要求比较低，同时对主机性能的要求也不高。WMV 格式能够实现影像数据在因特网上的实时传送。WMV 是 Windows 的媒体播放机所支持的主要视频文件格式。

5.1.2 数字视频的压缩

数据压缩就是对数据重新进行编码。通过重新编码，去除数据中的冗余成份，在保证质量的前提下减少需要存储和传送的数据量。根据视频数据的冗余类型（视觉冗余、空间冗余、时间冗余、结构冗余、信息熵冗余、知识冗余等），常见的压缩编码方法有以下几种。

1．视觉冗余编码

视频图像中存在着视觉敏感区域和不敏感区域，在编码时可以通过丢弃不敏感区域的数据来压缩视频信息。

2．空间冗余编码

视频图像中相邻的像素或像素块间的颜色值存在着高度的相关性，利用这种在空间上存在冗余的特性对视频进行压缩编码的方法称为空间冗余编码，也称为空间压缩或帧内压缩（编码是在每一幅帧图像内部独立进行的）。其缺点是压缩率较低，压缩比仅为2~3倍。

3．时间冗余编码

视频的帧序列中相邻图像之间存在相关性。具体来讲，视频的相邻帧往往包含相同的背景和运动对象，只不过运动对象所在的空间位置略有不同，所以后一帧画面的数据与前一帧画面的数据有许多共同之处，这种共同性是由于相邻帧记录了相邻时刻的同一场景画面，所以称为时间冗余。同理，视频信息的语音数据中也存在着时间冗余。利用这种在时间上存在冗余的特性对视频进行压缩编码的方法称为时间冗余编码。由于时间冗余编码中只考虑相邻图像间变化的部分，因此压缩率很高。

4．结构冗余编码

视频图像中的纹理区存在明显的分布模式（重复出现相同或相近的纹理结构），称为结构冗余。例如，方格状的地板、蜂窝、砖墙、草席等图像结构上存在冗余。根据结构冗余的特性对视频进行压缩编码的方法称为结构冗余编码。

5．信息熵冗余编码

信息熵冗余也称为编码冗余，是指一组数据所携带的信息量少于数据本身，由此产生冗余。例如，等长码表示信息相对于不等长码（如 Huffman 编码）表示信息，就存在冗余。针对信息熵冗余对视频进行压缩编码的方法称为信息熵冗余编码。

6．知识冗余编码

知识冗余是指某些图像的结构可由这些图像的先验知识和背景知识获得。例如，人脸的图像有同样的结构：嘴的上方有鼻子，鼻子上方有眼睛，鼻子在中线上等等。人脸的结构可由先验知识和背景知识得到。针对知识冗余对视频进行压缩编码的方法称为知识冗余编码。

视频图像压缩的一个重要标准就是MPEG （Moving Picture Experts Group），它是针对运动图像而设计的，是运动图像压缩算法的国际标准。MPEG 标准分成 MPEG 视频、MPEG 音频和 MPEG 系统（视频、音频同步）三大部分。MPEG 算法除了对单幅图像进行帧内编码外，还利用图像序列的相关特性去除了帧间图像冗余，大大提高了视频图像的压缩比。

总体来说，MPEG 在3个方面优于其他压缩/解压缩方案。首先，由于它一开始就是作为一个国际化的标准来研究制定的，所以，MPEG 具有很好的兼容性。其次，MPEG 能够比其他算法提供更好的压缩比，最高可达 200：1。更重要的是，MPEG 在提供高压缩比的同时，对数据的损失很小。

5.1.3 常用的视频处理软件

数字视频信息的处理包括视频画面的剪辑，切换、抠像、滤镜、运动等特效的施加，标题与字幕的创建和配音等。

常用的视频处理软件有 Ulead Video Editor、Ulead Video Studio（绘声绘影）、Adobe

Premiere、Adobe After Effects 等。

1. Ulead Video Editor

Ulead Video Editor 是友立公司（2005 年被 Corel 公司收购）生产的数码影音套装软件包 Media Studio Pro 中的软件之一，是一款准专业的数码视频编辑软件。Video Editor 提供了强大的视频编辑功能和丰富多彩的视频特效，学习起来也非常简便，有立竿见影之功效。

除了 Video Editor 之外，Media Studio Pro 软件包还包括 Audio Editor（音频编辑）、Video Capture（视频捕获）等软件。

2. Ulead Video Studio

Ulead Video Studio 即绘声绘影（目前在 Corel 公司旗下），是一款专门为个人及家庭设计的比较大众化的影片剪辑软件。绘声绘影首创双模式操作界面，无论是入门新手还是高级用户，都可以根据自己的需要轻松体验影片剪辑与制作的乐趣。

绘声绘影提供了向导式的编辑模式，操作简单、功能强大；具有捕获、剪辑、切换、滤镜、叠盖、字幕、配乐和刻录等多重功能。可方便快捷地从 MV、DV、TV 等设备拍摄的如个人写真、旅游记录、宝贝成长、生日派对、毕业典礼等视频素材，剪辑出具有精彩创意的影片，并制作成 VCD、DVD 影音光碟，与亲朋好友一同分享。

3. Adobe Premiere

Adobe Premiere 是 Adobe 公司推出的专业的视频编辑软件，功能强大。该软件可用于视频和音频的非线性编辑与合成，特别适合处理由数码摄像机拍摄的影像；其应用领域有影视广告片制作、专题片制作、多媒体作品合成及家庭娱乐性质的计算机影视制作（如婚庆、家庭和公司聚会）等。Adobe Premiere 不仅适合初学者使用，而且完全能够满足专业用户的各种要求。

4. Adobe After Effects

Adobe After Effects 是目前比较流行的功能强大的影视后期合成软件。与 Premiere 不同的是，它比较侧重于视频特效加工和后期包装，是视频后期合成处理的专业非线性编辑软件。主要用于电影、录像、DV、网络上的动画图形和视觉效果设计。

After Effects 拥有先进的设计理念，能够与 Adobe 的其他产品 Photoshop、Premiere 和 Illustrator 进行很好的集成。另外，还可以通过插件桥接，与 3ds Max、Flash 等软件通用。

5.2 非线性视频编辑大师 Adobe Premiere Pro CS3

Premiere Pro CS3 是由 Adobe 公司推出的一款非常优秀的非线性视频编辑软件，是当今业界最受欢迎的视频编辑软件之一。

非线性编辑的硬件平台主要有 3 种：SGI（图形工作站）平台、MAC（苹果电脑）平台和 PC 平台。非线性编辑技术主要包括图层、通道、遮罩、特效（包括滤镜、切换、运动等）、键控（即抠像）、关键帧等技术。

5.2.1 启动 Premiere Pro CS3，新建项目文件

启动 Premiere Pro CS3，进入欢迎界面（见图 1-5-2）。单击“新建项目”选项，打开“新建项目”对话框，如图 1-5-3 所示。

图 1-5-2 欢迎界面

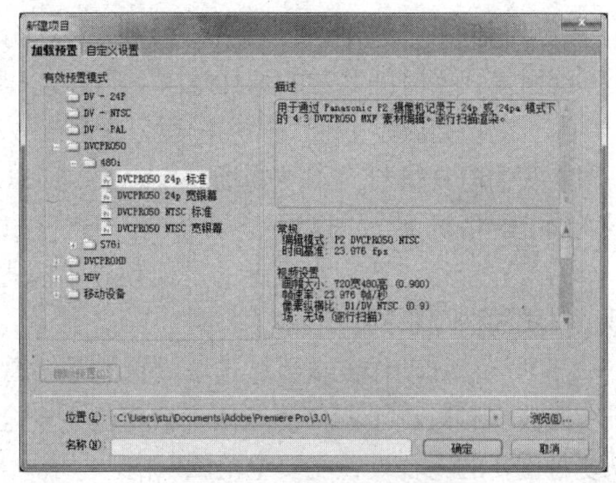

图 1-5-3 “新建项目”对话框

可以在“加载预置”选项卡中选择一种预置模式创建项目文件，也可以利用“自定义设置”选项卡自行定义参数来创建项目文件。

1．“加载预置”选项卡中主要参数的意义如下。

（1）DV-24P：电影模式，传统电影的帧频一般是 24 帧/秒。

（2）DV-NTSC：N 制式，帧频是 30 帧/秒（29.97 帧/秒）。

（3）DV-PAL：P 制式，帧频是 25 帧/秒。国产 DV 一般是 P 制式（PAL）的视频。

（4）按显示屏幕幅型分类，常见的电视格式有标准的 4:3 和宽屏的 16:9 两种幅型比，计算机液晶显示器和宽屏幕电视一般采用 16:9 幅型比，早期的显像管电视机多为 4:3 幅型比。

（5）1080i、480i、576i 等视频格式中，字母 i 表示隔行扫描，数字则表示垂直方向分别有 1080、480、576 条水平扫描线。1080i 是一种国际认可的数字高清晰度电视信号格式，分辨率为 1920×1080，隔行/60 Hz，行频为 33.75 kHz。480i 通常水平分辨率为 640 像素，纵横比为 4:3，即标准清晰度电视（SDTV），常用在支持 NTSC 制式的国家（北美、日本等），隔行/60 Hz，行频为 15.25 kHz。576i 通常水平分辨率为 720 或者 704 像素，长宽比可能是 4:3 或者 16:9。

（6）720p、1080p 等视频格式中，字母 p 表示逐行扫描（progressive scan），数字则表示水平方向有 720、1080 条扫描线。720p 是标准数字电视显示模式，分辨率一般为 1280×720，逐行/60 Hz，行频为 45 kHz。但有些情况下，如 iPod Touch 4，其 720p 摄录并不是指 1280×720（16:9），而是 960×720（4:3）。1080p 分辨率一般为 1920×1080，帧率通常为 60 Hz。

（7）HDV 是高清视频格式，一般采用 720 或 1080 线的逐行扫描方式。屏幕幅型比为 16:9 且分辨率不低于 1280×720。例如，1080i25/50i 视频格式，表示垂直方向有 1080 条水平扫描线，帧频 25，每秒播放 50 场，隔行扫描。

（8）CIF、QCIF、QQCIF 是专用于移动设备上支持回放 3GP2 视频而创作 11:9 屏幕幅型比的 352×288 CIF 视频格式。

（9）iPod、QVGA、Sub-QCIF 是专用于在移动设备上支持回放 QVGA 或 Sub-QCIF 视频而创作 4:3 屏幕幅型比的 640×480 VGA 视频格式。

2．“自定义设置”选项卡中主要参数的意义如下。

（1）编辑模式选项一般有桌面编辑模式（Desktop）、DV NTSC、DV PAL、DV 24p、HDV 1080i、HDV 1080p 等多种模式供用户选择。其中，“桌面编辑模式”下时间基数的选择范围比较大，而其他模式的时间基数则是固定的一个或几个选项值（例如，DV PAL 的时间基数只有一个选项：25.00 帧/秒）。

（2）时间基准选项可以设置每秒钟视频被分配的帧数，用来确定素材剪辑的精确位置。不同编辑模式下时间基数的选择范围不同。

（3）视频播放是一个扫描的过程，分为奇数场和偶数场，在 Premiere 中称为上场和下场。不同制式的电视信号有不同的场同步方式，所以需要设定“上场优先”还是“下场优先”，在不能确定的情况下，可以设置为“无场（逐行扫描）”。

（4）显示格式选项中设定的是视频显示模式，可以更准确地调节帧频。不同编辑模式下显示格式的选项不同。

（5）字幕和动作安全区域选项设置的是字幕和动作显示的安全范围。NTSC 制式的电视机在播放视频时由于扫描的原因，会将位于安全范围外的图像或文字进行模糊或者变形，所以要将重要的内容设置在安全范围以内。

（6）音频选项中设置的是音频采样频率和显示格式。采样频率越高，音频的质量就会越好，高于 44100 Hz 的采样频率即可达到 CD 音质的质量。

这里通过“自定义设置”选项卡自行设置创建参数，选择桌面编辑模式（Desktop），根据图像或视频素材的画面大小自定义屏幕大小，选择方形像素（1.0）等。最后输入项目名称，选择文件的保存位置（见图 1-5-4）。单击“确定”按钮，新项目创建完成，并进入 Premiere Pro CS3 的默认工作界面，如图 1-5-5 所示。

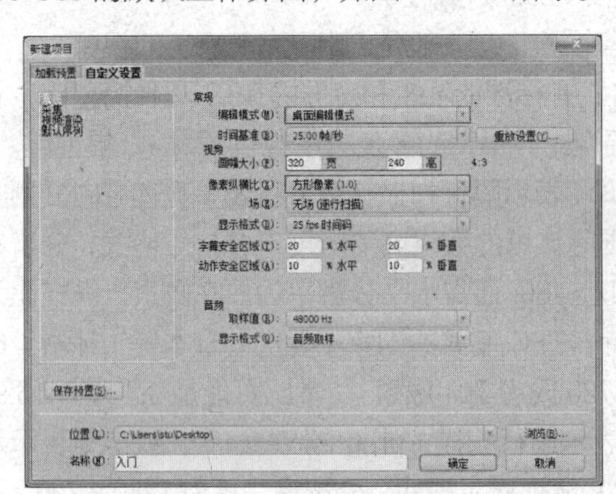

图 1-5-4　自定义项目设置

图 1-5-5　默认项目编辑环境

5.2.2　窗口组成与界面布局

Premiere Pro CS3 根据用户的不同需要，提供了 4 种预设的窗口界面模式：编辑（Editing）模式、效果（Effects）模式、音频（Audio）模式和色彩校正（Color Correction）模式。可以通过选择菜单“窗口|工作区（Workspace）”下的相应命令实现不同界面模式间的切换。

Premiere Pro CS3 的工作界面由各种小窗口与面板组成，通常由几个小窗口或面板组合成一个面板组。

1．项目（Project）窗口

用于导入、存放和管理素材。在项目窗口中双击某一素材，可以在素材源窗口中打开并进行预览。

2．素材源（Source Monitor）窗口

用于预览原始素材，标记素材、设置素材的出入点等基本编辑，并将素材拖动到时间线窗口的指定位置。

3．时间线（Timeline）窗口

项目文件的主要编辑场所。可以按时间顺序排列素材，剪辑素材、连接素材，在素材上添加效果，进行轨道叠盖等操作。

4．节目（Program Monitor）窗口

主要用于预览视频项目编辑合成的最终效果。

5．工具（Tool）面板

提供了用户在时间线窗口编辑操作的常用工具。

6．效果（Effects）面板

存放着用于添加在音频视频素材上的各种效果、预设效果和第三方插件效果。

7．效果控制（Effect Controls）面板

对施加在音频、视频素材上的各种效果进行编辑修改的主要场所。

8．调音台（Audio Mixer）面板

在 Premiere Pro CS3 环境中进行录音和对音频编辑的主要场所。

9．信息（Info）面板

显示当前选中素材的各种信息。

10．历史（History）面板

存放着对项目文件的所有操作的历史记录；必要时可以很方便地撤销或恢复操作。

用户可以根据需要和操作习惯对不同的面板组进行拆分并重新组合。若按住 Ctrl 键不放，同时向外拖动上述面板或小窗口标签的左上角部位，可使面板或小窗口脱离面板组，变成浮动形式。选择菜单命令“窗口|工作区|复位当前工作区...”，可将当前程序窗口恢复到初始布局。

5.2.3　输入与管理素材

以下介绍如何输入与管理素材，为后面的视频处理做准备。

1．输入素材

在 Premiere Pro CS3 中，需要从外部输入到项目文件的素材包括音频、视频、图形图像等类型。

选择菜单命令“文件|导入（Import）...”；或者在项目窗口的素材列表区（或图标区）空白处右键单击，从右键菜单中选择“导入...”命令，打开“导入”对话框，如图 1-5-6 所示。

选择要输入的素材文件，单击“打开”按钮，可将素材输入到项目窗口，如图 1-5-7 所示。

图 1-5-6　“导入”对话框

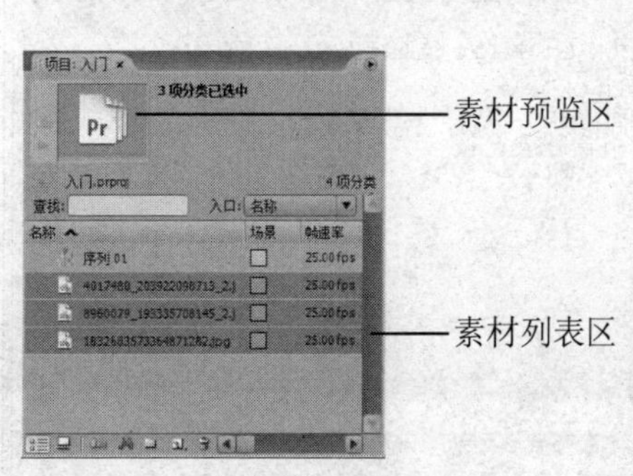

图 1-5-7　将素材输入到项目窗口

此外，通过单击“导入”对话框中的“导入文件夹”按钮，可将所选文件夹中的素材一起输入到项目窗口。

值得注意的是，通过“导入”对话框的文件类型下拉菜单可以了解到，Premiere Pro CS3 允许输入以下类型的素材。

- 视频素材包括*.AVI、*.WMV 和*.MPEG 等文件类型。
- 音频素材包括*.WAV、*.WMA、*.MP3 和*.MPG 等文件类型。
- 图形图像素材包括*.JPG、*.BMP、*.GIF、*.PSD*、*.TIF*、*.PNG 和*.AI 等文件类型。

2．管理素材

科学、系统地管理素材，可以在视频处理过程中更加方便、高效地调用素材，提高工作效率。

（1）查看素材

查看素材的常用操作如下。

- 单击项目窗口左下角的按钮，以列表方式显示素材。
- 单击项目窗口左下角的按钮，以图标方式显示素材。
- 在项目窗口中，选择要查看的素材，可在素材预览区查看其内容。如果是视频或音频素材，还可以通过单击素材预览区左侧的“播放”按钮▶播放素材。
- 在项目窗口中，双击要查看的素材，或将素材直接动到素材源窗口，可在素材源窗口中查看素材，并利用素材源窗口中的“播放”按钮▶播放素材。
- 在项目窗口的素材列表区右击某一素材，从右键菜单中选择“属性”命令，打开属性面板（见图 1-5-8），查看该素材文件的详细信息。

（2）为素材分类

在项目窗口中对素材进行分类的方法如下。

步骤 1　在项目窗口中通过单击按钮，新建各类素材文件夹。

步骤 2　将各素材拖动到对应类型的文件夹名称上（可选中多个素材一起拖动），如图 1-5-9 所示。

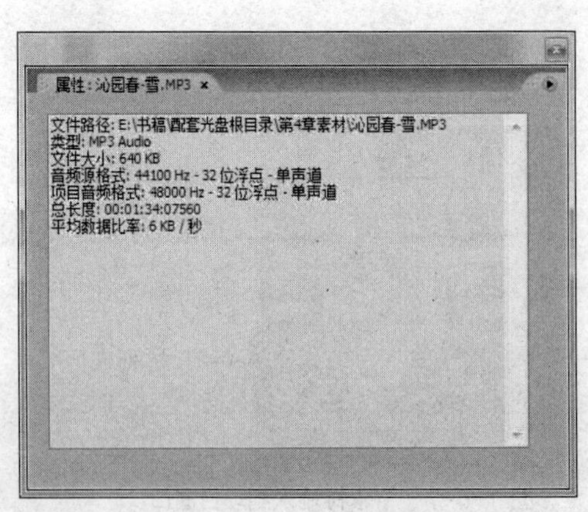

图 1-5-8　查看音频素材的属性

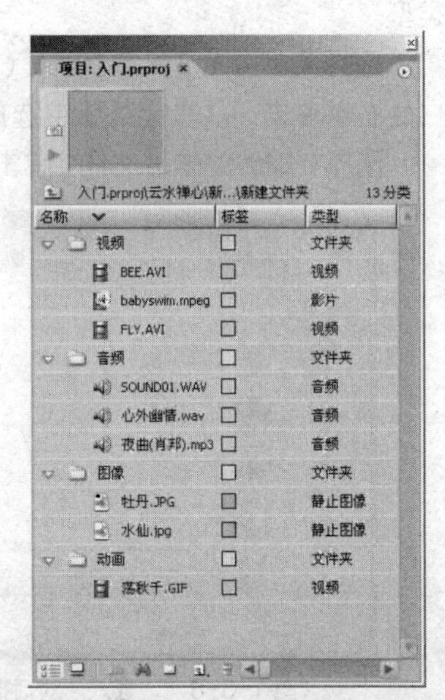

图 1-5-9　分类素材

步骤 3　若素材归类有误，可将该素材拖动到正确类型的文件夹名称上。

步骤 4　选择某个素材文件夹，使用“文件|导入...”命令可将素材直接输入到该文件夹下。

（3）重命名素材

在项目窗口，可采用下列方法之一重新命名素材或素材文件夹。

● 利用素材或素材文件夹的右键菜单中的“重命名”命令。

● 选中素材或素材文件夹后，单击素材或素材文件夹的名称，进入名称编辑状态，输入新名称，按 Enter 键。

5.2.4　编辑素材

编辑素材是视频处理与合成的基础。在 Premiere Pro CS3 中，素材源窗口、时间线窗口和节目窗口是对素材进行编辑加工的 3 个重要场所。其中，尤以时间线窗口最为重要。

1．在素材源窗口编辑素材

在将原始素材插入到轨道之前，可以首先在素材源窗口预览素材内容，并进行必要的编辑处理。如设置入点与出点，以规定插入到轨道的素材范围；设置素材标记，以便快速查找到素材的特定片段等等。这些操作主要是依靠素材源窗口底部的控制按钮完成的，如图 1-5-10 所示。

图 1-5-10　素材源窗口

● 适合▼：单击该按钮，设置素材预览区中素材的显示比例。

● {：在素材源窗口中预览素材时，单击该按钮可以在时间指示器所在的位置为素材设置入点。入点前的部分被裁剪掉。可以在素材播放的过程中设置入点。在时间线的右键菜单中选择“清除素材标记|入点”命令可清除入点标记。

● }：为素材设置出点（操作方法与入点的设置类似）。出点后的部分被裁剪掉。在时间线的右键菜单中选择“清除素材标记|出点”命令可清除出点标记。

● ：单击该按钮可以在时间指示器所在的位置为素材添加一个时间标记。在时间线的右键菜单中选择“设置素材标记|未编号 | 下一个有效编号 | 其他编号...”等命令也可以在时间指示器所在的位置添加时间标记；选择“清除素材标记|当前标记 | 所有标记 | 编号”等命令可清除时间标记。

● ：单击该按钮，时间指示器跳转到上一个时间标记。

● ：单击该按钮，时间指示器跳转到下一个时间标记。

● ：单击该按钮，在素材预览区显示安全框，以便安排画面和字幕的位置。

● ：单击该按钮，时间指示器跳转到入点所在的位置。

● ：单击该按钮，时间指示器跳转到出点所在的位置。

● ：“时间穿梭”按钮。拖动该按钮能够以不同的速度快速搜索素材。

● ：“时间轮”按钮。拖动该按钮可以比较方便地微调素材。

● ：单击该按钮，将素材插入到时间线窗口中播放指针的后面（指当前轨道），指针后面的原素材依次后移。

● ：单击该按钮，将素材插入到时间线窗口中播放指针的后面（指当前轨道），指针后面的原素材被覆盖。

● ：单击该按钮，可选择素材的显示模式。有多种显示模式。

除了使用或按钮从素材源窗口向时间线窗口插入素材外，还可以将素材从素材源窗口的素材预览区或项目窗口直接拖动到时间线窗口的对应轨道上。

2．在时间线窗口编辑素材

Premiere Pro CS3 的时间线窗口如图 1-5-11 所示，它是素材编辑与视频合成的主要场所。

（1）定位播放指针

在时间线窗口，水平拖移播放指针的头部，或在标尺的某个位置单击，可改变播放指针的位置。

在时间线窗口左上角的时间标志 00:00:06:20（表示当前播放指针的位置，格式为“时：分：秒：帧”）上单击，进入编辑状态，输入新的时间值，按 Enter 键，可精确定位播放指针。

（2）选择与移动素材

在工具面板（见图 1-5-12）上选择“选择工具”。

● 选择素材：在素材片段上单击可选择单个素材，按 Shift 键单击可加选素材，通过在轨道上拖动光标可框选素材。

● 随意移动素材：在同一轨道内或同类轨道间拖动选中的素材，可改变素材的位置。

● 精确定位素材：选择时间线左上角的“吸附”按钮，将播放指针精确定位于某一时间点，通过拖动素材使之吸附到播放指针。

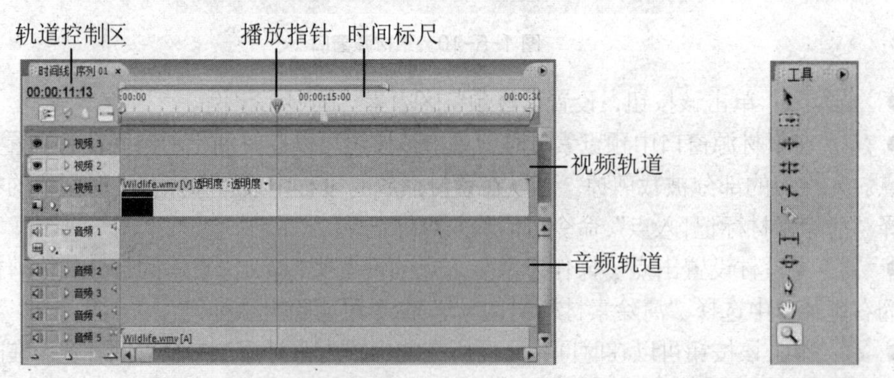

图 1-5-11　时间线窗口　　　　图 1-5-12　工具面板

（3）裁切素材

裁切素材就是将素材多余的部分裁剪掉，或将裁剪掉的部分恢复过来。可采用下列方法之一裁切素材。

在工具面板上选择“选择工具”，将光标停放在素材的左右边缘上，指针变成或形状，按下左键左右拖动，可对素材进行裁切。在拖动延长音频或视频素材时，素材片段的长度不能超过其原始素材的长度。

在工具面板上选择“波纹编辑工具”，可使用类似的操作方法裁切素材。与选择工具的不同之处在于，使用“波纹编辑工具”裁切素材后，同一轨道上后续素材的位置会产生相应的变化，使得素材间距保持不变。

（4）分割素材

在工具面板上选择“剃刀工具”，将光标定位于素材上要分割的位置（可事先用播放指针进行精确定位），单击即可将素材分割成两部分，每一部分都可以进行单独编辑。

（5）复制与粘贴素材

在时间线窗口复制与粘贴素材的方法如下。

步骤 1　在轨道上选择要复制的素材。

步骤 2　选择菜单命令“编辑|复制”或按 Ctrl+C 组合键复制素材。

步骤 3　选择目标轨道，将播放指针定位于要添加素材的时间点。

步骤 4　选择菜单命令“编辑|粘贴”或按 Ctrl+V 组合键，将素材粘贴到目标轨道上播放指针所在的位置。

（6）暂时停用素材

在视频项目的编辑中，有时需要暂时停用某些素材，以便在节目窗口查看其余素材的当前编辑效果。此时只需在要停用的素材上右击，从右键菜单中取消选中“激活（Enable）”命令即可。再次选择“激活（Enable）”命令，可重新启用该素材。

在轨道控制区，通过单击眼睛图标，可隐藏或显示对应的整个视频轨道；通过单击喇叭图标，可静音或取消静音对应的整个音频轨道。

注意：有些 Premiere Pro CS3 的汉化版本中，将 Enable 命令翻译成“打开”或“激活”等。

（7）组合素材

组合（Group）命令可以将多个素材临时捆绑在一起，作为一个整体进行编辑（如移动、复制、粘贴等）。操作方法如下。

步骤 1　在轨道上选择要组合的素材。

步骤 2　在选中的素材上右击，从右键菜单中选择“编组（Group）”命令即可将这些素材组合在一起。

步骤 3　在素材组合上右击，从右键菜单中选择“取消编组（Ungroup）”命令可解开组合。

（8）设置回放速度

通过设置视频或音频剪辑的回放速度，可以获得某种特殊的效果（例如电影中的慢镜头、快速播放等）。可采用下列方法之一调整音频或视频剪辑的回放速度。

● 在时间线窗口选中相应的素材片段，选择菜单命令“素材（Clip）|速度/持续时间（Speed/Duration）”，或从素材的右键菜单中选择相同的命令，打开“速度/持续时间”对话框。如图 1-5-13 和图 1-5-14 所示。在对话框中修改“速度”与“持续时间”参数的值即可。

● 在工具面板上选择“比例缩放工具”，将光标停放在音频或视频素材的左右边缘上，指针变成或形状，按下左键左右拖动，可快速方便地调整剪辑的回放速度。

图 1-5-13　调整视频回放速度

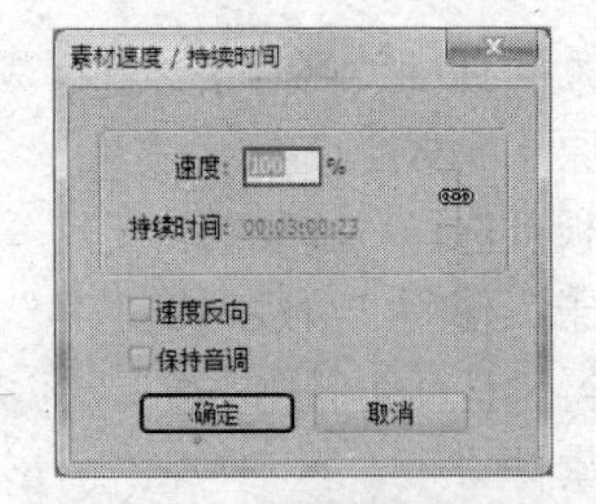

图 1-5-14　调整音频回放速度

（9）音频与视频的链接

将包含音频的视频素材插入到某个视频轨道上时，其中的音频被放置在下面的音频轨道上。并且音频与视频链接在一起；移动或删除其中一方，另一方必将被移动或删除。若仅需要保留其中的一方，就必须将二者分离，删除其中的另一方。取消链接的操作方法如下。

步骤 1　在时间线轨道上选择含有音频的视频剪辑。

步骤 2　选择菜单命令“素材（Clip）|解除视音频链接（Unlink）”，或从素材的右键菜单中选择相同的命令。

此时，可以单独选择取消链接后的音频或视频的任何一方，按 Delete 键将其删除。

要想恢复音频与视频素材的链接，可按以下方法进行操作。

步骤 1　同时选中分离后的音频与视频。

步骤 2　选择菜单命令“素材（Clip）|链接视音频（Link）”，或从素材的右键菜单中选择相同的命令。

（10）添加与删除轨道

对于比较复杂的视频项目，默认数目的轨道往往不够使用，此时可按下述方法增加轨道。

步骤 1　选择菜单命令“序列|添加轨道”，或者在时间线窗口的轨道名称上右击，从右键菜单中选择相同的命令，打开“添加视音轨”对话框，如图 1-5-15 所示。

步骤 2　在“添加视音轨”对话框中设置要添加的轨道类型、轨道数量和轨道位置，单击“确定”按钮。

对于多余的轨道，可按下述方法删除。

步骤 1　在轨道控制区单击要删除轨道的名称，将该轨道选中（若要删除所有空白轨道，则事先不用选择任何轨道）。

步骤 2　选择菜单命令“序列|删除轨道”，或者在时间线窗口的轨道名称上右击，从右键菜单中选择相同的命令，打开“删除视音轨”对话框，如图 1-5-16 所示。

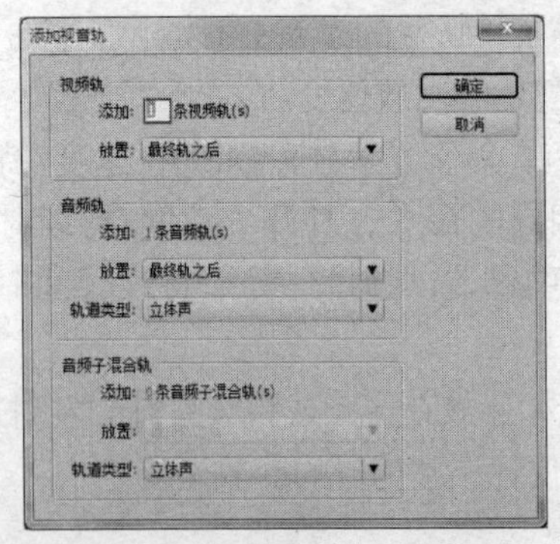

图 1-5-15　“添加视音轨”对话框

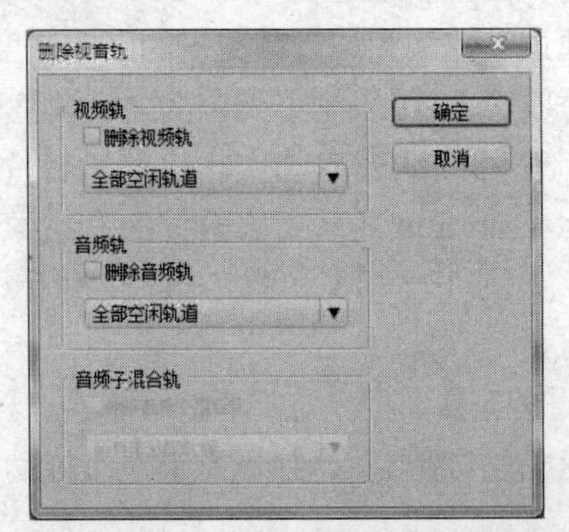

图 1-5-16　“删除视音轨”对话框

步骤3 在“删除视音轨”对话框中选择要删除的轨道类型（其中“目标轨”即当前选中的轨道），单击“确定”按钮。

（11）轨道的锁定与隐藏

锁定轨道的目的是保护轨道上的素材，以免遭到破坏。

要锁定轨道，只要在相应轨道名称左侧的空白方框▇上单击即可。此时空白方框内出现“锁定标志”🔒，如图1-5-17所示。

轨道锁定后，轨道上的所有素材禁止编辑修改。要取消锁定，只需要在轨道“锁定标志”🔒上单击即可。

图1-5-17 锁定视频轨道

对于视频轨道，隐藏轨道的作用是在节目窗口隐藏该轨道上的素材画面，以查看或编辑其他视频轨道上的素材。对于音频轨道，关闭轨道的作用是将该轨道静音。

通过在视频轨道左侧的眼睛图标👁处单击，可隐藏或显示相应的视频轨道。

通过在音频轨道左侧的喇叭图标🔊处单击，可关闭或启用相应轨道上的音频。

（12）添加时间标记

在时间线窗口，时间标记可以使用户快速准确地访问特定的素材片段或帧，还可以使其他素材与标记点对齐。

添加时间标记的方法如下。

步骤1 在时间线窗口将播放指针定位在时间标尺的指定位置。

步骤2 单击时间线窗口左上角的▲按钮，添加无序编号的时间标记。也可以使用菜单“标记（Marker）|设置序列标记（Set Sequence Marker）”下的相应命令添加其他类型的标记，如图1-5-18所示。

在时间线上双击时间标记，或选择“标记（Marker）”菜单下的对应命令，可对时间标记进行编辑修改。

使用菜单“标记|清除序列标记”下的命令，或时间线标尺右键菜单中的相同命令，可删除时间标记。

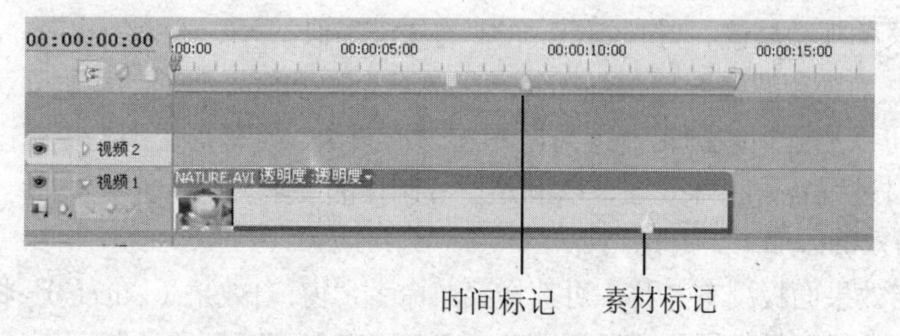

图1-5-18 在时间线窗口添加标记

3. 在节目窗口编辑素材

利用节目窗口，可以对插入到时间线轨道的素材进行处理，方法大多与素材源窗口类似；只是在素材编辑中，节目窗口一般要配合效果控制窗口一起使用。另外，利用节目窗口还可以对时间线轨道上的素材进行以下处理。

（1）改变素材大小

当输入素材的像素尺寸与节目窗口的大小不一致时，或者要创建视频特殊效果（如画中画效果）时，需要修改素材的像素尺寸。操作方法如下。

步骤 1　在效果控制面板展开“运动”参数区，取消选择“等比”复选框。

步骤 2　在节目窗口中单击选择要缩放的素材，显示变换控制框，如图 1-5-19 所示。

步骤 3　鼠标拖动控制框 4 个角的控制块，可成比例缩放素材；拖动控制框每个边中点的控制块，可单方向改变素材画面的大小。

步骤 4　在变换控制框的外面（距离边框稍微远一点）单击，隐藏控制框。

当素材画面较大时，可能看不到或不能全部看到变换控制框，从而无法进行缩放、旋转等操作。此时，可适当减小节目窗口的显示比例。

（2）移动和旋转素材

为了创建视频特殊效果，有时需要改变素材的位置和角度。操作方法如下。

步骤 1　在节目窗口中单击素材画面，显示变换控制框。

步骤 2　鼠标在控制框内拖动可移动素材；在控制框外围的控制块附近（离控制块稍远一点）沿逆时针或顺时针方向拖动，可旋转素材，如图 1-5-20 所示。

图 1-5-19　素材变换控制框

图 1-5-20　旋转素材

5.2.5　使用视频特效

视频特效又称视频滤镜，与 Photoshop 中的滤镜类似。主要区别在于 Photoshop 滤镜仅作用于单张图像；而视频滤镜要施加在视频剪辑的各个帧画面上，其功能更强，运算量更大。视频特效不仅可以用于视频剪辑，还可以用在图形图像、字幕等类型的剪辑上。运用特效，可以对原始素材进行各种特殊处理，以满足影片制作的要求。

1．视频特效的添加

步骤 1　若效果面板没有打开，可选择菜单命令“窗口|效果（Effects）”将其打开。

步骤 2　在效果面板中展开“视频特效（Video Effects）”或“预置（Presets）”文件夹，将要使用的特效拖动到时间线窗口的视频剪辑、图形图像剪辑或字幕剪辑上。

2．视频特效的编辑

步骤 1　在视频轨道上选择要编辑视频特效的剪辑。

步骤 2　若“效果控制”面板没有打开，可选择菜单命令“窗口|效果控制（Effect Controls）”将其打开。

步骤 3　在“效果控制”面板上展开要编辑的视频特效，根据需要修改其中参数。

步骤 4　利用“效果控制”面板，可以在剪辑时间线的不同位置添加特定参数的关键帧，并在不同关键帧上设置不同的参数值，以实现视频特效在前后关键帧之间的变化，如图 1-5-21 所示。

3．视频特效的删除

步骤 1　在视频轨道上选择要删除视频特效的剪辑。

步骤 2　展开“效果控制”面板，在要删除的特效名称上右击，从右键菜单中选择“清除”命令，如图 1-5-22 所示。

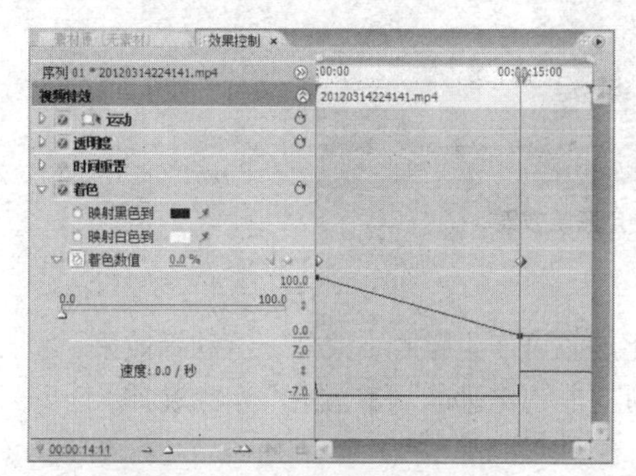

图 1-5-21　设置视频特效参数

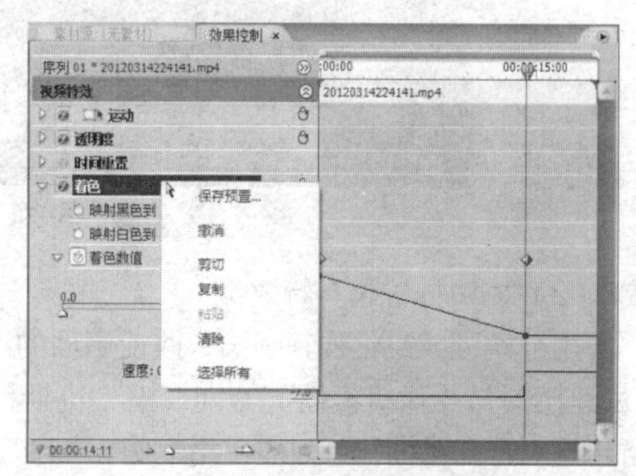

图 1-5-22　删除视频特效

4．内置视频特效简介

内置视频特效即 Premiere Pro 自带的、随软件一起安装的视频特效。在 Premiere Pro CS3 中，常用的内置视频特效如下。

（1）“色彩校正”“调节”与“图像控制”特效组

这 3 组特效主要用于调整素材影像的颜色，或营造一种特殊的色彩氛围。

“色彩校正”特效组包括“RGB 曲线”“RGB 色彩校正”“亮度&对比度”“着色”和“色彩平衡”等特效。图 1-5-23 所示是“RGB 曲线”特效的使用案例。

（a）原素材

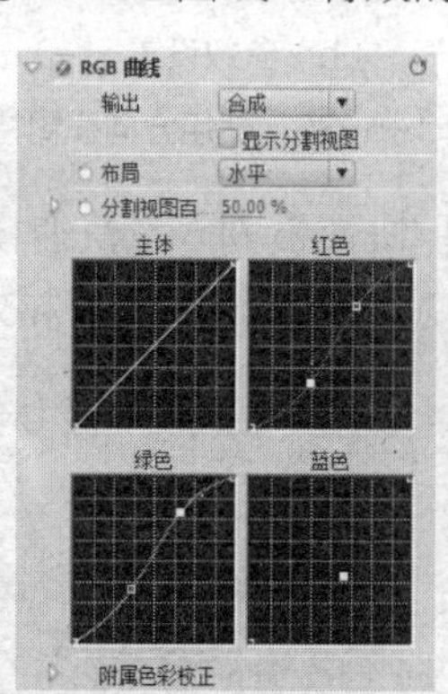

（b）参数设置

（c）校正结果

图 1-5-23　使用 RGB 曲线特效

“调节”特效组包括“回旋核心”“照明效果”“调色”和“阴影/高光”等特效。“图像控制”特效组包括“Gamma 校正”“色彩匹配”和“黑&白”等特效。

图 1-5-24 所示是“照明效果”特效的使用案例。

图 1-5-24　使用照明效果

（2）“模糊&锐化”特效组

用于模糊或锐化视频画面，改变画面的对比度。可产生朦胧、聚焦、运动等效果。包括“快速模糊”“摄像机模糊”“方向模糊”“高斯模糊”“非锐化遮罩”和“锐化”等特效。图 1-5-25 所示是“方向模糊”特效的使用案例。

（a）原素材

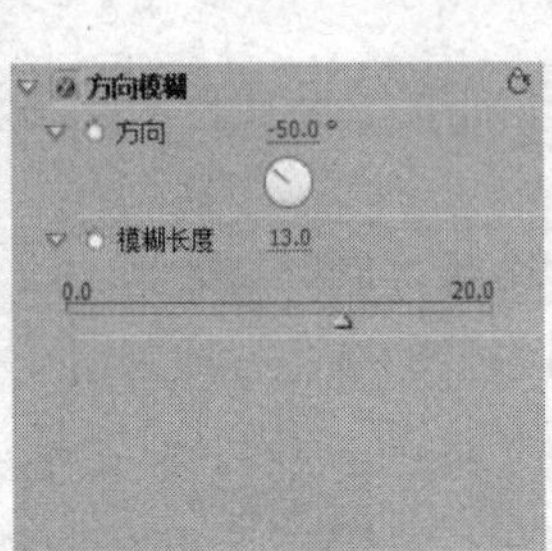

（b）参数设置

（c）模糊效果

图 1-5-25　使用方向模糊特效

其实效果面板中的“预置/模糊/快速模糊入、快速模糊出”就是“快速模糊”特效的经典应用，经常用来设置视频画面淡变入镜和出镜的特殊效果。图 1-5-26 所示是 “快速模糊入”特效的参数设置。

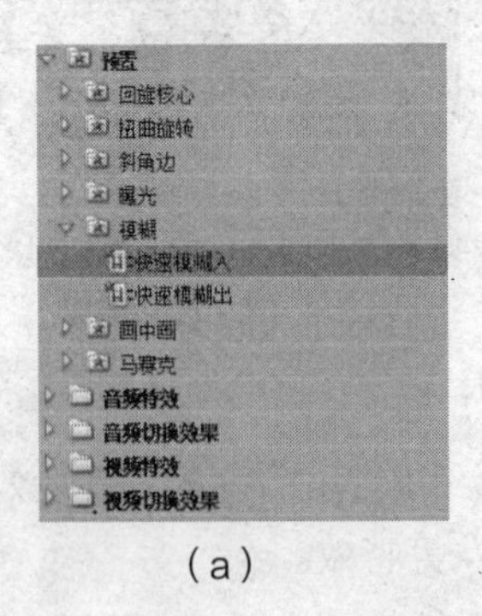

（a）

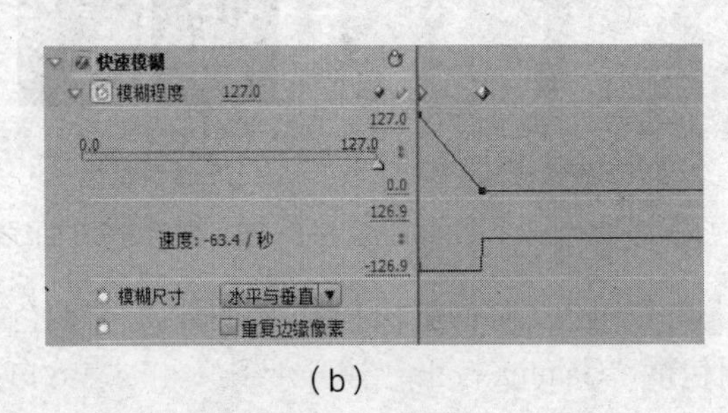

（b）

图 1-5-26　快速模糊入特效及参数设置

(3)“通道”特效组

用于合成多种特殊效果。包括“反转”“固态合成”和“运算”等特效。图 1-5-27 所示是“运算”特效的使用案例。

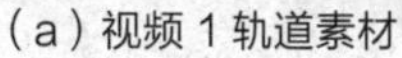

(a)视频 1 轨道素材

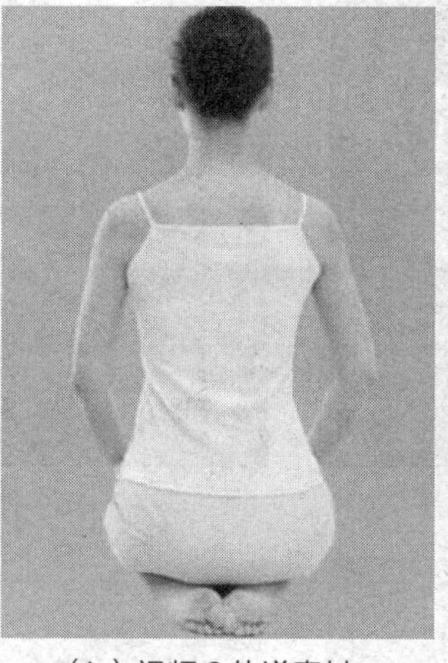

(b)视频 2 轨道素材

(c)运算结果(轮廓亮度)

图 1-5-27 使用运算特效

(4)“扭曲”特效组

提供了对视频画面进行扭曲变形的多种方法。包括“偏移”“变换”“弯曲”“扭曲”“边角固定”和“镜像”等特效。图 1-5-28 所示是“边角固定”特效的使用案例(视频效果可参考“第 5 章素材/片尾.avi”)。

(a)变形前

(b)变形后字幕出现

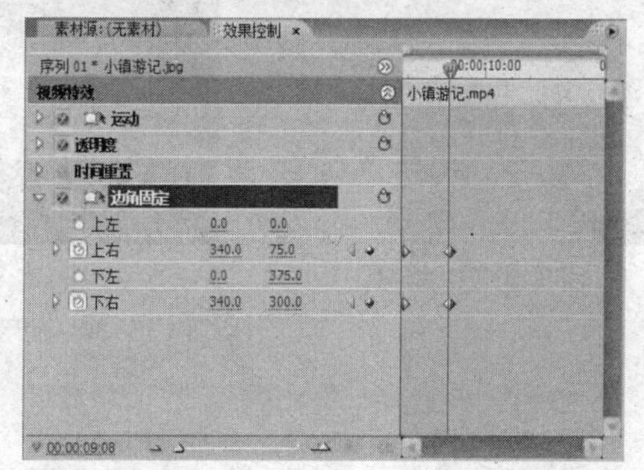

(c)参数设置(可直接在节目窗口拖动变形，见左图)

图 1-5-28 使用边角固定特效

(5)“键”特效组

提供了基于亮度和特定颜色的多种抠像方法。包括“蓝屏键”“色度键”“颜色键”“图像蒙板键”“亮度键”和“轨道蒙板键”等特效。图 1-5-29 所示是“色度键”特效的使用案例。

(a)室内播音视频

(b)外景视频

(c)参数设置

(d)合成视频

图 1-5-29　使用色度键特效

(6)“透视”特效组

对素材施加透视、倒角、投影等多种效果。包括“基本 3D”“斜角 Alpha”“斜角边”和“阴影”等特效。图 1-5-30 和图 1-5-31 所示分别为“基本 3D”与“斜角 Alpha”特效的使用案例。

(a)原始素材

(b)基本 3D 效果

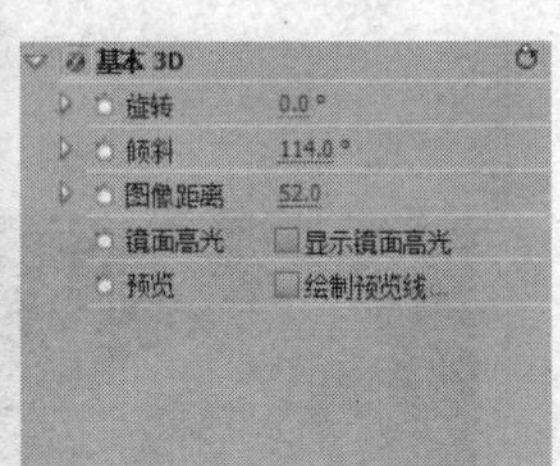

(c)参数设置

图 1-5-30　使用基本 3D 特效

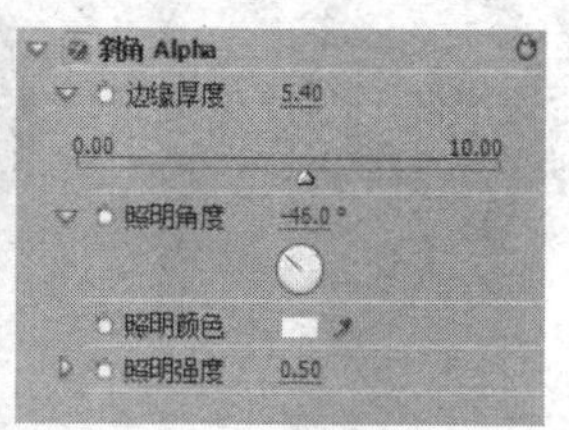

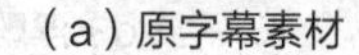

（a）原字幕素材　（b）斜角 Alpha 效果　（c）参数设置

图 1-5-31　使用斜角 Alpha 特效

（7）“生成”特效组

在视频画面上产生叠加（单色、渐变或图案）、镜头光晕、闪电等效果。图 1-5-32、图 1-5-33 和图 1-5-34 所示分别为“棋盘”“蜂巢图案”与“镜头光晕”特效的使用案例。

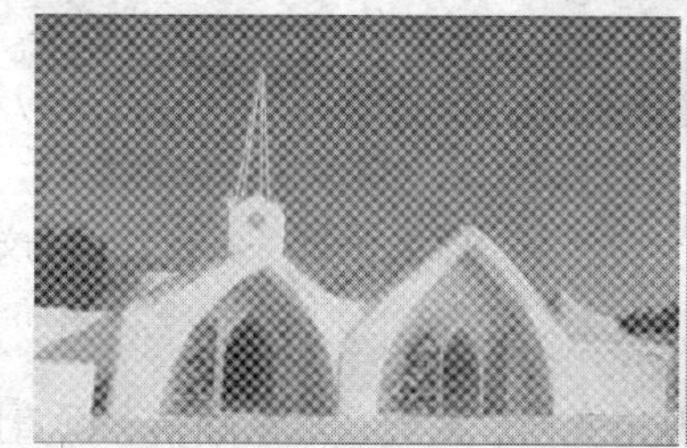

（a）原素材　（b）效果与参数设置

图 1-5-32　使用棋盘特效

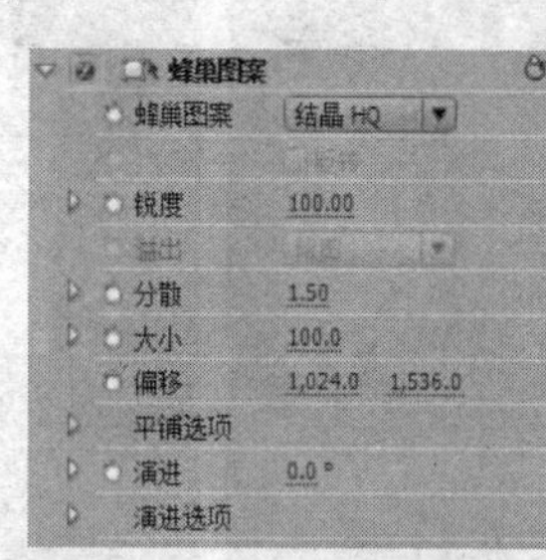

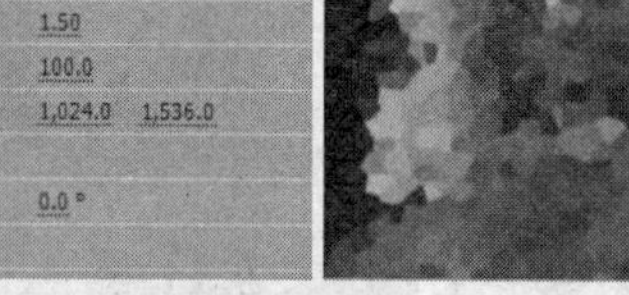

（a）原素材　（b）效果与参数设置

图 1-5-33　使用蜂巢图案特效

（a）原素材　（b）效果与参数设置

图 1-5-34　使用镜头光晕特效

（8）“风格化”特效组

包括“Alpha 辉光”“彩色浮雕”“马赛克”“重复”和“闪光灯”等特效，如图 1-5-35 所示。

（a）原素材

（b）海报特效

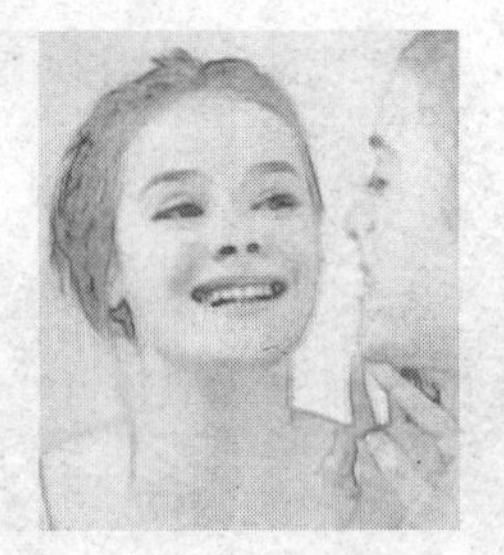

（c）查找边缘

（d）浮雕

（e）原素材

（f）查找边缘+阈值

（g）重复

图 1-5-35　使用风格化特效

（9）“变换”特效组

对素材施加摄像机视角变换、裁剪、水平翻转、垂直翻转、滚动和边缘羽化等多种变换。图 1-5-36 和图 1-5-37 所示是变换特效的应用案例。

（a）原素材

（b）画面推远

（c）水平旋转

（d）垂直旋转并滚动

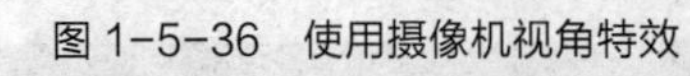

图 1-5-36　使用摄像机视角特效

（a）原素材

（b）水平翻转

（c）垂直翻转

（d）裁剪

图 1-5-37　使用水平翻转、垂直翻转和裁剪特效

（10）“过渡”特效组

提供了上下层视频轨道之间画面切换的多种方法。包括“块状溶解”“渐变擦除”“径向擦除”“线性擦除”和“百叶窗”等多种特效。图 1-5-38 所示是“百叶窗”特效的使用案例。

（a）原素材

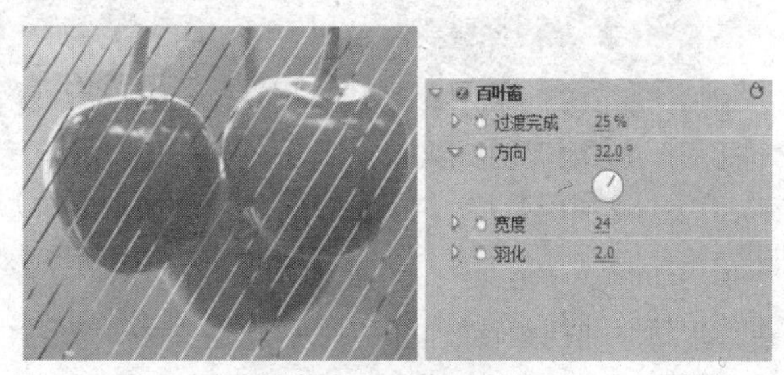

（b）效果与参数设置

图 1-5-38　使用百叶窗特效

（11）“视频”特效组

提供了“时间码”等特效。图 1-5-39 所示是为一场足球赛的视频添加的“时间码”特效，以便观众随时了解比赛进行了多少时间。

（a）原素材

（b）添加时间码

图 1-5-39　使用时间码特效

（12）“GPU 特效”特效组

包括“卷页”“折射”和“波纹（循环）”等特效。图 1-5-40 所示是“卷页”特效的参数设置及效果。图 1-5-41 所示是“折射”特效的应用案例。

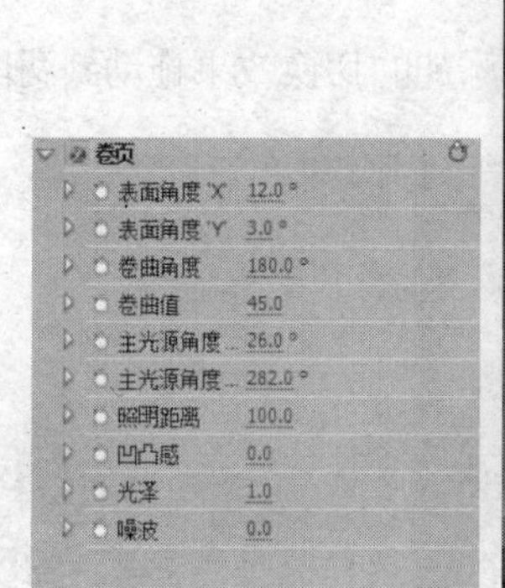

图 1-5-40　使用卷页特效

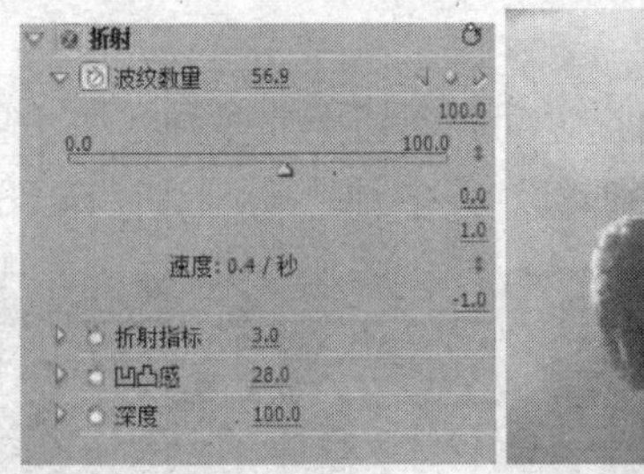

（a）原素材　　　　（b）效果与参数设置

图 1-5-41　使用折射特效

在为素材添加视频特效的同时，可以在素材时间线的不同位置插入关键帧，并根据实际需要设置不同的特效参数，以实现视频特效的动态过渡，增加影片的艺术效果和可观赏性。上面介绍的“快速模糊入”特效就是一个很好的例子。

5. 外挂特效插件简介

针对 Premiere 的外挂特效插件是由 Adobe 公司之外的第三方厂商开发的特效。这类特效插件按正确的方法安装好之后，也出现在 Premiere 的效果面板中，与内置特效用法类似。关于外挂特效插件的安装应注意以下几点。

- 安装前一定要退出 Premiere 程序窗口。
- 外挂特效插件一定要复制或安装在...\ Premiere Pro CSX \ Plug-Ins \ en_us 文件夹下。（其中 X 表示软件版本）

常用的外挂特效插件有“FE 雨（FE Rain）”“FE 雪（FE Snow）”“FE 光效果”“FE 光线爆炸（FE Light Burst）”“FE 像素爆炸（FE Pixel Polly）”和“光工厂光斑（Knoll Light Factory）”等。

5.2.6　使用切换效果

1. 添加切换效果

步骤 1　若效果面板没有打开，可选择菜单命令“窗口|效果”将其打开。

步骤 2　将两段剪辑在同一视频轨道上前后衔接放置（无须重叠），如图 1-5-42 所示。

图 1-5-42　并列放置素材，无需重叠

步骤 3　在效果面板中展开“视频切换效果”文件夹，将要添加的切换效果拖动到两段剪辑的衔接处，如图 1-5-43 所示。

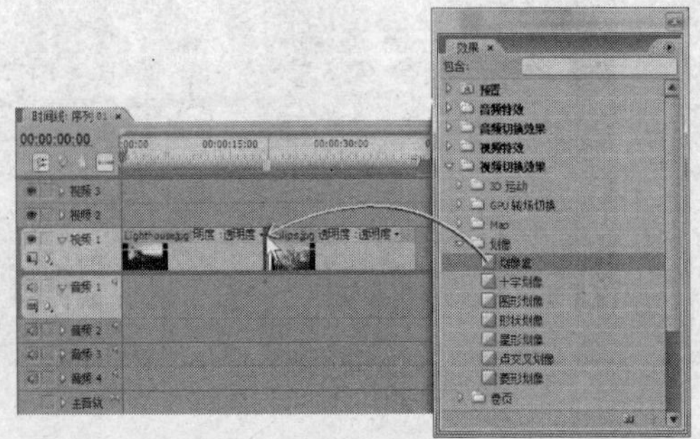

图 1-5-43　将切换效果拖动到剪辑的衔接处

2．设置切换效果参数

步骤 1　使用缩放工具放大剪辑的衔接处，显示切换效果的名称。

步骤 2　使用选择工具单击选择要编辑的切换效果。

步骤 3　在效果控制面板中设置切换效果的参数。

（1）调整切换效果的持续时间

可采用下列方法之一调整切换效果的持续时间。

● 在时间线窗口，使用选择工具直接拖动切换效果的左右两边（可放大后操作），如图 1-5-44 所示。

图 1-5-44　在时间线窗口改变切换的持续时间

● 在效果控制面板的时间线窗格（右窗格）拖动切换效果的左右两边，或在参数区直接修改“持续时间”参数的值，如图 1-5-45 所示。

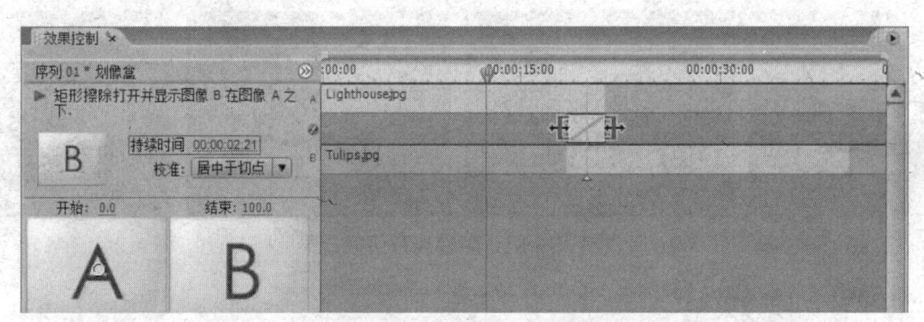

图 1-5-45　在效果控制面板改变切换效果的持续时间

（2）选择切换效果的时间位置

可采用下列方法之一选择切换效果的时间位置。

● 在效果控制面板的参数区，通过“校准”下拉菜单选择切换效果的时间位置，包括“开始于切点”“居中于切点”“结束于切点”和“自定义开始”4 个选项，如图 1-5-46 所示。

● 在效果控制面板的时间线窗格（右窗格），在切换效果区域内左右拖动（此时光标的形状为⇹）。如图 1-5-46 所示。

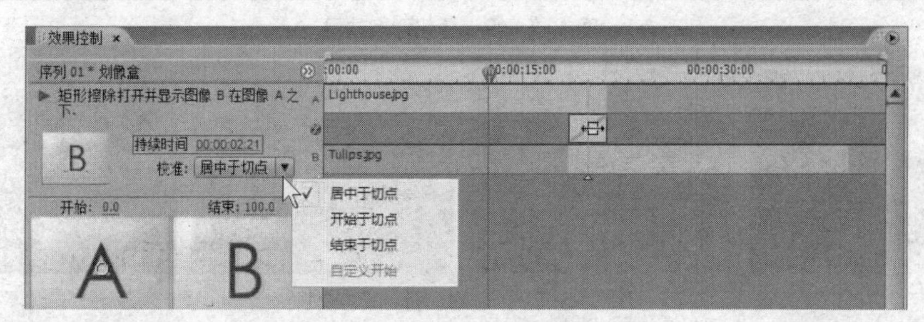

图 1-5-46　改变切换效果的位置

（3）切换效果的替换与删除

● 两段剪辑之间只能存在一种切换效果。当从效果面板中将一种新的切换效果拖动到剪辑的衔接处时，原有的切换效果将被取代。

● 在两段剪辑的衔接处单击选择切换效果，按 Delete 键，或从切换效果的右键菜单中选择“清除”命令，可删除切换效果。

3．内置切换效果

内置切换效果是 Premiere 自带的切换效果，分布在效果面板的“视频切换效果”文件夹中。在 Premiere Pro CS3 中，常用的内置切换效果如下。

（1）“3D 运动”切换效果组

包括“立体旋转”“窗帘”“翻转”“翻转离开”“上折叠”“旋转”“旋转离开”等切换效果。图 1-5-47 和图 1-5-48 所示分别是“上折叠”切换效果和“翻转离开”切换效果。

图 1-5-47　上折叠切换效果

 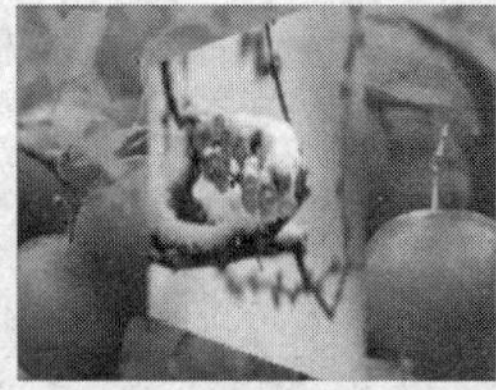  

图 1-5-48　翻转离开切换效果

（2）“叠化”切换效果组

包括“叠化”“附加叠化”“非附加叠化”“随机反转”“白场过渡”“黑场过渡”等切换效果。图 1-5-49 和图 1-5-50 所示分别是“叠化”切换效果和“非附加叠化”切换效果。

图 1-5-49　叠化切换效果

图 1-5-50　非附加叠化切换效果

（3）“划像”切换效果组

包括“划像盒”“十字划像”“菱形划像”“圆形划像”“形状划像”“星形划像”“点交叉划像”等切换效果。图 1-5-51 和图 1-5-52 所示分别是“圆形划像”切换效果和“形状划像”切换效果。

图 1-5-51　圆形划像切换效果

图 1-5-52　形状划像切换效果

（4）“卷页”切换效果组

包括“卷页”“中心卷页”“翻转卷页”“背面卷页”“滚离”等切换效果。图 1-5-53 和图 1-5-54 所示分别是“翻转卷页”切换效果和“滚离”切换效果。

图 1-5-53　翻转卷页切换效果

图 1-5-54　滚离切换效果

（5）“滑动”切换效果组

包括“带状滑动”“中心聚合”“中心分割”“多重旋转”“斜叉滑动”“滑动盒”“漩涡”等切换效果，如图 1-5-55 所示。

（a）带状滑动

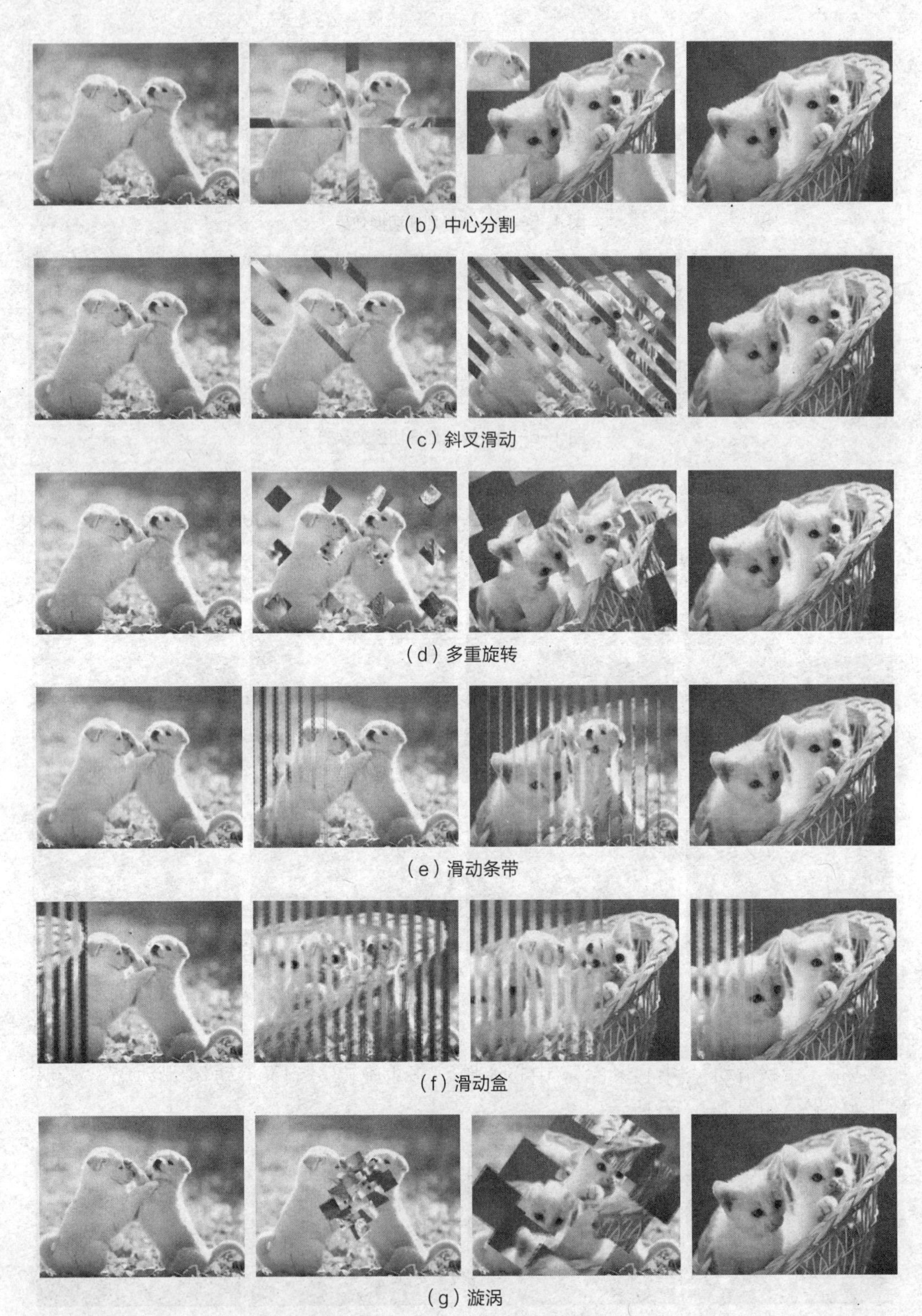

（b）中心分割

（c）斜叉滑动

（d）多重旋转

（e）滑动条带

（f）滑动盒

（g）漩涡

图 1-5-55　多种滑动切换效果

（6）"擦除"切换效果组

包括"带状擦除""仓门""划格擦除""棋盘""时钟擦除""渐变擦除""涂料飞溅""纸风车""随机擦除""百叶窗""Z 形划片"等切换效果，如图 1-5-56 所示。

（a）带状擦除

（b）仓门

（c）划格擦除

（d）棋盘

（e）渐变擦除

（f）涂料飞溅

（g）纸风车

（h）随机擦除

（i）百叶窗

图 1-5-56　多种擦除切换效果

（7）“缩放”切换效果组

包括“交叉缩放”“缩放”“缩放拖尾”“缩放盒”等切换效果。图 1-5-57 和图 1-5-58 所示分别是“缩放盒”切换效果和“缩放拖尾”切换效果。

图 1-5-57　缩放盒切换效果

图 1-5-58　缩放拖尾切换效果

4．外挂切换效果 Hollywood FX（好莱坞特技）

除了内置切换效果之外，Premiere Pro CS3 还拥有大量的外挂切换效果插件。其中影响最为广泛的当属 Pinnacle（品尼高）公司出品的 Hollywood FX（好莱坞特技）插件系列，如图 1-5-59 所示。

（a）

（b）

（c）

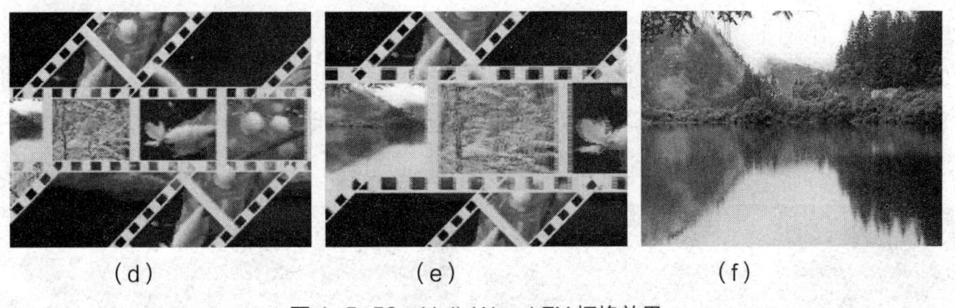

（d）　　　　（e）　　　　（f）

图 1-5-59　HollyWood FX 切换效果

Hollywood FX 是一款可独立运行的软件，无须安装在 Preimere 的安装文件夹下。在安装 Hollywood FX 时，会自动安装针对 Premiere 的接口程序。但是为了方便软件资源的管理，最好还是安装在 Premiere 所在的 Adobe 文件夹下。

Hollywood FX 安装完成后，在 Preimere 安装文件夹下的 Plug-ins\en_US 中，已自动创建 Pinnacle 插件文件夹，如图 1-5-60 左图所示。此时重新启动 Preimere，在其效果面板的“视频切换”和“视频特效”文件夹中，分别可以找到 Pinnacle 视频切换效果与视频滤镜特效，如图 1-5-60 右图所示。

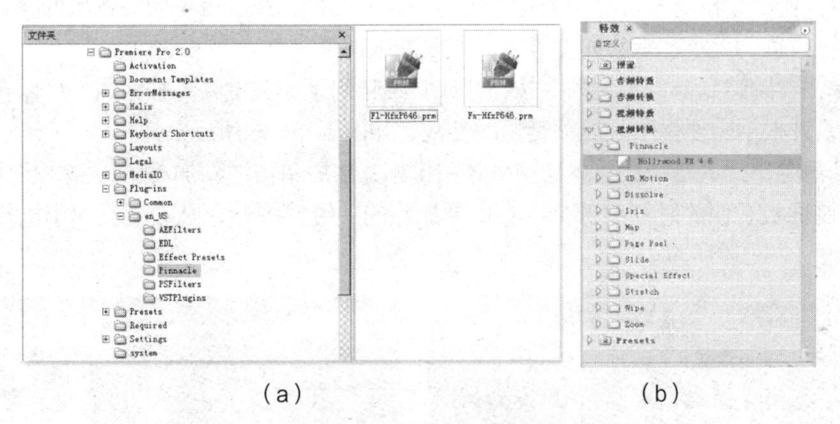

（a）　　　　（b）

图 1-5-60　HollyWood FX 的安装与使用

值得注意的是，Hollywood FX 有多个不同的软件版本，有些版本不支持高版本的 Premiere。此时，可以先在计算机中安装版本较低的 Premiere 软件，接着安装 Hollywood FX；然后在低版本 Premiere 安装路径的插件文件夹（Plug_In）中找到 Pinnacle 文件夹，复制到高版本 Preimere 安装路径的对应位置即可。

5.2.7　使用运动特效

1．在效果控制面板中设置运动特效

步骤 1　在视频轨道上选择要设置运动特效的素材。

步骤 2　若效果控制面板没有打开，可选择菜单命令“窗口|效果控制”将其打开。

步骤 3　在效果控制面板中单击运动左侧的按钮，展开运动栏参数。

步骤 4　在剪辑时间线的不同位置添加位置、比例（缩放）、旋转等参数的关键帧，并在不同关键帧上设置不同的参数值，使素材产生运动效果。方法如下。

① 单击“位置”“比例（缩放）”或“旋转”等参数项左侧的“切换动画”按钮，按钮反白显示为。这样可以在播放指针所在的位置添加对应参数的第 1 个关键帧。根据需要设

置关键帧参数，如图 1-5-61 所示。

② 将播放指针拖动到素材时间线的其他位置，单击相应参数栏右侧的“添加/删除关键帧”按钮（按钮变成），即可在播放指针的当前位置添加第 2 个关键帧，并根据需要设置关键帧参数，如图 1-5-62 所示。

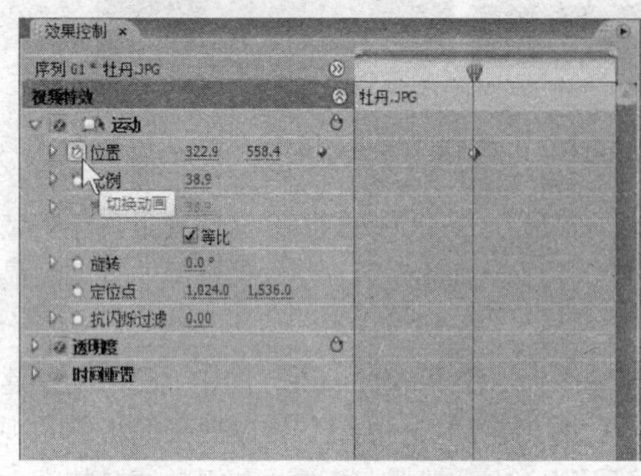

图 1-5-61　创建首个运动关键帧

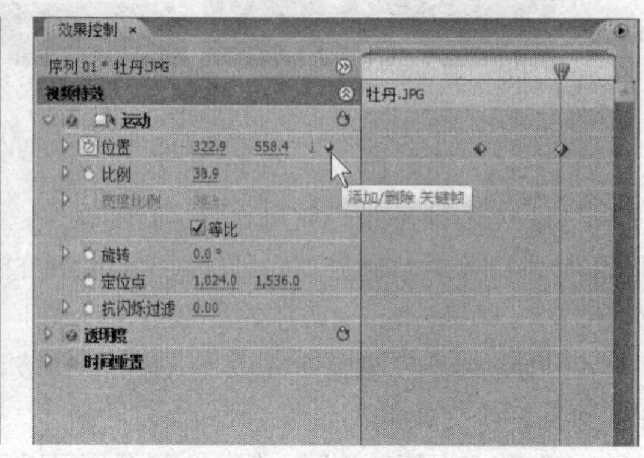

图 1-5-62　创建并编辑其他关键帧

③ 以此类推，根据素材运动的特点创建多个关键帧，并设置不同关键帧的参数值，就可以使素材在位置、大小、旋转角度等方面形成动画效果。

④ 单击“跳转到前一关键帧”按钮或“跳转到下一关键帧”按钮，可以在各关键帧之间跳转，并根据需要修改相应关键帧的参数，如图 1-5-63 所示。

⑤ 要删除单个关键帧，首先切换到该关键帧，然后单击“添加/删除关键帧”按钮；或在效果控制面板右侧的时间线部分，右击要删除的关键帧图标，从右键菜单中选择“清除”命令，如图 1-5-64 所示。

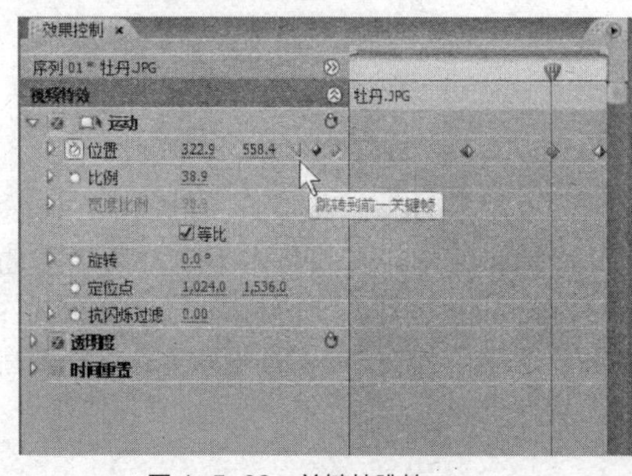

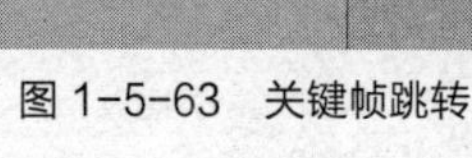
图 1-5-63　关键帧跳转

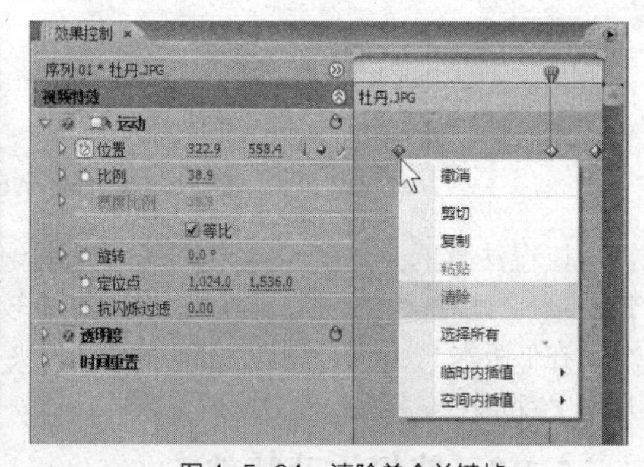

图 1-5-64　清除单个关键帧

⑥ 在已添加关键帧的参数项左侧的“切换动画”按钮上单击，在弹出的警告框中单击“确定”按钮，可删除该运动参数的所有关键帧（见图 1-5-65），从而删除有关该项参数的运动动画效果。

2．在节目窗口设置运动特效

步骤 1　在节目窗口单击选择已经添加了运动特效的素材，显示素材的运动路径及路径上的关键点，如图 1-5-66 所示。

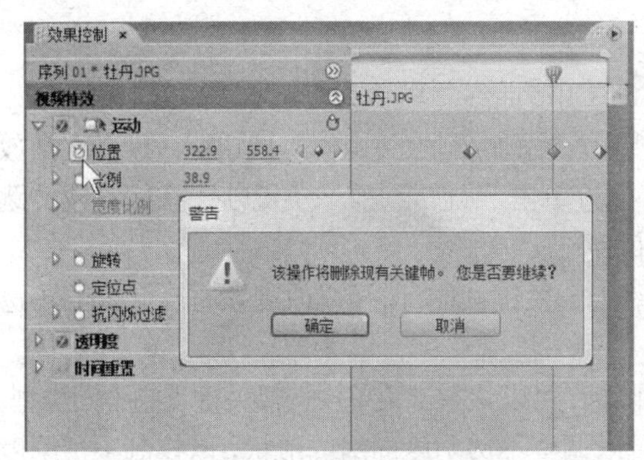

图 1-5-65　清除参数的全部关键帧

图 1-5-66　在节目窗口修改运动特效

步骤 2　通过拖动控制点改变关键点两侧控制线的长度与方向，调整运动路径局部的形状。

步骤 3　按住 Ctrl 键不放，拖动控制点可使平滑关键点转换为尖突关键点，如图 1-5-67 所示。

图 1-5-67　尖突关键点

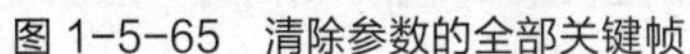

步骤 4　直接拖动关键点，可以改变素材在当前关键帧的位置。

将位置、大小、旋转等功能结合使用，可以形成动感丰富的运动效果。

3．控制剪辑的不透明度

（1）利用效果控制面板控制剪辑的不透明度

步骤 1　在视频轨道上选择要设置透明效果的素材。

步骤 2　打开效果控制面板，根据需要在剪辑时间线的不同位置添加不透明度关键帧，并在相邻的关键帧上设置不同的不透明度数值，使素材产生不透明度渐变效果。

步骤 3　通过拖动控制点，调整控制线的长度与方向，可以修改不透明度曲线的形状，以控制不透明度变化的加速度，如图 1-5-68 所示。

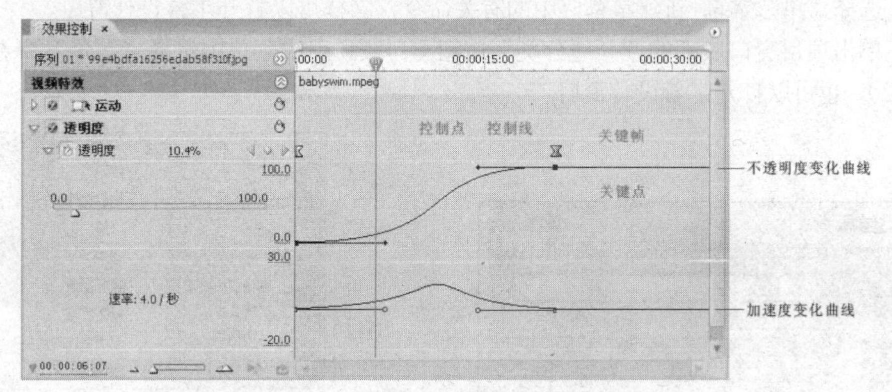

图 1-5-68　在效果控制面板上修改不透明度参数

（2）利用时间线窗口控制剪辑的不透明度

步骤 1　在要设置透明效果的素材上显示不透明度曲线（默认为黄色水平线）。

步骤 2　在素材所在的轨道控制区，通过单击“添加/删除关键帧”按钮，可以在播放指针所在位置的曲线上添加不透明度关键帧；通过单击“跳转到前一关键帧”按钮或“跳转到下一关键帧”按钮，可以在各关键帧之间跳转。

步骤 3　通过在竖直方向拖动不透明度曲线上的关键帧图标，可以改变素材在此处的不透明度。

步骤 4　通过右击不透明度曲线上的关键帧图标，可以从右键菜单中选择关键点的不同类型。

步骤 5　通过改变控制线的长度与方向，可以调整不透明度曲线的形状，以控制不透明度变化的加速度，如图 1-5-69 与图 1-5-70 所示。

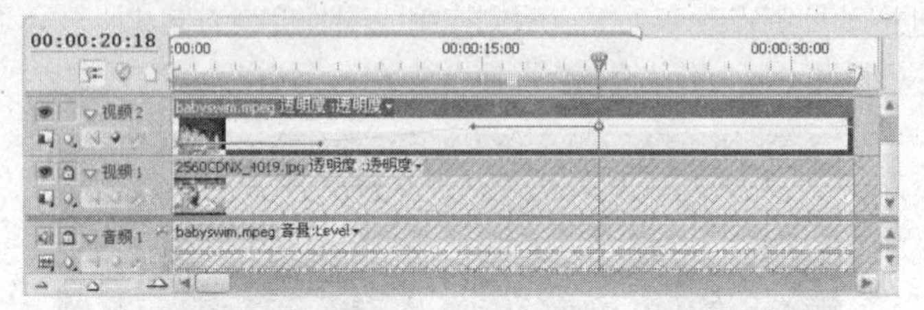

图 1-5-69　在时间线窗口修改不透明度曲线

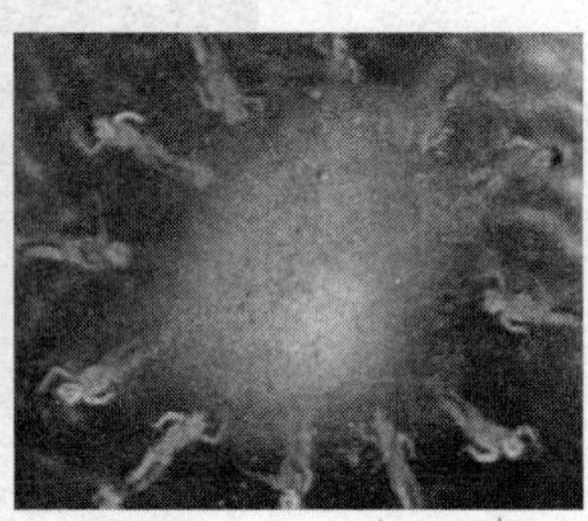

图 1-5-70　修改不透明度曲线，制作素材淡变效果

5.2.8　标题与字幕制作

1．打开字幕设计窗口

采用下列方法之一打开字幕设计窗口。

- 选择菜单命令“文件|新建|字幕”，打开“新建字幕”对话框（见图 1-5-71），输入字幕名称，单击“确定”按钮，打开字幕设计窗口。
- 选择菜单“字幕|新建字幕”中的有关命令，同样可以打开字幕设计窗口。
- 单击项目窗口底部的“新建分类”按钮，从弹出的菜单中选择“字幕”命令（见图 1-5-72），也可以打开字幕设计窗口。

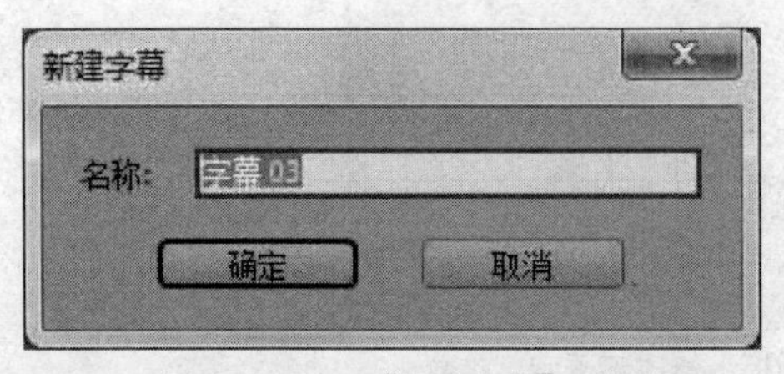

图 1-5-71　“新建字幕”对话框

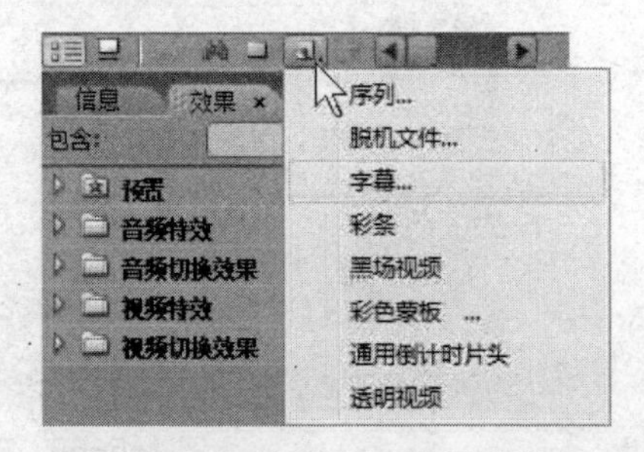

图 1-5-72　从项目窗口新建字幕

2．在字幕设计窗口中设置字幕属性

Premiere Pro CS3 的字幕设计窗口如图 1-5-73 所示。

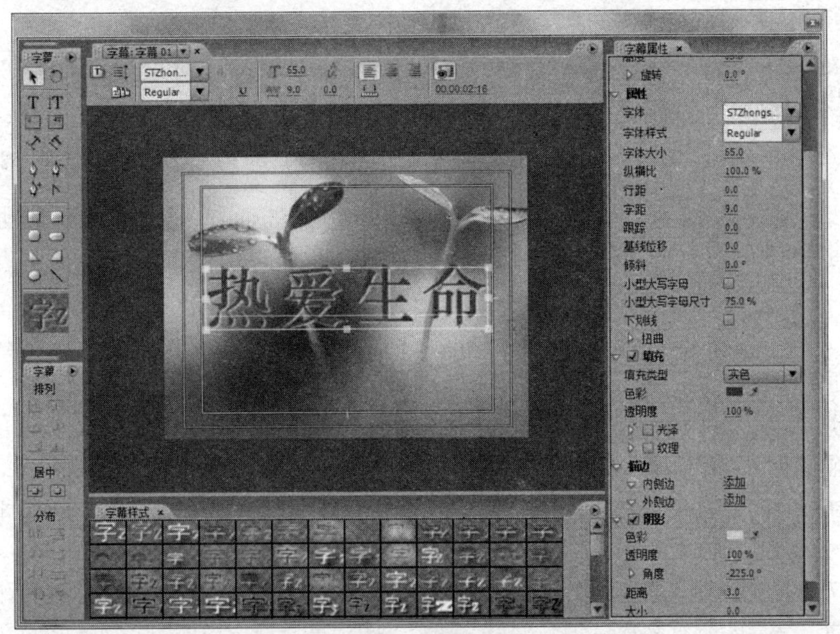

图 1-5-73　字幕设计窗口

● 工具栏：位于字幕设计窗口的左侧，包括“选择工具” “文字工具” T “垂直文字工具” 等。用于创建和编辑文字、创建和编辑图形。

● 排列与分布栏：用于对齐与分布对象。除了“垂直居中”按钮与“水平居中”按钮用于对象与字幕预览窗口的对齐外，其他对齐按钮用于两个或两个以上对象的对齐。只有 3 个或 3 个以上的对象才能够进行分布操作。

● 字幕预览窗口：位于字幕设计窗口的中心，用于输入与编辑文字，创建与编辑图形查看字幕的最终效果。

● 字幕属性栏：位于字幕设计窗口的右侧，用于设置文字的字体、大小、字间距、行间距、角度、颜色、描边与阴影等属性。

● 字幕样式栏：提供了 Premiere Pro CS3 自带的多种文字样式，每一种样式都是多种文字属性的集合。用户可以将某种样式直接用在字幕上，并在此基础上进行编辑修改。

3．创建字幕

在字幕设计窗口中创建与设计字幕的一般过程如下。

步骤 1　选择“文字工具”或“垂直文字工具”，在字幕预览窗口单击，确定插入点，并输入字幕的内容。

步骤 2　选择“选择工具” ，此时字幕文字处于选择状态。利用字幕属性栏设置文字的属性，或利用字幕样式栏直接在字幕文本上添加某种样式。

步骤 3　如果添加了字幕样式，还可以在此基础上利用字幕属性栏对字幕文本的外观做必要的修改。

步骤 4　要想创建“滚动”或“游动（爬行）”效果的字幕，可单击字幕预览窗口顶部的“滚动/游动 选项”按钮（见图 1-5-74），打开“滚动/游动选项”对话框（见图 1-5-75）。

图 1-5-74　单击“滚动/游动 选项”按钮

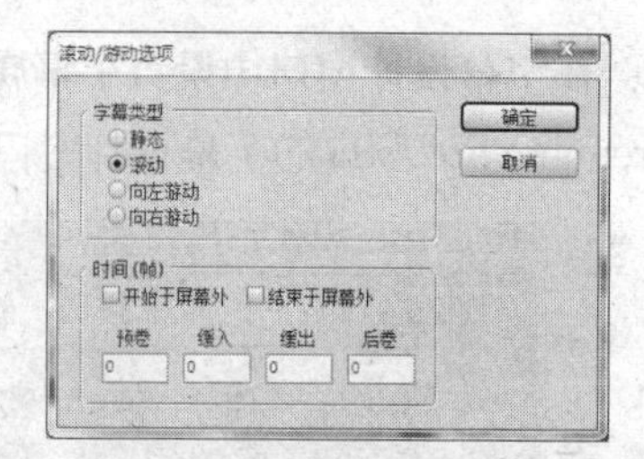

图 1-5-75　“滚动/游动选项”对话框

步骤 5　在“字幕类型”栏选择“滚动”单选项。在“时间（帧）”栏设置滚动方式。

● 仅选择“开始于屏幕外”复选框，可使字幕文本从屏幕窗口底部移入，垂直移动到当前位置。

● 仅选择“结束于屏幕外”复选框，可使字幕文本从当前位置开始滚动，垂直向上移出屏幕窗口顶部。

● 同时选择“开始于屏幕外”和“结束于屏幕外”复选框，可使字幕文本从屏幕窗口底部移入，垂直向上移动，直到移出屏幕窗口顶部。

步骤 6　在“字幕类型”栏选择“向左游动”或“向右游动”单选项。在“时间（帧）”栏设置游动方式。方法与步骤 5 类似。主要区别在于游动字幕是水平移动的。

步骤 7　在“滚动/游动选项”对话框设置好参数，单击“确定”按钮，返回字幕设计窗口。

步骤 8　字幕的所有参数设置好之后，直接关闭字幕设计窗口即可。创建好的字幕出现在项目窗口的素材列表中，与其他素材一样使用。

5.3　After Effects 简介

Adobe 公司推出的 After Effects（简称 AE）软件是一款专业的非线性视频编辑软件，它整合了二维和三维的超级影视合成、动画创作和特效编辑等功能，广泛应用于电影、电视、多媒体、网络视频和 DVD 编创等行业。AE 与其他 Adobe 软件有着良好的兼容性，可以非常方便地导入 Photoshop、Illustrator 的分层文件；Premiere 的项目文件也可以近乎完美地再现于 AE 环境中。

启动 Adobe After Effects CS4，其窗口界面如图 1-5-76 所示。

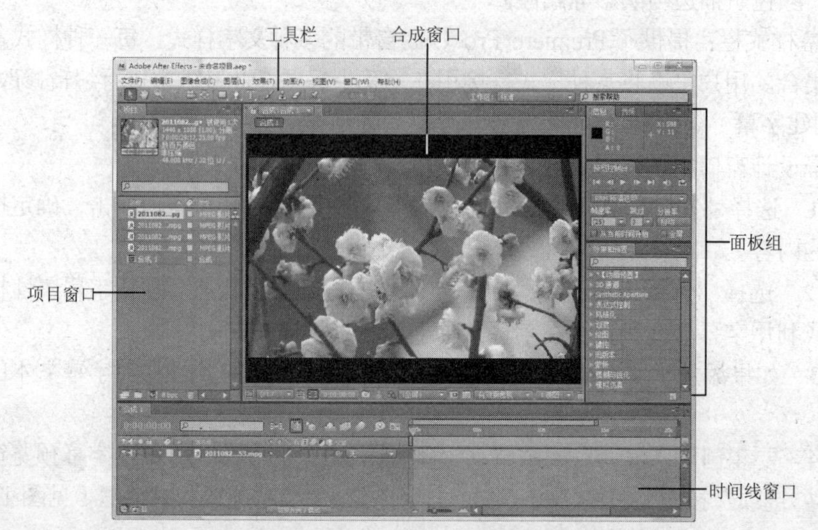

图 1-5-76　After Effects CS4 窗口组成

5.3.1 After Effects 创作流程

After Effects 的创作流程基本上是按以下步骤进行。

步骤 1 新建项目文件。选择菜单命令“文件|新建|新建项目”，创建一个新的项目文件（项目文件的扩展名是 aep，即 After Effects project 的缩写）。选择菜单命令“图像合成|新建合成组”，打开“图像合成设置”对话框（见图 1-5-77），在此设置视频的画面大小、像素纵横比和帧速率等基本参数。

步骤 2 导入和管理各类素材。使用菜单命令“文件|导入”将各类素材输入到项目窗口（见图 1-5-78），并将素材拖动到 Timeline（时间轴）窗口，得到相应的各类层。

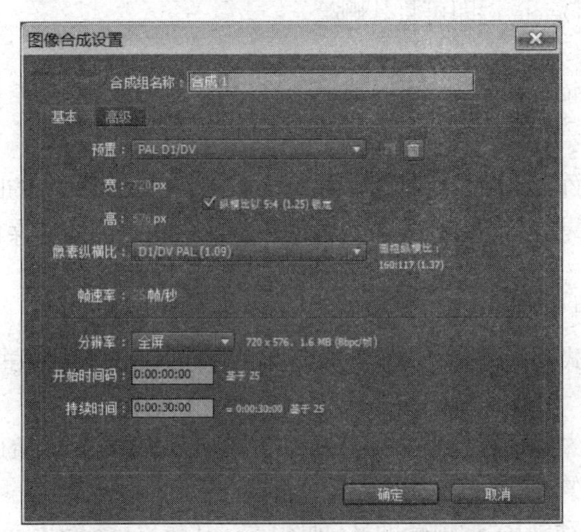

图 1-5-77 “图像合成设置”对话框

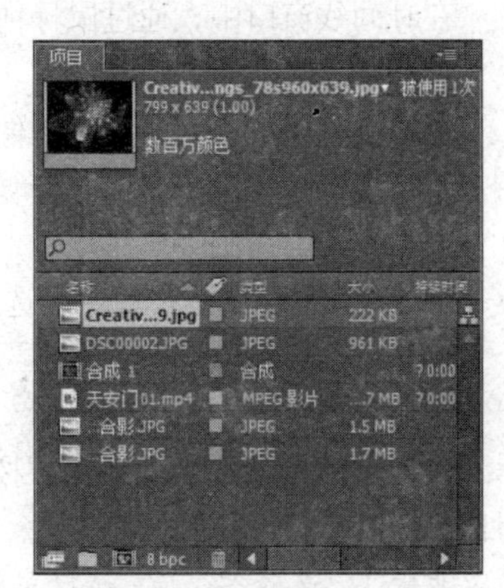

图 1-5-78 项目窗口

步骤 3 对层的各种属性进行设置、创作动画或者添加各种特效等。

步骤 4 预览合成效果，对不满意之处进行修改和调整。

步骤 5 保存项目文件，并渲染输出视频文件。

注：AE 项目文件中所用到的各类素材是以链接的方式进行导入的，一旦移动、重命名或删除源素材文件，项目文件与这些素材的链接就会随之中断。AE 这样做的好处是：项目文件的容量很小。另外，在 AE 中不能同时打开两个或两个以上的项目文件，只能在多个项目文件之间切换。

5.3.2 层

AE 的操作绝大部分都是基于层的操作，层是 AE 的基础。所有导入的素材及文字、灯光、摄像机等在编辑时都是以层的方式显示在时间线窗口中。画面的叠加是层与层之间的叠加，滤镜效果也是施加在层上的。

1．层的基本操作

AE 中层的基本操作包括创建层、选择层、删除层、更改层的排序、设置层的混合模式、序列层等。

● 创建层

将导入到项目窗口中的素材拖动到时间线窗口中即可创建层。同时拖动多个素材到项目窗口中，可一次创建多个层。

● 选择层

要想编辑层，首先要选择层。选择层可以在时间线窗口或 Composition 窗口中完成。要选择某一个层，可以在时间线窗口中单击该层。按住 Shift 键单击，可选择多个连续的层；按住 Ctrl 键单击，可选择多个不连续的层。如果选择错误，按住 Ctrl 键再次单击所选层的名称位置，可取消该层的选择。

选择菜单命令“编辑|全选”，或按 Ctrl+A 组合键，可选择所有的层。在时间线窗口中的空白处单击，可取消层的选择。

● 删除层

在时间线窗口中选择要删除的层，按 Delete 键即可将其删除。

● 调整层的排序

在时间线窗口中，通过鼠标拖动方式可更改层的排列顺序。

● 设置层的混合模式

层的混合模式决定当前层图像与其下面层图像之间的叠盖方式，与 Adobe Photoshop 的图层混合模式十分相似，是制作影像特殊效果的有效方法之一。修改层的混合模式的基本操作如下。

步骤 1　在时间线窗口中，选择需要设置混合模式的层。

步骤 2　通过选择菜单“图层|混合模式”下的相应命令，确定当前层要使用的混合模式。

● 序列层

序列层就是将选中的多个层按照时间先后进行自动排序，并根据需要设置层之间重叠的时间长短及重叠部分的过渡方式。具体操作如下。

步骤 1　选择多个层。选择菜单命令“动画|关键帧辅助|序列图层”，打开 Sequence Layers 对话框，如图 1-5-79 所示。

步骤 2　选中 Overlap 复选框以启用层重叠功能，通过 Duration 文本框设置层重叠的持续时间，通过 Transition 下拉列表设置层重叠的过渡方式（有 Off、Dissolve Front Layer 和 Cross Dissolve Front and Back Layers 3 种）。

注：Off（直接过渡）表示不使用任何过渡效果；Dissolve Front Layer（前层渐隐）表示前素材逐渐透明消失（使得后素材逐渐出现）；Cross Dissolve Front and Back Layers（交叉渐隐）表示前素材和后素材以交叉方式渐隐过渡。

2．层的属性设置

在 AE 中，层的基本属性有 5 个：定位点、位置、比例、旋转和透明度，如图 1-5-80 所示。

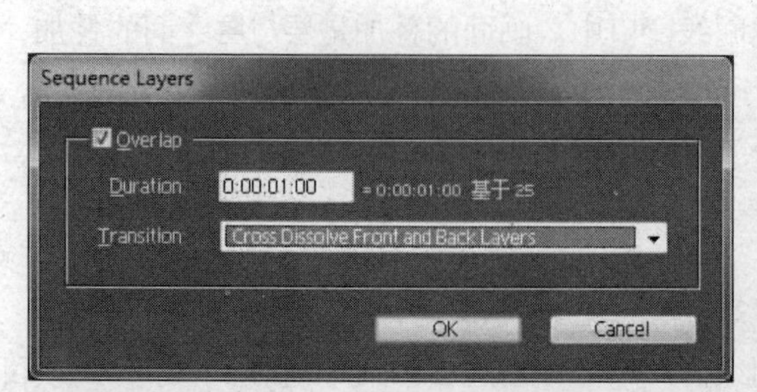

图 1-5-79　Sequence Layers 对话框

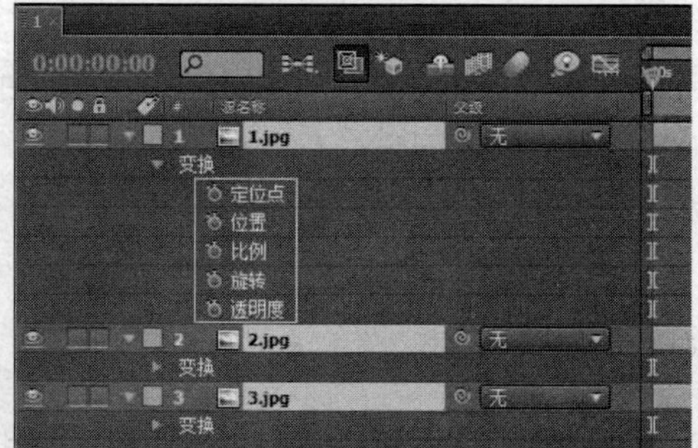

图 1-5-80　层的属性

（1）定位点：在 AE 中各对象以轴心点⌖为基准进行变换操作。默认状态下轴心点⌖在对象的中心，随着轴心点位置的改变，对象的运动状态也会发生变化。对象轴心点的改变是在合成窗口进行的：在工具栏（位于菜单栏下面）中选择“定位点工具”，在合成窗口中单击选择要改变轴心点的层对象，拖动其轴心点至新的位置。

（2）位置：在工具栏选择“选择工具”，在合成窗口中选择要改变位置的层对象，然后拖动至新位置即可。按住键盘上的方向键，以当前缩放率移动 1 个像素；按住 Shift + 方向键，以当前缩放率移动 10 个像素。

（3）比例：在工具栏选择“选择工具”，在合成窗口中选择要改变大小的层对象，通过拖动变换框四周的控制块，以轴心点为基准对层对象进行缩放。

（4）旋转：在工具栏选择“旋转工具”，在合成窗口中选择要旋转的层对象，沿着逆时针或顺时针方向拖动层对象，即可以对象轴心点为基准，进行旋转操作。

（5）透明度：在合成窗口中选择层对象，通过菜单命令“图层|变换|不透明度”修改当前对象的不透明度。当数值为 100%时，图像完全不透明，遮住其下层图像；当数值为 0%时，对象完全透明，完全显示其下层图像。

3．层的分类

After Effects CS4 中的层包括文字层、固态层、照明层、摄像机层、形状图层和调节层等多种类型。不同类型的图层产生的图像效果也各不相同。

● 文字层

使用工具栏上的文字工具，或菜单命令“图层|新建|文字”都可以创建文字层。文字层主要用来输入影片中的文字内容，制作字幕、影片对白等文字效果，是影片中不可缺少的部分。

● 固态层

固态层主要用来构建影片的背景（通过添加特效还可以制作出动态背景效果）。选择菜单命令“图层|新建|固态层”，打开“固态层设置”对话框，可以对固态层的名称、大小、颜色等参数进行设置。如单击对话框中的“匹配合成大小”按钮，可创建一个与当前层相同大小的固态层。

通过菜单命令“图层|固态层设置”可以对选中的固态层进行修改。

● 照明层

照明层用于模拟真实世界中不同类型的光源，如家电或办公室灯光、舞台灯光、放电影时使用的灯光、太阳光等。照明和摄像机一样，只能应用在三维层中。所以，在应用照明和摄像机时，一定要先打开层的三维属性。

选择菜单命令“图层|新建|照明”，打开“照明设置”对话框以创建照明层。照明层包括平行光、聚光、点光、环境光 4 种照明类型。

在时间线窗口双击照明层，可再次打开“照明设置”对话框，以便对照明的相关参数进行修改。

● 摄像机层

用于模拟在三维场景中通过摄像机观察影像的效果。

选择菜单命令“图层|新建|摄像机”，打开“摄像机设置”对话框，从中可以设置摄像机层的名称、缩放、视角、镜头类型等多种参数。

● 空白对象层

空白对象层只是对其他层起到一个辅助作用，本身并不参与渲染。

使用菜单命令“图层|新建|空白对象”可创建空白对象层，它具有一般层的属性，也可以转化为三维层，但层本身没有任何内容。

● 形状层

使用菜单命令“图层|新建|形状图层”可创建形状层，然后利用矩形、椭圆等工具或钢笔工具在形状图层上绘制各种形状。

● 调节层

用于对其下面的图层进行统一调节。

使用菜单命令“图层|新建|调节层”可创建调节层。

5.3.3　关键帧

影视动画软件的关键技术就是基于时间的二维关键帧变换动画技术。要想产生动画效果，至少需要两个关键帧。AE 将自动在关键帧之间插值，以使动画过程平滑连续。在 AE 中，各种层属性或特效参数的每一次改变都可以设置成关键帧。

关于关键帧动画的创建与编辑，请参照本章对应的实验内容。

5.3.4　特效

AE 特效位于“效果和预置”面板，包括“颜色校正”“扭曲”“键控”“蒙板”“模糊与锐化”“风格化”“文字”“过渡”“音频”等多组特效，基本用法如下。

步骤 1　选择菜单命令“窗口|效果和预置”，打开“效果和预置”面板，从各组分类中找到需要添加的特效。

步骤 2　将特效拖动到时间线窗口中未锁定的层上。或首先在时间线窗口选择要添加特效的层，然后在“效果和预置”面板双击相应的特效，这样也可将特效应用到图层上。

步骤 3　在时间线窗口选中添加了特效的层，在“特效控制台”面板中修改特效参数，并在“合成”窗口中观察效果。

AE 的所有特效文件均位于软件安装文件夹下的 Support Files\Plug-ins 中。第三方特效插件只需安装或直接复制到 Plug-ins 文件夹下，重启 AE 就可以使用了。

5.3.5　影片的渲染及输出

AE 工作流程的最后一步就是渲染输出制作好的影片。可以通过选择“文件|导出”菜单下的命令输出影片，也可以通过“渲染队列”窗口输出影片。后者提供了更多的选项，使影片制作者对影片输出有更多的控制。使用“渲染队列”窗口输出影片的操作如下。

步骤 1　将合成添加到渲染队列。选择“合成”窗口，选择菜单命令“图像合成|添加到渲染队列”，打开“渲染队列”面板，如图 1-5-81 所示。

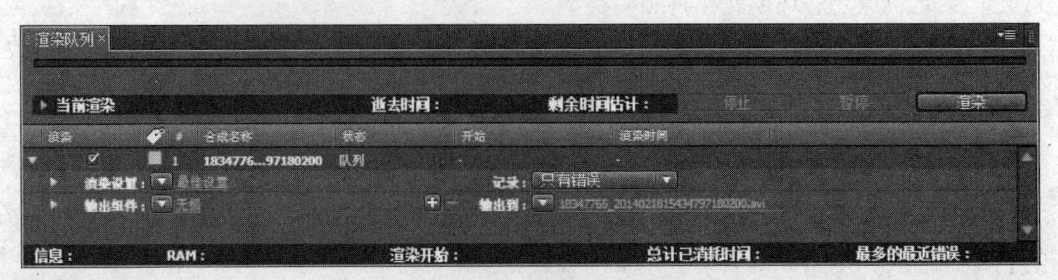

图 1-5-81　“渲染队列”面板

步骤 2　设置输出参数。在“渲染队列”面板中，单击（白色）“渲染设置”右侧的三角按钮，从弹出的下拉列表中选择预置的渲染方案（通常选择“最佳设置”选项）。若单击三角按钮右侧的黄色文字，则打开“渲染设置”对话框（如图 1-5-82 所示），以便对所选渲染方案做进一步修改。 “输出组件”的设置方法类似。要想输出音频，必须在“输出组件设置”对话框中勾选“音频输出”复选框。如图 1-5-83 所示。

步骤 3　选择影片的存储位置。在“渲染队列”面板中，单击（白色）“输出到”右侧的黄色文字，可以设置视频文件的存储位置。

步骤 4　渲染输出影片。在“渲染队列”面板中设置好上述参数后，单击右上角的“渲染”按钮，开始渲染输出影片。

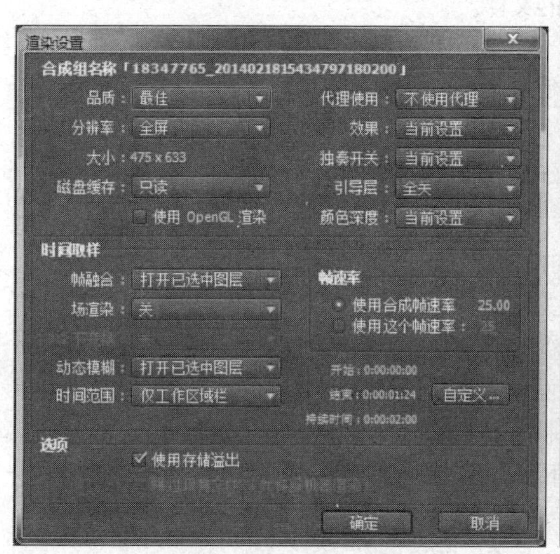

图 1-5-82　“渲染设置”对话框

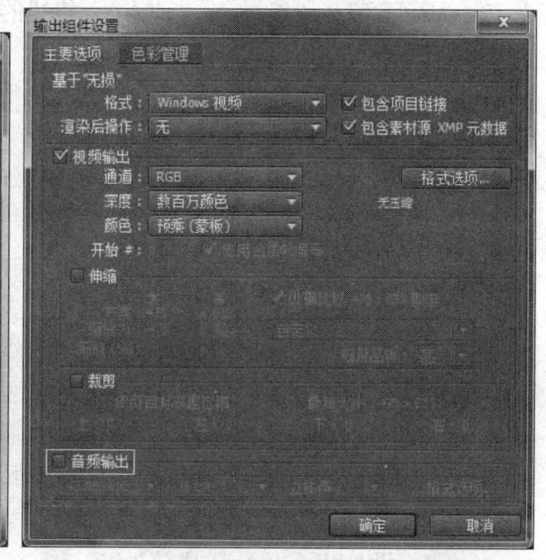

图 1-5-83　“输出组件设置”对话框

习题与思考

一、选择题

1. ________标准是用于视频影像和高保真声音的数据压缩标准。

   A. JPEG　　B. MIDI　　C. MPEG　　D. MPG

2. 以下________不是数字视频的文件格式。

   A. MOV　　B. RM　　C. MPG　　D. CDA

3. 以下有关 AVI 视频格式叙述正确的是________。

   A. Apple 公司 Mac 系统下的标准视频格式

   B. 将视频信号和音频信号混合交错地储存在一起，以便同步进行播放

   C. 有损压缩格式，压缩比较低，画质很高

   D. 采用的是无损压缩技术

4. 以下________是流式视频格式，可以在网络上边下载边收看。

   A. WMA　　B. RM　　C. MPEG　　D. DAT

5. 以下________不是视频处理软件。

   A. Windows Movie Maker　　B. Ulead Audio Editor

   C. Adobe Premiere　　D. Ulead Video Studio

6. 视频编辑的最小单位是＿＿＿＿＿。

A. 秒　B. 分钟　C. 小时　D. 帧

7. After Effects 中同时可以有＿＿＿＿＿个项目文件处于打开状态。

A. 只能有 1 个　B. 可以有 2 个

C. 可以自己设定　D. 只要有足够的空间，不限定项目开启的数目

8. After Effects 属于＿＿＿＿＿的合成软件。

A. 使用流程图节点完成操作　B. 使用轨道完成操作

C. 基于层完成操作　D. 综合以上所有操作方式

9. After Effects 不能导入＿＿＿＿＿格式的文件。

A. JPG　B. AVI　C. MPEG　D. MAX

10. After Effects 项目文件的扩展名是＿＿＿＿＿。

A. prproj　B. ses　C. aep　D. aeproj

11. 在 Premiere 中，项目窗口主要用于管理当前编辑中需要用到的＿＿＿＿＿。

A. 素材　B. 工具　C. 效果　D. 音量

12. 以下关于在 Premiere 中设置关键帧的描述，正确的是＿＿＿＿＿。

A. 仅可以在时间线窗口为素材设置关键帧

B. 仅可以在效果控制面板为素材设置关键帧

C. 仅可以在时间线窗口和效果控制面板为素材设置关键帧

D. 可以在时间线窗口、效果控制面板、节目窗口为素材设置关键帧

13. 在 Premiere 中，使用缩放工具时按下＿＿＿＿＿键，在时间线窗口各轨道的素材上单击，可以缩小素材。

A. Tab　B. Ctrl　C. Shift　D. Alt

14. Premiere Pro CS3 不但提供了“视频切换效果”以实现视频间的转场，在“视频特效”中还有一组“过渡”效果，关于这两组转场效果的描述，不正确的是＿＿＿＿＿。

A. 在“视频切换效果”中的转场特效无须设置关键帧

B. 在“视频切换效果”中的转场特效只可以施加给位于两个相邻轨道上的、有重叠部分的素材片段

C. 在“过渡”效果中的特效只可以施加给一个素材片断

D. 在“过渡”效果中的特效需要设置关键帧，才能产生转场效果

15. 中国普遍采用的视频制式为＿＿＿＿＿。

A. SECAM　B. PAL　C. NTSC　D. RGB

16. 数据压缩就是对数据重新进行编码。通过重新编码，去除数据中的冗余成分，在保证质量的前提下减少需要存储和传送的数据量。以下不属于视频数据冗余类型的是＿＿＿＿＿。

A. 视觉冗余　B. 距离冗余　C. 空间冗余　D. 时间冗余

17. 以下不属于 Premiere Pro CS3 界面组成部分的是＿＿＿＿＿。

A. 项目窗口　B. 时间线窗口　C. 节目窗口　D. 属性面板

18. Premiere Pro CS3 根据用户的不同需要，提供了除以下＿＿＿＿＿以外的多种预设的窗口界面模式。

A. 视频　B. 音频　C. 编辑　D. 效果

19. Premiere中，使用________调整视频特效参数。

A. 效果控制面板　B. 效果面板　C. 节目窗口　D. 工具面板

二、填空题

1. 根据数据的冗余类型，视频的压缩编码方法有视觉冗余编码、空间冗余编码和________冗余编码、结构冗余编码、信息熵冗余编码、知识冗余编码等多种。

2. 视频的帧序列中相邻图像之间存在着高度的相关性，因此而产生的数据冗余称为________冗余。

3. 数据压缩就是对数据重新进行________，以去除数据中的冗余成份，在保证质量的前提下减少需要存储和传送的数据量。

4. Premiere Pro CS3是由Adobe公司推出的一款非常优秀的________视频编辑软件，是当今业界最受欢迎的视频编辑软件之一（填“线性”或“非线性”）。

5. Premiere能将________、________和图片等融合在一起，从而制作出精彩的数字电影。

6. Premiere中，滚动字幕实现字幕的________移动，而游动字幕则可以实现字幕的________移动。

7. Premiere中，存放素材的窗口是________窗口。

8. Premiere中，单击工具面板中的________按钮，将光标定位于素材上要分割的位置，单击即可将素材分割成两部分，每一部分都可以进行单独编辑。

9. Premiere提供的音频特效有________、________和________，都位于________面板中。

10. Premiere Pro CS3的项目文件的扩展名是________。

11. 数据压缩就是对数据重新进行编码。通过重新编码，去除数据中的冗余成份。视频数据的冗余类型主要包括以下几种：________冗余、________冗余、________冗余、结构冗余、信息熵冗余、知识冗余。

12. Premiere Pro CS3根据用户的不同需要，提供了4种预设的窗口界面模式：________模式、________模式、________模式、________模式。

13. Premiere的________面板中，存放着对项目文件已经完成的所有操作的记录；必要时可以很方便地进行撤销与恢复操作。

14. 在Premiere的时间线窗口中，可以通过添加________，使用户快速准确地访问特定的素材片段或帧；还可以使其他素材与标记点对齐。

15. Premiere中的视频特效与Photoshop中的________类似。主要区别是，在Photoshop中，其仅作用于单张图像；而Premiere中的视频特效则施加在视频剪辑的各个帧画面上。

16. After Effects层的基本属性有5个：定位点、位置、比例、________和________。

17. 一般来说，不同的压缩编码方式决定了数字视频的不同文件格式。常用的数字视频文件格式包括AVI、MOV、MPG和WMV等多种。这些文件格式又分为两类：________格式和________格式。

18. 视频图像压缩的一个重要标准就是MPEG（Moving Picture Experts Group），它是针对运动图像而设计的，是运动图像压缩算法的国际标准。MPEG标准分成MPEG________、MPEG________和MPEG系统三大部分。

19. 编辑素材是视频处理与合成的基础。在Premiere Pro CS3中，________窗口、

__________窗口和节目窗口是对素材进行编辑加工的 3 个重要场所。

20. Premiere 中，裁切素材就是将素材多余的部分裁剪掉，或将裁剪掉的部分恢复过来。在拖动延长音频或视频素材进行裁切时，素材片段的长度不能超过素材的__________长度。

21. Premiere 中，使用__________工具，可以分割素材，分割的每一部分都可以进行单独编辑。在使用该工具时按住__________键可以同时切割视频与音频素材。

22. 如果要在 Premiere 的节目窗口中设置视频剪辑的运动特效，就必须为该剪辑制作一条__________。通过拖动其上的控制点，将位置、大小、旋转等功能结合使用，形成动感丰富的运动效果。

23. 如果要在 Premiere 效果控制面板中设置视频剪辑的运动特效，就必须在剪辑时间线的不同位置为该视频剪辑添加位置、比例、旋转等参数的__________，并设置不同的参数值，使素材产生运动效果。

24. After Effects CS4 中的层包括__________层、固态层、照明层、摄像机层、形状图层和调节层等多种类型。不同类型图层产生的图像效果也各不相同。

三、思考题

1. 通过查阅相关书籍或通过网络帮助，了解常用的视频处理软件还有哪些，与 Premiere Pro CS3、After Effects CS4 相比，各自的优缺点是什么。

2. 通过查阅相关书籍或通过网络帮助，了解将摄像机或录像机中的模拟视频信号输入到计算机中时，用到的主要硬件设备是什么。

四、操作题

使用 Premiere Pro CS3 和“练习\视频\”文件夹下的图像素材“1.jpg” ~ “8.jpg”、音频素材“散文朗诵片段（立体声）.wav”与“出水莲片段.wav”制作短片“配乐散文朗诵”。效果参考“练习\视频\荷塘月色（配乐散文）.mpg”。

操作提示：

1. 使用菜单命令“文件|新建|通用倒计时片头”制作片头。

2. 输入图像素材前将“静帧图像默认持续时间”设置为 500 帧。

3. 创建字幕 01“配乐散文：荷塘月色”（游动字幕）。

4. 创建字幕 02，在字幕设计窗口绘制矩形，填充渐变色（黄色→白色），并设置矩形的不透明度为 40%左右。

5. 通过在“出水莲片段.wav”的音量线上添加关键帧，适当降低与“散文朗诵片段（立体声）.wav”重叠时间区间内的音量。

6. 操作完成后的时间线窗口如图 1-5-84 所示。

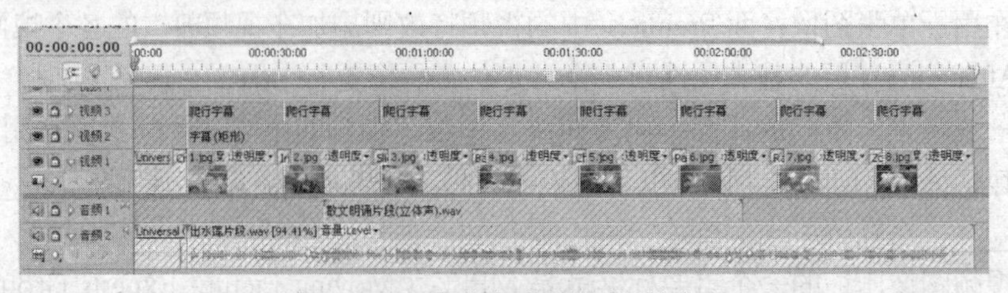

图 1-5-84　操作完成后的时间线窗口

PART 1

第 6 章 多媒体作品合成

6.1 多媒体作品合成概述

多媒体作品合成是指在文本、图形、图像、音频和视频等多种媒体信息之间建立逻辑连接，合成为一个系统并具有交互功能。

多媒体作品合成包括传统数字媒体的合成和流媒体的合成。

1．传统数字媒体的合成

传统数字媒体的合成具有以下特点。

- 各媒体素材往往以嵌入的形式合成到多媒体作品中。多媒体作品的最终文件大小与所用图形、图像、音频和视频等媒体素材的文件大小有着直接的关系。
- 合成工具软件包括 PowerPoint、Flash、Dreamweaver、Director、Authorware、Visual Basic 等多种。相应地，多媒体作品的文件格式也是多种多样的。
- 多媒体作品的传播介质包括优盘、光盘、移动硬盘、网络等多种。根据多媒体作品文件格式的不同，播放工具也有多种。

本章及前面相应章节主要介绍传统数字媒体素材的制作及多媒体作品的合成。

2．流媒体的合成

流媒体（Streaming Media）技术是一种新兴的网络多媒体技术，以流的方式在网络上传输多媒体信息。

流媒体包括流式音频、流式视频、流式文本和流式图像等。目前美国 RealNetworks 公司的 RealSystem 系列产品和 Apple 公司的 QuickTime 系列产品都支持流媒体技术。例如，使用 RealNetworks 公司的 RealProducer 软件可以将传统的数字音频文件和视频文件转换为流式音频与视频文件（.rm 文件）；使用 RealNetworks 公司的标记性语言 RealText 可以编写流式文本文件（.rt 文件）；而使用 RealPix 标记语言可以编写流式图像文件（.rp 文件）。通过 RealNetworks 公司的流媒体播放器 RealPlayer 可以播放流式媒体文件。

借助同步多媒体合成语言（Smil）可以将上述流媒体合成在一起，形成流式多媒体作品。Smil 是一种关联性标记语言，可以将 Internet 上不同位置的媒体文件关联到一起 ，已经渐渐成为网络多媒体的国际通用性标准语言。

流式多媒体文件较小，主要用于网络传输。

值得注意的是，如果仅仅使用多媒体合成软件按播放的先后顺序将各种单媒体素材简单“堆砌”起来，并不能构成好的多媒体作品。优秀的多媒体作品应具备以下特征。

- 综合应用多种媒体形式，其目的是为了更好地表现主题。例如，利用文字详细地描述事物，利用图像直观地反映事实，同步语音的配合使画面更具说服力，使用背景音乐更有效地渲染主题等。

● 多媒体作品中的各媒体之间应建立有效的逻辑关系，利用不同媒体形式进行优势互补，以便更有效地表达主题。

● 合理地利用交互式功能为用户提供个性化信息服务，强调人的主观能动性。

另外，多媒体合成技术只是更有效地表达主题信息的手段，仅仅凭借炫耀自己“高超”的多媒体合成手段并不能创作出内容丰富的优秀多媒体作品。

6.2 多媒体作品合成综合案例——卷纸国画的制作

6.2.1 使用 Audition 处理配音素材

步骤 1 启动 Audition 3.0，在编辑视图下打开音频文件“第 6 章素材\卷纸国画\风（素材）.wav”，选择开始处的部分波形（约 0.5 秒），如图 1-6-1 所示。

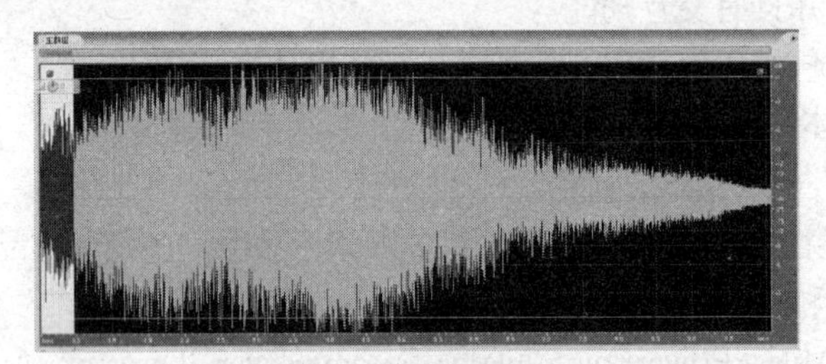

图 1-6-1 选择部分波形

步骤 2 选择菜单命令“效果|振幅和压限|振幅/淡化（进程）”，打开“振幅/淡化”对话框，在预设方案中选择“淡入”选项，如图 1-6-2 所示。单击“确定”按钮，所选波形得到淡化处理，如图 1-6-3 所示。

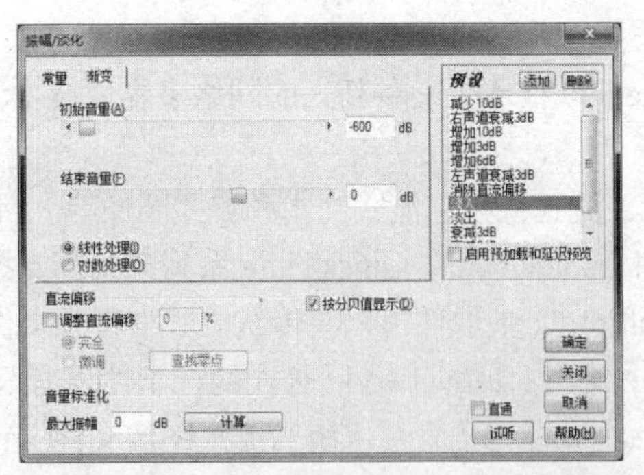

图 1-6-2 设置“振幅/淡化”对话框参数

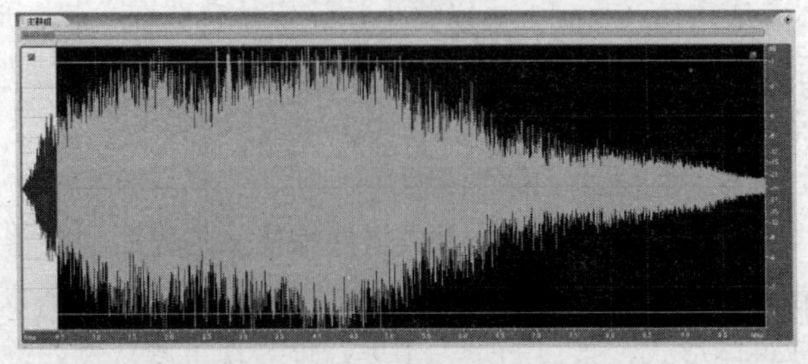

图 1-6-3 对素材进行淡入处理

步骤 3 确认已选中菜单命令“视图|剪辑上 UI（O）”，开启可视化振幅调整功能。

步骤 4 选择全部波形，在可视化振幅控制图标上向下或向左拖动鼠标光标，减小振幅，如图 1-6-4 所示。

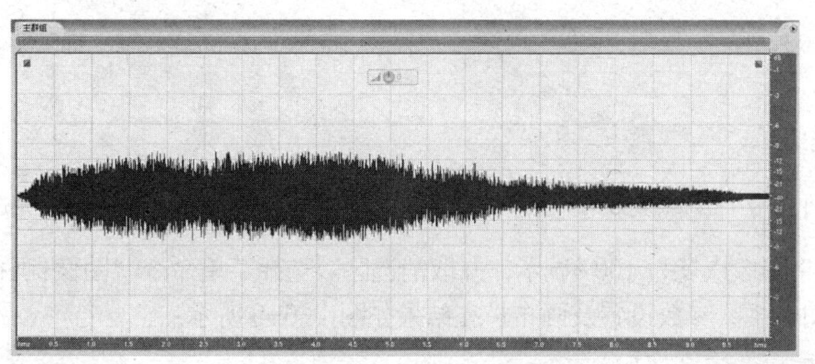

图 1-6-4 适当减小振幅

步骤 4 使用菜单命令“文件|另存为”将处理后的音频仍存储为 WAV 格式的文件，命名为“风.wav”。退出 Audition 3.0。

6.2.2 使用 Photoshop 处理国画素材

步骤 1 启动 Photoshop CS4，打开素材图片“第 6 章素材\卷纸国画\山水画.jpg”。

步骤 2 选择菜单命令“图像|调整|去色”，以便去除画面色彩，获得灰度效果，如图 1-6-5 所示。

步骤 3 选择菜单命令“图像|调整|色阶”，打开“色阶”对话框，参数设置如图 1-6-6 所示。单击“确定”按钮，结果如图 1-6-7 所示。此次色阶调整的目的是增加图像的对比度。

图 1-6-5 去色效果

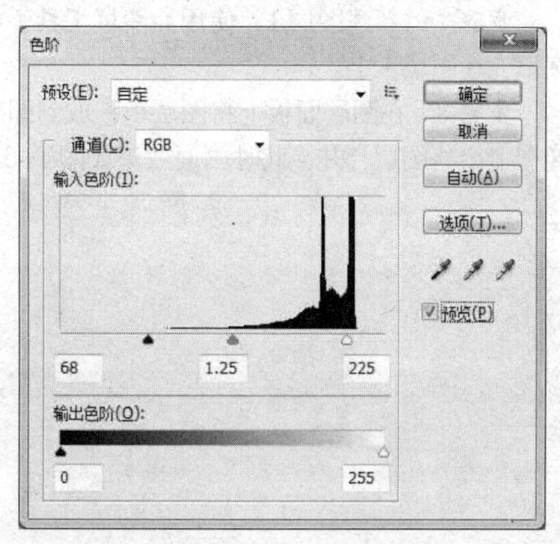

图 1-6-6 设置“色阶”对话框参数

步骤 4 在图层面板上通过双击背景层缩览图将其转换为普通层，并采用默认名称“图层 0”。

步骤 5 使用缩放工具将图像放大到 1600%。使用矩形选框工具创建图 1-6-8 所示的选区（羽化值为 0），并通过选择菜单命令“编辑|定义图案”将选区内图像定义为图案。

图 1-6-7　色阶调整效果

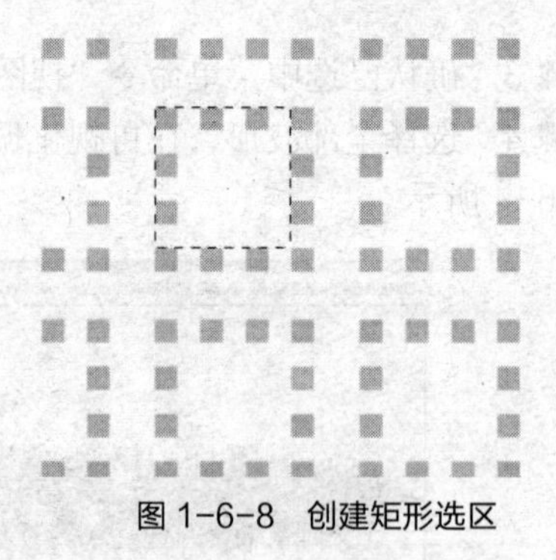

图 1-6-8　创建矩形选区

步骤 6　将图像恢复为 100%显示，并取消选区。选择菜单命令“图像|画布大小”，打开“画布大小”对话框，参数设置及画布扩充结果如图 1-6-9 所示.。

图 1-6-9　向左扩充画布

步骤 7　新建图层 1，使用油漆桶工具（或“编辑|填充”命令等）将步骤 5 中定义的图案填充在图层 1 上。

步骤 8　在图层面板上将图层 1 拖放到图层 0 的下面，并在图层面板菜单中选择“拼合图像”命令将图层合并。此时画面效果如图 1-6-10 所示。

图 1-6-10　拼合图像

步骤 9　将当前图像以 JPG 格式存储起来，命名为“山水画（处理）.jpg”，以备后用。退出 Photoshop CS4。

6.2.3　使用 Flash 合成与输出作品

步骤 1　将字体文件“第 6 章素材\卷纸国画\字体\华文隶书.ttf、方正细珊瑚繁体.ttf”复制到“C:\WINDOWS\Fonts”文件夹下。

步骤 2 启动 Flash CS4，新建"Flash 文件（ActionScript 2.0）"类型的空白文档。设置舞台大小像素 1000×550 像素，舞台背景颜色#C7CCB7，帧频 24 帧/秒，文档其他参数保持默认值。

步骤 3 选择菜单命令"视图|缩放比率|显示帧"，将舞台全部显示出来。将图层 1 改名为"山水画"。

步骤 4 将声音素材"第 6 章素材\卷纸国画\风.wav、念奴娇 赤壁怀古（宋祖英）.mp3"导入到库。

步骤 5 在库面板的素材列表区右击"念奴娇 赤壁怀古（宋祖英）.mp3"，从右键菜单中选择"属性"命令，在弹出的"声音属性"对话框中单击"高级"按钮，展开对话框高级参数。设置"链接"参数如图 1-6-11 所示（注意"标识符"选项，对话框其他参数保持不变）。单击"确定"按钮。

步骤 6 将图片"第 6 章素材\卷纸国画\山水画（处理）.jpg"导入到舞台。选择菜单命令"窗口|变形"打开"变形"面板，将图片素材成比例缩小为原来的 75%，如图 1-6-12 所示。

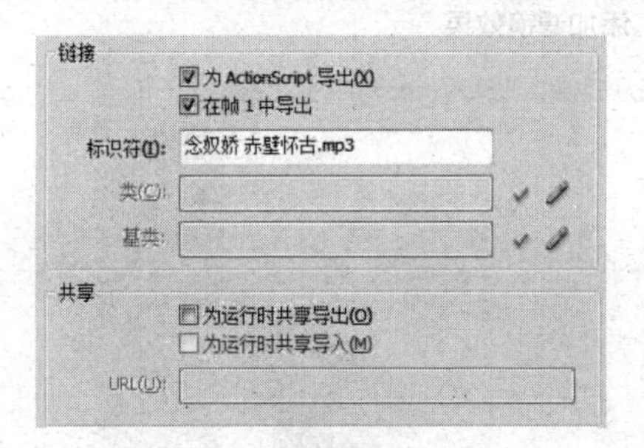

图 1-6-11 设置链接参数

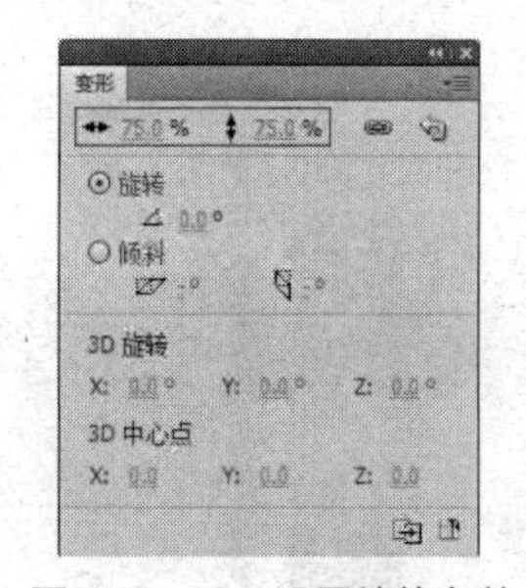

图 1-6-12 设置缩放参数

步骤 7 选择菜单命令"窗口|对齐"打开"对齐"面板，将缩小后的图片与舞台在水平与竖直方向居中对齐。

步骤 8 锁定"山水"层，并在其时间线的第 155 帧插入帧。

步骤 9 新建图层，命名为"左卷纸"。在其首帧图 1-6-13 所示的位置绘制一个 36 像素×464 像素的白色无边框矩形。将该矩形转换为影片剪辑元件，命名为"卷纸"。在舞台上调整矩形的位置，使其覆盖山水画左边界，并在竖直方向关于山水画对称。

图 1-6-13 创建白色矩形影片剪辑

步骤 10　选择矩形。打开属性面板，在“滤镜”参数区的左下角单击“添加滤镜”按钮，在弹出的菜单中选择“投影”命令，并设置投影参数如图 1-6-14（a）所示（其中颜色为黑色）。

步骤 11　仿照步骤 10 再次为矩形添加“投影”滤镜，参数设置如图 1-6-14（b）所示（其中颜色为黑色）。通过两次添加投影滤镜，矩形的效果如图 1-6-15 所示。

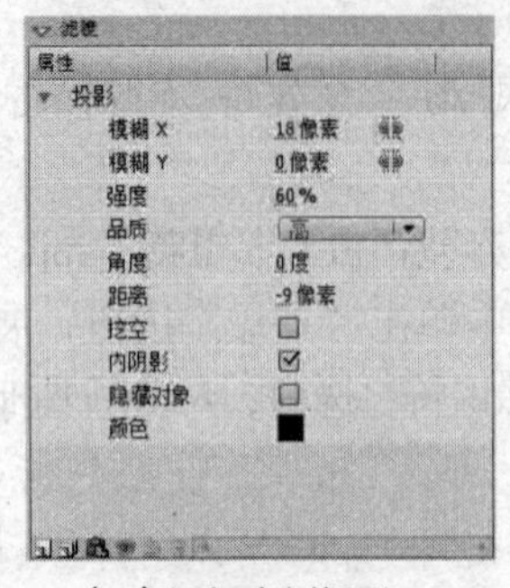

（a）添加内侧投影

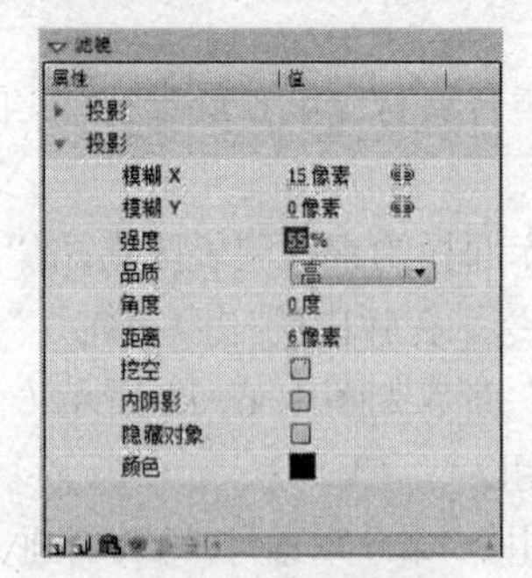

（b）添加外侧投影

图 1-6-14　添加滤镜效果

图 1-6-15　模仿卷纸效果

步骤 12　按 Ctrl+C 组合键复制已添加滤镜的矩形，并锁定“左卷纸”层。

步骤 13　在所有层的上面新建图层，命名为“右卷纸”。按 Ctrl+Shift+V 组合键（或选择菜单命令“编辑|粘贴到当前位置”）将矩形粘贴到“右卷纸”层的首帧，并水平向右移动到图 1-6-16 所示的位置。

图 1-6-16　复制出右卷纸

步骤 14 在“右卷纸”层的第 155 帧插入关键帧，将矩形水平向右移动到图 1-6-17 所示的位置（刚好覆盖山水画右边界）。将“右卷纸”层的第 2 帧转换为关键帧，并插入传统补间动画。锁定“右卷纸”层。按 Enter 键，可以看到“右卷纸”水平向右运动的动画。

图 1-6-17 创建右卷纸运动动画

步骤 15 解锁“山水画”层。在该层创建图 1-6-18 所示的文本：垂直静态文本、从右向左分列，字体华文隶书、16 点、灰色#666666、行距 22、字母间距 6（除最右边 1 列外，其他各列边距 4.4 像素）。再次锁定“山水画”层。

注意：上述文本内容可从文本文件“第 6 章素材\卷纸国画\古词.txt”中复制。

图 1-6-18 创建和编辑文本

步骤 16 在“山水画”层的上面新建图层，命名为“分隔线”。在该层图 1-6-19 所示的位置绘制双线分隔线（两条竖直线都是 1 像素粗细的实线，间隔 2 像素，左边直线的颜色#999999，右边直线的颜色#cccccc）。将两条竖直线组合在一起。

步骤 17 选中竖直分隔线组合，按 Ctrl+C 组合键以复制该组合，按组合键 Ctrl+Shift+V（或选择菜单命令“编辑|粘贴到当前位置”）17 次以便在原位置粘贴 17 次，这样在同一位置共重叠有 18 个分隔线组合。将其中一个分隔线组合水平移动到图 1-6-20 所示的位置。

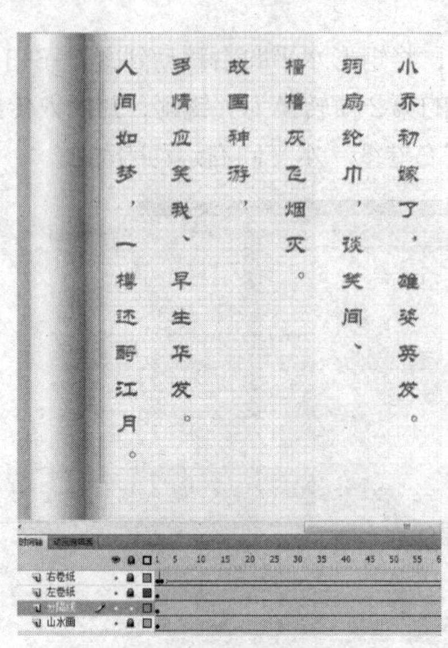

图 1-6-19　绘制分隔线

图 1-6-20　水平移动分隔线组合

步骤 18　单击“分隔线”层的第 155 帧，以便选中所有 18 个分隔线组合。显示对齐面板（不选“相对于舞台”按钮），单击“水平居中分布”按钮。结果如图 1-6-21 所示。锁定“分隔线”层。

步骤 19　为“右卷纸”层的第 1 个关键帧添加如下动作。

```
s_sound = new Sound ( ) ;   //创建声音实例
s_sound.attachSound ( "念奴娇 赤壁怀古.mp3" ) ;  //将歌曲链接到 s_sound 声音实例
FScommand ( "fullscreen","true" ) ;
stop ( ) ;
```

步骤 20　为“右卷纸”层的最后一个关键帧添加如下动作。

```
stop ( ) ;
```

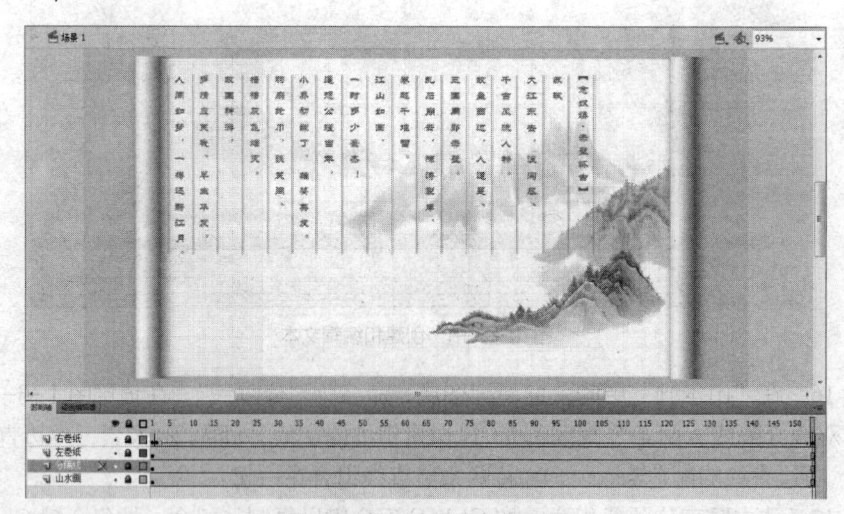

图 1-6-21　水平分布分隔线

步骤 21　在“分隔线”层的上面新建图层，命名为“印章”，并在该层制作图 1-6-22 所示的印章效果（文本内容为“歌曲欣赏”，字体为“方正细珊瑚繁体”，大小 20 点，白色。矩形大小为 45 像素 × 45 像素，圆角 5 像素，边框与填充都是红色）。

步骤 22 同时选中印章中的文本与矩形，将其转换为按钮元件，并为该按钮添加如下动作。锁定“印章”层。

```
on (press) {
    a=s_sound.position;
    if (a==0 || a==s_sound.duration) {    //如果歌曲不在播放(没播过或已播完)
        s_sound.start();   //开始播放歌曲
    }
}
```

图 1-6-22 制作印章效果

步骤 23 将“右卷纸”层解锁。在“右卷纸”层时间线第 1 帧图 1-6-23 所示的位置创建文本“展开画卷”，并将文本转换为按钮元件。为文本按钮添加如下动作。锁定“右卷纸”层。

```
on (press) {
    gotoAndPlay(2);
}
```

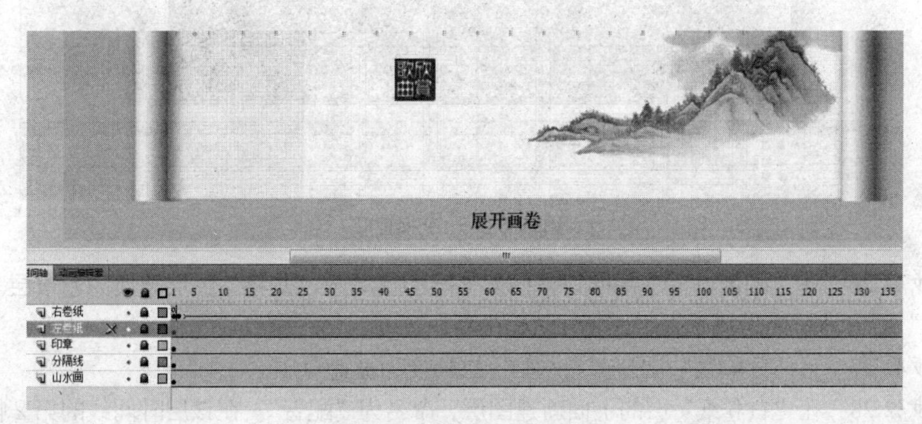

图 1-6-23 创建文本按钮

步骤 24 在“印章”层的上面新建图层，命名为“画面遮盖”，并在首帧绘制图 1-6-24 所示的无边框蓝色矩形，使得矩形右边界在右卷纸水平方向的中央（此处的矩形也可填充其他颜色，只要能看清楚即可）。

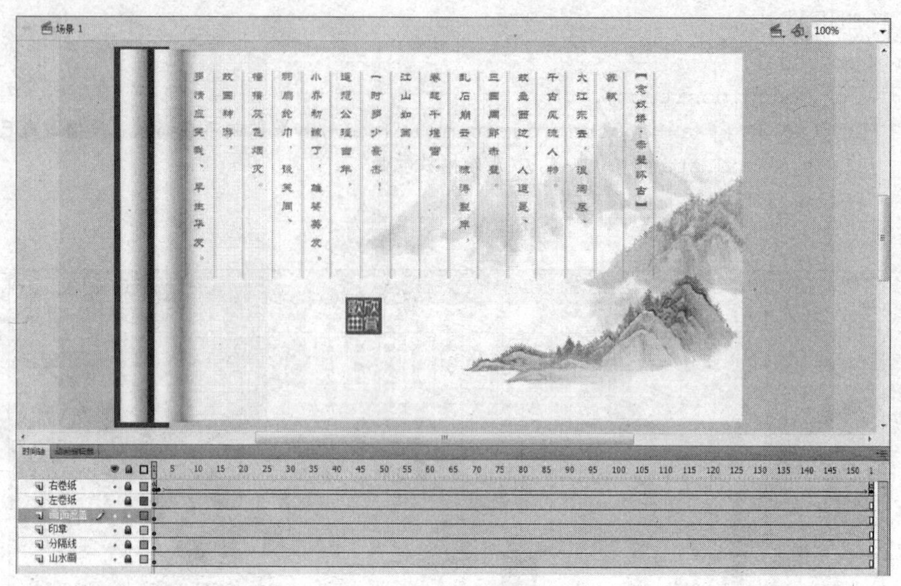

图 1-6-24　绘制矩形遮罩

步骤 25　在“画面遮盖”层的第 155 帧插入关键帧。选择“任意变形工具”，水平向右拖动矩形右边界中间的控制块，直到图 1-6-25 所示的位置（右卷纸水平方向的中央）。

图 1-6-25　变换矩形

步骤 26　在“画面遮盖”层的首帧插入补间形状动画，并将该图层转换为遮罩层。此时“印章”层自动转换为被遮罩层。

步骤 27　将“分隔线”层与“山水画”层转换为被遮罩层。

步骤 28　在“右卷纸”层的上面新建图层，命名为“配音”。在该层时间线的第 2 帧插入关键帧，并为该帧添加声音“风.WAV”。通过属性面板将声音的“同步”参数设置为“开始”，重复 1 次。此时的编辑界面如图 1-6-26 所示。

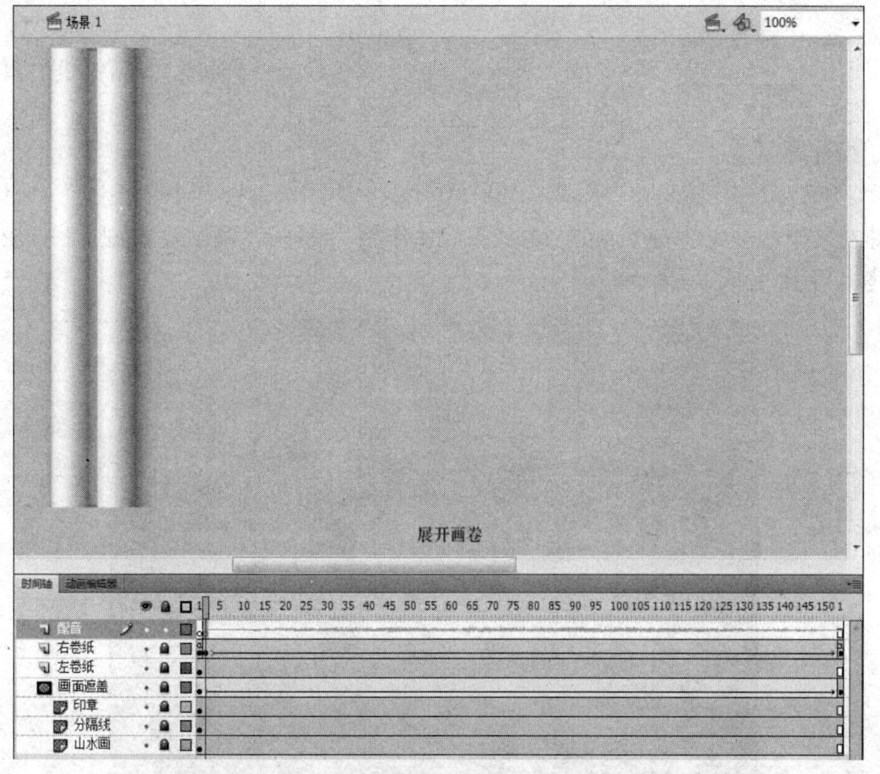

图 1-6-26　作品完成后的 Flash 编辑界面

步骤 29　测试动画。通过选择菜单命令“文件|另存为”存储作品源文件。通过选择菜单命令“文件|发布设置”发布作品。整个卷纸动画效果可参考“第 6 章素材\卷纸国画\卷纸国画.swf”。

习题与思考

一、选择题

1. 对传统数字媒体的合成的理解以下＿＿＿＿＿是正确的。
   A. 各单媒体素材往往以关联的形式合成到多媒体作品中
   B. 多媒体作品的最终文件大小与所用媒体素材的文件大小之间不存在直接的联系
   C. 多媒体作品的文件格式多种多样；相应地，播放工具也有多种
   D. 使用同步多媒体合成语言（Smil）将各媒体素材合成在一起
2. 下列对多媒体作品的理解错误的是＿＿＿＿＿。
   A. 仅仅使用多媒体合成软件将各单媒体素材简单“堆砌”，并不是好的多媒体作品
   B. 借助多种媒体形式表达作品主题，其主要目的是增强信息的感染力
   C. 各媒体之间应建立有效的逻辑链接，利用不同媒体形式进行优势互补
   D. 具有“高超”的多媒体合成技术和手段的多媒体作品一定是好的多媒体作品

二、填空题

1. 多媒体作品合成包括＿＿＿＿＿的合成和＿＿＿＿＿的合成。
2. 多媒体作品合成是指在文本、图形、图像、音频和视频等多种媒体信息之间建

立__________，合成为一个系统并具有__________功能。

3. 使用__________语言（Smil）可以将各流式媒体合成在一起，形成流式多媒体作品。

4. 流式多媒体文件较小，主要用于__________传输。

三、操作题

使用 Photoshop、Flash 与“练习\合成\”文件夹下的图像素材“风景 01.jpg”“风景 02.jpg”和音频素材“念故乡（伴奏）.mp3”合成多媒体作品“片尾”（画面效果如图 1-6-27 所示）。效果参考“练习\合成\片尾.swf”。

图 1-6-27　作品截图

操作提示：

1. 使用 Photoshop 的“可选颜色”命令对图像素材“风景 01.jpg”进行调色（调整图像中的绿色与蓝色）。结果参考“练习\合成\风景 01（调色）.jpg”。

2. 使用 Photoshop 对调色后的图像进行裁切，裁切后的图像大小为 600 像素 × 480 像素。结果参考“练习\合成\风景 01（调色+裁切）.jpg”。

3. 使用 Photoshop 的“可选颜色”命令对图像素材“风景 02.jpg”进行调色（调整图像中的黄色）。结果参考“练习\合成\风景 02（调色）.jpg”。

4. 使用 Photoshop 对调色后的图像进行裁切，裁切后的图像大小为 600 像素 × 480 像素。结果参考“练习\合成\风景 02（调色+裁切）.jpg”。

5. 启动 Flash CS4，新建“Flash 文件（ActionScript 2.0）”类型的空白文档（舞台大小 600 像素 × 480 像素）。将调色并裁切后的图像“风景 01”与“风景 02”、音频素材“念故乡（伴奏）.mp3”导入到库。

6. 在图层 1 插入图像“风景 02”，并与舞台对齐。在第 105 帧插入帧。

7. 新建图层 2，在第 11 帧插入空白关键帧。插入图像“风景 01”，并与舞台对齐。

8. 将图像“风景 01”转换为图形元件。在图层 2 的第 31 帧插入关键帧。在图层 2 的第 11 帧插入传统补间动画，并将该帧“图像”的不透明度（Alpha 参数）设置为 0%。

9. 新建图层 3，在第 51 帧至 61 帧之间创建半透明（不透明度为 40%）白色屏幕展开的补间形状动画。其中第 51 帧中透明矩形的大小为 1 像素 × 480 像素；第 61 帧中半透明矩形的大小为 400 像素×480 像素。

10. 新建图层 4，在第 61 帧至 71 帧之间创建字幕上升的传统补间动画。

11. 新建图层 5 和图层 6。在两个图层的第 71 帧至 105 帧之间分别创建白色竖直线条同时展开的补间动画（位于半透明白色屏幕左右两侧，一条从上向下展开，另一条从下向上展开）。

12. 新建图层 7，在第 105 帧插入关键帧，并在该帧插入背景音乐“念故乡（伴奏）.mp3”（同步：开始；重复 1 次）。

13. 新建图层 8，在第 105 帧插入关键帧，并在该帧插入动作脚本“stop（）;”。作品完成后的时间线结构如图 1-6-28 所示。

14. 测试动画，确定无误后保存并输出动画。

图 1-6-28 作品最终的时间线结构

第二部分

实　验

PART 2

第 1 章 多媒体技术概述

实验　学习 Windows 7 媒体播放机的基本用法

实验目的

熟练掌握媒体播放机的基本用法。

实验内容

1. 使用 Windows 7 媒体播放机播放音乐和视频

操作步骤提示

（1）选择桌面菜单命令“开始|程序|Windows Media Player”，启动 Windows 7 的媒体播放机，并进入媒体库界面，如图 2-1-1 所示。

（2）在媒体库界面的左窗格中选择“音乐”选项，中间主窗口中会列出曾经播放过的音频文件。在喜欢的音频文件上右击，从右键菜单中选择“播放”命令，开始播放相应的音乐，音乐提示内容显示在界面的右窗格中。

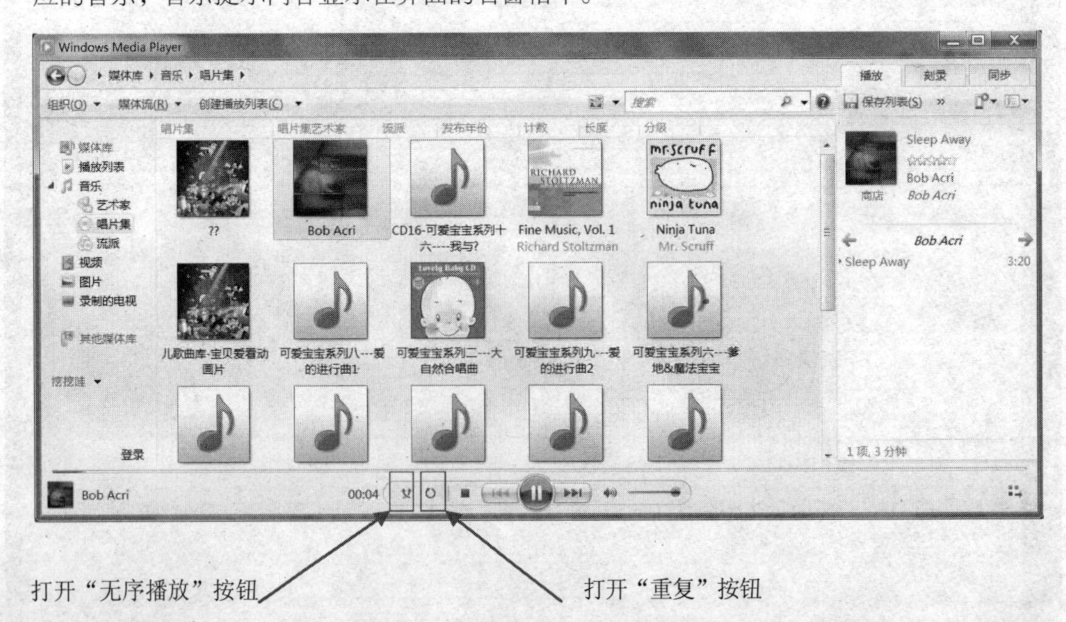

图 2-1-1　Windows 7 媒体播放机的媒体库界面

（3）在媒体库界面的左窗格中选择“视频”选项，从主窗口中视频文件的右键菜单中选择“播放”命令，将切换到媒体播放机的标准播放界面进行视频播放（见图 2-1-2）。

（4）利用标准播放界面底部的导航栏可以进行播放控制（包括控制音量大小）。单击窗口右下角的“全屏视图”按钮可切换到全屏播放界面（见图 2-1-3）。

（5）单击全屏播放界面右下角的“退出全屏模式”按钮，返回标准播放界面。

（6）单击标准播放界面右上角的“切换到媒体库”按钮，返回媒体播放机的媒体库界面。

图 2-1-2　媒体播放机的播放界面

图 2-1-3　全屏播放模式

2．创建自己的播放列表

操作步骤提示

（1）在媒体播放机的媒体库界面的左上角单击“创建播放列表”按钮，将在左窗格“播放列表”分类下生成“无标题的播放列表”，将其名称修改为“我的播放列表 1”，如图 2-1-4 所示。

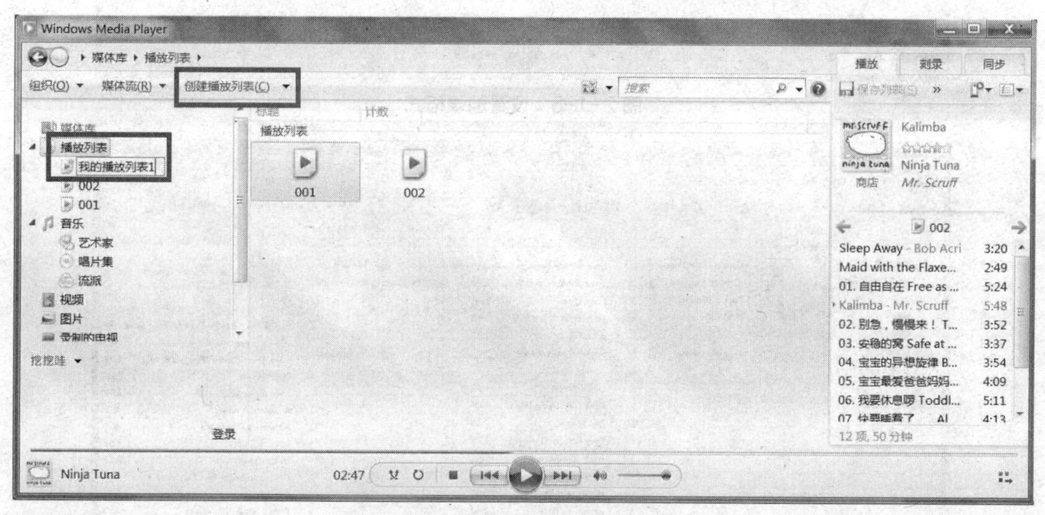

图 2-1-4　创建播放列表

（2）在 Windows 资源管理器中选择音频或视频文件，并从文件的右键菜单中选择“添加到 Windows Media Player 播放列表”命令，可将所选文件添加到媒体播放机的媒体库界面的右窗格中。

（3）在媒体库界面的右窗格中选择音频或视频文件，并从文件的右键菜单中选择“添加

到|我的播放列表 1”命令，即可将上述文件添加到“我的播放列表 1”。

（4）在媒体库界面的左窗格中选择“我的播放列表 1”，主窗口中将显示该列表中的文件，可以右击任一文件，在其右键菜单中选择“上移”或“下移”命令调整该文件的播放顺序；选择右键菜单中的“从列表中删除”命令，可将该文件从播放列表中删除。

3．从 CD 唱片中翻录曲目

操作步骤提示

（1）将 CD 唱片插入到光盘驱动器。片刻之后，在 Windows 7 媒体播放机的主窗口会自动显示出 CD 中的所有曲目。

（2）选中要复制的曲目，从“翻录设置|格式化”菜单下选择翻录 CD 音频的文件格式，如图 2-1-5 所示。

（3）单击媒体库界面顶部的“翻录”按钮，开始复制，如图 2-1-6 所示。在默认设置下，选中的曲目被翻录到左窗格的“音乐”分类下。

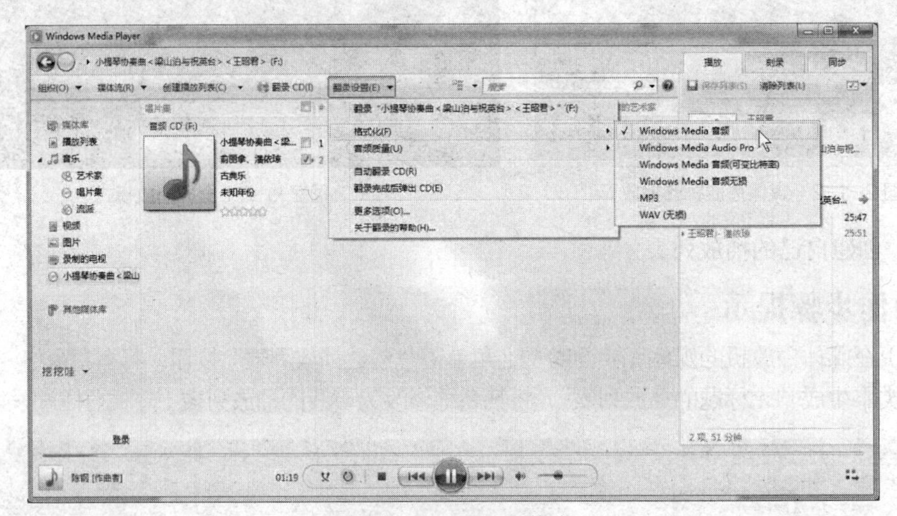

图 2-1-5　设置翻录格式

图 2-1-6　从 CD 唱片中翻录曲目

第 2 章 图形、图像处理

实验 2-1 制作画面渐隐效果

实验目的

学习渐变工具的基本用法。

实验内容

利用素材图像“第 2 章实验素材\荷花.jpg”制作渐隐效果，如图 2-2-1 所示。要求图像大小、分辨率等属性保持不变。

（a）素材

（b）渐隐效果

图 2-2-1 素材与处理结果

操作步骤提示

（1）使用“图像|图像旋转|垂直翻转画布”命令将素材图像上下反转。

（2）选择渐变工具。设置选项栏参数（前景色到透明渐变、径向渐变、反向），如图 2-2-2 所示。

（3）将前景色设置为白色。

（4）由荷花花蕊中心向四周拖动鼠标光标创建渐变效果（应适当控制拖移的距离）。

图 2-2-2 设置渐变参数

实验 2-2　制作灯光效果

实验目的

学习滤镜工具的基本用法。

实验内容

在素材图像“第 2 章实验素材\建筑.jpg”上创建灯光效果，如图 2-2-3 所示。要求图像大小、分辨率等属性保持不变。

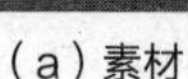

（a）素材

（b）灯光效果

图 2-2-3　素材与处理结果

操作步骤提示

（1）所用滤镜为“渲染”滤镜组中的“镜头光晕”。

（2）从图像左上角向右下角依次添加 4 次滤镜效果。4 个光晕连成一条线，间距逐渐减小，亮度逐渐减弱。

实验 2-3　合成图片“圣诞节的月夜”

实验目的

学习 Photoshop 简单图片的合成方法。所用到的主要技术：图像选取、图层基本操作、图层样式、扩散滤镜、文字工具等。

实验内容

利用“第 2 章实验素材”文件夹下的素材图像“圣诞树.jpg”与“鹿车.jpg”合成图像，如图 2-2-4 所示。要求合成图像的画面大小 700×485 像素，分辨率 72 像素/英寸。

（a）圣诞树素材

（b）鹿车素材

（c）合成效果图

图 2-2-4　素材与合成效果

操作步骤

（1）打开素材图像“圣诞树.jpg”，使用套索工具圈选圣诞树（顶部的五角星和地面上的雪尽量不要选进来），如图 2-2-5 所示。

（2）添加扩散滤镜（在“风格化”滤镜组）。取消选区。

（3）新建图层 1。创建圆形选区（羽化值为 3），填充白色（见图 2-2-6）。取消选区。

（4）打开素材图像“鹿车.jpg”，用魔棒工具（不选“连续”参数）选择白色背景，反选并复制选区内图像。

（5）切换到“圣诞树.jpg”图像窗口，粘贴图像，得到图层 2。

（6）适当缩放、移动图层 2 并添加外发光图层样式。

（7）创建白色文字，添加投影图层样式。

图 2-2-5　圈选圣诞树

图 2-2-6　绘制月亮

实验 2-4　绘画“日出东方”

实验目的

学习使用 Photoshop 绘制简单图画。

实验内容

利用 Photoshop 的基本工具（渐变、椭圆选框、矩形选框、套索、油漆桶、橡皮擦、铅笔、文字等）绘制图画“日出东方”（见图 2-2-7）。画面大小 250×600 像素，分辨率 72 像素/英寸。

操作步骤

（1）新建 250×600 像素、72 像素/英寸、RGB 颜色模式、白色背景的图像。

（2）按住 Shift 键不放，由图像顶部向底部创建由红色（#ea0a0a）到灰色（#7f8181）的线性渐变。

（3）新建图层 1。使用套索工具创建图 2-2-8 所示的选区（羽化值为 0），填充黑色。取消选区。

（4）新建图层 2，放置在图层 1 的下面。使用套索工具创建图 2-2-9 所示的选区（羽化值为 0），填充灰色（# 636363）。取消选区。

图 2-2-7　绘画效果

图 2-2-8　绘制背景与近山

图 2-2-9　绘制稍远的山

（5）新建图层 3，放置在图层 2 的下面。使用套索工具创建图 2-2-10 所示的选区（羽化值为 0）。从选区顶部向底部创建由灰色（#757575）到透明的线性渐变。取消选区。

（6）在图层 1 的上面新建图层 4。使用椭圆选框工具创建图 2-2-11 所示的圆形选区（羽化值为 7 左右）。从选区顶部向底部创建由红色（#ec240b）到黄色（#f6a90f）的线性渐变。取消选区。

（7）使用矩形选框工具创建如图 2-2-12 所示的选区（羽化值为 5 左右）。按 Delete 键删除图层 4 选区内的像素。取消选区。

（8）在图层 4 的上面新建图层 5。使用铅笔工具在太阳前面绘制图 2-2-13 所示的 3 只飞鸟（铅笔粗细为 1 像素、黑色）。

（9）将图层 5 的不透明度设置为 50%。

（10）创建文字“日出东方”（华文新魏、黑色、22 点），如图 2-2-14 所示。

（11）最终文件的图层结构如图 2-2-15 所示。

图 2-2-10　绘制远山

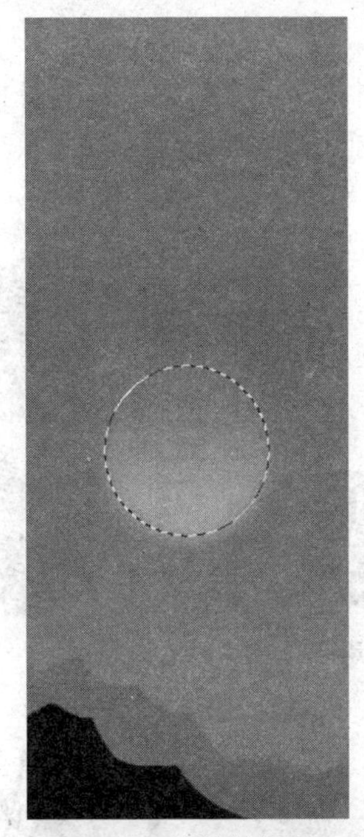

图 2-2-11　绘制太阳

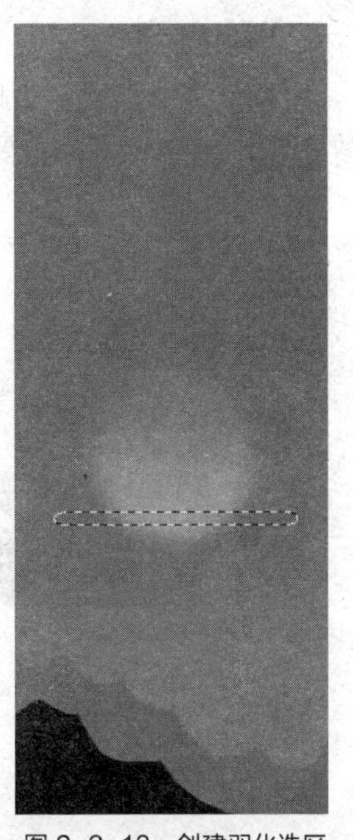

图 2-2-12　创建羽化选区

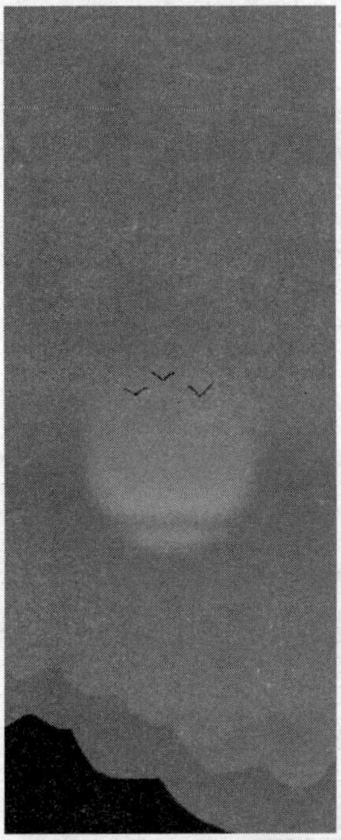

图 2-2-13　绘制飞鸟

图 2-2-14　创建文字

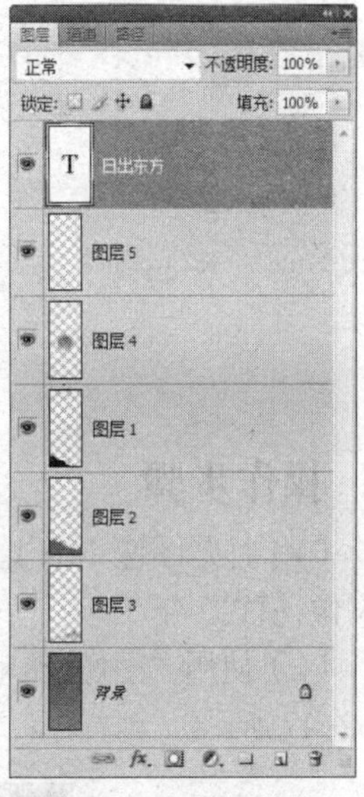

图 2-2-15　图层构成

实验 2-5　合成图片“还我河山”

实验目的

学习 Photoshop 简单图片的合成方法。所用到的主要技术：颜色模式转换、色彩调整、选区的创建与调整、图层基本操作、图层混合模式等。

实验内容

利用“第2章实验素材”文件夹下的素材图像“岳飞书法.gif”与“山水.jpg”合成图像，效果如图2-2-16所示。要求合成图像的画面大小600×550像素，分辨率72像素/英寸。

（a）岳飞书法素材

（b）山水素材

（c）合成效果图

图2-2-16　素材与合成效果

操作步骤

（1）打开图像“岳飞书法.gif”，将颜色模式由“索引颜色”转换为“RGB颜色”（命令在“图像|模式”下）。

（2）使用“图像|调整|阈值”命令调整图像颜色（采用默认的阈值色阶128）。结果如图2-2-17所示。

图2-2-17　调整阈值色阶

（3）使用黑色画笔（或铅笔）将文字笔画周围的白色杂点涂抹掉。

（4）使用“图像|调整|反相”命令使图像颜色反转（此处黑白对换）。

（5）使用套索工具选择印章。使用“图像|调整|色相/饱和度”命令将黑色印章调整为红色，参数设置如图2-2-18所示。取消选区。

（6）新建600×550像素、72像素/英寸、RGB颜色模式、白色背景的图像。

（7）打开图像“山水.jpg”，并将其复制粘贴到新建图像中（得到图层1），放置在图2-2-19所示的位置。

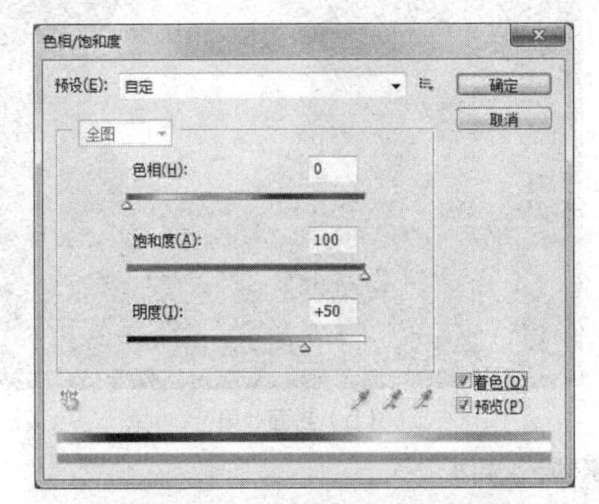

图2-2-18 “色相/饱和度”对话框

图2-2-19 复制图像并调整位置

（8）创建如图2-2-20所示的矩形选区（羽化值为5）。使用“选择|反向”命令将选区反转。

（9）确保选中图层1，按Delete键（可以多次）将图像处理为模糊边缘效果，如图2-2-21所示。

图2-2-20 创建羽化的矩形选区

图2-2-21 将图像处理为模糊边缘效果

（10）将“岳飞书法.gif”中的图像复制过来（得到图层2），放置在图层1的上面。将图层2的图层混合模式设置为“正片叠底”，适当缩小并调整位置。

实验2-6 制作书籍封面效果

实验目的

学习Photoshop图像处理的基本方法。所用到的主要技术：颜色模式转换、色彩调整、图像选取、图层基本操作、图层样式、文字工具等。

实验内容

利用素材图像“第 2 章实验素材\图案.gif”制作书籍封面效果，如图 2-2-22 所示。要求封面图像的画面大小 513×397 像素，分辨率 72 像素/英寸。

（a）图案素材　　（b）封面效果

图 2-2-22　素材与效果图

操作步骤

（1）打开图像“图案.gif”，将颜色模式由“索引颜色”转换为“RGB 颜色”（命令在“图像|模式”下）。

（2）使用“色相/饱和度”命令调整色彩，参数设置如图 2-2-23 所示。

（3）新建图层 2，填充白色，放置在图层 1 的下面。

（4）创建圆形选区。选择图层 1，按 Delete 键删除选区内图像。取消选区，在图层 1 上添加投影样式，如图 2-2-24 所示。

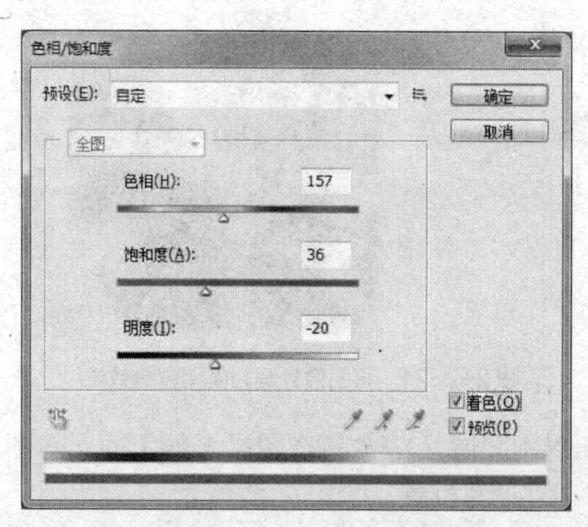

图 2-2-23　“色相/饱和度”对话框

图 2-2-24　封面挖空投影效果

（5）在图像左侧创建矩形选区，如图 2-2-25 所示。选择图层 1，依次按 Ctrl+C 组合键与 Ctrl+V 组合键，复制并粘贴选区内图像，得到图层 3。

（6）在图层 3 上添加斜面和浮雕样式，参数设置如图 2-2-26 所示。

图 2-2-25 创建矩形选区

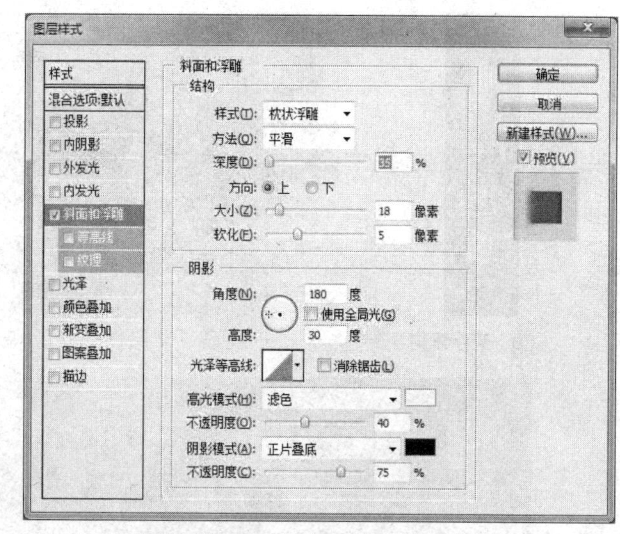

图 2-2-26 设置斜面和浮雕效果参数

（7）创建黑色直排文字，如图 2-2-27 所示。此时的图层组成如图 2-2-28 所示。

图 2-2-27 创建文字

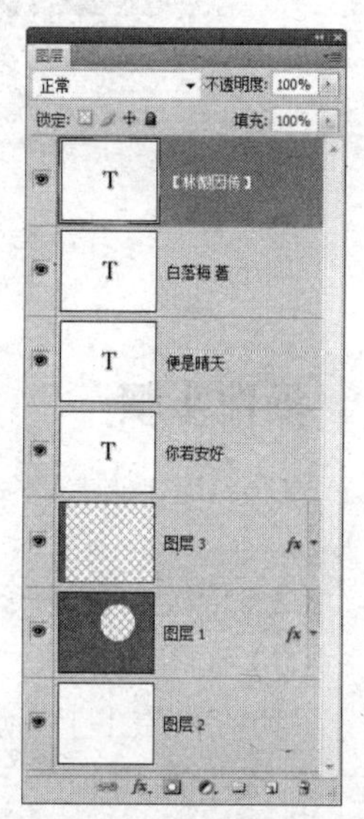

图 2-2-28 最终图层组成

实验 2-7 合成图片“哺育之恩”

实验目的

学习 Photoshop 简单图像的合成方法。所用到的主要技术：图像选取、选区描边、图层基本操作、图层样式、玻璃滤镜、填充工具、文字工具等。

实验内容

利用“第 2 章实验素材”文件夹下的素材图像“文字.psd”与“小鸟.jpg”合成图像，如图 2-2-29 所示。要求合成图像的画面大小 474×212 像素，分辨率 72 像素/英寸。

（a）文字素材　　（b）小鸟素材

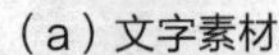

（c）合成效果图

图 2-2-29　素材与合成效果

操作步骤

（1）打开素材图像“小鸟.jpg”，使用矩形选框工具创建图 2-2-30 所示的选区（羽化值为 0）。

（2）依次按 Ctrl+C 组合键与 Ctrl+V 组合键，以便将选区内图像复制得到图层 1。

（3）在图层 1 上添加玻璃滤镜（在“扭曲”滤镜组）。

（4）在图层 1 上添加外发光图层样式（混合模式为“正常”，颜色为黑色，不透明度为 45% 左右，大小为 10）。

图 2-2-30　创建选区

（5）在图像左侧创建白色文字“制作者姓名”。为文字层添加投影图层样式。

（6）将素材图像“文字.psd”中的“文字”复制到“小鸟”图像，得到图层 2（位于文字层上面）。适当缩小图层 2，放置在图像右侧，并添加投影图层样式。

（7）在图 2-2-31 所示的位置创建矩形选区（羽化值为 0）。

（8）在图层 2 与文字层之间创建图层 3。在图层 3 的选区内填充颜色#8e8d4a。

（9）在图层 3 上描边选区（1 像素、白色、内部）。最终图层构成如图 2-2-32 所示。

图 2-2-31　在选区内填色

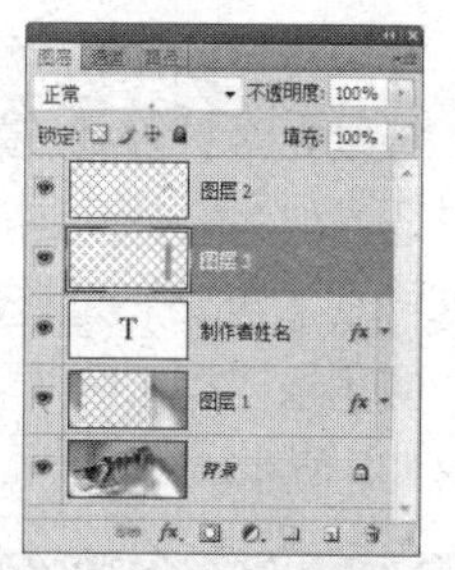

图 2-2-32　图层构成

实验 2-8　合成图片“圣诞快乐”

实验目的

学习 Photoshop 简单图像的合成方法。所用主要技术：图像选取、图层基本操作、图层样式、图层混合模式、扩散滤镜、镜头光晕滤镜、图像旋转、仿制图章工具、橡皮擦工具、文字工具等。

实验内容

利用“第 2 章实验素材”文件夹下的素材图像“圣诞树.jpg”与“星光.jpg”合成图像，如图 2-2-33 所示。要求合成图像的画面大小 700×485 像素，分辨率 72 像素/英寸。

（a）圣诞树素材

（b）星光素材

（c）合成效果图

图 2-2-33　素材与合成效果

操作步骤

（1）与“实验 2-3”一样，首先在圣诞树上添加扩散滤镜。

（2）使用“图像|图像旋转|水平翻转画布”命令将素材图像水平反转。

（3）将星光素材复制过来，得到图层 1。将图层混合模式设置为“变亮”。

（4）适当放大、移动图层 1（如图 2-2-34 所示）。

（5）将右下角缺失的星光用仿制图章工具从左边仿制，如图 2-2-35 所示。

（6）使用橡皮擦工具（主直径 54 左右、硬度 0%）将图层 1 右上角没有隐藏的边界擦除，如图 2-2-35 所示。

图 2-2-34 变换图层 1

图 2-2-35 仿制星光、擦除边界

（7）在图层 1 星光的头部添加镜头光晕滤镜（在“渲染”滤镜组）。

（8）创建白色文字。添加投影图层样式。

实验 2-9 合成图片“等你下班”

实验目的

学习 Photoshop 简单图像的合成方法。所用到的主要技术：图层基本操作、图层样式、图层蒙版、文字工具等。

实验内容

利用“第 2 章实验素材”文件夹下的素材图像“金毛狗.jpg”与“玻璃.jpg”合成图像，如图 2-2-36 所示。要求合成图像的画面大小为 500×392 像素，分辨率为 72 像素/英寸。

（a）金毛狗素材

（b）玻璃素材

（c）合成效果图

图 2-2-36 素材与合成效果

操作步骤

（1）打开图像“金毛狗.jpg”，按 Ctrl+A 组合键全选图像，按 Ctrl+C 组合键复制图像。

（2）打开图像“玻璃.jpg”，按 Ctrl+V 组合键粘贴图像，得到图层 1。

（3）降低图层 1 的不透明度并添加图层蒙版。

（4）确保图层蒙版处于选中状态。使用黑色软边画笔涂抹狗狗头部左右两侧的画面，使之“隐藏”掉。

（5）适当调整狗狗的位置与大小，如图 2-2-37 所示。

（6）创建文字（字体：幼圆，颜色：ff0000），添加投影样式。

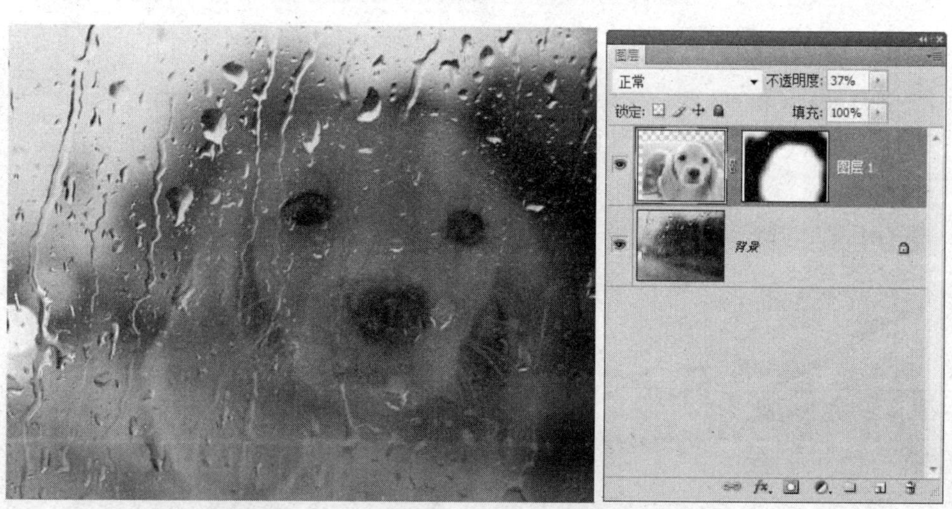

图 2-2-37 使用图层蒙版控制图层的显示范围

实验 2-10　合成图片“水墨梅雪”

实验目的

学习 Photoshop 剪贴蒙版的基本用法。

实验内容

利用“第 2 章实验素材”文件夹下的素材图像“笔墨.jpg”与“雪梅.jpg”合成图像，如图 2-2-38 所示。要求合成图像的画面大小 800×426 像素，分辨率 72 像素/英寸。

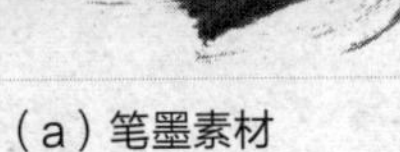

（a）笔墨素材

（b）雪梅素材

（c）合成效果图

图 2-2-38　素材与合成效果

操作步骤

（1）新建 800×426 像素、72 像素/英寸、RGB 颜色模式、白色背景的图像。

（2）打开图像“梅雪.jpg”，并将其复制粘贴到新建图像中（得到图层 1），放置在图 2-2-39 所示的位置。

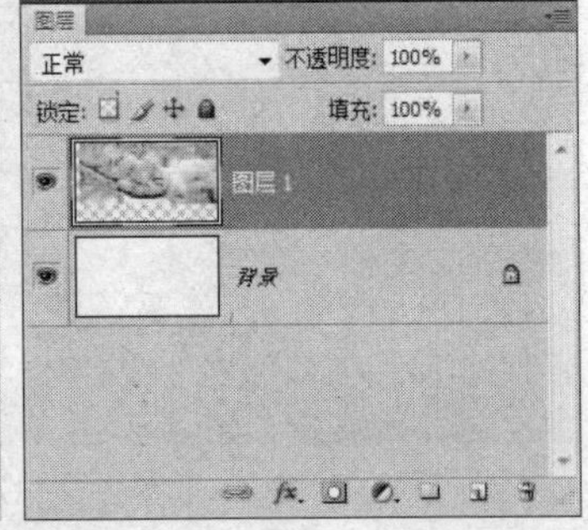

图 2-2-39　合并梅花图像并调整位置

（3）同样，打开图像“笔墨.jpg”，将其复制粘贴到新建图像中（得到图层2），适当缩小，调整位置。如图2-2-40所示。

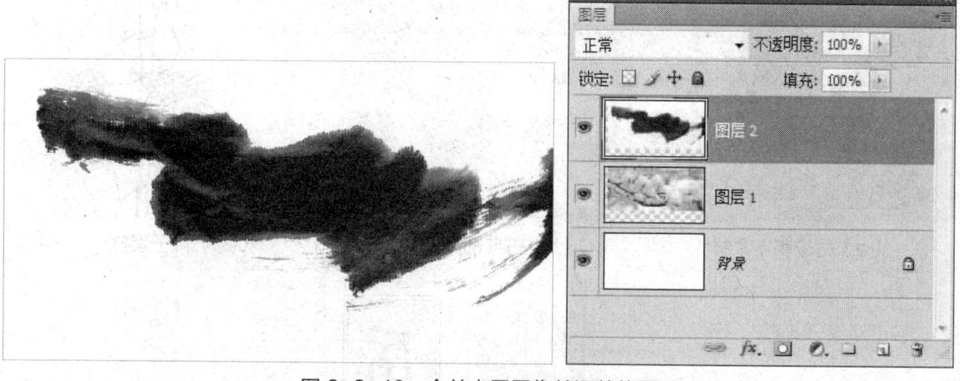

图2-2-40　合并水墨图像并调整位置

（4）使用魔棒工具（选项栏上不选“连续”选项，容差设置为32）选择图层2的白色部分，按Delete键删除。取消选区，如图2-2-41所示。

图2-2-41　清除水墨周围的白色像素

（5）（在图层面板上）将图层2拖动到图层1的下面。选择图层1，选择菜单命令“图层|创建剪贴蒙版”。

实验2-11　合成图片“岳母刺字”

实验目的

学习Photoshop图像合成的基本方法。所用到的主要技术：图层基本操作、图层分布、选区的创建与调整、选区描边、文字工具等。

实验内容

利用“第2章实验素材”文件夹下的素材“岳母刺字.jpg”“古典图案.jpg”“竹子.jpg”与“文本.txt”合成图像，如图2-2-42所示。要求合成图像的画面大小336×783像素，分辨率72像素/英寸。

（a）岳母刺字素材

（b）古典图案素材

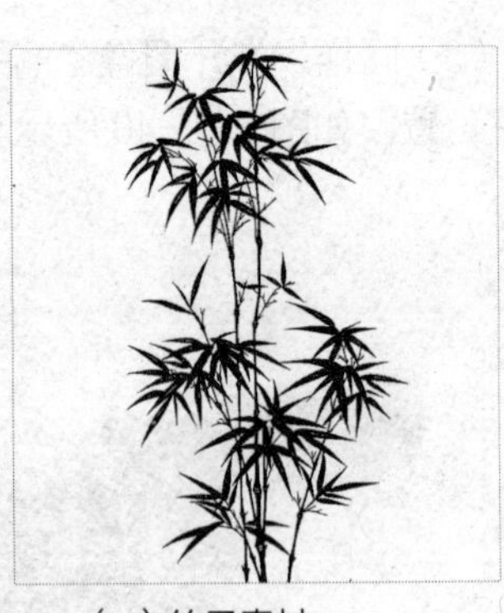
（c）竹子素材

（d）合成效果图

图 2-2-42　素材与合成效果

操作步骤

（1）新建 336×783 像素、72 像素/英寸、RGB 颜色模式、白色背景的图像。

（2）打开图像“岳母刺字.jpg ”，并将其复制粘贴到新建图像中（得到图层 1），适当缩小，放置在图 2-2-43 所示的位置。

（3）使用魔棒工具选择人物周围的灰色背景，按 Delete 键删除，取消选区。如图 2-2-44 所示。

（4）同样，打开图像“古典图案.jpg”，将其复制粘贴到新建图像中（得到图层 2），放置在图层 1 的下面，适当缩小，调整位置，如图 2-2-45 所示。

（5）创建图 2-2-46 所示的矩形选区。选择菜单命令“选择|反向”将选区反转。确保选中图层 2，按 Delete 键删除选区内图像。

（6）再次反转选区。使用菜单命令“编辑|描边”对选区描边（内部、1 像素、黑色）。使

用菜单命令“选择|变换选区”将选区对称放大，并再次描边（内部、2 像素、黑色）。取消选区，结果如图 2-2-47 所示。

（7）打开图像“竹子.jpg”，并将其复制粘贴到新建图像中（得到图层 3），放置在图层 2 的下面，适当缩小、旋转、调整位置，将图层不透明度设置为 22%，如图 2-2-48 所示。

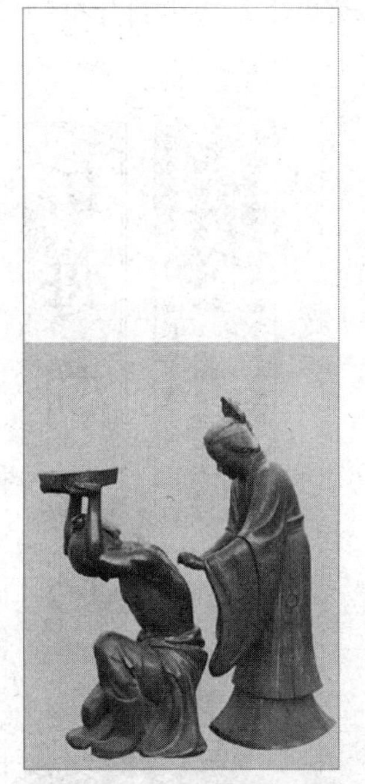

图 2-2-43 复制并调整人物图像

图 2-2-44 擦除人物周围的背景

图 2-2-45 合并、调整图案

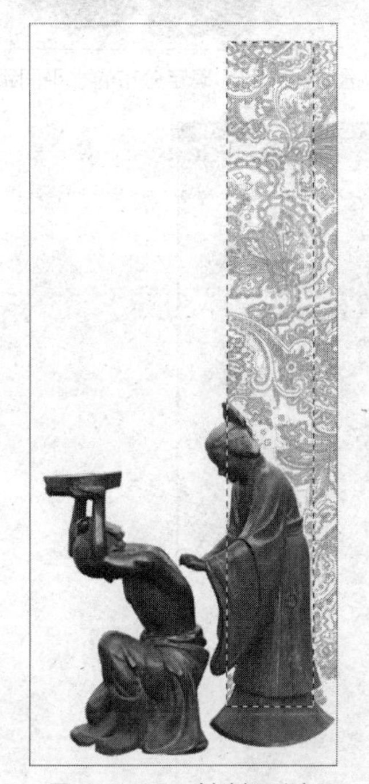

图 2-2-46 创建矩形选区

图 2-2-47 为图案加双边框

图 2-2-48 处理竹子图像

（8）在图层 1 的上面创建文字（华文中宋、黑色、大小分别为 72 和 18），适当调整字间距与列间距，如图 2-2-49 所示。

（9）在图层 1 的上面新建图层 4，绘制图 2-2-50 所示的双线效果（粗细都是 1 像素，一条黑色，一条浅灰色，相距 1 像素）。

（10）将图层 4 复制 4 次。将图层 4 副本 4 水平向右移动到图 2-2-51 所示的位置。

（11）（在图层面板上）选择双线所在的全部 5 个图层。选择菜单命令“图层|分布|水平居中”。结果如图 2-2-52 所示。最终图层构成如图 2-2-53 所示。

图 2-2-49　创建文字对象

图 2-2-50　绘制双线效果

图 2-2-51　确定分布的水平间距

图 2-2-52　图层分布结果

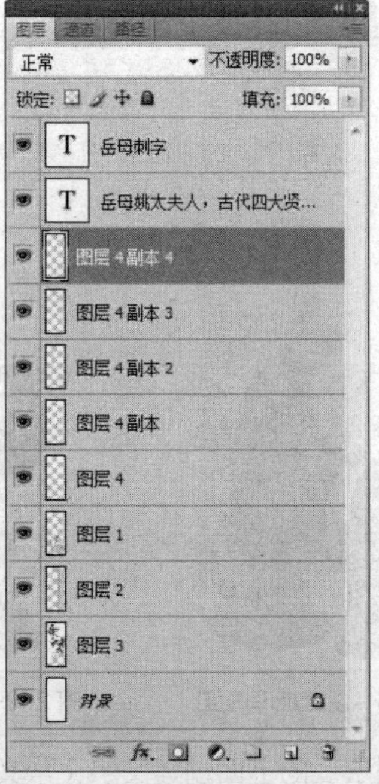

图 2-2-53　图像完成后的图层组成

实验 2-12　设计制作中国京剧宣传画

实验目的

学习 Photoshop 图像合成的基本方法。所用到的主要技术：图层基本操作、图层对齐、图案的定义与填充、选区的创建与调整、文字工具等。

实验内容

利用“第 2 章实验素材”文件夹下的“图案素材.jpg”“书法素材.jpg”“环形素材.jpg”“人物素材.jpg”与“宫殿素材.jpg”合成图像，如图 2-2-54 所示（红色篆字内容为“诸葛亮舌战群儒”）。要求合成图像的画面大小 1000×600 像素，分辨率 72 像素/英寸。

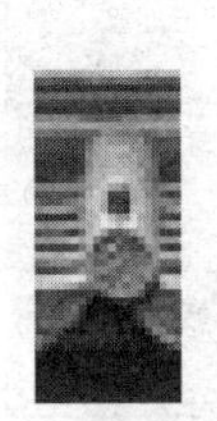

（a）图案素材

（b）书法素材

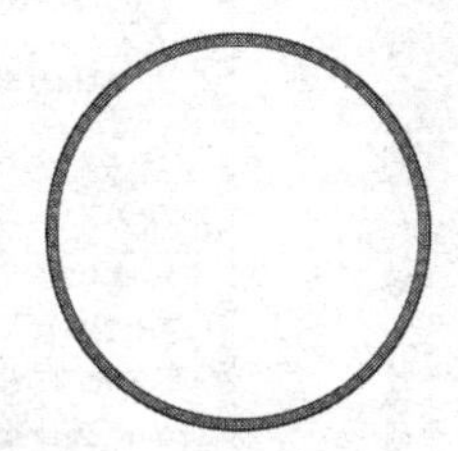

（c）环形素材

（d）人物素材

（e）宫殿素材

（f）合成效果图

图 2-2-54　素材与合成效果

操作步骤

（1）新建 1000×600 像素、72 像素/英寸、RGB 颜色模式（8 位）、透明背景的图像。在图层 1 上填充黄色#ecac54。

（2）将“图案素材.jpg”中的整个图像复制过来，得到图层 2。（在图层面板上）将图层 2 与图层 1 一起选中。

（3）依次选择“图层|对齐”菜单下的“顶边”与“左边”命令，以便将图案对齐到图像窗口的左上角。

（4）按住 Ctrl 键不放，在图层面板上单击图层 2 的缩览图，以便选中整个图案。

（5）使用“编辑|定义图案”命令将选区内图像定义为图案（名称默认）。

（6）使用“选择|变换选区”命令向右扩大选区，使其宽度超过图像宽度（高度不变），如图 2-2-55 所示。

（7）新建图层 3（位于图层 2 之上）。选择“编辑|填充”命令，参数设置如图 2-2-56 所示（单击“自定图案”选项中的三角按钮，从弹出的图案列表底部选择步骤 5 中定义的图案）。单击“确定”按钮，将所选图案填充到图层 3 的选区内。取消选区，如图 2-2-57 所示。

图 2-2-55　确定图案填充的范围

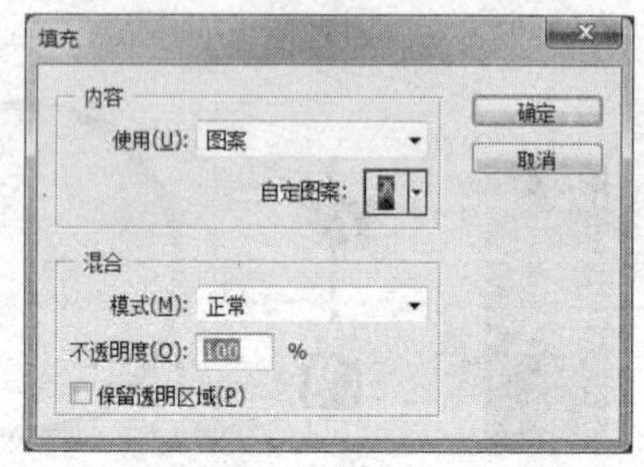

图 2-2-56　“填充”对话框

（8）使用魔棒工具及“选择|反向”菜单命令选择“人物素材.jpg”中的人物，并将其复制到新建图像中，得到图层 4。调整人物的位置如图 2-2-58 所示。

图 2-2-57　图案填充效果

图 2-2-58　将人物合成进来

（9）使用魔棒工具选择“环形素材.jpg”中的圆环，并将其复制到新建图像中，得到图层 5（位于图层 4 之上）。调整圆环位置如图 2-2-59 所示。

（10）复制图层 5，得到图层 5 副本。缩小图层 5 副本中的圆环，如图 2-2-60 所示。

图 2-2-59　将环形图案合成进来

图 2-2-60　复制圆环图案

（11）选择魔棒工具，设置选项栏参数如图 2-2-61 所示。

图 2-2-61 设置魔棒工具参数

（12）在图像中单击选择圆环内部的空白区域。选择图层 1，按 Delete 键删除选区内的像素。取消选区。

（13）将“宫殿素材.jpg”中的图像复制过来，得到图层 6，放置在图层 1 的下面。适当放大、移动图层 6，如图 2-2-62 所示。

（14）将“书法素材.jpg”中的“文字”复制过来，得到图层 7，放置在所有图层的上面。用套索工具圈选其中的“国”字，用移动工具调整其位置，取消选区如图 2-2-63 所示。

图 2-2-62 将宫殿素材合成进来

图 2-2-63 合并书法素材

（15）在图层 7 的上面创建文字层“京剧”（字体为“华文中宋”）。在图层 7 与文字层之间新建图层 8，绘制“京剧”后面的红色方形，如图 2-2-64 所示。

（16）创建文字层“诸葛亮舌战群儒”（字体为“经典繁方篆”）。图像完成后的图层面板如图 2-2-65 所示。

图 2-2-64 创建文字层及后面的红色方形

图 2-2-65 图层构成

PART 2

第 3 章 动画制作

实验 3-1　制作小苗成长动画

实验目的

进一步学习逐帧动画的制作方法。

实验内容

使用 Flash CS4 制作逐帧动画，动画效果可参照“第 3 章实验素材\成长的喜悦.swf”。所用图片素材为“第 3 章实验素材\ 1 .jpg ～7.jpg”。

操作步骤

（1）启动 Adobe Flash CS4，新建空白文档。

（2）使用菜单命令“修改|文档”将舞台大小设置为 163×126 像素，将帧频设置为 4 帧/秒，其他选项保持默认值。

（3）使用菜单命令“视图|缩放比率|100%”设置舞台显示比例。

（4）将所需的 7 张素材图片导入到库，并显示“库”面板。

（5）单击选择图层 1 的第 2 帧，按住 Shift 键单击第 7 帧，选中第 2～7 帧，如图 2-3-1 所示。

（6）在选中的帧上右击，从右键菜单中选择“转换为关键帧”命令。这样所有选中的帧全部转变成关键帧，如图 2-3-2 所示。

图 2-3-1　连续选择多个帧

图 2-3-2　将多个帧同时转换为关键帧

（7）单击选择图层 1 的第 1 个关键帧，将“库”面板中的“1.jpg”拖动到舞台。在“属性”面板中将图片的位置坐标（x,y）设置为（0,0），以便将图片与舞台对齐，如图 2-3-3 所示。

提示　在 Flash 中，坐标系的原点位于舞台的左上角。而“属性”面板中的（x,y）表示对象左上角的坐标值。将（x,y）设置为（0,0），可使对象与舞台的左侧及顶部对齐。在本例中，由于图片大小与舞台大小恰好相同，这样图片刚好将舞台全部覆盖。

（8）单击选择图层 1 的第 2 个关键帧，将“库”面板中的“2.jpg”拖动到舞台，并与舞台对齐。

（9）同理，将“库”面板中的“3.jpg ~7.jpg”分别拖动到第 3~7 关键帧的舞台上，并在各关键帧中将图片与舞台对齐。此时的时间轴面板如图 2-3-4 所示。

图 2-3-3　修改图片的位置坐标

图 2-3-4　编辑第 2~7 帧

（10）在时间轴面板中选择第 1 个关键帧，按一下 F5 键（或在第 1 个关键帧的右键菜单中选择“插入帧”命令），这样可在第 1 个关键帧的后面增加 1 个普通帧（普通帧舞台上的内容与其左边相邻关键帧的内容始终保持一致），如图 2-3-5 所示。

（11）采用与步骤（10）类似的操作，在当前第 3~8 帧的每一个关键帧的后面分别插入 1 个普通帧，如图 2-3-6 所示。

图 2-3-5　在第 1 个关键帧后面插入普通帧

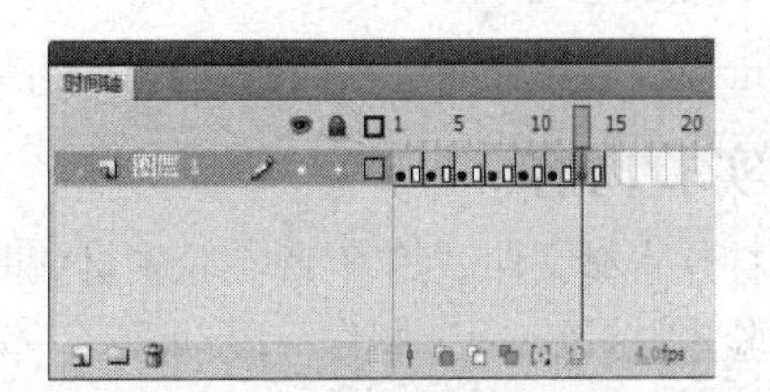

图 2-3-6　在其余关键帧后面插入普通帧

（12）在第 27 帧的右键菜单中选择“插入帧”命令，这样可将最后一张图片“7.jpg”一直显示到第 27 帧，如图 2-3-7 所示。

（13）锁定图层 1，新建图层 2。在图层 2 的第 16 帧插入关键帧，并在该关键帧上创建文本“成长的喜悦”（黄色、黑体、18 点、字母间距 8），如图 2-3-8 所示。

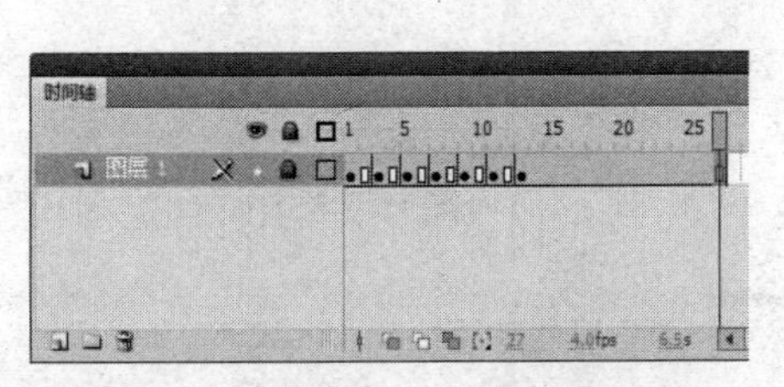

图 2-3-7　延长最后一张图片的显示时间

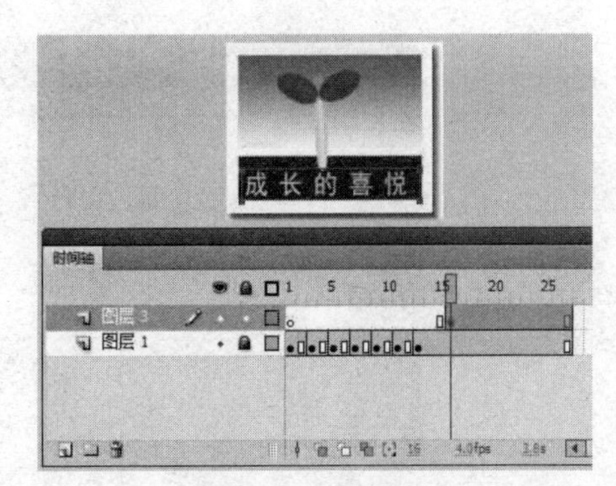

图 2-3-8　创建文本

（14）使用菜单命令“修改|分离”将文本分离 1 次。将图层 2 的第 17~20 帧都转换为关键帧。

（15）在图层 2 的第 16 帧上保留“成”字，删除其余文字。在第 17 帧上保留“成长”两个字，删除其余文字。在第 18 帧上保留“成长的”3 个字，删除其余文字。在第 19 帧上保留

“成长的喜”4 个字，删除“悦”字。图层 2 的第 20 帧保持不变，如图 2-3-9 所示。

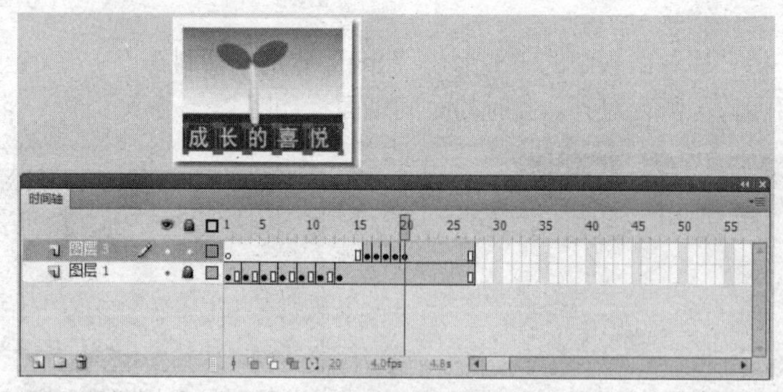

图 2-3-9 制作文字逐帧动画

（16）锁定图层 2。以“成长的喜悦.fla”为名保存动画源文件并发布 swf 电影文件。

实验 3-2 制作翻页动画

实验目的

进一步学习补间形状动画的制作方法。

实验内容

打开素材文件“第 3 章实验素材\翻页的书.fla”。利用库中提供的资源和声音文件“第 3 章实验素材\风.wav”制作一段动画：一阵风吹过来，书页轻轻翻起；风过后，书页又缓慢地落下。动画效果参照“第 3 章实验素材\翻页动画.swf”。

操作步骤

（1）打开素材文件“翻页的书.fla”，显示“库”面板。将图层 1 改名为“背景”。

（2）将库中资源“静止书本”拖动到舞台上如图 2-3-10 所示的位置，并在第 80 帧插入帧。锁定“背景”层。

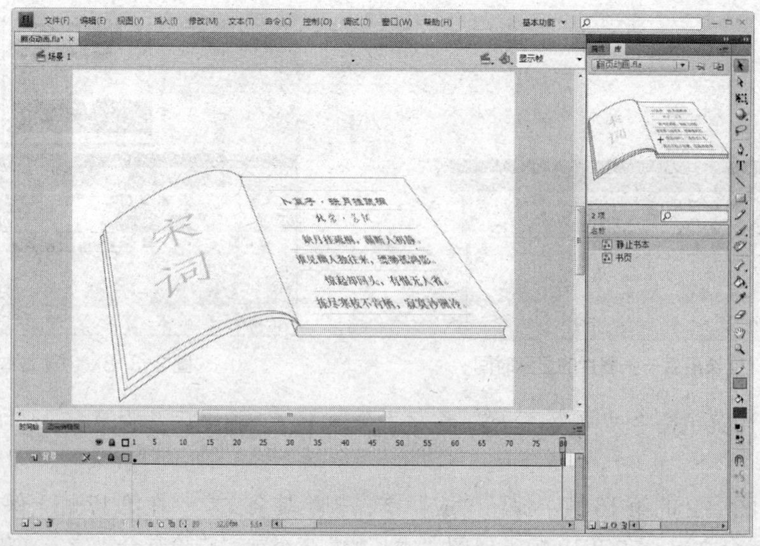

图 2-3-10 编辑“背景”层

（3）新建图层，命名为“动画”。将库中资源“书页”拖动到“动画”层第1帧的舞台上。调整“书页”的位置，使之与“背景”层书本的右页面对齐，如图2-3-11所示。

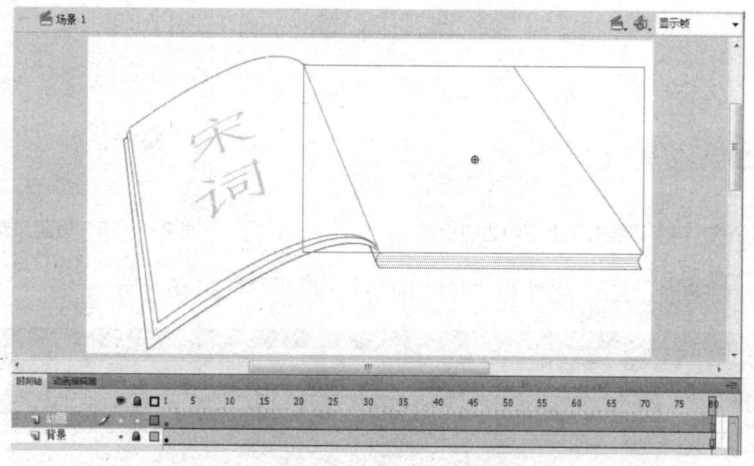

图2-3-11 调整“书页”位置

（4）使用菜单命令“修改|分离”将“书页”分离。

（5）在“动画”层的第20帧插入关键帧。在舞台的空白处单击以取消对象的选择状态。

（6）选择“选择工具”，将光标移到“书页”右上角，此时光标旁出现┘标志。按下左键将该节点拖动到图2-3-12所示的位置。

（7）按同样的方法将“书页”右下角的节点拖动到图2-3-13所示的位置。

图2-3-12 拖动“书页”右上角的节点

图2-3-13 拖动“书页”右下角的节点

（8）使用“选择工具”将“书页”的上下两条边调整成图2-3-14所示的形状。

（9）在“动画”层第40帧插入关键帧，第70帧插入空白关键帧。

（10）选中“动画”层的第1帧，按Ctrl+C组合键复制舞台上的图形。选中“动画”层的第70帧，选择菜单命令“编辑|粘贴到当前位置”，以便将复制的图形粘贴到第70帧舞台上的同一位置。

（11）在“动画”层的第1帧和第40帧分别插入补间形状动画。在“属性”面板上设置“动画”层第1帧的“缓动”参数值为100。

（12）锁定“动画”层。新建一个图层，命名为“声音”。

（13）将素材“风.wav” 导入到库。

（14）选择“声音”层的第1帧，设置其“属性”面板参数如图2-3-15所示。

图 2-3-14　调整书页上下两边的形状

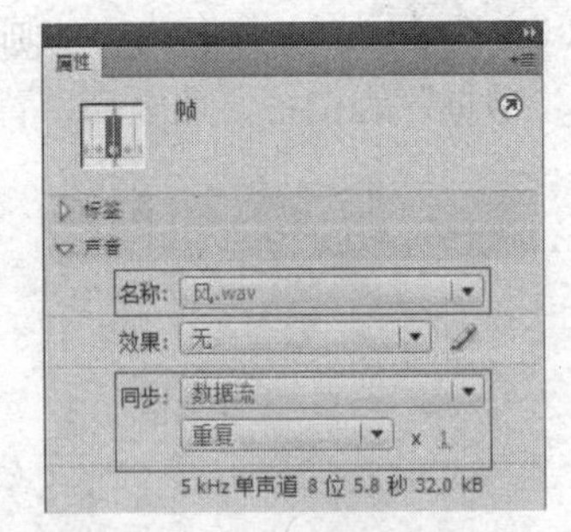

图 2-3-15　设置声音属性

（15）锁定“声音”层。此时的“时间轴”面板如图 2-3-16 所示。

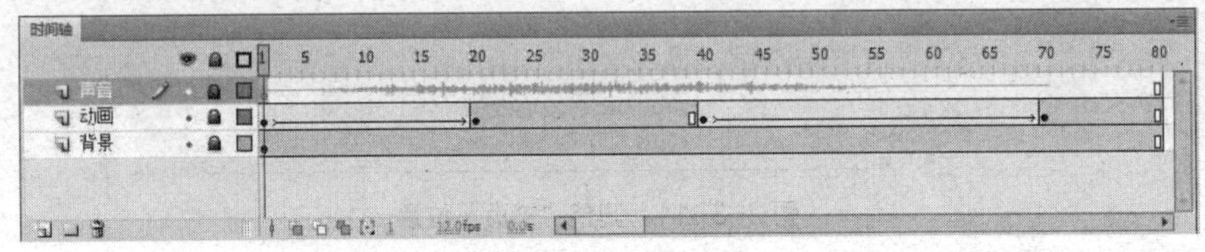

图 2-3-16　动画完成后的“时间轴”面板

（16）测试动画效果，保存 fla 源文件，并发布 swf 电影。

实验 3-3　制作探照灯动画

实验目的

进一步学习遮罩动画的制作方法。

实验内容

利用遮罩层制作“探照灯”动画。最终效果可参照“第 3 章实验素材\探照灯.swf”。

操作步骤

（1）新建文档，设置舞台大小 800×200 像素，舞台背景为黑色，帧频为 12 帧/秒。

（2）将图层 1 改名为“文字”。在舞台上创建横向静态文本“有审美的眼睛才能发现美”（宋体、48 点、白色、字母间距 20）。将文本对齐到舞台中央，如图 2-3-17 所示。

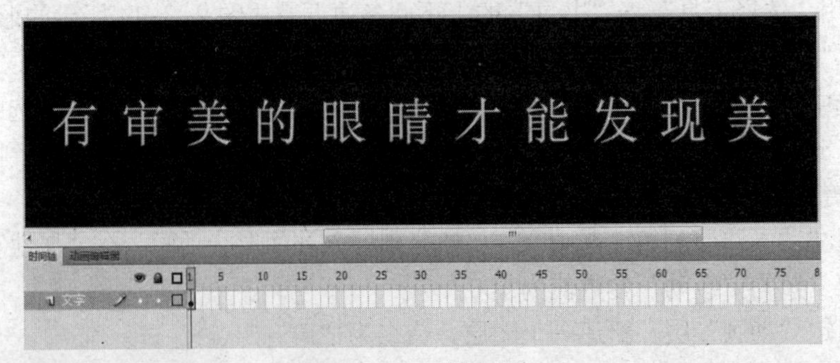

图 2-3-17　创建文本

（3）在“文字”层的第 60 帧插入帧。锁定“文字”层。

（4）新建图层 2，命名为“遮罩”。

（5）在舞台上绘制图 2-3-18 所示的无边框圆形（填充蓝色到黑色的放射状渐变，渐变中心在圆心，刚好覆盖第 1 个文字），并转换为图形元件。

图 2-3-18　绘制光点效果

（6）在“遮罩”层的第 30 帧和第 60 帧分别插入关键帧，并在该层的第 1 帧和第 30 帧分别插入传统补间动画。

（7）将“遮罩”层第 30 帧的元件实例水平向右移动到图 2-3-19 所示位置（刚好覆盖最后一个文字）。锁定“遮罩”层。

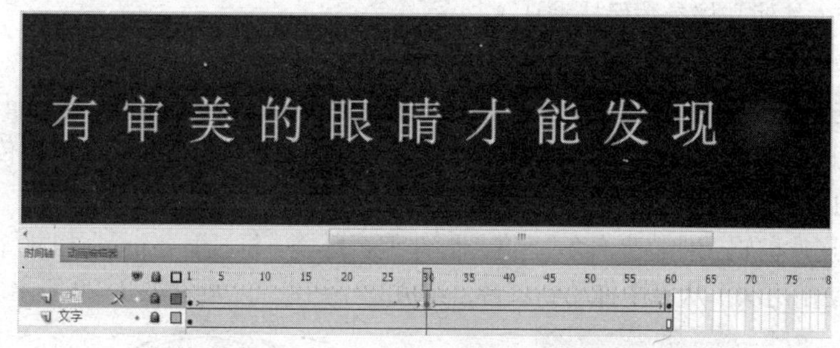

图 2-3-19　定位运动对象的另一个端点

（8）新建图层 3，命名为“探照灯”。将“探照灯”层拖动到所有层的下面。

（9）单击选择“遮罩”层的第 1 帧，按住 Shift 键单击该层的第 60 帧。这样可选中第 1 帧到第 60 帧的所有帧。

（10）在选中的帧上右击，从右键菜单中选择“复制帧”命令。

（11）用同样的方法选择“探照灯”层的第 1 帧到第 60 帧的所有帧，并从所选帧的右键菜单中选择“粘贴帧”命令。锁定“探照灯”层。

（12）在“遮罩”层的图层名称上右击，从右键菜单中选择“遮罩层”命令，此时“文字”层自动转化为被遮罩层。此时的“时间轴”面板如图 2-3-20 所示。

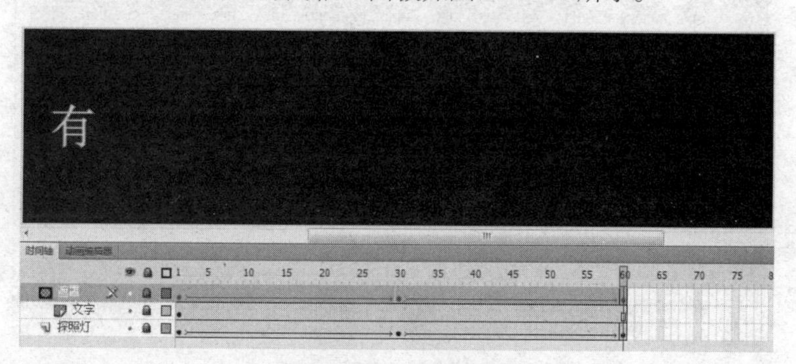

图 2-3-20　创建遮罩层

（13）对“文字”层进行如下操作：在第 64 帧、第 90 帧分别插入关键帧，在第 61 帧、第 91 帧分别插入空白关键帧，在第 95 帧插入帧。

（14）测试动画，保存 fla 源文件，输出 swf 文件。

实验 3-4　制作小汽车行驶动画

实验目的

进一步学习影片剪辑元件在动画中的使用方法。

实验内容

利用“第 3 章实验素材”文件夹下的图片素材 “树木.jpg”“车轮.png”“车身.png”和声音素材“喇叭.WAV”制作小汽车行驶动画。动画效果参照“第 3 章实验素材\行驶的小汽车.swf”。

操作步骤

（1）新建“Flash 文件（ActionScript 2.0）”类型的空白文档。设置舞台大小 777×400 像素，帧频 24 帧/秒（其他文档参数保持默认）。

（2）将本例所需的图片素材和声音素材（共 4 个文件）全部导入到库。

（3）新建影片剪辑元件“转动的车轮”，进入元件编辑环境。将“车轮.png”从库面板拖移到舞台。在图层 1 的第 24 帧插入关键帧，在图层 1 的第 1 帧（关键帧）创建传统补间动画，并设置补间动画属性如图 2-3-21 所示。锁定图层 1。

（4）新建影片剪辑元件“小汽车”，进入元件编辑环境。将“车身.png”和影片剪辑元件“转动的车轮”（使用两次）从库中拖动到舞台，组成“小汽车”，如图 2-3-22 所示。锁定图层 1。

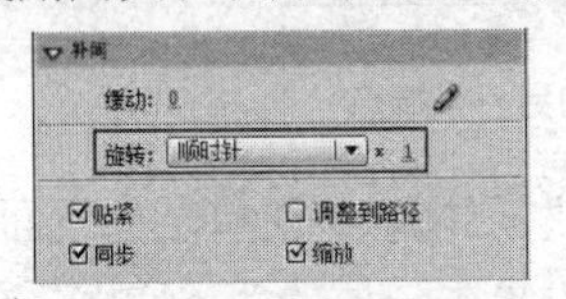

图 2-3-21　设置补间动画参数

图 2-3-22　组装小汽车

（5）新建影片剪辑元件“移动的树木”，进入元件编辑环境。将“树木.jpg”从库面板拖动到舞台，并利用“对齐”面板将图片与舞台左对齐。

（6）选择菜单命令“视图|标尺”将标尺显示出来，从竖直标尺上拖出 1 条参考线定位左侧第 1 棵树木的树干位置，如图 2-3-23 所示。

图 2-3-23　定位第 1 棵树的位置

（7）在图层 1 的第 180 帧插入关键帧，在图层 1 的第 1 帧（关键帧）创建传统补间动画。选择第 180 帧，将树木图片水平向左移动（可按住 Shift 键使用选择工具向左拖动图片），使得第 4 棵树的树干定位在竖直参考线上（可使用水平方向键微调图片位置）。锁定图层 1，如图 2-3-24 所示。

（8）返回场景 1。将影片剪辑元件“小汽车”从库中拖动到舞台，放置在图层 1 如图 2-3-25 所示的位置。

（9）在图层 1 的第 80 帧插入关键帧，将“小汽车”水平向右移动到舞台中央位置（见图 2-3-26）。在图层 1 的第 1 帧（关键帧）创建传统补间动画。在图层 1 的第 80 帧（关键帧）添加如下动作脚本。锁定图层 1。

```
Stop ( ) ;
```

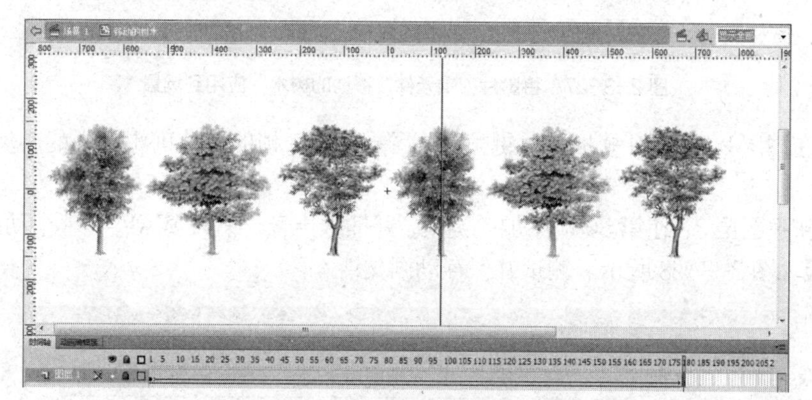

图 2-3-24　定位第 4 棵树的位置

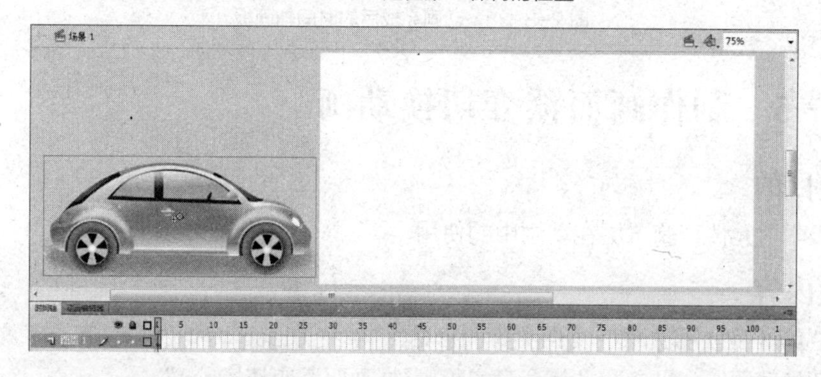

图 2-3-25　定位小汽车的初始位置

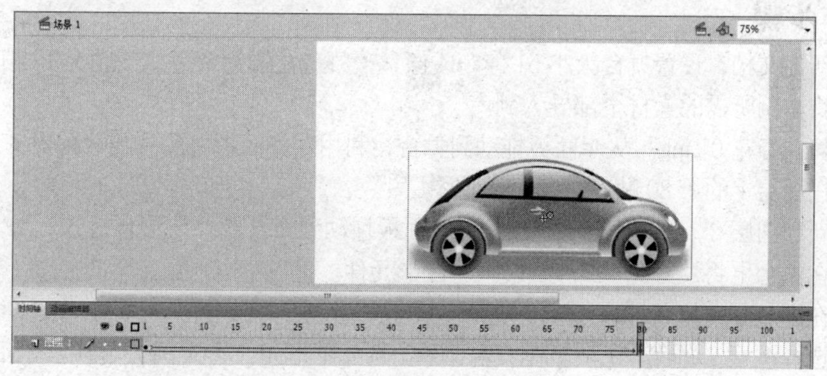

图 2-3-26　创建小汽车行驶动画

（10）新建图层 2，拖动到图层 1 的下面。将影片剪辑元件“移动的树木”从库中拖动到舞台，放置在图层 2 如图 2-3-27 所示的位置（与舞台左对齐）。

图 2-3-27　将影片剪辑元件“移动的树木”应用到场景

（11）在图层 2 的第 80 帧插入关键帧。将图层 2 第 1 帧的影片剪辑元件的实例分离 1 次。锁定图层 2。

（12）新建图层 3，在第 30 帧添加关键帧，并插入声音“喇叭.WAV”。整个动画完成后的时间轴面板如图 2-3-28 所示。测试并保存动画文件。

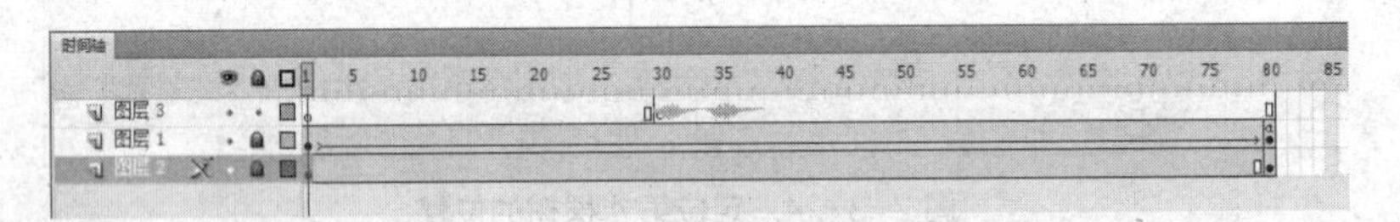

图 2-3-28　动画完成后的时间轴面板

实验 3-5　制作画面淡变切换动画

实验目的

进一步学习元件与遮罩层在动画中的使用。

实验内容

利用“第 3 章实验素材”文件夹下的素材 “春花 01.jpg”和“春花 02.jpg”设计制作画面的淡变切换动画。效果参照“第 3 章实验素材\画面淡变切换.swf”。

操作步骤

（1）新建文档，设置舞台大小 512×384 像素，舞台背景为白色，帧频为 12 帧/秒。

（2）将本例所需的素材全部导入到库。

（3）将“春花 01.jpg”从库面板拖动到舞台，利用对齐面板将图片与舞台对齐。

（4）在图层 1 的第 80 帧插入帧，锁定图层 1。

（5）新建图层 2。将“春花 02.jpg”从库面板拖动到舞台，并与舞台对齐。

（6）在舞台上将“春花 02.jpg”转换为图形元件。

（7）在图层 2 的第 20 帧、第 40 帧和第 60 帧分别插入关键帧。

（8）选择图层 2 的第 20 帧。在舞台上单击选择图形元件（实例），利用属性面板将其不透明度设置为 0%，如图 2-3-29 所示。

（9）同理，将图层 2 第 40 帧舞台上的图形元件（实例）的不透明度设置为 0%。

（10）在图层 2 的第 1 帧（关键帧）和第 40 帧（关键帧）分别创建传统补间动画。锁定图层 2。此时的时间轴面板如图 2-3-30 所示。

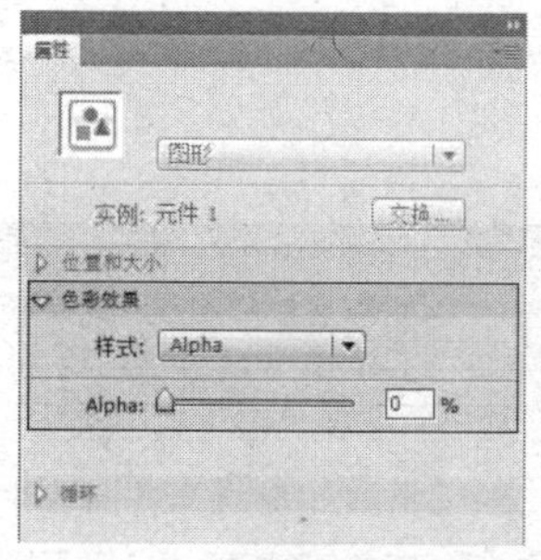

图 2-3-29　设置元件的不透明度

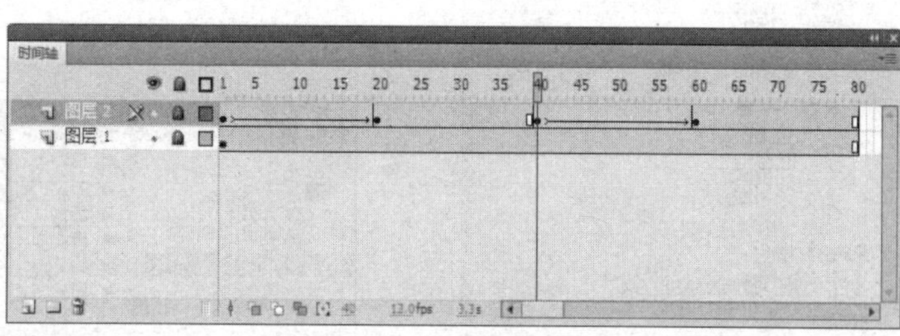

图 2-3-30　创建传统补间动画

注：上述步骤（3）~步骤（10）创建了图片“春花 01.jpg”与“春花 02.jpg”之间相互淡变切换的动画。

（11）新建图层 3，并在该层的舞台上如图 2-3-31 所示的位置创建横向文本“花开花谢，春去春来，重复着人生有限、宇宙无穷这个永恒的话题”（静态文本、华文中宋、大小 12 点、字母间距为 5、白色）。

（12）新建图层 4，放置在所有其他层的下面。复制图层 3 中的文本对象，利用菜单命令“编辑|粘贴到当前位置”粘贴到图层 4 的同一位置。

（13）将图层 4 中的文本修改成黑色，其他属性不变。锁定图层 3 与图层 4。

（14）在所有层的上面新建图层 5，并在该层绘制图 2-3-32 所示的没有边框只有填充的圆形（颜色任意）。

图 2-3-31　创建白色文本

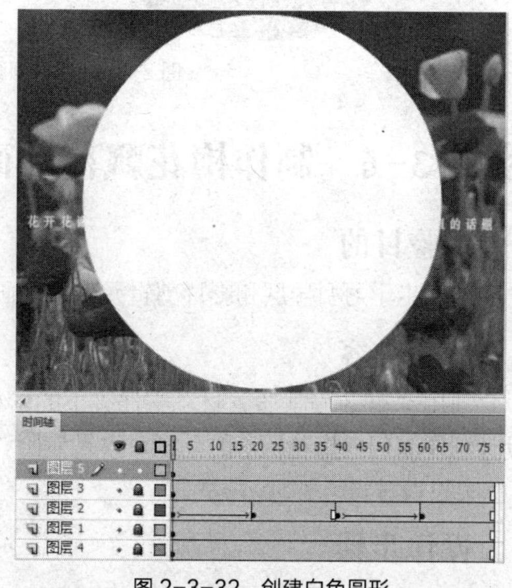

图 2-3-32　创建白色圆形

（15）将图层 5 转化为遮罩层。此时图层 3 自动转化为被遮罩层。

（16）在图层 2 的名称上右击，从右键菜单中选择“属性”命令，打开“图层属性”对话框，选择“被遮罩”单选按钮（如图 2-3-33 所示），单击“确定”按钮。这样即可将图层 2

手动转化为被遮罩层。

（17）按步骤（16）的操作方法将图层 1 也转化为被遮罩层。至此动画制作全部完成，时间轴面板如图 2-3-34 所示。

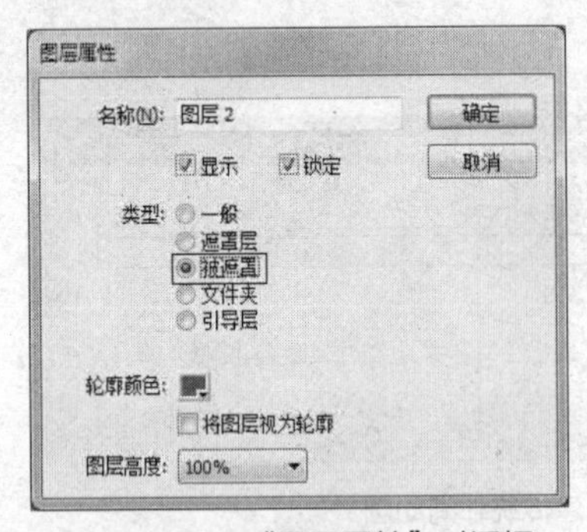

图 2-3-33　“图层属性”对话框

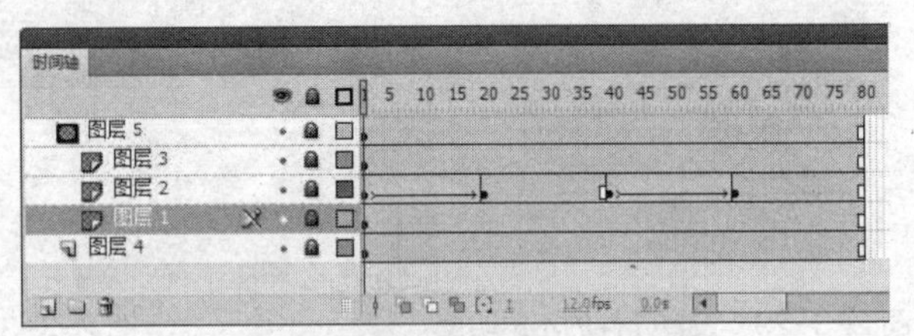

图 2-3-34　动画完成后的时间轴面板

（18）测试动画（见图 2-3-35）。保存源文件，导出 swf 文件。

图 2-3-35　动画测试中的两个主要画面

实验 3-6　制作梅花飘落动画

实验目的

进一步学习引导层和影片剪辑元件在动画中的使用。

实验内容

利用“第 3 章实验素材”文件夹下的素材 “梅花.png”“梅树.jpg” 和 “古典园门.png” 设计制作园门内梅花飘落的动画。效果参照“第 3 章实验素材\梅花飘落.swf”。欣赏动画“第 3 章实验素材\葬花吟.swf”。

操作步骤

（1）新建文档，设置舞台大小 700×610 像素，舞台背景为黑色，帧频为 12 帧/秒。

（2）将所需的素材全部导入到库。

（3）将“古典园门.png”从库面板拖动到舞台，利用对齐面板将其与舞台对齐。

（4）在图层 1 的第 90 帧插入帧，锁定图层 1。

（5）新建影片剪辑元件，命名为“梅花飘落”。在其编辑窗口进行如下操作。

① 将“梅树.jpg”从库面板拖动到舞台，利用对齐面板将其在水平与竖直方向分别与舞台居中对齐。

② 在图层 1 的第 90 帧插入帧，锁定图层 1。

③ 新建图层 2。将“梅花.png”从库面板拖动到舞台，缩小并放置在如图 2-3-36 所示的位置。

④ 为图层 2 创建传统运动引导层，并在该层上用铅笔工具绘制类似图 2-3-37 所示的引导路径。

图 2-3-36　编辑首帧梅花图片

图 2-3-37　创建平滑的引导路径

⑤ 在图层 2 的第 45 帧插入关键帧。并在第 1 帧和第 45 帧之间创建梅花沿引导路径下落（顺时针旋转 1 周）的传统补间动画，如图 2-3-38 所示。

图 2-3-38　创建第 1 朵梅花下落的动画

⑥ 类似地，在当前 3 个图层的上面创建第 2 朵梅花下落的引导层动画，如图 2-3-39 所示（动画在第 45 帧和第 90 帧之间）。

图 2-3-39 创建第 2 朵梅花下落的动画

（6）返回场景 1。新建图层 2，拖动到图层 1 的下面，将“梅花飘落”元件从库面板拖动到图层 2 的舞台，放置在如图 2-3-40 所示的位置。锁定图层 2。

（7）在图层 1 的上面新建图层 3。并在该层的舞台上如图 2-3-41 所示的位置创建横向文本“花谢花飞飞满天，玉消香断有谁怜”（静态文本、隶书、大小 36 点、字母间距为 6、红色）。

（8）将文本转化为图形元件。参照实验 3-5 中步骤（7）~步骤（10）的操作在图层 3 创建文字淡入淡出的动画。其中第 1 ~ 15 帧淡入，第 55 ~ 70 帧淡出，如图 2-3-41 所示。

图 2-3-40 将“梅花飘落”元件应用到场景

图 2-3-41 创建文字淡入淡出的动画

（9）测试动画。保存源文件，导出 swf 文件。

实验 3-7 制作日出动画

实验目的

学习使用元件实例的色彩效果与滤镜效果。

实验内容

使用“第 3 章实验素材”文件夹下的相关素材“山脉.png”和“朝霞.png”设计制作日出动画。效果参照“第 3 章实验素材\日出.swf”。

操作步骤

（1）启动 Flash CS4，新建空白文档，设置舞台大小为 962 × 450 像素，帧频为 12 帧/秒，舞台背景为黑色。其他文档属性默认。

（2）新建图形元件，命名为“山脉”，并在该元件中导入素材“山脉.png”。

（3）新建图形元件，命名为“朝霞”，并在该元件中导入素材“朝霞.png”。

（4）新建影片剪辑元件，命名为“太阳”。在该元件中绘制一个边框无色、填充黄色（#FFFF00）、大小约 300 × 300 像素的圆形。

（5）新建图形元件，命名为“红晕”。在该元件的编辑窗口绘制一个圆形：边框无色，填充色为由红色到透明的放射状渐变（见图 2-3-42）、大小约 700 × 700 像素。图中渐变条上两个色标的颜色都为纯红色（#FF0000），左侧色标的 Alpha 值为 100%，右侧色标的 Alpha 值为 0%。

（6）返回场景 1，将图层 1 改名为“山脉”。将库中的“山脉”元件拖动到舞台上，利用对齐面板将其与舞台在水平方向居中对齐，在竖直方向底对齐。在“山脉”层的第 100 帧插入帧。

（7）新建图层，命名为“太阳”。将“太阳”层拖动到“山脉”层的下面。将库中的“太阳”元件拖动到“太阳”层的舞台上，放置在如图 2-3-43 所示的位置。

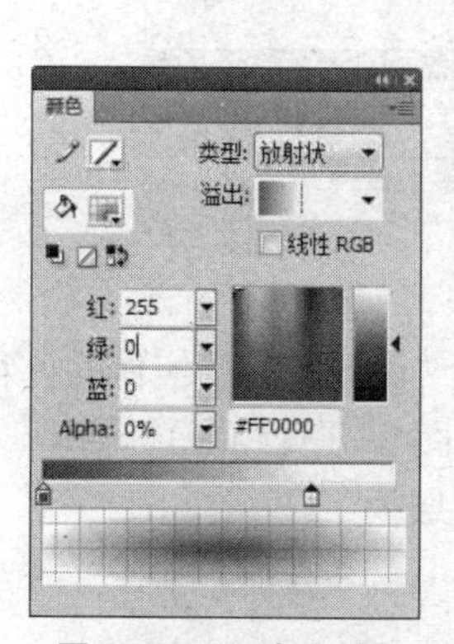

图 2-3-42 定义渐变

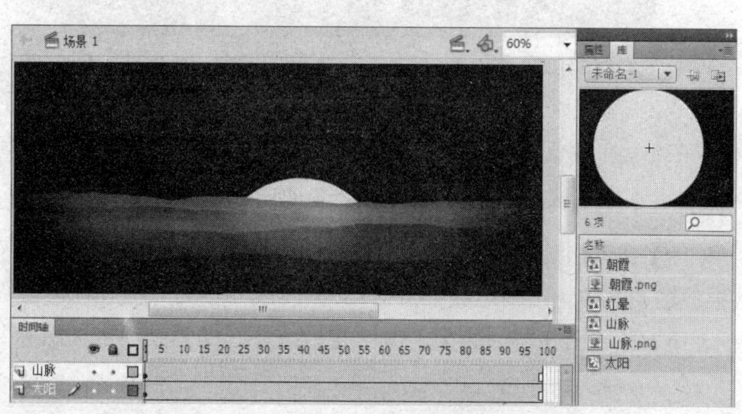

图 2-3-43 将“太阳”元件应用到场景

（8）新建图层，命名为“朝霞”。将“朝霞”层拖动到“太阳”层的下面。将库中的“朝霞”元件拖动到“朝霞”层的舞台上，等比缩小并放置在如图 2-3-44 所示的位置。

（9）选择“太阳”层的第 1 帧（关键帧），单击选择舞台上的“太阳”元件实例，在属性面板的“滤镜”参数区为其添加“模糊”和“发光”滤镜。参数设置如图 2-3-45 所示。其中发光颜色为纯红色（#FF0000）。

（10）在“太阳”层的第 90 帧插入关键帧，并在该帧进行如下处理：将“发光”滤镜的颜色修改为纯黄色（#FFFF00），将“太阳”竖直向上移动到图 2-3-46 所示的位置。

（11）在“太阳”层的第 1 帧创建传统补间动画。锁定“太阳”层。

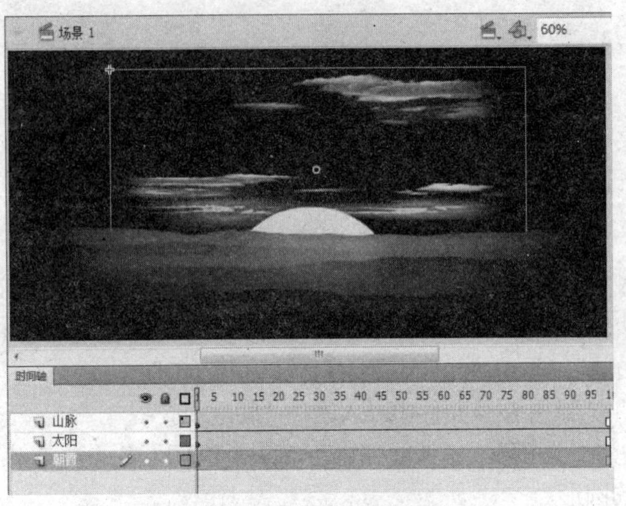

图 2-3-44　将“朝霞”元件应用到场景

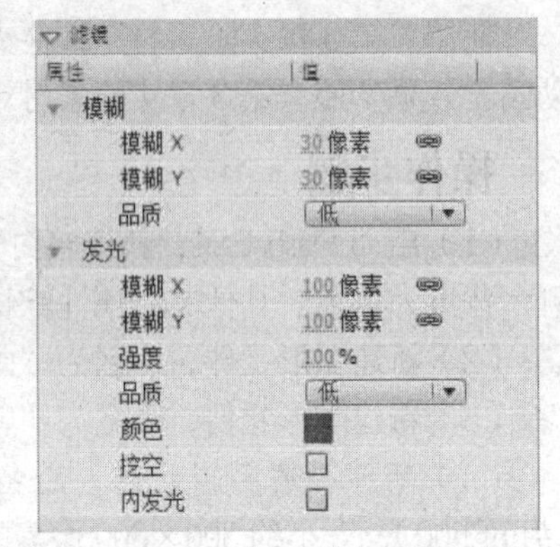

图 2-3-45　为“太阳”元件添加滤镜

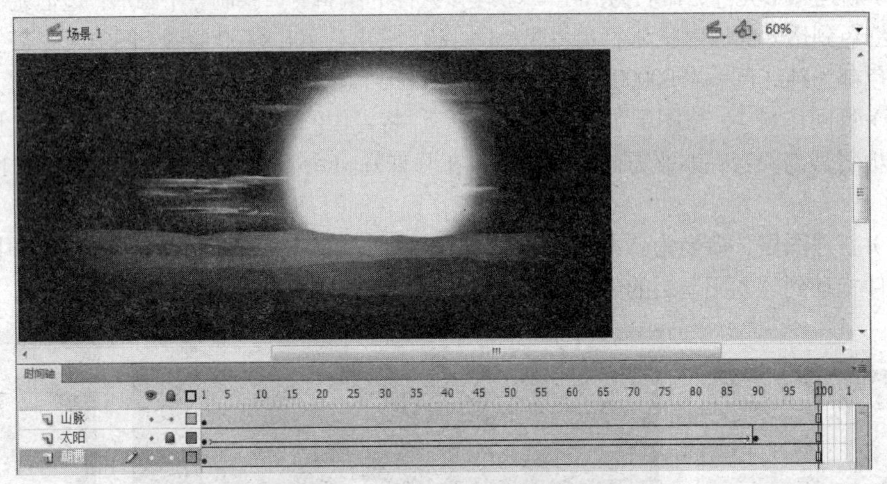

图 2-3-46　创建太阳升起动画

（12）在“山脉”层的第 90 帧插入关键帧。利用属性面板设置“山脉”元件实例的色彩效果参数，其中第 1 帧参数如图 2-3-47（a）所示，第 90 帧参数如图 2-3-47（b）所示。

（13）在“山脉”层的第 1 帧创建传统补间动画。锁定“山脉”层。

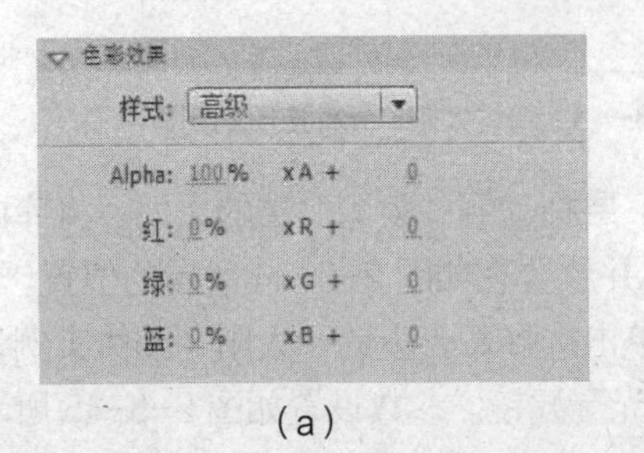

（a）

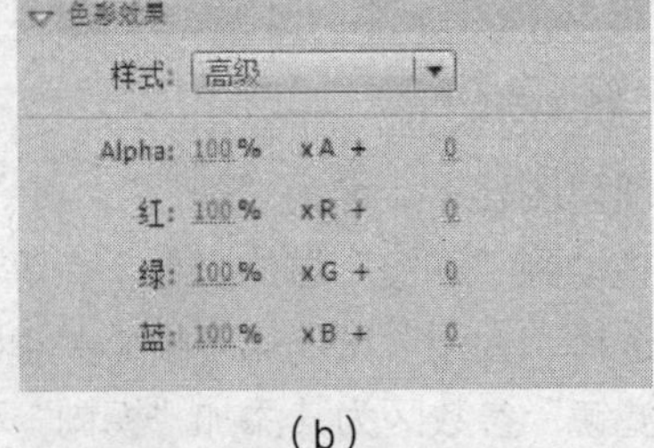

（b）

图 2-3-47　设置“山脉”元件实例的色彩效果参数

（14）在“朝霞”层的第45帧和第90帧分别插入关键帧。利用属性面板设置“朝霞”元件实例的色彩效果参数，其中第1帧参数如图2-3-48（a）所示，第45帧参数如图2-3-48（b）所示，第90帧参数如图2-3-48（c）所示。

（15）在“朝霞”层的第1帧和第45帧分别创建传统补间动画。锁定“朝霞”层。

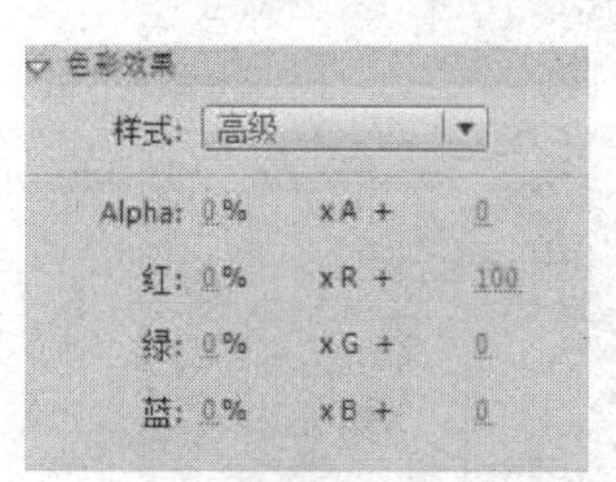

（a）第1帧参数

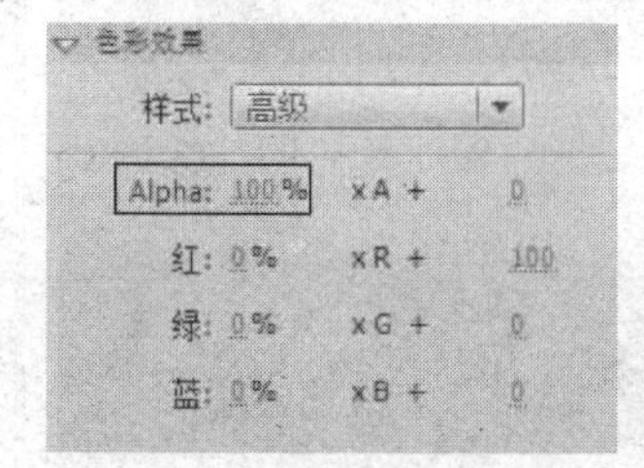

（b）第45帧参数

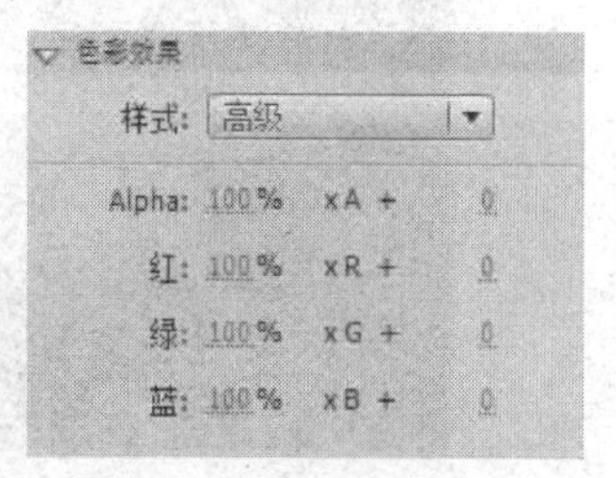

（c）第90帧参数

图2-3-48　设置“朝霞”元件实例的色彩效果参数

（16）新建图层，命名为“红晕”。将“红晕”层拖动到“太阳”层的下面。在“红晕”层的第5帧插入关键帧。

（17）将库中的“红晕”元件拖动到“红晕”层第5帧的舞台上，放置在“太阳”的后面，如图2-3-49（a）所示。

（18）在“红晕”层的第90帧插入关键帧，将“红晕”竖直向上移动到当前帧“太阳”的后面，如图2-3-49（b）所示。在“红晕”层的第5帧创建传统补间动画。

（a）初始位置

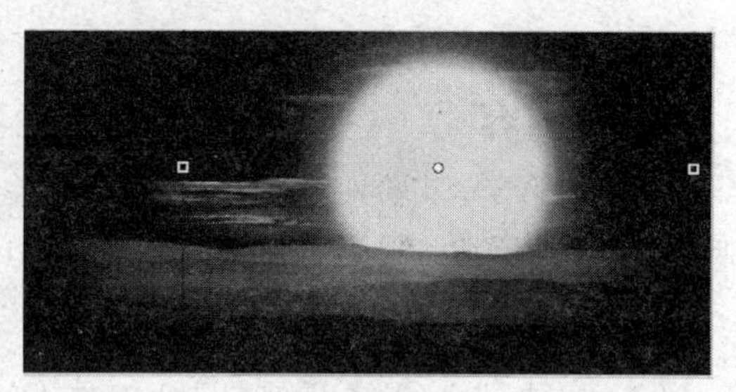

（b）调整后位置

图2-3-49　调整“红晕”的位置

（19）在“红晕”层的第15帧插入关键帧。利用属性面板设置“红晕”元件实例的色彩效果参数，其中第5帧参数如图2-3-50（a）所示，第15帧参数如图2-3-50（b）所示，第90帧参数如图2-3-50（c）所示。

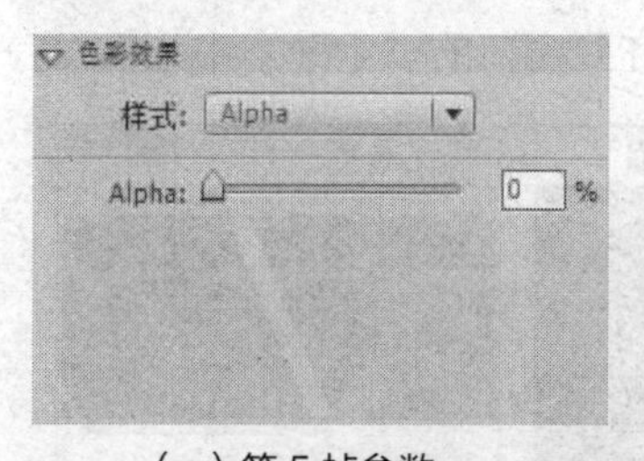

（a）第5帧参数

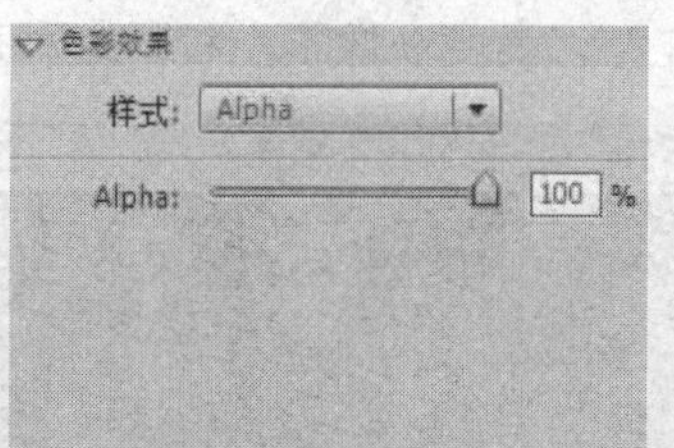

（b）第15帧参数

色彩效果
样式：色调
色调：50 %
红：255
绿：255
蓝：0

（c）第90帧参数

图2-3-50　设置“红晕”元件实例的色彩效果参数

（20）在“红晕”层的第90帧等比放大“红晕”元件实例至2000×2000像素，中心仍定位在“太阳”的中心，如图 2-3-51 所示。

（21）锁定“红晕”层。测试动画效果。保存 fla 源文件，并发布 swf 电影。

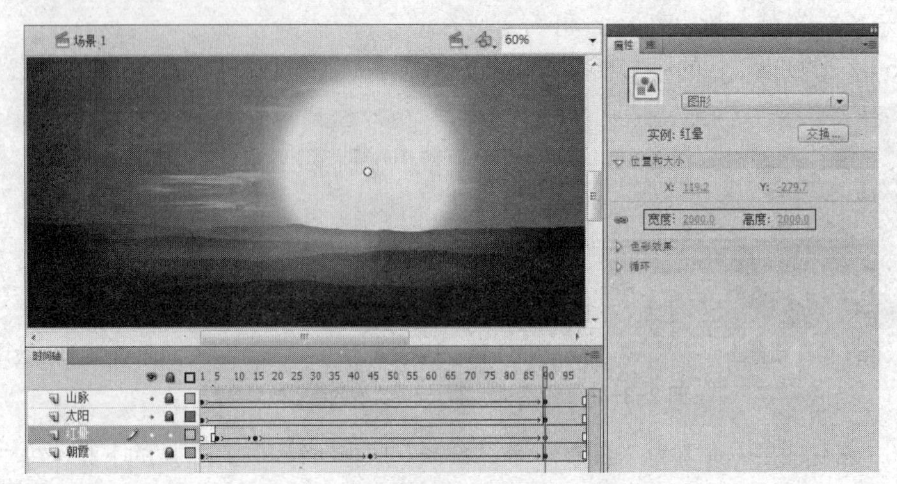

图 2-3-51　在第 90 帧设置“红晕”元件实例的大小与位置

实验 3-8　制作下雨动画

实验目的

进一步学习交互式动画的制作。

实验内容

使用“第 3 章实验素材”文件夹下的相关素材“白云.png”和“雨.WAV”制作下雨的动画。动画效果参照“第 3 章实验素材\下雨.swf”。

操作步骤

（1）启动 Flash CS4，新建“Flash 文件（ActionScript 2.0）”类型的空白文档。将素材“白云.png”和“雨.WAV”导入到库。

（2）设置舞台大小为 400×300 像素，舞台背景为黑色。其他文档属性默认。

（3）取消菜单命令“视图|贴紧|贴紧至对象”的选择。

（4）新建图形元件，命名为“雨线”，并进入图形元件的编辑窗口。

（5）使用线条工具在“雨线”元件的编辑窗口绘制图 2-3-52 所示的白色短斜线（向左倾斜，粗细 1 像素，宽度 4 像素左右，高度 9 像素左右，并对齐到窗口的“十”字中心）。

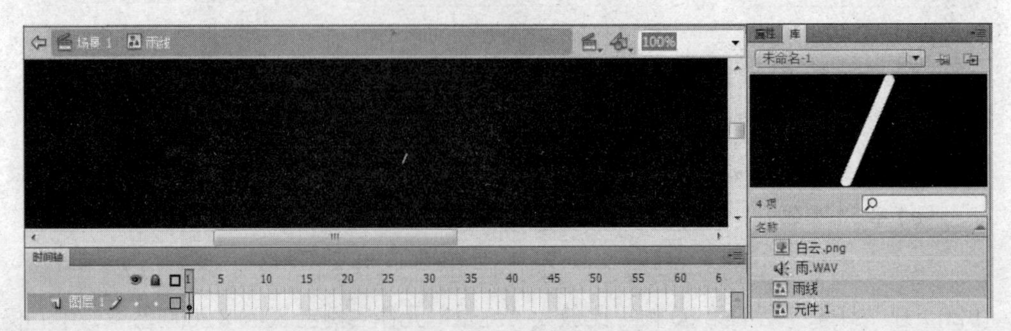

图 2-3-52　创建“雨线”图形元件

（6）新建图形元件“水花”。使用椭圆工具在“水花”元件的编辑窗口绘制图2-3-53所示的白色椭圆（宽约75像素，高约24像素，边框粗细1像素，填充无色，并对齐到窗口的“十”字中心）。

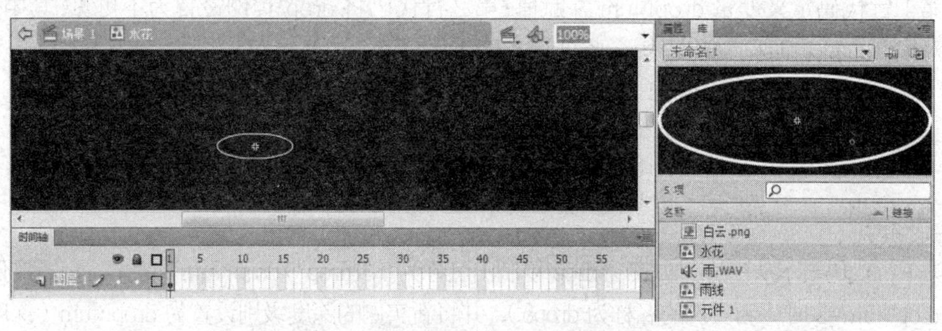

图2-3-53 创建“水花”图形元件

（7）创建影片剪辑元件，命名为“落雨”，在其编辑窗口中进行如下操作。

① 将图层1改名为“雨线下落”。将图形元件“雨线”从库拖动到第1帧的舞台上，利用属性面板将“雨线”实例的X与Y坐标值都设置为0。

② 在“雨线下落”层的第7帧插入关键帧，使用选择工具单击选择该帧舞台上的“雨线”实例，利用属性面板将其X与Y坐标值分别设置为-80和250。

③ 在“雨线下落”层的第1帧创建传统补间动画。锁定“雨线下落”层。

④ 新建图层2，改名为“水花扩展”，并在该层进行如下操作：在第7帧插入关键帧，将图形元件“水花”从库拖动到该帧的舞台；在第35帧插入关键帧；在第7帧创建传统补间动画。

⑤ 在“水花扩展”层继续进行如下操作：利用变形面板将第7帧的“水花”实例等比缩小为原来的10%；利用属性面板将缩小后的“水花”实例的X与Y坐标值分别设置为-82和255（与“雨线”位置对应，如图2-3-54所示）；相应地，将第35帧的“水花”实例的X与Y坐标值也设置为-82和255（与第7帧的“水花”同心），并利用属性面板将第35帧的“水花”实例的透明度设置为0%。

⑥ 锁定“水花扩展”层。至此，“落雨”元件的编辑完成。

（8）返回场景1。将图层1改名为“落雨”。将影片剪辑元件“落雨”从库拖动到第1帧的舞台，利用属性面板将该元件实例命名为drop（如图2-3-55所示）。在第3帧插入帧。锁定“落雨”层。

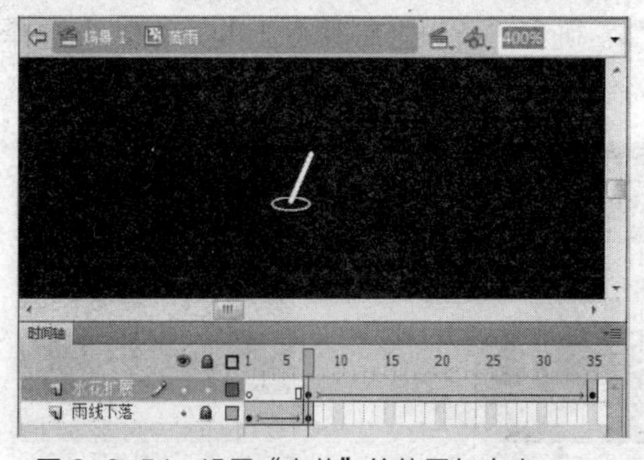

图2-3-54 设置“水花”的位置与大小

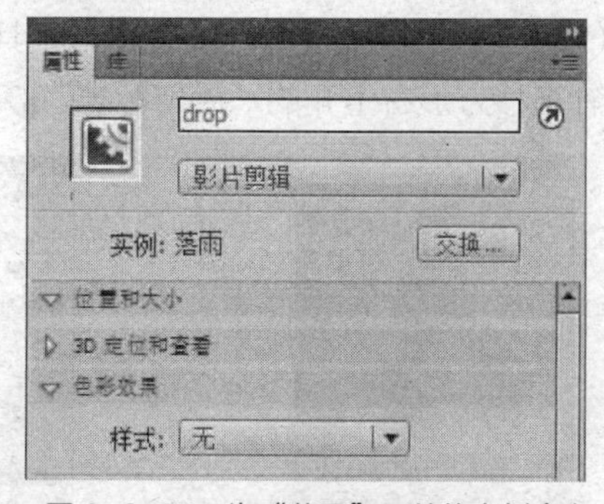

图2-3-55 为“落雨”元件的实例命名

（9）新建图层2，改名为“编码”。在该层的第2帧与第3帧分别插入关键帧。

（10）选择“编码”层的第 1 帧，利用动作面板输入如下代码。

```
var dropNum = 0;
_root.drop._visible = false;
```

第 1 行代码定义变量 dropNum 并赋值；第 2 行代码将 drop 实例设置为不可见（其中_root.表示对根影片剪辑时间轴的引用，此处可省略）。

（11）选择“编码”层的第 2 帧，利用动作面板输入如下代码。

```
_root.drop.duplicateMovieClip ("drop" + dropNum, dropNum);
var newdrop = _root["drop" + dropNum];
newdrop._x = Math.random() * 480;
newdrop._y = Math.random() * 40;
```

第 1 行代码表示从影片剪辑实例 drop 复制出名称为 “"drop"+dropNum” 的影片剪辑实例（例如当 dropNum=5 时，新实例的名称为 drop5），并将新实例的深度级别设置为 dropNum（深度级别大的实例将遮盖深度级别小的实例，类似层的概念）。第 2 行代码将复制出的新实例赋给新变量 newdrop，目的是在以下编码中方便引用新实例；第 3 行代码利用 Math 类的 random()方法设置新实例的 *X* 坐标，其中 random()返回一个随机数 n，$0 <= n < 1$；第 4 行代码设置新实例的 *Y* 坐标。

（12）选择“编码”层的第 3 帧，利用动作面板输入如下代码。

```
dropNum++;
if (dropNum < 240)
{
    gotoAndPlay(2);
}
else
{
   stop();
}
```

上述代码首先将 dropNum 加 1（也可写成 dropNum= dropNum+1;），然后进行判断，若 dropNum < 240，返回第 2 帧运行，否则停止在当前帧运行。

（13）锁定“编码”层。新建图层 3，改名为“背景”，并将该层拖移到“落雨”层的下面。使用矩形工具（边框设置为无色，填充为黑白线性渐变）绘制 400×300 像素的方形，利用对齐面板将其对齐到舞台中心，如图 2-3-56 所示。

（14）利用颜色面板将渐变中的白色修改为纯蓝色（#0000FF），将黑色修改为深蓝色（#000033）。并将深蓝色色标适当向左拖动，如图 2-3-57 所示。并重新填充舞台上的方形。

（15）在工具箱上选择“渐变变形工具”。确保“背景”层舞台上的方形处于选择状态，逆时针拖移方形右上角的“旋转标志”，将线性渐变调整为竖直方向，如图 2-3-58 所示。

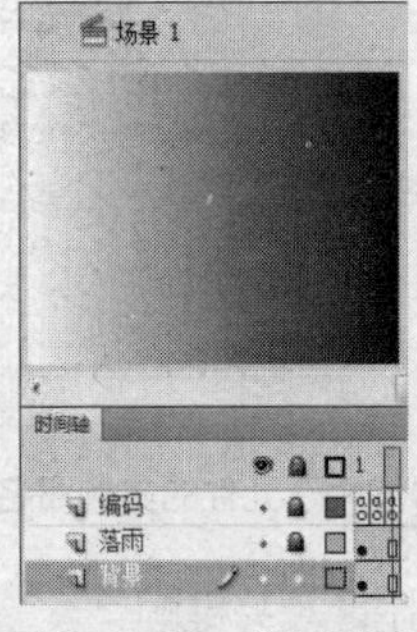

图 2-3-56　绘制背景

图 2-3-57　编辑渐变

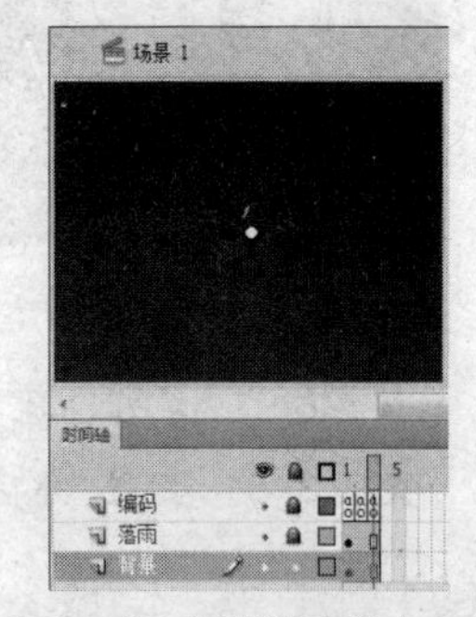

图 2-3-58　调整渐变的方向

（16）锁定“背景”层。创建影片剪辑元件，命名为“白云”，在其编辑窗口中进行如下操作。

① 将图片素材“白云.png”从库拖动到舞台，利用对齐面板将其与舞台在水平方向右对齐，在竖直方向居中对齐。

② 选择菜单命令“视图|标尺”以显示标尺。从竖直标尺上向右拖移出一条参考线，定位于右侧大块云彩的左边界，如图 2-3-59 所示。

③ 在第 300 帧插入关键帧，并将该帧的“白云”图片在水平方向左对齐。然后使用键盘方向键水平向左移动图片至图 2-3-60 所示的位置（使参考线位于左侧的大块云彩的左边界，与第 1 帧大块云彩的位置对应）。

④ 在第 1 帧创建传统补间动画。

⑤ 利用动作面板为第 300 帧添加如下双引号内的代码“gotoAndPlay（1）;”（这样可避免“白云”影片剪辑动画循环播放时在开始处的缓动）。

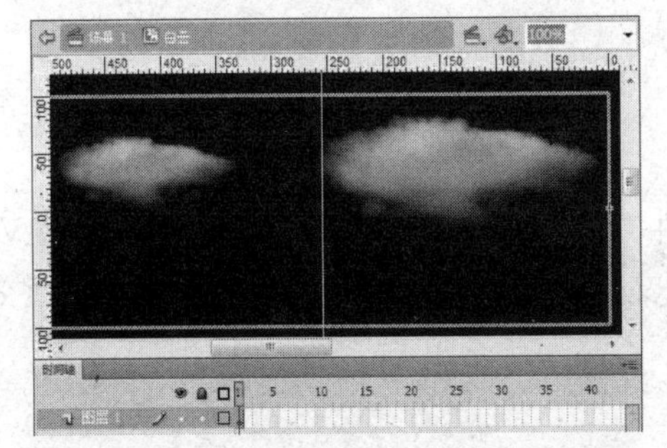

图 2-3-59　使用参考线定位首帧图像的位置

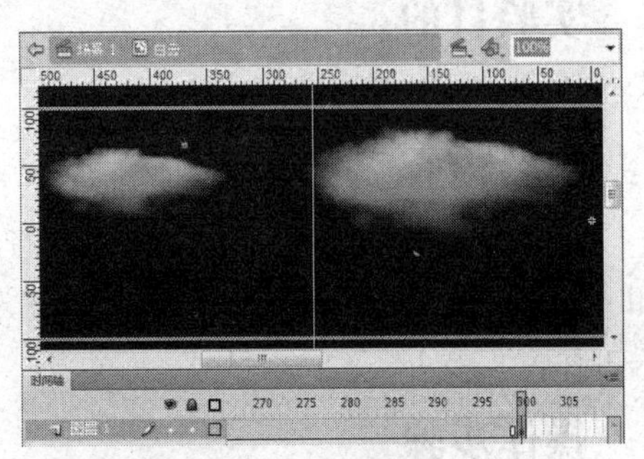

图 2-3-60　定位第 300 帧图片的位置

（17）返回场景 1。在所有图层的最上面新建图层，命名为“白云”。将影片剪辑元件“白云”从库拖移到“白云”层的舞台，利用对齐面板将其与舞台顶对齐、右对齐。锁定“白云”层。

（18）新建图层，命名为“音效”。选择“音效”层的第 1 帧，在属性面板中“声音”参数区的“名称”下拉列表中选择“雨.WAV”；在“同步”下拉列表中选择“开始”选项，并将“声音循环”属性设为“循环”，如图 2-3-61 所示。

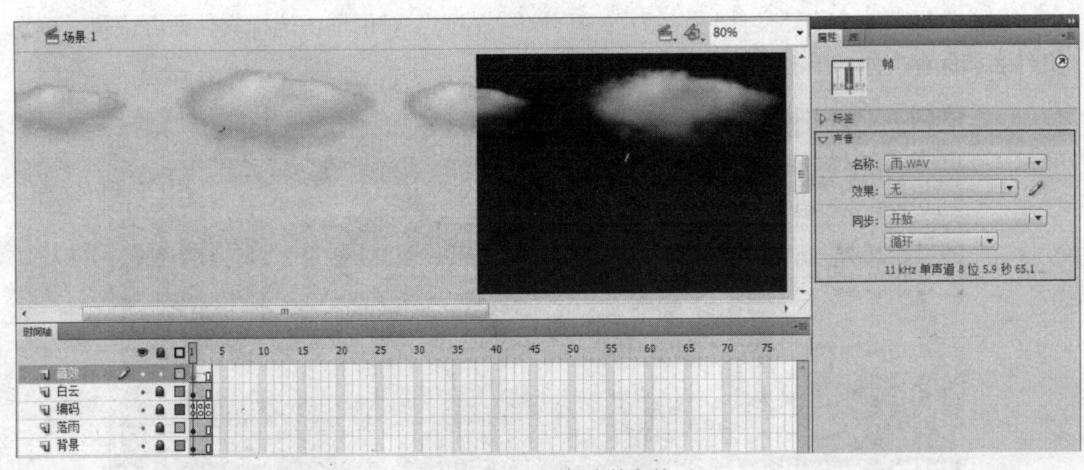

图 2-3-61　设置音效参数

（19）测试动画效果。保存 fla 源文件，并发布 swf 电影。

PART 2

第 4 章 音频编辑

实验 4-1 利用素材制作连续的鸟鸣音频

实验目的

练习音频附加的操作方法。

实验内容

将“第 4 章实验素材”文件夹下的音频素材文件“1.WAV”“2.WAV”“3.WAV”“4.WAV”和“5.WAV”依次首尾衔接起来，合并为一个音频文件，并以*.mp3 格式进行保存。最终效果可参照“第 4 章实验素材\鸟语.mp3”

操作步骤

（1）在编辑视图下使用“文件|打开”命令打开素材文件“1.WAV”。

（2）选择菜单命令“文件|追加打开”，在弹出的“附加打开”对话框中按 Shift 键连续选择音频文件“2.WAV”“3.WAV”“4.WAV”和“5.WAV”，单击“附加”按钮（此时，在文件面板中单击素材“1.WAV”左侧的“+”号，可以将其展开以观察组成部分，如图 2-4-1 所示）。

（3）在传送器面板上单击“播放”按钮，试听附加音频后的声音效果。

（4）选择菜单命令“文件|另存为”，打开“另存为”对话框，选择文件保存位置，确定文件名和保存类型。单击“保存”按钮。

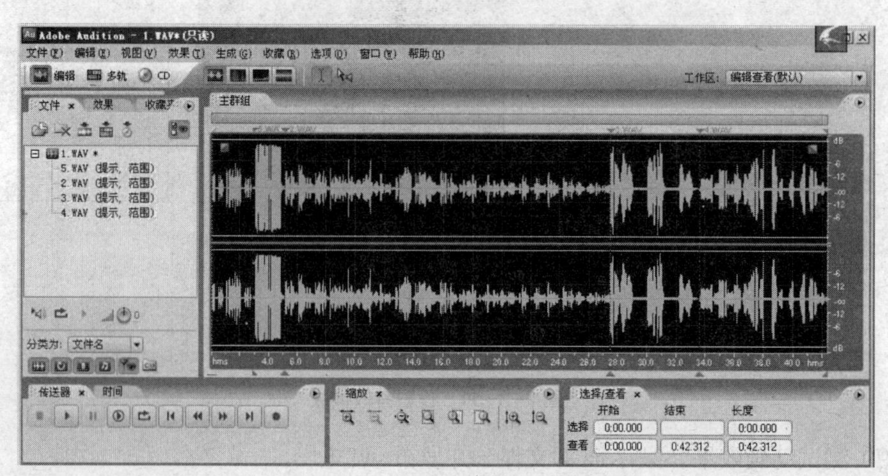

图 2-4-1 附加音频后的文件组成

实验 4-2　录制网上歌曲

实验目的

进一步熟悉使用 Audition 录音的方法。

实验内容

操作步骤

（1）将耳机与计算机正确连接。

（2）在“声音”对话框的“录制”选项卡中将“立体声混音”设置为默认录音设备，如图 2-4-2 所示。

（3）在“立体声混音 属性”对话框的“级别”选项卡（如图 2-4-3 所示）中调整录音设备的音量大小。

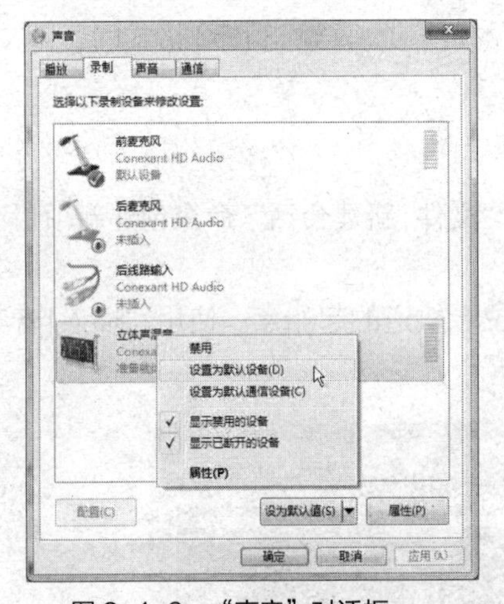

图 2-4-2　“声音”对话框

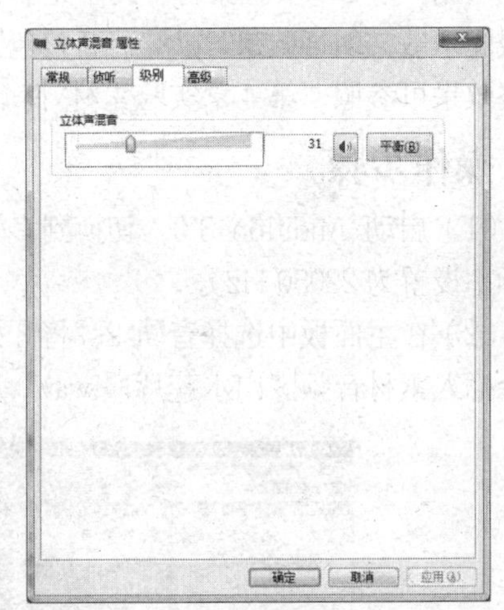

图 2-4-3　“立体声混音 属性”对话框

（4）在 Adobe Audition 3.0 中选择“编辑|音频硬件设置”命令，打开“音频硬件设置”对话框（见图 2-4-4），在“编辑查看”选项卡中选择对应的默认输入设备（若下拉列表中没有对应选项，可单击“控制面板”按钮，打开“DirectSound 全双工设备”窗口进行设置，如图 2-4-5 所示）。

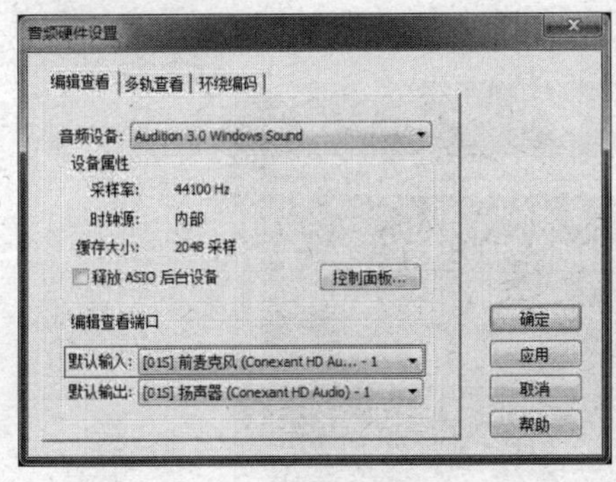

图 2-4-4　“音频硬件设置”对话框

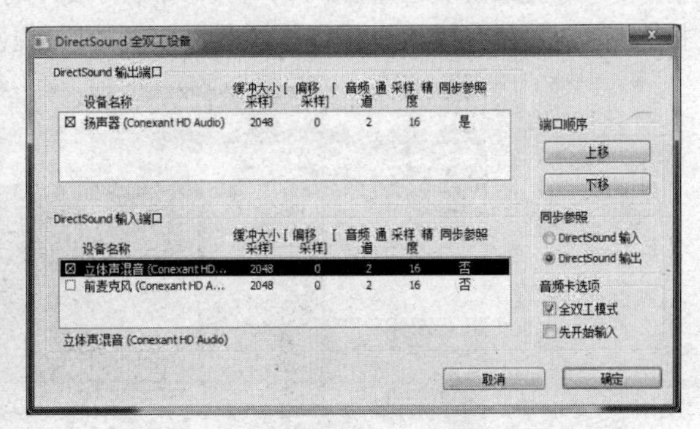

图 2-4-5　“DirectSound 全双工设备”窗口

（5）在 Adobe Audition 3.0 中单击工具栏左侧的视图按钮 编辑，切换到编辑视图。

（6）使用菜单命令“文件|新建”创建空白音频文件。

（7）在传送器（Transport）面板上单击“录音”按钮，开始录音。

（8）从互联网上找到要下载的歌曲进行试听。此时在主面板中可以看到录制的音频波形（如果音量大小不合适，可重新到“立体声混音属性”对话框进行调整，调整好后重新进行录制）。

（9）录音完毕后，单击“停止”按钮。将所录音频开始的静音删除，并保存音频文件。

实验 4-3　多轨配音练习

实验目的

练习在多轨视图下音频合成的方法。

实验内容

利用“第 4 章实验素材”文件夹下的音频文件“散文朗诵片段.wav”和“出水莲片段.wav”合成配乐散文朗诵效果。以“荷塘月色”为文件主名保存项目，并输出 mp3 格式的音频文件。最终效果可参照“第 4 章实验素材\荷塘月色.mp3”。

操作步骤

（1）启动 Audition 3.0，切换到多轨视图。使用“文件|新建会话”命令创建新项目（采样频率设置为 22050 Hz）。

（2）在主面板中选择音轨 2，将开始时间指针定位于轨道的起始点。使用“插入|音频”命令插入素材音频“出水莲片段.wav”，如图 2-4-6 所示。

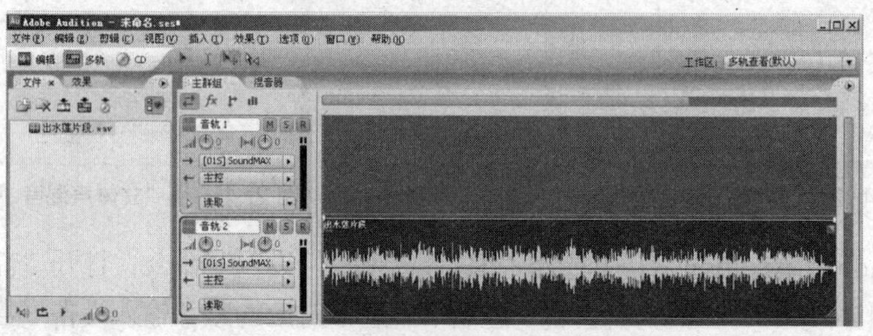

图 2-4-6　在音轨 2 插入音频素材

（3）在主面板中选择音轨 1，将开始时间指针定位于 0:35.000（35 秒）的时间位置。使用“插入|音频”命令插入素材音频“散文朗诵片段.wav”，如图 2-4-7 所示。

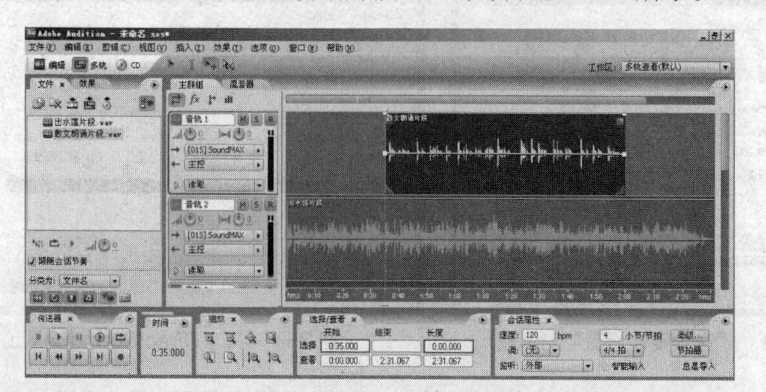

图 2-4-7　在音轨 1 插入音频素材

（4）单击选择音轨 2 上的“出水莲片段.wav”，在其音量包络线（素材片段顶部的一条绿色水平线）的特定位置单击添加包络点，通过鼠标拖动改变包络点的位置使得素材的音量随着时间的变化而变化，如图 2-4-8 所示。对于多余的包络点，可以通过在竖直方向将其拖出轨道区域而删除。

提示：若音量包络线为折线，音量的变化会比较突然。选择设置了音量包络线的素材片段，选择菜单命令“剪辑|剪辑包络|音量|使用采样曲线”，可以将折线包络线转化为平滑曲线包络线（为了保持平滑前包络线的基本形状，可在水平线部分原包络点的旁边适当加点），如图 2-4-9 所示。

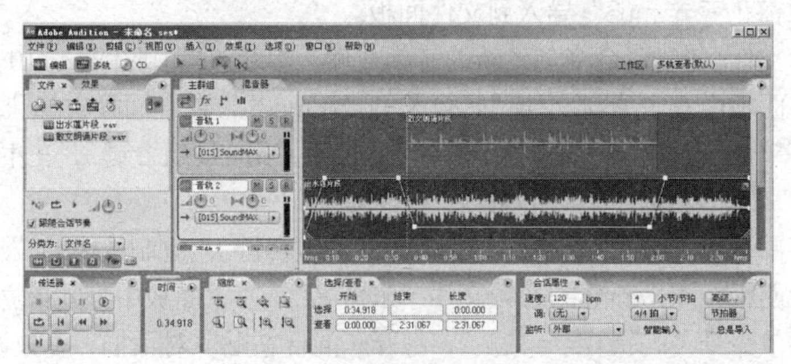

图 2-4-8　调整背景音乐的音量

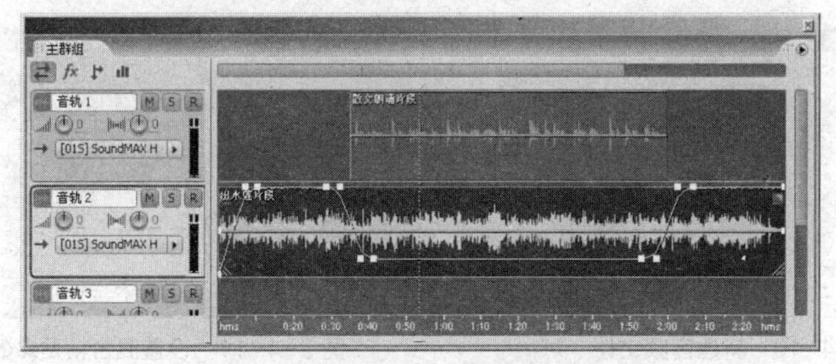

图 2-4-9　对音量包络线进行平滑处理

（5）将开始时间指针定位于轨道的起始点。在传送器面板上单击“播放”按钮▶，试听配乐效果。同时在左右（时间）或上下（音量）方向调整音量包络点的位置。使散文朗诵的背景音乐效果更佳。

（6）使用菜单命令“文件|保存会话”将项目以“荷塘月色.ses”为文件名保存。使用菜单命令“文件|导出|混缩音频”导出合成音频“荷塘月色.mp3”（此时 Audition 界面自动切换到“荷塘月色.mp3”的编辑视图）。

（7）返回多轨视图。使用“文件|关闭会话”命令关闭项目文件。使用“文件|关闭所有未使用的媒体”命令清除文件面板上的所有文件。

实验 4-4　单轨配音练习

实验目的

练习在编辑视图下配音的方法。

实验内容

利用“第 4 章实验素材”文件夹下的音频文件“卜算子-咏梅.mp3”和“梅花三弄.mp3”制作立体声配乐诗朗诵效果。以“配乐诗朗诵_咏梅.mp3”为文件名保存立体声音频文件。最终效果可参照“第 4 章实验素材\配乐诗朗诵_咏梅.mp3”。

操作步骤

（1）启动 Audition 3.0，切换到编辑视图。

（2）使用菜单命令“文件|导入”（或文件面板上的“导入文件”按钮）将“卜算子-咏梅.mp3”和“梅花三弄.mp3”导入到文件面板。

（3）使用“文件|新建”命令创建新的音频文件。参数设置如图 2-4-10 所示。

（4）在文件面板中双击素材文件“卜算子-咏梅.mp3”，在主面板中打开该音频。

（5）选择菜单命令“编辑|选择整个波形”（或按 Ctrl+A 组合键），在主窗口中选择“卜算子-咏梅.mp3”的全部波形。

（6）选择菜单命令“编辑|复制”（或按 Ctrl+C 组合键），复制选中的波形。

（7）在文件面板中双击新建的音频文件“未命名”，在主面板中打开该立体声音频。

（8）选择菜单命令“编辑|混合粘贴”，打开“混合粘贴”对话框，参数设置如图 2-4-11 所示。单击“确定”按钮，生成立体声文件的左声道波形，如图 2-4-12 所示。

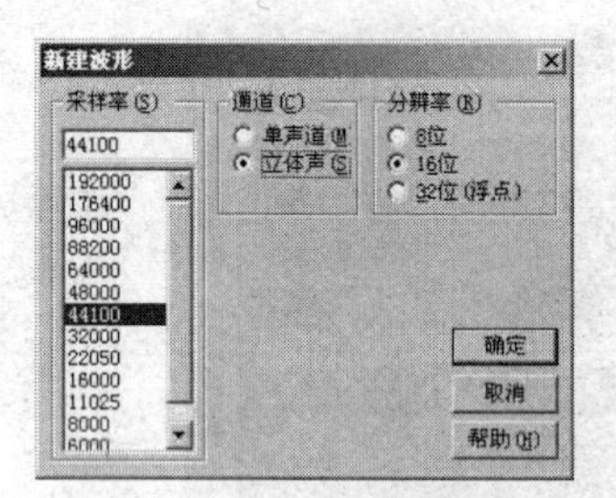

图 2-4-10 新建音频文件

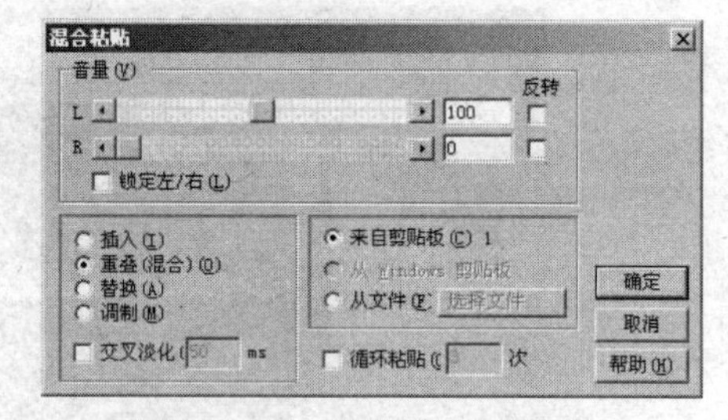

图 2-4-11 设置混合粘贴参数

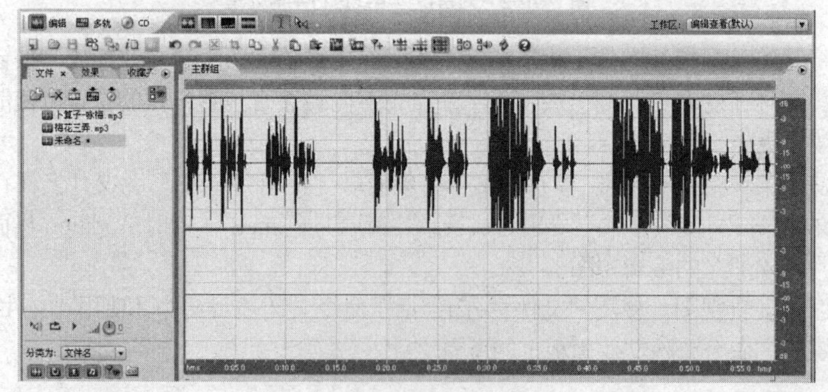

图 2-4-12 创建左声道波形

（9）在文件面板中双击素材文件“梅花三弄.mp3”，在主面板中打开该音频。按 Space 键试听音效。

（10）在“选择/查看”面板的数值框内输入图 2-4-13 左图所示的数值，选择 1:03.300～2:08.080 之间的一段音频波形，如图 2-4-13 右图所示。

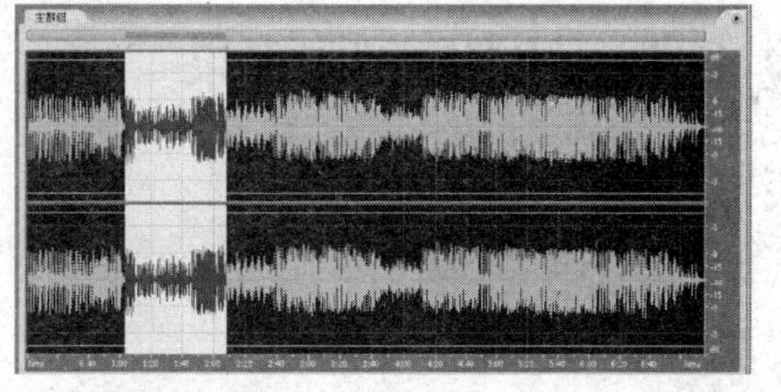

图 2-4-13　精确选择波形

（11）选择菜单命令“编辑|粘贴到新的”，将所选波形粘贴到新文件。

（12）将开始时间指针定位于波形的开始。使用菜单命令“生成|静音区”在波形的开始插入 14 秒的静音，如图 2-4-14 所示。

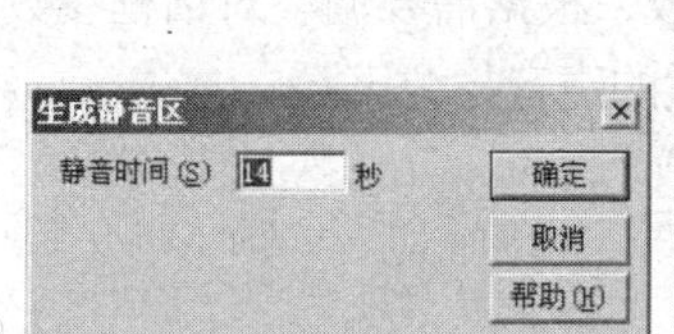

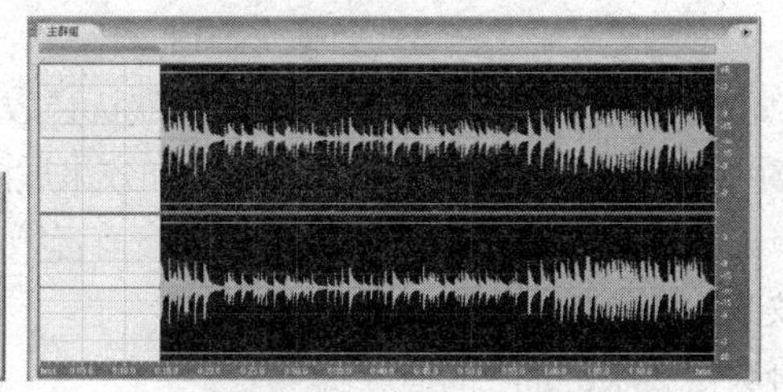

图 2-4-14　插入静音

（13）按 Ctrl+A 组合键，全选波形。按 Ctrl+C 组合键，复制整个波形。

（14）在文件面板中双击立体声音频文件“未命名”，以便在主面板中打开该音频。

（15）再次选择菜单命令“编辑|混合粘贴”，参数设置如图 2-4-15 左图所示。单击“确定”按钮，生成立体声文件的右声道波形，如图 2-4-15 右图所示。

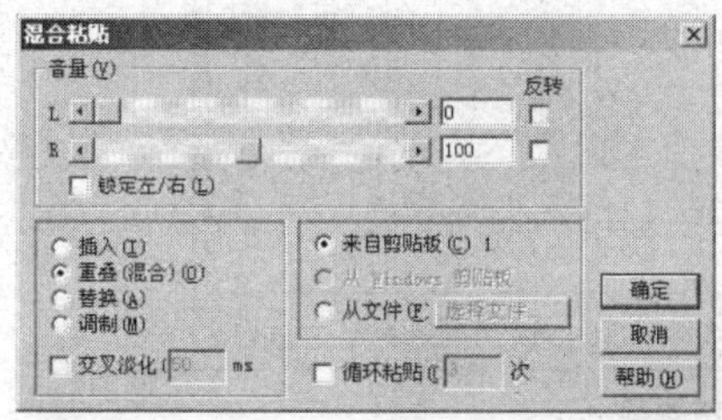

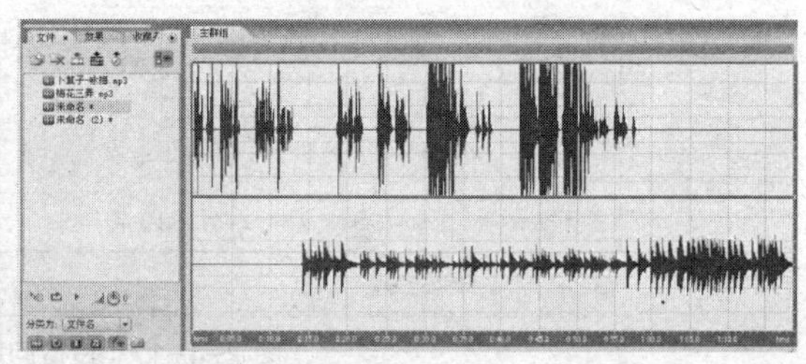

图 2-4-15　创建立体声音频的右声道波形

（16）按 Space 键试听配音效果。选择菜单命令“文件|另存为”，以“配乐诗朗诵_咏梅.mp3”为名保存文件，如图 2-4-16 所示。

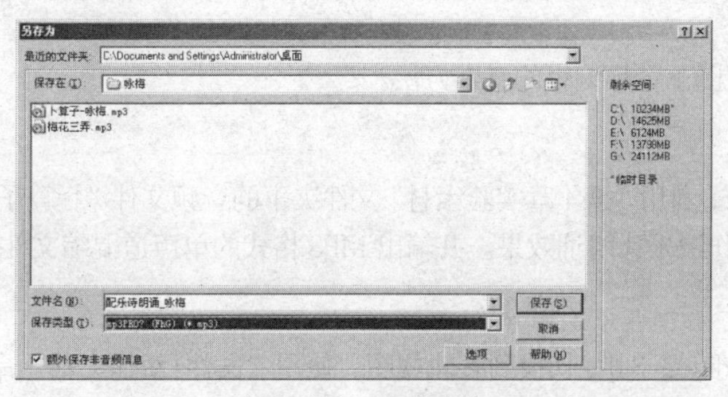

图 2-4-16　保存文件

实验 4-5　添加音频效果

实验目的

练习音频效果的添加方法。

实验内容

为音频“第 4 章实验素材\卜算子-咏梅.mp3”添加回声效果。

操作步骤

（1）在编辑视图下的主面板中打开素材文件“卜算子-咏梅.mp3”。

（2）选择菜单命令“效果|延迟和回声|回声”，打开“VST 插件-回声”对话框，如图 2-4-17 所示。

（3）单击对话框左下角的▶按钮预览默认音效，根据需要调整对话框参数。单击效果开关按钮⏻可以开启或关闭效果，以对比添加效果后的声音与源声。

（4）单击“确定”按钮，将效果添加在当前音频上。

（5）按 Space 键进行播放，试听音效。

（6）再次按 Space 键停止播放。

（7）保存文件。

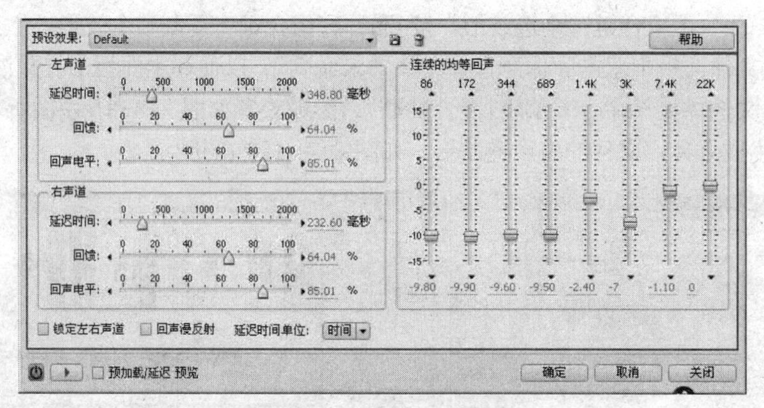

图 2-4-17　设置回声参数

实验 4-6　在多轨视图下合成音频

实验目的

熟悉在多轨视图下音频编辑的基本方法。

实验内容

在多轨视图下，利用“第 4 章实验素材”文件夹下的音频文件“卜算子-咏梅.mp3”和“梅花三弄.mp3” 制作配乐诗朗诵效果。并输出 MP3 格式的单声道混缩文件。

操作步骤

（1）启动 Audition 3.0，切换到多轨视图。使用“文件|新建会话”命令创建新项目（采样频率设置为 44100 Hz）。

（2）选择音轨 1，将开始时间指针定位于轨道的起始位置。使用菜单命令“插入|音频”将素材音频“卜算子-咏梅.mp3”插入到音轨 1。

（3）仿照步骤 2，将素材音频“梅花三弄.mp3”插入到音轨 2，如图 2-4-18 所示。

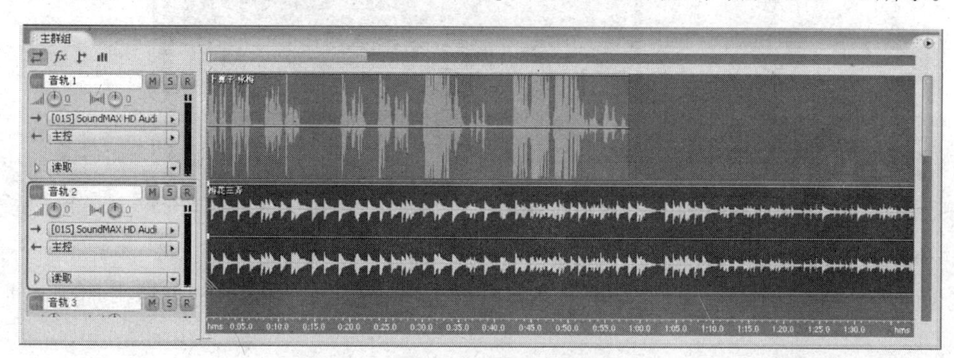

图 2-4-18　将素材插入音轨

（4）确保轨道 2 上的素材“梅花三弄.mp3”处于选择状态；利用“选择/查看”面板选择 1:03.300 至 2:08.080 之间的轨道区域，如图 2-4-19 所示。

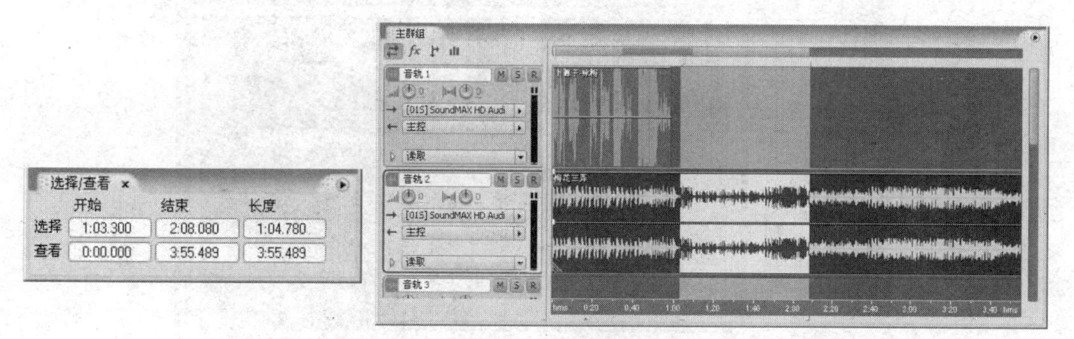

图 2-4-19　选择轨道区域

（5）选择菜单命令“剪辑|修剪”，裁切掉素材片段上选区左右两侧的部分。

（6）利用“选择/查看”面板将开始时间指针定位于轨道上 14 秒的位置，如图 2-4-20 所示。

图 2-4-20　定位开始时间指针

（7）确保选中了菜单命令“编辑|吸附|吸附到剪辑”。使用“移动/复制工具”拖动轨道 2 上的素材使之左端吸附到开始时间指针，如图 2-4-21 所示。

图 2-4-21　移动素材

（8）使用“移动/复制工具”单击选择轨道 1 中的素材；按住 Ctrl 键单击加选音轨 2 中的素材。

（9）选择菜单命令“编辑|合并到新音轨|所选音频剪辑（单声道）(O)”，将所选素材合并到新的音轨 7，如图 2-4-22 所示。

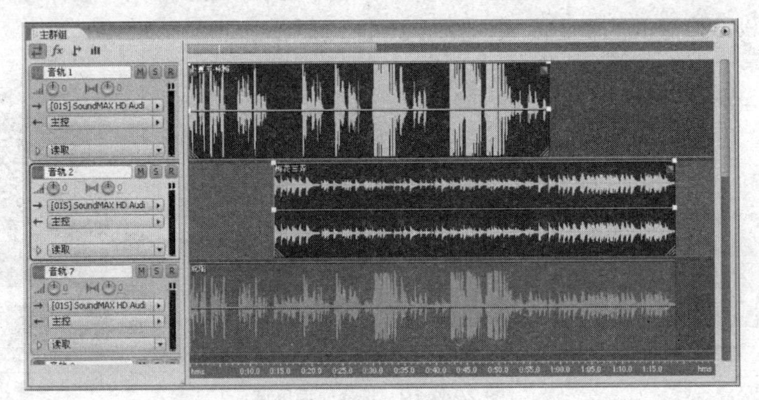

图 2-4-22　合并音轨

（10）单击音轨 7 的“独奏”按钮 S，按 Space 键播放混缩音频，试听诗朗诵配乐效果。再次单击“独奏”按钮，取消轨道的独奏状态。

（11）双击音轨 7 的混缩音频，切换到编辑视图下打开。使用菜单命令“文件|另存为”，以“配乐诗朗诵_咏梅（单声道）.mp3”为名保存文件。

（12）切换到多轨视图，保存会话文件。

PART 2

第5章 视频处理

实验5-1 自定义窗口界面

实验目的

进一步熟悉 Premiere Pro CS3 的窗口界面。

实验内容

根据个人喜好，自定义 Premiere Pro CS3 的用户界面，并将工作区保存起来，以备后用。

操作步骤

（1）启动 Premiere Pro CS3，新建项目文件，进入默认的编辑模式界面。

（2）关闭信息面板和历史面板。

（3）拖动效果面板的标签至节目窗口标签的右侧并松开鼠标按键（见图 2-5-1），使效果面板与节目窗口组合在一起。

（4）使用类似的操作再将效果控制面板组合到节目面板组，如图 2-5-2 所示。

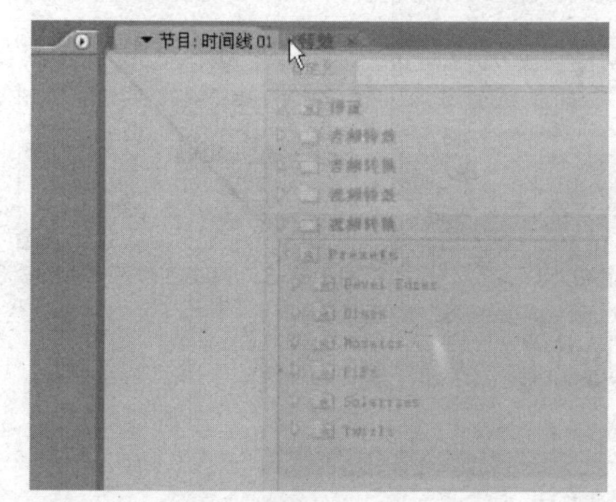

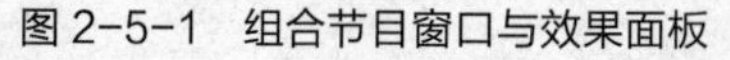
图 2-5-1　组合节目窗口与效果面板

图 2-5-2　将效果控制面板组合至节目面板组

（5）将节目窗口组合到素材源面板组，如图 2-5-3 所示。

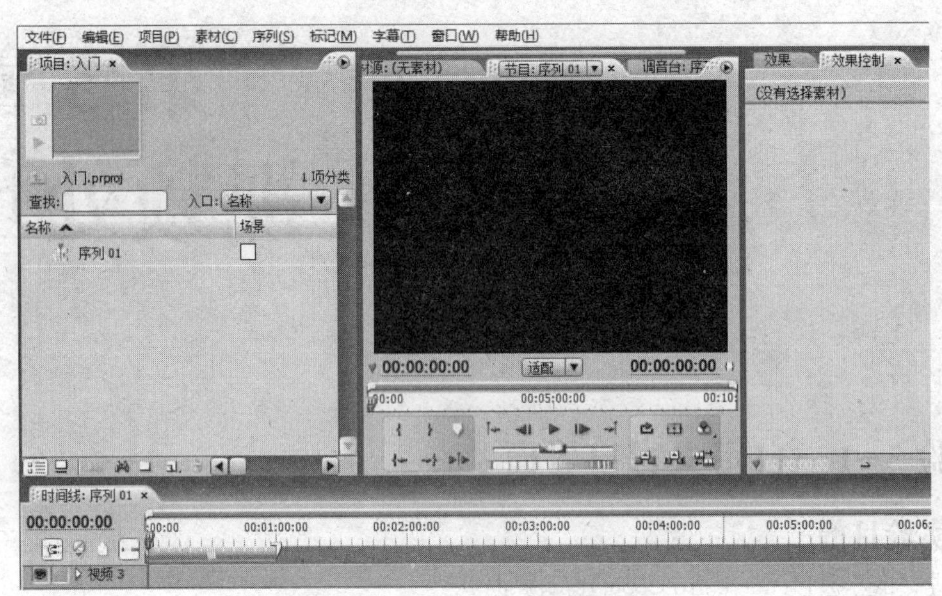

图 2-5-3　将节目窗口组合至素材源面板组

（6）将工具面板拖动到程序窗口的左下角，拖动其右边界使面板宽度缩小到合适大小，如图 2-5-4 所示。

（7）选择菜单命令“窗口|工作区|新建工作区”，打开“新建工作区”对话框（见图 2-5-5）。输入自定义工作界面名称“myWorkspace”，单击“保存”按钮。

（8）再次选择菜单“窗口|工作区”，可以看到“myWorkspace”命令已经在其中了，以后可随时选择该命令，切换到上述自定义的窗口界面。

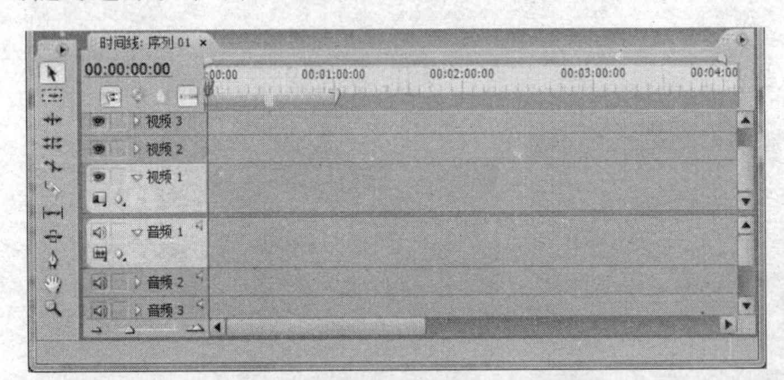

图 2-5-4　调整工具面板的位置和大小

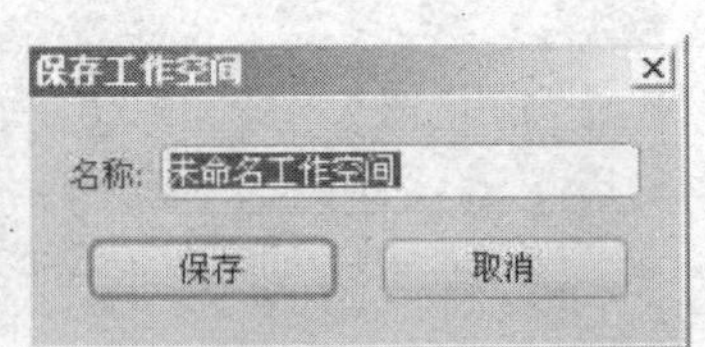

图 2-5-5　“新建工作区”对话框

实验 5-2　制作片头“春思”

实验目的

学习 Premiere Pro CS3 素材编辑的基本方法。

实验内容

利用“第 5 章实验素材\春思”文件夹下的素材“报纸.jpg”“NATURE.mp3”“荷花.avi”和“蜜蜂.avi” 合成片头“春思”。视频效果可参照 “第 5 章实验素材\春思\春思.avi”。

操作步骤

（1）启动 Premiere Pro CS3，新建项目文件（参数设置如图 2-5-6 所示）。

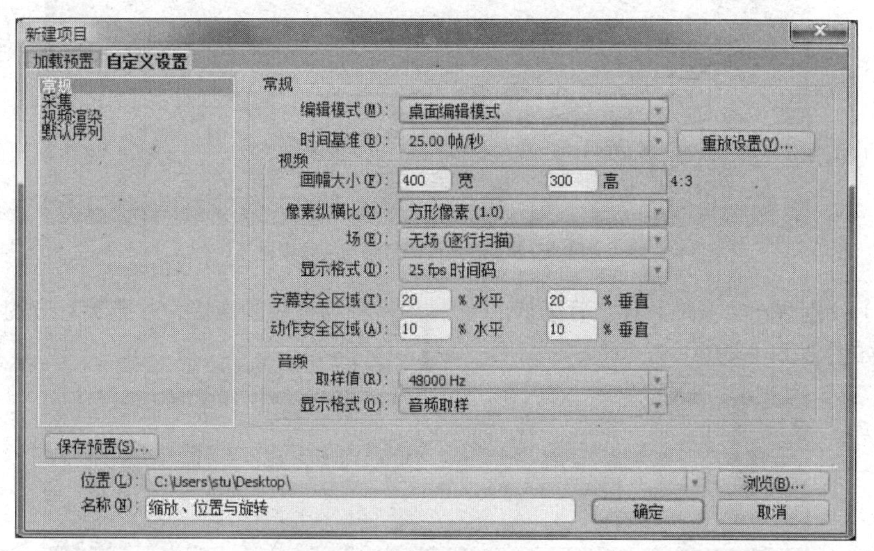

图 2-5-6　新建项目文件

（2）使用菜单命令“文件|导入（Import）”输入“第 5 章实验素材\春思”文件夹下的图像素材“报纸.jpg”、音频素材“NATURE.mp3”、视频素材“荷花.avi”和“蜜蜂.avi”。

（3）在项目（Project）窗口的素材列表中分别双击“报纸.jpg”“荷花.avi”“蜜蜂.avi”与 NATURE.mp3，从素材源（Source）窗口浏览或试听素材。

（4）将图像素材“报纸.jpg”从项目窗口拖动到时间线窗口的“视频 1”轨道，并对齐到轨道的开始。

（5）从工具面板选择“缩放工具”，在“视频 1”轨道的“报纸.jpg”素材上单击，将素材适当放大。如图 2-5-7 所示。

图 2-5-7　在视频 1 轨道上插入图像素材

（6）仿照步骤（4）将素材“蜜蜂.avi”插入到“视频 3”轨道的开始；将素材 NATURE.mp3 插入到“音频 1”轨道的开始；将素材“荷花.avi”插入到“视频 2”轨道，右端与“音频 1”轨道的 NATURE.mp3 对齐，如图 2-5-8 所示。

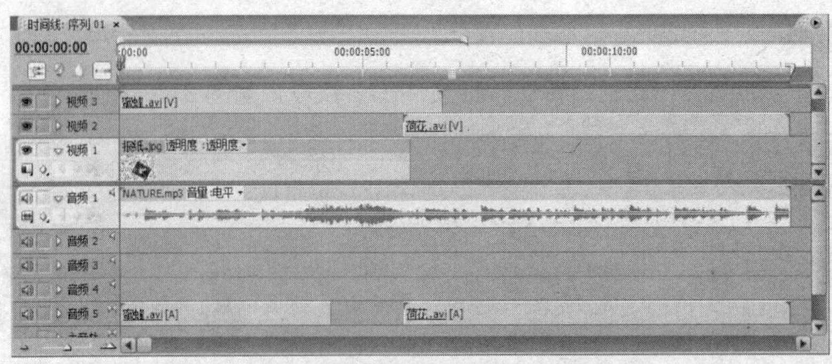

图 2-5-8　插入其他音频与视频素材

（7）分别解除“蜜蜂.avi”“荷花.avi”素材中音频与视频的连接，并删除对应的音频素材部分，如图 2-5-9 所示。

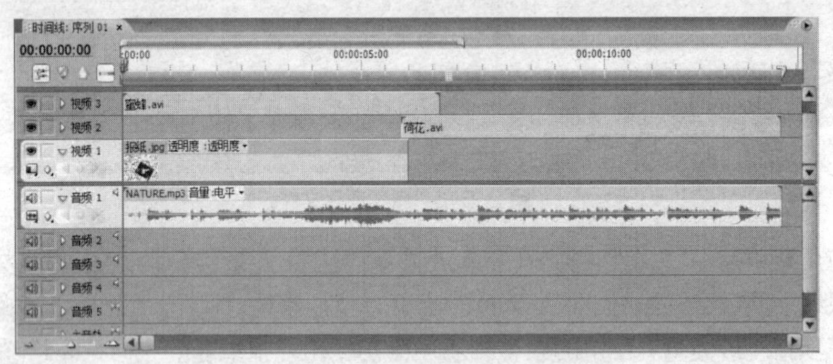

图 2-5-9　删除视频素材中的音频部分

（8）确保已经选中时间线窗口左上角的“吸附”按钮，并在工具面板上选择“选择工具”。在“视频 1”轨道上向右拖动“报纸.jpg”的右边缘，使之与 NATURE.mp3 的右边缘对齐，如图 2-5-10 所示。

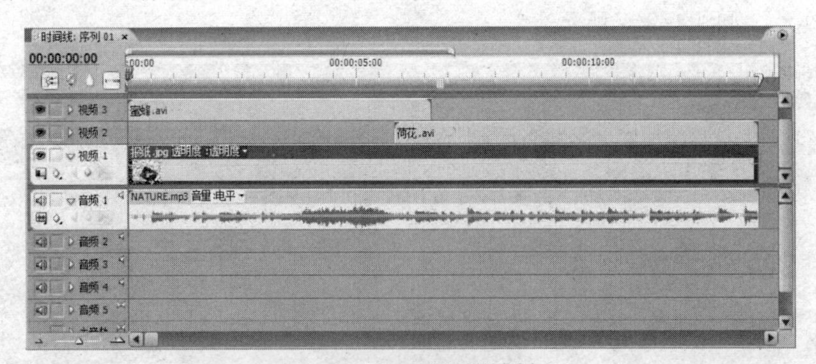

图 2-5-10　延长图像素材

（9）单击视频 3 轨道名称左侧的三角按钮，将轨道展开，这样可看到素材上的黄色透明度曲线。

（10）通过按 PgDn 键或 PgUp 键将播放指针定位于“蜜蜂.avi”素材的结尾。

（11）在“蜜蜂.avi”素材上单击以选择该素材。单击视频 3 轨道名称下边的“添加/删除关键帧”按钮，这样可在素材结尾处添加透明度关键帧。

（12）按 PgUp 键将播放指针定位于“荷花.avi”素材的开始。仿照步骤（11）在该处为“蜜蜂.avi”素材添加透明度关键帧。

（13）向下拖动“蜜蜂.avi”素材结束位置的“透明度”关键帧标记，将该位置的视频画面设置为完全透明，如图2-5-11所示。这样可实现“蜜蜂.avi”画面与“荷花.avi” 画面的渐隐过渡。

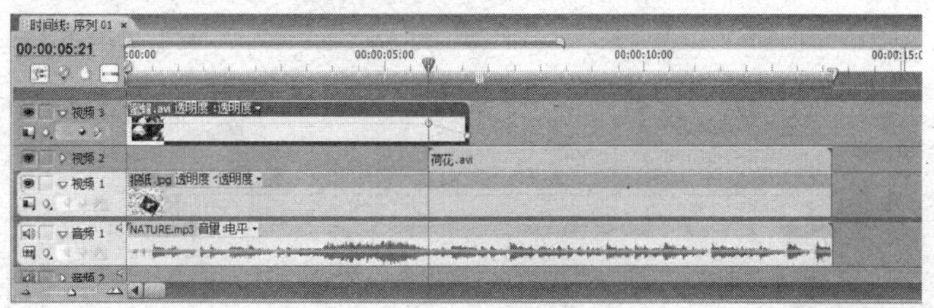

图2-5-11　修改透明度

（14）确保已经选中视频2轨道上的“荷花.avi”素材。在效果控制面板中单击“运动”选项左侧的三角按钮▷，展开该项参数，如图2-5-12所示。

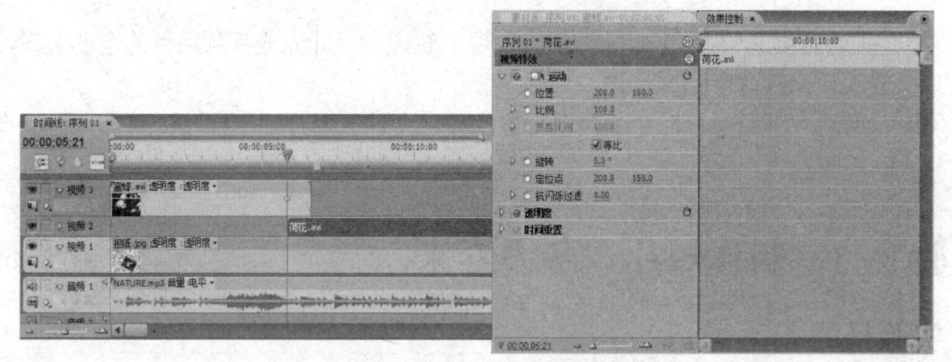

图2-5-12　显示“荷花”素材的运动参数

（15）在时间线窗口将播放指针定位于时间线上9秒的位置（时间刻度为00：00：09：00）。在效果控制面板中依次单击“位置”“比例”与“旋转”选项左侧的”切换动画”按钮，按钮反白显示为。这样可在“荷花.avi”素材的当前位置分别添加“位置”关键帧“比例”关键帧与“旋转”关键帧。

（16）将播放指针定位于11秒的位置（时间刻度为00：00：11：00）。在效果控制面板中依次单击“位置”“比例”与“旋转”参数栏右侧的“添加/删除 关键帧”按钮◇（按钮变成◆），以便在“荷花.avi”素材的当前位置分别添加“位置”“比例”与“旋转”3种类型的关键帧。此时的时间线窗口与效果控制面板如图2-5-13所示。

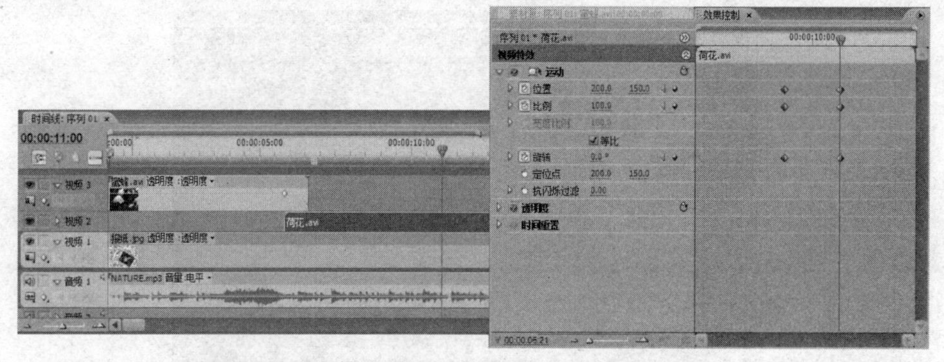

图2-5-13　在“荷花.avi”的不同位置添加各种关键帧

（17）在节目窗口，单击选择“荷花.avi”素材的视频画面。通过旋转、缩放和移动操作将画面变换到图 2-5-14 所示的效果（刚好覆盖“报纸”上的插图）。

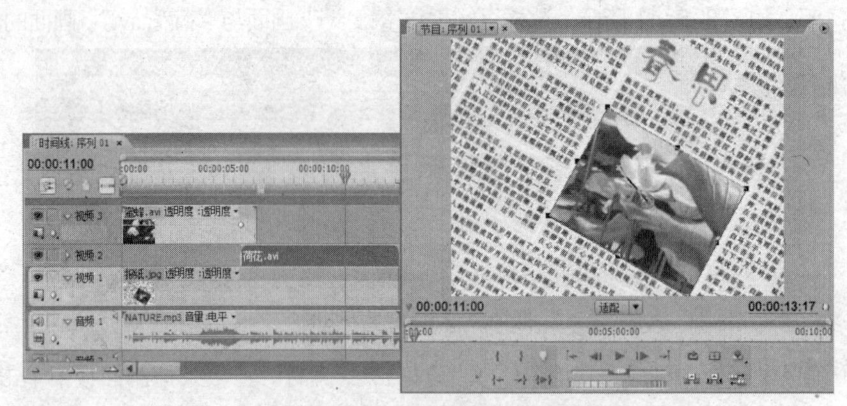

图 2-5-14　缩小并旋转、移动关键帧画面

（18）锁定视频 1、视频 2、视频 3 与音频 1 轨道。至此完成视频项目的全部编辑。在节目窗口播放视频，预览合成效果。

（19）通过“文件|保存”命令保存最终的项目文件，通过“文件|输出|影片”命令导出 AVI 格式的视频。

实验 5-3　制作短片“冬去春来”

实验目的

学习 Premiere Pro CS3 视频特效的使用方法。

实验内容

利用“第 5 章实验素材\冬去春来”文件夹下的全部 12 个图像素材和 5 个音频素材制作短片“冬去春来”。视频效果可参照 “第 5 章实验素材\冬去春来\冬去春来.avi”。

操作步骤

（1） 将插件文件 RAIN.AEX 和 SNOW.AEX 复制到…\ Premiere Pro CS3 \ Plug-Ins \ en_us 文件夹下。

（2）启动 Premiere Pro CS3，新建项目文件（参数设置如图 2-5-15 所示）。

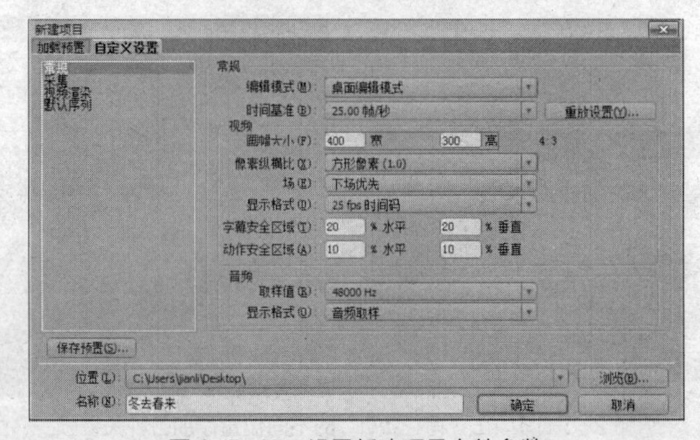

图 2-5-15　设置新建项目文件参数

（3）选择菜单命令“编辑|参数|常规”，打开“参数”对话框，将“静帧图像默认持续时间”设置为500帧（该步操作必须在图像素材导入之前完成），如图2-5-16所示。

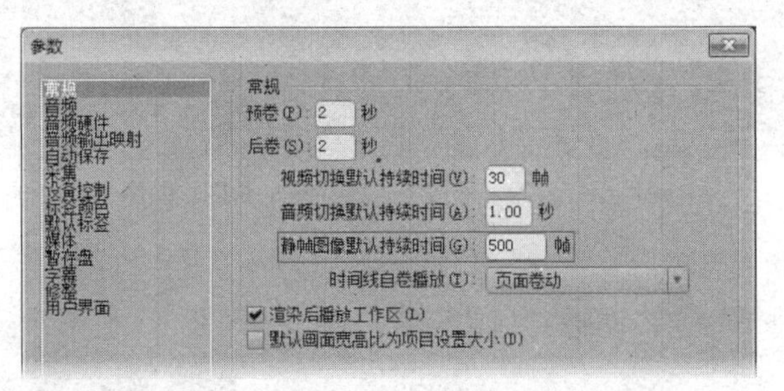

图2-5-16　设置轨道素材图像的默认持续时间

（4）使用菜单命令“文件|导入”导入“第5章实验素材\冬去春来”文件夹下的全部12个图像素材和5个音频素材。当导入图像“月亮.psd”时，会弹出对话框，询问要导入的图层及素材大小，参数设置如图2-5-17所示。

图2-5-17　选择要导入的图层

（5）对素材进行归类。在项目窗口中新建文件夹“图像”与“音频”，并将导入的素材分别拖动到对应类型的文件夹中。

（6）将图像素材“雨露.jpg”“MASK.gif”和“标题.png”分别插入到时间线窗口的“视频1”“视频2”和“视频3”轨道的起始位置。从工具面板选择“缩放工具”，在插入的素材上单击一次适当放大素材，如图2-5-18所示。

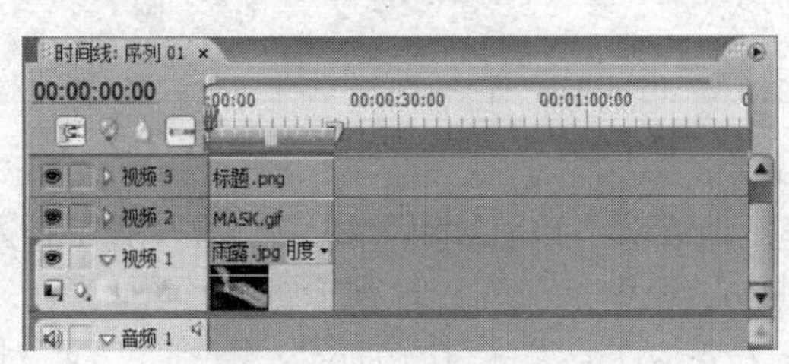

图2-5-18　插入片头素材

（7）将图像素材“冬01.jpg”“冬02.jpg”“春01.jpg”“春02.jpg”“夏01.jpg”“夏02.jpg”“秋01.jpg”“秋02.jpg”依次插入到视频1轨道中“雨露.jpg”的后面，如图2-5-19所示。

对于步骤（6）与步骤（7）中插入到视频轨道的所有图像素材，应通过节目窗口适当缩放素材画面的大小，个别素材还可以移动位置，使得节目窗口显示尽量多的或更重要的素材内容。

图 2-5-19　插入冬、春、夏、秋四季图像

（8）将图像素材“月亮/月亮.psd”插入到视频 2 轨道上，与视频 1 轨道上的“秋 02.jpg”素材首尾对齐。通过节目窗口调整“月亮”的位置，如图 2-5-20 所示。

图 2-5-20　将“月亮”素材插入轨道

（9）将音频素材“爱的纪念.wav” 插入到时间线窗口“音频 1”轨道的起始位置，作为整个短片的背景音乐。

（10）在时间线窗口，使用“缩放工具”进一步放大素材。使用“选择工具”向左拖动音频素材的右边缘，将多余的部分剪掉，以便与视频 1 轨道的素材长度保持一致。向下拖动音频素材上的黄色水平线，适当降低音量，如图 2-5-21 所示。

图 2-5-21　在时间线窗口编辑音频素材

（11）将音频素材“雨.WAV”“知了.wma”和“蟋蟀.WAV”插入到“音频 2”轨道如图 2-5-22 所示的位置。其中“雨.WAV”对应视频 1 轨道的图像素材“春 01.jpg”“春 02.jpg”和“夏 02.jpg”；“知了.wma”对应图像素材“秋 01.jpg”；“蟋蟀.WAV”对应图像素材“秋 02.jpg”。注意时间长度的对应，不够的话可重复插入同一个素材，多余的部分要剪切掉。

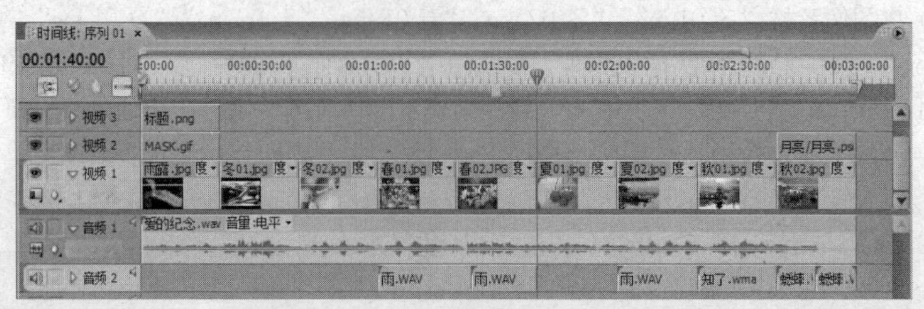

图 2-5-22　在音频 2 轨道上添加素材

（12）将音频素材“雷声.WAV”插入到音频 3 轨道上大约如图 2-5-23 所示的位置（素材被放大显示）。对应视频 1 轨道的图像素材“春 01.jpg”。

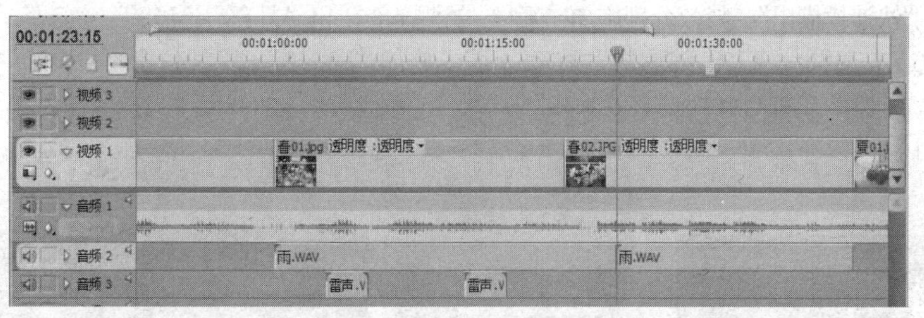

图 2-5-23　在音频 3 轨道上添加素材

（13）通过效果控制面板将视频 2 轨道上“MASK.gif”素材的透明度设为 80%；同时施加“颜色键”特效，参数设置如图 2-5-24（a）所示（其中“键颜色”使用黑色，“色彩宽容度”为 255，其他参数默认）。在时间线窗口将播放指针定位于“MASK.gif”的显示区间内，通过节目窗口观看视频效果。如图 2-5-24（b）所示。

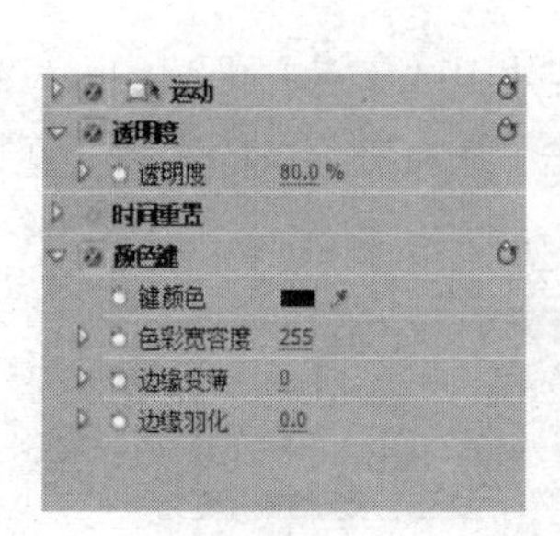

（a）参数设置

（b）视频效果

图 2-5-24　使用颜色键抠像

（14）在视频 1 轨道的各素材间添加“交叉溶解”切换效果。操作方法如下。

① 在效果面板中展开“叠化”切换组，如图 2-5-25 所示。

② 将其中的“叠化”切换效果分别拖动到视频 1 轨道上每两个素材的衔接处，然后松开鼠标按键。结果如图 2-5-26 所示。

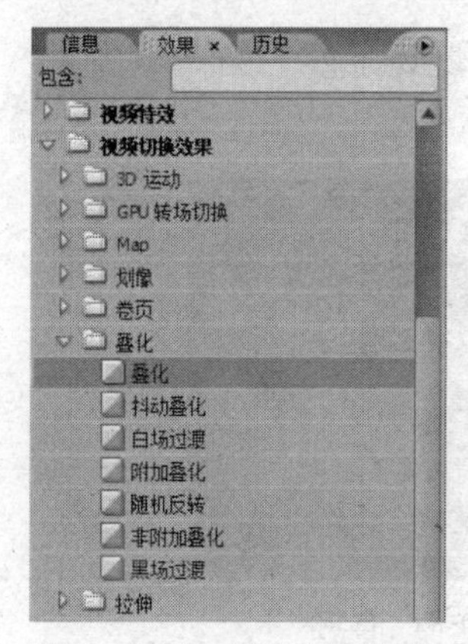

图 2-5-25　叠化切换效果组

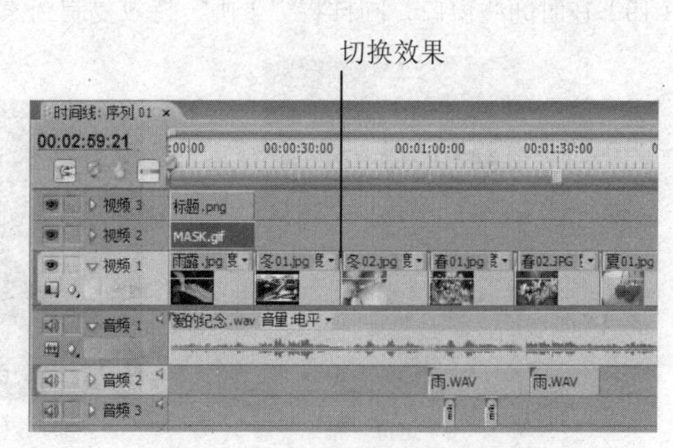

图 2-5-26　在素材间添加切换效果

（15）在时间线窗口，将“标题.png”素材的首尾分别裁切掉一部分，如图 2-5-27 所示。将“模糊”特效组中的“快速模糊入”特效分别施加在素材“标题.png”“MASK.gif”和“月亮/月亮.psd”上，将“快速模糊出” 特效分别施加在素材“标题.png”和“月亮/月亮.psd”上。

（16）在时间线窗口，对素材“秋 02.jpg” 施加“色彩校正”视频特效组中的“RGB 曲线”特效。参数设置与画面调整效果如图 2-5-28 所示（主体曲线向下弯曲，绿色和蓝色曲线适当上扬）。

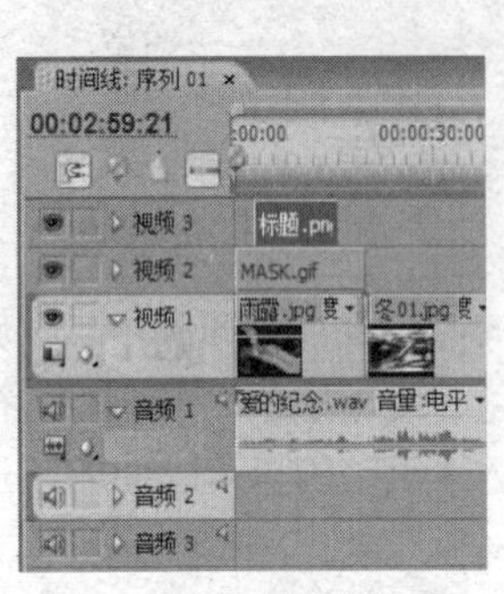

图 2-5-27 裁剪素材“标题.png”

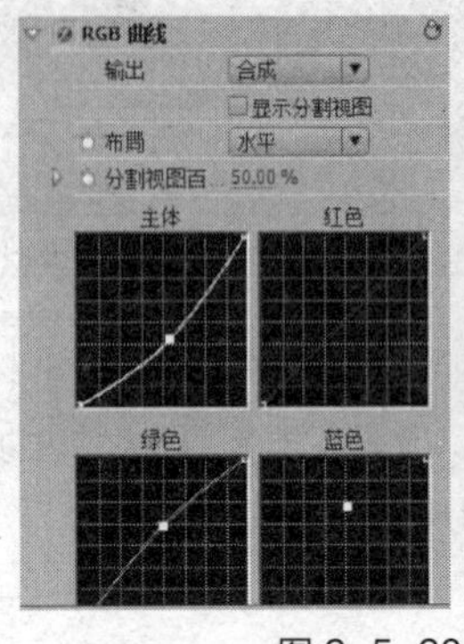

图 2-5-28 施加“RGB 曲线”特效

（17）在时间线窗口，对素材“春 01.jpg” 施加外挂视频特效组“第三方（3rd Party）”中的“下雨”特效。参数设置如图 2-5-29 所示。并在特效上右击，从右键菜单中选择“复制”命令，如图 2-5-30 所示。

图 2-5-29 设置“下雨”特效参数

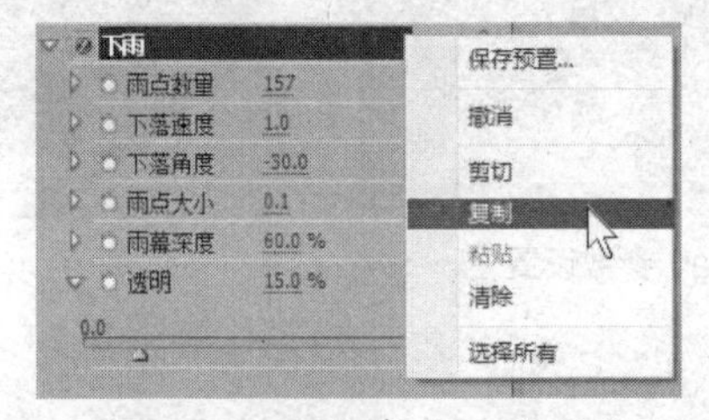

图 2-5-30 复制“下雨”特效

（18）在时间线窗口，单击选择素材“春 02.jpg”，在其效果控制面板的空白处右击，从右键菜单中选择“粘贴”命令，如图 2-5-31（a）所示。这样就将相同参数设置的“下雨”特效复制到素材“春 02.jpg”上，如图 2-5-31（b）所示。

（19）在时间线窗口，同样将“下雨”特效复制到素材“夏 02.jpg”上。

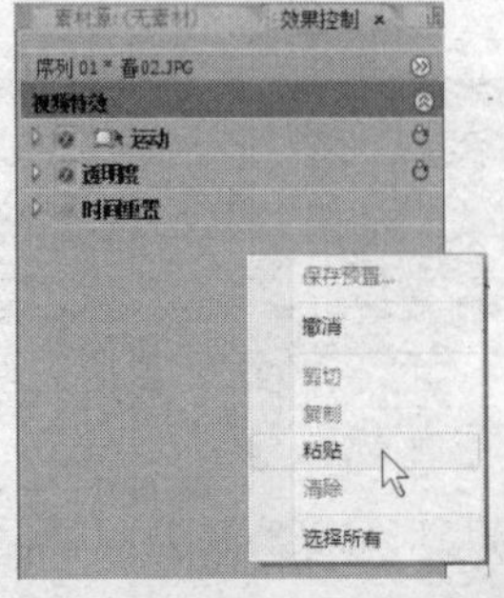

（a）选择“粘贴”命令

（b）“下雨”视频效果

图 2-5-31 粘贴“下雨”特效

（20）在时间线窗口，对素材“冬 01.jpg” 施加“第三方（3rd Party）”视频特效组中的“下雪”特效。参数设置如图 2-5-32 所示。

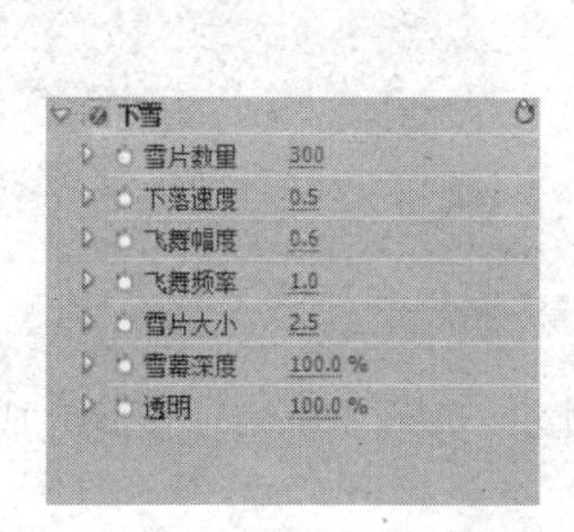

图 2-5-32 施加“下雪”特效

（21）在时间线窗口，将素材“冬 01.jpg”上的“下雪”特效复制到素材“冬 02.jpg”上。修改“冬 02.jpg”上“下雪”特效的参数，将“雪片大小”增加到 4.0，如图 2-5-33 所示。

（22）在时间线窗口，对素材“月亮/月亮.psd” 施加“透视”视频特效组中的“放射阴影”特效。参数设置如图 2-5-34 所示（其中“阴影色”取白色）。

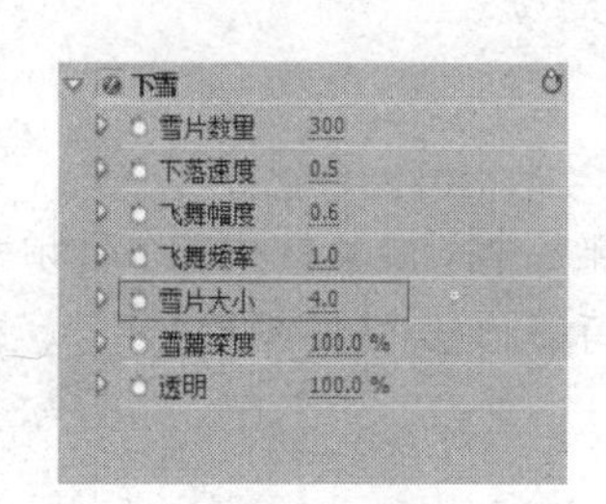

图 2-5-33 修改“雪片大小”参数

图 2-5-34 施加放射阴影特效

（23）在时间线窗口，使用“剃刀工具” 将素材“春 01.jpg”分割成图 2-5-35 所示的 5 段（与音频素材“雷声.WAV”对应，分割前可放大素材并使用播放指针进行定位）。并在第②与第④段素材上施加“风格化”视频特效组中的“闪光灯”特效。参数设置如图 2-5-36 所示（其中“闪光色”取白色）。

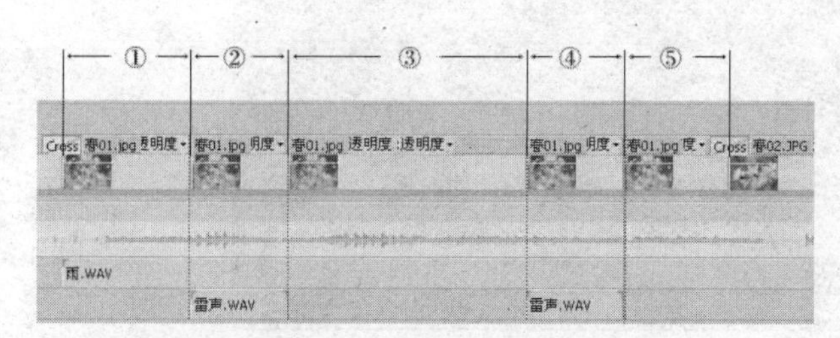

图 2-5-35 分割素材

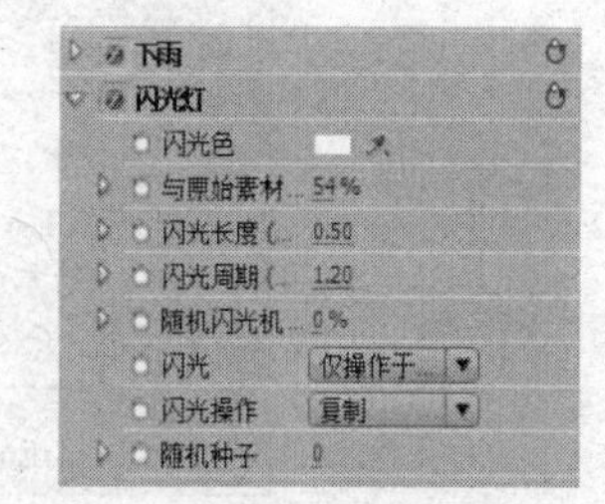

图 2-5-36 施加“闪光灯”特效

（24）在时间线窗口，对素材“夏 01.jpg”施加“生成”特效组中的“镜头光晕”特效。通过效果控制面板在剪辑的不同位置为“光晕亮度”参数添加关键帧，如图 2-5-37 所示（“光晕亮度”参数的值分别设置为最大 155 与最小 30）。这样可实现光源闪烁的效果。

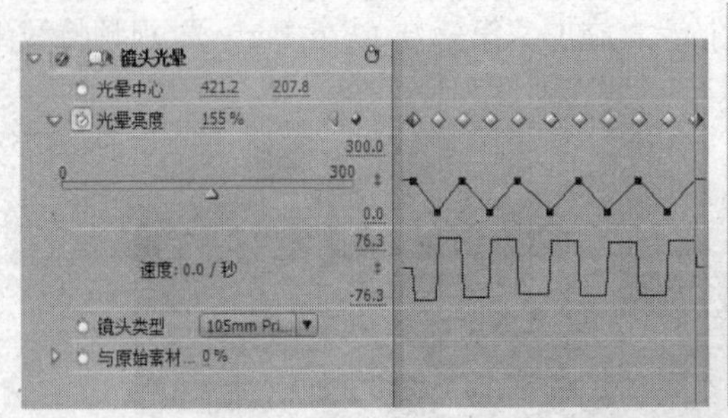

图 2-5-37　施加“镜头光晕”特效

（25）锁定视频 1、视频 2、视频 3 与音频 1、音频 2、音频 3 轨道。至此完成视频项目的全部编辑。在节目窗口播放视频，预览效果。

（26）通过菜单命令“文件|保存”保存最终的项目文件“冬去春来.prproj”。

（27）使用菜单命令“文件|导出|影片”输出视频文件“冬去春来.avi”。

实验 5-4　制作短片“诗情画意”

实验目的

学习 Premiere Pro CS3 切换效果的使用方法。

实验内容

利用“第 5 章实验素材\诗情画意”文件夹下的全部 8 个图像素材和 1 个音频素材制作短片“诗情画意”。视频效果可参照 “第 5 章实验素材\诗情画意\诗情画意.avi”。

操作步骤

（1）启动 Premiere Pro CS3，新建项目文件，参数设置如图 2-5-38 所示。

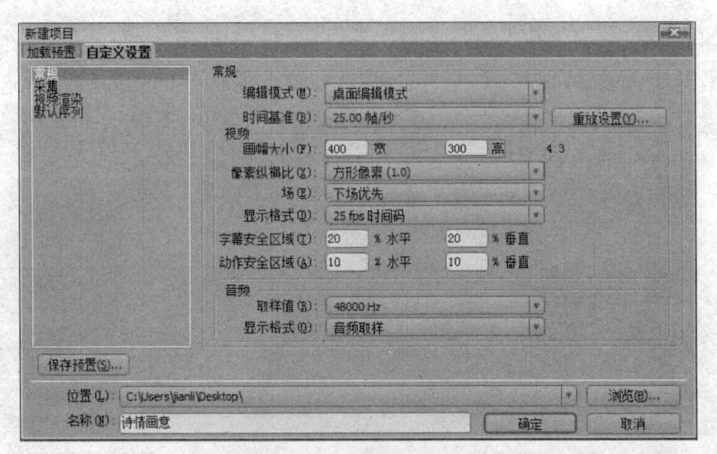

图 2-5-38　新建项目文件

（2）选择菜单命令“编辑|参数|常规”，打开“参数”对话框，将“静帧图像默认持续时间”设置为 250 帧。

（3）使用菜单命令“文件|导入”输入“第 5 章实验素材\诗情画意”文件夹下的全部 8 个图像素材和 1 个音频素材。

（4）将图像素材“诗情画意01.jpg”～“诗情画意08.jpg”依次插入到视频1轨道上（彼此邻接，但不重叠）。添加立体声音频轨道5，将音频素材“梦中的婚礼.wma”插入到该轨道上，如图2-5-39所示。

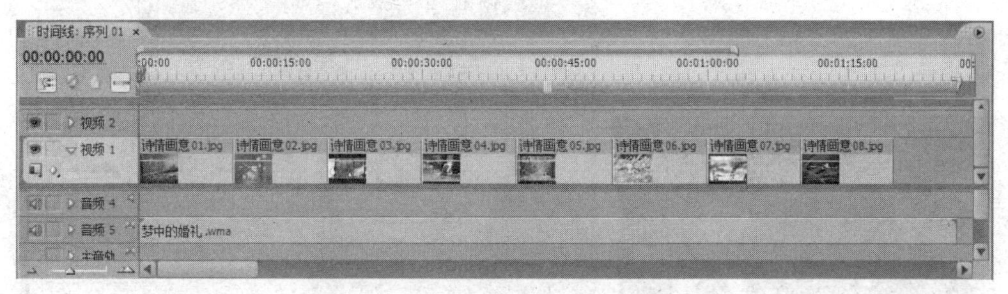

图2-5-39 在轨道上插入图像与音频素材

（5）使用“选择工具”向右拖动视频1轨道上最后一个图像素材的右边缘，使其长度增加到音频素材的右边缘，如图2-5-40所示。

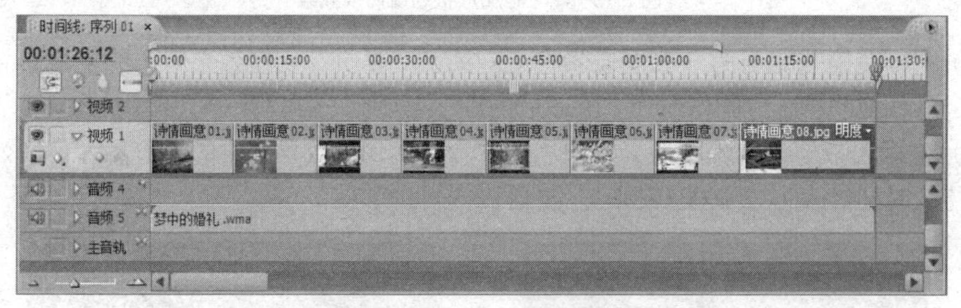

图2-5-40 增加图像素材的时间长度

（6）在视频1轨道的第2张与第3张图像素材衔接处添加“3D运动”切换效果组中的“翻转离开”切换效果。并将切换的持续时间修改为“00:00:02:05”（其他参数保持不变），如图2-5-41所示。

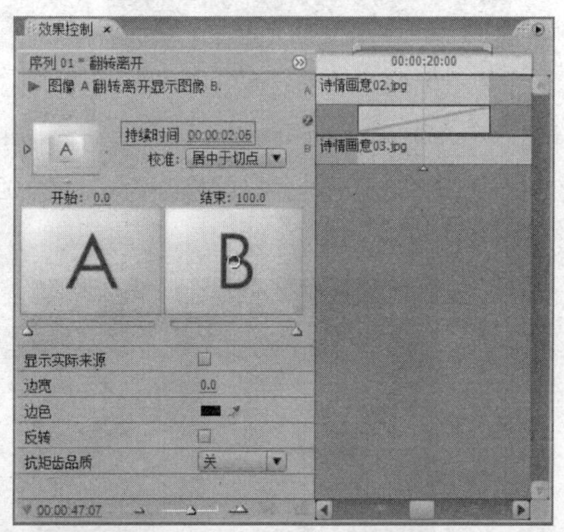

图2-5-41 施加翻转离开切换效果

（7）在视频1轨道的第3张与第4张图像素材之间添加“划像”切换效果组中的“形状划像”切换效果，将切换的持续时间修改为“00:00:02:05”。单击“自定义”按钮，打开“形状划像设置”对话框，参数设置如图 2-5-42 右图所示。单击“确定”按钮。

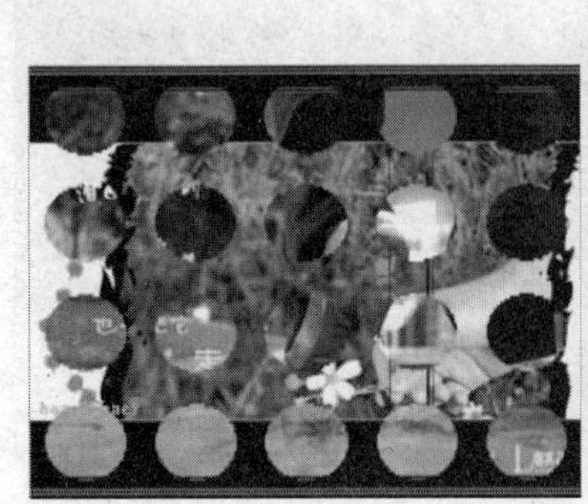

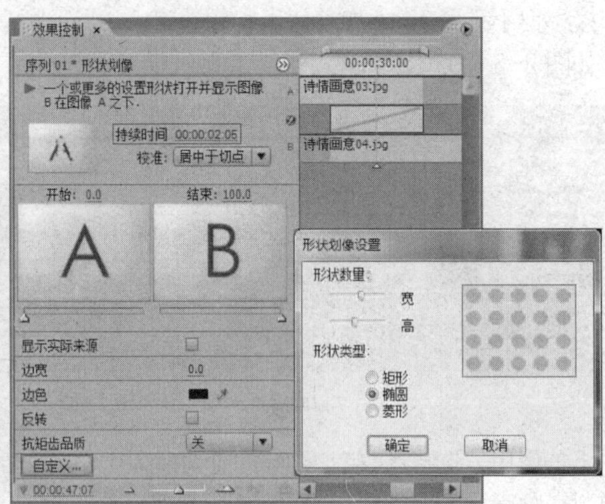

图 2-5-42　施加形状划像切换效果

（8）同样在第 4 张与第 5 张图像素材之间添加“卷页”切换效果组中的“翻转卷页”切换效果，将切换的持续时间修改为“00:00:02:05”，如图 2-5-43 所示。

（9）在第 5 张与第 6 张图像素材间添加“卷页”切换效果组中的“滚离”切换效果，将切换的持续时间修改为“00:00:02:05”，如图 2-5-44 所示。

图 2-5-43　施加翻转卷页切换效果

图 2-5-44　施加滚离切换效果

（10）在第 6 张与第 7 张图像素材间添加“滑动”切换效果组中的“漩涡”切换效果，在效果控制面板中将切换的持续时间修改为“00:00:02:05”，并通过“自定义”按钮进一步设置参数，如图 2-5-45 所示。

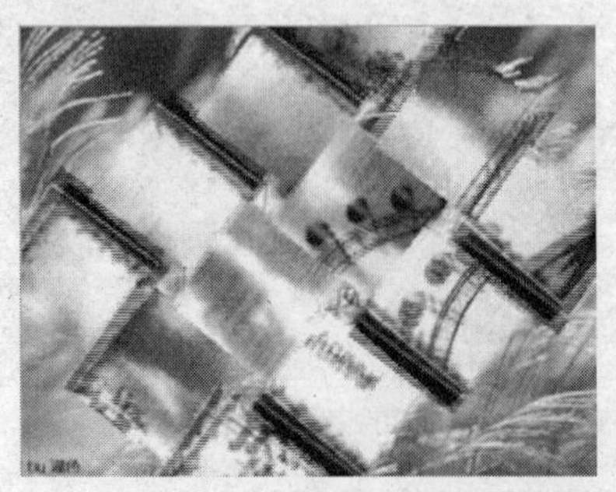

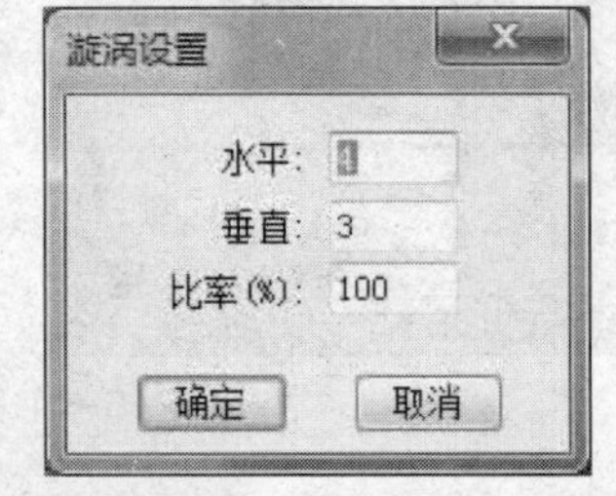

图 2-5-45　施加漩涡切换效果

（11）在第 7 张与第 8 张图像素材间添加“擦除”切换效果组中的“渐变擦除”切换效果。

在弹出的“渐变擦除设置”对话框中采用默认设置。将切换的持续时间修改为“00:00:02:05”，如图 2-5-46 所示。

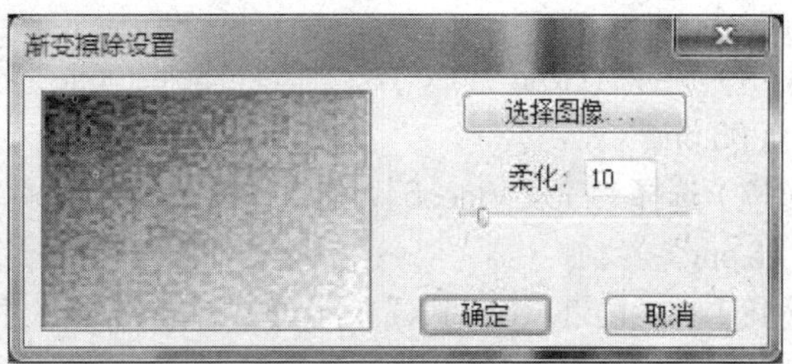

图 2-5-46　施加渐变擦除切换效果

（12）在第 1 张与第 2 张图像素材间添加 Pinnacle（品尼高）外挂切换效果组中的好莱坞特技（Hollywood FX 4.6）切换效果。将切换的持续时间修改为“00:00:06:05”。单击“自定义”按钮，打开“Hollywood FX”对话框，在右侧 FX Catalog 窗格顶部的下拉菜单中选择“Video and Film”切换效果组，从中单击选择“Matinee 2”切换效果，如图 2-5-47 所示。

图 2-5-47　“Hollywood FX”对话框

（13）在“Hollywood FX”对话框左侧的 Control 窗格的 Media 栏选择“Host Video 7”。在右侧 Media Options 窗格中通过单击“Select File”按钮，选择文件“第 5 章实验素材\Png\诗情画意 08.png”，如图 2-5-48 所示。

图 2-5-48　选择 Matinee 2 特效中调用的文件

（14）在 Control 窗格的 Media 栏选择“Host Video 3”，通过单击“Select File”按钮选择文件“第 5 章实验素材\Png\诗情画意 03.png”。

（15）选择“Host Video 4”，通过“Select File”按钮选择文件“第 5 章实验素材\Png\诗情画意 04.png”。

（16）选择“Host Video 5”，通过“Select File”按钮选择文件“第 5 章实验素材\Png\诗情画意 05.png”。

（17）选择“Host Video6”，通过“Select File”按钮选择文件“第 5 章实验素材\Png\诗情画意 06.png”。

（18）在“Hollywood FX”对话框中单击“OK”按钮，即可将 Matinee 2 切换效果添加在视频 1 轨道的第 1 张与第 2 张图像素材之间。

（19）通过节目窗口浏览视频合成效果。

（20）通过菜单命令“文件|保存”保存最终的项目文件。通过菜单命令“文件|导出|影片”输出 AVI 视频文件。

实验 5-5　制作短片“唐诗诵读”

实验目的

学习 Premiere Pro CS3 字幕的制作方法。

实验内容

利用“第 5 章实验素材\唐诗诵读”文件夹下的图像素材“荷 01.jpg”～“荷 06.jpg”和音频素材“舞动荷风（片段）.mp3”制作短片“诗情画意”。视频效果可参照“第 5 章实验素材\唐诗诵读\唐诗诵读.avi”。

操作步骤

（1）启动 Premiere Pro CS3，新建项目文件，参数设置如图 2-5-49 所示。

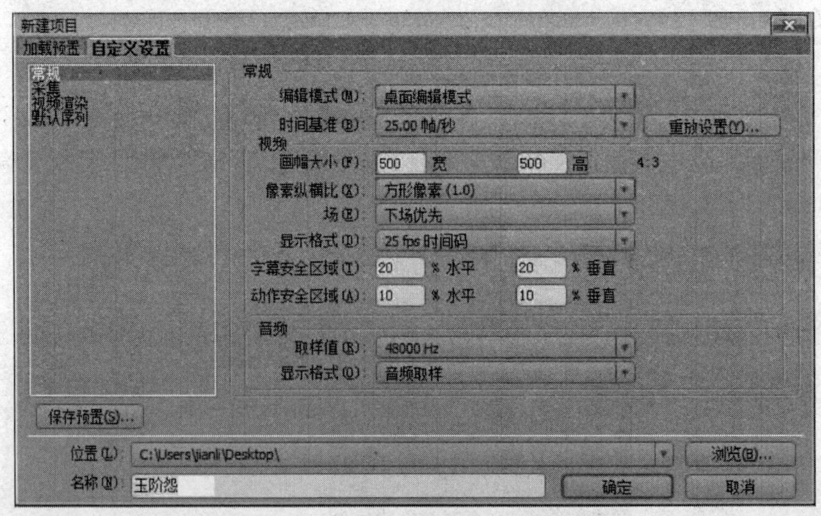

图 2-5-49　新建项目文件

（2）选择菜单命令“编辑|参数|常规”，打开“参数”对话框，将“静帧图像默认持续时

间”设置为 125 帧。

（3）使用菜单命令“文件|导入”输入“第 5 章实验素材\唐诗诵读”文件夹下的图像素材“荷 01.jpg”~“荷 06.jpg”和音频素材“舞动荷风（片段）.mp3”。

（4）将图像素材“荷 01.jpg”~“荷 06.jpg”依次插入到视频 1 轨道（从视频 1 轨道的开始，彼此邻接，但不重叠）。将音频素材“舞动荷风（片段）.mp3”插入到音频 1 轨道上，如图 2-5-50 所示。

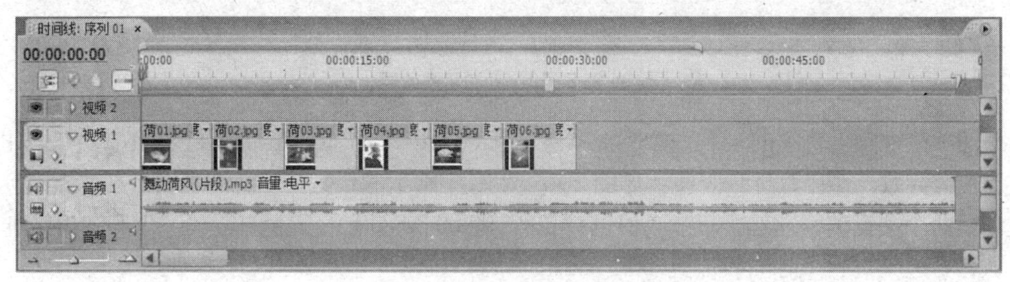

图 2-5-50　在轨道上插入原始素材

（5）在视频 1 轨道的最后一个图像素材上右击，在右键菜单中选择“速度/持续时间”命令，将“持续时间”更改为“00:00:10:00”（10 秒）。

（6）在音频 1 轨道上裁切掉音频素材相对于图像素材超出的部分，如图 2-5-51 所示。

图 2-5-51　裁切音频素材

（7）在节目窗口中调整视频 1 轨道上素材“荷 02.jpg”的位置，使其靠右放置，如图 2-5-52（a）所示。调整“荷 04.jpg”与“荷 06.jpg” 的位置，使其靠左放置，如图 2-5-52（b）所示（以“荷 04.jpg”为例）。调整“荷 03.jpg”与“荷 05.jpg” 的位置，使其靠上放置，如图 2-5-52（c）所示（以“荷 05.jpg”为例）。

（a）　（b）　（c）

图 2-5-52　在节目窗口中调整素材的位置

（8）在视频 1 轨道的各个图像素材之间添加“擦除”切换效果组中的“渐变擦除”切换效果。所有参数保持默认，如图 2-5-53 所示。

图 2-5-53　添加切换效果

（9）在视频 1 轨道的最后一个图像素材“荷 06.jpg”上添加“扭曲”特效组中的“边角固定”视频特效。并在素材时间线上如图 2-5-54 右图所示的位置分别为“上右”和“下右”参数创建两个关键帧，左边关键帧（时间线位置 00:00:30:23）的“上右”和“下右”参数保持默认，右边关键帧（时间线位置 00:00:32:11）的参数设置如图 2-5-54 所示。

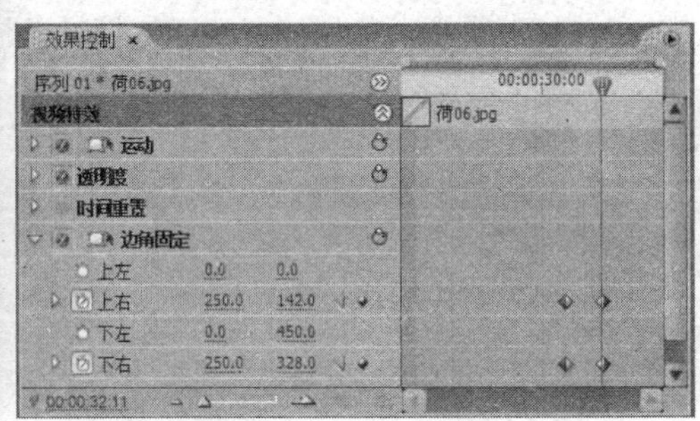

图 2-5-54　设置视频特效动画

（10）在音频 1 轨道上选择素材“舞动荷风（片段）.mp3”，利用轨道控制区的“添加/删除关键帧”按钮，在黄色音量控制线上添加 4 个关键帧，向下拖动首尾两个关键帧，制作背景音乐的淡入淡出效果，如图 2-5-55 所示。

图 2-5-55　制作音频的淡入淡出效果

（11）在时间线窗口将播放指针定位于“荷 01.jpg”的显示区间内。选择菜单命令“文件|新建|字幕”，创建“字幕 01”。并在“字幕 01”中创建 3 个文字对象，如图 2-5-56 所示（在字幕预览窗口的右上角选中“显示视频为背景”按钮）。

● 文字“唐诗诵读”：黑体，字体大小为 48，不填充颜色；设置外侧描边如图 2-5-57 所示（其中色彩选白色）。

● 文字“玉阶怨”：字体为“迷你简柏青”（若没有这种字体，可选择其他自己喜欢的字体），字体大小为 74，填充红色，外侧描边设置同“唐诗诵读”。

● 文字“Yu Jie Yuan”：字体为 Times New Roman，字体大小为 37，倾斜 32，填充绿色（# 28CF0E），外侧描边设置同“唐诗诵读”。

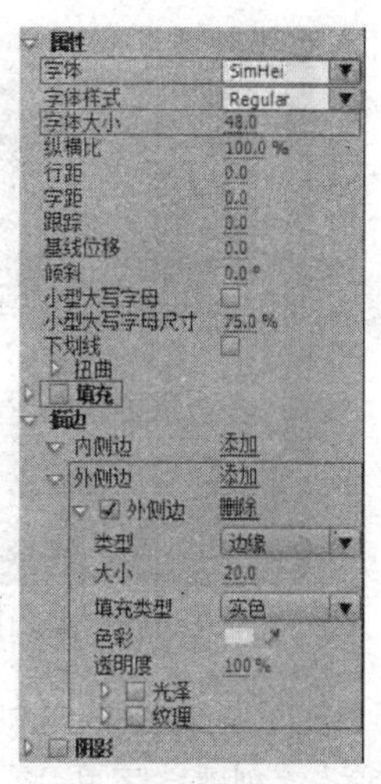

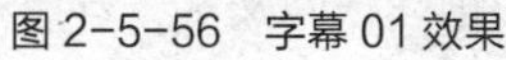
图 2-5-56　字幕 01 效果　　　　图 2-5-57　“唐诗诵读”属性设置

（12）在时间线窗口将播放指针定位于“荷 02.jpg”的显示区间内。选择菜单命令“文件|新建|字幕”，创建“字幕 02”。并在“字幕 02”中创建垂直文字“作者：李白”。在字幕设计窗口选中该文字对象，在字幕样式栏右击倒数第 8 个风格，从右键菜单中选择“仅应用样式色彩”命令。继续在字幕属性栏设置该文字对象的属性：华文中宋，字体大小为 44，字距为 15，填充红色。阴影白色，如图 2-5-58 所示。

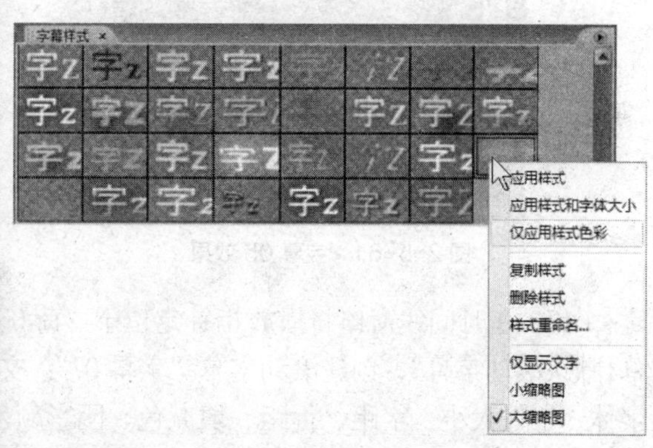

图 2-5-58　创建字幕 02

（13）在时间线窗口将播放指针定位于“荷 03.jpg”的显示区间内。选择菜单命令“文件|新建|字幕”，创建“字幕 03”。并在“字幕 03”中创建横向文字“玉阶生白露”。与字幕 02 类似，先应用倒数第 8 个样式的色彩，再修改属性：华文中宋，字体大小为 44，字距为 15，填充红色。阴影白色，如图 2-5-59 所示。

（14）在时间线窗口将播放指针定位于“荷 04.jpg”的显示区间内。选择菜单命令“文件|新建|字幕”，创建“字幕 04”。并在“字幕 04”中创建垂直文字“夜久侵罗袜”，设置与字幕 03 相同的样式与属性，如图 2-5-60 所示。

图 2-5-59　字幕 03 效果

图 2-5-60　字幕 04 效果

（15）在时间线窗口将播放指针定位于“荷 05.jpg”的显示区间内。选择菜单命令“文件|新建|字幕”，创建“字幕 05”。并在“字幕 05”中创建横向文字“却下水晶帘”。设置与字幕 03 相同的样式与属性，如图 2-5-61 所示。

（16）在时间线窗口将播放指针定位于“荷 06.jpg”的显示区间内。选择菜单命令“文件|新建|字幕”，创建“字幕 06”。并在“字幕 06”中创建垂直文字“玲珑望秋月”。设置与字幕 03 相同的样式与属性，如图 2-5-62 所示。

图 2-5-61　字幕 05 效果

图 2-5-62　字幕 06 效果

（17）在时间线窗口将播放指针定位于“荷 06.jpg”的最后。选择菜单命令“字幕|新建字幕|默认滚动字幕”，创建滚动字幕“字幕 07”。文字内容如图 2-5-63 所示。适当设置文字的字体、字体大小、字距、行距、填充色、阴影颜色等属性，如图 2-5-64 所示。

玉阶怨

李白

玉阶生白露，

夜久侵罗袜。

却下水晶帘，

玲珑望秋月。

图 2-5-63　字幕 07 文字内容

图 2-5-64　字幕 07 效果

（18）将字幕 01～字幕 07 插入到视频 2 轨道如图 2-5-65 所示的位置。其中字幕 01～字幕 06 分别与“荷 01.jpg”～“荷 06.jpg”素材的左端对齐，字幕 07 与“荷 06.jpg”素材的右端对齐。字幕 01～字幕 06 的时间长度都是 00：00：04：05，字幕 07 的时间长度为 00：00：03：00。

图 2-5-65　在视频 2 轨道插入字幕

（19）在节目窗口适当调整视频 2 轨道上字幕 01～字幕 07 各素材的位置（与前面创建时相对于视频 1 轨道各图片背景的位置一致）。

（20）在字幕 02 的首尾两端分别添加“门”与“立方旋转”切换效果（位于“3D 运动”视频特效组），参数默认。

（21）在字幕 03 的首尾两端分别添加“漩涡”（位于“滑动”视频特效组）与“摆出”（位于“3D 运动”视频特效组）切换效果，参数默认。

（22）在字幕 04 的首尾两端分别添加“滑动”切换效果（位于“滑动”视频特效组），参数默认。

（23）在字幕 05 的首尾两端分别添加“交替”切换效果（位于“滑动”视频特效组），参数默认。

（24）在字幕 06 的首尾两端分别添加“中心聚合”与“中心分割”切换效果（位于“滑动”视频特效组），参数默认，如图 2-5-66 所示。

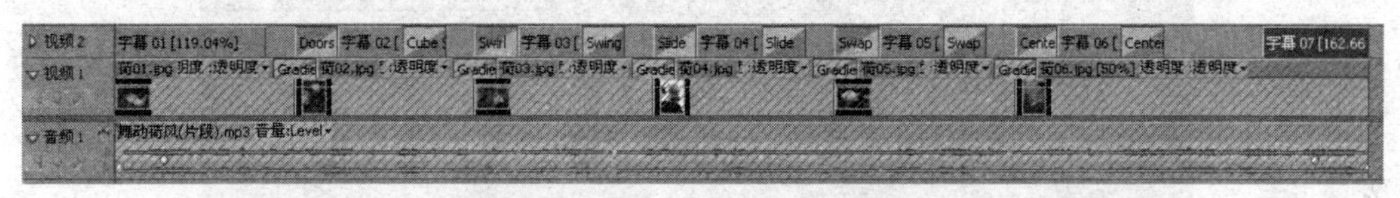

图 2-5-66　为字幕添加切换效果

（25）通过节目窗口浏览视频合成效果。

（26）通过菜单命令“文件|保存”保存最终的项目文件。通过菜单命令“文件|导出|影片”输出 AVI 视频文件。

实验 5-6　制作视频变换动画“国色天香”

实验目的

学习 Adobe After Effects CS4 的基本用法。

实验内容

利用“第 5 章实验素材\国色天香\牡丹.mp4”制作视频变换动画。最终效果可参照“第 5 章实验素材\国色天香\国色天香.mov”。

操作步骤

（1）选择菜单命令“文件|新建|新建项目”新建项目文件。选择菜单命令“图像合成|新建合成组”，参数设置如图 2-5-67 所示，单击“确定”按钮。

（2）使用菜单命令“文件|导入”将视频素材“第5章实验素材\国色天香\牡丹.mp4”输入到项目窗口，并拖动至时间线窗口，放置在时间线的开始。

（3）在时间线窗口，将当前时间设置为00：00：00：00（位于时间线窗口的左上角，格式为“时：分：秒：帧”）。展开图层变换参数，将比例设置为“0.0，0.0%”，旋转设置为“0x+0.0°”。分别单击“比例”和“旋转”左侧的“码表”按钮，在当前位置设置比例与旋转关键帧，如图2-5-68所示。

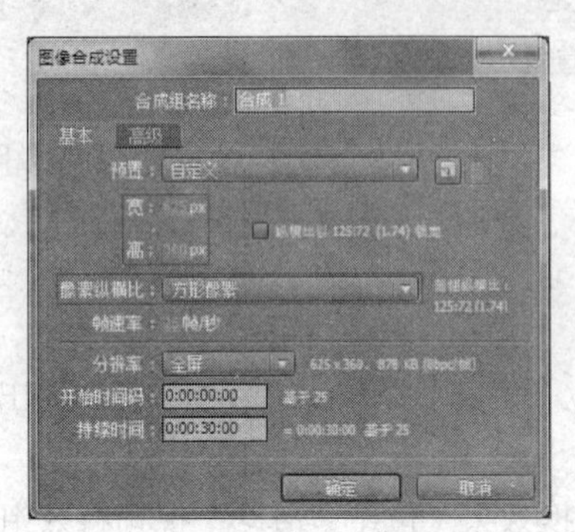
图2-5-67　设置图像合成参数

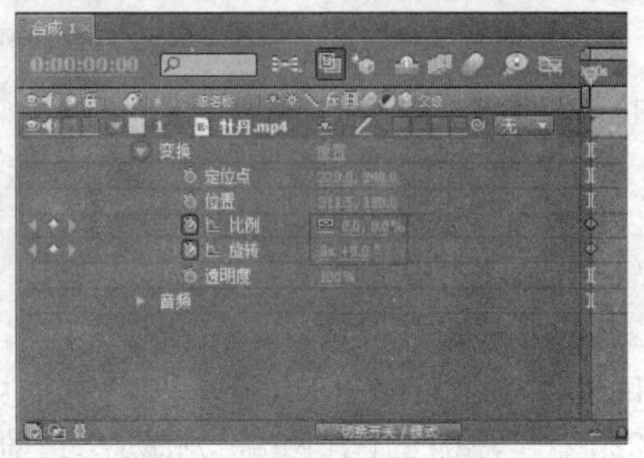
图2-5-68　设置第1个时间点的关键帧

（4）在时间线窗口，将当前时间设置为00：00：02：10，将比例设置为“100.0，100.0%”，旋转设置为“1x+0.0°”。系统会自动产生关键帧，如图2-5-69所示。

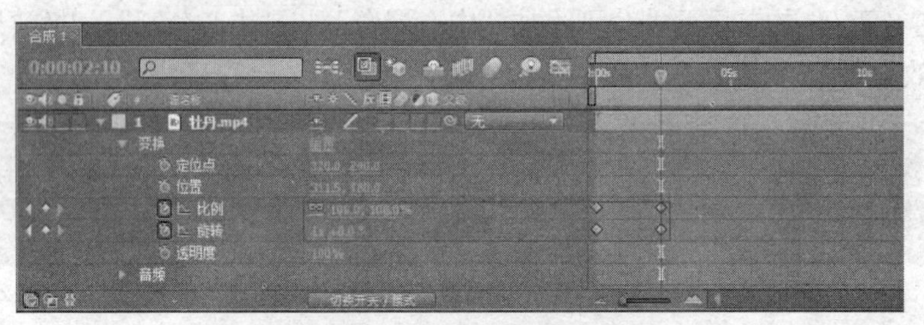
图2-5-69　设置第2个时间点的关键帧

（5）使用菜单命令“图层|新建|文字”创建文字层。文字内容为“国色天香”，字体为“华文中宋”，大小为136 px，填充红色，边框黄色，放置在视频窗口的中央，如图2-5-70所示。

说明：可在文字面板中设置文字的各种属性。

图2-5-70　创建文字层

(6)在时间线窗口，使用选择工具拖动文字层时间线的左右边界，将其左边界定位在00：00：02：10的时间位置，右边界与“牡丹”层的右边界对齐，如图2-5-71所示。

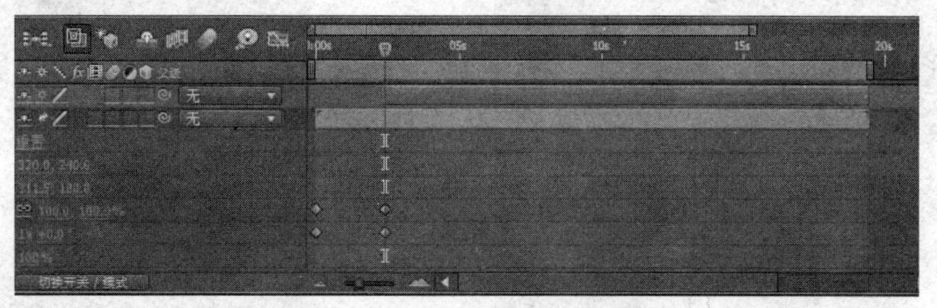

图2-5-71 调整文字层的时间线

(7)在时间线窗口，仿照步骤(3)～步骤(4)的操作方法，在00：00：02：10位置分别为文字层建立比例与透明度参数的关键帧，并设置比例的值为“1000.0，1000.0%”，透明度的值为“0.0%”。在00：00：04：10位置再次为文字层建立比例与透明度的关键帧，并设置比例的值为“100.0，100.0%”，透明度的值为“100.0%”，如图2-5-72所示。

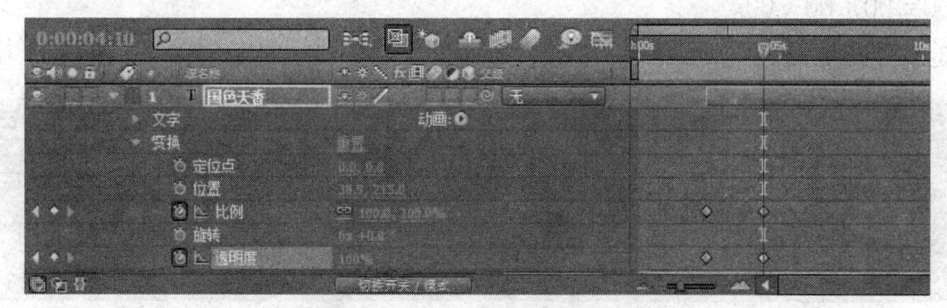

图2-5-72 为文字层设置关键帧

(8)至此完成本例的所有动画操作，通过预览控制台面板播放视频，在合成窗口中预览合成效果。

(9)通过菜单命令“文件|保存”保存最终的项目文件。通过菜单命令“图像合成|制作影片”或“文件|导出”菜单下的相关命令输出影片。

实验5-7 制作短片“美丽的茶花”

实验目的

进一步学习Adobe After Effects CS4的基本用法。

实验内容

利用“第5章实验素材\美丽的茶花”文件夹下的视频素材“茶花01.mp4”“茶花02.mp4”“茶花03.mp4”和音频素材“芳菲何处(片段).mp4”制作短片“美丽的茶花”。最终效果可参照“第5章实验素材\美丽的茶花\美丽的茶花.mov”。

操作步骤

(1)启动Adobe After Effects CS4，新建项目文件。新建合成组，参数设置如图2-5-73所示。

(2)将“第5章实验素材\美丽的茶花”文件夹下的“茶花01.mp4”“茶花02.mp4”“茶

花 03.mp4”和“芳菲何处（片段）.mp3”导入到项目窗口，如图 2-5-74 所示。

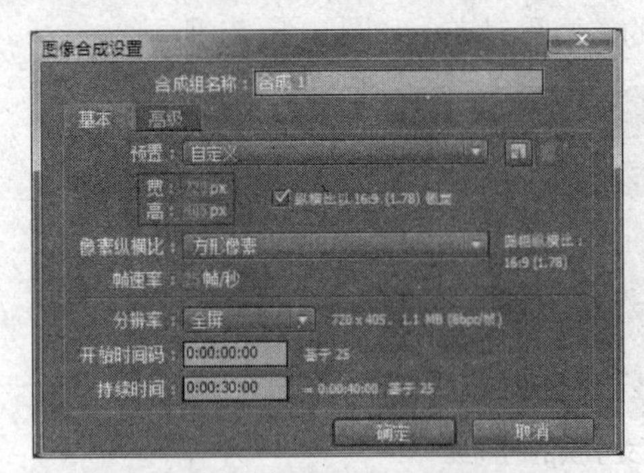

图 2-5-73　设置新建合成组参数

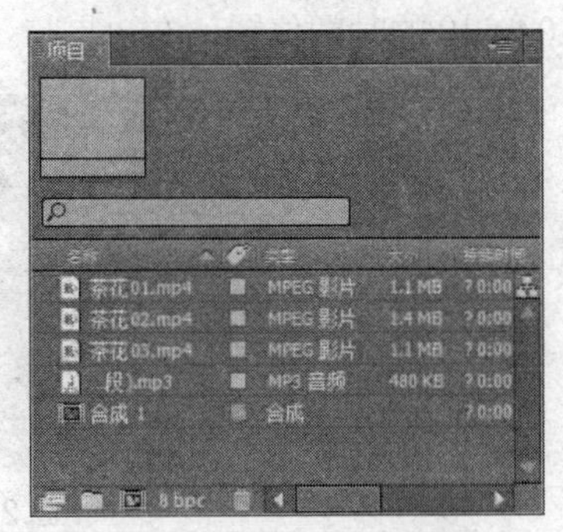

图 2-5-74　导入素材

（3）依次将素材“茶花 01.mp4”“茶花 02.mp4”“茶花 03.mp4”和“芳菲何处（片段）.mp4”拖入时间线窗口，放置在如图 2-5-75 所示的位置。其中“茶花 03.mp4”层的结束点是 00：00：30：00，“茶花 01.mp4”层的起始点为 00：00：08：00，“芳菲何处（片段）.mp4”层的起始点为 00：00：00：00。

注：通过“图层|排列”菜单下的相关命令可以调整时间线窗口中各层的上下排序。

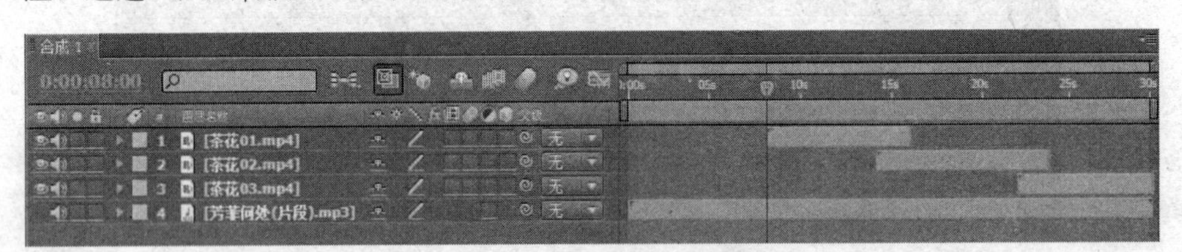

图 2-5-75　将素材插入时间线

（4）为“茶花 01.mp4”层添加“渐变擦除”过渡效果（位于“效果与预置”面板的“过渡”特效组，双击即可将其添加到选中的层上）。通过按组合键 Ctrl+Alt+Shift+键盘方向键将时间指示器定位在“茶花 02.mp4”素材的起始处，并在此处分别建立“完成过渡”与“柔化过渡”参数的关键帧，将两个参数的值都设置为 0%。同样，通过按上述组合键将时间指示器定位在“茶花 01.mp4”素材的结束处，在此处再次建立“完成过渡”与“柔化过渡”参数的关键帧，将两个参数的值都设置为 100%。这样就实现了“茶花 01.mp4”向“茶花 02.mp4”的过渡，如图 2-5-76 所示。

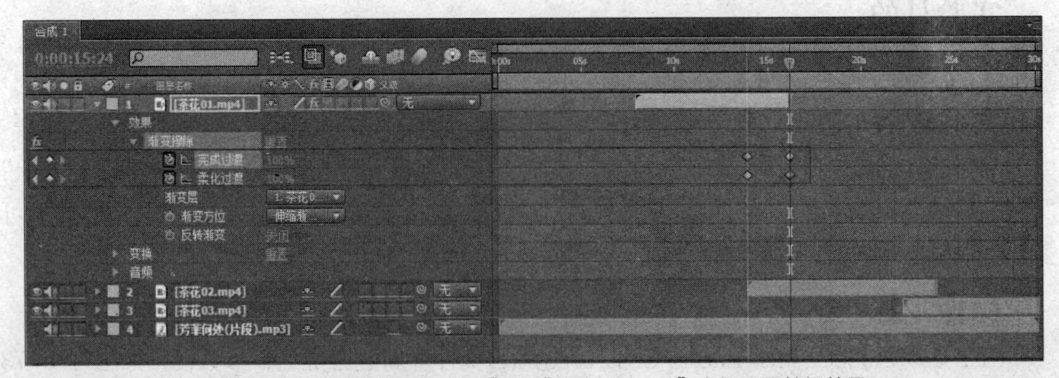

图 2-5-76　在“茶花 01.mp4”与“茶花 02.mp4”之间设置转场效果

（5）为“茶花 02.mp4”层添加“CC 网格擦除”过渡效果（位于“效果与预置”面板的

“过渡”特效组）。仿照步骤（4）的操作方法，完成“茶花 02.mp4”向“茶花 03.mp4”的过渡设置（只需建立“完成度”参数的关键帧即可），如图 2-5-77 所示。

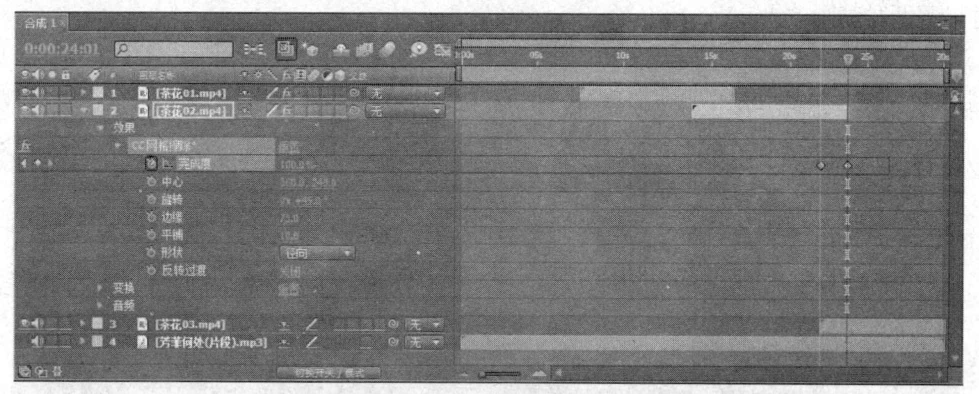

图 2-5-77 在“茶花 02.mp4”与“茶花 03.mp4”之间设置转场效果

（6）为“芳菲何处（片段）.mp4”层设置淡入/淡出效果。分别在音频时间线的“00：00：00：00”（0 秒）、“00：00：02：00”（2 秒）、“00：00：28：00”（28 秒）和“00：00：30：00”（30 秒）处建立“音频电平”参数的关键帧。将“00：00：00：00”和“00：00：30：00”关键帧处的“音频电平”参数值设置为+0.00dB，将“00：00：02：00”和“00：00：28：00”关键帧处的“音频电平”参数值设置为+12.00dB，如图 2-5-78 所示。

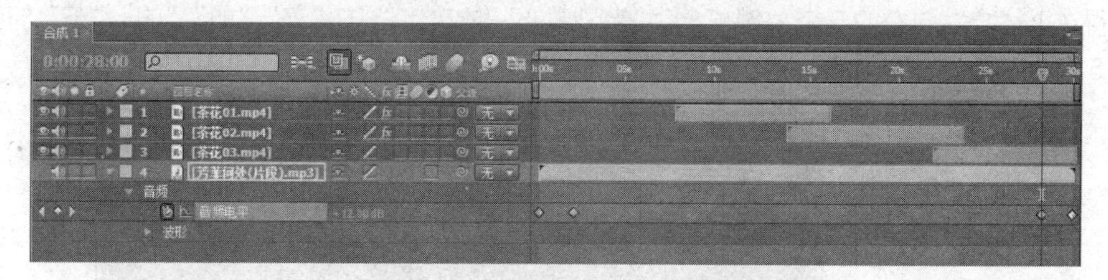

图 2-5-78 设置音频的淡入/淡出效果

（7）新建文字层。文字内容为“美丽的茶花”，字体为“黑体”，大小为 96 px，填充红色，边框白色（描边 2 像素），放置在视频窗口的中央，如图 2-5-79 所示。此时，在时间线窗口，文字层位于最上层。

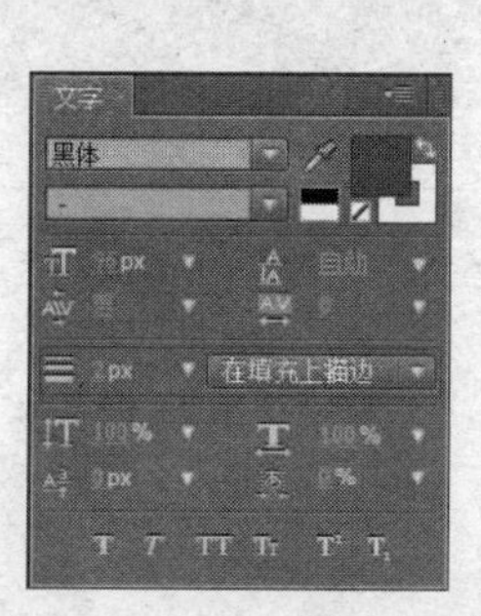

图 2-5-79 创建文字层

（8）通过按组合键 Ctrl+Alt+Shift+键盘方向键将时间指示器定位在文字层的起始处，然后为文字层添加“缠绕式旋转”效果（位于“效果与预置”面板的“动画预置|文字|旋转”

特效组）。

（9）为文字层添加“镜头光晕”效果（位于“效果与预置”面板的“生成”特效组），并创建以下两种动画效果。

① 创建“光晕亮度”动画。分别在文字层时间线的“00：00：03：00”与“00：00：05：00”处创建“光晕亮度”参数的关键帧，并设置“光晕亮度”的值依次为0%与100%，如图2-5-80所示。

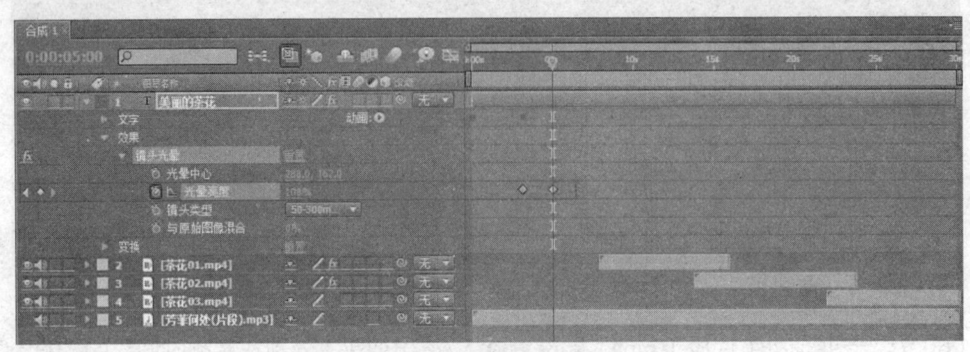

图2-5-80　创建光晕亮度由弱到强的动画

② 创建“光晕中心”移动动画。分别在文字层时间线的“00：00：05：00”“00：00：05：12”“00：00：06：00”“00：06：12：00”和“00：00：07：00”处创建“光晕中心”参数的关键帧（通过改变“光晕中心”的坐标值，或在合成窗口直接拖动“光晕中心”图标，使得在上述自左向右的5个关键帧上，“光晕中心”依次定位在“美”“丽”“的”“茶”“花”这5个文字的中心），如图2-5-81所示。

图2-5-81　创建光晕中心的移动动画

（10）为文字层设置变换动画。分别在文字层时间线的 00：00：10：00 与 00：00：11：00 处设置“位置”与“比例”参数的关键帧。

① 在 00：00：10：00 处的关键帧上，设置“比例”参数的值为 100%。在 00：00：11：00 处的关键帧上，设置“比例”参数的值为 50%。

② 在 00：00：10：00 处的关键帧上，“位置”参数的值不变。在 00：00：11：00 处的关键帧上，（通过在合成窗口直接拖动文字）将文字放置在画面的右上角，如图 2-5-82 所示。

图 2-5-82　创建文字变换动画

（11）为“茶花 01.mp4”层设置淡入动画。分别在“茶花 01.mp4”层的时间线的 00：00：08：00 与 00：00：10：00 处设置“透明度”参数的关键帧，并设置 00：00：08：00 处“透明度”值为 0%，设置 00：00：10：00 处“透明度”值为 100%，如图 2-5-83 所示。

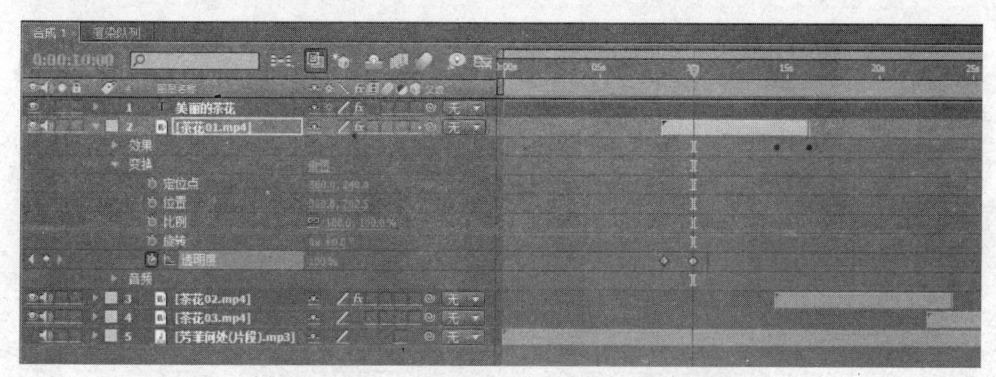

图 2-5-83　设置“茶花 01.mp4”层的淡入效果

(12)在时间线窗口将时间指示器定位于时间线的起始位置(最左端),按小键盘上的“0”键预览视频合成效果。按 Space 键结束预览。

(13)通过菜单命令“文件|保存”保存最终的项目文件。通过菜单命令“图像合成|制作影片”输出影片。

注:选择菜单命令“图像合成|制作影片”后,在“渲染队列”窗口的“输出组件”参数区单击“无损”,打开“输出组件设置”对话框(见图 2-5-84),从中选中“音频输出”复选框。这样可确保声音的正常输出。

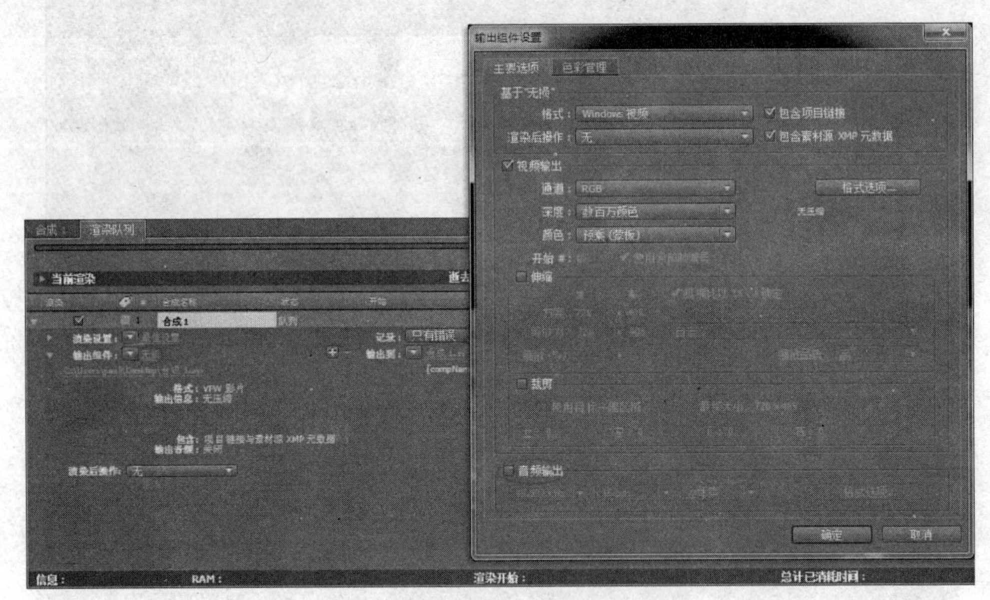

图 2-5-84　设置音频输出选项

第6章 多媒体作品合成

实验 多媒体作品合成综合实验——设计制作翻页电子贺卡

实验目的

进一步学习使用 Photoshiop、Premiere、Flash 等软件合成多媒体作品。

实验内容

使用 Photoshiop、Premiere、Flash 等软件设计制作翻页电子贺卡，效果可参照 “第 6 章实验素材\翻页卡片.swf”。所用素材为“第 6 章实验素材”文件夹下的“回形针.jpg”“风景.jpg”“画框.psd”“To_Alice.MP3”和“文字内容.txt”。

操作步骤

（一）准备素材

1. 使用 Photoshop 制作回形针

（1）启动 Photoshop CS4。打开素材图像“第 6 章实验素材\回形针.jpg”（在网上还可以下载到各种各样的回形针，例如可爱的心形回形针等），使用“缩放工具”将图像放大到 200%。如图 2-6-1 所示。

（2）将背景层转化为普通层，采用默认名称“图层 0”。

（3）选择菜单命令“编辑|自由变换”（或按 Ctrl+T 组合键），光标放在变换控制框的外围，顺时针拖动鼠标光标将图中的回形针旋转到图 2-6-2 所示的位置。按 Enter 键确认。

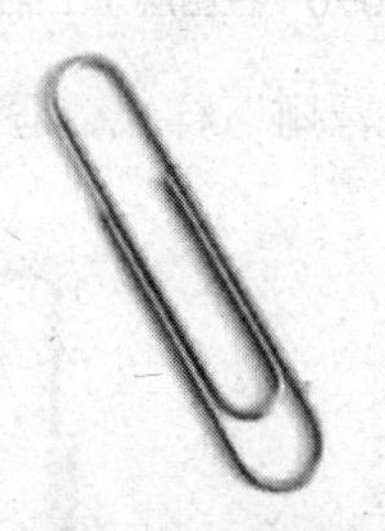

图 2-6-1 原素材图像

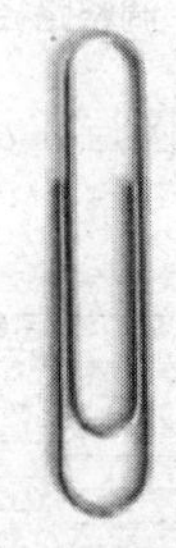

图 2-6-2 旋转图层

（4）在图层面板上将图层 0 的不透明度降低到 40%左右（这样可使后面创建的路径比较清楚，便于调整）。

（5）选择菜单命令“视图|标尺”（或按 Ctrl+R 组合键）显示标尺。如图 2-6-3 所示在

回形针上定位参考线（目的是标出回形针的各条边及拐角点的位置）。

（6）使用“钢笔工具”创建图 2-6-4 所示的直边路径（确定关键锚点时不仅要参考原图上回形针的端点、顶点和拐角点的位置，还要注意图形的左右对称性）。

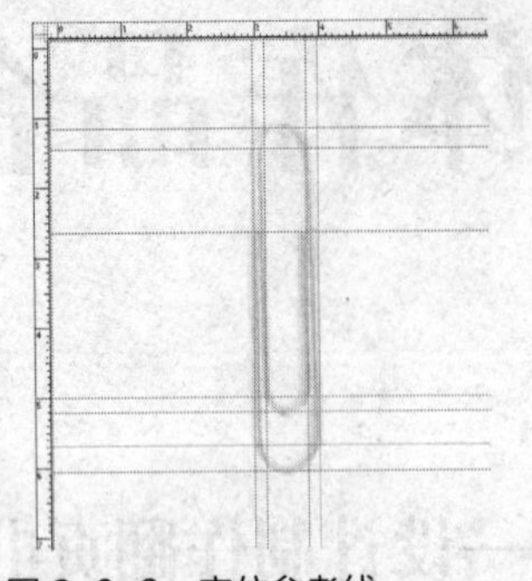

图 2-6-3　定位参考线

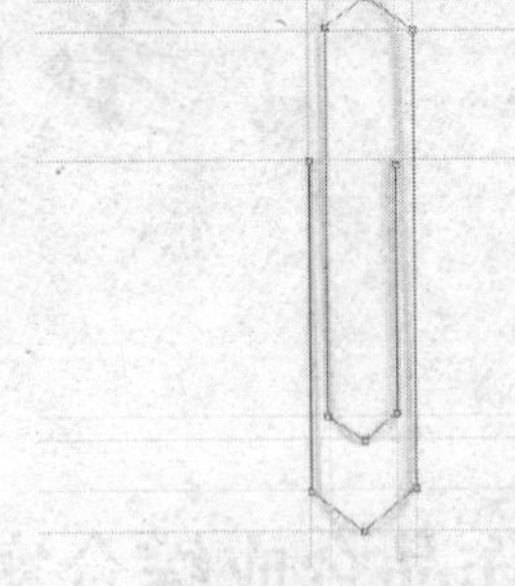

图 2-6-4　创建直边路径

（7）按 Ctrl+R 组合键隐藏标尺。选择菜单命令“视图|清除参考线”。

（8）使用“直接选择工具”“转换点工具”等调整路径，如图 2-6-5 所示（为便于查看，图中已隐藏图层 0）。

（9）在路径面板上双击工作路径，弹出对话框，单击“确定”按钮。这样可将临时路径存储起来，以免丢失。

（10）在工具箱上选择“画笔工具”，在选项栏上设置 4 个像素大小的硬边画笔（即硬度 100%）。在工具箱上将前景色设置为纯红色（#FF0000）。

（11）在图层面板上新建并选择图层 1。在路径面板上单击“用画笔描边路径”按钮，如图 2-6-6 所示。

图 2-6-5　调整路径

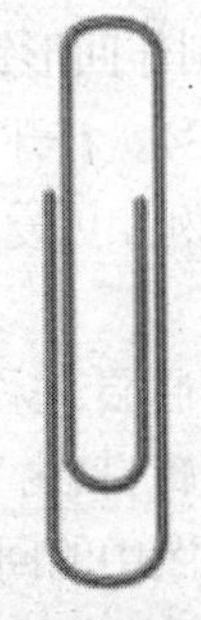

图 2-6-6　在图层 1 上描边路径

（12）隐藏路径。为图层 1 添加“投影”和“斜面和浮雕”样式，适当调整样式参数，如图 2-6-7 所示。

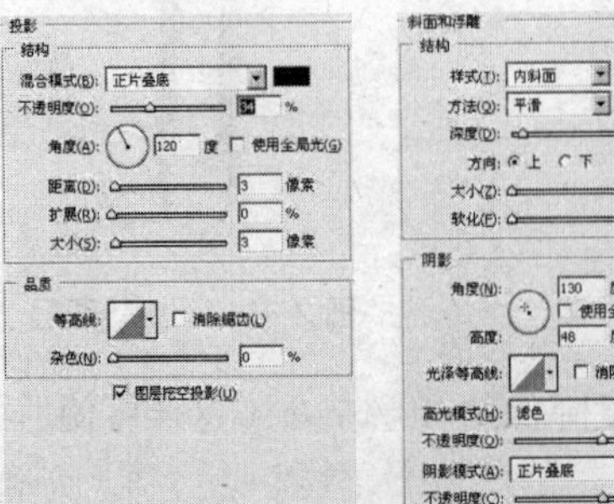

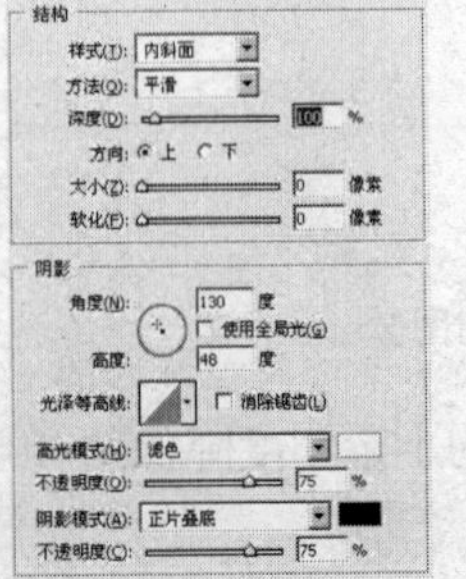

图 2-6-7　添加图层样式

（13）使用“裁剪工具”将回形针周围的空白区域裁切掉（注意，回形针的右侧和底部留出的空间稍大些，防止阴影被切掉），如图 2-6-8 所示。

（14）删除图层 0（见图 2-6-9）。选择菜单命令“文件|存储为”，将最终图像存储为 PSD 格式，命名为“回形针.psd”。以备后用。

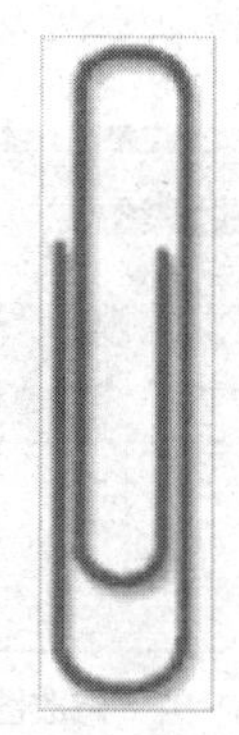

图 2-6-8　裁切画布

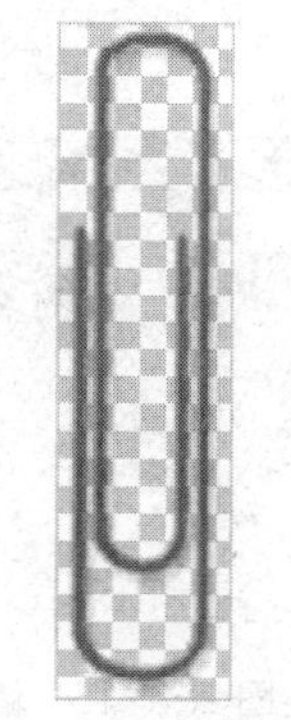

图 2-6-9　删除图层 0

2．使用 Photoshop 处理下雪图像

（1）在 Photoshop CS4 中打开素材图像“第 6 章实验素材\风景.jpg”，如图 2-6-10 所示。选择菜单命令“图像|图像大小”，参数设置如图 2-6-11 所示，单击“确定”按钮。

图 2-6-10　素材图像

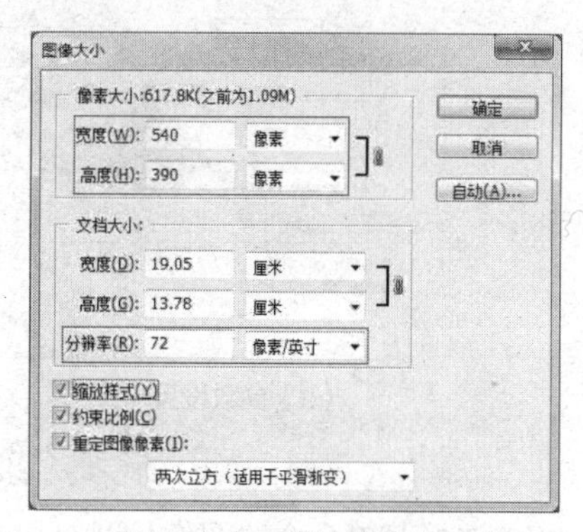

图 2-6-11　修改图像大小

（2）选择菜单命令“图像|调整|色阶”，参数设置如图 2-6-12（a）所示。单击“确定”按钮。图像调整效果如图 2-6-12（b）所示。

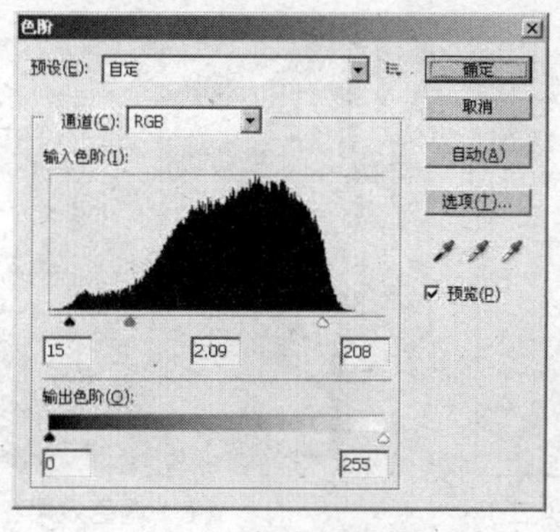

（a）参数设置

（b）调色效果

图 2-6-12　调整图像色彩

（3）选择“仿制图章工具”，在选项栏上选择 100 个像素大小的软边画笔，将图 2-6-13 所示位置的局部图像修补到右上角。

（4）复制背景层，得到背景层副本。在背景层 副本上施加高斯模糊滤镜（菜单命令“滤镜|模糊|高斯模糊”），模糊半径设为 1.5 左右。

（5）将背景层 副本的图层混合模式设置为“变暗”，如图 2-6-14 所示。

图 2-6-13　修补图像

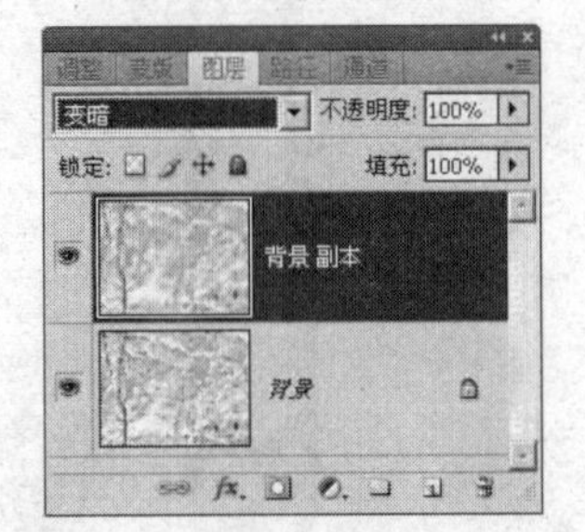

图 2-6-14　修改图层混合模式

（6）将背景层 副本向下合并到背景层。再次调整图像色阶，参数设置如图 2-6-15（a）所示，图像调整效果如图 2-6-15（b）所示。

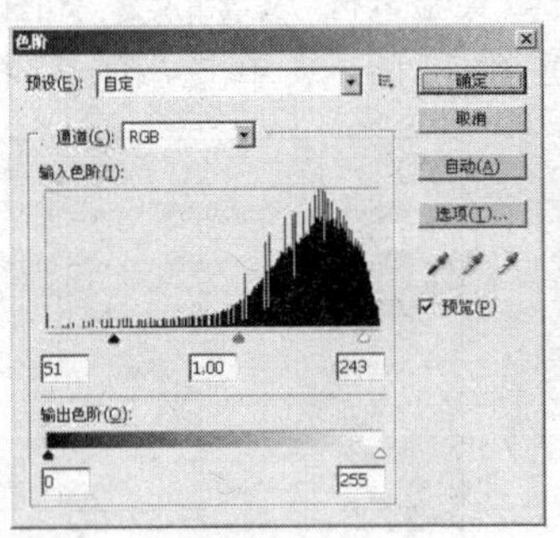

（a）参数设置

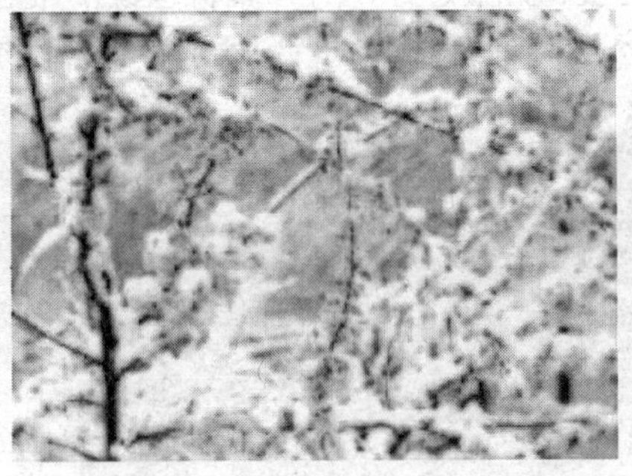

（b）调色效果

图 2-6-15　再次调整图像色阶

（7）选择菜单命令“图像|调整|可选颜色”，对洋红和红色分别进行调整，参数设置如图 2-6-16 所示。单击“确定”按钮。

（8）选择菜单命令“文件|存储为”，将最终图像仍旧存储为 JPG 格式，命名为“下雪.jpg”，以备后用。

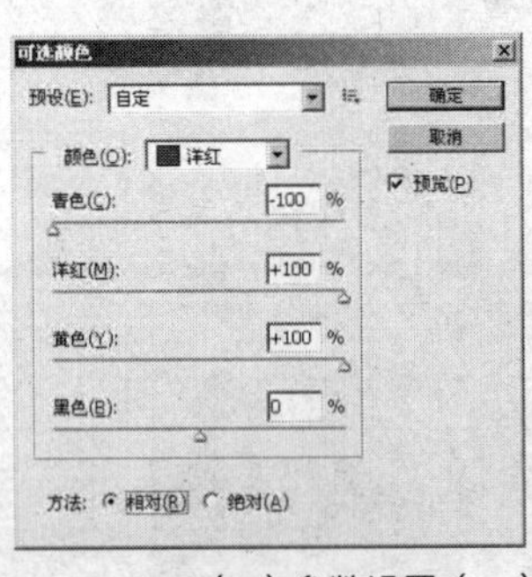

（a）参数设置（一）

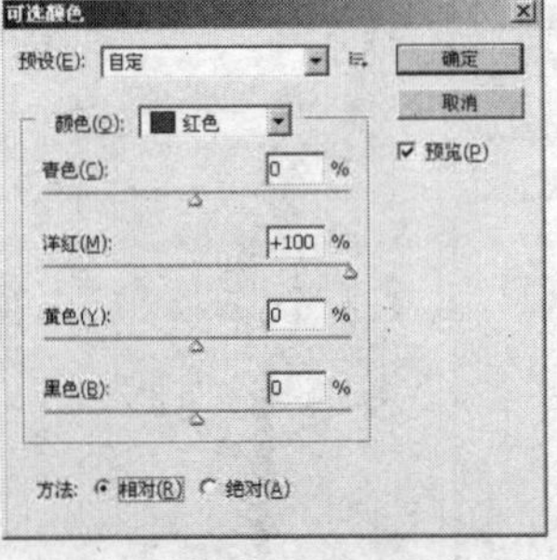

（b）参数设置（二）

（c）调色效果

图 2-6-16　用“可选颜色”命令调整图像

3．使用 Photoshop 制作窗框效果

（1）在 Photoshop CS4 中打开素材图像“第 6 章实验素材\画框.psd”，如图 2-6-17 所示（该素材也可由 Photoshop 直接绘制）。按 Ctrl+A 组合键全选图像，按 Ctrl+C 组合键复制图像。

（2）新建一个 540×390 像素，72 像素/英寸，RGB 颜色模式，白色背景的图像（像素大小及分辨率与图像“下雪.jpg”相同）。按 Ctrl+V 组合键粘贴图像。

（3）在图层面板上同时选中图层 1 与背景层。依次选择菜单命令“图层|对齐|顶边”与“左边”，将素材对齐到图像窗口左上角，如图 2-6-18 所示。

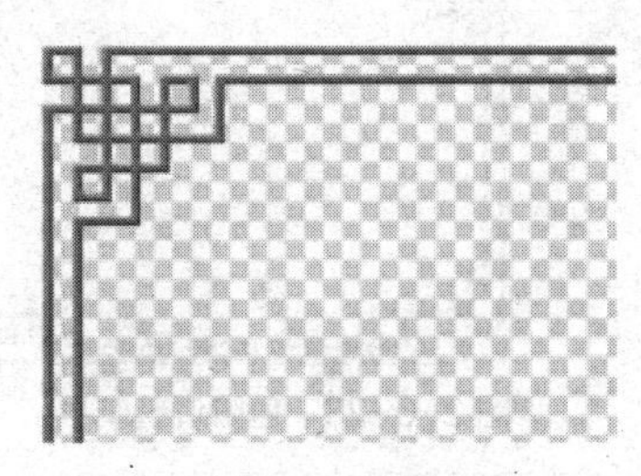

图 2-6-17　打开素材图像

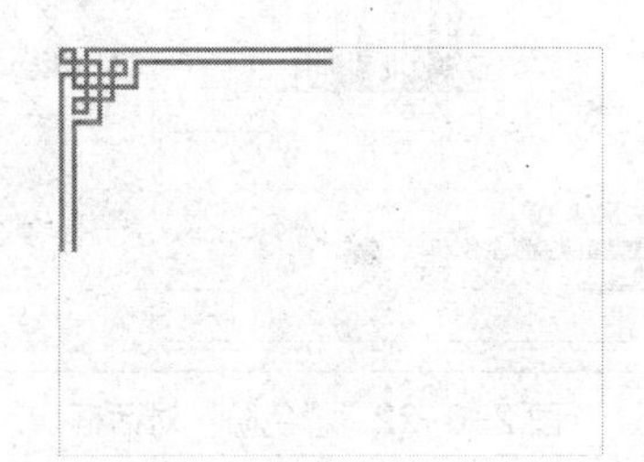

图 2-6-18　将图层 1 与背景层对齐

（4）复制图层 1，得到图层 1 副本。选择图层 1 副本，选择菜单命令“编辑|变换|垂直翻转”。参照步骤（3）将图层 1 副本中的素材对齐到左下角，如图 2-6-19 所示。

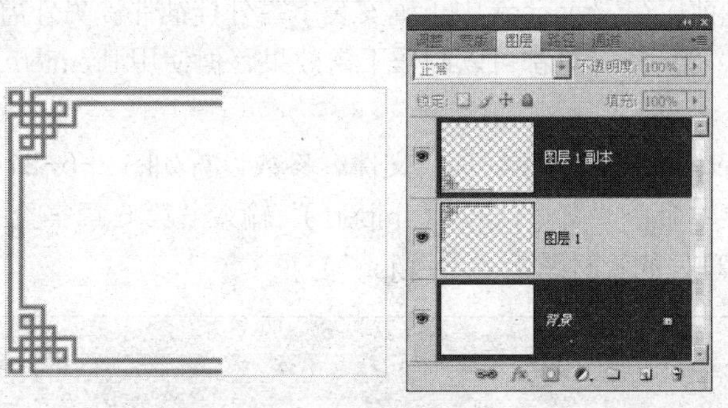

图 2-6-19　复制并对齐图层

（5）将图层 1 副本向下合并到图层 1。再次复制图层 1，同样得到图层 1 副本。选择图层 1 副本，选择菜单命令“编辑|变换|水平翻转”。将图层 1 副本对齐到图像窗口的右边，如图 2-6-20 所示。

（6）再次将图层 1 副本向下合并到图层 1。并在图层 1 上添加“投影”和“斜面和浮雕”样式，参数类似回形针（如图 2-6-7 所示），如图 2-6-21 所示。

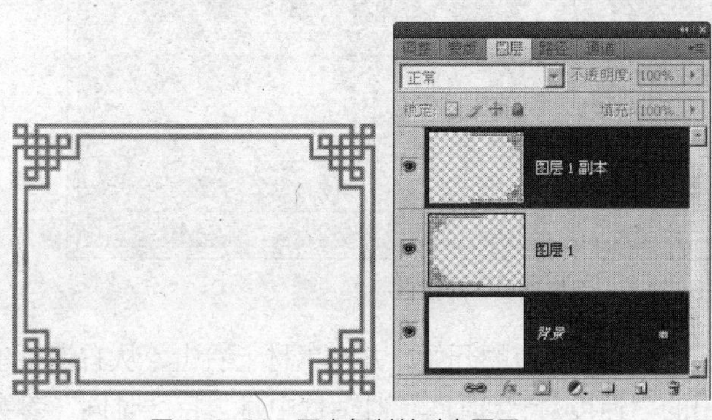

图 2-6-20　再次复制并对齐图层

图 2-6-21　添加图层样式

（7）选择菜单命令“图像|调整|色阶”，参数设置如图 2-6-22 所示。单击“确定”按钮。图像调整效果如图 2-6-23 所示。

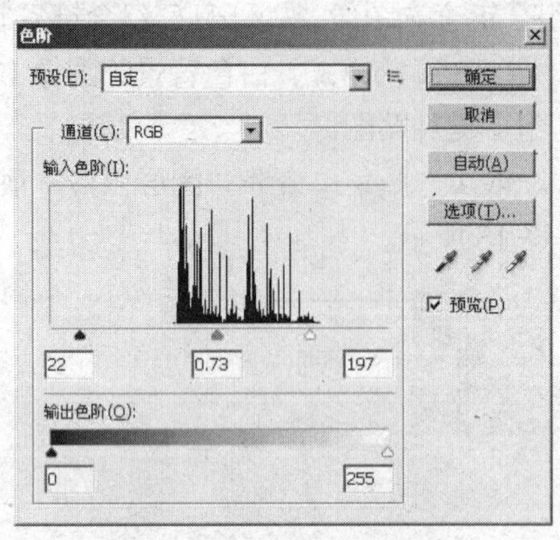

图 2-6-22　“色阶”对话框

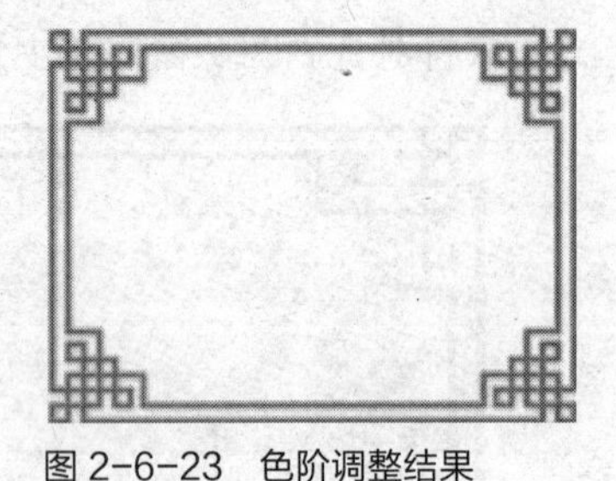

图 2-6-23　色阶调整结果

（8）删除背景层。选择菜单命令“文件|存储为”，将图像以 PSD 格式存储，命名为“窗框.psd”。以备后用。

4．使用 Premiere 制作下雪视频

说明：制作视频前应在 Premiere 中正确安装下雪外挂插件。另外需要指出的是，尽管使用 Photoshop、Flash、3ds Max 等都可以制作下雪效果，但使用 Premiere 操作最快，效果也较真实。

（1）启动 Premiere Pro CS3，新建项目文件，参数设置如图 2-6-24 所示。

（2）通过选择菜单命令“文件|导入（Import）”输入“第 6 章实验素材\下雪.jpg”（即前面使用 Photoshop 处理好的素材图像“下雪.jpg”）。

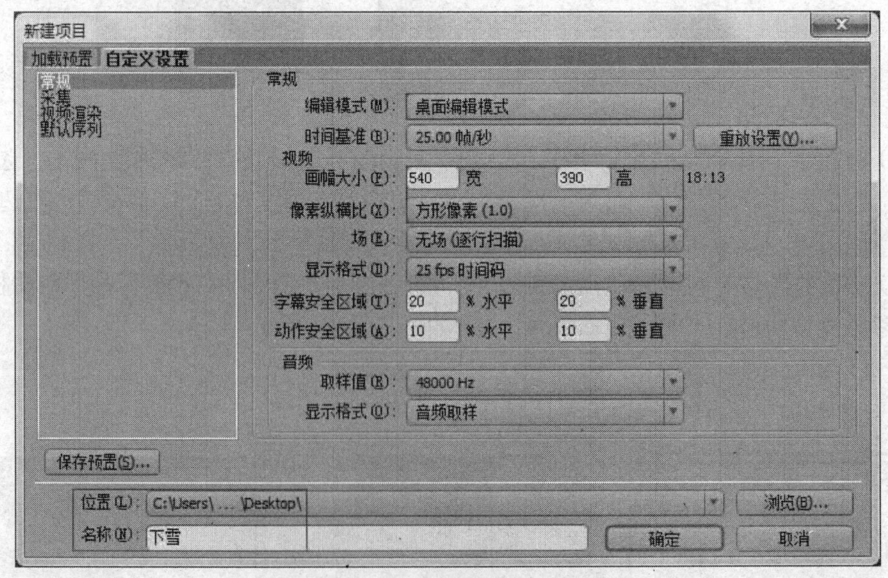

图 2-6-24　“新建项目”对话框

（3）将素材图像“下雪.jpg”插入到视频 1 轨道的开始，并在素材上右击，从右键菜单中选择“速度/持续时间”命令。在弹出的“速度/持续时间”对话框中将“持续时间”参数值设置为 00:00:05:00（5 秒），如图 2-6-25 所示。单击“确定”按钮。

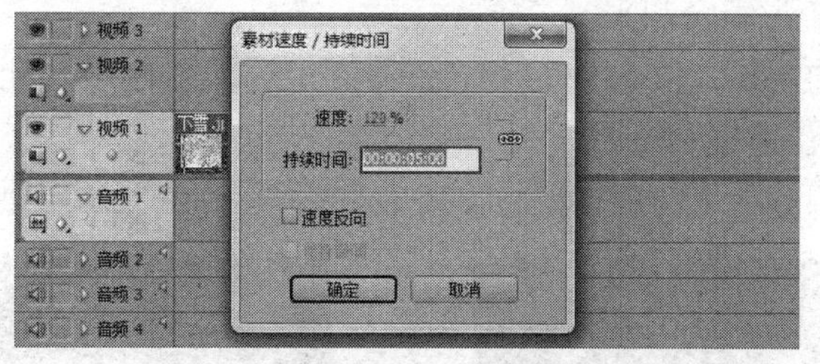

图 2-6-25　修改轨道素材的持续时间

（4）打开“效果”面板，为视频 1 轨道的图像素材添加视频特效“下雪”，并在“效果控制”面板上设置参数，如图 2-6-26 所示。

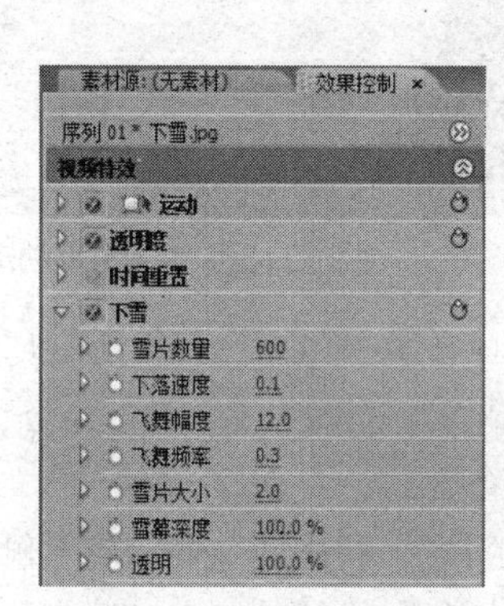

图 2-6-26　设置下雪特效参数

（5）通过“文件|保存”命令保存项目文件；通过“文件|导出|Adobe Media Encoder”命令导出“Adobe Flash Vedio”格式的视频（帧画幅大小 540×390 像素，帧频率 25 帧/秒。其他采用默认设置），命名为“下雪.flv”。以备后用。

（二）使用 Flash 合成与输出作品

1．制作自动翻页卡片

（1）启动 Flash CS4，新建“Flash 文件（ActionScript 2.0）”类型的空白文档。选择菜单命令“修改|文档”，参数设置如图 2-6-27 所示（其中背景颜色为 #990099）。单击“确定”按钮。

（2）选择菜单命令“视图|缩放比率|显示帧”，将舞台全部显示出来。

（3）在工具箱上选择“矩形工具”。利用颜色面板将笔触颜色设置为无色，将填充色设置为线性渐变，参数设置如图 2-6-28 所示。其中①、②、④号色标的颜色值为#F2BFFF，③号色标的颜色值为#EBA3FE。

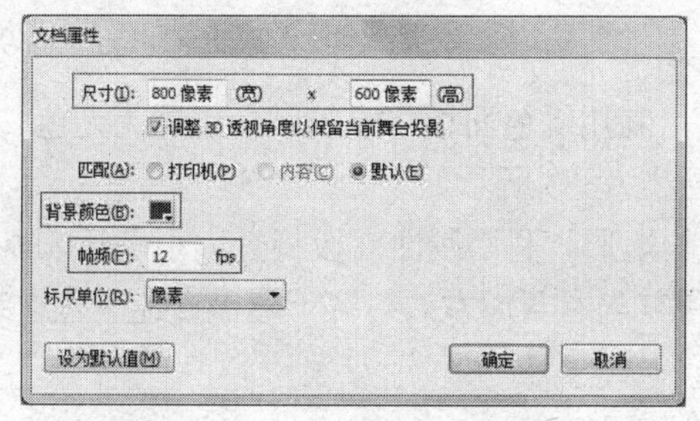

图 2-6-27　“文档属性”对话框

图 2-6-28　设置渐变填充色

（4）在舞台上绘制图 2-6-29 所示的矩形，利用属性面板将其大小修改为 320 × 450 像素。按组合键 Ctrl+G，将矩形组合起来。

（5）选择组合后的矩形，按 Ctrl+C 组合键复制矩形，按 Ctrl+Shift+V 组合键（菜单命令“编辑|粘贴到当前位置”）粘贴矩形。

（6）将复制出的矩形水平向右移动到图 2-6-30 所示的位置（与原矩形间隔 1 个像素）。

图 2-6-29　绘制卡片左封面

图 2-6-30　复制并移动矩形

（7）按 Ctrl+B 组合键分离右侧矩形，重新填充单色#F2BFFF，并再次将其组合。

（8）锁定图层 1，并在其 51 帧处右击，从右键菜单中选择“插入帧”命令，如图 2-6-31 所示。将图层 1 改名为“封面”。至此完成卡片封面的制作。

（9）新建图层 2，命名为“中线”。选择“线条工具”，利用属性面板将笔触颜色设置为白色，粗细 2 个像素，样式为虚线。在卡片左右封面的分隔线处绘制一条竖直线段。锁定“中线”层，如图 2-6-32 所示。

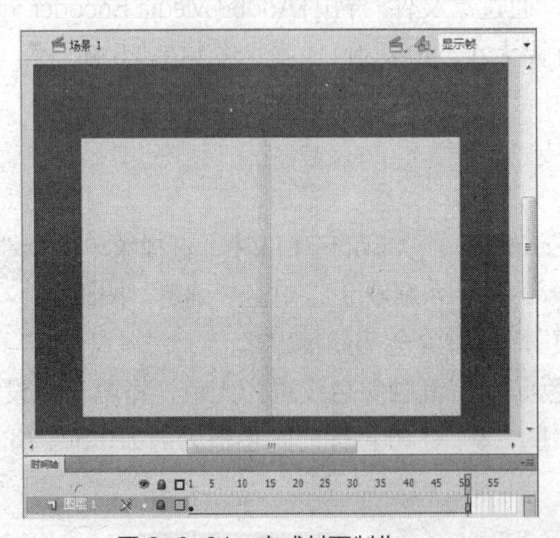

图 2-6-31　完成封面制作

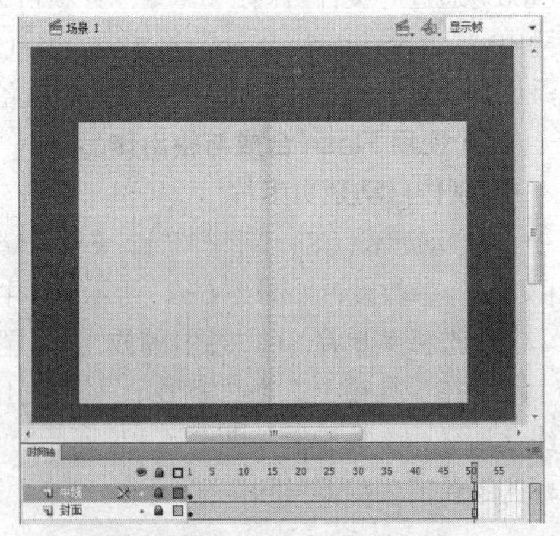

图 2-6-32　绘制白色竖直虚线

（10）新建图层 3。选择“矩形工具”。利用颜色面板将笔触颜色设置为无色，将填充色设置为白色，将 Alpha 值设置为 80%，如图 2-6-33 所示。

（11）在图层 3 绘制图 2-6-34 所示的矩形。利用属性面板将其大小设为 317 × 444 像素。通过键盘方向键调整白色矩形的位置，使其与右封面左边对齐（覆盖白色竖直虚线），上下居中对齐。如图 2-6-34 所示。

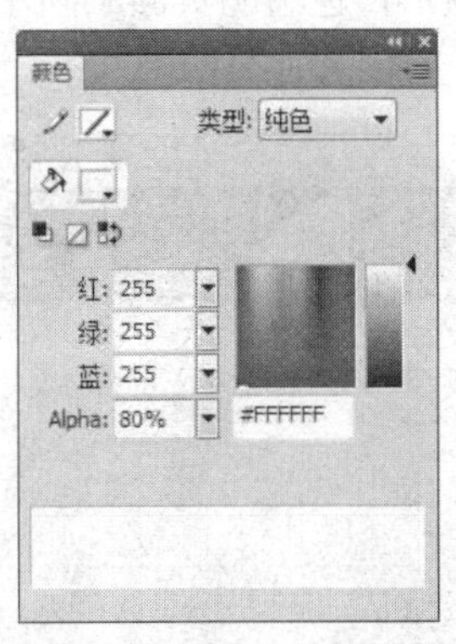

图 2-6-33　设置单色填充色

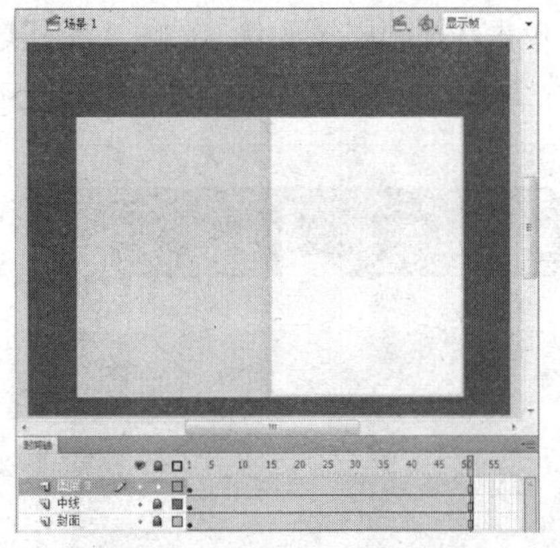

图 2-6-34　绘制白色透明页面

（12）在图层 3 的第 2 帧、第 11 帧、第 21 帧、第 31 帧、第 41 帧、第 51 帧分别插入关键帧，如图 2-6-35 所示。

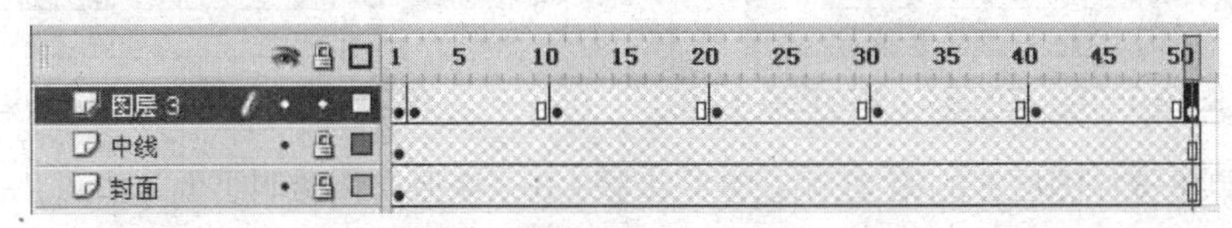

图 2-6-35　在图层 3 的时间线插入关键帧

（13）单击选择图层 3 的第 11 帧。选择任意变形工具，此时被选中的白色透明页面周围出现变形控制框。将光标定位于控制框右边界中间的黑色控制块上，水平向左拖动鼠标光标，使矩形变窄；竖直向上拖动控制框的右边界（避开黑色控制块），使矩形出现斜切效果。向左和向上变形的幅度如图 2-6-36 所示。

（14）按 Esc 键取消矩形的选择状态。在工具箱上选中“选择工具”，将光标定位于透明页面的上边界上（此时光标旁出现弧形标志），向下拖动鼠标使页面顶边弯曲；同样向下拖动透明页面的下边界使之弯曲。弯曲的程度如图 2-6-37 所示。

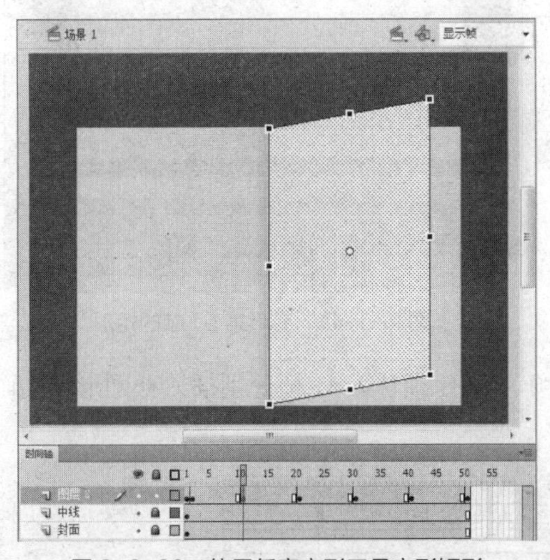

图 2-6-36　使用任意变形工具变形矩形

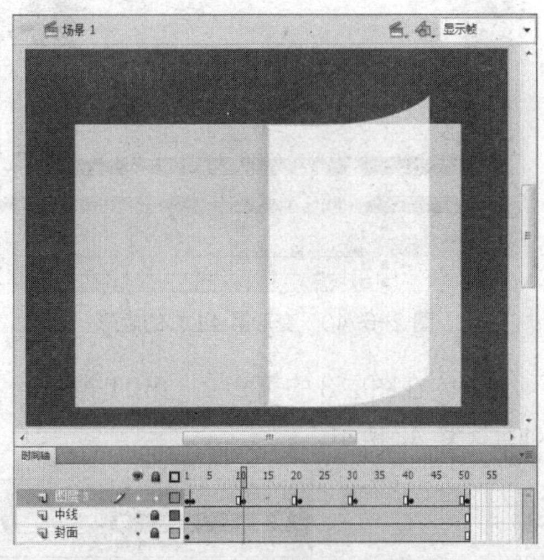

图 2-6-37　使用选择工具变形矩形

（15）单击选择图层 3 的第 21 帧。参照步骤（13）与步骤（14）变形白色透明页面。变形效果如图 2-6-38 所示。

（16）单击选择图层 3 的第 31 帧。采用类似的方法变形白色透明页面（向左拖动右边界中间控制块至中线的左侧，向上弯曲页面），如图 2-6-39 所示。

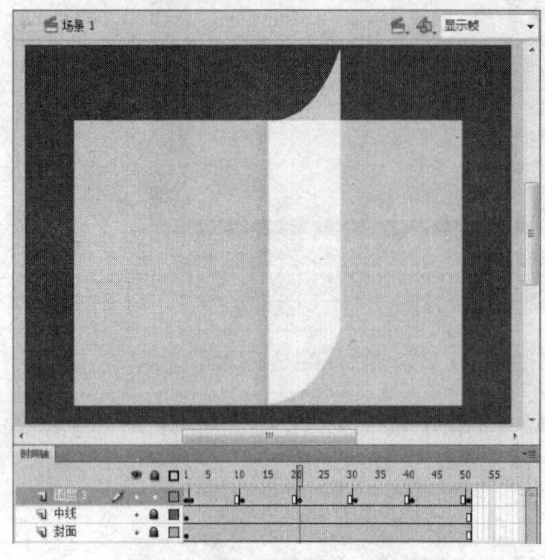

图 2-6-38　变形第 21 帧的矩形

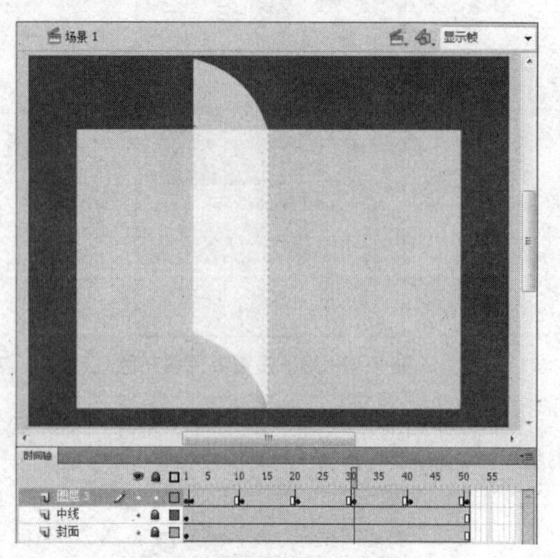

图 2-6-39　变形第 31 帧的矩形

（17）单击选择图层 3 的第 41 帧。参照步骤（16）变形白色透明页面，如图 2-6-40 所示。

（18）在工具箱底部取消“贴紧至对象”按钮的选择状态。

（19）单击选择图层 3 的第 51 帧。选择任意变形工具，水平向左拖动变形控制框右边界中间的控制块，跨过中线，至图 2-6-41 所示的位置（距离封面的左边界 2~3 个像素）。

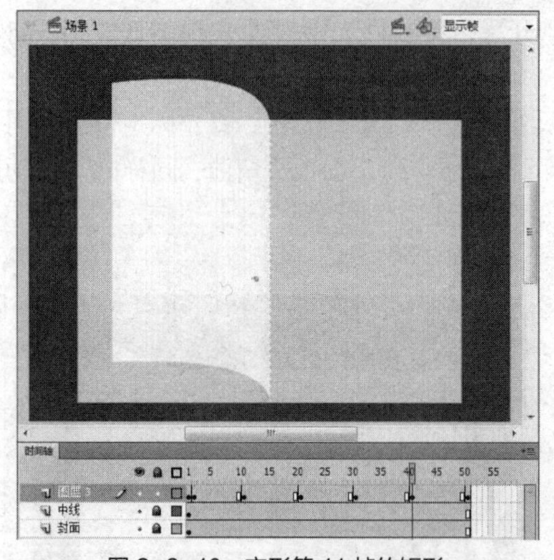

图 2-6-40　变形第 41 帧的矩形

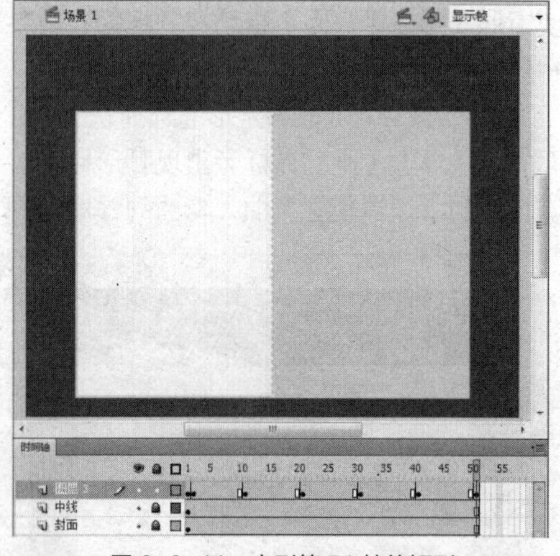

图 2-6-41　变形第 51 帧的矩形

（20）在图层 3 的第 2 帧、第 11 帧、第 21 帧、第 31 帧、第 41 帧分别插入补间形状动画，如图 2-6-42 所示。

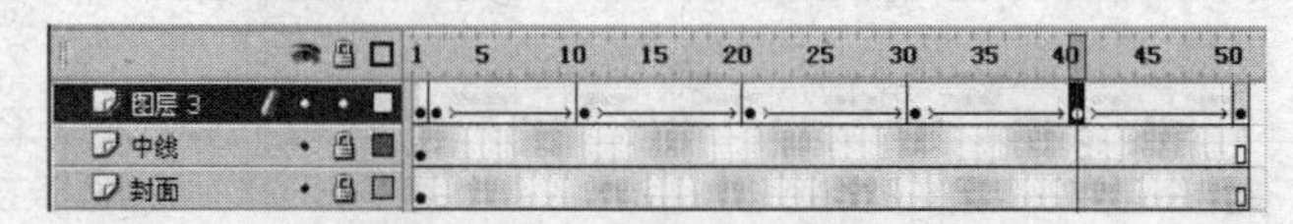

图 2-6-42　创建补间形状动画

说明： 选择菜单命令“控制|测试影片”，发现第 21 帧至第 31 帧的翻页动画未成功，以下

通过添加变形提示解决这个问题。

（21）选择第21帧，通过连续4次选择菜单命令“修改|形状|添加形状提示”（或按组合键Ctrl+Shift+H），为当前关键帧添加a、b、c、d 4个变形提示。选中菜单命令“视图|贴紧|贴紧至对象”，通过鼠标拖动方式将4个变形提示按顺序准确定位到页面的4个角上，如图2-6-43所示。

（22）选择第31帧（前面添加的变形提示同样会出现在该帧），与第21帧位置对应，将4个变形提示放置在页面的4个角点上，如图2-6-44所示。此时，如果第21帧和第31帧的变形提示放置得都准确，第31帧的变形提示会显示为绿色，第21帧的变形提示则显示为黄色，表示第21帧到第31帧的动画变形（在该点）是成功的。

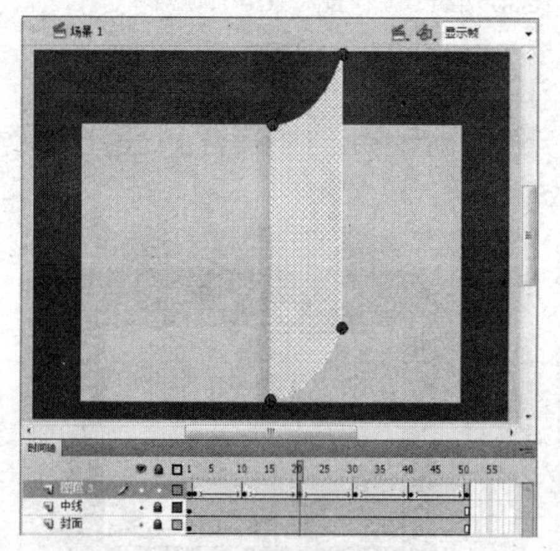

图2-6-43　定位变形提示

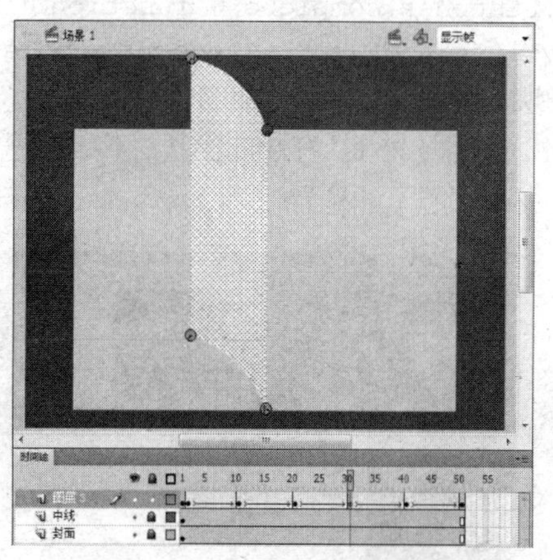

图2-6-44　在第31帧定位变形提示

（23）如果第31帧的某个或某些变形提示显示为红色。可放大该变形提示处的对象局部，如图2-6-45所示（放大时，变形提示会消失，可通过选择菜单命令“视图|显示形状提示”重新显示）。将变形提示拖动到准确的位置，颜色就变成绿色了，如图2-6-46所示。

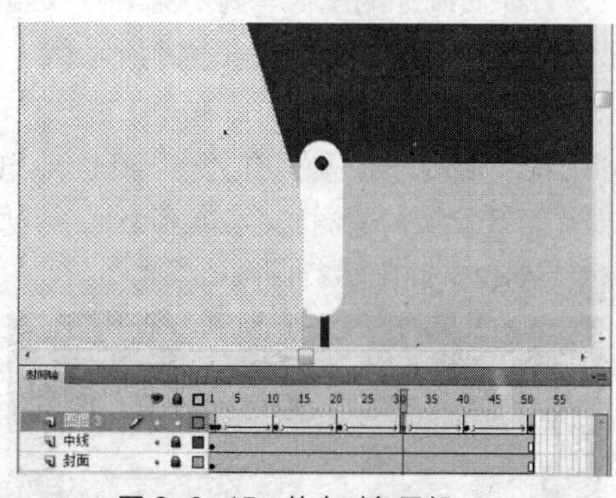

图2-6-45　放大对象局部

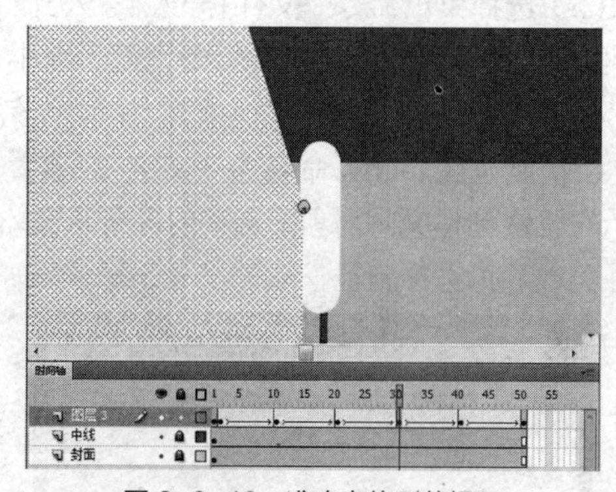

图2-6-46　准确定位形状提示

（24）如果通过步骤（23）的操作，将第31帧中出问题的变形提示准确定位后，仍然显示为红色，此时可用同样的方法调整第21帧中对应位置的变形提示。只有前后关键帧中对应的形状提示都准确定位后，变形动画才能成功。

（25）将图层3改名为“翻页动画”，并锁定该层。

2．输入视频素材

（1）新建图层4，放置在“中线”层与“封面”层之间。通过选择菜单命令“插入|新建

元件”，创建影片剪辑元件，命名为“下雪”，并进入该元件的编辑窗口。

（2）通过选择菜单命令“文件|导入|导入视频”，按对话框提示导入前面准备的视频素材“第 6 章实验素材\下雪.flv”，要点如下。

- 第 1 步“选择视频”：通过单击“浏览”按钮，选择视频“下雪.flv”。其他选项采用默认设置。
- 第 2 步“外观”：选择一种视频外观，可显示播放控制装置。本例选“无”（默认设置）。
- 第 3 步“完成视频导入”：采用默认设置，单击“完成”按钮。

（3）在“下雪”元件的编辑窗口，选中导入的视频，在属性面板的“实例名称”框中输入 myVideo。单击选择图层 1 的第 1 帧，为该关键帧添加如下代码（见图 2-6-47）。

```
var myListener = new Object();
myListener.complete = function(eventObject) { myVideo.play(); };
myVideo.addEventListener("complete", myListener);
```

说明：步骤（3）中添加的代码可保证“下雪”元件实例中的视频循环播放。

（4）返回场景 1。打开库面板，将“下雪”元件拖动到图层 4 的舞台上，适当缩小，放置在图 2-6-48 所示的位置。

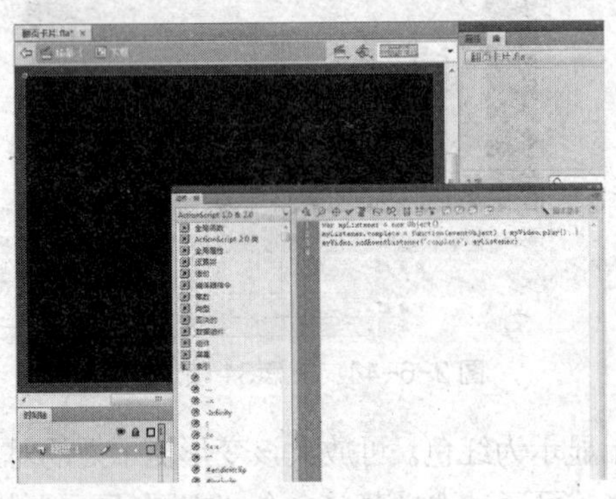

图 2-6-47　为关键帧添加代码

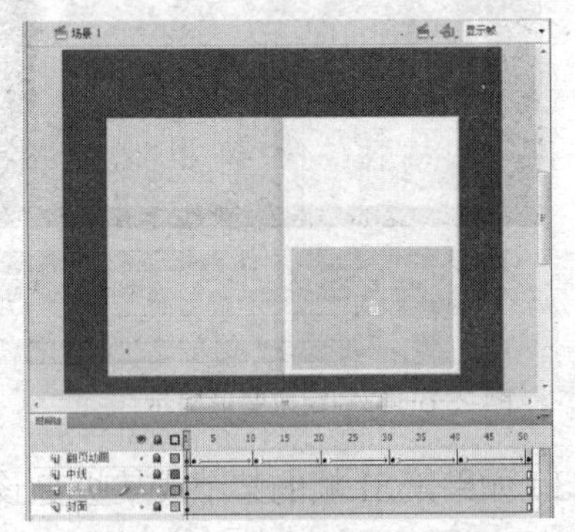

图 2-6-48　使用元件实例

（5）选择菜单命令“文件|导入|导入到舞台”，将前面制作的图像素材“第 6 章实验素材\窗框.psd”，导入到图层 4 的舞台，适当缩小，以便与视频对齐。如图 2-6-49 所示。

（6）将图层 4 改名为“视频”，并锁定该层。

（7）新建图层 5，命名为“文字”。放置在“中线”层与“视频”层之间。在图 2-6-50 所示的位置创建文本对象（文字内容可从文本文件“第 6 章实验素材\文字内容.txt”中复制）。为了美观，可选择自己喜欢的字体，适当调整字体大小、字间距、行间距等参数。

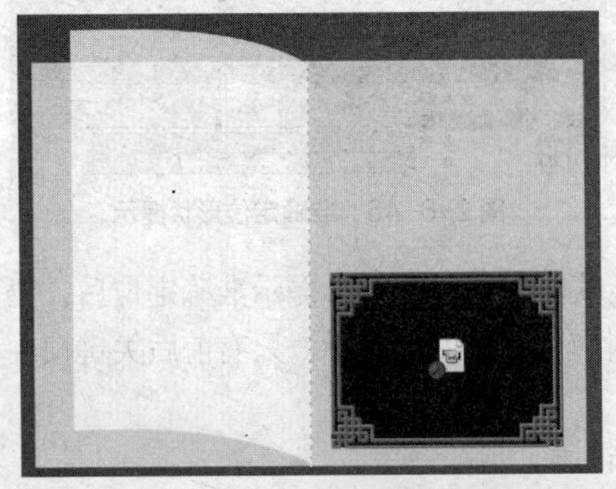

图 2-6-49　导入“窗框”素材

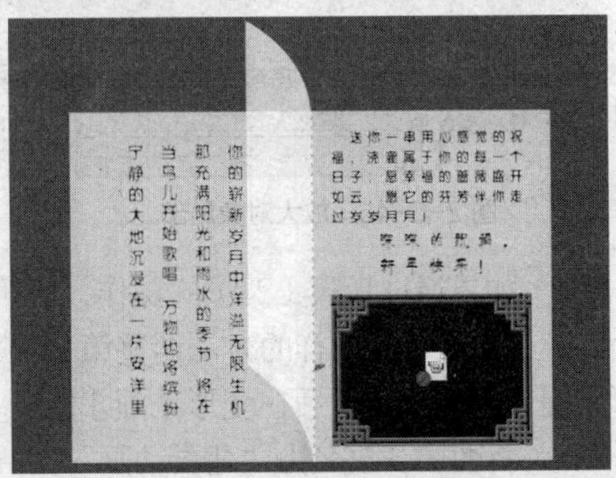

图 2-6-50　在卡片上书写文字

（8）锁定“文字”层。导入音频素材“第 6 章实验素材\To_Alice.mp3

（9）新建图层 6，命名为“音乐”，放置在所有层的上面。在“音乐”层的第 2 帧插入关键帧，选择该关键帧，在属性面板的声音名称列表中选择“To_Alice.mp3”，“同步”选择“开始”，并重复 1 次。锁定“音乐”层。

3．添加交互控制

（1）新建图层 7，命名为“代码”，放置在所有层的上面。在“代码”层的第 51 帧插入关键帧。通过动作面板分别为“代码”层的第 1 帧和第 51 帧添加如下脚本。

```
Stop();
```

（2）锁定“代码”层。新建图层 8，命名为“按钮”，放置在“翻页动画”层的上面。删除“按钮”层的第 2～51 帧（仅保留第 1 帧）。

（3）选择“按钮”层的第 1 帧。导入前面制作的图像素材“第 6 章实验素材\回形针.psd”。使用任意变形工具对素材进行缩放、旋转操作，并放置在图 2-6-51 所示的位置。

（4）选择“回形针”，按 Ctrl+B 组合键将其分离。使用套索工具的“多边形模式”选择图 2-6-52 所示的区域，按 Delete 键删除，如图 2-6-53 所示。

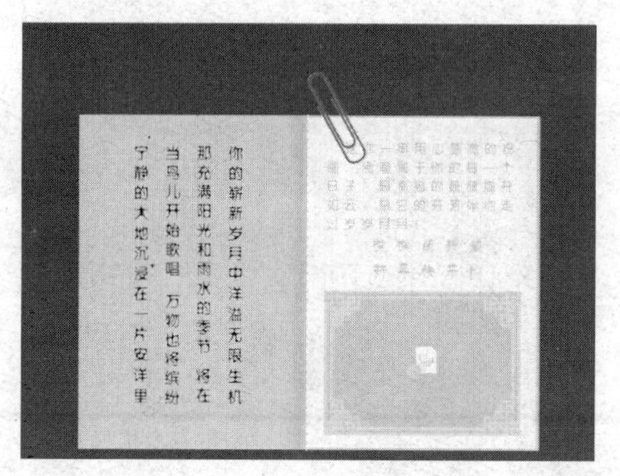

图 2-6-51　导入“回形针”素材

图 2-6-52　选择“回形针”的部分区域

（5）使用“选择工具”单击选择回形针，选择菜单命令“修改|转换为元件”将其转换成按钮元件，命名为“回形针”。

（6）选择“回形针”按钮元件的实例，通过动作面板为其添加如下动作脚本。

```
on (press) {
    gotoAndPlay(2);
}
```

（7）锁定“按钮”层。最终作品的图层及时间线结构如图 2-6-54 所示。

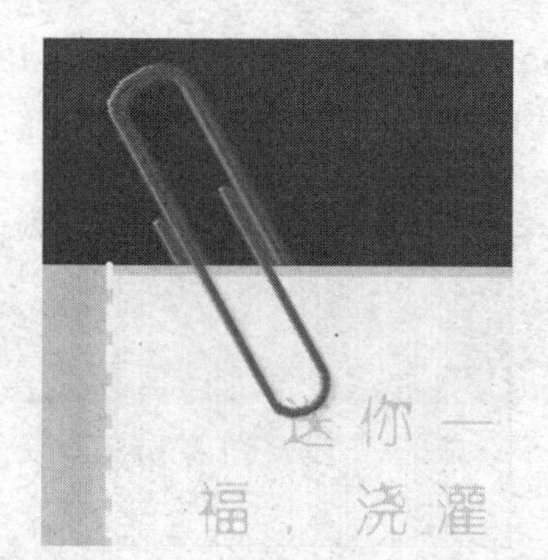

图 2-6-53　回形针夹住卡片的效果

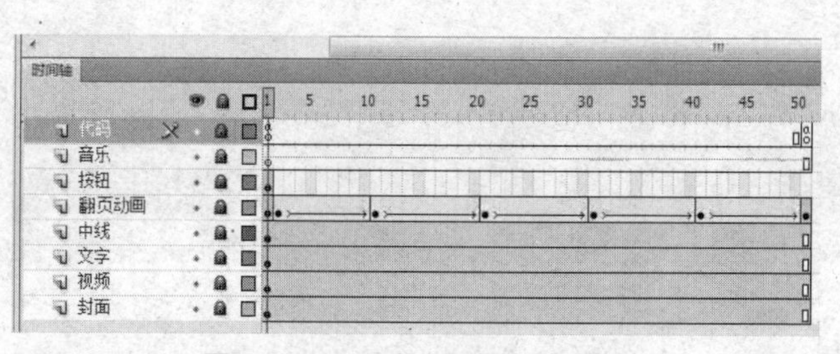

图 2-6-54　最终作品的时间线结构

4．保存并输出作品

（1）选择菜单命令“控制|测试影片”测试作品。起初，卡片停留在第1帧，单击“回形针”按钮，启动翻页动画，同时背景音乐响起，并逐渐看到下雪视频。最后动画停止在最后1帧。

（2）通过选择菜单命令“文件|另存为”将作品源文件存储为 fla 格式，命名为“翻页卡片.fla”。

（3）通过选择菜单命令“文件|发布设置”，输出 swf 格式的电影文件。

附录

模拟试卷 1

一、选择题

1. 多媒体计算机在对声音信息进行处理时，必须配置的设备是________。
   A. 扫描仪　B. 光盘驱动器　C. 音频卡（声卡）　D. 视频卡
2. 下列选项中，不是计算机多媒体设备的是________。
   A. 光驱　B. 鼠标　C. 声卡　D. 显卡
3. 以下关于多媒体计算机的描述中，比较全面的是________。
   A. 多媒体计算机能接收多种媒体信息
   B. 多媒体计算机能输出多种媒体信息
   C. 多媒体计算机能将多种媒体的信息融为一体进行处理
   D. 多媒体计算机能播放 CD 音乐
4. 目前，多媒体关键技术中还不包括________。
   A. 数据压缩技术　B. 视频处理技术
   C. 神经元计算机技术　D. 虚拟现实技术
5. 以下不属于多媒体信息加工工具的是________。
   A. Authorware　B. Photoshop　C. Word　D. Audio Editor
6. 下列描述不属于位图特点的是________。
   A. 由数学公式来表述图中各元素　B. 适合表现含有大量细节的画面
   C. 图像内容会因为放大而出现马赛克现象　D. 与分辨率有关
7. 能反映位图图像的颜色丰富程度的指标是位图图像的________。
   A. 位分辨率　B. 图像分辨率　C. 屏幕分辨率　D. 输出分辨率
8. Photoshop 的功能非常强大，使用它处理的图主要是________。
   A. 位图　B. 剪贴画　C. 矢量图　D. 卡通画
9. Photoshop 的减淡工具与加深工具是通过调整颜色的________来编辑图像的。
   A. 对比度　B. 浓度　C. 亮度　D. 色相
10. Photoshop 中，使用______工具创建文本，不生成文字图层，而是生成字符形状的选区。
    A. 一般文字　B. 蒙版文字　C. 路径文字　D. 变形文字
11. 在计算机动画中，比较关键的画面（即关键帧画面）________。
    A. 由人工绘制完成　B. 由计算机自动计算完成

C. 有的需要人工绘制完成，有的需要计算机自动计算完成　D. 以上说法都不对

12. 以下哪一项是 Flash 的特点＿＿＿＿＿。

A. 能输出视频　B. 掌握困难

C. 动画文件娇小及流式传输　D. 对计算机系统要求高

13. 在 Flash 中，以下不能用于创建补间形状动画的是＿＿＿＿＿。

A. 元件的实例　B. 使用绘图工具绘制的矢量图形

C. 完全分离的组合　D. 完全分离的位图

14. 在 Flash 的传统补间动画中，不能产生过渡的对象属性是＿＿＿＿＿。

A. 位置与大小　B. 形状

C. 旋转角度　D. 颜色与透明度（只对实例）

15. 在 Flash 中，帧频是指＿＿＿＿＿的数量。

A. 每分钟要显示的动画帧　B. 每秒钟要显示的动画帧

C. 每小时要显示的动画帧　D. 以上都不对

16. 根据多媒体计算机产生数字音频方式的不同，可将数字音频划分为 3 类。以下哪一类除外。

A. 波形音频　B. MIDI 音频　C. 流式音频　D. CD 音频

17. Adobe Audition 是一种处理和制作＿＿＿＿＿的多媒体工具软件。

A. 网页　B. 音频　C. 动画　D. 视频

18. 标准 CD 音频的采样频率为＿＿＿＿＿、量化位数为 16 位。

A. 20 kHz　B. 22.05 kHz　C. 44.1 kHz　D. 88.2 kHz

19. 以下有关声音的描述中，正确的是＿＿＿＿＿。

A. 声音是一种与时间无关的连续波形

B. 利用计算机录音时，首先要对模拟声波进行编码

C. 利用计算机录音时，首先要对模拟声波进行采样

D. 数字声音的存储空间大小只与采样频率和量化位数有关

20. 某立体声音频的采样频率为 44.1 kHz，量化位数为 8 位，在不压缩的情况下 1 分钟这样的音频所需要的存储量可按＿＿＿＿＿公式计算。

A. 44.1×1000×8×60 字节　B. 44.1×1000×8×60/8 字节

C. 44.1×1000×8×2×60/8 字节　D. 44.1×1000×8×2×60/16 字节

21. 以下关于 Windows 系统下 AVI 视频格式的叙述中，正确的是＿＿＿＿＿。

A. 将视频信息与音频信息分别集中存放在文件中，然后进行压缩存储

B. 将视频信息与音频信息完全混合在一起，然后进行压缩存储

C. 将视频信息与音频信息交错存储并较好地解决了音频信息与视频信息同步的问题

D. 将视频信息与音频信息交错存储并较好地解决了音频信息与视频信息异步的问题

22. 下列＿＿＿＿＿软件与 Premiere 的功能类似。

A. Audio Editor　B. Video Editor

C. Flash　D. PowerPoint

23. 在视频编辑软件中，视频轨道＿＿＿＿＿。

A. 只能有一个　B. 只能有两个　C. 可以有多个　D. 以上都不对

24. 在视频编辑软件中，视频或音频轨道被锁定后，该轨道上的素材＿＿＿＿＿。

A. 可以修改　B. 不可以修改　C. 有时可以修改　D. 以上都不对

25. 对传统数字媒体的集成的理解，以下叙述正确的是＿＿＿＿＿。

A. 各单媒体素材往往以关联的方式合成到多媒体作品中

B. 多媒体作品的最终文件大小与所用媒体素材的文件大小之间不存在直接的联系

C. 多媒体作品的文件格式多种多样；相应地，播放工具也有多种

D. 使用同步多媒体集成语言（Smil）将各媒体素材集成在一起

二、填空题

1. 在 Photoshop 中，如果要保存图像的多个图层，需要采用＿＿＿＿＿格式存储。

2. 在 Photoshop 中，滤镜实际上是使图像中的＿＿＿＿＿产生位移或颜色值发生变化等，从而使图像出现各种各样的特殊效果。

3. 在 Flash 中，＿＿＿＿＿类似于电视剧中的“集”或戏剧中的“幕”。它们将按照一定的顺序依次播放。

4. 在多媒体计算机系统中，音频的 A/D 和 D/A 转换都是通过＿＿＿＿＿完成的。

5. 利用前后帧画面的数据有许多共同之处，对数字视频进行压缩编码的方法，称为＿＿＿＿＿冗余编码。

三、图形图像处理

1. 利用素材图片“Aphoto1.jpg”制作如样张（一）所示的效果，并以“myphoto1.jpg”为文件名存储起来。

操作提示：

（1）对素材图片的水面区域使用“海洋波纹”滤镜。

（2）输入横排文字“湖光山色”（隶书、36 点、黑色）。

（3）栅格化文字层后为其添加“斜面和浮雕”图层样式。

（4）将“文字层”的混合模式设置为“滤色”。

2. 利用素材图片“书法.gif”设计制作样张（二）所示的效果，并以“myphoto2.jpg”为文件名存储起来。

操作提示：

（1）新建图像（大小 414×722 像素），填充土黄色（#c28b4d），并添加纹理滤镜。

（2）新建图层 1，创建矩形选区，填充浅黄色（#ffeec2）。添加投影样式。取消选区。

（3）将“书法.gif”画面复制过来（得到图层 2，位于图层 1 上面），缩小、调整位置，并将图层混合模式设置为“正片叠底”。

（4）在“书法文字”周围创建矩形线框（选区描边）。

（5）在所有图层的上面创建文本层“贪如火，不遏则燎原；欲如水，不遏则滔天。”。

样张（一）

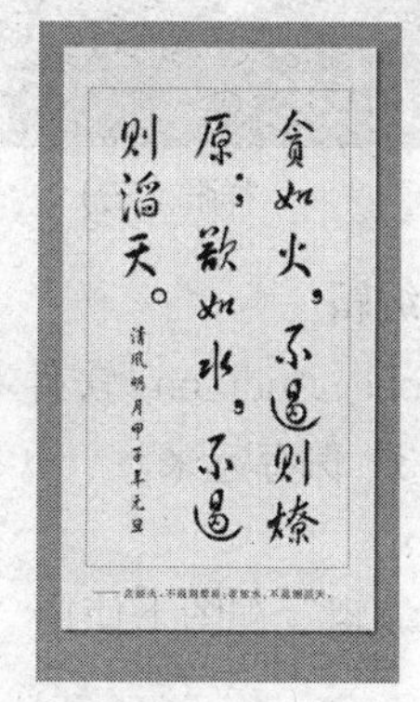

样张（二）

四、动画制作

1. 利用素材“孙悟空.png”与“白云.png”，参照影片 AYZ1.swf 制作动画（如样张（三）所示），制作结果保存为“A 动画 1.fla”，并以“A 动画 1.swf”为文件名导出影片。

操作提示：

（1）新建文档，设置舞台背景色#0066CC，帧频为 24 帧/秒。将图片素材导入到库。

（2）在图层 1 的首帧放置几朵静止的白云，一直显示到第 120 帧。

（3）新建图层 2，利用库中素材创建从第 1 帧到 120 帧白云飘移的动画。

（4）新建图层 3，放置在图层 2 与图层 1 之间。利用库中素材创建孙悟空的两段动画（从第 1 帧到 60 帧、从第 61 帧到 120 帧）。可利用“修改|变形|水平翻转”命令将素材图片左右变向，并注意使孙悟空与白云在位置和速度两个方面协调。

2. 打开 Asc2.fla 文件，参照影片 AYZ2.swf 制作动画（如样张（四）所示），制作结果保存为“A 动画 2.fla”，并以“A 动画 2.swf”为文件名导出影片。

操作提示：

（1）设置舞台大小为 400×300 像素，帧频为 12 帧/秒。

（2）将库中“背景”图片插入到图层 1 的首帧，并显示至第 80 帧。

（3）新建图层 2，将“树枝”图片放置在该图层，创建树枝从第 1 帧到 30 帧，再到 60 帧上下摇动的动画效果（注意调整旋转中心），显示至第 80 帧。

（4）新建图层 3，利用“文字 1”元件和“文字 2”元件，创建动画效果：从第 1 帧到第 25 帧静止显示“青青绿草”，第 26 帧到第 50 帧变形为“请勿踩踏”，静止显示至第 80 帧。

（5）新建图层 4，将“幕布”元件插入到该层首帧舞台的左侧，静止显示到 65 帧，再创建从第 65 帧到第 80 帧从左向右展开幕布的动画效果。

（6）利用素材“蝴蝶组件 1、2、3”制作蝴蝶扇动翅膀的影片剪辑元件。

（7）在幕布图层下新建图层，命名为“蝴蝶”，将“蝴蝶”元件放置在该图层首帧，并利用引导层创建蝴蝶从 31 帧到 65 帧沿路径飞舞的动画效果。

样张（三）

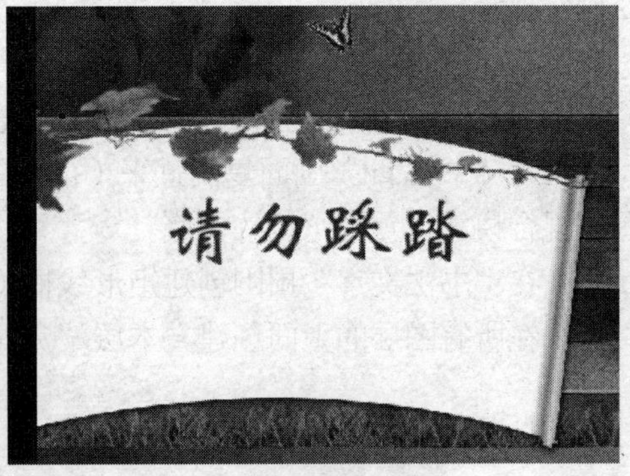

样张（四）

五、音频编辑

利用 Adobe Audition 软件将音频文件“女声.wma”转换为单声道，并以文件名“Myvoice1.mp3”保存起来。

操作提示：

（1）在“编辑”视图下使用“编辑|转换采样类型”命令将“女声.wma”转换为单声道。

（2）在“另存为”对话框中，单击“选项”按钮打开“Windows 音频媒体”对话框，选择默认的单声道音频格式。

六、视频处理

使用 Adobe Premiere Pro CS3 视频编辑软件，参照效果 video1yz.avi，利用素材“背景.jpg”“相框.png”“麻雀 01.mpg”“麻雀 02.mpg”及“麻雀 03.mp3”合成视频，将合成结果导出为 avi 影片文件。

操作提示：

（1）新建项目文件（画幅大小 940×600 像素，方形像素），导入所有素材。

（2）将“麻雀 01.mpg”与“麻雀 02.mpg”首尾相连插入到视频 2 轨道，两段视频之间添加“叠化”切换效果。

（3）将“背景.jpg”插入到视频 1 轨道，将其持续时间延长到 20 秒，与“麻雀 02.mpg”右端对齐。

（4）将“相框.png”插入到视频 3 轨道，同样将持续时间延长到 20 秒，并添加“蓝屏键”视频效果。

（5）创建标题字幕“可爱的小麻雀”（华文中宋、60 点、红色、字距 30），放置在视频 4 轨道，并将持续时间延长到 20 秒。

（6）在音频 1 轨道插入素材“麻雀 03.mp3”。

模拟试卷 2

一、选择题

1. 计算机的多媒体技术是以计算机为工具，接收、处理和显示由__________等表示的信息的技术。

   A. 中文、英文、日文等　　B. 文字、图像、动画、音频和视频

   C. 拼音码、五笔字型码等　　D. 键盘命令、鼠标器操作

2. 将连续的音频和视频信息压缩后放到网络媒体服务器上，让用户边下载边收看，这种技术称为__________。

   A. 流媒体技术　B. 网络技术　C. 压缩技术　D. 数字视频技术

3. 多媒体计算机软件系统不包括__________。

   A. 多媒体操作系统　　B. 多媒体信息处理工具

   C. 多媒体设备驱动程序　　D. 多媒体应用软件

4. 一种比较确切的说法是，多媒体计算机是能够__________的计算机。

   A. 接收多种媒体信息　　B. 输出多种媒体信息

   C. 播放 CD 音乐　　D. 将多种媒体信息融为一体进行处理

5. 下列多媒体信息处理软件中，__________是专门用来处理图像的。

   A. Photoshop　B. Flash　C. Authorware　D. Dreamweaver

6. 位图与矢量图比较，其优越之处在于__________。

   A. 对图像放大或缩小，图像内容不会出现模糊变形

   B. 适合表现含有大量细节的画面

   C. 容易对画面上的对象进行移动、缩放、旋转和扭曲等变换

D. 一般来说，位图文件比矢量图文件要小

7. JPEG 静态图像压缩标准是__________。

A. 一种压缩率较低的无损压缩方式

B. 一种不可选择压缩率的有损压缩方式

C. BMP、GIF 等都采用的压缩标准

D. 一种有较高压缩率的有损压缩方式

8. 关于 Photoshop 图层的说法，不正确是__________。

A. 名称为“背景”或“Background”的图层不一定是背景层

B. 对背景层不能进行移动、缩放和旋转等变换

C. 新建图层总是位于当前层之上，并自动成为当前层

D. 对背景层可以添加图层样式，但在文字层上不能使用图层样式

9. Photoshop 的模糊工具和锐化工具用来改变图像的__________。

A. 对比度　　B. 亮度　　C. 色相　　D. 饱和度

10. 在 Photoshop 中，滤镜命令执行完毕后，在“编辑”菜单中有一个“__________”命令，使用该命令可以调整滤镜效果的作用程度及混合模式。

A. 撤销　　B. 重复　　C. 返回　　D. 渐隐（Fade）

11. 在 Flash 中，以下对关键帧的叙述不正确的是__________。

A. 是一种特殊的、表示对象特定状态（颜色、大小、位置、形状等）的帧

B. 空白关键帧不是关键帧

C. 一般表示一个变化的起点或终点，或变化过程中的一个特定的转折点

D. 关键帧是 Flash 动画的骨架和关键所在

12. 在 Flash 中，以下不能用于创建传统补间动画的是__________。

A. 元件的实例

B. 导入的位图

C. 使用绘图工具绘制的处于分离状态的矢量图形

D. 文本对象与组合体

13. 在 Flash 中，用于创建补间形状动画的对象所满足的条件是__________。

A. 不管是矢量图形还是非矢量图形都可以

B. 必须是矢量图形，否则必须将对象完全分离

C. 必须是非矢量图形，否则必须组合对象

D. 以上说法都不正确

14. 在 Flash 动画中，每一帧都是关键帧的动画称为__________。

A. 传统补间动画 B. 多图层动画　　C. 补间形状动画　　D. 逐帧动画

15. 在 Flash 中，下列有关补间动画的叙述中，不正确的是__________。

A. 过渡帧由计算机通过首尾帧的特性以及动画属性计算得到

B. 补间动画不需建立首尾两个关键帧的内容

C. 动画效果主要依赖人眼的视觉暂留作用来实现

D. 当帧频达到 12 fps 以上时，才能看到比较连续的动画

16. 在多媒体计算机中，__________是对音频信号进行 A/D 和 D/A 转换的设备。

A. 声卡　　B. 显卡　　C. 解压缩卡　　D. TV 卡

17. 影响数字音频质量的主要因素有 3 个，以下__________除外。

A. 声道数　　B. 振幅　　C. 采样频率　　D. 量化精度

18. 某双声道音频，其量化位数为 16 位，采样频率为 22.05kHz，在不压缩的情况下两分钟这种音频的数据量为__________。

A. 5.29 MB　　B. 10.09 MB　　C. 21.16 MB　　D. 88.2 MB

19. 以下有关 MP3 的描述中，正确的是__________。

A. MP3 音频采用的是无损压缩技术

B. MP3 音频采用的是有损压缩技术，且音质较好

C. 在目前的音频压缩标准中其压缩比最高

D. MP3 音频音质好，但所需存储量也高

20. 以下选项中，__________不是音频文件的扩展名。

A. MID　　B. WMV　　C. CDA　　D. WAV

21. 在 Premiere 中，音频轨道__________。

A. 只能有一个　　B. 只能有两个　　C. 可以有多个　　D. 以上都不对

22. 视频素材中如果包含音频，其视频和音频__________。

A. 不可以分离　　B. 有时可以分离　　C. 可以分离　　D. 以上都不对

23. 下列软件中，与 Premiere 不同类的是__________。

A. Audio Editor　　B. Video Editor　　C. Movie Maker　　D. Video for Windows

24. 以下不属于视频文件格式的是__________。

A. AVI 格式　　B. RM 格式　　C. MPEG 格式　　D. CDA 格式

25. 下列对多媒体作品的理解错误的是__________。

A. 仅仅使用多媒体集成软件将各单媒体素材简单“堆砌”，并不是好的多媒体作品

B. 综合应用多种媒体形式，其目的是为了更好地表现主题

C. 各媒体之间应建立有效的逻辑连接，利用不同媒体形式进行优势互补

D. 具有“高超”的多媒体集成技术和手段的多媒体作品一定是好的多媒体作品

二、填空题

1. 在扩展名为 ovl、gif 和 bat 的文件中，代表图像的是__________。

2. 在 Photoshop 中，在包含矢量元素的图层（如文本层、形状层等）上使用滤镜，应首先对该图层进行__________化。

3. 在 Flash 中，__________的作用是组织和控制动画中的各个元素，其中的每一个小方格代表一帧。动画在播放时，一般是从左向右、依次播放每个帧中的画面。

4. 在 Flash 中，使用__________对话框可以设置 Flash 文档的标尺单位、舞台大小、背景颜色和帧频率等属性。

5. 传统的录像机和摄像机产生的视频信号一般是__________信号。

三、图形图像处理

1. 利用素材图片“Bphoto1-1.jpg”与“Bphoto1-2.jpg”制作如样张（一）所示的效果，并以“myphoto1.jpg”为文件名存储起来。

操作提示：

（1）将素材图片“Bphoto1-1.jpg”的背景层转普通层，采用默认名称“图层 0”。

（2）使用魔棒工具（选择“添加到选区”按钮、“容差”设为 32、选中“连续”选项）依

次加选中间 4 个窗格内的白色区域。按 Delete 键删除白色像素，并取消选区。

（3）类似地，使用魔棒工具加选红褐色窗框（不含 4 个窗格内部的细边框）。依次执行“编辑|复制”和“编辑|粘贴”命令，得到图层 1。

（4）在图层 1 上添加“斜面和浮雕”图层样式。

（5）将素材图片“Bphoto1-2.jpg”的背景层复制过来，放置在最底层。

2. 利用素材图片“Bphoto2-1.jpg”与“Bphoto2-2.jpg”制作如样张（二）所示的效果，并以“myphoto2.jpg”为文件名存储起来。

操作提示：

（1）在素材图片“Bphoto2-1.jpg”上创建圆形选区，使人物位于选区内的右侧。

（2）将背景色设置为白色。反转选区，按 Delete 键将选区删除为白色。

（3）再次反转选区，依次对选区进行 6 个像素的白色内部描边和 1 个像素的黑色描边。

（4）使用“选择|变换选区”命令依次成比例缩小选区（保持中心不变），并进行白色描边，最后按 Delete 键将最里面的小圆选区删除为白色。

（5）将“Bphoto2-2.jpg”中的图像复制过来，删除白色背景，缩小放置在如样张所示的位置。

（6）书写文字“上海音像教育出版社”（华文中宋、蓝色、14 点）。

样张（一）

样张（二）

四、动画制作

1. 打开 Bsc1.fla 文件，参照样张（BYZ1.swf）制作动画，制作结果保存为“B 动画 1.fla”，并以“B 动画 1.swf”为文件名导出影片。

操作提示：

（1）设置舞台大小为 900×450 像素，背景色为黑色，帧频为 12 帧/秒。

（2）在图层 1 绘制 850×400 像素的白色矩形，与舞台居中对齐。

（3）将库中素材“红楼梦绘画.jpg”拖动到舞台，适当缩小，放置在白色矩形中央。

（4）在图层 1 的第 100 帧插入帧。

（5）仿照教程第 6 章在图层 2 设计制作左卷纸效果，在图层 3 设计制作右卷纸效果。如样张（三）（a）图所示。

（6）在图层 2 的第 1～60 帧创建左卷纸从画面中间向左展开的动画效果。在图层 3 的第 1～60 帧创建右卷纸从画面中间向右展开的动画效果。

（7）新建图层 4，放置在图层 1 与图层 2 之间。绘制矩形，垂直方向覆盖图层 1 中的白色矩形，水平方向左右两边分别位于左右卷纸的中间（如样张（三）（b）图所示）。

(a)

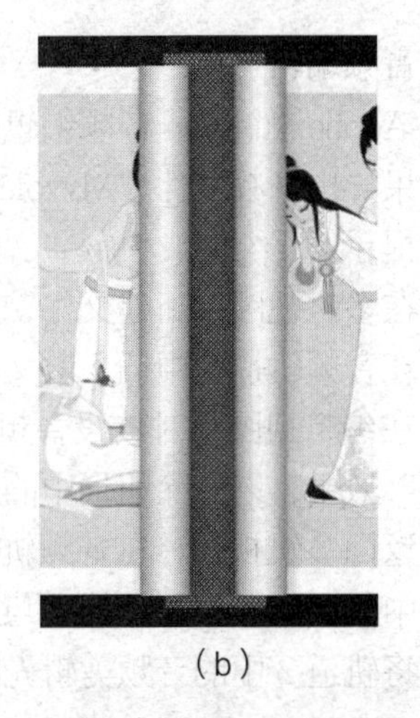

(b)

样张（三）

（8）在图层 4 的第 60 帧插入关键帧，在水平方向放大矩形，使其左右两边分别位于该帧左右卷纸的中间。

（9）在图层 4 的第 1 帧插入动画，并将该层转换为遮罩层。

2. 打开 Bsc2.fla 文件，参照样张（BYZ2.swf）制作动画，制作结果保存为“B 动画 2.fla”，并以“B 动画 2.swf”为文件名导出影片。

操作提示：

（1）设置文档背景为绿色，将元件 21 放置在图层 1，从第 1 帧显示至 50 帧。

（2）将元件 20 放置在图层 2，从第 1 帧到第 40 帧，让元件从舞台右边移动到左边，并静止显示至 50 帧。

（3）将元件 22 放置在图层 3，从第 30 帧开始出现，到第 45 帧逐渐放大，制作水波效果；45 帧后消失不见。

（4）将元件 22 放置在图层 4，让其从第 37 帧开始出现，到第 50 帧逐渐放大，制作水波效果（与步骤（3）的水波同心）。

（5）制作两个按钮元件“replay”和“stop”。

（6）将两个按钮元件放置在背景层右下方。

（7）为“replay”按钮实例添加动作代码，使得单击该按钮时动画重新播放。

（8）为“stop”按钮实例添加动作代码，使得单击该按钮时停止播放动画。

样张（四）

五、音频编辑

使用 Adobe Audition 音频编辑软件，利用素材文件“voice1.WAV”“voice2.mp3”给散文配乐，结果导出音频文件“Myvoice2.mp3”。

操作提示：

（1）在多轨视图下新建文件，导入两个音频素材文件。

（2）在音频轨道 1 中插入散文朗诵音频 voice1.mav。

（3）在编辑视图下对该段音频剪辑使用“适应性降噪”效果；放大音量后再次使用“适应性降噪”效果，以去除朗诵中的杂音。

（4）返回多轨视图，在音频轨道 2 中插入 voice2.mp3，从中截取合适的音频片段（长度与轨道 1 中的 voice1.mav 相等并与之前后对齐）。

（5）将轨道 2 中的音频剪辑先降低音量，再分别设置剪辑的“左侧淡入”和“右侧淡出”效果。

（6）预览效果，并导出混缩音频文件“Myvoice2.mp3”。

六、视频处理

使用 Adobe Premiere Pro CS3 视频编辑软件，参照效果 video2yz.avi，利用素材“斑马.mpg”和“斑马叫声.mp3”合成视频，将合成结果导出为 avi 影片文件。

操作提示：

（1）新建项目文件（画幅大小 720×576 像素，像素纵横比为“宽银幕 16:9（1.422）”），导入所有素材。

（2）将“斑马.mpg”插入到视频 1 轨道，添加“阈值”视频效果（“电平”参数值设置为 100）。

（3）将“斑马.mpg”插入到视频 2 轨道，添加“调色”视频效果，参数设置如图 1 所示。

（4）将视频 2 轨道的“斑马.mpg”的前 2 秒剪切掉，只保留 2～6 秒的视频，并与视频 1 轨道的“斑马.mpg”右对齐。

（5）在视频 2 轨道的 2～3 秒之间创建“斑马.mpg”的透明度动画（透明度从 0%变化到 100%）。

（6）在音频 1 轨道插入素材“斑马叫声.mp3”。最终的轨道结构如图 2 所示。

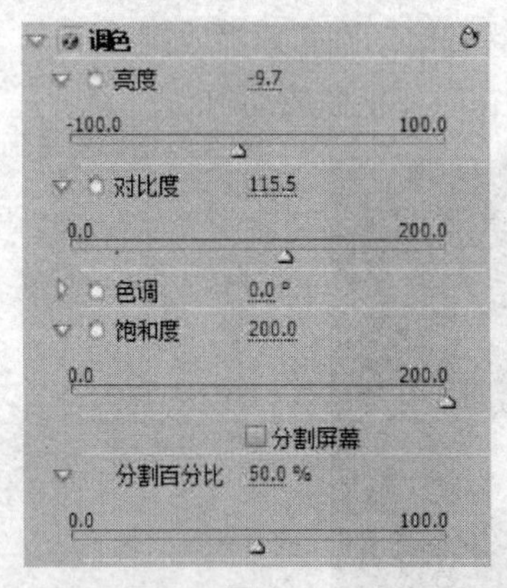

图 1

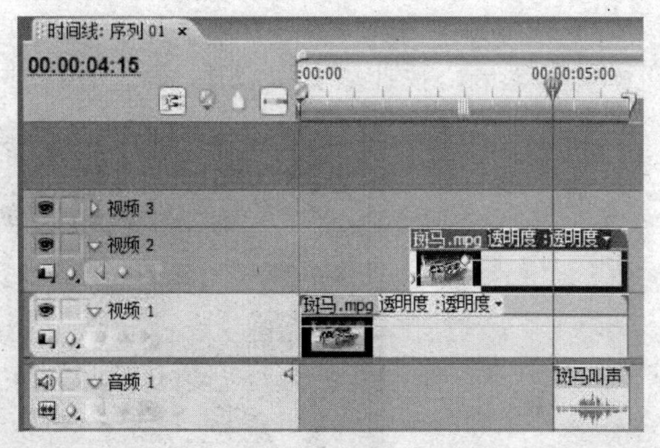

图 2

参考文献

[1] 王行恒，江红，李建芳，等．大学计算机软件应用．2版．北京：清华大学出版社，2008.

[2] 李建芳，高爽．Photoshop CS平面设计．2版．北京：清华大学出版社&北京交通大学出版社，2010.

[3] 江红，李建芳，余青松．多媒体技术及应用．北京：清华大学出版社&北京交通大学出版社，2013.

[4] 李建芳．Photoshop CS5案例教程．2版．北京：北京大学出版社，2011.

[5] 王志新，彭聪，陈小东．After Effects CS5影视后期合成实战从入门到精通．人民邮电出版社，2012.

[6] 叶华，马颖．新概念Illustrator CS3教程．5版．长春：吉林电子出版社，2008.

[7] 李建芳．3ds Max 2011案例教程．北京：北京大学出版社，2012.

参考文献

[1] [illegible]. 北京: 清华大学出版社, 2008.

[2] [illegible] Photoshop CS[illegible]. 北京: [illegible], 2010.

[3] [illegible], 2011.

[4] [illegible] Photoshop CS5 [illegible]. 北京: [illegible], 2011.

[5] [illegible] CS5 [illegible]. 人民邮电出版社, 2012.

[6] [illegible], 2008.

[7] [illegible]. 北京: [illegible], 2012.